# ANSYS Workbench 19.0 基础入门与工程实践

附教学视频

江民圣◉编著

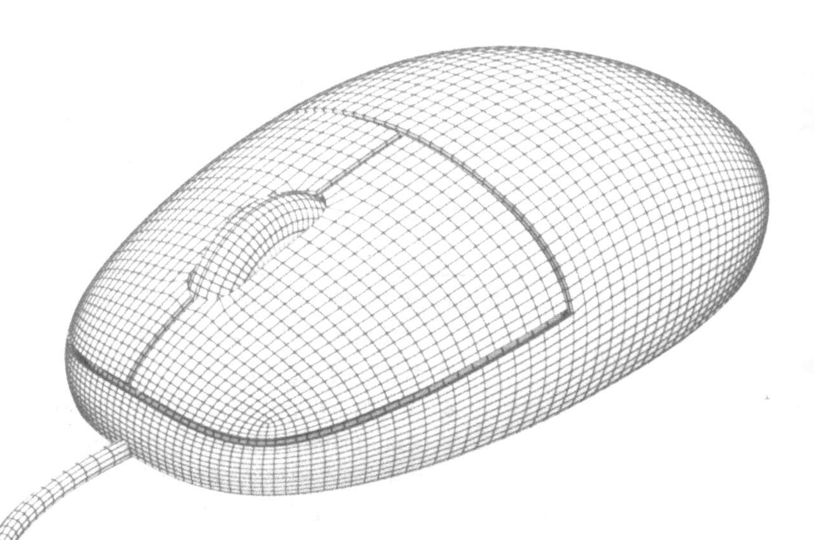

人民邮电出版社
北京

图书在版编目（CIP）数据

ANSYS Workbench 19.0基础入门与工程实践 : 附教学视频 / 江民圣编著. -- 北京 : 人民邮电出版社, 2019.2
ISBN 978-7-115-49678-2

Ⅰ. ①A… Ⅱ. ①江… Ⅲ. ①有限元分析－应用软件 Ⅳ. ①O241.82-39

中国版本图书馆CIP数据核字(2018)第234915号

## 内容提要

本书基于 Workbench 19.0 有限元仿真平台进行讲解。首先介绍软件的基本使用和操作方法，然后通过具体实例分析，详细介绍软件平台的每一个功能模块的理论基础和使用方法。通过对每个操作步骤的具体说明，为读者轻松入门和掌握最新版本的软件使用提供有效的指导。

本书分为 24 章，涵盖软件通用功能的介绍，如几何建模、网格划分以及结果后处理等方面内容，同时包括静力学分析、模态分析、谐响应分析、随机振动分析、屈曲分析、热力学分析、电磁场仿真以及流体力学分析等诸多领域的仿真讲解，对仿真平台进行了系统的介绍。

本书通俗易懂、案例丰富，与工程实际紧密贴合，特别适合有志于从事 CAE 仿真领域的学生、工程技术研发人员和科研人员。另外，本书也适合其他对有限元仿真感兴趣的技术人员。

◆ 编　著　江民圣
责任编辑　刘　博
责任印制　彭志环

◆ 人民邮电出版社出版发行　　北京市丰台区成寿寺路 11 号
邮编　100164　　电子邮件　315@ptpress.com.cn
网址　http://www.ptpress.com.cn
北京天宇星印刷厂印刷

◆ 开本：787×1092　1/16
印张：23　　2019 年 2 月第 1 版
字数：630 千字　　2025 年 1 月北京第 13 次印刷

定价：69.80 元

读者服务热线：(010)81055256　印装质量热线：(010)81055316
反盗版热线：(010)81055315

# 前言
# Preface

计算机辅助工程（Computer Aided Engineering，CAE）是目前应用较为广泛的一门技术，其核心为现代计算力学的有限元分析技术。

CAE 起始于 20 世纪 50 年代中期，而 CAE 软件诞生于 70 年代初期，到 80 年代中期逐渐形成了商用的 CAE 软件。近 40 年来，CAE 技术结合迅速发展的计算力学、计算数学、相关工程管理科学，从低效的检验到高效的仿真，从线性静力求解到非线性、动力学仿真分析、多物理场耦合，取得了巨大的发展和成就。

随着国家“智能制造”口号的提出，整个制造业和工业界对产品智能化与数字化的关注和投入越来越多，而实现物理产品连接到虚拟数字模型的桥梁即为 CAD 和 CAE 技术。同时随着企业全球化的发展，各企业的竞争将表现为产品性能和制造成本的竞争。CAE 技术在产品创新研发和设计中显示出无与伦比的优越性，成为工业企业在市场竞争中取胜的重要条件。

利用 CAE 技术可以对产品性能和安全性进行评估，并对其全生命周期进行虚拟测试和模拟，及早发现设计缺陷，有助于改进产品设计，优化产品性能；同时可以极大地降低研发成本，缩短研发周期。目前 CAE 技术已经成为工业企业信息化的主要信息技术之一。

ANSYS 作为目前全球 CAE 技术的领军企业，在全球 CAE 领域具有举足轻重的地位。1970 年 SASI（Swanson Analysis System，Inc.）公司成立，后来经重组改名为 ANSYS 公司，并推出了 ANSYS 软件。

自 ANSYS 7.0 开始，ANSYS 公司推出了经典界面版和仿真平台 Workbench 两个版本。Workbench 是 ANSYS 公司提出的协同仿真环境，用于解决企业产品研发过程中 CAE 软件的异构问题。

与传统仿真软件相比，Workbench 具有以下特点。

1. 客户化

用户可以基于不同的仿真流场特点自主地建立仿真环境，并且用户自主开发的仿真 API 与 ANSYS 已有的 API 平等。

2. 集成性

Workbench 把求解器看成一个组件，不论哪个 CAE 公司提供的求解器都是平等的，在 Workbench 中经过简单的开发都可以直接调用。

3. 参数化

Workbench 对 CAD 系统的关系不同寻常，不仅可以直接使用异构的 CAD 系统模型，而且可以建立与 CAD 系统灵活的双向参数互动关系。

目前最新的 ANSYS 软件版本 19.0 已经于 2018 年 1 月发布，随之也推出 Workbench 19.0（简称 WB 19.0）。新版软件具备诸多的新功能和优势，本书将针对最新的 WB 19.0 进行介绍，通过实例配合软件使用，为读者提供学习指导。

## 本书的特色

- 紧跟最新 Workbench 19.0 版本软件，为读者提供学习指导。
- 提供丰富的工程学习案例，为读者掌握软件的使用提供更多的实际应用场景。
- 图书内容覆盖面广，涉及 Workbench 19.0 软件的各个仿真模块。
- 本书实例讲解详细、通俗易懂，并且附带视频和实例文件（可到人邮教育社区 www.ryjiaoyu.com 下载），保证读者能够轻松入门和学习。

## 本书主要内容

本书共计 24 章内容，涵盖 WB 19.0 软件各功能模块，前 5 章主要针对通用的 WB 19.0 使用方法进行介绍，为读者提供较为全面的讲解。后面章节（第 6～24 章）针对 WB 19.0 各仿真模块的应用进行具体的实例讲解，为读者提供丰富的案例模型和操作方法。

第 1 章　初识 ANSYS Workbench 19.0。介绍软件的新功能和使用方法，使读者对本版本软件有一个框架性认识。

第 2 章　材料库介绍。介绍在 WB 19.0 中对材料属性的增、删、改等操作，提供全面的材料库使用方法。

第 3 章　几何建模。介绍 WB 19.0 中的 DM 建模部分功能，并详细介绍 SCDM 的建模使用技巧。

第 4 章　网格划分。对 WB 19.0 中所涉及的基本网格划分方法进行介绍，提供对应的划分实例，同时对 Meshing 中包含的两大网格划分工具进行简单介绍。

第 5 章　结果后处理。主要介绍 WB 19.0 的后处理功能，包括云图结果的查看和输出，曲线的绘制等内容。

第 6 章　静力学分析。介绍静力学问题的求解方法，并分别对支架、口型梁结构进行实例分析。

第 7 章　接触分析。介绍 WB 19.0 中常见的接触类型和接触设置，并通过法兰盘连接和螺栓连接进行接触实例分析。

第 8 章　模态分析。介绍模态分析的基本理论，通过分析实例介绍如何利用 WB 19.0 进行模态计算。

第 9 章　谐响应分析。主要阐述谐响应分析的理论和用途，结合支撑面板和电器控制柜的分析实例介绍谐响应分析的使用方法。

第 10 章　瞬态分析。针对瞬态分析进行理论和实例讲解，为读者提供分析指南。

第 11 章　响应谱分析。介绍响应谱分析的基本理论和方法，结合桥架结构和司机驾驶室对响应谱的具体应用进行实例讲解。

第 12 章　随机振动分析。针对随机振动的基本理论和方法进行讲解，并介绍如何利用 WB 19.0 实现随机振动的仿真分析。

第 13 章　显式动力学分析。阐述显式动力学分析模块的基本使用方法，通过子弹射击和跌落实例分别介绍如何实现显式动力学的仿真。

第 14 章　刚体动力学分析。主要介绍刚体动力学分析的基本思路和方法，同时结合压力机和齿轮啮合的分析实例对分析方法进行详细介绍。

第 15 章　刚柔耦合分析。主要介绍刚柔耦合分析的基本理论和思路，结合曲柄滑块机构和挖掘机斗杆的刚柔分析实例，介绍具体的仿真操作。

第 16 章　线性屈曲分析。针对线性屈曲分析进行理论和实例讲解，为读者提供分析指导。

第 17 章　疲劳分析。主要介绍疲劳分析的基本理论和方法，结合叉车货叉和发动机连杆两个分析实例介绍 WB 19.0 软件中如何实现疲劳仿真。

第 18 章　子模型分析。主要介绍 WB 19.0 中子模型分析的基本思路和方法，通过两个实例讲解，对比分析过程，指出子模型分析的优势。

第 19 章　传热分析。基于传热分析理论，介绍在 WB 19.0 中进行传热仿真的基本使用方法，并对水杯和散热片的传热问题进行实例讲解。

第 20 章　热-力耦合分析。介绍了热-力耦合的理论方法和基本思路，通过固支梁和发动机活塞的热-力耦合分析实例介绍使用 WB 19.0 软件进行热-力耦合分析的过程。

第 21 章　电磁场分析。针对静态磁场的基本理论进行简要介绍，并以通电线圈产生电磁场的基本物理现象为例讲解如何使用软件完成电磁场的仿真分析。

第 22 章　优化设计。针对 WB 19.0 的基本优化方法和优化思路进行讲解，结合实例完成拓扑优化等优化分析实例，为读者提供仿真指导。

第 23 章　流体力学分析。主要介绍流体分析的基本理论和方程，通过简易汽车和高速列车运行时候的流场分析实例，介绍如何利用 WB 19.0 完成流体力学分析工作。

第 24 章　流固耦合分析。介绍流固耦合的基本理论，对流固耦合的基本求解思路进行阐述，结合收缩喷管和排气管道的流固耦合分析实例，介绍如何在 WB 19.0 中实现单向流固耦合仿真分析。

## 本书面向对象

- 机械工程领域相关专业的在校本科、研究生；
- 从事机械工程领域相关工作的设计研发人员；
- 专门从事有限元仿真工作的工程师；
- 相关工程领域科研机构研究人员；
- 对有限元仿真感兴趣的其他各类技术人员。

## 致谢

本书在编写过程中查阅了相关论坛、网络资料以及学术文献，得到众多网友和朋友的指点，在此表示衷心感谢。

图书编写校验过程中也得到编辑和出版社工作人员的多方指点和帮助，作者对此不胜感激。

最后，需要专门感谢作者的妻子，本书在编写过程中得到她的大力支持和鼓励，没有她也就没有本书的出版，借此感谢她一直以来的陪伴。

当然，因作者个人能力有限，编写过程中难免存在错误，欢迎大家指出，联系方式：cae_service@163.com。

作者

2018 年 7 月 15 日

# 目录
# Contents

Chapter 01

# 第1章

## 初识ANSYS Workbench 19.0

■ ANSYS Workbench 19.0（简称 WB 19.0）是 ANSYS 公司 2018 年 1 月 30 日发布的新一代工程技术仿真集成平台，它为工程仿真分析人员提供了强大的前处理、分析计算以及后处理模块。作为全球知名的工业仿真软件，ANSYS 为全球用户提供包括结构、流体、电磁、传热等多个领域、多个学科的仿真产品。

本章主要介绍新款WB 19.0的通用功能和基本操作，同时对新版软件的新增功能做一定说明，希望为有兴趣学习 WB 19.0 的读者朋友提供一些指导。

# 1.1 模块简介

WB 存在众多的分析仿真模块，能够在各类工程问题中应用。在最新版本的 WB 中，软件平台在结构、流体等分析功能上有非常多的新突破和新亮点。下面对最新软件的启动和各模块的新功能逐一做介绍。

## 1.1.1 软件启动

WB 19.0 是 ANSYS R19 结构流体包 ANSYS Products 下的一个产品，除了 WB 19.0 之外，该包还包括 ANSYS AIM、ANSYS SpaceClaim、ANSYS Mechanical、ANSYS Fluent、ANSYS CFX、ANSYS Icepak 等模块。在完成软件的安装之后，用户可以在“开始”菜单栏中查看 ANSYS R19 下的各项产品。

新版 WB 启动界面如图 1-1 所示，打开后进入相应的分析求解模块，可以看到整体 WB 19.0 的 UI 界面风格，如图 1-2 所示。

图 1-1 启动界面

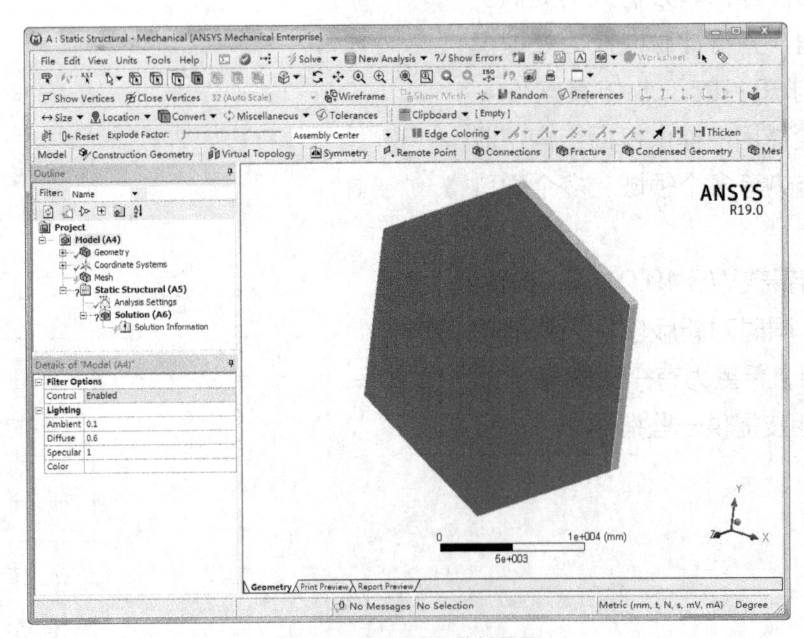


图 1-2 WB 19.0 分析界面

## 1.1.2 外部模型接口

最新的软件平台新增从外部模型中导入边界条件和螺栓预紧力的功能，如图 1-3 所示。

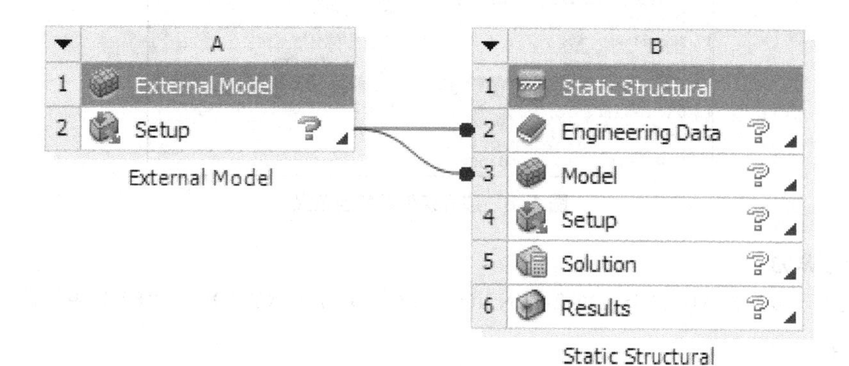


图 1-3 外部模型接口

### 1. 边界条件

边界条件包含节点力、约束信息，节点力的来源可按表 1-1 所示导入。

表 1-1 节点边界导入来源

| MAPDL | ABAQUS | NASTRAN |
|---|---|---|
| D<br>F | *BOUNDARY<br>*CLOAD | SPC、SPC1、SPCADD、SPCD<br>FORCE、FORCE1、FORCE2、MOMENT、MOMENT1、MOMENT2、LOAD |

导入的边界条件每个自由度都由不同列进行显示，如图 1-4 所示。此外，用户可以通过数据窗口对每个分析的载荷或者自由度进行编辑或者禁用，如图 1-5 所示。

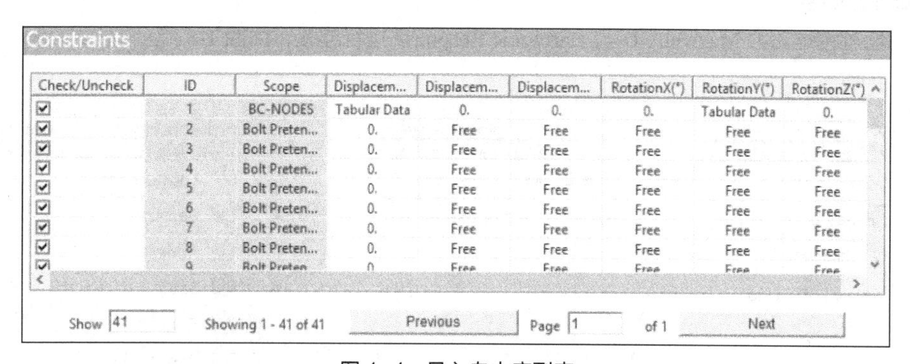


图 1-4 导入自由度列表

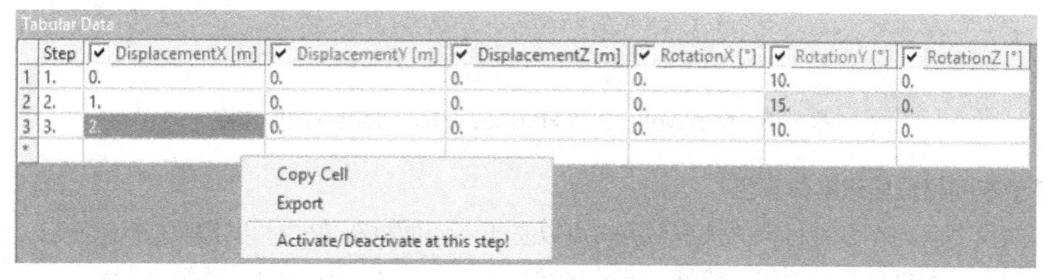


图 1-5 分析步设置修改

对于导入的边界条件，用户可以在其中进行修改，如增加新的自由度或者删除原有自由度。对于边界条件，还可以进行颜色的自定义，如图 1-6 所示。

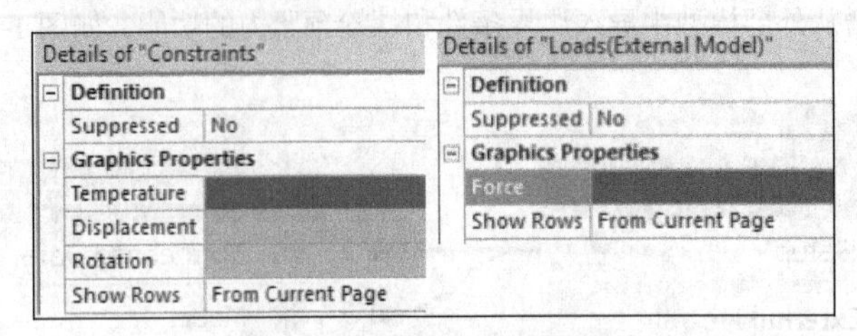


图 1-6　边界条件颜色自定义

## 2. 螺栓预紧力

螺栓预紧力可以通过 ABAQUS（PRE-TENSION SECTION）和 MAPDL（PRETS179）导入，导入样式如图 1-7 所示。

| C... | ID | Pretension Node ID | Scoping |
| --- | --- | --- | --- |
| ☑ | 1 | 377119 | B40_PRETENSION-HEAD-SECTION |
| ☑ | 2 | 366658 | B39_PRETENSION-HEAD-SECTION |
| ☑ | 3 | 356197 | B12_PRETENSION-HEAD-SECTION |
| ☑ | 4 | 345736 | B11_PRETENSION-HEAD-SECTION |
| ☑ | 5 | 335554 | B35_PRETENSION-HEAD-SECTION |
| ☑ | 6 | 328028 | B36_PRETENSION-HEAD-SECTION |
| ☑ | 7 | 319297 | B38_PRETENSION-HEAD-SECTION |
| ☑ | 8 | 310390 | B37_PRETENSION-HEAD-SECTION |
| ☑ | 9 | 301216 | B34_PRETENSION-HEAD-SECTION |
| ☑ | 10 | 292021 | B33_PRETENSION-HEAD-SECTION |
| ☑ | 11 | 282824 | B32_PRETENSION-HEAD-SECTION |

图 1-7　螺栓预紧力导入结果

# 1.1.3　通用功能

在通用模块部分，WB 19.0 提供了各种新的功能操作，主要包括以下部分内容。

## 1. 单元力耦合

新增功能可将电磁力 Maxwell 3D 与 Harmonic Response 进行连接，如图 1-8 所示。

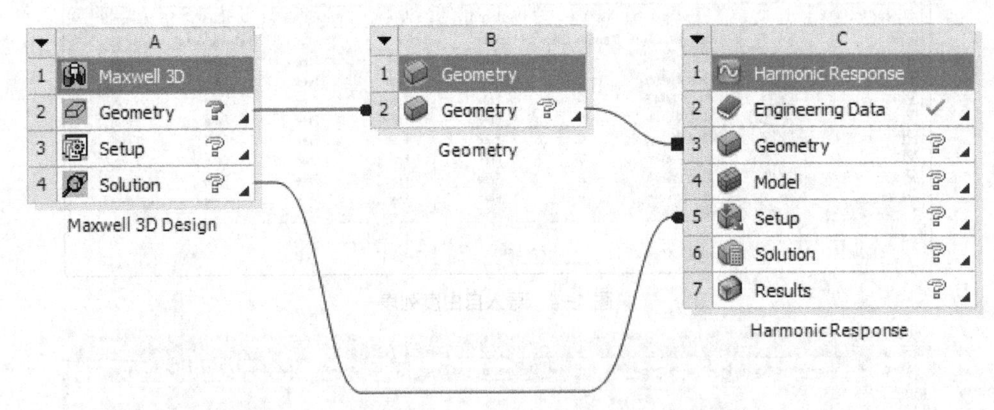


图 1-8　Maxwell 3D 与 Harmonic Response 数据连接

## 2. 基于不同材料显示实体颜色

对于复杂模型且存在多种材料的情况，用户可以基于不同的材料将实体以不同的颜色显示，如图 1-9 所示。实体中存在 3 种材料并分别赋予模型 3 部分区域，可以实现不同材料的不同颜色显示。

右键单击 Geometry，插入 Material Plot，然后选择基于哪种材料属性进行不同颜色显示，即可完成。

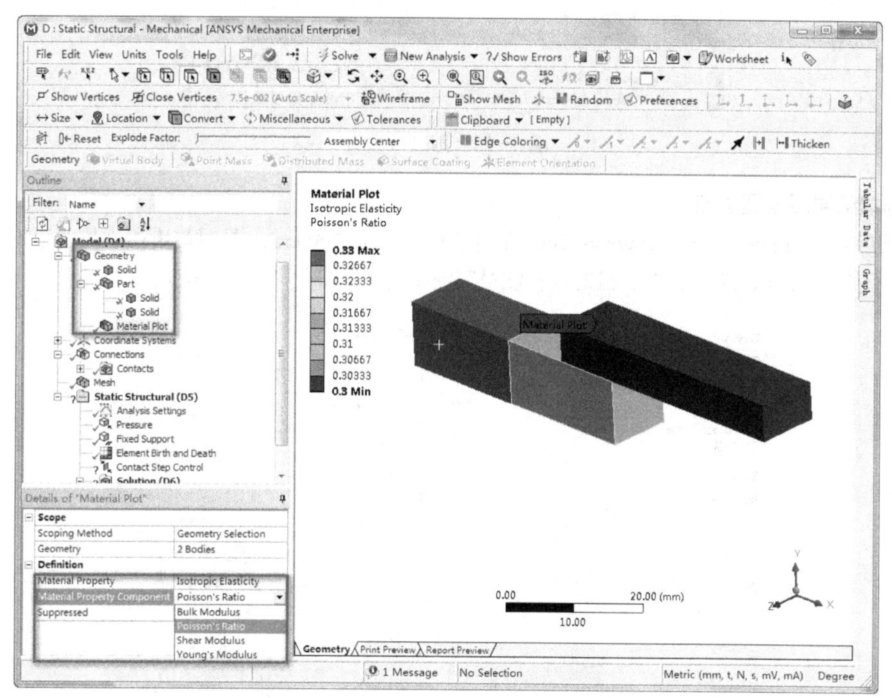


图 1-9　实体基于不同材料显示不同颜色

## 3. 单元生死

在新版软件中，用户可以实现接触步控制和单元的生死设置。如图 1-10 所示，右键单击分析项目（图中 Static Structural）可以插入 Element Birth and Death 和 Contact Step Control，然后通过对弹出窗口的详细设置实现接触步控制和单元生死功能。

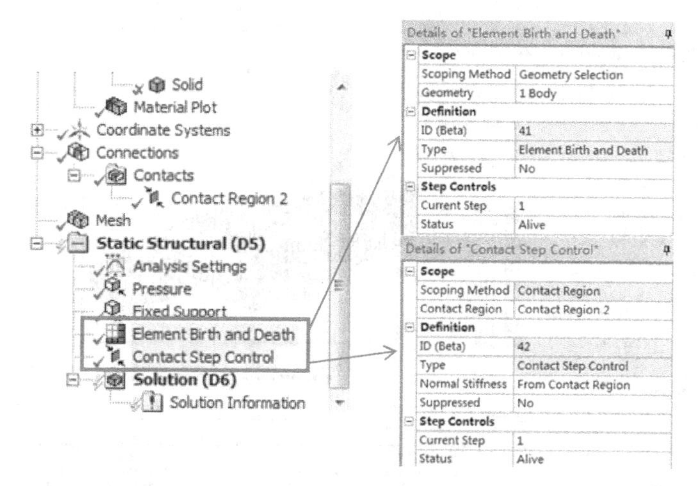


图 1-10　单元生死设置功能

## 4. 剪贴板工具

WB 19.0 新增剪贴板窗口，可以帮助用户实现对选择的存储、添加、删除等操作，提升用户选择效率，如图 1-11 所示，用户可以选择点、线、面、实体、单元等元素。

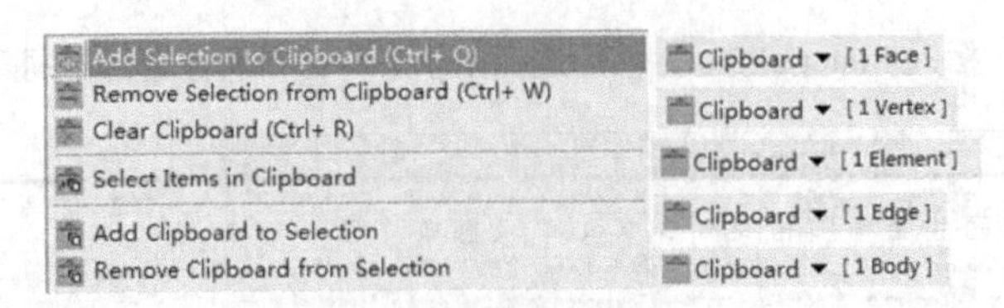


图 1-11　剪贴板窗口

## 5. 新增结果后处理功能

在结果后处理功能中新增 Average 和 Total 的计算输出。其中 Average 针对最大最小值的平均计算，Total 针对长度、面积、体积、质量、力、扭矩以及能量等结果输出，如图 1-12 所示。

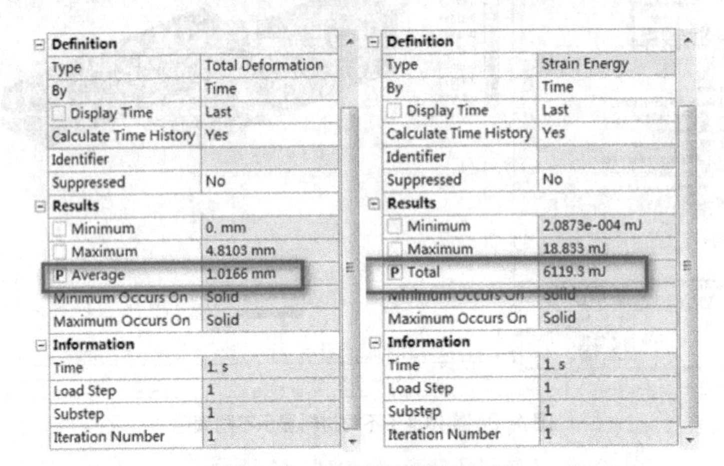


图 1-12　结果后处理新增功能

此外，探针功能能够自动探测局部的最大最小值，并且会以列表形式展示出来，如图 1-13 所示。

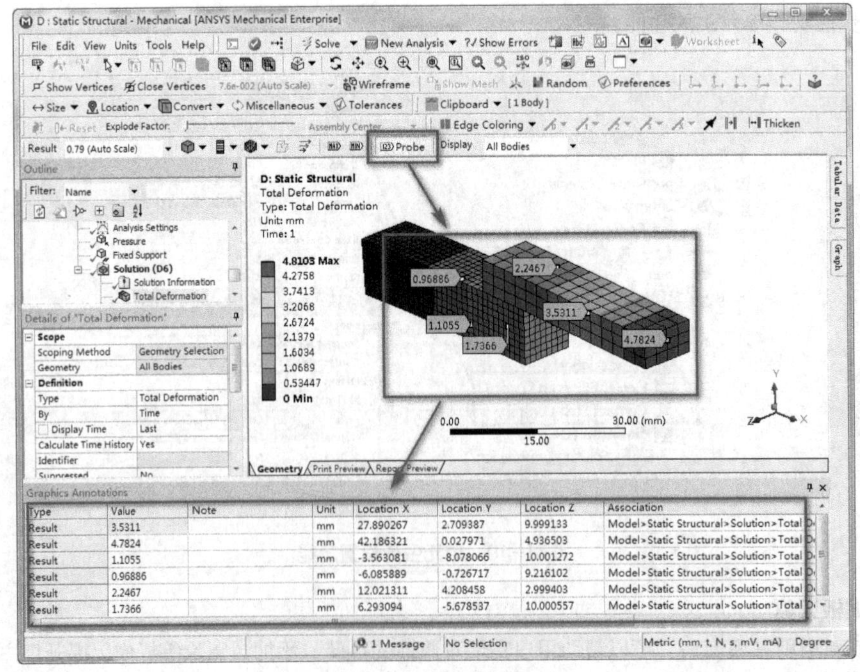


图 1-13　Probe 功能

### 6. 导入 RST 结果

用户可以直接通过 Tools→Read Result Files…导入 rst/rth 文件，无须 error 文件（.error）。此外，针对采用分布式计算获得的未组合的 ANSYS 文件，同样可以导入 WB 19.0 中使用。

## 1.1.4 拓扑优化

在新版本的拓扑优化模块中，用户可以施加惯性载荷以及热载荷，提高了拓扑优化的使用范围。同时，在 Windows 及 Linux 系统下，都可以进行 RSM 求解方法。

此外，对于拓扑优化结果，可以在新建分析项目中进行数据的共享使用，如图 1-14 所示。

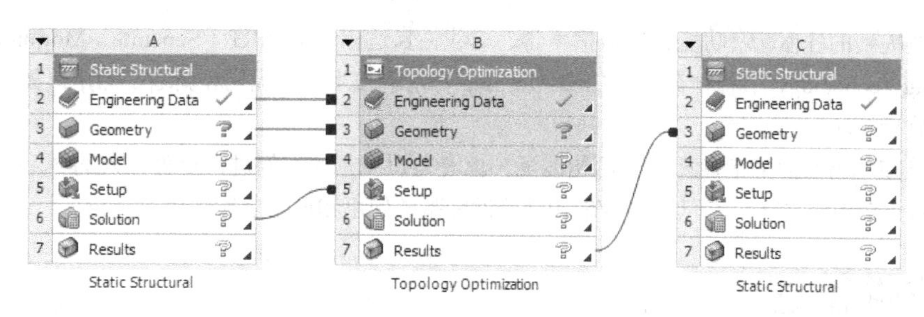


图 1-14 拓扑优化数据共享

## 1.1.5 网格划分

在网格划分技术方面也有新增功能，新增笛卡尔网格划分方法，对面体网格划分、六面体网格生成以及高低阶混合网格的划分技术进行了优化。例如孔网格的划分，在孔边沿外围实现分层网格，使得网格质量大大提升，如图 1-15 所示。

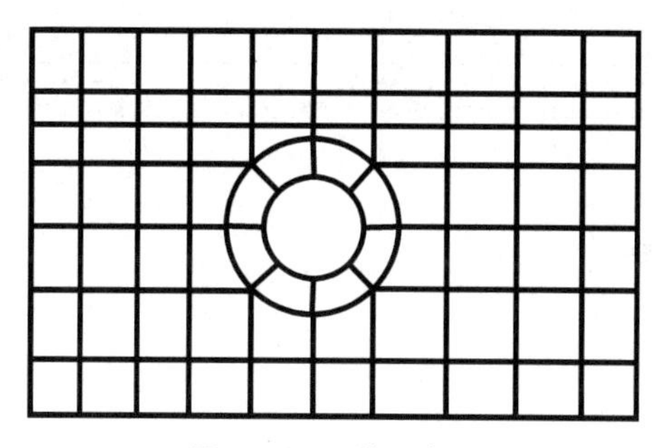

图 1-15 网格示意图

## 1.1.6 动力学分析

动力学分析模块存在以下部分功能更新，如显式动力学分析模块中新增 Joint 功能，用户可以使用 Body-Ground、Body-Body 等进行运动分析，可以进行刚柔耦合模型的混合仿真等，同时也可以在显式动力学中使用 Point Mass。

另外，通过 External Model 可以导入 LS-Dyna K 文件，也可以从非 ANSYS LS-Dyna 求解器中导入模型。

## 1.1.7 接触功能

接触设置中新增对小滑移问题的求解控制，滑动距离小于 20%的接触长度，其算法为每个接触点总是与初始状态目标面所对应的网格相互作用，如图 1-16 所示。

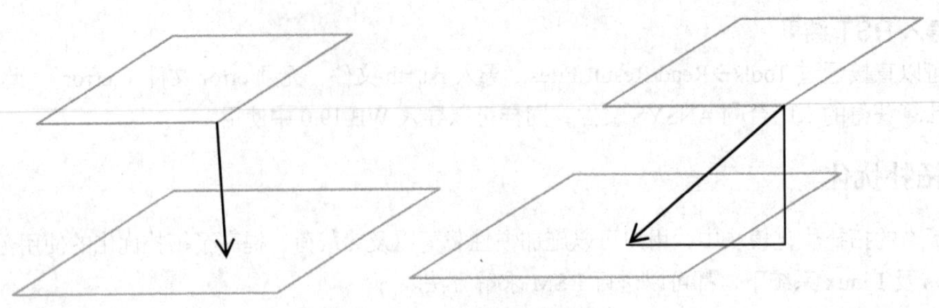

图 1-16　小滑移示意图

除了上述提到的各项新增功能，还包括声学、非线性自适应、SMART（Separate、Morphing、Adaptive 和 Re-meshing Technology）、流体分析、CFD Meshing 等功能技术上的优化和新增，为用户提供了更多、更简便的仿真分析模块。

上述功能在本书后面的诸多章节中可能涉及，读者可以就具体实例进行更为深入的学习和了解。介绍 WB 19.0 的部分新功能之外，我们将对 WB 19.0 软件的基本使用和通用功能做简单介绍。

# 1.2　文件管理

打开 WB 19.0 进入软件界面窗口，在菜单栏和工具栏中均可以创建分析项目。WB 中一个文件称为一个项目，每个项目中可以进行不同分析类型卡片的创建。

用户可通过工具栏中的 Save Project 和 Save Project As 来完成保存管理。如果需要变更文件的保存路径，可直接单击“保存”按钮，然后选择本地计算机所在文件夹作为工作路径（如 E:\WB\chapter-01），输入保存的项目名称即可，如图 1-17 所示。

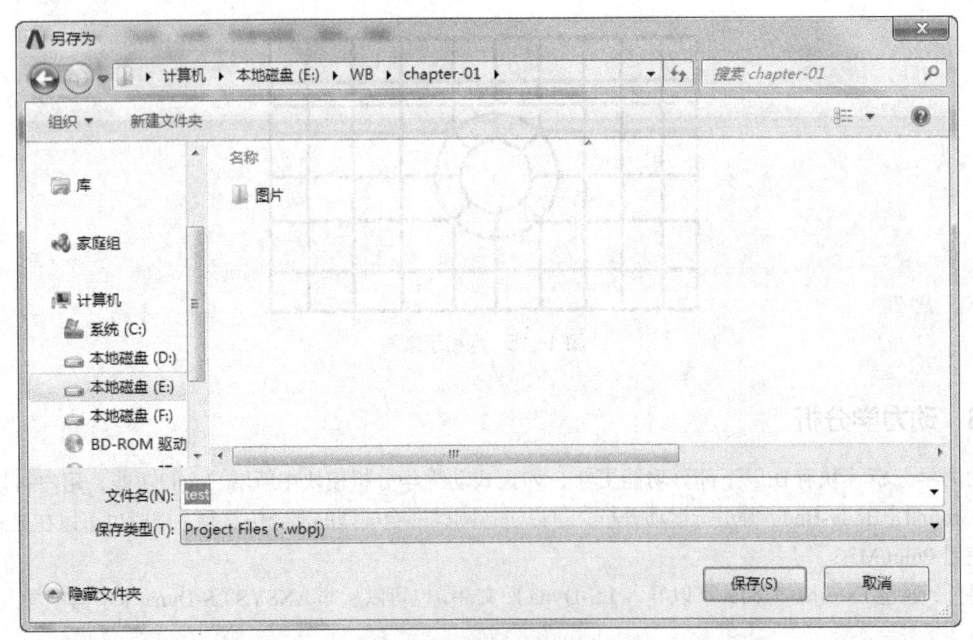


图 1-17　文件路径选择

由于求解过程中存在非常大的临时文件，可以通过设置更改临时文件路径，依次单击菜单中的 Tools→Options，在弹出的窗口中进行设置即可，如图 1-18 所示。

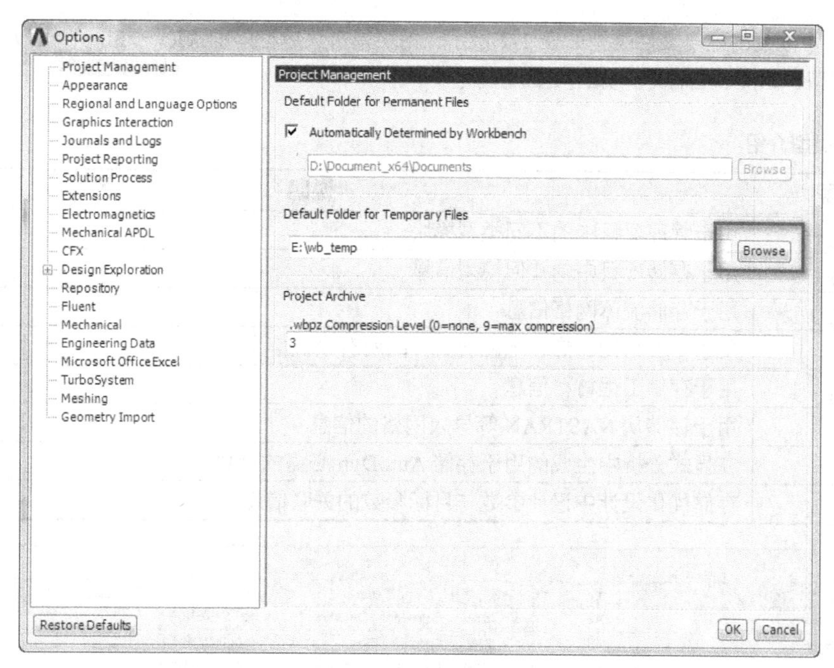


图 1-18 临时路径管理

## 1.2.1 文件类型

创建项目文件并保存可以得到 WB 的项目存储文件，包括*.wbpj 项目文件和*_files 文件夹，文件夹下存在众多子文件夹，分别为 dp0、session_files、user_files，下面分别针对每种文件做介绍。

### 1. dp0 文件夹

该文件夹为 WB 产生的设计点文件夹，包含每个分析系统的系统文件夹 SYS，在系统文件夹下面又包含每个应用系统，如 Mechanical、Fluent 等，在这些文件夹下包含模型路径、工程数据以及源数据等内容，如图 1-19 所示。

此外，可以看到在 dp0 下除了系统文件夹外还存在 global 文件夹，它包含用于整个项目中所有系统共享的数据库文件等内容。

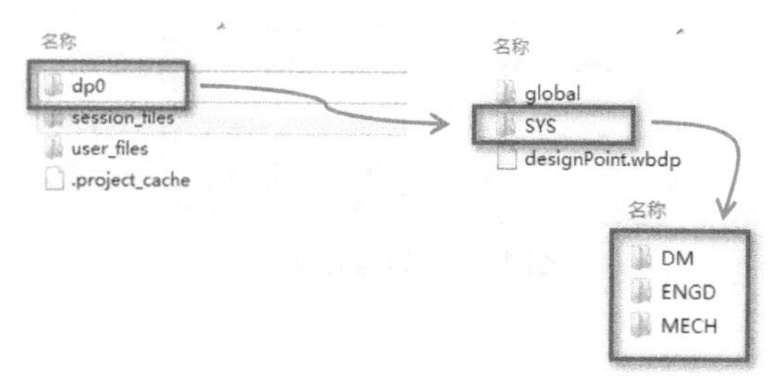


图 1-19 文件夹内容

### 2. user_files 文件夹

该文件夹主要包含一些输入文件、参考文件以及用户宏文件，通常包括由 WB 生成的图片、图表、动画等。

### 3. session_files 文件夹

该文件夹主要存储用户操作的宏文件，通常文件名称为 journal1.wbjn，用户可以通过编辑器打开文件进行宏操作的学习和修改。

在 WB 中常涉及的主要文件类型如表 1-2 所示，用户单击菜单栏中的 View→Files，可以查看所有创建的文件及其类型、时间、名称等，如图 1-20 所示。

表 1-2　文件类型介绍

| 文件类型 | 说明 |
|---|---|
| *.wbdb | 用于管理项目中的不同类型模块 |
| *.agdb | 用于存储项目中的几何模型信息 |
| *.cmdb | 用于存储流体网格信息 |
| *.dsdb | 用于存储结构、热、电磁仿真中的所有模型信息 |
| *.engd | 用于存储工程材料信息 |
| *.fedb | 用于存储从 NASTRAN 等导入网格的信息 |
| *.ad | 在显式分析中生成的用于存储 AutoDyn 必需的信息 |
| *.dxdb | 存储优化设计中设计参数与目标参数的关联信息 |

| | A | B | C | D | F |
|---|---|---|---|---|---|
| 1 | Name | Ce... | Size | Type | Location |
| 2 | material.engd | A2 | 25 KB | Engineering Data File | dp0\SYS\ENGD |
| 3 | SYS.agdb | A3 | 2 MB | Geometry File | dp0\SYS\DM |
| 4 | SYS.engd | A4 | 25 KB | Engineering Data File | dp0\global\MECH |

图 1-20　文件显示

### 1.2.2　文件归档

对文件的管理主要通过菜单栏中 File 下的 Archive…和 Restore Archive…来进行。

用户可以通过 Archive 对文件进行打包存档，并且在弹出的 Archive Options 对话框中定义需要打包存档的内容，如图 1-21 所示。如果用户需要打开之前存档的压缩文件，可以通过 Restore Archive 进行复原。这两个操作便于用户对分析文件进行整理和归档。

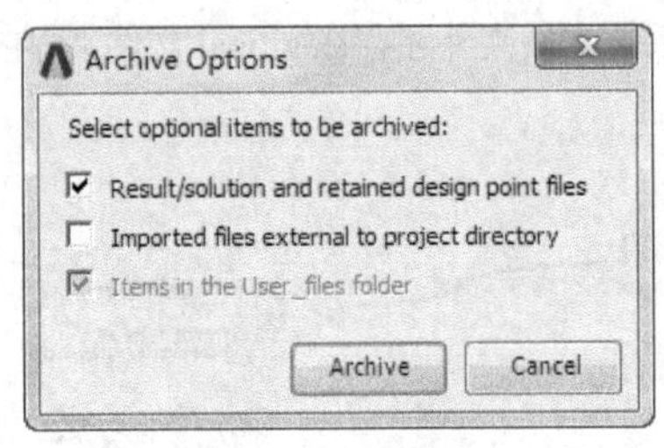


图 1-21　打包选项

## 1.3　项目新建

项目建立需要基于分析的问题类型进行区别，在进入 WB 19.0 分析界面后，首先根据分析的类型确立需要创建的分析项目，在创建完成之后可以保存到指定的文件中。下面将对项目新建做简单介绍。

### 1.3.1　新建方法

用户建立新的分析项目有很多种方法，WB 提供了各类型的分析功能模块，用户可以通过鼠标拖曳到项目纲要窗口来实现创建。如图 1-22 所示，拖动左侧工具箱中的 Harmonic Response 到右侧窗口实现对谐响应分析的创建。

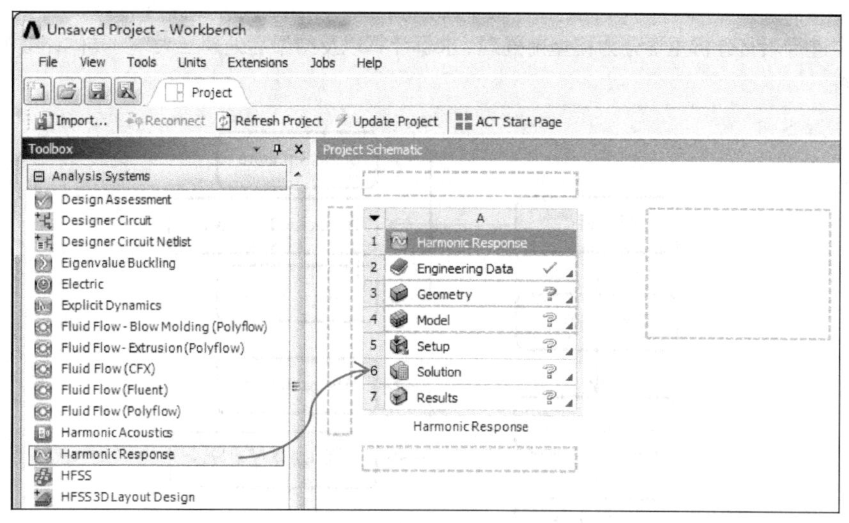


图 1-22　创建项目分析类型

当用户需要进行多种分析类型的顺序仿真或协同仿真时，同样可以拖动对应的分析类型到右侧窗口，然后单击分析类型下的某一选项与另一个模型中的选项连接，能够连接的选项将以虚拟的绿色虚线框显示；除此之外，用户可以直接右键单击选项，选择 Transfer Data To New 来实现数据的连接和仿真的共享，如图 1-23 所示。

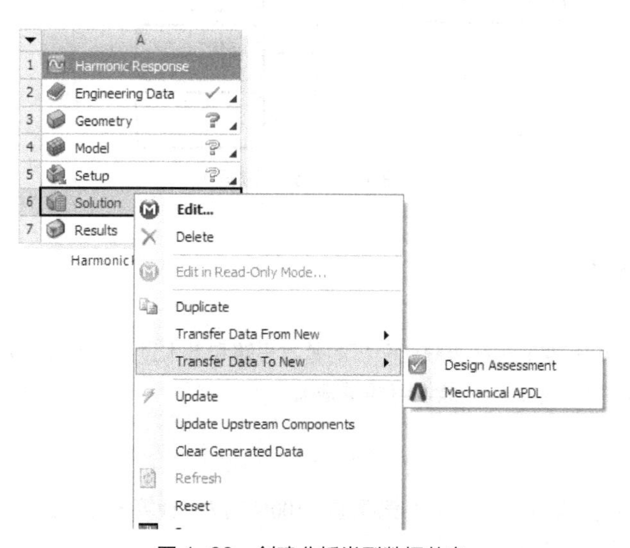


图 1-23　创建分析类型数据共享

## 1.3.2　项目保存

可以直接通过在 Project 窗口中单击 Save 按钮，按照 1.2 节所示定义路径保存文件，也可以在打开的任意分析流程窗口中将项目实现保存，如基于 DesignModeler 建模窗口保存文件。除此之外，用户也可以基于 Model、Setup、Solution 以及 Results 窗口实现项目的保存。

# 1.4 分析流程

在 WB 中进行项目分析主要分为模型前处理、求解计算以及结果后处理三大块，具体详细流程如图 1-24 所示的流程图。

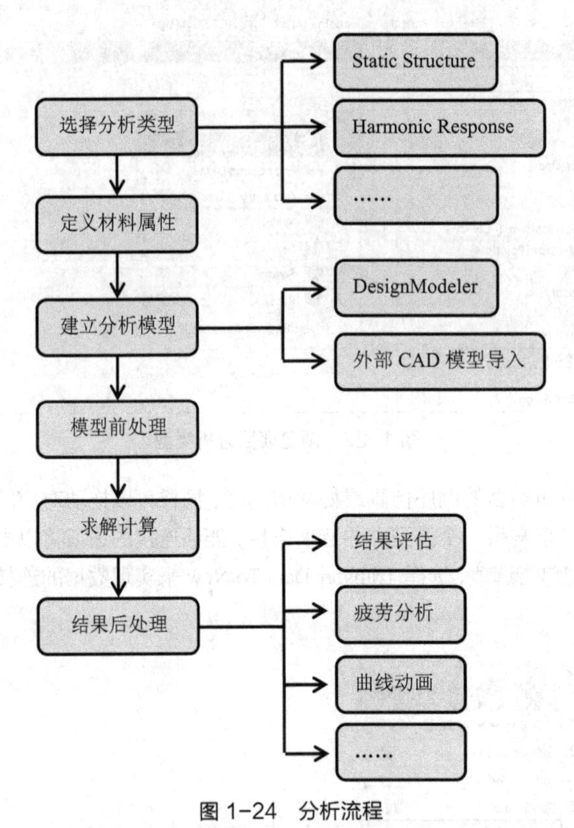


图 1-24 分析流程

# 1.5 实例操作

本例主要介绍利用 WB 19.0 进行有限元分析的基本思路和基本过程，使读者对软件的使用操作有一个基本的认识，形成初步使用印象，为后续学习提供基础。

## 1.5.1 实例描述

图 1-25 所示为简单的悬臂梁结构，在梁表面施加 100N 的力，计算梁受到的应力大小和变形量，结构材料采用 45 钢，其材料属性参数如表 1-3 所示。

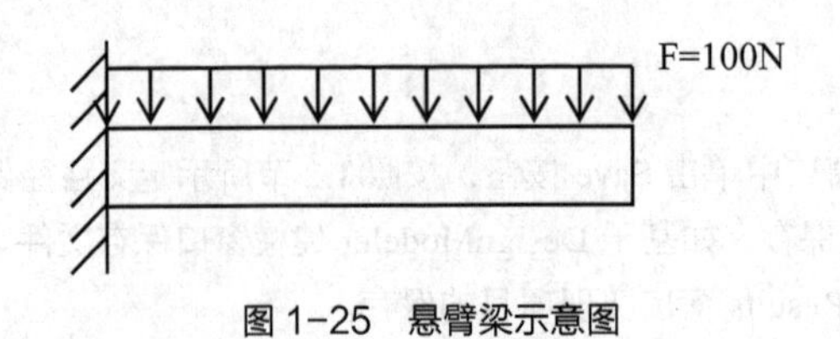


图 1-25 悬臂梁示意图

表 1-3　45 钢材料属性

| 名称 | 密度/kg · $m^{-3}$ | 弹性模量/MPa | 泊松比 |
|---|---|---|---|
| #45 | 7.89e3 | 209000 | 0.269 |

## 1.5.2　几何建模

创建静力学分析类型 Static Structure，右键单击 Geometry 进入 DM 中进行几何建模，绘制悬臂梁截面草图，长为 20mm，宽为 10mm，如图 1-26 所示，然后拉伸 60mm 获得实体模型。

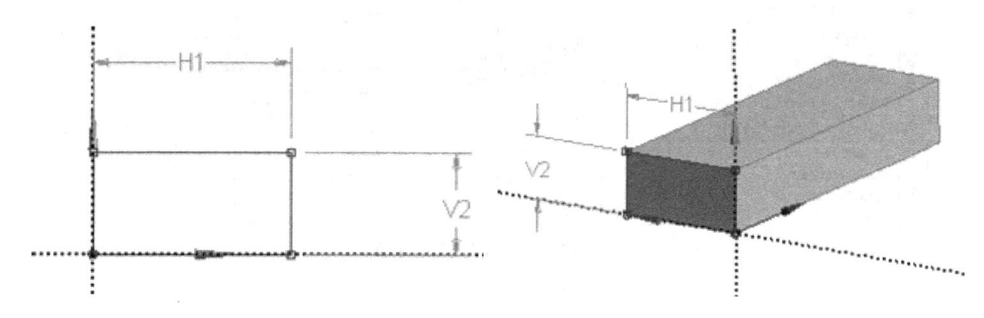


图 1-26　几何模型

## 1.5.3　材料属性设置

双击 Engineering Data 进入材料编辑界面，选中 Engineering Data Sources 并选择 General Materials，在弹出的材料库中选择 45 钢，单击列表后的“+”标签添加至当前分析中，如图 1-27 所示。

然后退回至 Filter Engineering Data 可以看到添加到列表中的 45 钢，按照表 1-3 所示的材料属性数据添加密度项，如图 1-28 所示，完成所有定义之后进入 Model 界面，在 Geometry 下选择几何实体并将材料属性赋予模型。

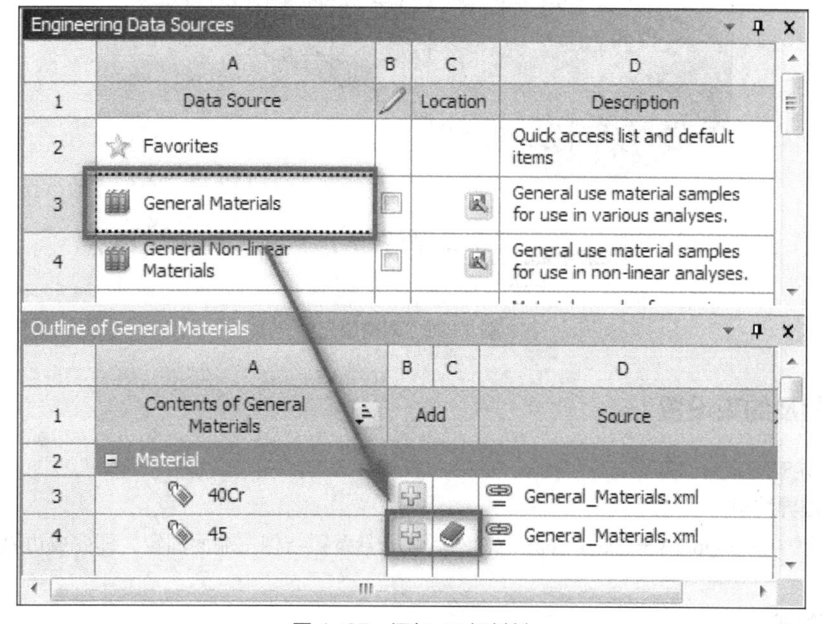


图 1-27　添加 45 钢材料

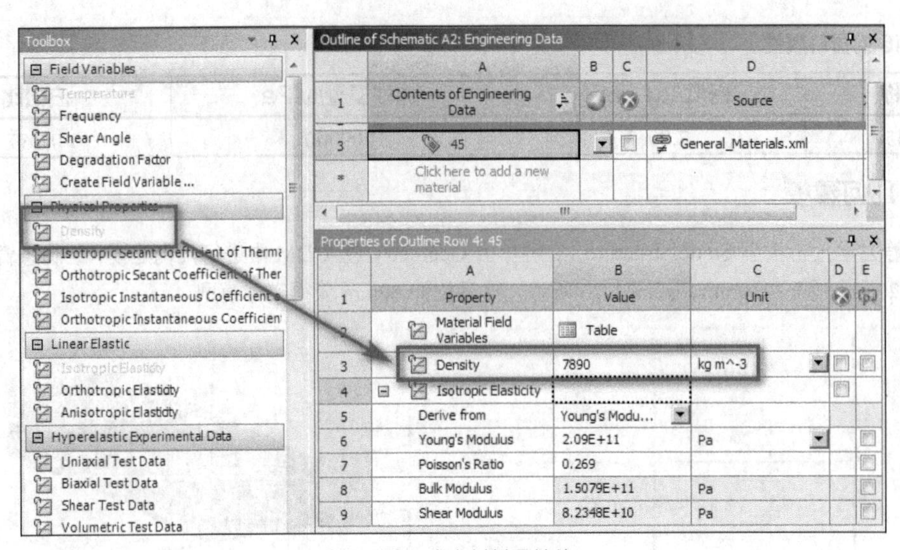


图 1-28　定义材料属性值

## 1.5.4　网格划分

进入 Model 窗口，首先对模型进行网格划分，划分方法采用扫掠法（Sweep），单元大小设置为 3mm，然后单击 Generate 生成网格，如图 1-29 所示。

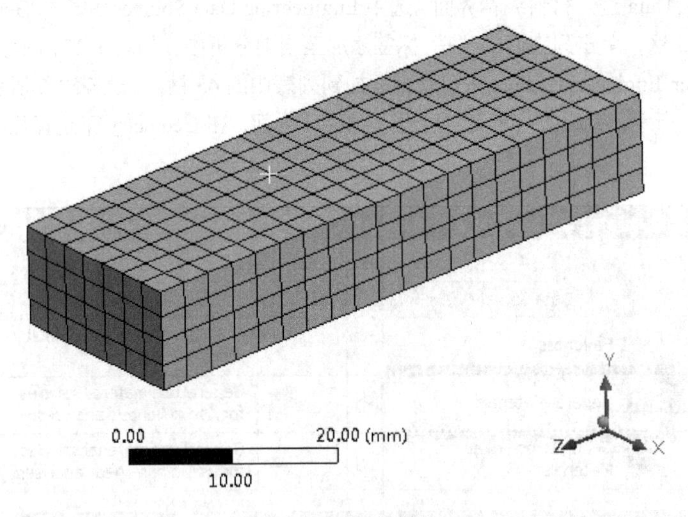


图 1-29　网格单元

## 1.5.5　载荷及约束设置

载荷及边界的定义步骤如下。

**1. 定义边界约束**

单击工具栏中的 Supports→Fixed Support，然后选择悬臂梁结构左端面固定，即完成边界约束设置，如图 1-30 所示。

**2. 载荷加载**

单击工具栏中的 Loads→Force，然后选择梁结构上表面，同时设置载荷施加方式为 Components，在 *y*

方向输入-100，完成载荷加载，如图 1-31 所示。

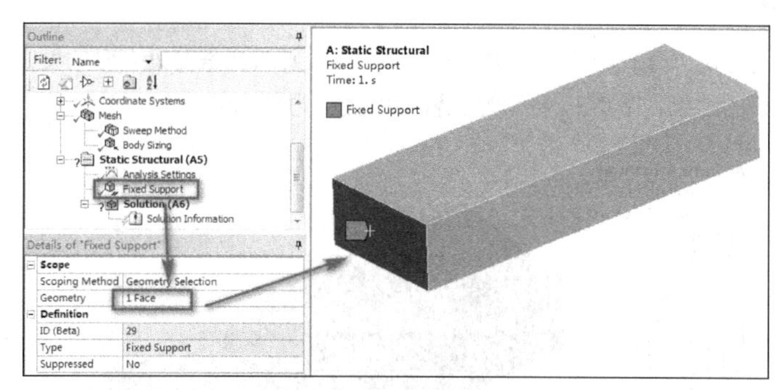


图 1-30　施加边界约束

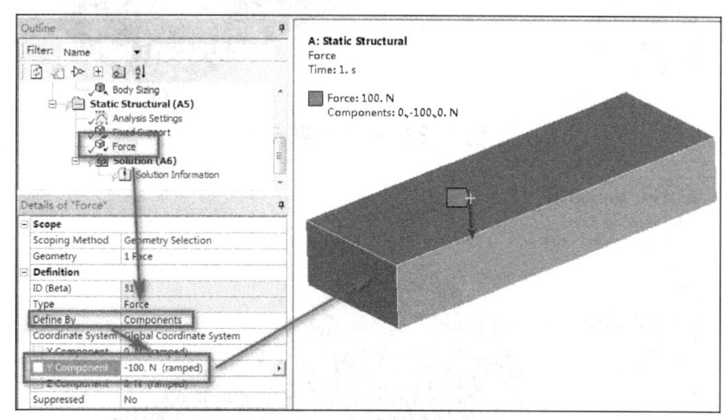


图 1-31　载荷加载

## 1.5.6　模型求解

模型求解设置需要定义输出项目，设置求解方式，通过右键单击 Solution 插入 Total Deformation 变形结果以及 Equivalent Stress 应力结果作为输出项，如图 1-32 所示，对于求解部分的其他设置，直接采用软件默认即可，然后提交计算机求解。

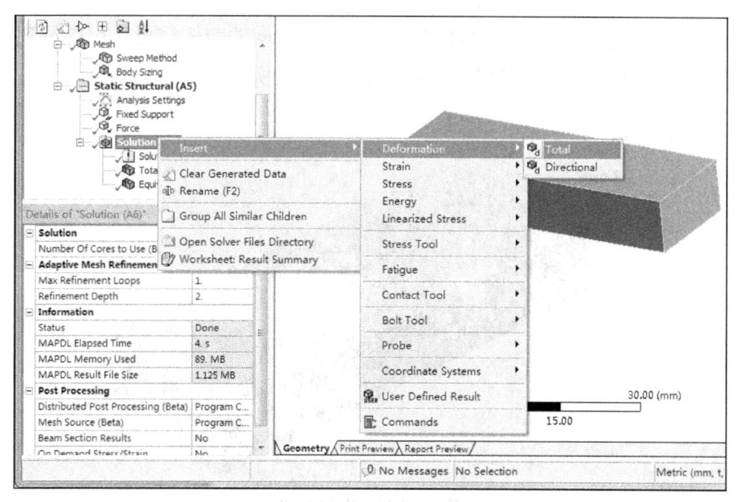


图 1-32　求解及输出设置

## 1.5.7 结果后处理

待整个计算完成之后可以查看相应的结果输出，图 1-33 所示为悬臂梁变形结果云图。还可以将网格去除，直接显示无网格云图结果，图 1-34 所示为悬臂梁所受应力状态。

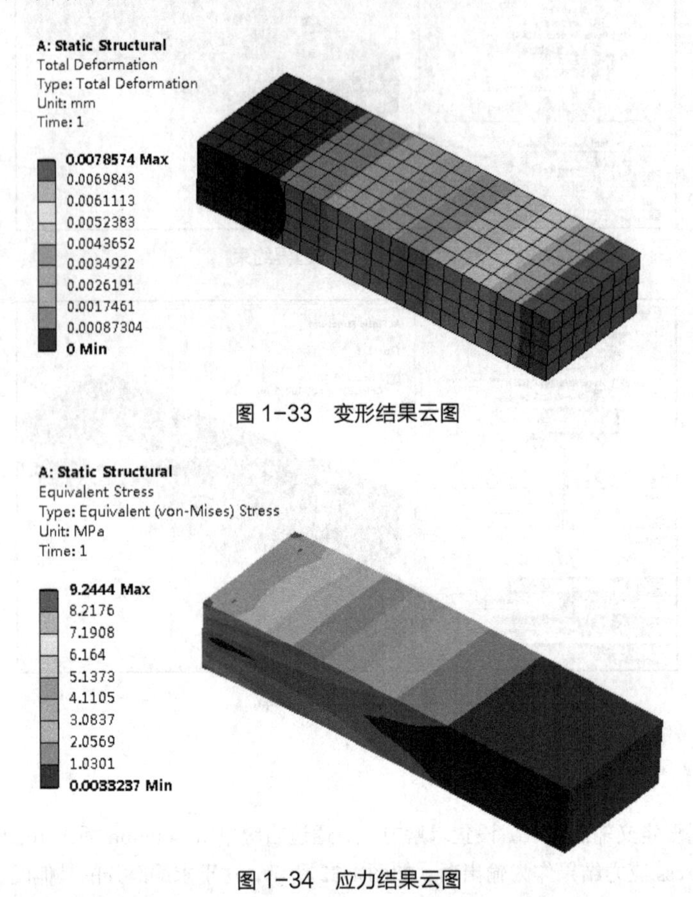


图 1-33　变形结果云图

图 1-34　应力结果云图

如果用户对某一边线或者路径上的变形量感兴趣，可以通过生成路径曲线，输出对应的变形结果云图及曲线，如图 1-35 所示。然后针对创建的路径重新计算其在 $y$ 方向的变形结果，可以得到图 1-36 所示的路径变形云图以及基于路径曲线上的各节点的变形曲线，如图 1-37 所示。

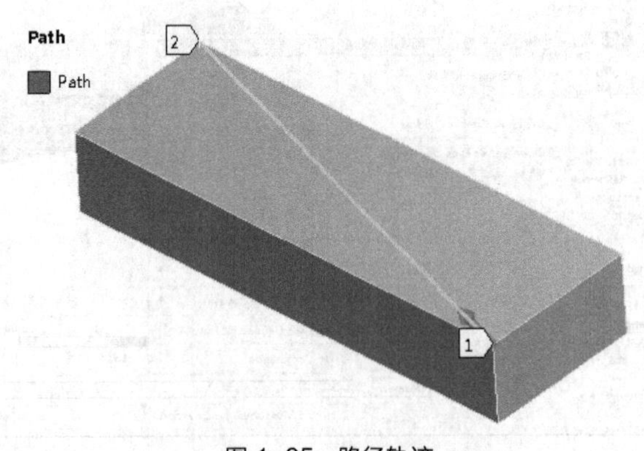


图 1-35　路径轨迹

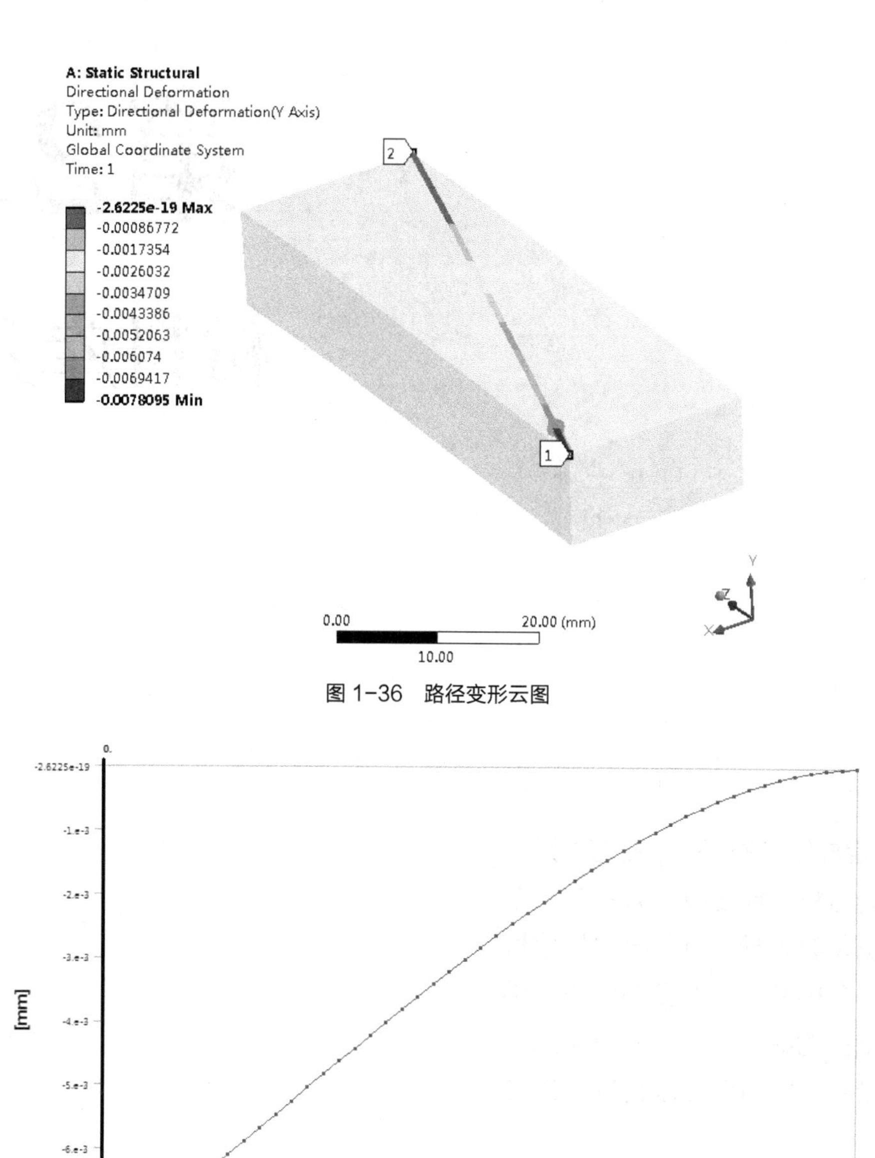


图 1-36　路径变形云图



图 1-37　路径上各节点 Y 方向变形曲线

# 1.6　本章小结

本章主要针对 WB 软件的各项功能进行了简单介绍，同时对于新一代软件平台 WB 19.0 的各主要新增功能进行了详细介绍，使用户能够了解软件的各项新功能，便于用户进行选择，最后通过简单的实例讲解介绍在 WB 19.0 中如何进行项目的仿真分析，对过程中的每一步都进行了介绍，便于读者理解。到此，读者已经对 WB 19.0 有了初步的认识，本书后面的章节将对软件各功能的使用进行详细阐述。

Chapter 02

# 第2章

## 材料库介绍

■ 材料是组成结构的基础。在有限元分析中，设定材料属性是其中必需的一个环节。无论是静力学分析、热力学分析还是电磁场分析等不同类型的仿真，都需要输入相关的材料参数。只有定义正确的材料参数，才有可能获得准确的分析结果。

在 WB 中进行材料属性设定的模块是 Engineering Data，它是建立、保存和修改工程材料参数的一个重要模块，是进行所有 WB 仿真分析的基础，本章将针对这一功能做详细介绍。

# 2.1 认识材料库

Engineering Data 是模型仿真中材料属性参数的来源，在这里，你可以创建、保存和修改材料模型。Engineering Data 可以作为仿真项目的一部分，也可以作为一个独立的系统模块。当作为项目一部分时，在该场景下模块仅展示与仿真项目相关联的材料属性参数；当作为独立系统时，模块将展示所有软件默认的材料类型和材料属性参数。

在 Engineering Data 模块中包含线弹性（Linear Plastic）、超弹性（Hyperelastic）、蠕变（Creep）、损伤（Damage）、传热（Thermal）等多种材料属性数据（见图 2-1），针对不同的分析类型，在材料库中都能够找到对应的参数需求窗口。

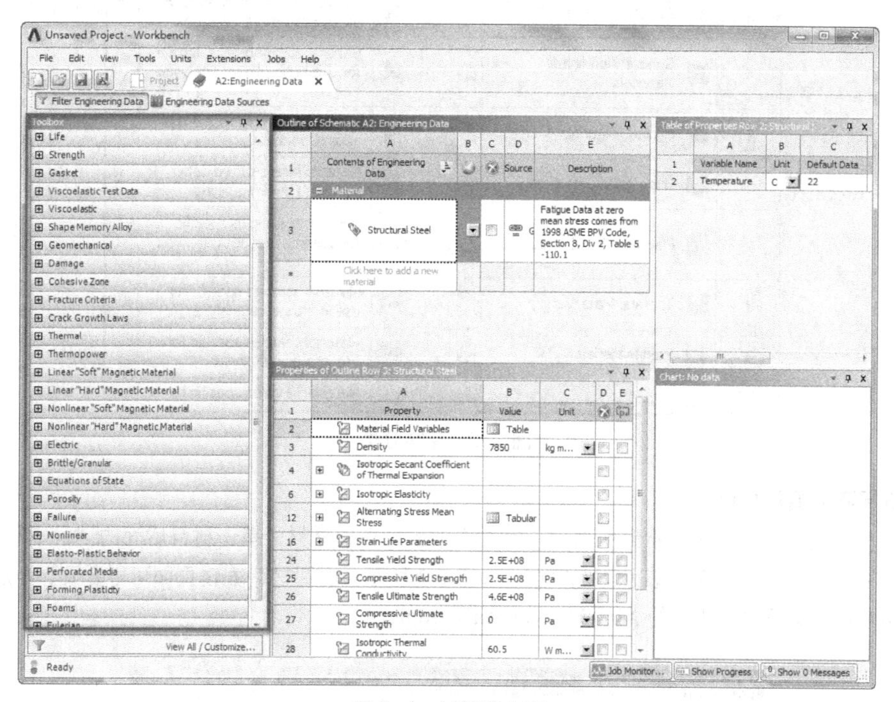


图 2-1　材料库内容

此外，还可以基于实验手段获取材料的特征曲线，在 Engineering Data 中创建符合实际要求的材料模型。总之，材料库提供了各个学科强大的材料属性编辑和创建功能，保证分析人员能够快速高效地实现材料属性的定义。

# 2.2 材料库的操作

材料库提供便捷的材料模型创建、保存和修改功能，本节将针对材料参数的各项操作逐个介绍，让使用者能够熟练地掌握材料库的使用。

## 2.2.1 材料属性编辑

WB 中提供了众多的材料类型，但是在实际工况中，很多材料参数数值上并不一定与 WB 提供的完全一致，这时候我们可以通过编辑修改材料参数值获得满足自己分析需求的材料属性参数。

在分析之前需要定义材料类型，WB 默认选择结构钢材料。当需要添加其他材料时，必须进入材料数据源（Engineering Data Sources）选择对应的材料类型完成设置，具体步骤如下。

**1. 选择材料所属类型**

WB 中将材料归为很多大类，每一类包含不同类型的材料，有通用材料（General Materials）、通用非线性材料（General Non-linear Material）、超弹性材料（Hyperelastic Materials）等，如图 2-2 所示。

Engineering Data Sources

| | A | B | C | D |
|---|---|---|---|---|
| 1 | Data Source | | Location | Description |
| 2 | Favorites | | | Quick access list and default items |
| 3 | General Materials | | | General use material samples for use in various analyses. |
| 4 | General Non-linear Materials | | | General use material samples for use in non-linear analyses. |
| 5 | Explicit Materials | | | Material samples for use in an explicit analysis. |
| 6 | Hyperelastic Materials | | | Material stress-strain data samples for curve fitting. |
| 7 | Magnetic B-H Curves | | | B-H Curve samples specific for use in a magnetic analysis. |
| 8 | Thermal Materials | | | Material samples specific for use in a thermal analysis. |
| 9 | Fluid Materials | | | Material samples specific for use in a fluid analysis. |
| 10 | Composite Materials | | | Material samples specific for |

图 2-2 材料分类

**2. 选择添加具体材料**

当进入材料大类之后，可以看到所属材料大类之下包含各种材料，单击材料后面的“+”符号，此时所属材料 C 列出现一本字典标签，表示添加完成，如图 2-3 所示。返回材料编辑页面可以看到，添加的材料已经出现在列表中，如图 2-4 所示的 Air 和 Silicon Anisotropic。

Outline of General Materials

| | A | B | C | D | E |
|---|---|---|---|---|---|
| 1 | Contents of General Materials | Add | | Source | Description |
| 7 | FR-4 | | | | purposes. It is assumed that the material x direction is the length-wise (LW), or warp yarn direction, while the material y direction is the cross-wise (CW), or fill yarn direction. |
| 8 | Gray Cast Iron | | | | |
| 9 | Magnesium Alloy | | | | |
| 10 | Polyethylene | | | | |
| 11 | Silicon Anisotropic | | | | |
| 12 | Stainless Steel | | | | |
| 13 | Structural Steel | | | | Fatigue Data at zero mean stress comes from 1998 ASME BPV Code, Section 8, Div 2, Table 5-110.1 |

图 2-3 添加具体材料

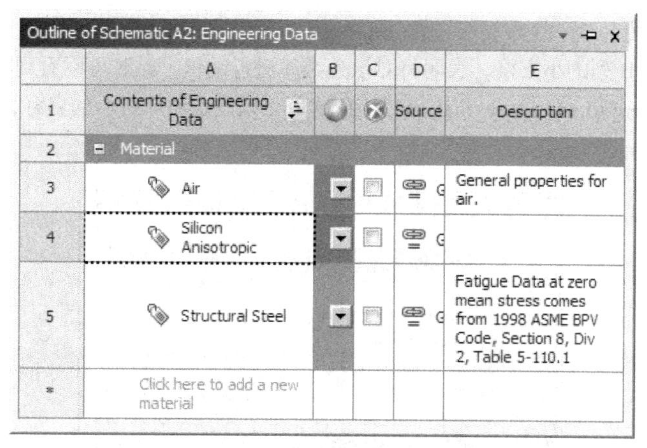

Outline of Schematic A2: Engineering Data

| | A | B | C | D | E |
|---|---|---|---|---|---|
| 1 | Contents of Engineering Data | | | Source | Description |
| 2 | Material | | | | |
| 3 | Air | | | G | General properties for air. |
| 4 | Silicon Anisotropic | | | G | |
| 5 | Structural Steel | | | G | Fatigue Data at zero mean stress comes from 1998 ASME BPV Code, Section 8, Div 2, Table 5-110.1 |
| * | Click here to add a new material | | | | |

图 2-4　材料列表

通过上述方法完成材料的添加，之后我们就可以对材料参数进行适当的编辑修改。以常用的结构类钢材为例，如图 2-5 所示，WB 中提供的钢材密度为 7850kg · $m^{-3}$，杨氏模量和泊松比分别为 2E+11Pa 和 0.3。但是结构类钢材有合金钢、碳钢等不同类型，所以当使用上述材质进行分析时，需要结合实际，对相应的数据进行修改，可以直接在框格中输入数据。

Properties of Outline Row 3: Structural Steel

| | A | B | C | D | E |
|---|---|---|---|---|---|
| 1 | Property | Value | Unit | | |
| 2 | Material Field Variables | Table | | | |
| 3 | Density | 7850 | kg m^-3 | | |
| 4 | Isotropic Secant Coefficient of Thermal Expansion | | | | |
| 6 | Isotropic Elasticity | | | | |
| 7 | Derive from | Young... | | | |
| 8 | Young's Modulus | 2E+11 | Pa | | |
| 9 | Poisson's Ratio | 0.3 | | | |
| 10 | Bulk Modulus | 1.6667E+11 | Pa | | |
| 11 | Shear Modulus | 7.6923E+10 | Pa | | |
| 12 | Alternating Stress Mean Stress | Tabular | | | |
| 16 | Strain-Life Parameters | | | | |
| 24 | Tensile Yield Strength | 2.5E+08 | Pa | | |
| 25 | Compressive Yield Strength | 2.5E+08 | Pa | | |
| 26 | Tensile Ultimate Strength | 4.6E+08 | Pa | | |
| 27 | Compressive Ultimate Strength | 0 | Pa | | |
| 28 | Isotropic Thermal Conductivity | 60.5 | W m^... | | |

图 2-5　结构钢材料参数值

## 2.2.2　新建材料编辑

WB 的材料数据库中虽然提供了很多材料，但实际工程问题千变万化，涉及的材料种类也是纷繁复杂，材料库中的数据并不足以覆盖所有分析项目，所以需要使用者自定义新材料，从而实现项目的顺利仿真。

下面将针对如何在 WB 中实现新材料的自定义做详细介绍，具体步骤如下。

（1）双击 Engineering Data 项进入编辑界面，选择工具栏中的 Engineering Data Sources 调出材料数据源界面，其中包含 WB 中已经集成的各大材料分类条目及下属具体材料。

（2）当创建新材料时，可以预先判断材料是否属于 WB 提供的大分类条目，如果不属于，则可以自行创建，如果属于某一大分类，则直接将新建材料加入该分类即可。这里以新建材料属于通用材料（General

Materials）为例进行介绍。

勾选通用材料后面 B 列的小方格，表明将对该分类库进行编辑，此时可以看到在该分类条目下多出带*的一行并提示“Click here to add a new material”，在此处可以设定添加材料的名称，输入 Test_Material，如图 2-6 所示。

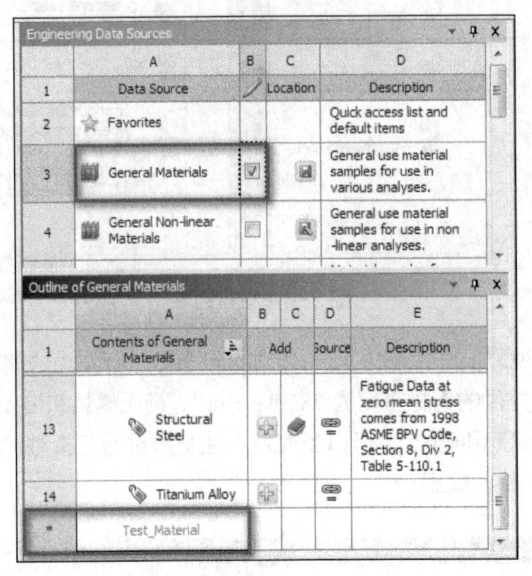


图 2-6　新建 Test_Material

（3）新建材料名称之后可以看到该材料之前存在一个“？”，这是因为该材料之下没有设置任何属性，接下来就需要对材料属性进行逐项添加。

单击 Test_Material，然后从左侧 Toolbox 中选择该材料所包含的属性，在这里我们假定材料为各项同性材料，在物理属性（Physical Properties）中选择密度（Density），拖动到 Test_Material 所在的属性列表中，同时可以看到完成拖动的属性颜色变为灰色。

然后继续添加线弹性属性，选择 Linear Elastic→Isotropic Elasticity，将其拖入 Test_Material 属性列表，如图 2-7 所示。

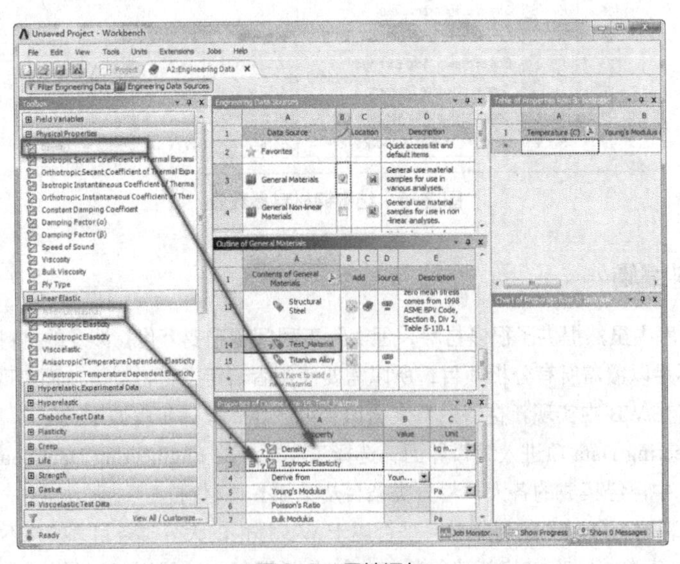

图 2-7　属性添加

（4）属性添加完成之后，在黄色框内输入对应的数值，并设定合适的单位。常用单位一般设置如下：密度——$t*mm^{-9}$，杨氏模量——MPa，长度——mm，本例中密度输入7.85E-9$t*mm^{-3}$，杨氏模量输入212000MPa。

完成输入之后，黄色框颜色恢复正常，同时在Test_Material之前的"？"标签也消失了，说明新建材料成功，如图2-8所示。

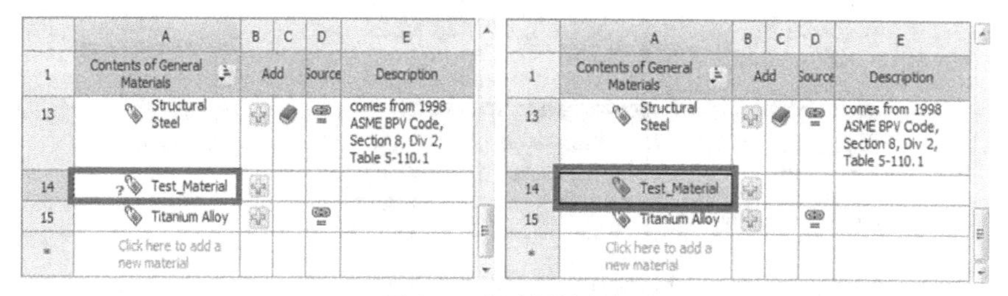

图2-8　新建材料完成

（5）保存材料。当完成材料的新建之后，需要将材料保存到WB的分类条目下，返回Engineering Data Sources大分类条目中，单击C列中的保存标志将新建材料保存，同时取消B列框格中的勾选，如图2-9所示。至此，完成新建材料并保存到分类条目下的所有操作。

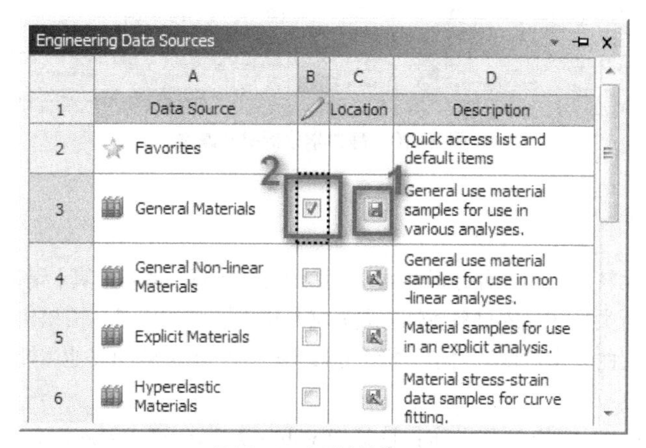

图2-9　新建材料保存

（6）材料调取使用。在材料新建完成之后需要进行使用，操作方法与2.2.1节中的方法一致，在对应材料后面单击"+"标志完成选择，在此不赘述。

如果想将新建材料删除，在Engineering Data Sources中进入材料大分类的编辑状态，找到对应材料名称，单击鼠标右键，选择"Delete"命令即可。

以上内容就是基于新建材料及材料属性设置的各项操作，每一步骤都进行了详细说明，希望大家能够熟练掌握。

# 2.3　常用材料库数据

进行有限元分析的一个必备环节就是设定材料属性，明确需要哪些材料参数，只有了解这些知识才能够进行成功而准确的仿真。本节将针对常见的一些仿真类型涉及的材料属性进行说明。

## 2.3.1　线性静力学分析

静力学分析是我们最常见和最普遍的分析类型，其基本理论涉及材料力学中材料线弹性变形曲线的相关知识，主要涉及的参数包含材料密度、杨氏模量、泊松比，一般有了这 3 项材料属性值就能够完成常见的静力学分析。

在 Engineering Data 中涉及的项主要是 Physical Properties 和 Liner Elastic，分别选择其中的 Density 和 Isotropic Elasticity 即可，如图 2-10 所示。

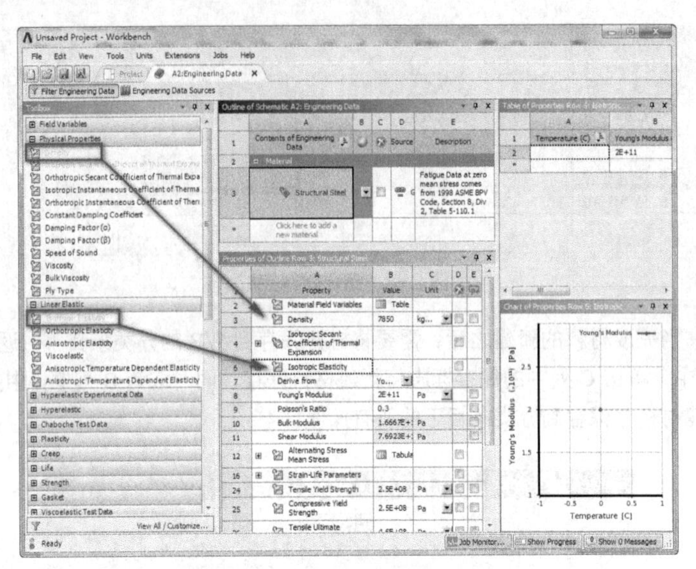

图 2-10　静力学分析材料属性

## 2.3.2　动力学分析

动力学分析是包含比较广泛的一种分析类型，包括运动学仿真、模态仿真、谐响应分析以及随机振动等众多问题，通常这些分析类型涉及的材料属性主要有材料密度、弹性模量、泊松比、材料阻尼、质量阻尼、刚度阻尼等，尤其是阻尼的设定对振动力学分析有重要影响。除阻尼外的其他属性设置与 2.3.1 节中相似，这里不再介绍。

在 Engineering Data 中添加阻尼操作：选择 Toolbox→Physical Properties，拖动 Constant Damping coefficient、Damping Factor（$\alpha$）、Damping Factor（$\beta$）三项阻尼属性即可，如图 2-11 所示。

| | A | B | C | D | E |
|---|---|---|---|---|---|
| 1 | Property | Value | Unit | | |
| 6 | Constant Damping Coefficient | | | | |
| 7 | Damping Factor (α) | | | | |
| 8 | Mass-Matrix Damping Multiplier | | | | |
| 9 | Damping Factor (β) | | | | |
| 10 | k-Matrix Damping Multiplier | | | | |
| 11 | Isotropic Elasticity | | | | |
| 17 | Alternating Stress Mean Stress | Tabula | | | |
| 21 | Strain-Life Parameters | | | | |
| 29 | Tensile Yield Strength | 2.5E+08 | Pa | | |
| 30 | Compressive Yield Strength | 2.5E+08 | Pa | | |
| 31 | Tensile Ultimate Strength | 4.6E+08 | Pa | | |
| 32 | Compressive Ultimate Strength | 0 | Pa | | |

图 2-11　阻尼设定

### 2.3.3 塑性变形分析

塑性变形也属于材料静力学，但是由于塑性变形已经超出材料的弹性阶段，所以适合线弹性静力学分析的材料属性设置并不满足这一分析类型，需要额外对材料属性进行处理。

在 Engineering Data 中设置塑性变形的材料属性存在两种不同的应力-应变曲线表示方法，分别称为双线性材料（Bilinear Isotropic Hardening）和多线性材料（Multilinear Isotropic Hardening），配合线弹性材料属性定义一起使用，完成塑性变形的分析。

如图 2-12 所示，在 Toolbox→Plasticity 中选择双线性或者多线性进行材料属性设置，如果选择双线性材料，则需要输入材料的屈服强度和切向模量；如果选择多线性材料，则需要自定义应力-应变曲线。

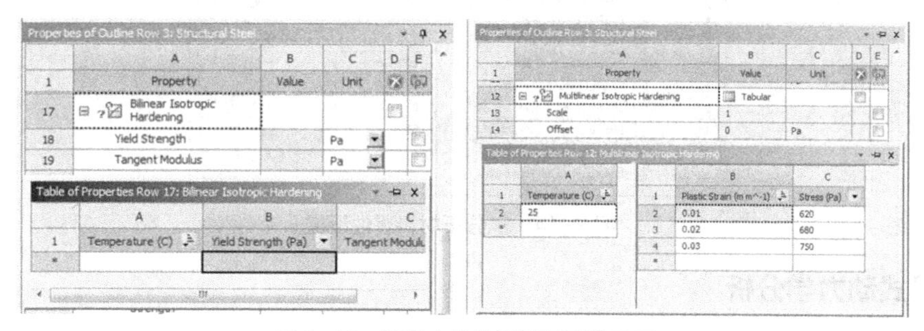


图 2-12 塑性变性分析材料属性设置

### 2.3.4 超弹性材料分析

超弹性材料是一种高度非线性材料，常见的有橡胶材料及其制品，在工程分析中很常见。该类材料的应力-应变是高度非线性的，通常在拉伸状态下，材料先变软后硬化，在压缩时材料则快速硬化。

WB 中提供了非常多的超弹材料本构模型可以使用，有 Mooney-Rivlin 模型、Polynomial 模型、Yeoh 模型、Ogden 模型等，在不同的工况下，使用者可以选择不同的模型。通常分析人员是基于实验数据获得超弹性材料的参数值，通过 WB 提供的拟合算法获得材料曲线。

在 WB 中提供了超弹性材料的实验数据输入项，常涉及材料的单轴（Uniaxial）、双轴（Biaxial）以及剪切（Shear）实验数据，结合材料模型实现对超弹性材料的定义，如图 2-13 所示。

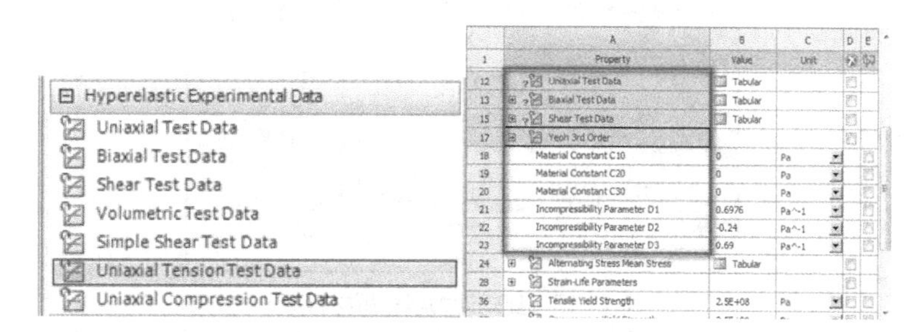


图 2-13 超弹性材料设置

### 2.3.5 热力学分析

热力学分析是有限元分析的一个非常重要的内容，有热传导、对流、辐射三类，具体应用类型涵盖单纯的热力学分析、热应力分析以及热-电-结构耦合等众多问题。通常来讲，进行与传热有关的分析涉及的材料属性包括导热性能（Thermal Conductivity）、热膨胀系数（Coefficient of Thermal expansion）以及比热（Specific heat）等。

在 WB 默认的材料设置中已经包含这几类属性，如果在使用中新建材料进行分析，则需要通过 Toolbox 进行逐项添加，分别选择 Toolbox→Physical Properties→Isotropic Secant Coefficient of Thermal Expansion、Toolbox→Thermal→Isotropic Thermal Conductivity 以及 Toolbox→Thermal→Specific Heat，设置完成后如图 2-14 所示。

Properties of Outline Row 3: Structural Steel

| | A | B | C | D | E |
|---|---|---|---|---|---|
| 1 | Property | Value | Unit | | |
| 2 | Material Field Variables | Table | | | |
| 3 | Density | 7850 | kg m^-3 | | |
| 4 | Isotropic Secant Coefficient of Thermal Expansion | | | | |
| 5 | Coefficient of Thermal Expansion | 1.2E-05 | C^-1 | | |
| 6 | Isotropic Elasticity | | | | |
| 12 | Alternating Stress Mean Stress | Tabular | | | |
| 16 | Strain-Life Parameters | | | | |
| 24 | Tensile Yield Strength | 2.5E+08 | Pa | | |
| 25 | Compressive Yield Strength | 2.5E+08 | Pa | | |
| 26 | Tensile Ultimate Strength | 4.6E+08 | Pa | | |
| 27 | Compressive Ultimate Strength | 0 | Pa | | |
| 28 | Isotropic Thermal Conductivity | 60.5 | W m^-... | | |
| 29 | Specific Heat, $C_p$ | 434 | J kg^-1... | | |
| 30 | Isotropic Relative Permeability | 10000 | | | |

图 2-14　热分析材料属性设置

### 2.3.6　显式动力学分析

显式动力学分析是有限元常见的一种分析类型，主要用于计算中的大变形、材料破坏失效等情况，如子弹射击、跌落、爆破等工程场景。

在 WB 19.0 中的材料库提供了专门用于显式动力学分析的各类材料，用户在使用中可以直接通过添加响应的材料到当前分析项目，即可实现材料的定义，该材料库如图 2-15 所示。

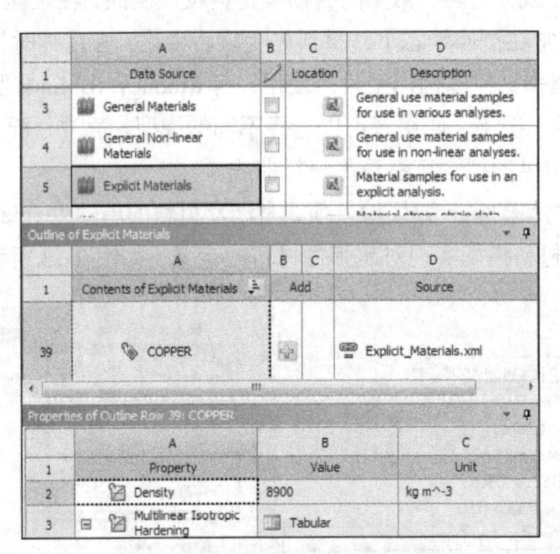

| | A | B | C | D |
|---|---|---|---|---|
| 1 | Data Source | | Location | Description |
| 3 | General Materials | | | General use material samples for use in various analyses. |
| 4 | General Non-linear Materials | | | General use material samples for use in non-linear analyses. |
| 5 | Explicit Materials | | | Material samples for use in an explicit analysis. |

Outline of Explicit Materials

| | A | B | C | D |
|---|---|---|---|---|
| 1 | Contents of Explicit Materials | Add | | Source |
| 39 | COPPER | | | Explicit_Materials.xml |

Properties of Outline Row 39: COPPER

| | A | B | C |
|---|---|---|---|
| 1 | Property | Value | Unit |
| 2 | Density | 8900 | kg m^-3 |
| 3 | Multilinear Isotropic Hardening | Tabular | |

图 2-15　显式动力学分析材料库

# 2.4　本章小结

本章主要对 WB 材料库进行全面介绍，叙述如何对材料属性进行增、删、改等操作，并通过一步一步的操作详细介绍 WB 中材料的新建以及材料的调用，为读者提供一份易懂和清晰的使用教程；同时结合常见的仿真分析类型，对每块内容所需要的材料参数以及如何实现材料参数的添加和使用进行说明，方便读者朋友的实际使用。

Chapter 03

# 第3章

## 几何建模

■ 通常来讲，商用有限元分析软件在分析过程中都需要进行几何模型的前处理，包括几何建模、修复、切分以及场域模型的建立等诸多内容。WB 软件是有限元分析的综合平台，其涉及的所有分析内容都涉及几何建模，本章主要针对 WB 中的几何建模功能做详细介绍。

# 3.1 认识 DesignModeler

在 WB 中实现几何建模功能的常用模块称为 DesignModeler（简称 DM），它是实现 CAD 模型和 CAE 分析的中间桥梁，主要包括模型创建、模型修改、外部 CAD 模型的接口以及参数化建模等内容。

与主流 CAD 建模软件一样，DM 能够实现几何模型的草图绘制、修改、尺寸标注，完成对点的黏结、面的分割以及表面模型的抽取等功能；同时，在完成草图的创建之后可以进行各项的特征操作如拉伸、旋转、扫掠。如果用户希望从外部 CAD 建模软件导入几何模型到 WB 中进行分析，DM 能够提供对应的数据接口。

在 ANSYS Workbench 19.0 版本中除了 DM 能够实现对几何模型的操作之外，还有 SpaceClaim DesignModeler（简称 SCDM）模块具备此功能，在后面的小节我们将详细介绍。

目前，DM 功能经历了多个版本不断地改进和完善，可以说是进行结构、流体及传热等仿真分析前处理的“法宝”。

# 3.2 DM 常用操作指南

DM 中有丰富的几何建模和处理功能，包括模型的 2D 草绘、3D 建模、参数化设计、模型的拉伸、旋转、扫掠以及包围、填充等一系列内容，下面针对各种常用功能逐个介绍。

## 3.2.1 开启界面

在 Windows 系统中，单击开始→所有程序→ANSYS 19.0→Workbench 19.0，开启 Workbench 软件，选择左侧界面窗口中的 Toolbox→Geometry，拖动到项目窗口中（见图 3-1），选中 A2 栏并单击鼠标右键，选择 Edit Geometry in DesignModeler…即可进入 DM 操作界面（见图 3-2）。

进入界面之后，我们看到操作界面主要包括常用菜单及工具栏、树形窗口、模式选择标签、详细信息栏以及工作窗口几部分（见图 3-3），其中模式选择部分包括草图（Sketching）和建模（Modeling）两部分，是 DM 建模中最常用的功能之一。

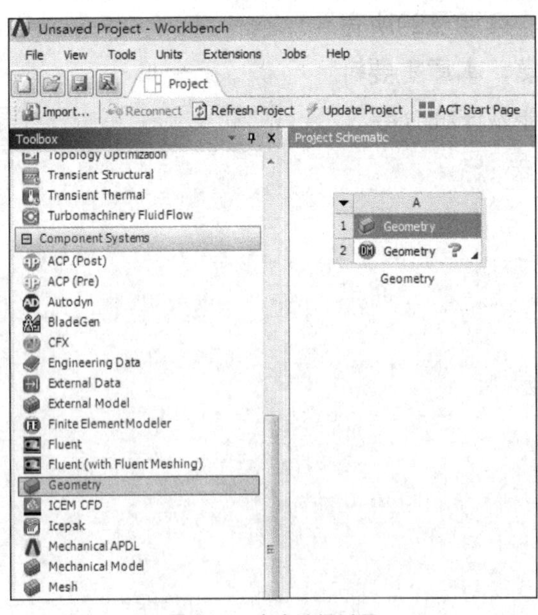


图 3-1　命令选择过程

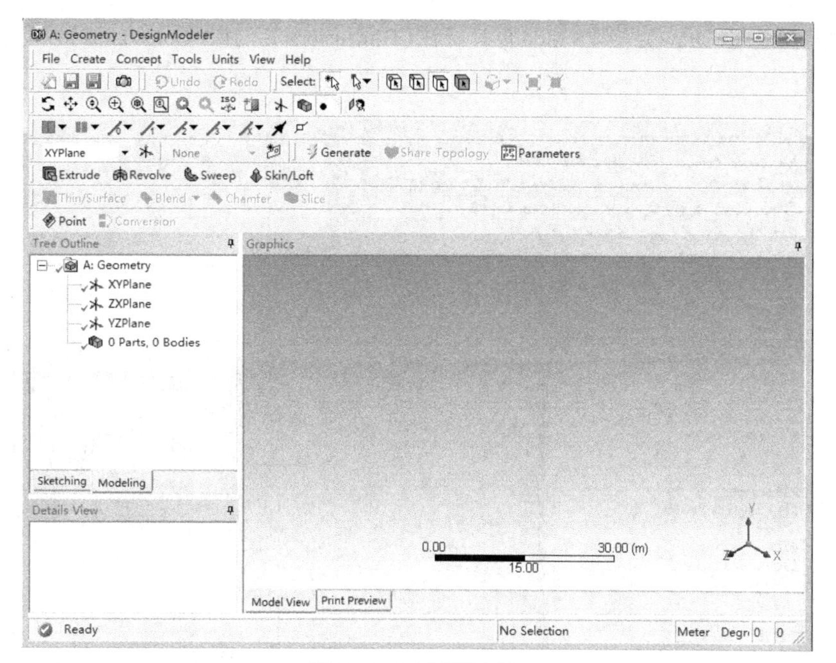


图 3-2　DM 操作界面

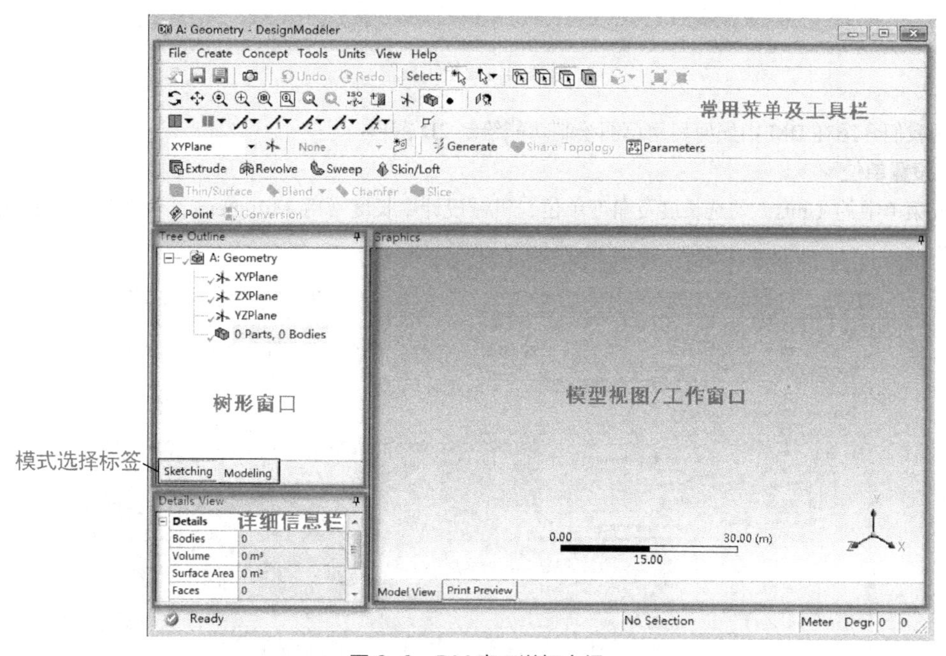


图 3-3　DM 窗口详细介绍

## 3.2.2　草图绘制

草图绘制功能是用来构建二维曲线轮廓的工具，与常用的 CAD 建模软件一样，DM 草图绘制只需要绘制大致的轮廓形状即可，然后通过约束关系和尺寸标注功能实现对草图的精确定义，它是生成几何特征的基础。

在 DM 窗口中，单击模式选择标签中的 Sketching，进入草图绘制工具箱，如图 3-4 所示。在工具箱中我们可以实现草图绘制（Draw）、修改（Modify）、标注（Dimensions）、约束（Constraints）以及设置（Settings）等相关功能。

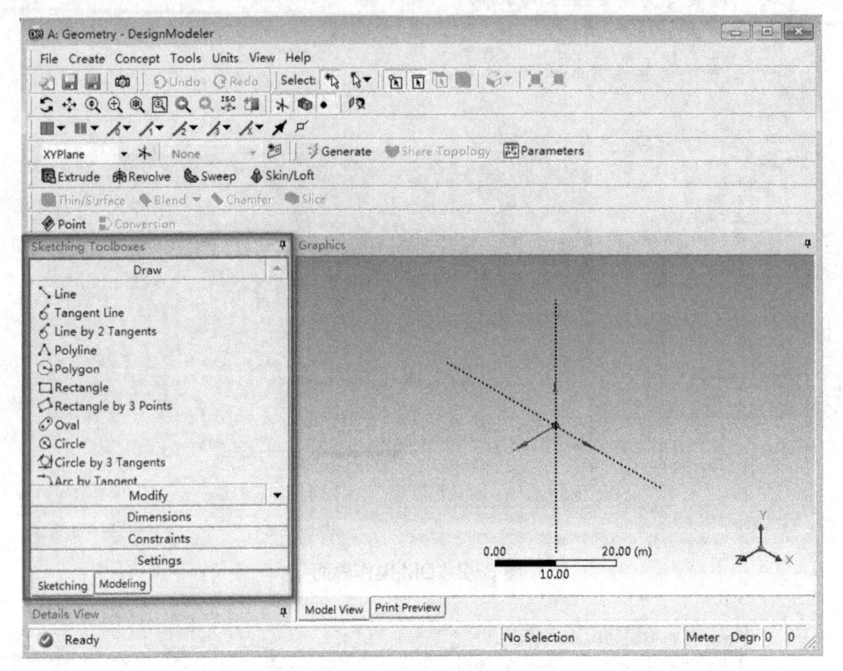


图 3-4 草绘工具箱

下面我们介绍在 DM 中如何利用草图绘制功能绘制 2D 图形。

**1. 设置单位**

进入菜单中的 Units，勾选长度及角度单位，机械设计中长度常用 Millimeter，角度常用 Degree，如图 3-5 所示。

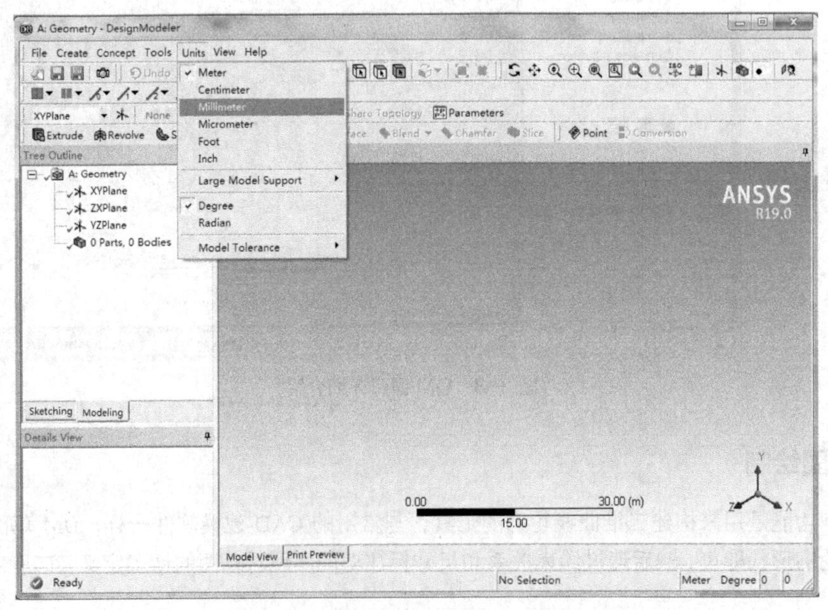


图 3-5 单位设置

## 2. 选择绘图基准面

在左侧模式标签中选择 Modeling 进入 Tree Outline 列表，选择 A：Geometry 后单击 Look At Face→Plane→Sketch 命令，使视图正对窗口，如图 3-6 所示。

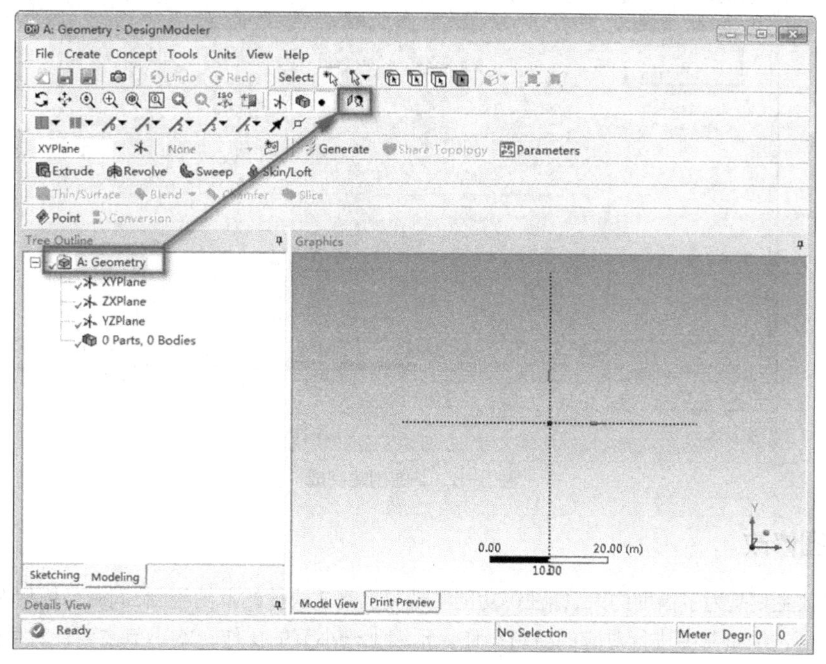


图 3-6　草绘平面设置

## 3. 创建草图

选择 Sketching，在 Draw 列表中选择需要绘制的几何图形，选中的命令会出现凹陷边框；同时在草图绘制过程中，创建的点落在坐标轴或原点时，绘图光标的笔尖位置会出现提示形状，如图 3-7 所示。

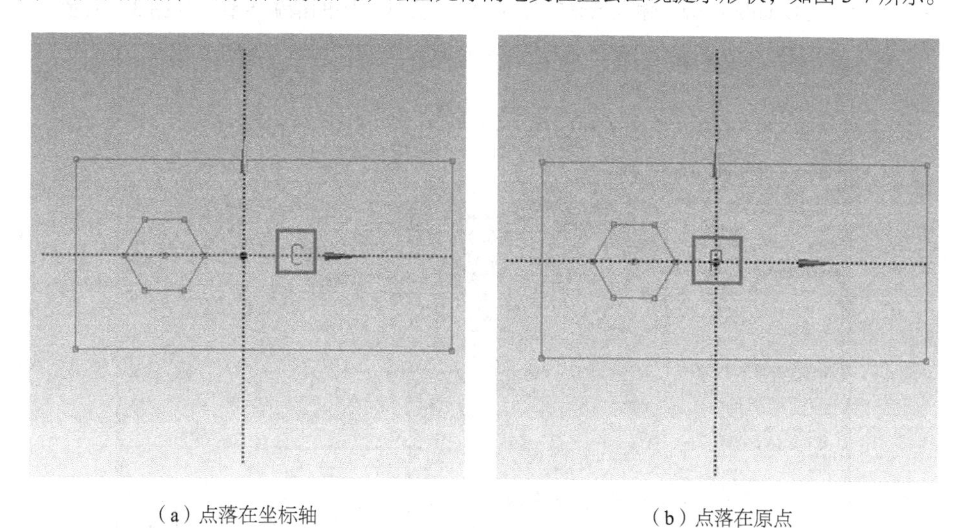

（a）点落在坐标轴　　　　（b）点落在原点

图 3-7　光标形状

当在窗口中完成草图的绘制之后，返回 Tree Outline 中可以发现在 XYPlane 中出现草图标签 Sketch 1（见图 3-8），表明草图创建成功。

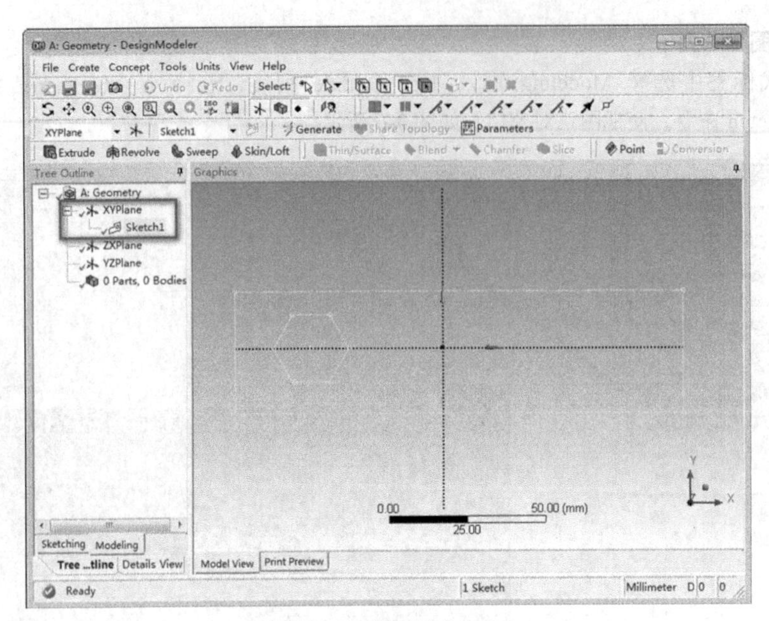

图 3-8　草图创建完成

## 3.2.3　草图修改

草图的修改主要是为了借助约束、标注等功能实现更加高效快捷的草图绘制，同时当模型有变更需求时，我们可以直接通过编辑草图进行对应的更新操作。延续上一小节的操作，本小节主要针对草图工具箱中的 Modify、Dimensions 以及 Constraints 功能做说明。

### 1. 尺寸标注及约束

在上一小节我们完成了 2D 草图基本形状的绘制，接下来我们将对草图进行更加精确的控制。选择 Sketching Toolboxes→Constraints→Fixed，固定正六边形的中心点，同时切换到 Dimensions→General，对草图进行尺寸标注，标注完成之后进入 Details View，输入精确的尺寸大小，完成草图的精确绘制，如图 3-9 所示。

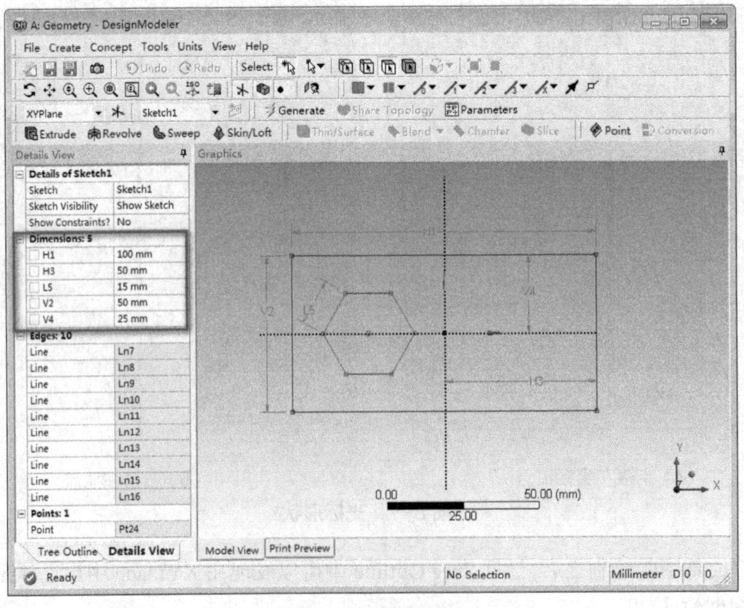

图 3-9　草图标注

### 2. 倒圆角

在草图工具箱中选择 Modify→Fillet，并在尾部窗格输入 5mm，分别选择矩形草图直角相邻的两条边，完成倒圆角操作，如图 3-10 所示。

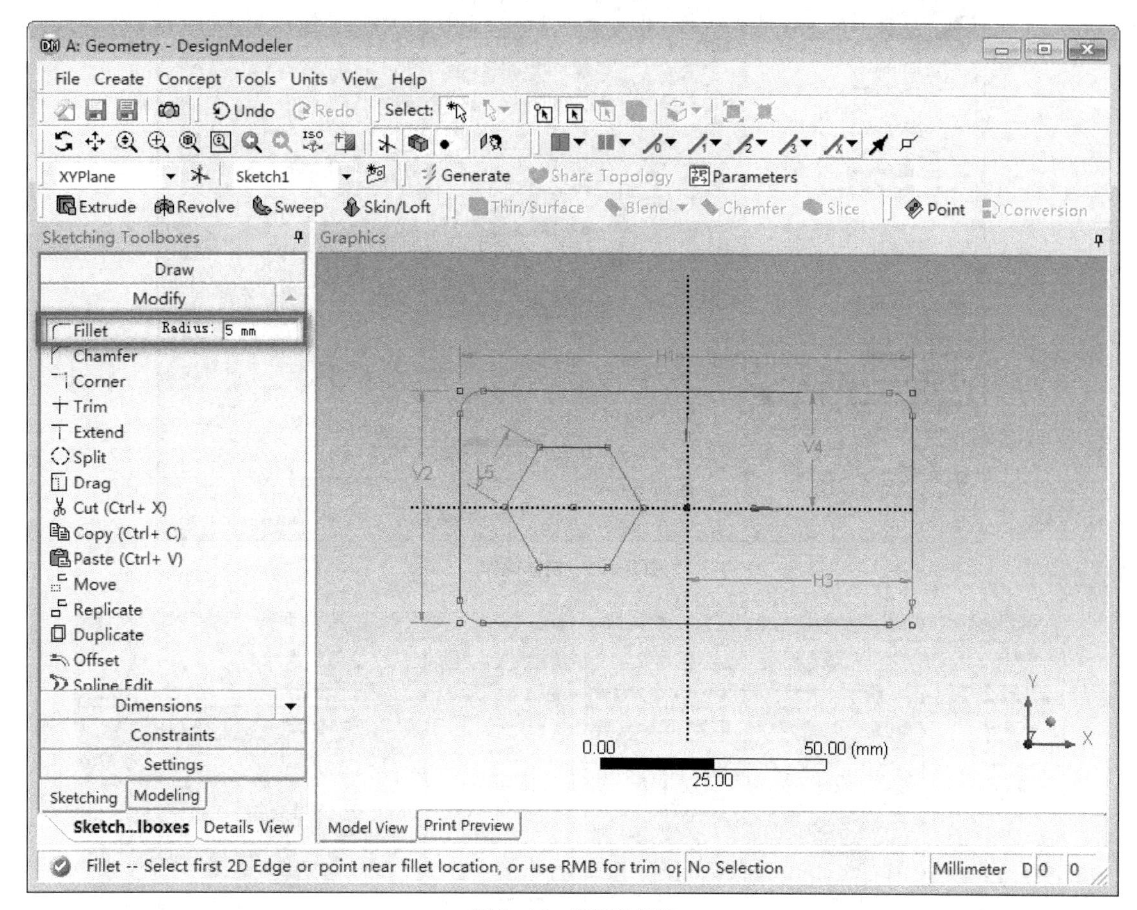


图 3-10 倒圆角操作

## 3.2.4 特征建模

特征操作依赖已完成的 2D 草图，只有封闭完整的草图才能够进行特征操作。在 DM 中可以实现草图的拉伸、旋转、扫掠以及蒙皮等操作，例如拉伸可通过以下步骤实现。

（1）由 Sketching 切换到 Modeling，单击菜单命令中的 Extrude 命令。

（2）进入 Details View，选择创建的草图，单击 Apply 按钮完成确认。

（3）在 FD1，Depth（>0）中输入需要拉伸的长度 20mm。

（4）单击工具栏中的 Generate 按钮实现草图的拉伸。详细操作如图 3-11 所示。

可以看到完成拉伸操作之后，在模型窗口中出现了我们建立的 3D 模型，同时在 Tree Outline 中多了“1 Part，1Body”项，其内容为 Solid，表明我们成功地创建了一个实体模型。

有了新建的模型之后，可以看到工具栏中的 Thin/Surface、Blend 等命令由灰色不可操作状态转变为可操作显示，这些命令可以实现对新建 3D 模型的倒角、切分等功能，如图 3-12 所示。

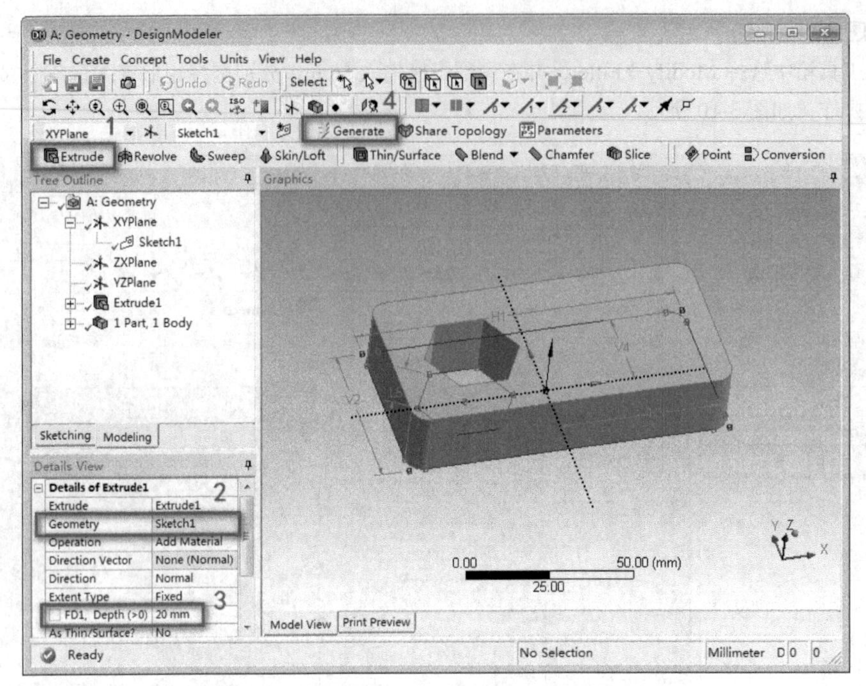


图 3-11　拉伸操作

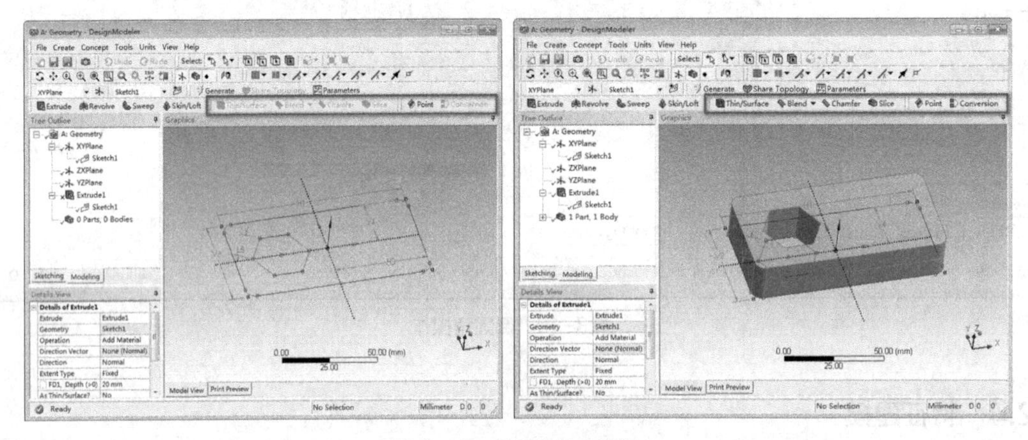

图 3-12　工具栏状态更新

### 3.2.5　模型参数化

参数化建模是 DM 的一个重要功能，它极大地提升了 DM 设计的灵活性，也是 WB 进行优化分析并与外部几何模型实现数据双向传递的重要手段。可以这么说，没有参数化设计功能，就无法开展基于 WB 的优化分析工作。

对 WB 而言，可以实现对最大/最小应力、变形、温度、载荷等数据的参数化，但在 DM 中，参数化设计的开展主要针对几何模型的尺寸而言，下面就具体讲解如何进行几何模型的参数化操作。

（1）进入 Tree Outline 列表，选择希望进行参数化的特征操作。此时几何模型特性都由各项尺寸所控制，称之为“尺寸引用”。此时需要将尺寸引用转变为参数化尺寸。当选择对应的特征操作时，在 Details View 中会显示详细的特征数据，查找头部带有方形空格（□）标记的参数项，该参数即为我们可以设置的参数化尺寸（见图 3-13）。

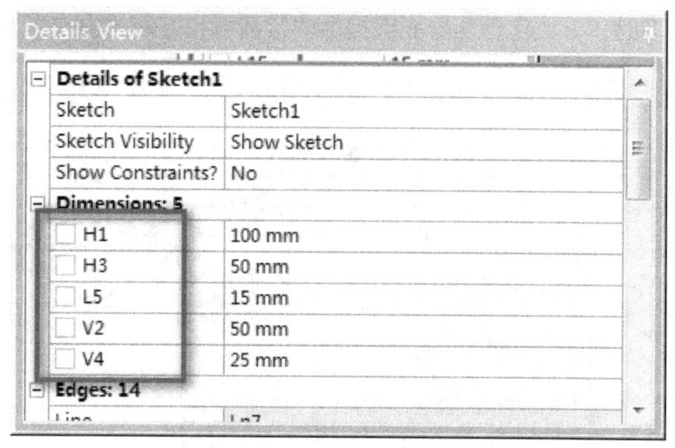


图 3-13　参数化操作标记

（2）尺寸参数化。单击参数前方的空格，弹出参数化变量名称设置窗口，如图 3-14 所示。可以看到初始的参数名称关联了草图平面以及相应尺寸，命名规则为“平面_参考.尺寸_类型和编号”，如 XYPlane.L5，其中 XYPlane 表明草绘平面，L5 所指的尺寸为长度。通过该界面可以自动以参数化变量名称命名，这里命名为“Length”，确认完成尺寸的参数化定义，可以看到此时方形空格中多出了一个蓝色字母“D”。

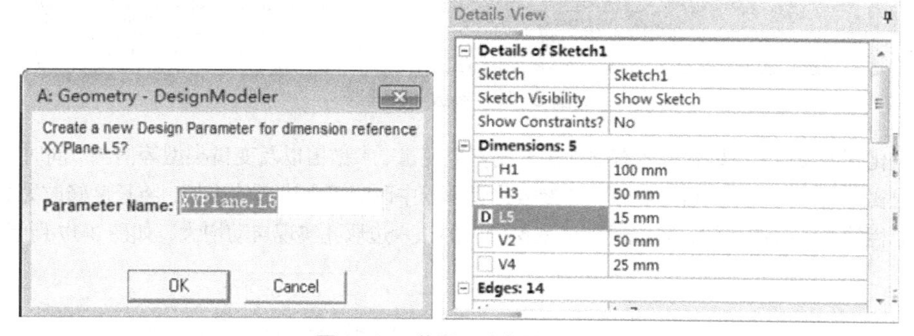


图 3-14　草图尺寸参数化定义

（3）定义特征尺寸的参数化。采用（2）中同样的方式，选择 Extrude1→Details View→FD1，Depth（>0），单击头部方形空格，弹出命名窗口，默认名称为“Extrude1.FD1”，可以看出特征尺寸的参数命名方法与草图尺寸命名不一样，其命名规则为“操作_类型.特征_尺寸_编号”，所以 Extrude1 表示拉伸操作，FD1 表示深度。我们将其重新命名为“Extrude_Length”，确认完成拉伸深度的尺寸参数化，如图 3-15 所示。

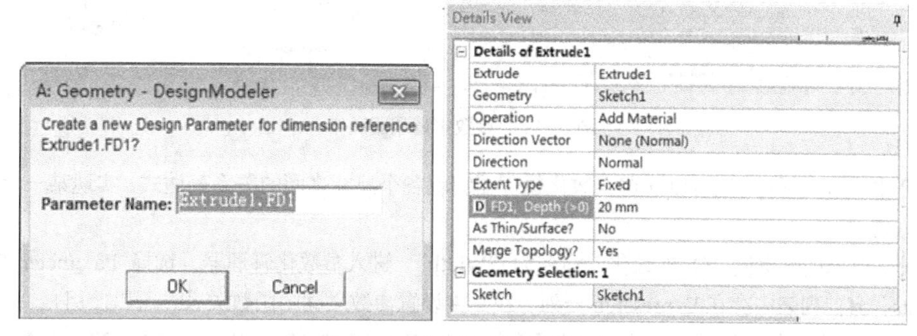


图 3-15　特征尺寸参数化定义

（4）参数化数据管理。完成各参数化尺寸的定义之后，我们通过参数化管理器来对各个参数进行管理，尤其是当参数化的尺寸较多时，参数化管理器能够提供非常清晰和方便的操作，如图 3-16 所示。

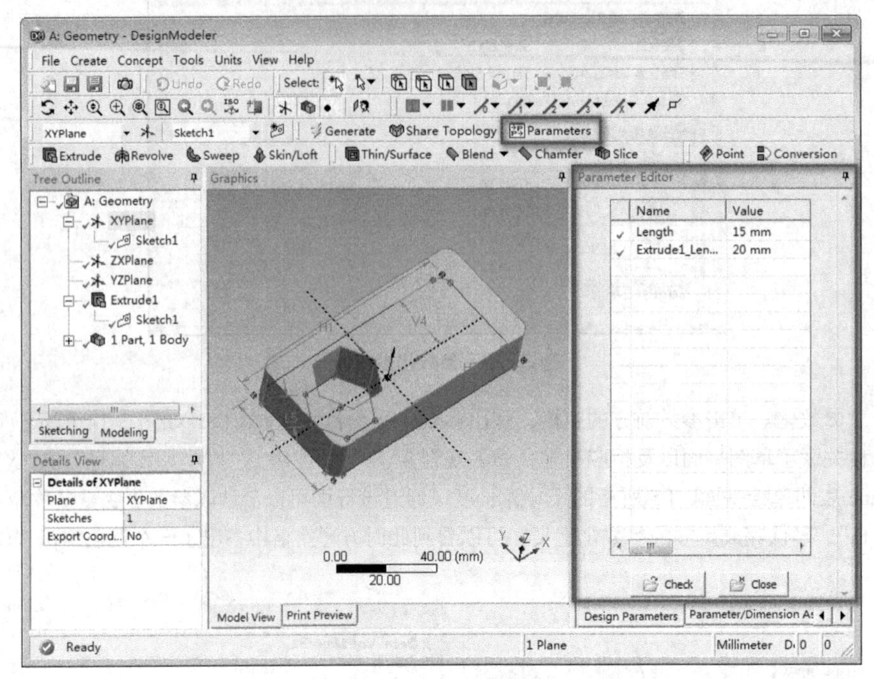


图 3-16　参数化管理器

在参数化管理窗口，可以查看所有之前定义的参数变量、参数值以及变量类型等信息。同时，通过改变参数值可以实现对几何模型的自动更新。在参数化管理器中改变正六边形的边长，将长度修改为 25mm，然后单击菜单栏的 Generate 按钮，可以看到模型窗口中的正六边形孔实现自动增大，如图 3-17 所示。

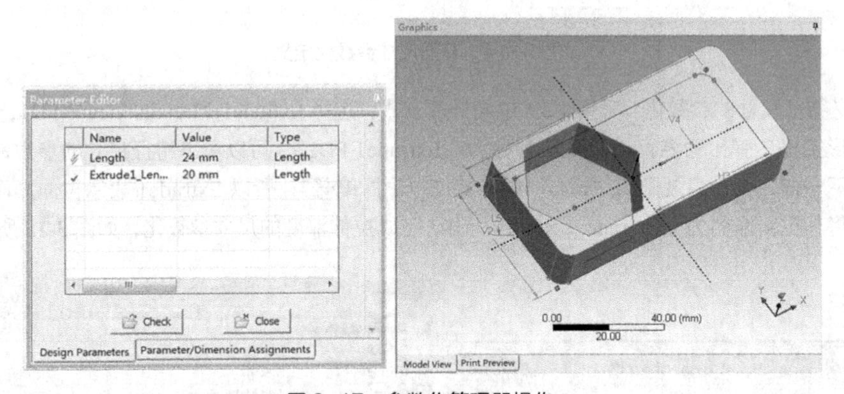


图 3-17　参数化管理器操作

除了尺寸的修改更新，还可以通过参数化管理器编辑各个尺寸之间的关系表达式，实现某一参数驱动其他参数的功能。

再将长方形草图的宽度 V2 参数化，命名为“Width”。进入参数化管理器，选择 Parameter Dimension Assignments，窗口列表中存在 Expression 一列，在其中设置参数之间的函数关系，可以使用+、-、*、/以及^等符号编辑表达式，也可以调用常见的一些函数如 ABS(X)、SQRT(X)、SIN(X)、COS(X)、ASIN(X)等，并通过@实现对参数变量的引用。

假设长方形的宽度 Width 是正六边形边长 Length 的 2.5 倍，在 XYPlane.V2 的表达式中输入“2.5*@Length”，如图 3-18 所示。单击 Generate 按钮，实现通过正六边形边长驱动长方形边长的自动更新操作（见图 3-19）。

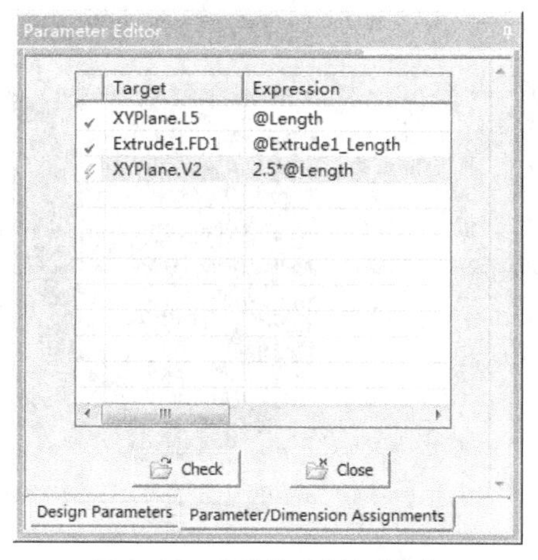


图 3-18　参数关系表达式定义

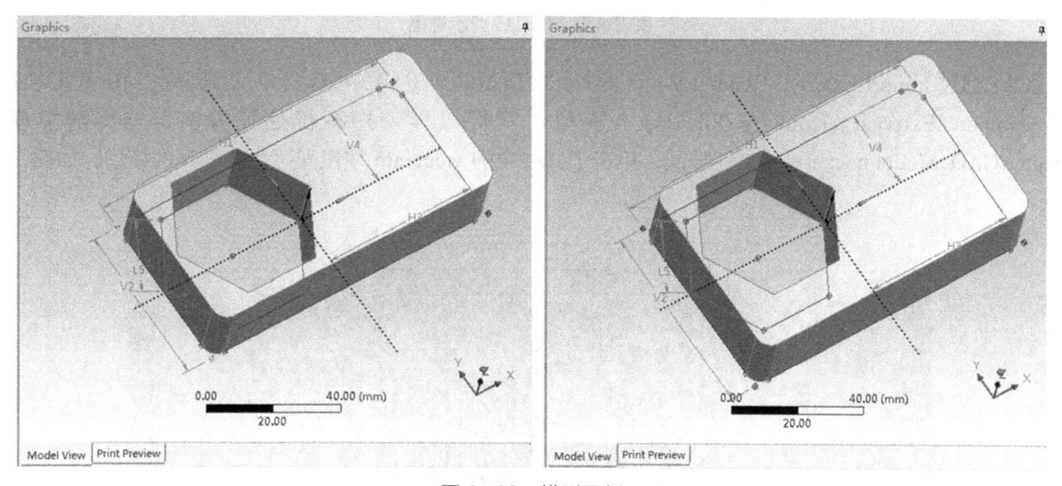


图 3-19　模型更新

## 3.2.6　外部几何模型导入

虽然 DM 能够方便地进行建模和操作，但是相比于专用的 CAD 建模软件仍然存在很多不足。除了一些简单的模型结构，一般都是通过外部 CAD 软件导入 WB 中实现工程问题的分析和求解。

DM 能够识别几乎所有主流格式的模型，包括*.igs、*.sat、*.x_t、*.step 以及诸如 SolidWorks、CATIA、UG 等软件的专门格式模型，通常可以通过以下方法导入外部模型。

（1）直接 Import Geometry。在项目窗口中右键单击 Geometry，选择 Import Geometry→Browser，选择模型导入。以导入气缸组件*.x_t 格式模型为例，选择随书文件模型 chapter-3/CAD_Model/tire.x_t，确认打开，待完成后，Geometry 后多了一个“√”的标记，单击鼠标右键，选择 Editor Geometry in DesignModeler…，进入 DM 界面，再单击工具栏中的 Generate 按钮即可生成导入的模型，可以看到整个轮胎模型存在 13 个部分，在树形列表中显示 13Parts，13Bodies，如图 3-20 所示。

图 3-20　气缸模型示意图

（2）通过 Import External Geometry File 导入几何模型。与（1）中方法有所不同，在 MD 界面中选择 File→Import External Geometry File... 导入模型。我们以导入挖掘机挖抓为例，选择随书模型 chapter/CAD_Model/bucket.x_t 文件导入，单击工具栏中的 Generate 按钮即可生成导入的模型，如图 3-21 所示。

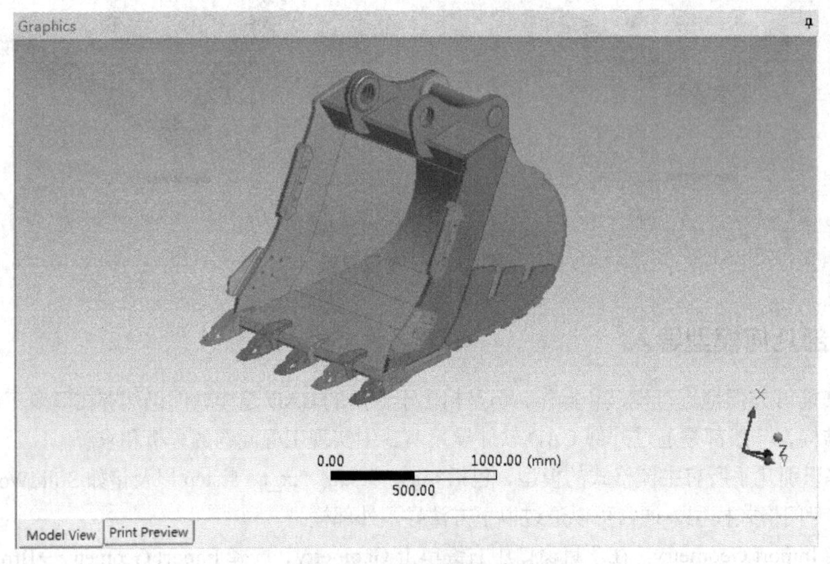


图 3-21　挖抓模型示意图

通过上述两种方法可以非常方便地导入外部 CAD 几何模型，这对于 CAE 分析人员来说，可以借助于专用的 CAD 建模软件事先对即将分析的复杂几何模型做简单处理，然后导入 WB 中做后续分析，这样在 DM 中能够减少不必要的预处理工作，更加快捷方便。

## 3.2.7 高级操作

与常用 CAD 建模软件相比，除了基本的建模操作及修改功能外，DM 还自带很多个性化的高级模型处理功能，这些功能可以通过菜单栏中的 Tools 创建，通过这些操作可以实现对几何模型的修改、分割、中面抽取等前处理功能。本节主要对一些常用的功能做简单介绍。

### 1. Freeze（冻结）和 Unfreeze（激活）

在 DM 中建模，默认情况为新建模型与原有模型之间是合并的，但是很多情况下模型之间并不适合直接合并，而是通过接触拼接在一起，为了正确地完成模型的建立，就需要用到冻结和激活操作。这两个功能就是为了方便对新建模型与原有模型进行各自独立操作。

被冻结的模型可以进行切片（Slice）操作，如果是复杂几何体，就可以通过切分形成一个个简单几何体，方便后续划分获得高质量的六面体单元。可通过冻结特征实现冻结实体，也可以直接冻结实体；选中被冻结的模型再进行激活（Unfreeze）操作即可被激活。在树形窗口中，激活模型前端显示蓝色，而冻结模型前端则显示蓝色冰图案，同时模型视图中，冻结模型颜色比激活模型颜色更浅，如图 3-22 所示。

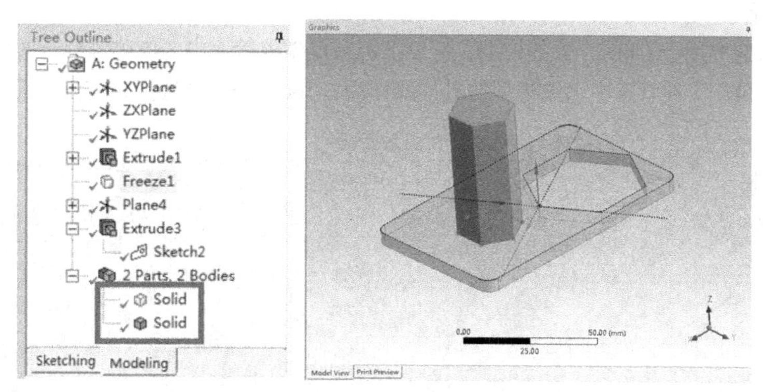


图 3-22 冻结与激活模型示意图

### 2. Mid-Surface（中面抽取）

该功能同 Hypermesh 软件中的中面抽取功能基本一致，为了提高计算效率，在模型适合使用壳单元时生成一对面之间的中面，完成模型前处理，图 3-23 所示为长方体上下表面抽取中面的结果。

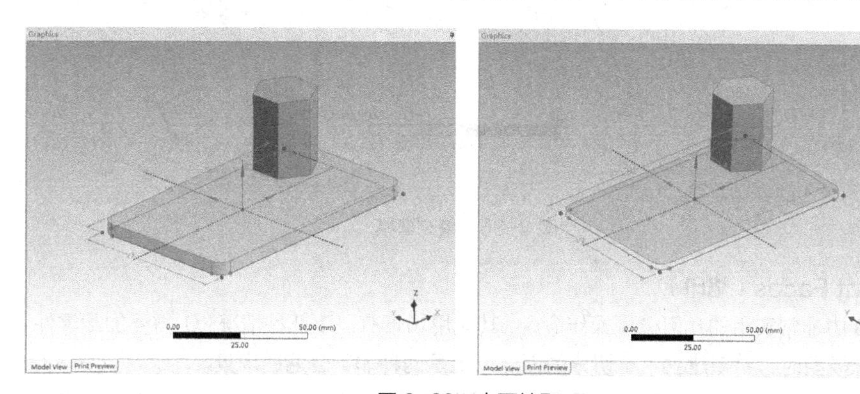


图 3-23 中面抽取

### 3. Enclose（包围）

该功能主要用于建立含有流场区域分析的模型（如流体分析、磁场分析）。它可以在几何模型周围实现 Shape 为 Box、Cylinder、Sphere 以及 User Defined 几种形式的场域模型。通过选择 Shape 类型，然后在 Cushion

中定义各个方向上往外的偏置距离，如图 3-24 所示。

Details View

| Details of Enclosure1 | |
|---|---|
| Enclosure | Enclosure1 |
| Shape | Box |
| Number of Planes | 0 |
| Cushion | Non-Uniform |
| FD1, Cushion +X value (>0) | 30 mm |
| FD2, Cushion +Y value (>0) | 30 mm |
| FD3, Cushion +Z value (>0) | 30 mm |
| FD4, Cushion -X value (>0) | 30 mm |
| FD5, Cushion -Y value (>0) | 30 mm |
| FD6, Cushion -Z value (>0) | 30 mm |
| Target Bodies | All Bodies |
| Export Enclosure | Yes |

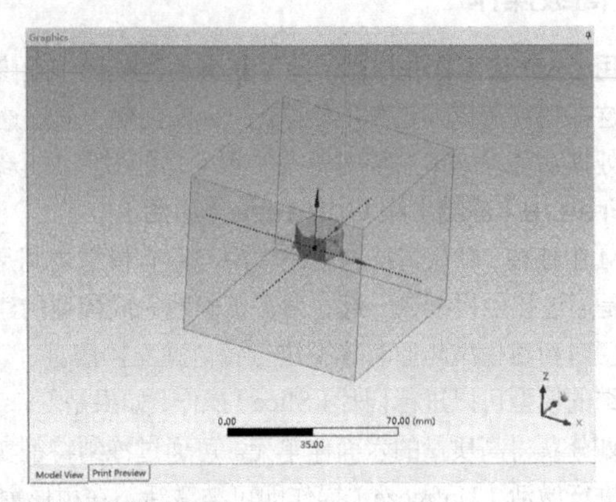


图 3-24　外场域建模示意图

## 4. Fill（填充）

该功能主要为建立用于 CFD 分析的模型，可以很容易地创建管道中的流体等分析对象。如图 3-25 所示的管道，通过 Fill 操作实现管道中水流模型的具体操作为：Tools→Fill→选择管道内表面 Apply→Generate。

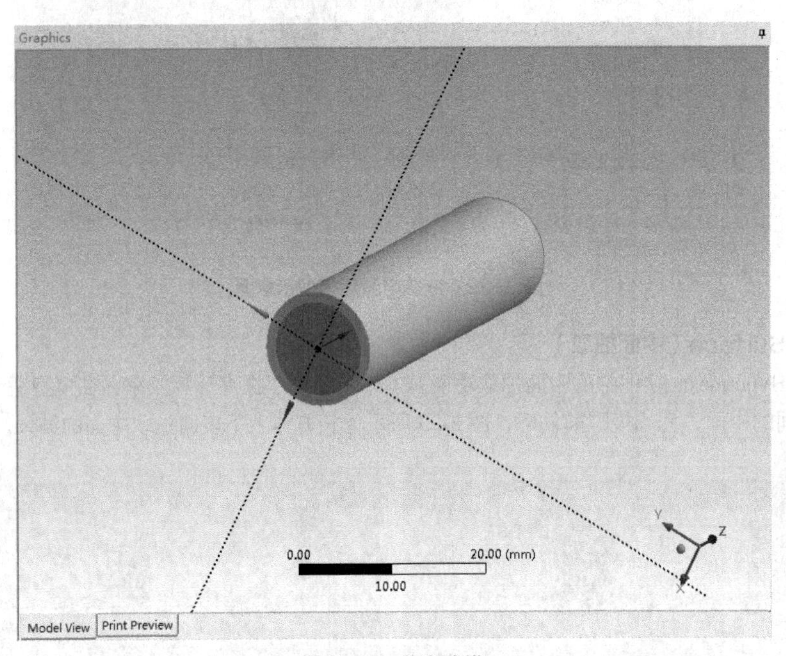


图 3-25　填充建模

## 5. Imprint Faces（烙印）

烙印是 WB 中非常实用的几何模型操作命令，其应用场景有以下几种情况：①需要加载零件上的某一小区域；②在切分模型时，希望建立用于切分的面。以上是两种非常普遍的场景。

建立烙印的具体操作：选择草图基准面→创建草图→Extrude→Operation| Imprint Faces→ Generate，如图 3-26 所示。

需要指出的是，可以通过 Extent Type 选择 Through All、To Next、To Faces 或者 To Surface 来定义烙印的方式，本例中选择 Through All，可以看到管道内外表面均被烙印。

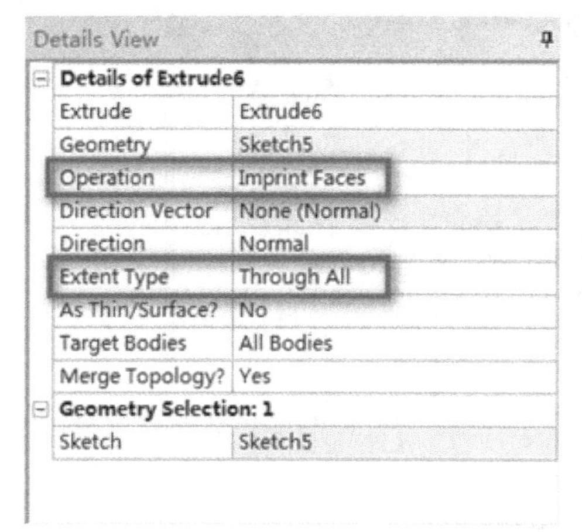


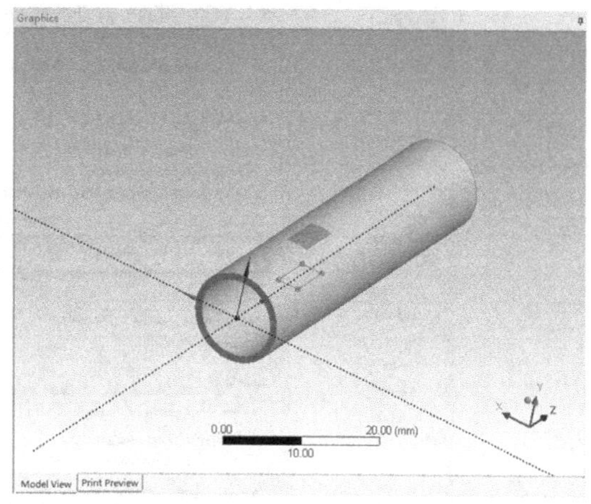


图 3-26　烙印建模

除了上述介绍的几个常用的高级功能之外，在 DM 中还存在很多其他高级功能，如对称（Symmetry）、面延伸（Face Extension）、面删除（Face Delete）等，大家在学习使用过程中可以自己依次尝试使用，在此不一一介绍。

# 3.3　认识 SpaceClaim

在 3.1 节和 3.2 节我们对 WB 中的 DM 建模功能作了详细介绍，本节开始我们将针对另一个适用于 WB 几何建模的工具进行介绍，这就是 SpaceClaim 直接建模（SpaceClaim Direct Modeler，SCDM）。

SCDM 是 ANSYS 公司收购并集成于 WB 中的一款基于直接建模思想的 3D 建模和几何编辑修补软件。它提供了高度灵活的设计环境，保证设计人员能够直接对几何模型进行编辑而不用考虑其模型来源，适用于具有跨行业合作设计与制造的机械产品工程师。

同时，由于 SCDM 拥有强大的模型简化和修复功能，它能够帮助 CAE 分析人员，提供有效的模型前处理工作，完成诸如倒角去除、小孔填充、中面抽取、梁单元创建等众多前处理准备工作，是进行有限元分析前处理非常有效的工具。

# 3.4　SCDM 常用操作指南

SCDM 拥有强大的几何建模及模型前处理功能，包括草图绘制、特征建模、模型修补、钣金结构处理等功能。本节主要针对 SCDM 基本的几何建模及处理功能进行详细介绍。

## 3.4.1　开启界面

启动 SCDM 有两种方式，第一种方式可直接通过“开始”菜单栏→ANSYS 19.0→SCDM 19.0 启动该模块；第二种方式则通过单击项目页中的 Geometry→Editor in SpaceClaim…启动软件界面。

初次启动界面时，整个窗口显示为英文界面，为了方便学习和使用，我们可以将英文界面转换为中文界面，具体操作为 File→SpaceClaim Options→Advanced→Language→选择中文（简体），完成设置后单击 OK 按钮，如图 3-27 所示。

在 SCDM 窗口中，主要包含快速访问栏、工具栏、操作面板、属性面板等，如图 3-28 所示，其中工具栏包含几何建模所涉及的所有功能，属性面板显示所选组件的各类属性及对应参数值。

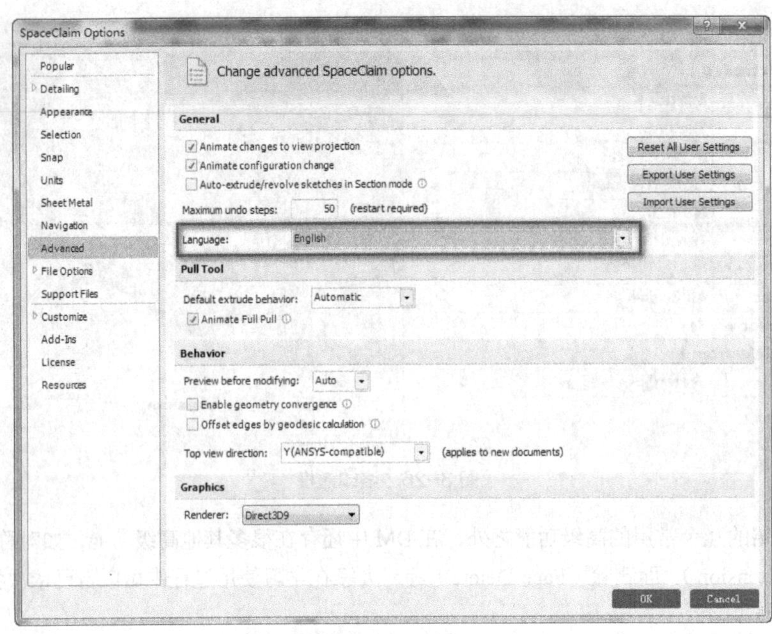


图 3-27　语言设置

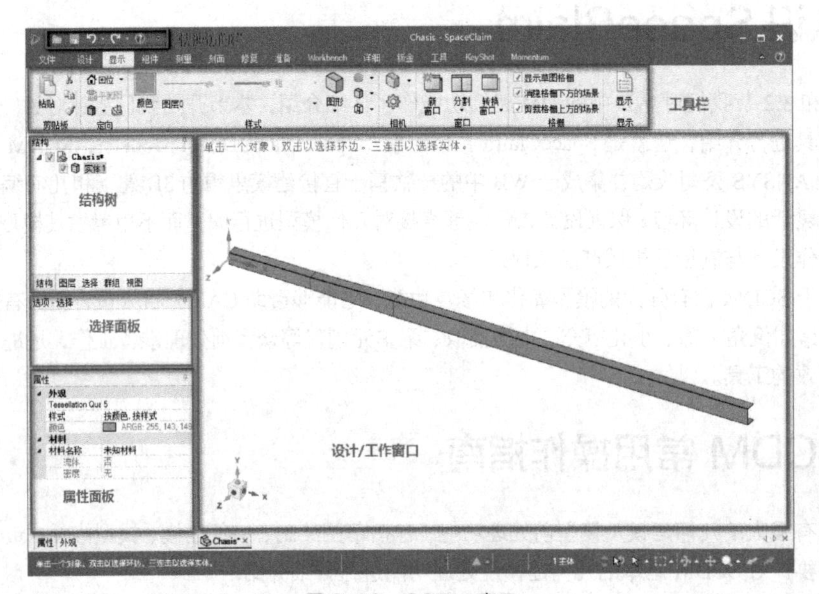


图 3-28　SCDM 窗口

## 3.4.2　几何建模

SCDM 有非常强大的直接几何建模功能，它完全遵循曲线组合成面、面片拉伸成体的特点，使用者无须进行过多的草图绘制，而基于模型现有的几何面直接拉伸完成 3D 模型的特征操作及编辑。

下面以绘制简单法兰盘为例，详细介绍如何在 SCDM 中直接进行 3D 建模，具体操作步骤如下。

**1. 绘制草图**

单击工具栏中的“平面图”命令，将工作窗口正对屏幕，方便草图的绘制。选择草图绘制工具栏中的矩形及圆形绘制命令，绘制一个边长为 145mm 的正方形，同时绘制 4 个直径为 22mm 的圆，如图 3-29 所示，完成之后可以看到左侧结构树中多了一组曲线子树。

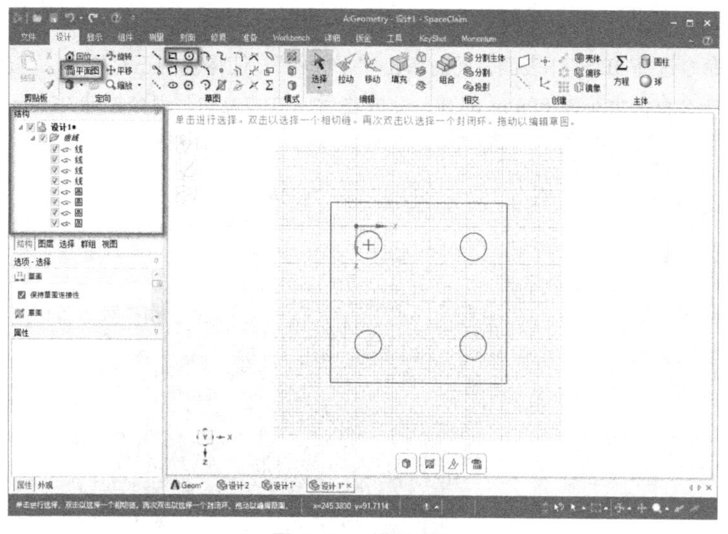


图 3-29　视图设置

### 2. 模型拉伸

单击工具栏中的“拉动”命令，可以看到草图曲线形成浅色封闭面，如图 3-30 所示。鼠标移动至封闭面后颜色变为黄色，并且可以看到视图中出现一对双向的扁形黄色箭头以及一个与坐标轴重合的方向箭头，如图 3-31 所示。

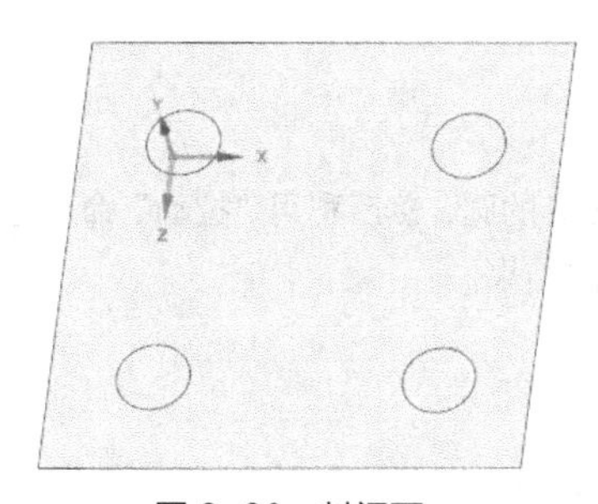

图 3-30　封闭面

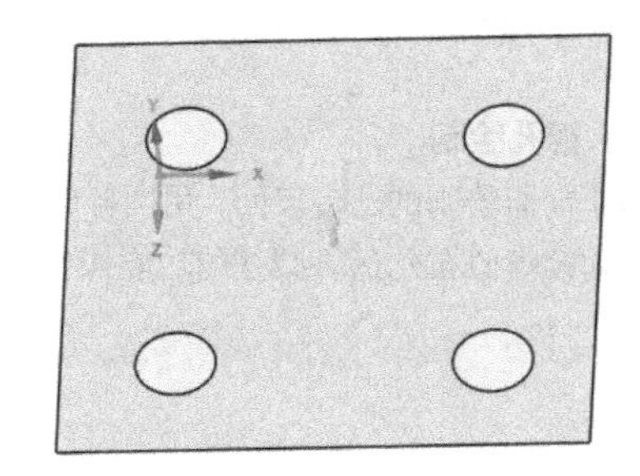

图 3-31　拉伸方向

按住鼠标左键沿着箭头方向拖动外围封闭面移动，可以看到直接拉伸出 3D 几何实体，在本例中输入拉伸长度为 30mm，如图 3-32 所示。

图 3-32　拉伸模型

### 3. 凸台绘制

单击“选择”命令选择 3D 实体表面，同时单击“平面图”，使得视图正对屏幕，然后开始基于 3D 实体表面的草图，绘制一个直径大小为 80mm 的圆，完成之后通过“拉动”命令拉伸 20mm，获得图 3-33 所示的模型。

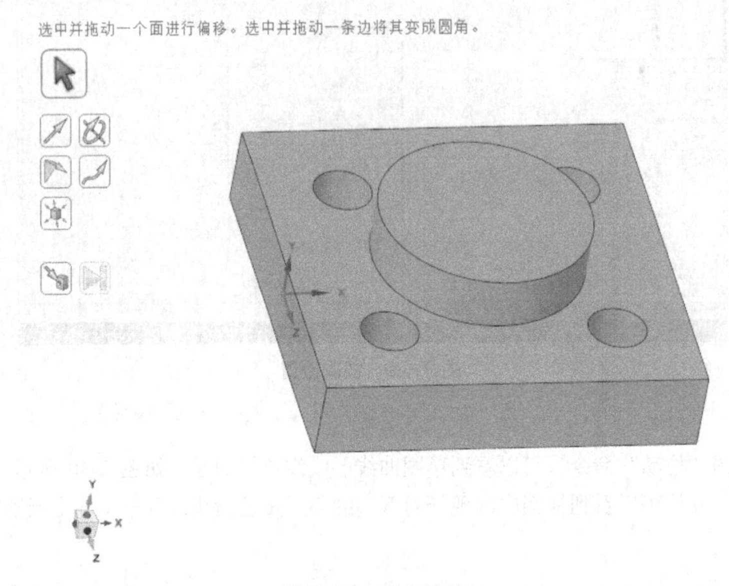


图 3-33 凸台拉伸

### 4. 通孔绘制

基于前面绘制的凸台表面，用同样的方法绘制一个直径为 70mm 的圆，然后利用“拉动”命令穿透整个模型，实现类似布尔运算减法的功能操作，最终获得图 3-34 所示的结果。

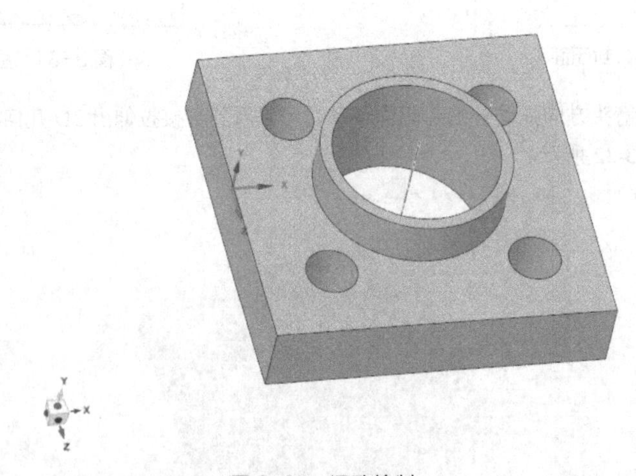


图 3-34 通孔绘制

### 5. 圆角绘制

圆角的绘制同样基于“拉动”命令进行，单击希望绘制圆角的曲线，此时出现圆角拉伸的黄色方向箭头，拖动鼠标左键即可实现圆角绘制，如图 3-35 所示。

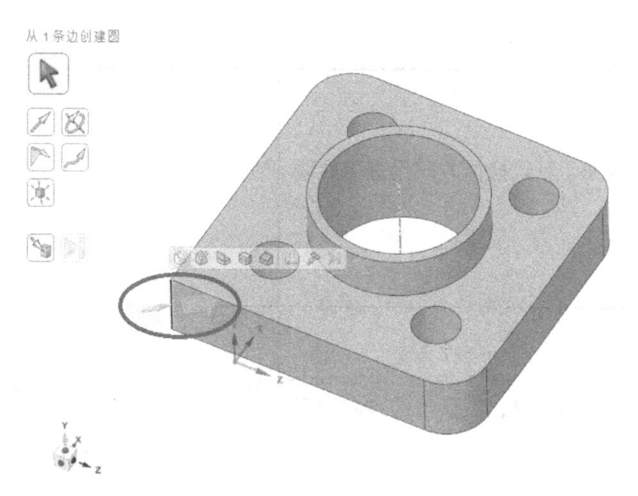


图 3-35 圆角绘制

至此，通过上述几个步骤完成了简单的法兰盘模型的自由绘制。单击工具栏中 Workbench 下的 Workbench 19.0 图标，启动并进入 Workbench 界面，进入之后可以看到在项目窗口自动创建了一个 Geometry 项目，并且模型只能用 SCDM 进行编辑，如图 3-36 所示。

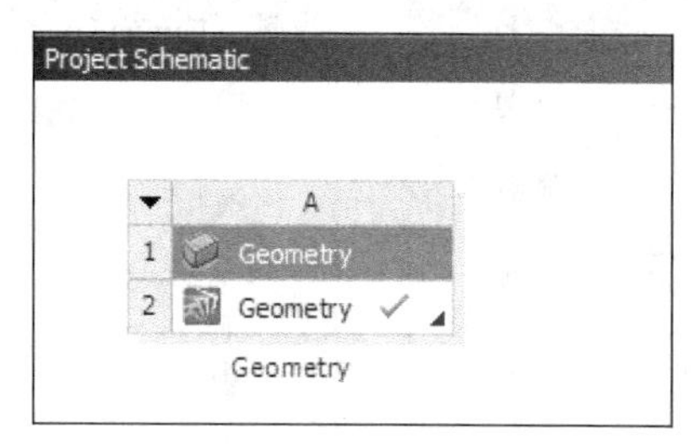


图 3-36 Workbench 项目窗口

基于上述建模操作，结合 SCDM 帮助文档做简单汇总，将曲线拉伸涉及的方向问题做比较，供大家参考，如表 3-1 所示。

表 3-1 曲线拉伸说明

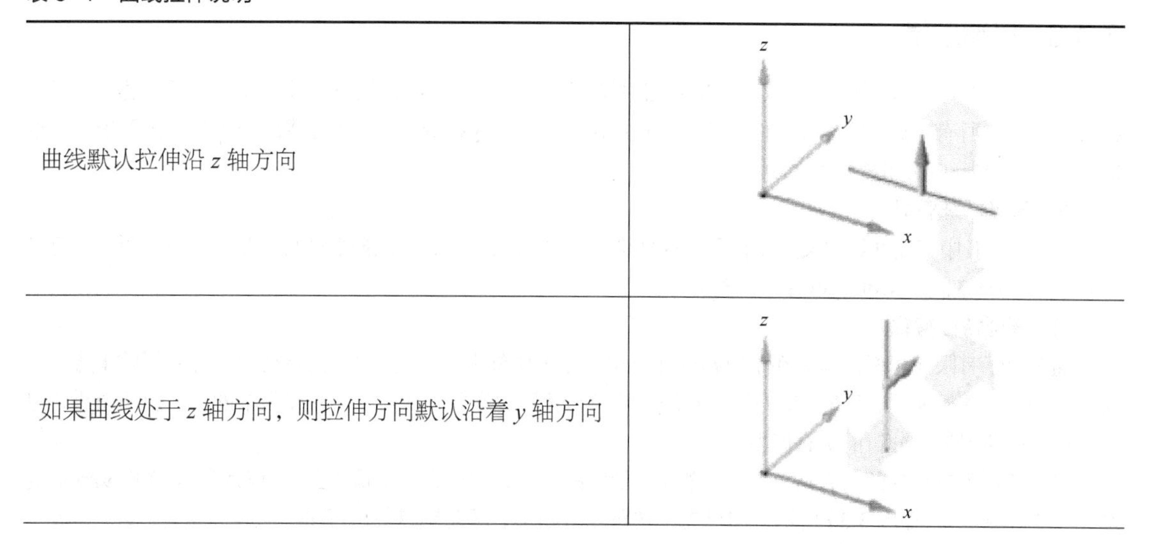

| | |
|---|---|
| 曲线默认拉伸沿 $z$ 轴方向 | |
| 如果曲线处于 $z$ 轴方向，则拉伸方向默认沿着 $y$ 轴方向 | |

续表

| | |
|---|---|
| 如果同时选择两条曲线拉伸，默认拉伸方向垂直于曲线所在的平面 | |
| 如果选择的曲线与另一条曲线相交，默认拉伸方向垂直于相交曲线所在的平面 | |

除了方向拉伸的快捷操作之外，在 SCDM 中可以通过“鼠标手势”操作完成众多快捷操作，直接在窗口中按住鼠标右键绘制图 3-37 所示的图形即可实现相应的功能。

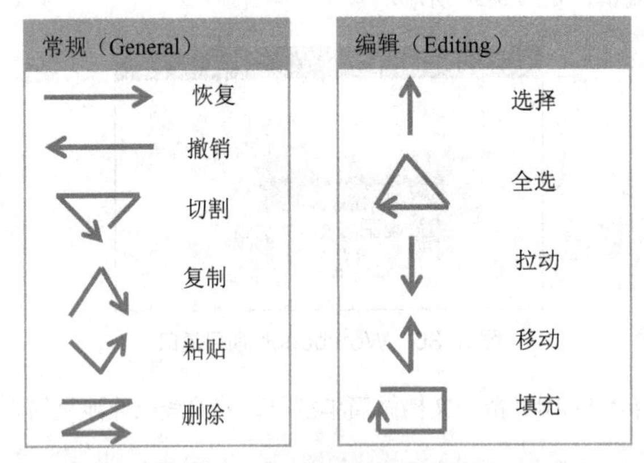


图 3-37　部分快捷鼠标手势操作

## 3.4.3　模型编辑

除了可以在 SCDM 中直接建模，SCDM 还可以直接打开外部 3D 模型进行编辑操作。目前适用的模型格式几乎涵盖所有主流三维建模软件，常用格式如.stp、.x_t、.igs、.sat 等。下面将以一块带孔矩形板结构说明 SCDM 中的一些常用模型编辑功能。

**1. 直接打开模型**

在 SCDM 中直接通过“文件→打开”操作选择文件格式，然后导入模型即可，如图 3-38 所示，打开 chapter-3/CAD_Model/scdm_edit.x_t 实例文件。

**2. 模型特征编辑**

通常用于有限元分析的模型都是原始设计模型经过编辑处理之后的模型，原始模型中对分析结果影响不大的一些诸如螺栓通孔、倒角、退刀槽以及缺口等特征都可以删除，本例中将对模型中的通孔及凹槽进行删减处理，以获得适合分析的仿真模型。

单击编辑工具栏中的“填充”命令，选择模型中的小孔，然后完成确认（左侧对勾√标志）即实现小孔填充（小孔删除），如图 3-39 所示，同样的方法可以对凹槽、圆角等特征进行操作。

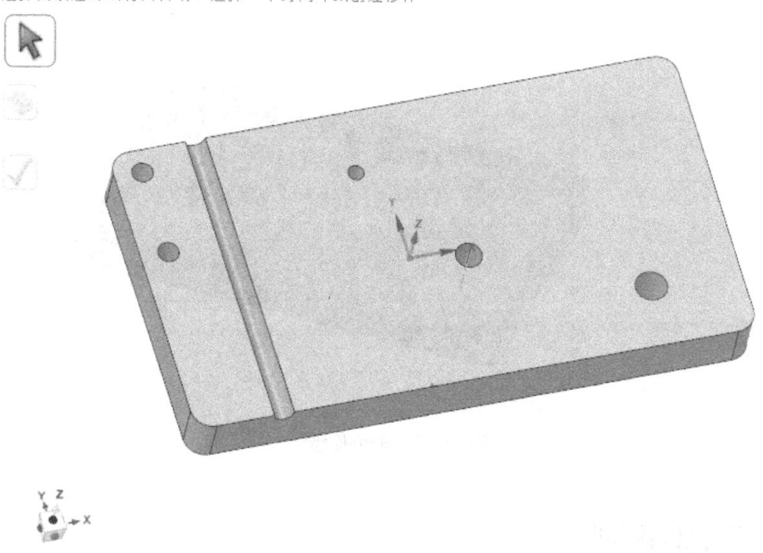


图 3-38　实例模型

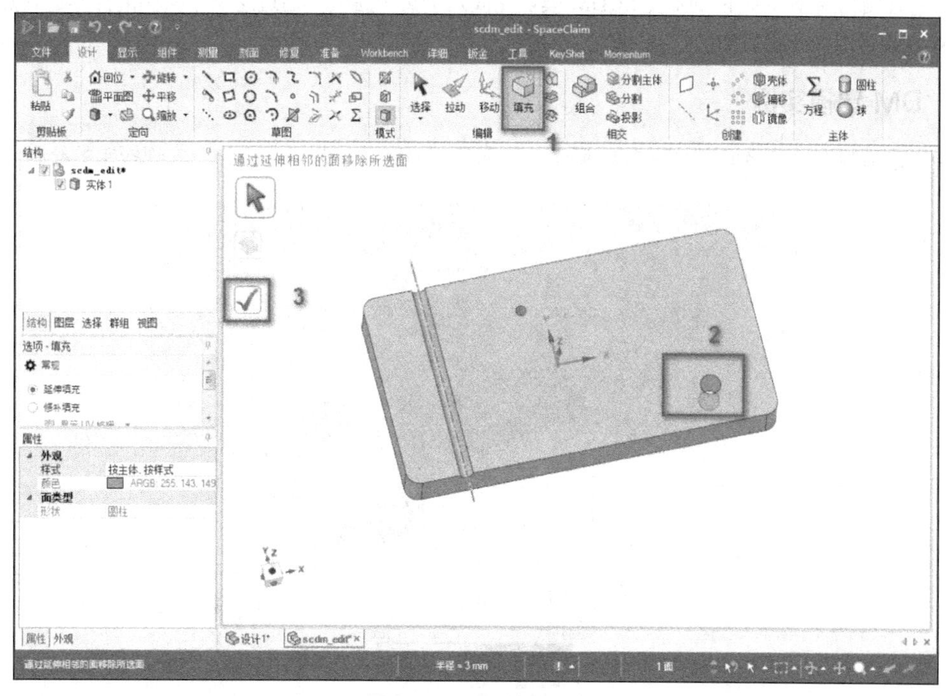


图 3-39　小孔填充操作

### 3. 基于导入模型的直接操作

除了上述涉及的特征外，使用人员可以基于打开的模型直接进行建模的相关操作，就如同该模型是在 SCDM 中直接建模完成的一样，诸如拉动、分割、抽取壳体等命令都可以执行。

本例中完成模型小孔填充之后进行壳体抽取，抽取厚度为 1mm 的壳体，并基于地面建立两个直径为 18mm 的圆柱，最终结果如图 3-40 所示。通过操作可以看出，所有的命令和操作与在 SCDM 中直接建立模型完全一致，这也是 SCDM 直接建模功能的强大和便捷之处。

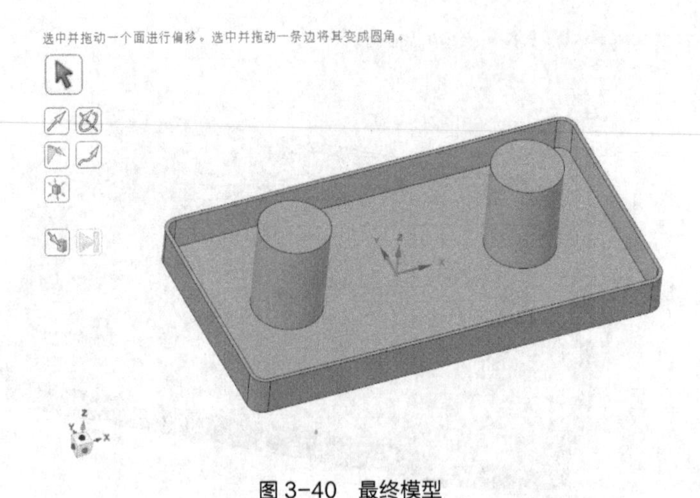


图 3-40　最终模型

# 3.5　建模应用举例

本节将直接利用 WB 中的 DM 及 SCDM 模块完成两个实例建模，通过这两个实例的操作达到熟练掌握 DM 及 SCDM 常用命令的目的。

## 3.5.1　DM 建模实例

以扳手建模为例，最终模型如图 3-41 所示，下面将在 DM 中一步一步操作，实现扳手的绘制。

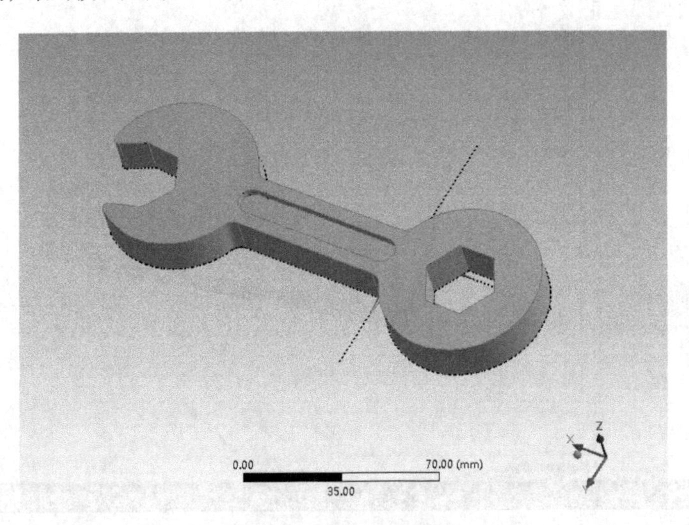


图 3-41　扳手示意图

（1）启动 WB，在项目窗口中拖入 Geometry 工作卡片，鼠标右键单击 Edit in DM，进入 DM 工作界面，在工具栏中设置单位为 Millimeter。

（2）选择 $xy$ 平面为草图绘制基准面，首先绘制图 3-42 所示直径大小的圆。

（3）在 $x$ 轴两侧绘制两条直线并与两个大圆相交，直线上下对称，距离为 20mm；同时在左侧小圆内绘制一个内接正六边形，在右侧大圆内绘制一个正六边形（有 3 条边在大圆内的任意大小正六边形），如图 3-43 所示。

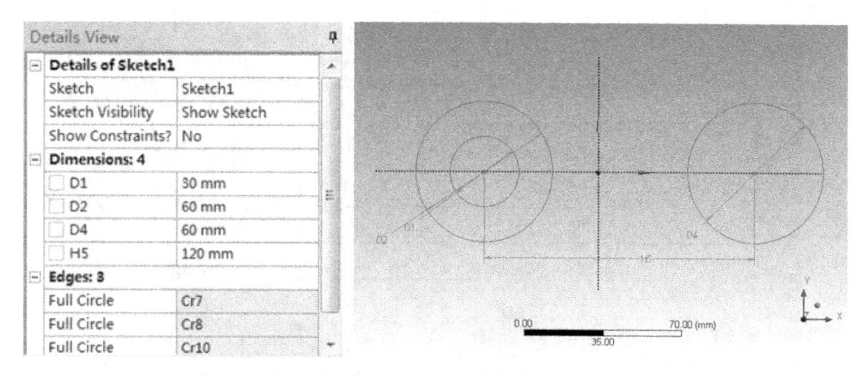


图 3-42　草图绘制圆

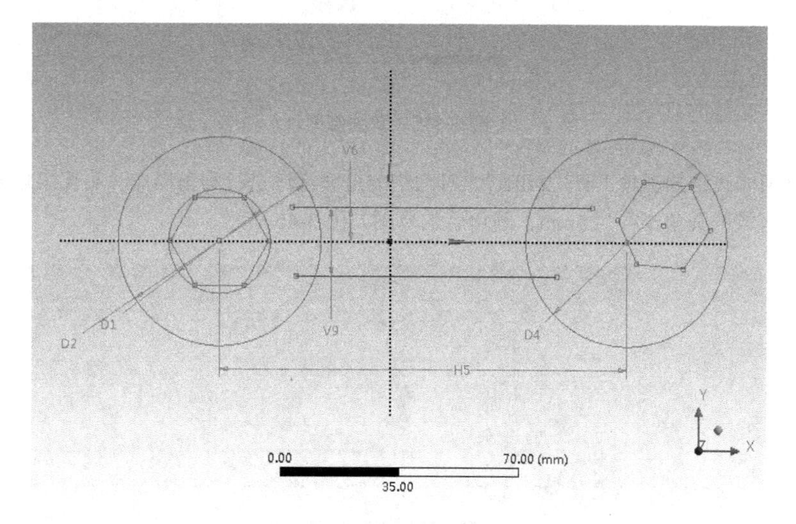


图 3-43　绘制直线与正六边形

（4）在右侧正六边形两个顶点引出两条穿过大圆的直线，如图 3-44 所示。

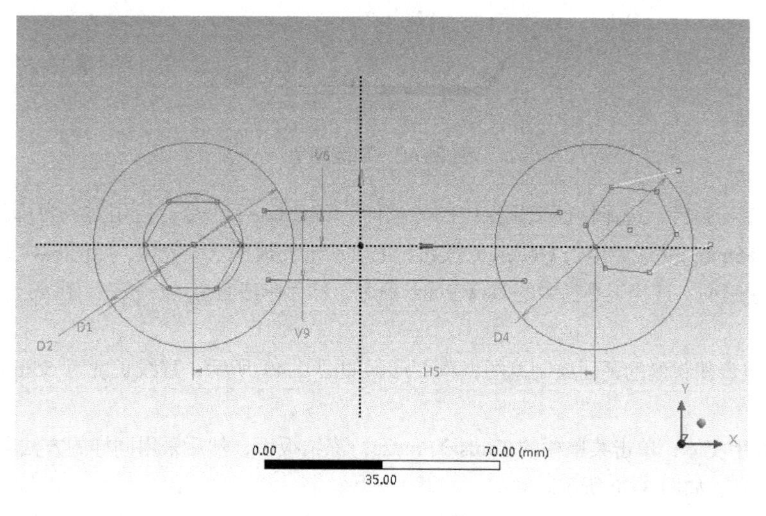


图 3-44　绘制直线

（5）选择草图修改中的修剪工具“Trim”，对草图进行修剪，获得最终的草图，如图 3-45 所示。

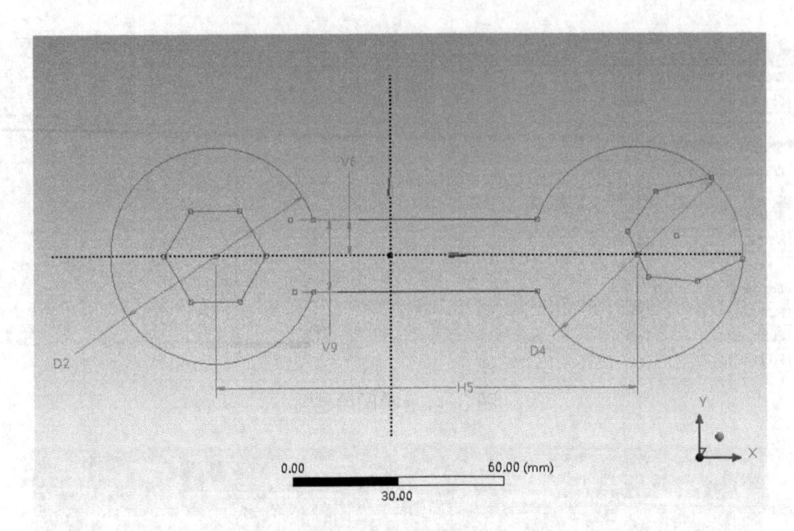


图 3-45　草图修剪

（6）选择草图修改中的圆角工具“Fillet”，对图中的过渡区域进行圆角操作。头部尖角处的圆角半径为 2mm，中间过渡区域的圆角半径为 5mm，圆角后的草图如图 3-46 所示。

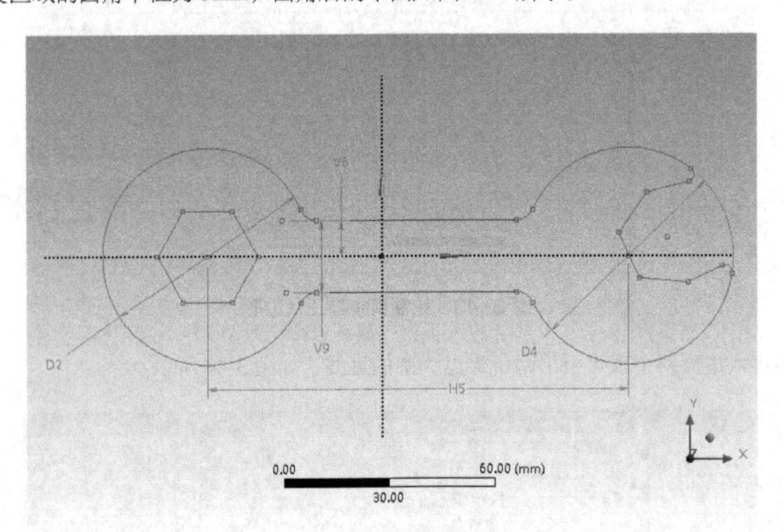


图 3-46　草图圆角

（7）完成草图绘制后，选择特征工具栏中的“拉伸”（Extrude）命令，应用对象为草图 1（Sketch1），设置拉伸长度为 15mm，完成后单击 Generate 按钮，生成初步的扳手三维模型，如图 3-47 所示的步骤 1.2.3。

（8）单击扳手表面，选择工具栏中的 New Plane 命令，然后单击 Generate 按钮，生成一个新平面 Plane4，如图 3-48 所示。

（9）选择上述步骤新建的平面绘制草图，草图形状如图 3-49 所示，直线长度为 55mm，分别距离上下边 5mm。

（10）选中扳手实体，单击菜单栏的 Tools→Freeze，冻结扳手，然后采用同样的方法向扳手模型内部拉伸草图 2（Sketch2），如图 3-50 所示。

（11）布尔操作。选择 Create→Boolean，设置 Operation 为 Subtract，目标体为扳手模型，工具体为新拉伸的实体，单击 Generate 按钮完成布尔减运算，结果如图 3-51 所示。

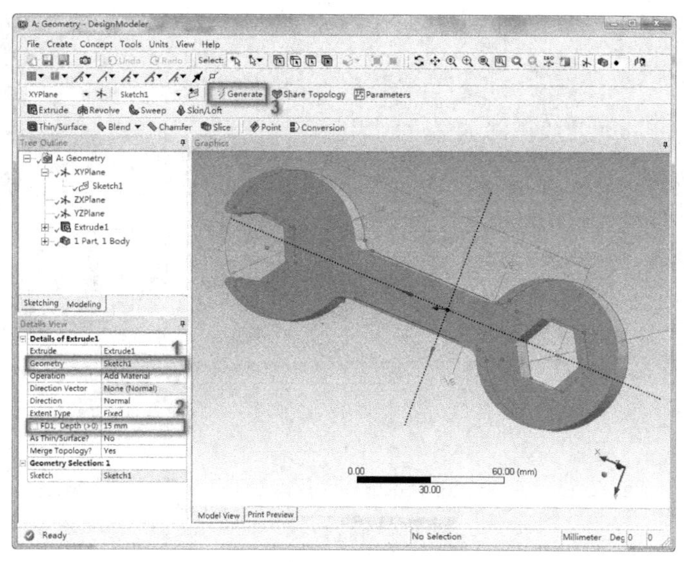
图 3-47　草图拉伸

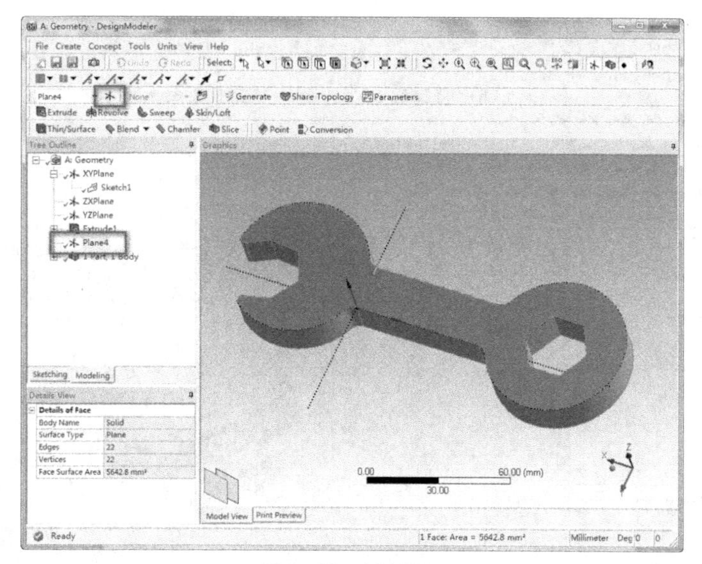
图 3-48　新建平面

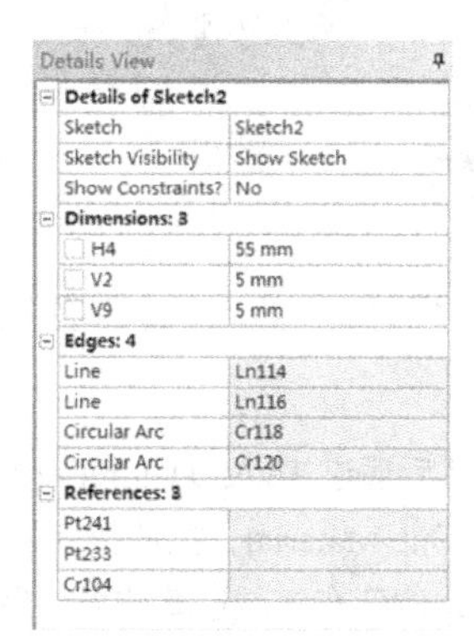

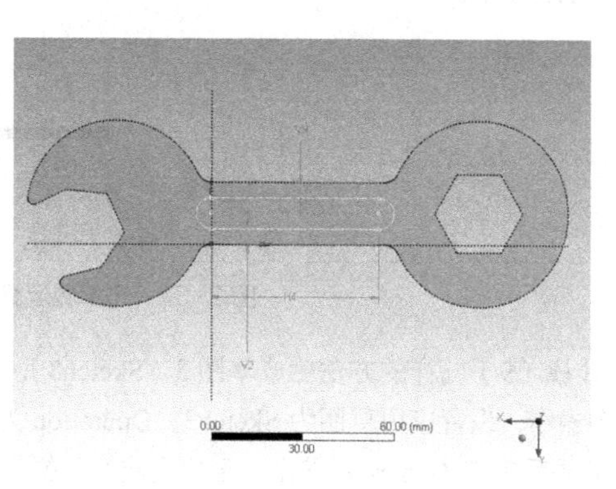
图 3-49　绘制草图 2

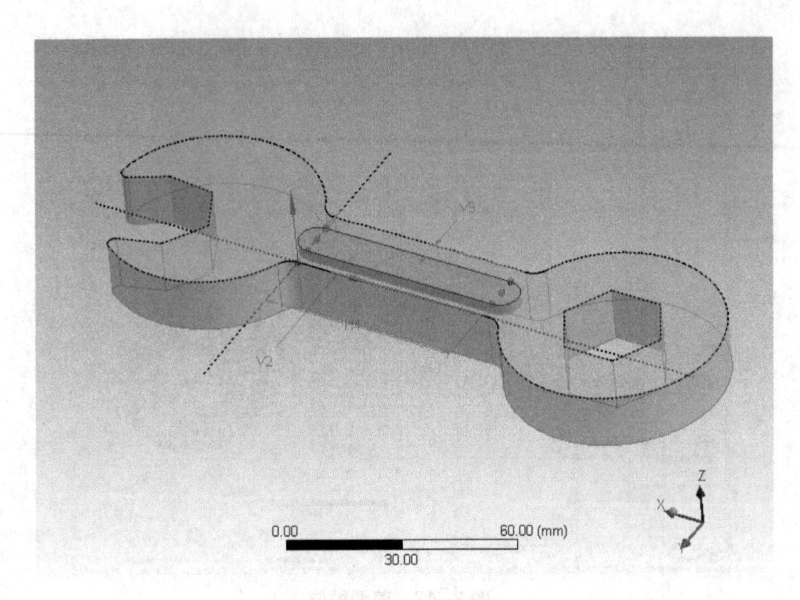


图 3-50　草图 2 拉伸

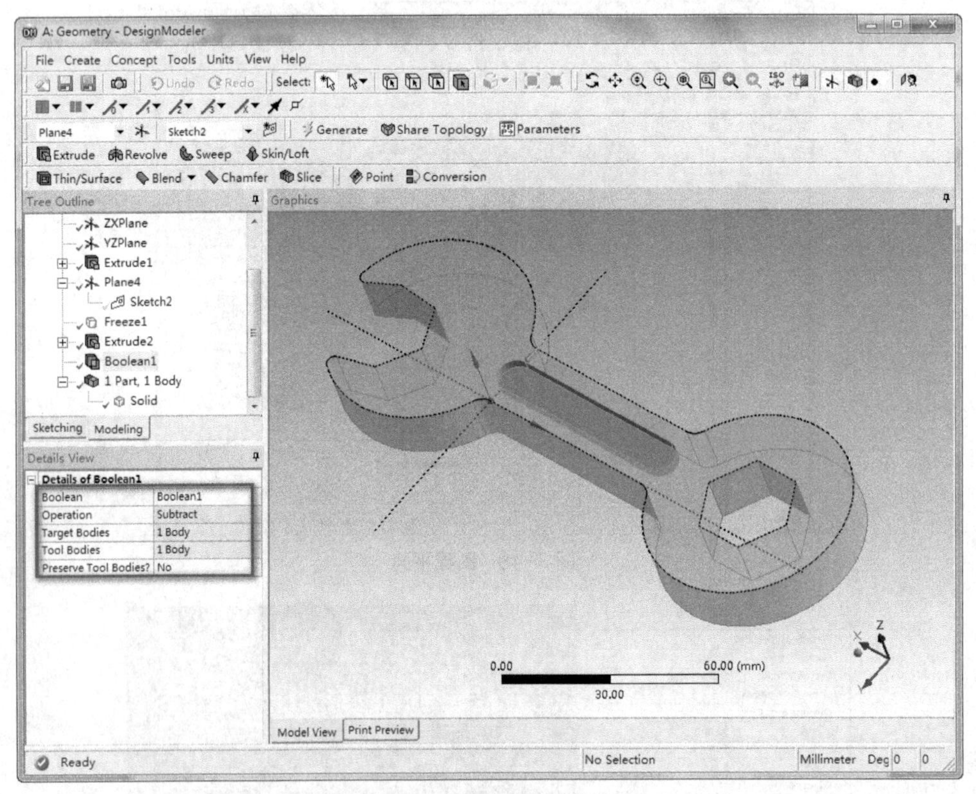


图 3-51　布尔减运算

（12）使用与步骤（9）同样的方法生成草图 3（Sketch3），然后通过 Tools→Unfreeze 将扳手模型解冻，再对模型进行拉伸操作，设置应用草图为 Sketch3，Operation 为 Cut Material，拉伸长度为 3mm，方向为反向（Reversed），完成后单击 Generate 按钮，直接完成切除操作，达到布尔减运算效果，最终扳手模型如图 3-52 所示。

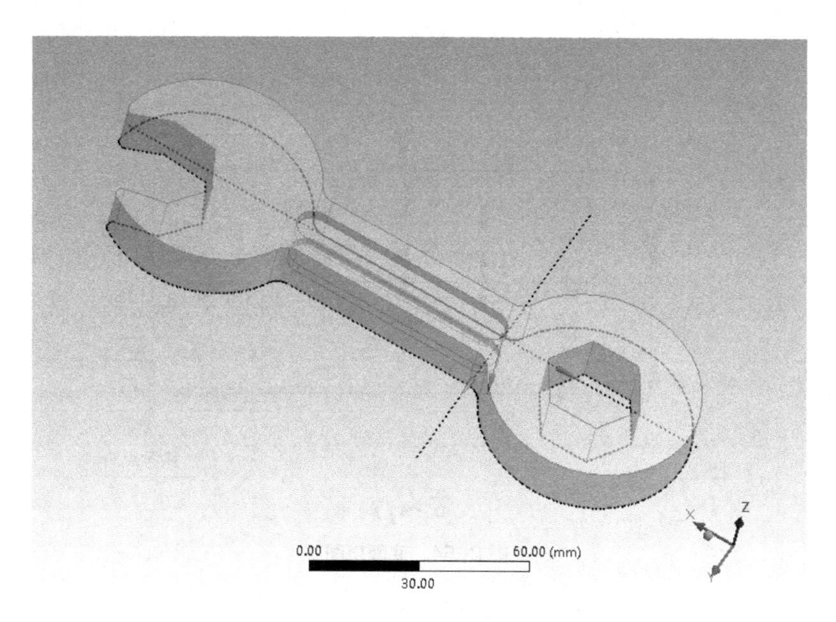


图 3-52　直接拉伸切除操作

经过上述步骤的操作，相信读者朋友能够对 DM 中的草图绘制、修改、特征操作、布尔运算以及冻结、解冻等功能有更加深刻的认识，并熟练掌握这些功能。

## 3.5.2　SCDM 建模实例

3.4.2 节中基于简单的法兰盘建模对 SCDM 几何建模功能进行了详细介绍，本节将通过一个座体建模实例详细介绍 SCDM 中的建模功能，最终模型如图 3-53 所示。

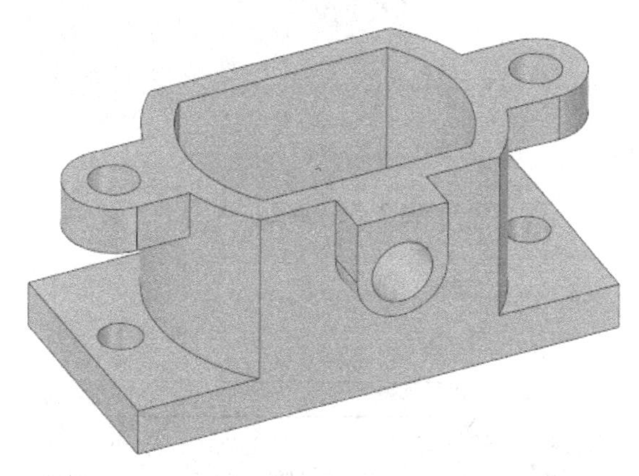

图 3-53　座体模型

整个模型的绘制步骤如下。

（1）进入“设计”菜单，选择基准面，绘制底面草图 1，如图 3-54 所示。绘制草图时为了实现准确的几何尺寸，可选择需要绘制的曲线，然后按住 Shift 键将鼠标移动至参考点，移动鼠标的同时输入准确的尺寸值。

（2）采用“拉动”命令将底面拉伸 15mm，拉伸结果如图 3-55 所示。

（3）基于底面绘制草图 2，方法同步骤（1）中所述一致。其中可以使用草图工具中的“投影到草图”命令将步骤（1）中底边边长投影到草图，按图 3-56 所示完成草图的绘制。

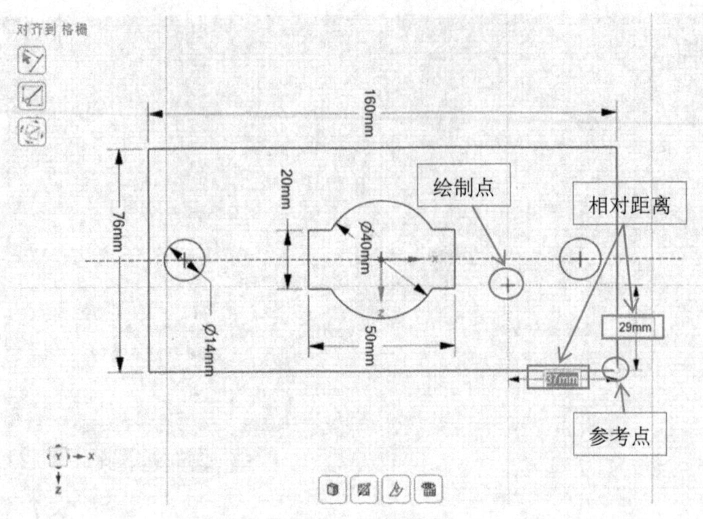


图 3-54　底面草图

单击一个对象。双击以选择环边。三连击以选择实体。

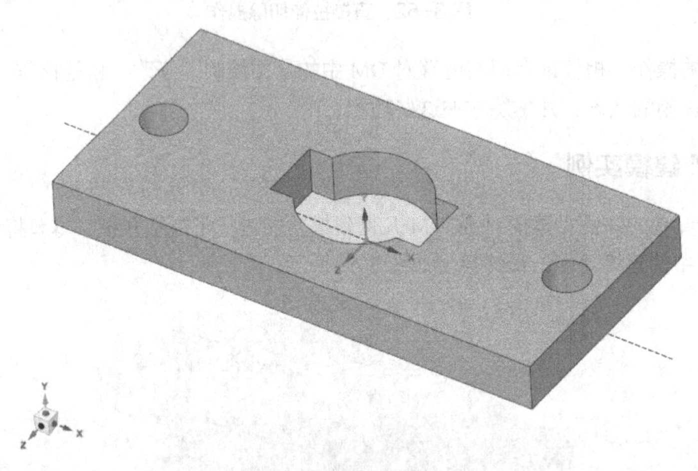

图 3-55　底面拉伸

对齐到曲线

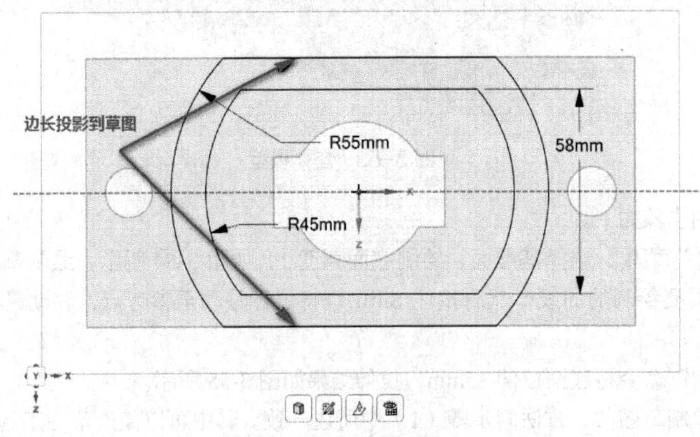


图 3-56　绘制草图 2

（4）同样，拉伸草图 2，长度为 55mm，结果如图 3-57 所示。

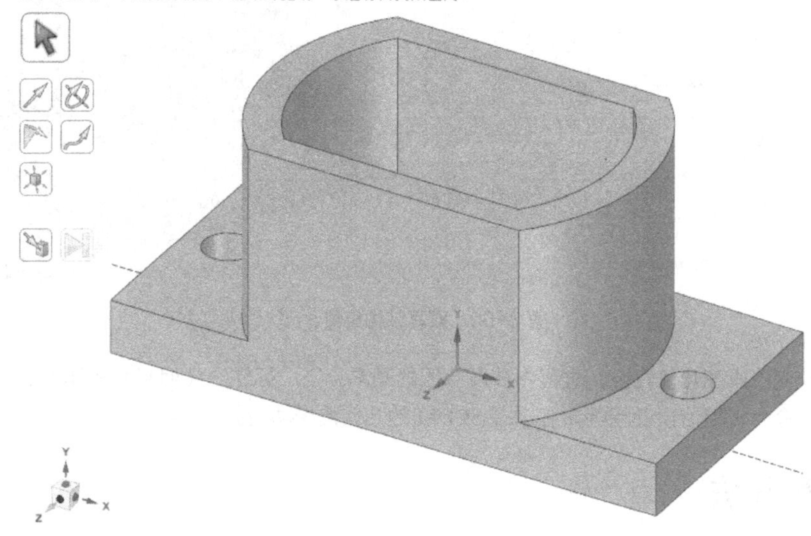


图 3-57　拉伸草图 2

（5）基于侧面绘制草图 3，并拉伸 20mm，结果如图 3-58 所示。

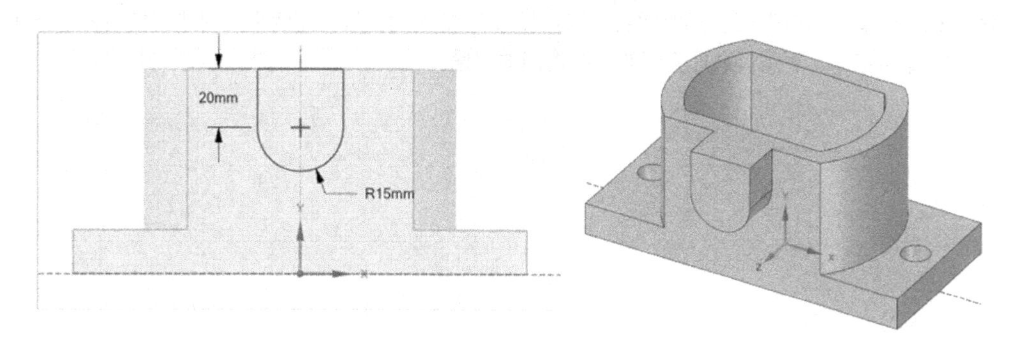


图 3-58　拉伸草图 3

（6）绘制草图 4 并拉伸切除，如图 3-59 所示。

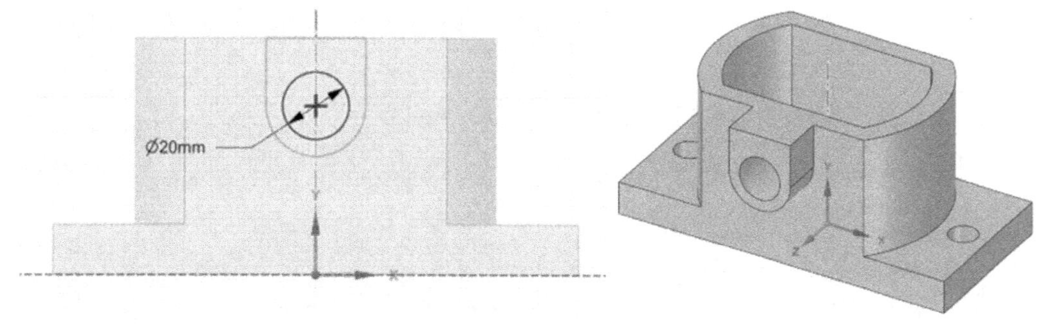


图 3-59　拉伸切除

（7）绘制草图 5，拉伸 15mm，生成双耳结构，最终完成模型的建立，结果如图 3-60 所示。

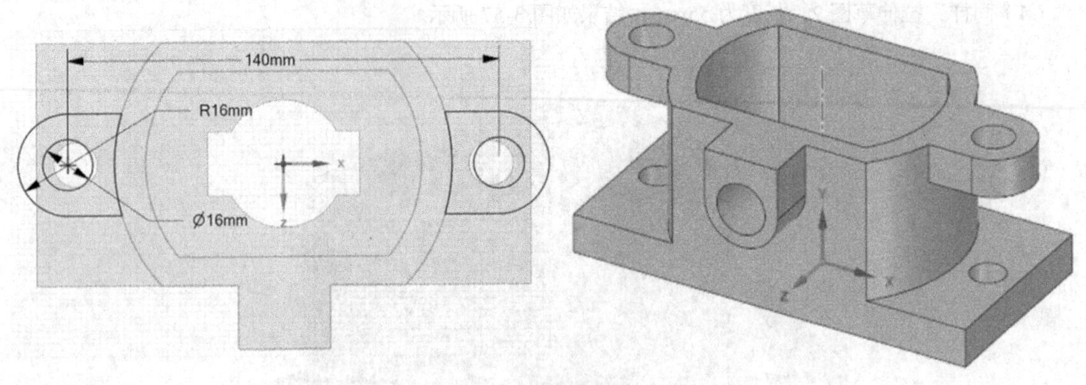


图 3-60　双耳结构拉伸

通过上述操作完成座底几何建模，过程中涉及草图的基本绘制、标注、几何尺寸具体定位、拉动切除、投影操作等一系列命令，相信读者能够熟练掌握 SCDM 的几何建模功能。

## 3.6　本章小结

DM 和 SCDM 是 WB 主要的两大建模和前处理模块，通过这两个模块可以方便地实现对模型的建立、导入、编辑、修复等操作。本章首先介绍了如何在 DM 中实现几何建模、特征操作、编辑以及模型导入设置，然后再对 SCDM 模块进行同样的详细介绍，最后引入具体的实例讲解，将两个几何建模模块的各个常用功能与具体操作结合起来，更加形象地介绍软件各功能的用途。

Chapter 04

# 第4章

## 网格划分

■ 网格划分是有限元分析中最重要的一项工作内容，是最能体现有限元分析思想的技术。网格划分不仅关乎有限元分析的效率，而且其网格质量的好坏直接影响结果的准确性，所以网格划分是有限元分析工程师最重视的一项工作，同时也是工程师必备的一项技能。

WB 19.0 包含丰富的网格划分技术，并且由于集成各类专有网格划分工具，使其在网格划分和质量控制方面有非常大的优势。本章将对 WB 19.0 网格划分技术及其相关专有模块做详细介绍，使读者能够对WB 19.0的网格划分功能有较全面的认识和掌握。

# 4.1 认识网格划分功能

WB 19.0 网格划分功能主要实现将复杂模型离散化，不同的几何模型所采用的划分方法也完全不同，能够正确利用现有的网格划分技术对几何模型进行网格划分并获得高质量的网格是一项重要的技能。

在 WB 19.0 中包括结构网格划分和流体网格划分两类，其中流体网格划分有专用的网格划分工具，如 ICEM CFD。不同的网格类型不仅划分方法不一样，而且对网格的要求也不同。结构网格主要关注应力、变形以及温度等信息梯度，通常分析中首选六面体网格，但是大部分情况下由于几何模型复杂程度所限，常用四面体网格。流体网格一般数量较多，而且对网格质量要求较高，所以在划分中需要充分考虑网格的质量，保证分析结果的精度。

一般而言，网格细化都能够在一定程度上提高结构网格和流体网格求解的精度，但是由于计算成本和计算机硬件性能的限制，在进行网格划分过程中需要平衡网格数量和计算效率及精度之间的关系。对于模型关键部位及关注度高的部位可以通过细化网格的方式来提高求解精度，但是对于模型中其他位置可以考虑采用更为粗糙的网格来进行离散。

网格划分通常包括几何模型处理、网格大小控制、网格划分方法选择以及网格质量检查这几项内容，如图 4-1 所示。在 WB 19.0 中进行网格划分的一般流程如图 4-2 所示。

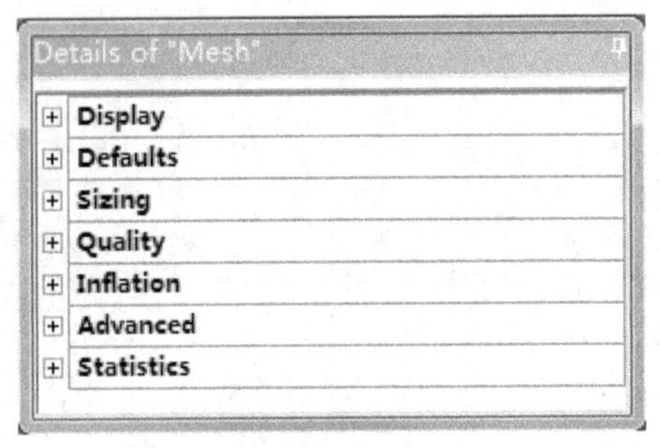


图 4-1　网格划分项目

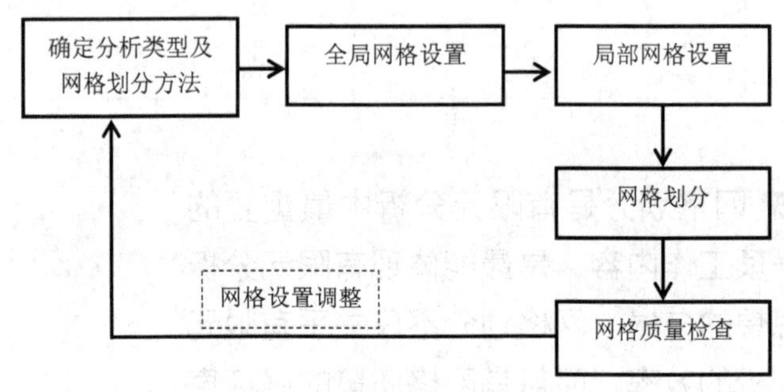


图 4-2　网格划分的一般流程

网格划分可以说是一门技术活，也是一门艺术活，高质量的网格能够让人看了赏心悦目；只有在综合考虑各项利弊因素的条件下，才能完成高效且最符合要求的网格划分工作。

# 4.2 常用网格类型

在 WB 19.0 中进行有限元分析常用的网格单元包括杆单元、梁单元、壳/面单元以及实体网格。其中壳/面单元分为三角形单元和四边形单元，实体网格分为四面体单元、楔形单元、棱锥体单元以及六面体单元。按照网格阶次，又可以将上述网格单元按照线性和二次单元划分。

表 4-1 对每种单元形状及节点个数进行直观描绘，让大家有一个清晰的认识。

表 4-1　常用单元类型

| 阶次<br>单元类型 | 线性单元（Linear） | 二次单元（Quadratic） |
|---|---|---|
| 三角形单元 | | |

续表

| 阶次<br>单元类型 | 线性单元（Linear） | 二次单元（Quadratic） |
| --- | --- | --- |
| 四边形单元 | 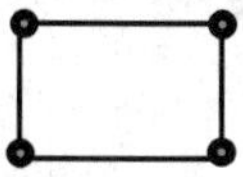 | 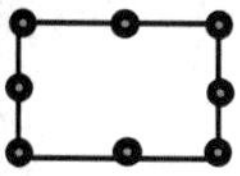 |
| 四面体单元 | 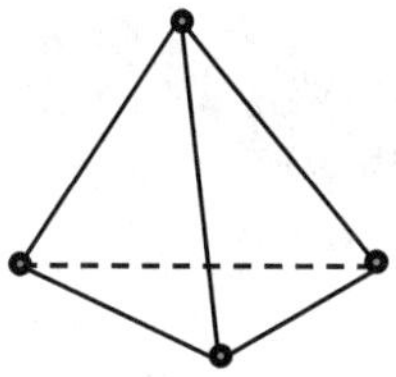 | 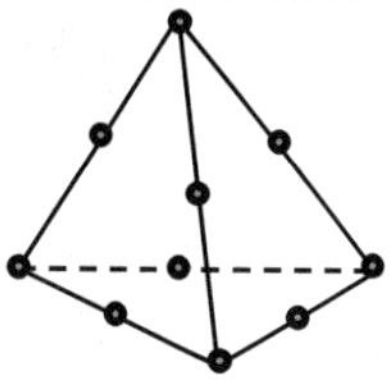 |
| 六面体单元 | 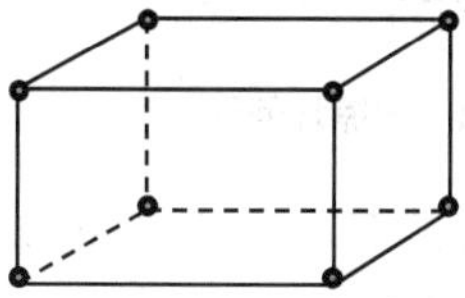 | 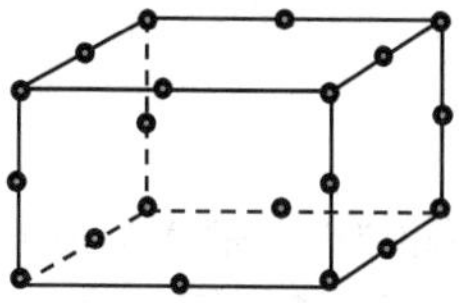 |
| 楔形单元 | 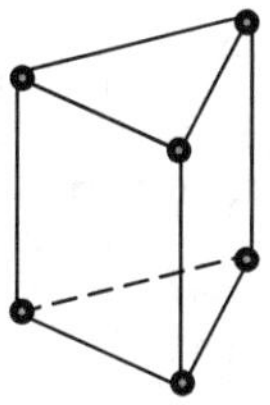 | 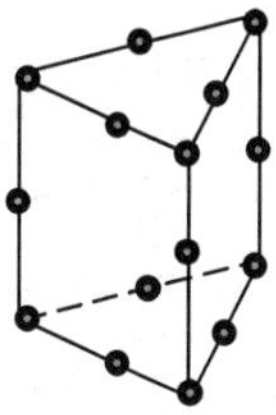 |
| 棱锥体单元 | 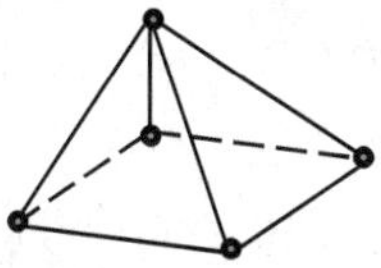 | 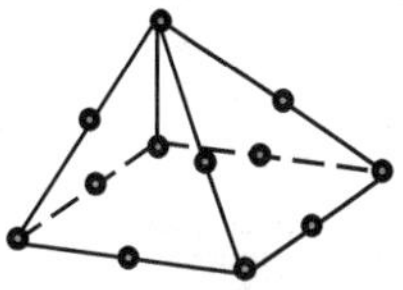 |

表 4-1 中的网格类型为常用类型，除此之外，还存在三阶等更高阶次的单元类型，同时单元节点数目也存在很多类，在分析计算中可根据实际需求进行选用。

对每种分析计算，网格划分优先采用六面体，如果不能划分为六面体，则采用四面体网格。在计算效率允许的情况下，选用二次单元进行计算可以提高计算结果的精度。

# 4.3 网格划分技术

WB 19.0 软件网格划分技术主要包括扫掠法（Sweep）、四面体划分法（Tetrahedrons）、自动划分法（Automatic）、多区域法（MultiZone）、六面体主体法（Hex Dominant）、笛卡儿法（Cartesian），本节将依次对每种划分方法进行详细介绍。

## 4.3.1 扫掠法

扫掠法是针对几何结构比较规则的模型进行网格划分的手段，用于生成六面体或者棱柱网格单元。采用该方法进行网格划分需要保证几何模型是可以扫掠的，在源面与目标面之间有相同的拓扑结构，如图 4-3 所示，类似的几何体具备扫掠特征，可以采用扫掠法进行网格划分。

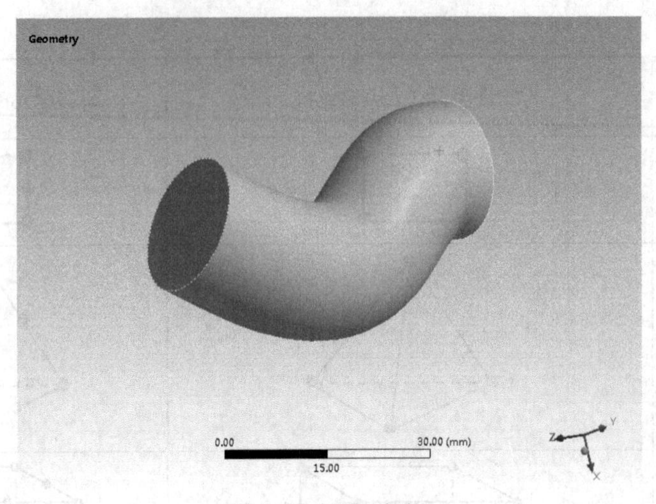


图 4-3　扫掠几何体

如果模型中存在多个实体，在进行扫掠网格之前可以右键单击 Mesh，选择 Show→Sweepable Bodies，则软件将高亮显示可以进行扫掠划分的实体，如图 4-4 所示。

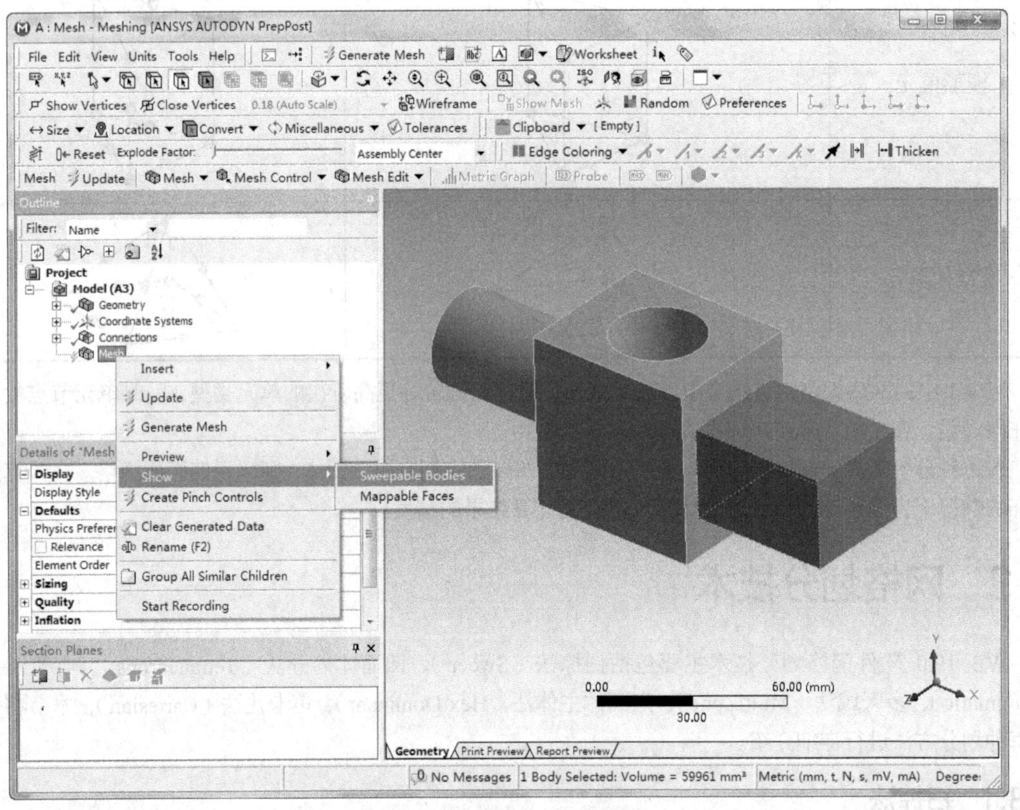


图 4-4　高亮显示可扫掠实体

在 WB 19.0 中用扫掠法进行网格划分的操作步骤如下。

（1）进入网格划分界面，在树形窗口选择 Mesh，单击鼠标右键，选择 Insert→Method（选择网格划分方法），软件默认采用网格自动划分法，如图 4-5 所示。

（2）在 Geometry 中选择划分对象，同时在 Method 中选择“Sweep”，调出 Sweep 详细设置窗口，如图 4-6 所示。

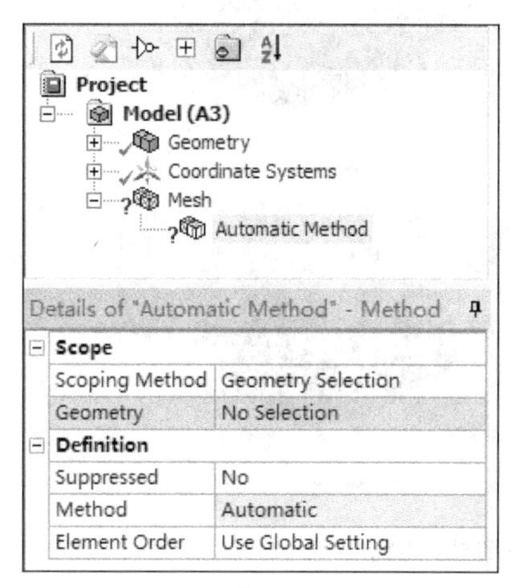


图 4-5　调取选择网格划分方法项

Details of "Sweep Method" - Method

| Scope | |
|---|---|
| Scoping Method | Geometry Selection |
| Geometry | 1 Body |
| **Definition** | |
| Suppressed | No |
| Method | Sweep |
| Element Order | Use Global Setting |
| Src/Trg Selection | Automatic |
| Source | Program Controlled |
| Target | Program Controlled |
| Free Face Mesh Type | Quad/Tri |
| Type | Number of Divisions |
| Sweep Num Divs | Default |
| Element Option | Solid |
| **Advanced** | |
| Sweep Bias Type | No Bias |

图 4-6　Sweep 详细设置窗口

在设置窗口中，Source 和 Target 分别表示源面和目标面，通过设置 Src/Trg Selection 来指定源面和目标面的选择方式，包含 Automatic、Manual Source、Manual Source and Target、Automatic Thin 和 Manual Thin 5 种，默认选择 Automatic。

Free Face Mesh Type 用来指定自由面的单元类型，可以指定全部为三角形、四边形或者三角形与四边形的混合。Type 用于限定扫掠的形式，可以按照划分数量，也可以按照单元大小来进行，如果选择 Number of Divisions，则设置 Sweep Num Divs（扫掠的层数），一般默认即可；如果选择 Element size，则定义 Sweep Element Size（扫掠网格单元的尺寸）。

默认情况下右键单击 Mesh，选择 General Mesh 可以划分得到扫掠网格单元，如图 4-7 所示。

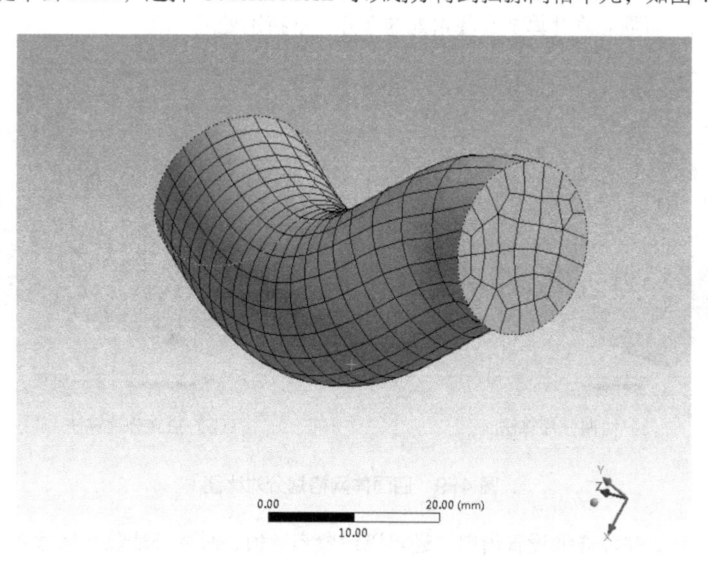


图 4-7　扫掠网格单元

（3）人工指定源面和目标面再次划分，设置按照单元尺寸来扫掠，单元尺寸设置为 2mm，完成单元网格的生成，如图 4-8 所示。

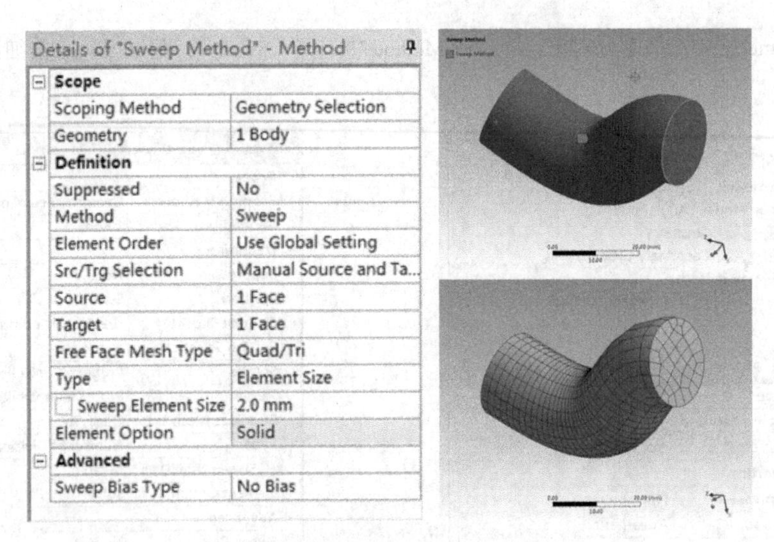


图 4-8　扫掠法再划分结果示意图

## 4.3.2　四面体划分法

四面体网格划分适用于几乎所有几何体，尤其是几何模型比较复杂，无法直接生成六面体网格的模型。四面体网格生成提供两种算法，分别为协调修补算法（Patch Conforming）和独立修补算法（Patch Independent）。

协调修补算法基于自下而上的网格划分技术，在划分过程中充分考虑几何体的微小特征，对于包含倒角、圆孔等特征的几何模型也能获得较好的网格质量；而独立修补算法采用自上而下的网格划分技术，由内而外，由体至面，划分网格时忽略对几何特征的处理，适合对网格尺寸要求较为统一的几何模型。

图 4-9 所示的模型分别采用协调修补算法和独立修补算法进行网格划分。对比可以看出协调修补算法对圆角处进行分层细化，而独立修补算法在圆角处的划分并不特别处理。

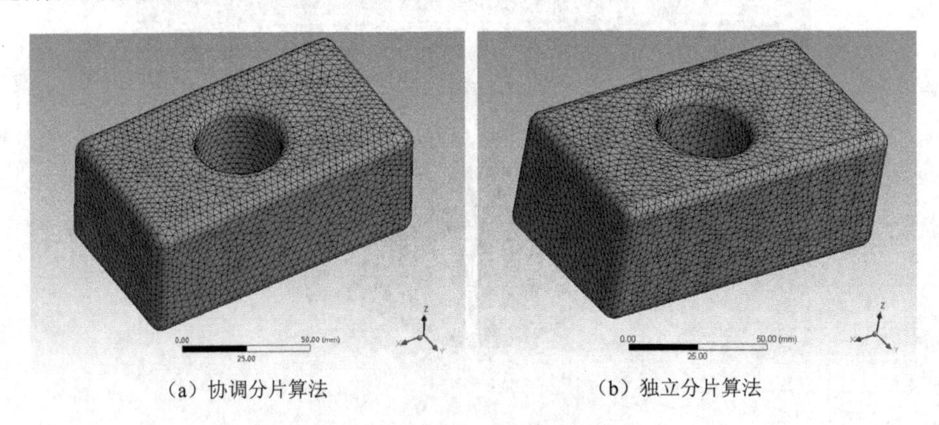


（a）协调分片算法　　（b）独立分片算法

图 4-9　四面体网格划分对比图

对于独立修补算法，在其详细设置窗口中还可以设置容差值，对是否清除几何体特征进行操作；另外通过 Growth Rate 控制网格生成速率，利用 Refinement 选项细化网格，窗口设置如图 4-10 所示。

网格细化可以通过基于特征位置处的曲率以及邻近程度来控制，在曲率较大或者存在缝隙的地方采用较小的网格，最小单元通过 Min Size Limit 设置；网格生成速率则用来控制内部网格形成的大小。

图 4-10　独立修补算法详细设置界面

## 4.3.3　自动划分法

自动划分技术是软件根据导入的几何模型自动地进行四面体或者扫掠网格划分。对于模型中较为规则的可以扫掠划分的则采用扫掠划分技术，对无法进行扫掠划分的部分采用四面体网格划分，属于“傻瓜式”网格划分方法。

自动划分法是软件默认的网格划分技术，通常简单的分析模型可以直接使用自动划分技术，复杂模型为了获得较高质量的网格，不建议直接自动划分。图 4-11 给出了自动划分技术的网格划分结果，左侧是不能进行扫掠网格划分的结果，右侧模型可以进行扫掠划分，直接划分六面体网格。

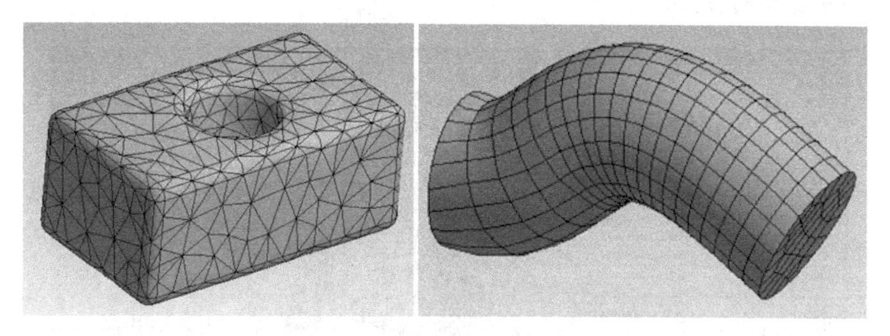

图 4-11　自动划分法结果示意图

## 4.3.4　六面体主体法

六面体主体法主要用于控制几何体表面生成六面体网格，几何内部如果无法划分六面体网格，则采用四面体或者锥形网格代替，相比扫掠法，该方法可以用于略微复杂的无法进行扫掠划分的几何模型。

如果几何内部充满四面体及椎体等网格，不能生成高质量的网格，则在模型无法直接扫掠的情况下才使用该方法。该方法划分得到的网格模型如图 4-12 所示。

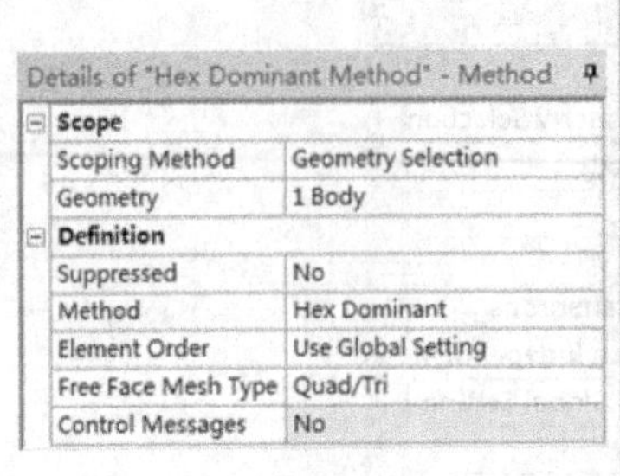

Details of "Hex Dominant Method" - Method

| | |
|---|---|
| **Scope** | |
| Scoping Method | Geometry Selection |
| Geometry | 1 Body |
| **Definition** | |
| Suppressed | No |
| Method | Hex Dominant |
| Element Order | Use Global Setting |
| Free Face Mesh Type | Quad/Tri |
| Control Messages | No |

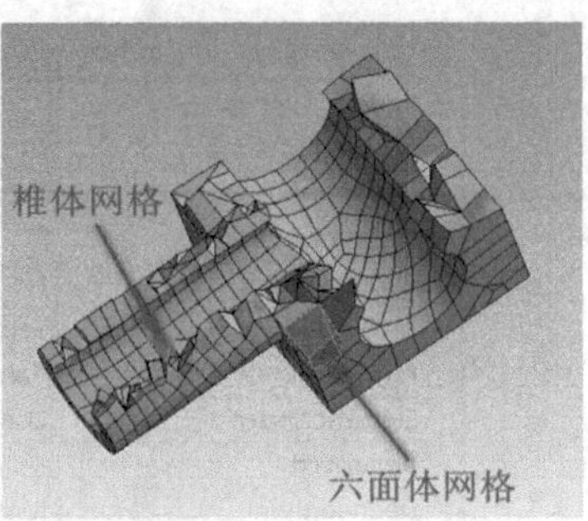


图 4-12　六面体主体法划分结果示意图

## 4.3.5　多区域法

多区域法网格划分技术是软件自动将几何体进行切块，将几何体自动归类为映射区域和自由区域，其中映射区域存在可映射的拓扑形状，能够直接进行扫掠划分；自由区域则无法进行扫掠划分，用四面体或者其他椎体网格填充。这部分功能和 Hypermesh 网格划分中类似，即当切分完几何体之后，其中可映射区域变为蓝色透明状，可直接生成六面体网格，而其他深色区域为自由区域。

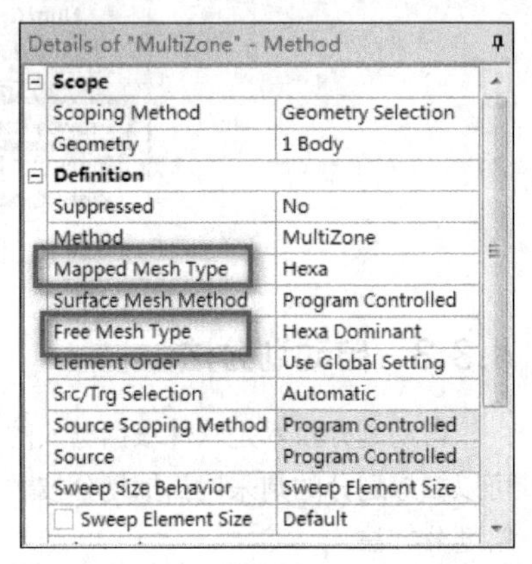

Details of "MultiZone" - Method

| | |
|---|---|
| **Scope** | |
| Scoping Method | Geometry Selection |
| Geometry | 1 Body |
| **Definition** | |
| Suppressed | No |
| Method | MultiZone |
| Mapped Mesh Type | Hexa |
| Surface Mesh Method | Program Controlled |
| Free Mesh Type | Hexa Dominant |
| Element Order | Use Global Setting |
| Src/Trg Selection | Automatic |
| Source Scoping Method | Program Controlled |
| Source | Program Controlled |
| Sweep Size Behavior | Sweep Element Size |
| Sweep Element Size | Default |

图 4-13　多区域法划分设置

多区域法对映射区域和自由区域分别存在多种网格设置，如图 4-13 所示。其中映射区域划分网格类型（Mapped Mesh Type）包括六面体（Hexa）、棱柱（Prism）以及两者混合（Hexa/Prism），自由区域划分网格类型包括四面体（Tetra）、四面体及椎体混合（Tetra/Pyramid）、六面体主体（Hexa Dominant）等。

通过对不同区域设置不同的网格类型，可以获得高质量的网格，这也是当几何体无法进行扫掠划分时推荐使用的方法，如果自动划分法是“傻瓜式”操作，多区域法则属于“单反级别”技术。图 4-14 给出了在多区域法划分六面体网格的结果，可以看到网格整体质量较高。

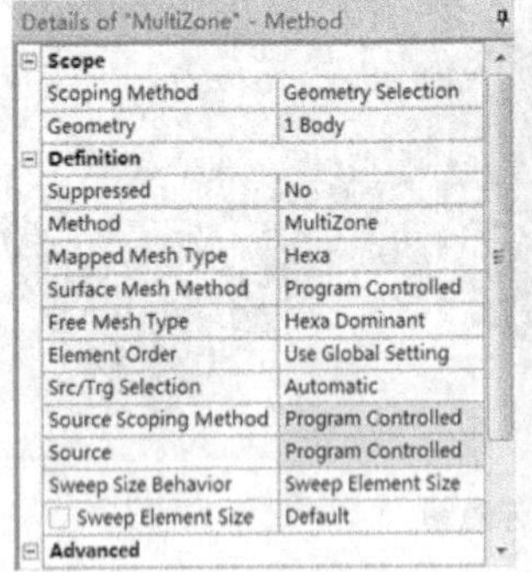

Details of "MultiZone" - Method

| | |
|---|---|
| **Scope** | |
| Scoping Method | Geometry Selection |
| Geometry | 1 Body |
| **Definition** | |
| Suppressed | No |
| Method | MultiZone |
| Mapped Mesh Type | Hexa |
| Surface Mesh Method | Program Controlled |
| Free Mesh Type | Hexa Dominant |
| Element Order | Use Global Setting |
| Src/Trg Selection | Automatic |
| Source Scoping Method | Program Controlled |
| Source | Program Controlled |
| Sweep Size Behavior | Sweep Element Size |
| Sweep Element Size | Default |
| **Advanced** | |

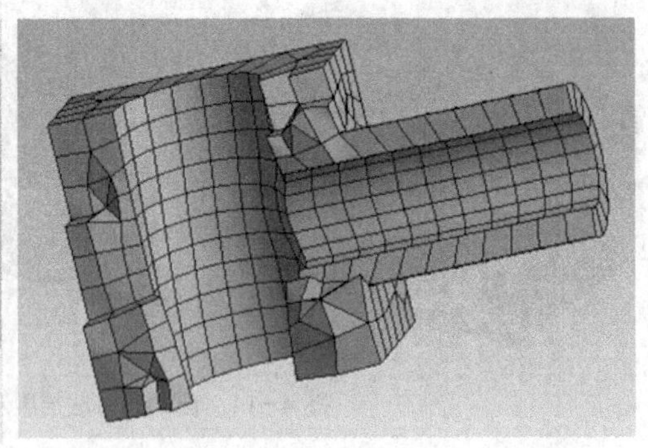

图 4-14　多区域法网格划分结果示意图

## 4.3.6　笛卡儿法

笛卡儿法（Cartesian）用于生成六面体及棱柱网格，主要针对 CFD 而开发设计，该方法将对几何边界进行自动修改，但无法与其他方法同时使用，划分结果如图 4-15 所示。

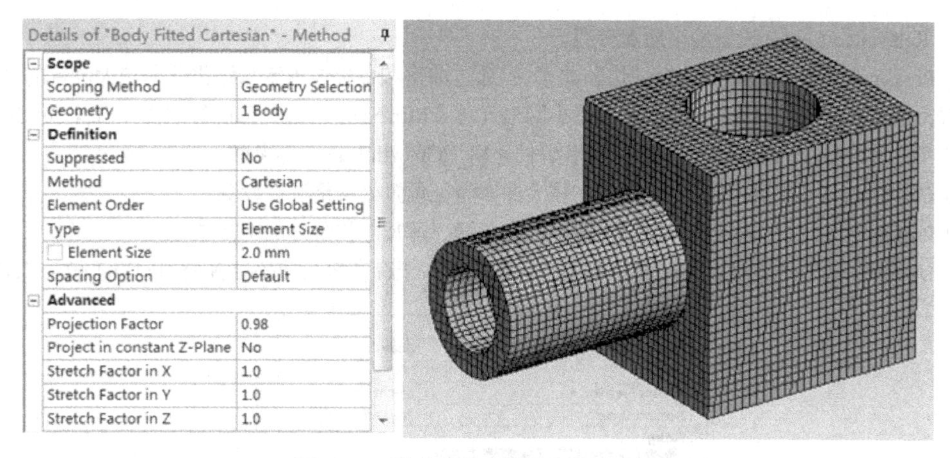


图 4-15　笛卡儿法网格划分结果示意图

# 4.4　网格控制技术

在网格划分步骤中，除了网格划分技术的选择之外，对网格划分过程中的参数控制也是非常重要的内容，网格划分的控制包括网格尺寸的控制、网格质量的检查等内容，本节将对网格控制的各类方法进行详细介绍。

## 4.4.1　全局网格控制

对网格的控制包括全局网格控制和局部网格控制两种。对全局网格的控制主要是针对整体模型进行网格尺度、平滑性等参数的设置，该设置将应用到几何体的所有边、面和体当中。全局网格控制主要涉及 Relevance、Size Function 和 Relevance Center 等项目的设置，如图 4-16 所示。

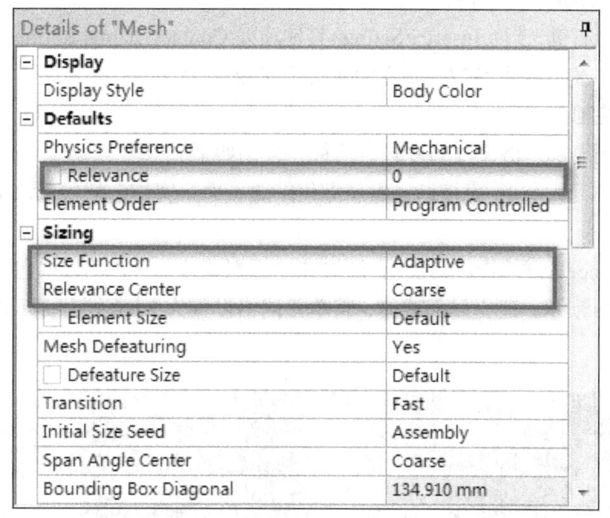


图 4-16　全局网格尺度设置

Relevance 滑动范围在-100～+100，数值越大表明网格越精细；Relevance Centre 通过选择 Coarse（粗糙）、Medium（中等）或者 Fine（良好）设置网格尺度情况；Size Function 涉及 5 个选项，如图 4-17 所示，分别如下。

（1）Adaptive（自适应）：软件自动对线、面曲率较大位置处的网格进行处理，只有选择自适应方式，才能联合 Relevance Centre 设置网格质量等级。

（2）Proximity and Curvature（相邻边和曲率）：通过曲率和相邻边确定和细化曲率较大位置的网格，可以设置最大面网格尺寸（Max Face Size）、最小网格尺寸（Min Size）、最大四面体网格（Max Tet Size）、相邻边最小尺寸（Proximity Min Size）以及网格增长速率（Growth Rate）等参数。

（3）Curvature（曲率）：通过曲率对存在较大曲率特征位置处网格进行设置。

（4）Proximity（相邻边）：用于控制模型中存在细缝、薄尺寸位置处的网格划分。

（5）Uniform（统一）：采用统一网格尺度进行划分，对于存在较大曲率位置处的网格不做特殊处理。

| Display | |
|---|---|
| Display Style | Body Color |
| **Defaults** | |
| Physics Preference | Mechanical |
| Element Order | Program Controlled |
| **Sizing** | |
| Size Function | Proximity and Cu... |
| Max Face Size | Adaptive |
| Mesh Defeaturing | Proximity and Curvatu |
| Growth Rate | Curvature |
| Min Size | Proximity |
| Max Tet Size | Uniform |
| Curvature Normal Angle | Default (70.7070 °) |
| Proximity Min Size | Default (6.7454e-002... |
| Num Cells Across Gap | Default (3) |
| Proximity Size Function Sources | Faces and Edges |
| Bounding Box Diagonal | 134.910 mm |
| Average Surface Area | 3211.70 mm² |

图 4-17　Size Function 设置

## 4.4.2 局部网格控制

局部网格控制主要用于细化仿真中比较关注的部位，同时对于存在大曲率、多连接相贯等位置处的网格进行细化处理，保证获得质量较高的网格单元。

选择 Mesh，单击鼠标右键，选择 Insert→Sizing（其他项如 Contact Sizing| Refinement| Face Meshing| Match Control| Pinch| Inflation），生成各个参数控制界面来进行操作。

### 1. Sizing（尺寸控制）

通过插入 Sizing 控制局部网格尺寸的方式有两种，分别如下。

（1）Element size（单元大小）：直接选择希望细化的边、面、实体，然后在该项中设置单元大小，生成较为均匀一致的网格。

（2）Sphere of Influence（球体影响范围）：通过建立虚拟球体，对几何体中包含在所见球体域内的部分进行局部细化，如图 4-18 所示，建立局部球体，将单元网格设置为 2mm 划分，可以看到包含在红色球体域内的几何实体被细化。

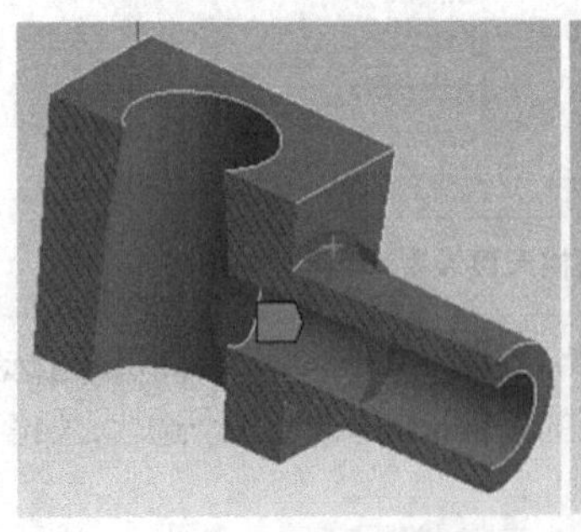
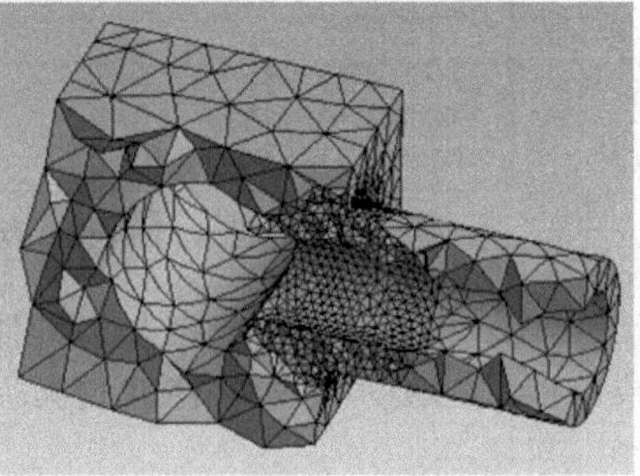

图 4-18　球体域细化结果

## 2. Contact Sizing（接触尺寸控制）

Contact Sizing 主要控制接触区域的几何面的网格细化，当模型中存在接触面时，通过插入 Contact Sizing 可以保证接触面上的网格大小统一，有利于接触面之间的求解计算和收敛。Contact Sizing 控制方式有两种，分别是 Element Size 和 Relevance。

图 4-19 所示为控制 Contact Sizing 参数的绘制结果，其中选择 Relevance 控制方式，数值为 80，可以看出在接触面位置，网格被按要求细化处理。

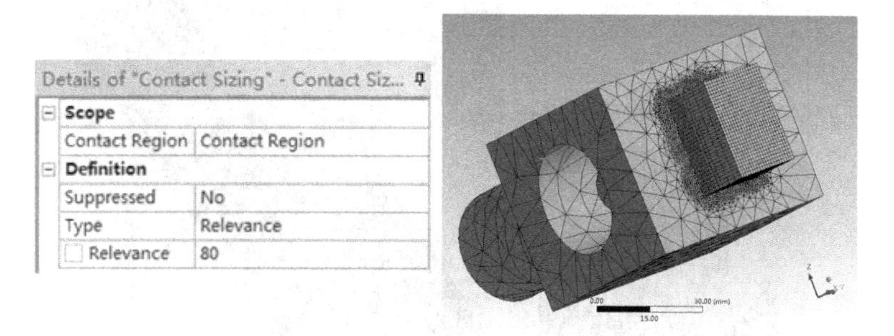


图 4-19　接触面处细化网格结果示意图

## 3. Refinement（网格重新细化控制）

Refinement 针对几何体的线和面进行操作，达到细化网格的目的。Refinement 可选参数为 1～3 三个数，数值越大，作用的对象网格划分越细。选择圆柱结构端面进行细化，设置参数为 3，结果如图 4-20 所示。

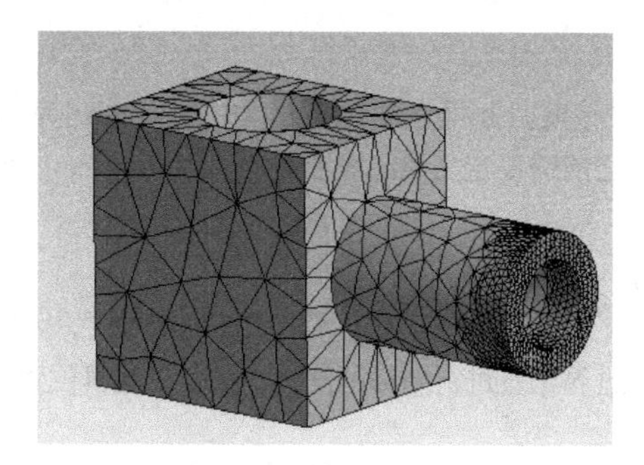

图 4-20　端面网格细化

## 4. Face Meshing（映射面网格划分控制）

Face Meshing 用于控制几何体表面生成结构化网格，结构化网格有助于分析求解。右键单击 Mesh，可以通过 Show 高亮显示进行 Face Meshing 的可映射几何面。如图 4-21 所示，其中高亮面为可映射面，其网格划分明显比其他面生成的网格更加规则。

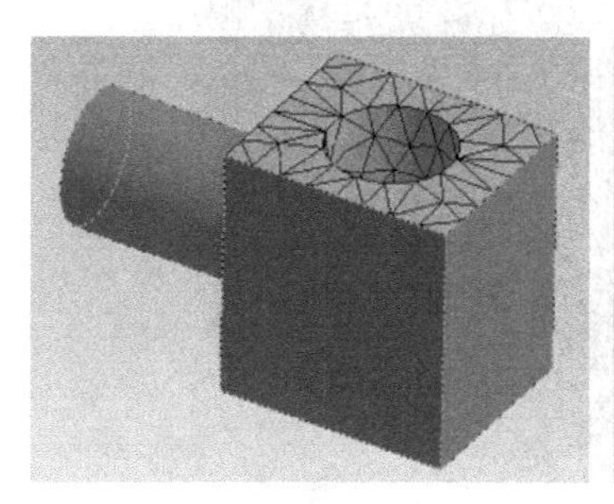 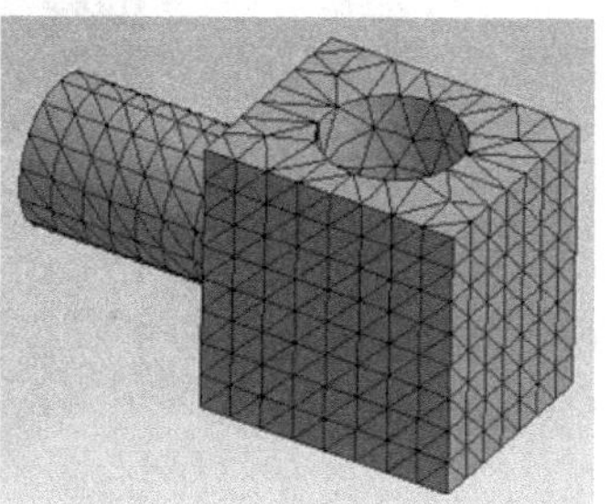

图 4-21　映射面网格划分结果示意图

### 5. Match Control（匹配控制）

Match Control 常用于对具有阵列性、周期性拓扑形状的网格结构进行划分控制，如旋转机械、涡轮等结构。定义此类划分应在 High Geometry Selection 和 Low Geometry Selection 中指定模型的周期性边界，同时定义旋转的圆柱坐标系，如图 4-22 所示。

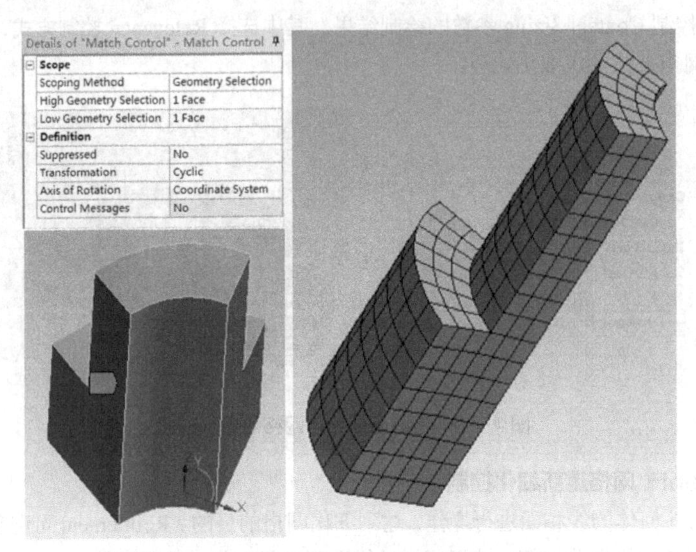


图 4-22　匹配控制下的网格划分结果示意图

### 6. Pinch（收缩控制）

Pinch 在划分网格时将自动去除模型上面的微小特征，如小孔、细缝等。该控制方法仅对点和线起作用，对面和体不起作用。在进行划分之前需要定义收缩容差（Pinch Tolerance）。需要注意，该方法不支持笛卡儿法网格划分。

### 7. Inflation（膨胀控制）

Inflation 被称为膨胀控制，当分析项目中关注边界位置处的结果时，尤其是对于流体分析中模拟不同边界层之间的作用关系时，需要在边界位置进行网格的细化，保证在边界位置生成细化的高质量网格，可以采用 Inflation 进行参数控制。

Inflation 设置有三种选择，分别为 Total Thickness、First Layer Thickness 以及 Smooth Transition，通过设置边界位置膨胀的层数、厚度或者过渡等级实现较高质量网格的划分。如图 4-23 所示，在结构两端面设置 Inflation 控制，采用形式为平滑过渡（Smooth Transition），可以在两端面生成细化的膨胀网格层。

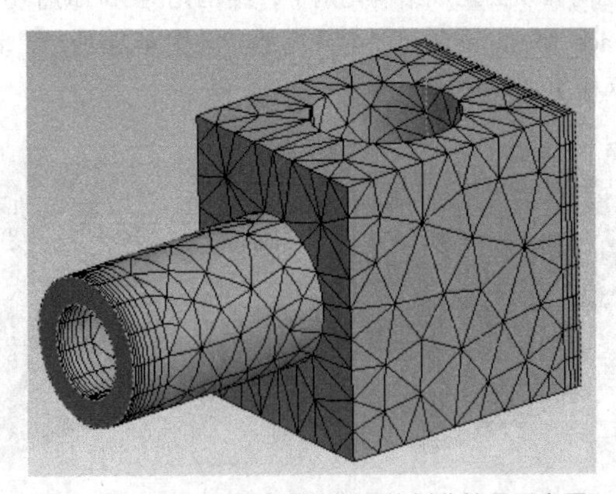

图 4-23　Inflation 参数控制网格划分结果示意图

### 4.4.3 网格质量检查

完成网格的全局和局部设置并划分结束后，需要对划分的结果进行检查，只有保证网格质量满足分析要求，才能够进行后续的求解设置。网格质量检查包括很多项目，二维单元包括网格单元质量、纵横比、翘曲度、雅克比等，三维单元除了包括二维单元的指标，还额外包括单元坍塌比、体积扭曲度等，这些项目全部在 Mesh Metric 列表中，如图 4-24 所示。

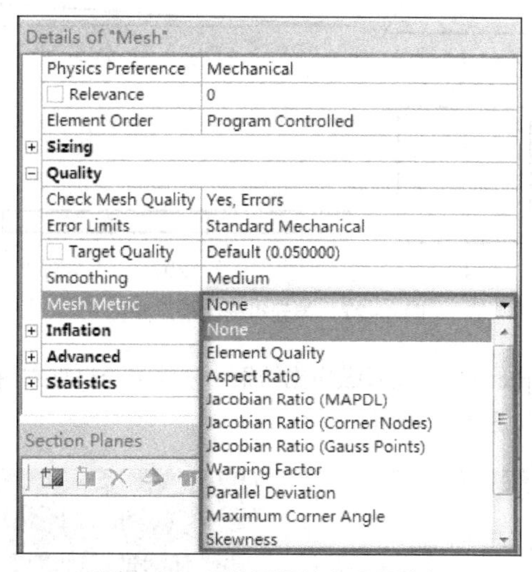


图 4-24　网格质量检查项目列表

下面针对各项具体的网格质量指标进行详细叙述。

**1. 单元质量（Element Quality）**

单元质量是一个复合的质量指标，范围介于 0～1，是单元体积与单元边长之间的比值，当比值为 1 时表明单元质量最完美，0 代表体积为零或者为负。

**2. 单元纵横比（Aspect Ratio）**

在 WB 19.0 中，单元纵横比分三角形单元与四边形单元。在三角形单元中，单元纵横比指的是基于三角形顶点与各边中点形成的矩形的最长边与最短边的比值除以 $\sqrt{3}$，如图 4-25 所示。

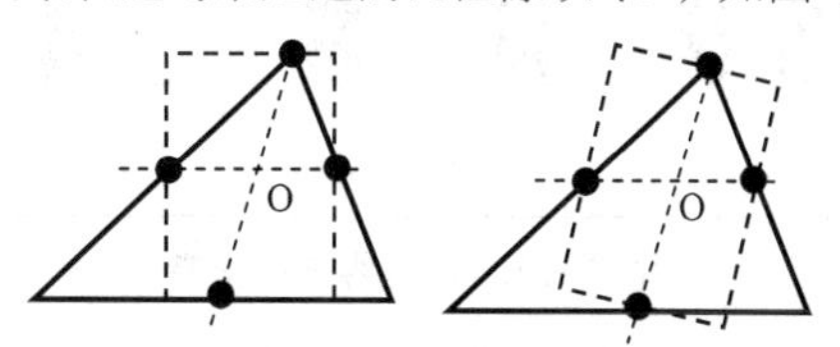


图 4-25　三角形单元纵横比计算

对于四边形，单元纵横比是指基于单元四边中点形成的两个矩形的最长边与最短边的比值，如图 4-26 所示。

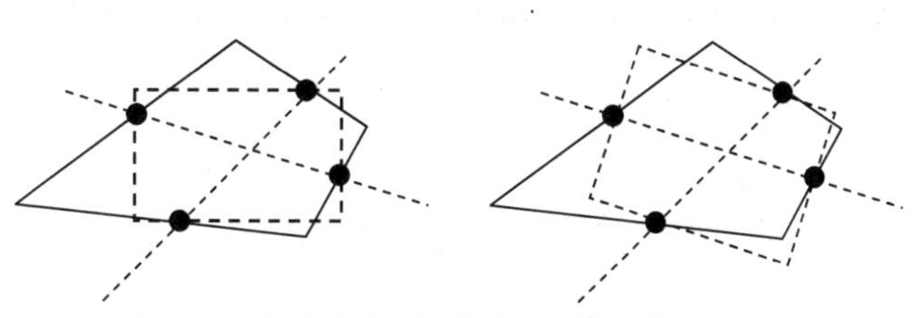

图 4-26　四边形单元纵横比计算

理想单元纵横比等于 1，如正三角形、正四边形等。一般对于线性单元来讲，单元纵横比最好介于 0～3，二次单元纵横比可接受范围为 0～10。在 WB 19.0 中，三角形和四边形单元纵横比可接受范围为 0～20，如图 4-27 所示。

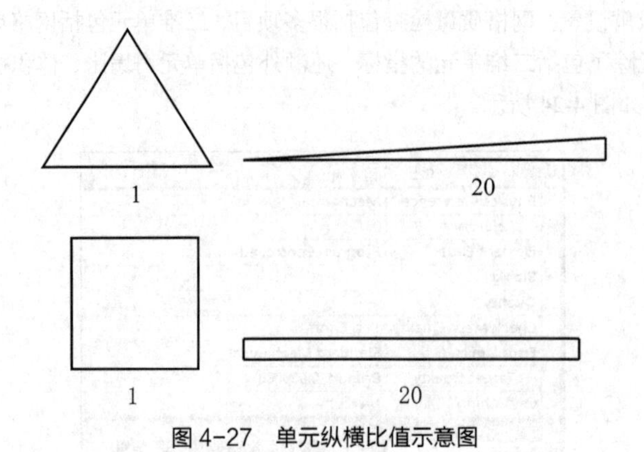


图 4-27　单元纵横比值示意图

在 Mesh Metric 中选择 Aspect Ratio 查看纵横比结果，软件将给出直方图显示，并在详细窗口中给出纵横比最大、最小以及平均值，如图 4-28 所示。

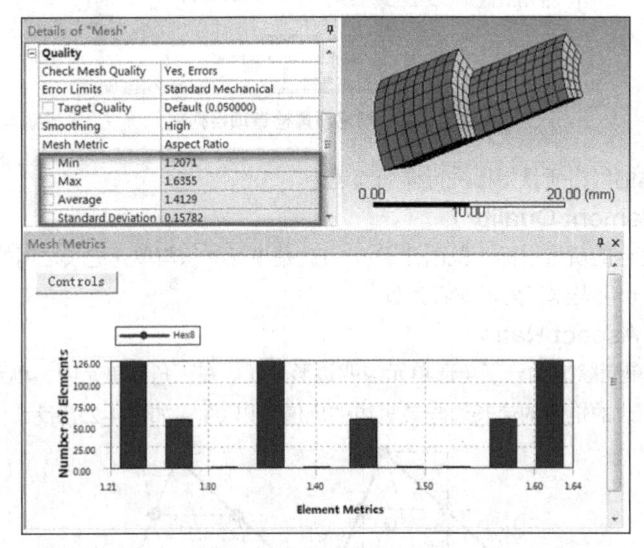


图 4-28　单元纵横比检查

### 3. 雅克比比率（Jacobian Ratio）

雅克比比率指单元内各特定点（积分点）的雅克比行列式的值的最大值与最小值之比，用于表征单元的扭曲程度。通常二次三角形单元以及四面体单元的边中节点与单元角节点的中点位置重合，雅克比比率为 1，边中节点离单元边中点越远，雅克比比率越大，图 4-29 所示为三角形单元扭曲程度的雅克比比率。

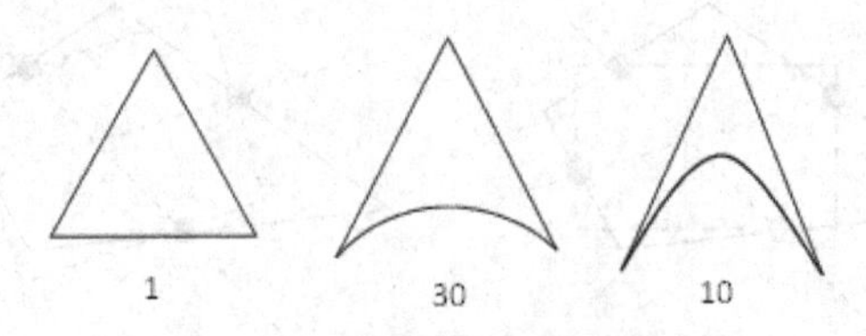


图 4-29　三角形单元雅克比比率

对四边形单元中的矩形单元和正方形单元而言，雅克比比率为 1。同样，边中节点越偏移单元边中点，雅克比比率越大，如果单元角节点往中心点偏移，则会出现单元的坍缩致使雅克比比率急剧变大，如图 4-30 所示。

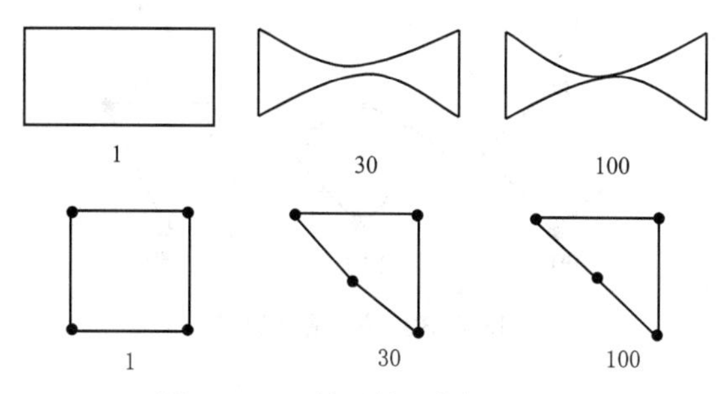


图 4-30 四边形单元雅克比比率

### 4. 翘曲度（Warping Factor）

翘曲度是指单元与其投影之间的高度差，用于检查四边形壳单元及三维实体单元的面的翘曲程度，图 4-31 给出了四边形及六面体单元的翘曲程度。

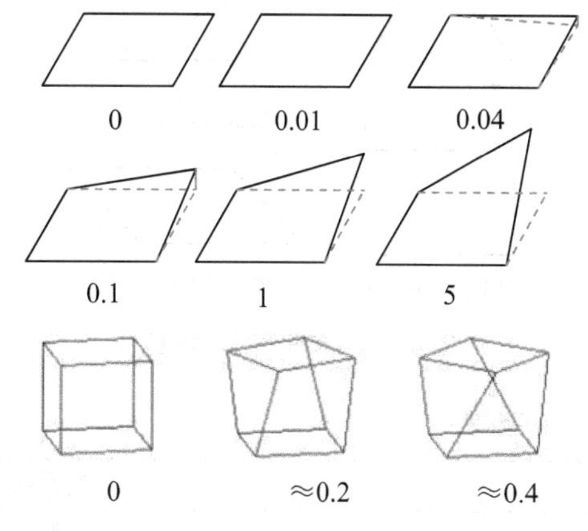


图 4-31 翘曲度值

### 5. 平行偏差（Parallel Deviation）

平行偏差指在四边形单元中对边向量的点积取反三角余弦（acos）所得的角中的更大值。单元对边向量方向的定义如图 4-32（a）所示，图 4-32（b）给出了部分四边形单元的平行偏差值。

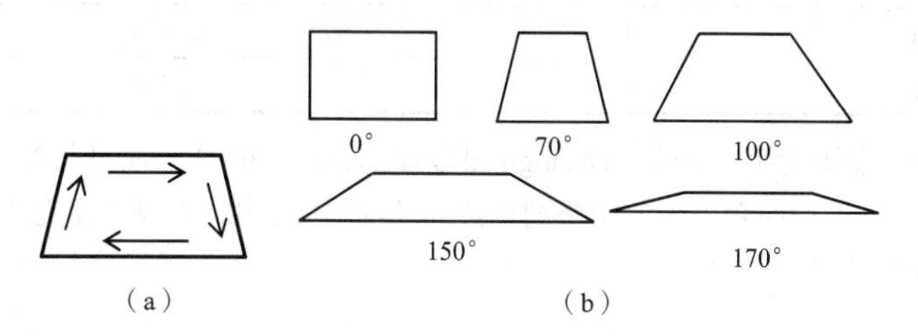


图 4-32 单元平行偏差

### 6. 最大顶角（Maximum Corner Angle）

最大顶角指三角形或四边形单元的内角最大值。理想单元的最大顶角为 60°（正三角形）或者 90°（矩形），图 4-33 给出了部分三角形和四边形单元的最大顶角情况。

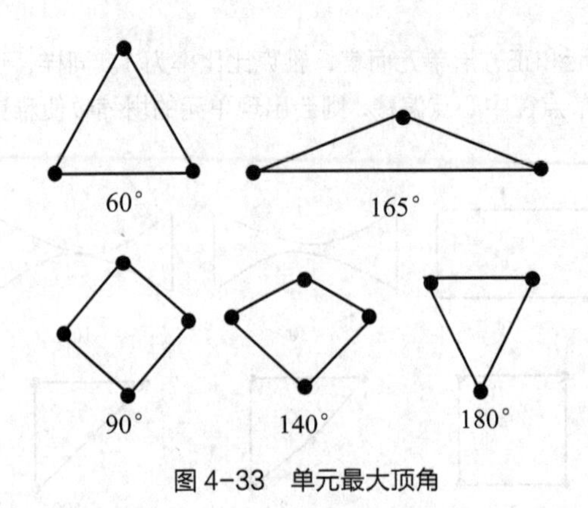


图 4-33　单元最大顶角

### 7. 倾斜度（Skewness）

倾斜度为单元质量检查的基本项，倾斜度范围在 0～1，值越小表明单元质量越好，图 4-34 给出了理想单元与一般倾斜单元之间的对比图，同时表 4-2 给出了倾斜度与单元质量等级的对应关系。

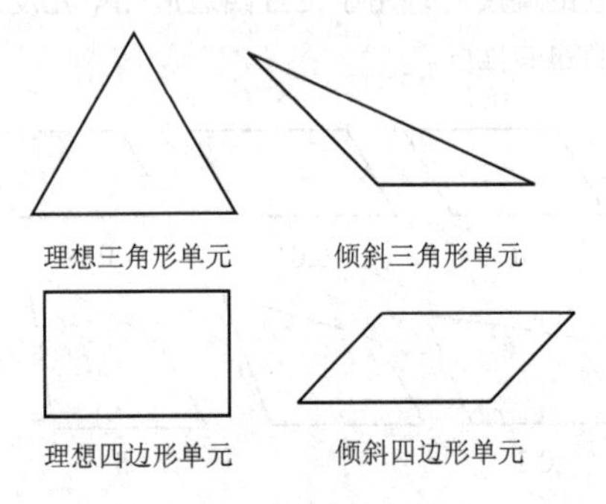


图 4-34　单元倾斜示意图

表 4-2　单元倾斜度与单元质量对应关系表

| 倾斜度 | 质量等级 |
| --- | --- |
| 1 | 极差 |
| 0.9～1 | 很差 |
| 0.75～0.9 | 差 |
| 0.5～0.75 | 一般 |
| 0.25～0.5 | 好 |
| 0～0.25 | 非常好 |
| 0 | 完美 |

除了上述检查指标，还包括正交质量（Orthogonal Quality，处于 0～1）、特征长度（Characteristic Length）等相关项目。在实际操作中应结合不同的网格划分情况以及网格应用的物理场景进行单元质量的划分与检查，保证网格划分的准确性和高质量。

## 4.5　ICEM CFD 19.0 网格划分简介

ICEM CFD 是一款 ANSYS 专有的处理软件，它能够实现几何建模、网格划分以及结果后处理等功能，尤其是在流体分析领域有非常突出的应用。

ICEM CFD 主要采用分块划分的方式进行网格划分，这是它相较于其他有限元网格划分工具的一个主要特点，它被 ANSYS 收购之后成为 ANSYS 软件家族体系重要的一员，越来越受到广大用户的青睐。

ICEM CFD 可以看作独立的有限元分析软件，也可以作为单独的网格划分工具进行网格划分。它能够实现与其他主流 CAD 建模软件进行连接，也可以自身进行软件的几何建模。

通过“开始”菜单，单击 ANSYS 下的 Mesh，选择 ICEM CFD 19.0 可以直接打开软件，如图 4-35 所示，也可以通过创建网格划分项目，然后直接通过数据链接创建 ICEM CFD 19.0 网格划分项目，如图 4-36 所示。

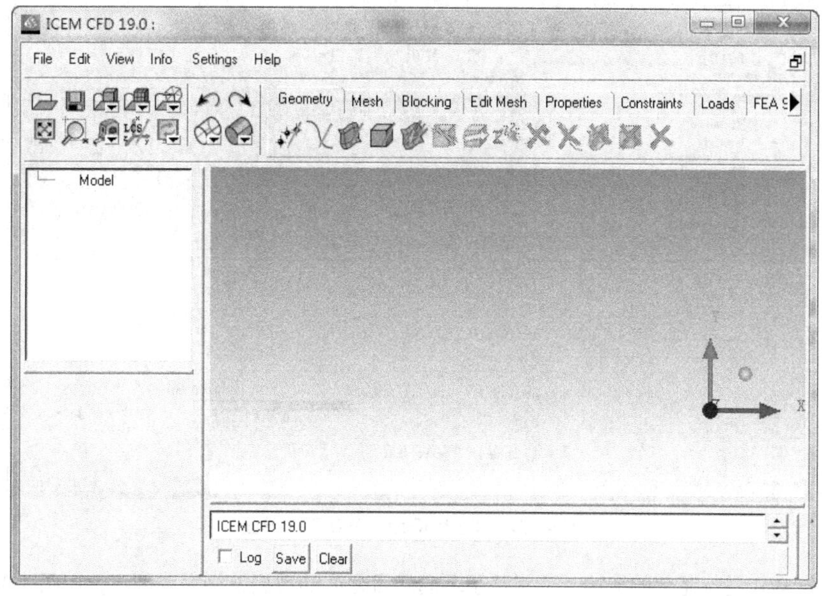


图 4-35　ICEM CFD 19.0 窗口

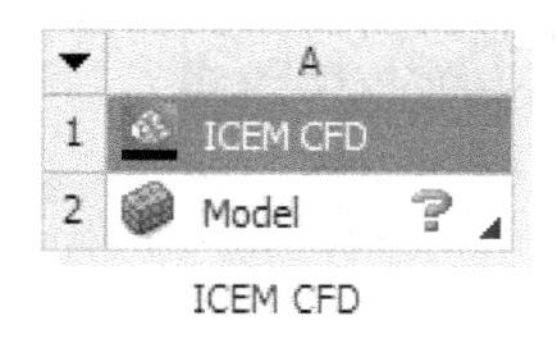


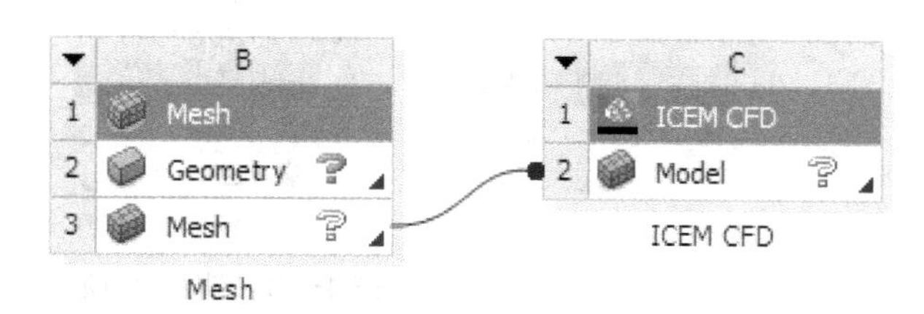


图 4-36　创建 ICEM CFD

与其他网格划分工具一样，ICEM CFD 可以实现二维网格、三维四面体和六面体网格的生成，尤其是对于六面体网格的生成具有非常大的优势。ICEM CFD 的工作流程一般如下。

（1）新建项目。

（2）建立或导入模型。

（3）建立几何拓扑结构或模型前处理。

（4）网格划分。

（5）网格质量检查及修改编辑。

（6）导出网格进行 CFD 求解。

（7）结果后处理。

对于 ICEM CFD 更多的操作和功能详细介绍，读者朋友可以通过 ICEM CFD 帮助文档或者参考专门的教程进行学习，本书仅做一般性介绍。

# 4.6 TurboGrid 19.0 网格划分简介

TurboGrid 主要用于旋转机械的网格划分，如涡轮叶片。图 4-37 所示为 TurboGrid 19.0 的最新窗口界面，读者可以直接通过“开始”菜单中 ANSYS 下的 Mesh 启动。

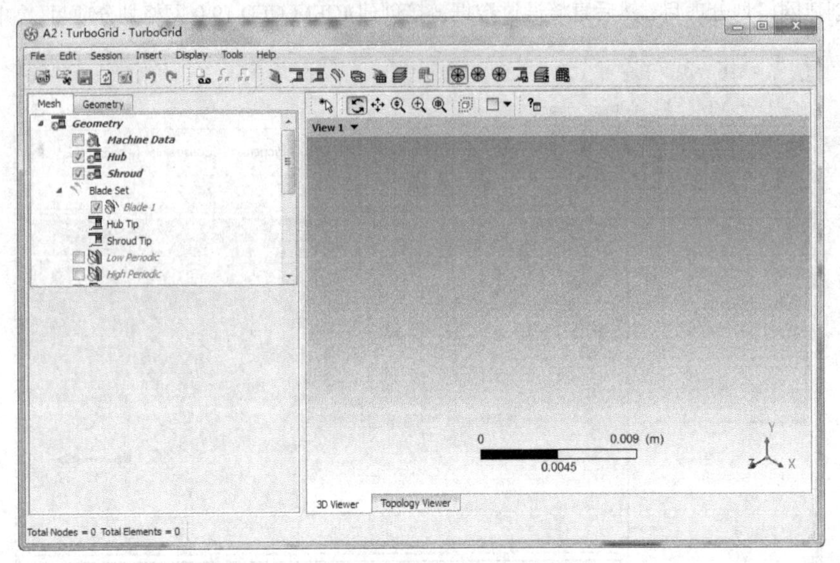


图 4-37 TurboGrid 19.0 工作界面

为了能够与 WB 进行完美的衔接，通常基于不同项目之间的数据链接完成创建，如图 4-38 所示。对于 TurboGrid 的操作和功能介绍，可参考帮助文档或其他专门的书籍，本书不再做深入介绍。

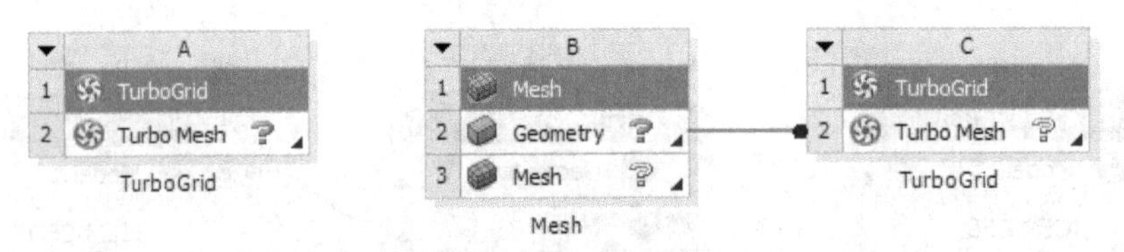


图 4-38 创建划分项目

# 4.7 本章小结

本章详细介绍了 WB 中各类网格划分技术和具体的操作方法，对网格划分中涉及的单元类型、网格尺度等概念进行了介绍，同时针对网格划分中模型的处理方式、网格划分后如何进行质量检查以及检查的项目和标准都进行了详细的介绍，最后对 ANSYS 中特有的两类网格划分功能 ICEM CFD 和 TurboGrid 进行了简单介绍，使读者能够全面了解和掌握网格划分技术，实现基本的网格划分。

Chapter 05

# 第5章 结果后处理

■ 结果后处理是所有有限元软件都包含的一个模块，它主要用于实现之前仿真结果的可视化，用更加形象和具体的画面让用户实现对分析结果的评判和对比。

WB 19.0 的后处理功能包含了对结果的查看、输出以及计算收敛性分析等内容，提供仿真云图、仿真动画、曲线输出等诸多形式的结果输出，本章将详细介绍 WB 19.0 的后处理功能。

# 5.1 认识后处理的功能

WB 19.0 中的后处理功能是在完成仿真计算之后进行的，即针对树形窗口中 Solution 下的内容进行后处理，通常包括应力、变形、温度场、压力场等输出变量。

在工具栏中涉及的窗口为 Result 部分，如图 5-1 所示，包含放大倍数、结果显示形式、最大最小值（Max、Min）以及对结果的探测检查等功能。

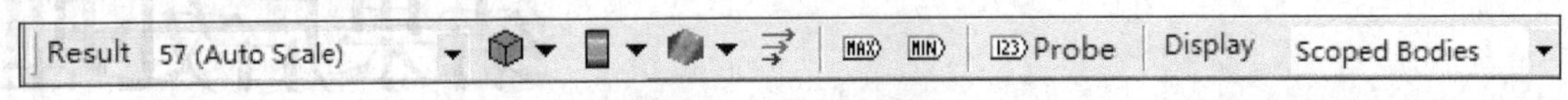


图 5-1 后处理工具栏

# 5.2 后处理的常用操作

后处理其实是一个多功能模块，用户对本模块使用的好坏关系到整个分析项目结果输出的质量，甚至影响整体项目的观感和层次。WB 19.0 后处理模块包括结果查看、结果显示、结果图表输出以及动画输出等内容，为用户后处理提供了便利的操作。

## 5.2.1 结果查看

查看分析结果的前提是在分析之前定义了希望查看的内容，以静力学分析为例，在 Solution 下插入位移变形（Displacement）和应力大小（Stress），处理完成之后就可以在后处理中查看和进行结果的编辑。单击对应的分析结果就可以得到云图方式的可视化结果，如图 5-2 所示，图中左侧有彩虹条图例，颜色深浅表示对应物理量的大小，一般默认红色表示最大值。

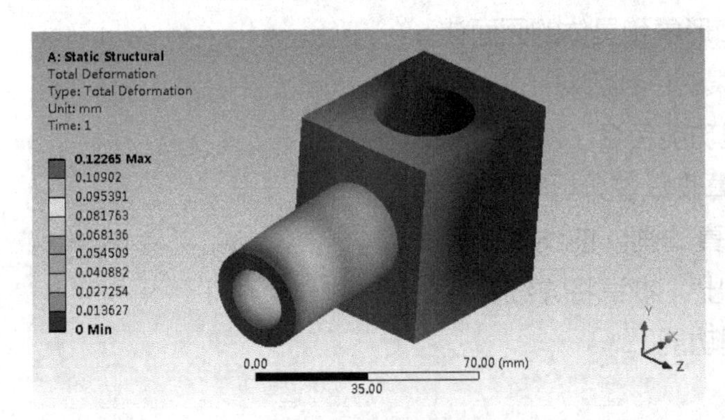


图 5-2 结果云图

针对图例可以进行各种编辑和设置，鼠标移动至图例，单击右键可以看到一系列操作选项，包括图例的显示方式（Vertical 纵向排列、Horizontal 横向排列），分析日期显示（Date and Time）、最大最小值显示（Max、Min on Color Bar）、数据精度值（Digits）设置等各项内容。

当单击图例上的数字时，对应数字被框选并在最左侧显示“+-”标签，如图 5-3 所示。单击“+-”可以对等高线数量进行增减；双击图例数值可以直接对数值进行编辑，以想要的方式进行显示。

通常在分析完成之后，我们希望查看模型中处于某一阈值之上或者之下的区域，此时可以使用图例操作中的 Independents Bands，选择 Top、Bottom 或者 Top and Bottom 以中性色显示高于或者低于对应图例的结果，如图 5-4 所示。

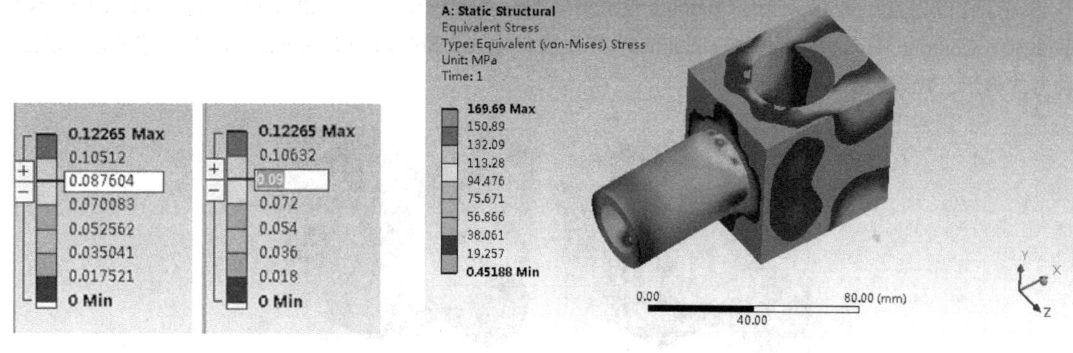


图 5-3　图例操作　　　　图 5-4　中性色结果显示

## 5.2.2　显示方式

结果的显示方式主要通过操作 Edges、Contours 以及 Geometry 控制。首先介绍云图的显示形式，即 Edges 的操作，图 5-5 所示为 4 种不同的显示结果，可以面向不同的需求和展示对象。

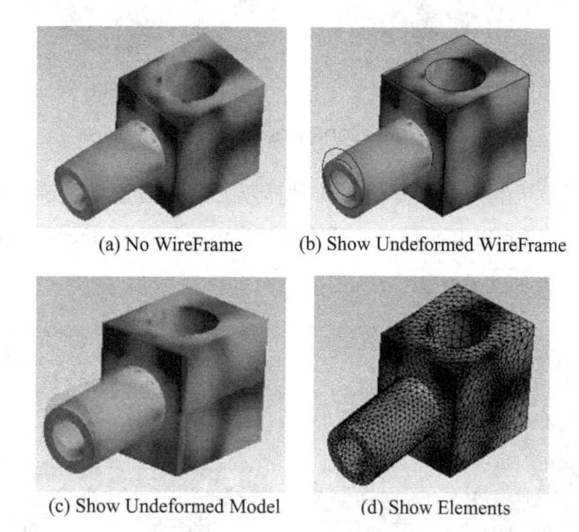


图 5-5　Edges 操作设置结果

如果用户希望获取模型中最大、最小值出现的具体部位，可以单击工具栏中的 Max 和 Min 命令，完成之后结果云图中出现最大、最小值所在位置的标签，如图 5-6 所示。

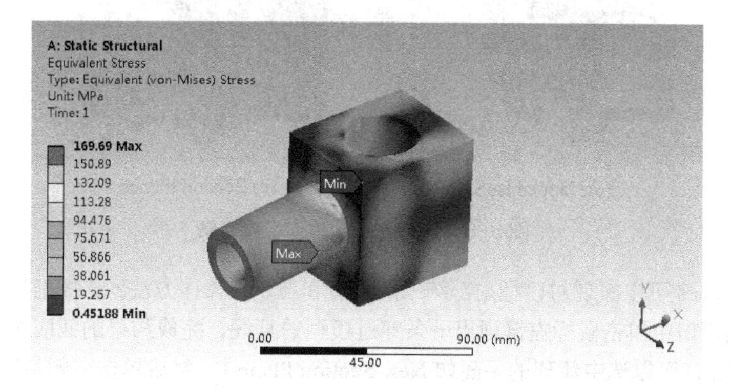


图 5-6　最大、最小值位置

除了云图的设置，还可以通过 Contours 设置结果的等高线形式，包括光滑等高线（Smooth contours）、等高线带（Contour Bands）、等值线（Isolines）以及实体填充（Solid Fill）四种方式。本例结果分别以上述 4 种方式显示，效果如图 5-7 所示。

(a) Smooth Contours　(b) Contour Bands　(c) Isolines　(d) Solid Fill

图 5-7　Contours 操作设置结果

最后是 Geometry 对模型显示的控制，同样有 4 种显示方式来设置模型等高线及结果的显示形式，分别为外形图（Exterior）、等值面（IsoSurfaces）、上等值面（Capped IsoSurfaces）和截面（Section Planes），不同方式对应的显示结果如图 5-8 所示。

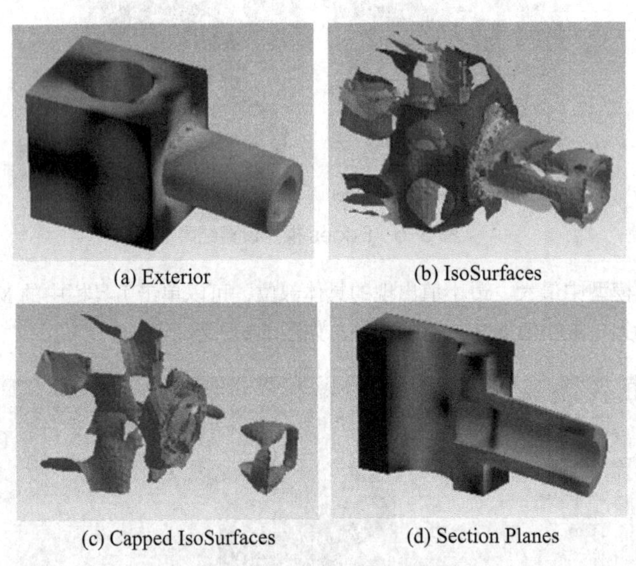

(a) Exterior　(b) IsoSurfaces　(c) Capped IsoSurfaces　(d) Section Planes

图 5-8　Geometry 操作设置结果

上述 Section Planes 可以实现对模型内部结果的查看和显示，操作方法：选择工具栏中的 New Section Plane，然后在视图窗口中单击鼠标左键画出一条穿过模型的直线，完成结果的截取显示，如图 5-9 所示。如果希望将界面删除，可以选中新建的平面如 New Section Plane 1，然后单击“删除”按钮（窗口栏中的 × 标志）。

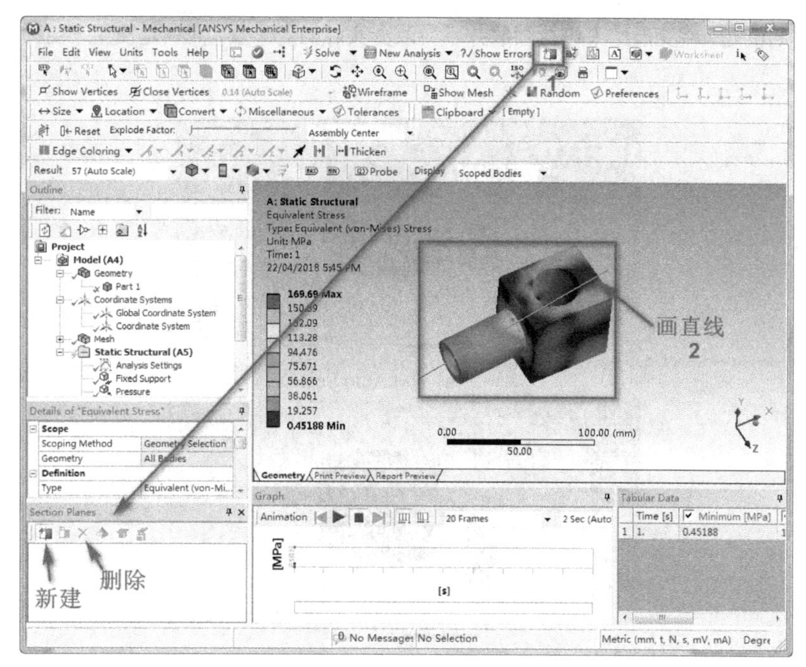


图 5-9　切分显示结果

完成切分显示之后，还可以进行切分面的编辑和移动操作，如图 5-10 所示，单击 Section Planes 中的 Edit Section Plane，然后将鼠标移动至模型上，会出现一个红色填充的方格，拖动方格可以任意定义切分面，这样用户就可以对模型内部结果各区域进行观察。

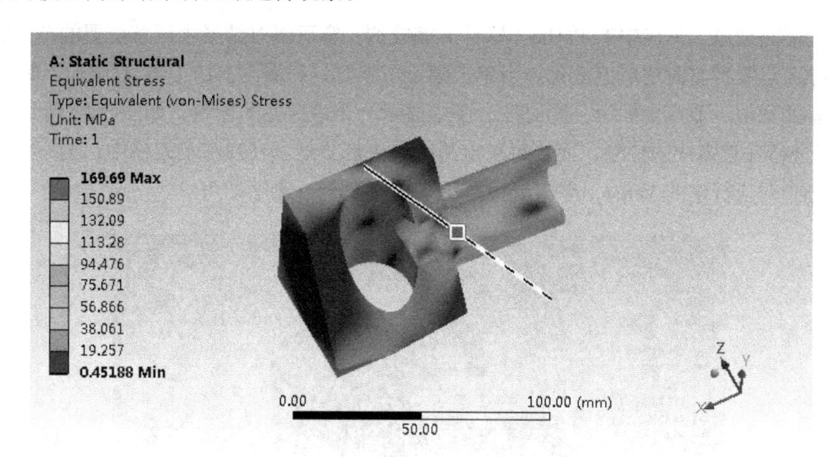


图 5-10　切分面的编辑和移动操作

## 5.2.3　位移缩放

位移缩放是比较简单的操作，主要针对形变、模态计算等分析项目，当模型结果的变形较小、不方便直接识别变形趋势及变形状态时，可以使用位移缩放功能将变形结果放大；如果变形过大则可以用同样的方法将变形结果缩小。

通常软件自身会根据计算的结果默认一个缩放比例值（Auto Scale），选择其他缩放比例可以实现对结果的缩放控制，如图 5-11 所示，在工具栏中选择 Result 后面的下拉选项框，分别选择 57（Auto Scale）和 2.8e2（5x Auto），结果对比非常明显。

需要特别说明的是，将变形结果进行缩放并不会改变实际的变形量，而只是使用了更为合适的比例进行显示。

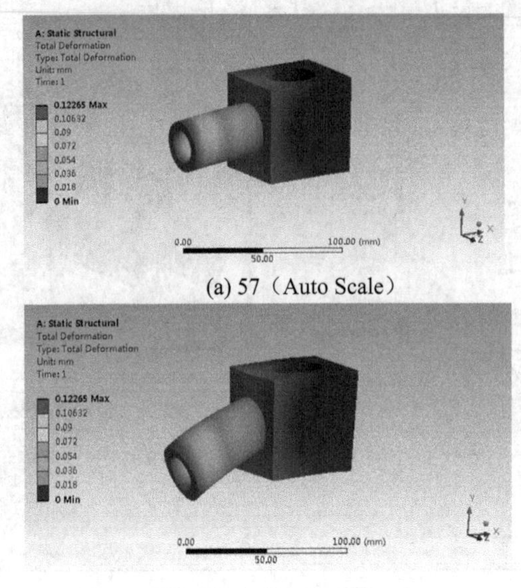


(a) 57（Auto Scale）

(b) 2.8e2（5x Auto）

图 5-11　变形缩放结果

## 5.2.4　结果检测

结果检测功能是通过工具栏中的 Probe（探针）完成的，它可以对结果中任意位置的节点输出信息进行提取，移动鼠标可以看到实时的数值变化。当单击某一位置时，在界面窗口下方立刻输出该点的各项信息，包括输出物理量的数值、节点坐标等，同时在云图中显示一个带数值的标签，如图 5-12 所示。

Probe 可以进行任意多次的检测，而且每次检测的结果都会显示在视图及表格中，当不需要相应的结果信息时，可以选中对应行中的 Value，单击鼠标右键，选择 Delete 删除即可。

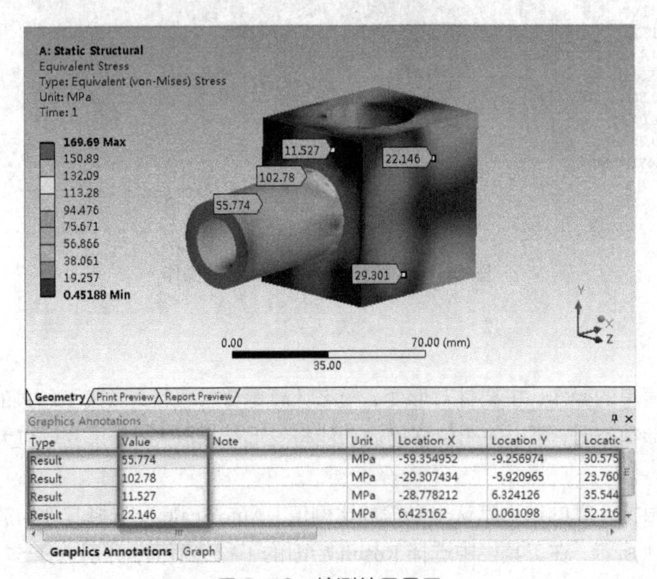


图 5-12　检测结果显示

一般来说，在需要使用探针检测结果时，最好使用带单元网格模型，如图 5-13 所示。由于显示单元网格节点，这样能够更加方便地对模型中的具体位置进行设定。

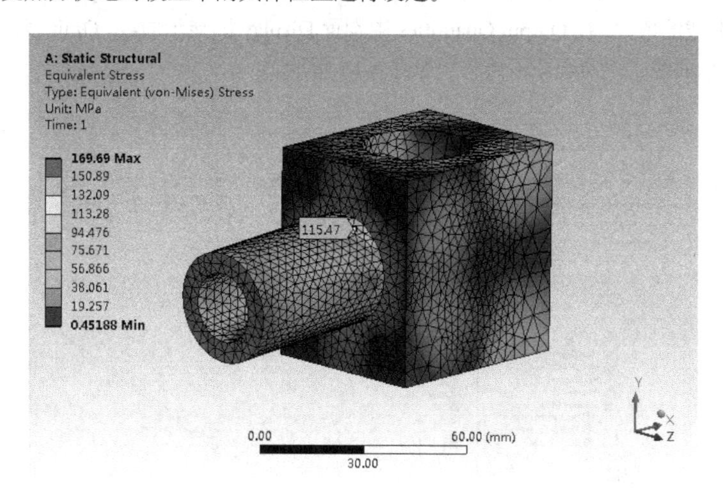


图 5-13　带单元网格模型的检测结果

## 5.2.5　图形表格创建

输出分析结果曲线及图表是后处理工作非常重要的一部分内容，在 WB 19.0 中可以将不同分析步的结果通过曲线呈现出来。

在工具栏中单击 New Chart and Table，选择需要绘制的输出结果，单击 Apply 按钮确认，可以看到各分析步的最大应力值被绘制出来，如图 5-14 所示。

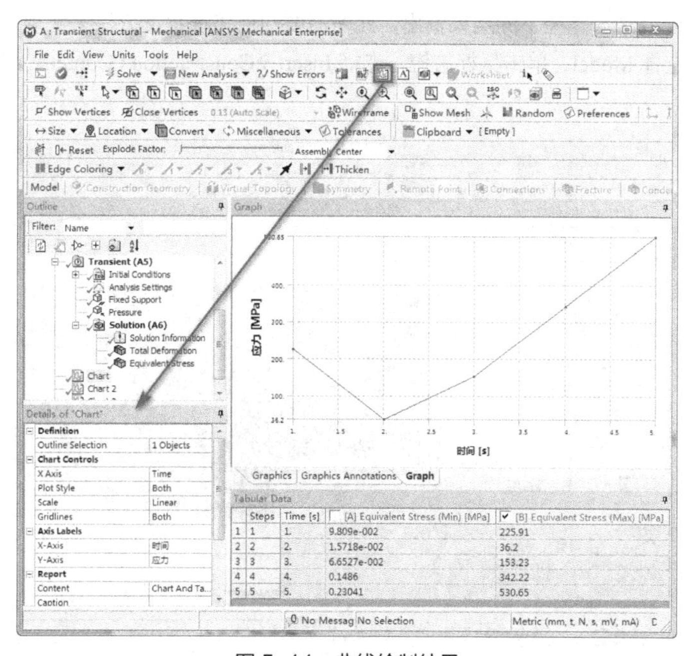


图 5-14　曲线绘制结果

完成基本的曲线绘制之后，可以在“Details of ‘Chart’”窗口中对曲线进行编辑操作，通过 Plot Style 设置曲线的显示方式，Scale 设置 $x$-$y$ 坐标的数值数据形式（分别为 Linear、Semi-Log（x）、Semi-Log（y）、

Log-Log），Gridlines 选择是否显示背景方格。

Axis Labels 用于设置曲线图 $x$-$y$ 的标签，本例中分别输入时间和应力。在 Output Quantities 和 Tabular Data 中，可以设置显示曲线的条数，在 Output Quantities 中设置 Display 即显示曲线，Omit 表示不显示，在 Tabular Data 中勾选表示显示曲线，不勾选即不绘制，如图 5-15 所示。

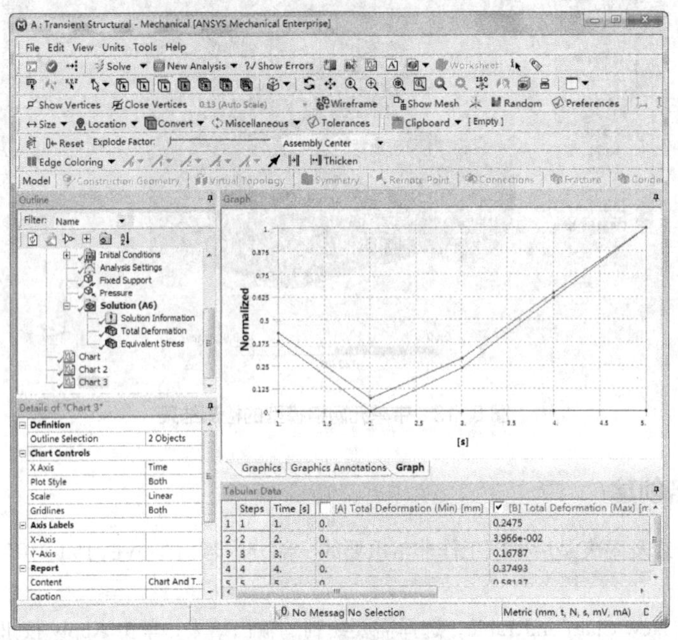

图 5-15 绘制多条曲线

很多时候还需要定义某一路径下的结果输出，此时需要利用路径定义方法来实现。具体操作如下。

（1）创建路径。选择 Model，单击鼠标右键，选择 Insert→Construction Geometry，插入 Path，如图 5-16 所示。

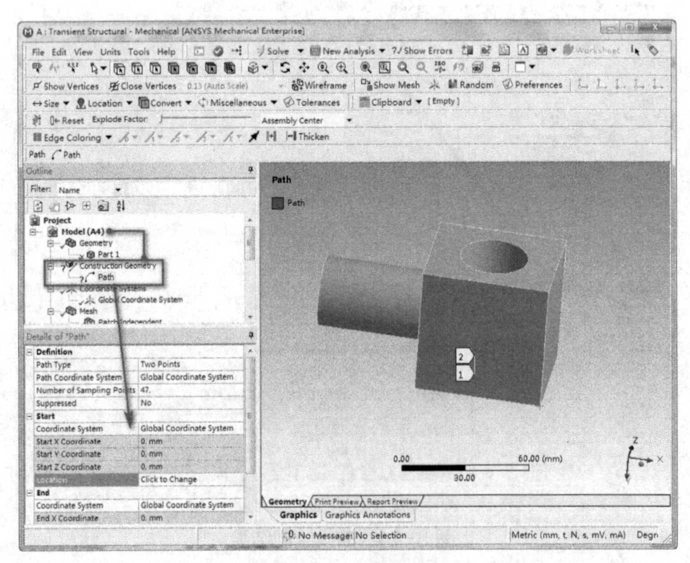

图 5-16 创建路径

（2）完成 Path 的插入之后，需要定义路径的起止点。切换选择方式为点选（Vertex），选择矩形框对角点为路径起止点，分别在 Start 和 End 的 Location 中确认，如图 5-17 所示，最终路径创建完成之后以灰色实线显示。

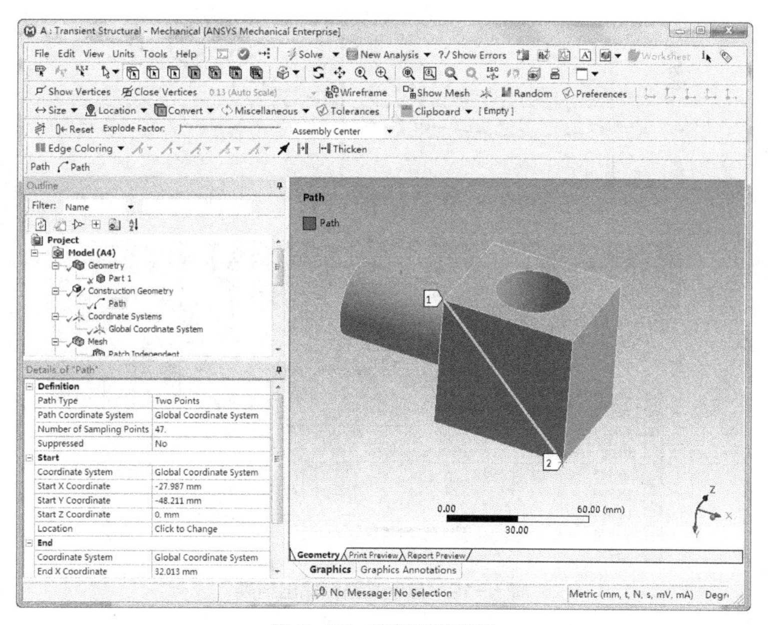


图 5-17　路径创建结果

（3）进入 Solution 选项，单击鼠标右键插入 Linearized Stress 并选择 Linearized Equivalent Stress，如图 5-18 所示，在对应的详细设置窗口下的 Path 选择（2）中创建的路径，再次完成计算。

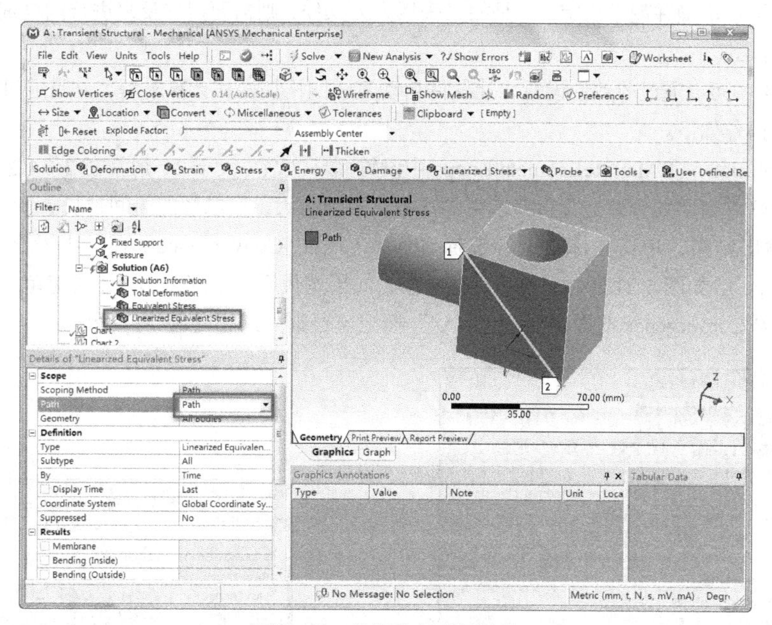


图 5-18　选择路径计算结果

（4）完成计算后，输出结果如图 5-19 所示。定义的路径相应的云图及各节点处的输出量全部可以通过曲线和图片显示，非常完美地将结果输出。

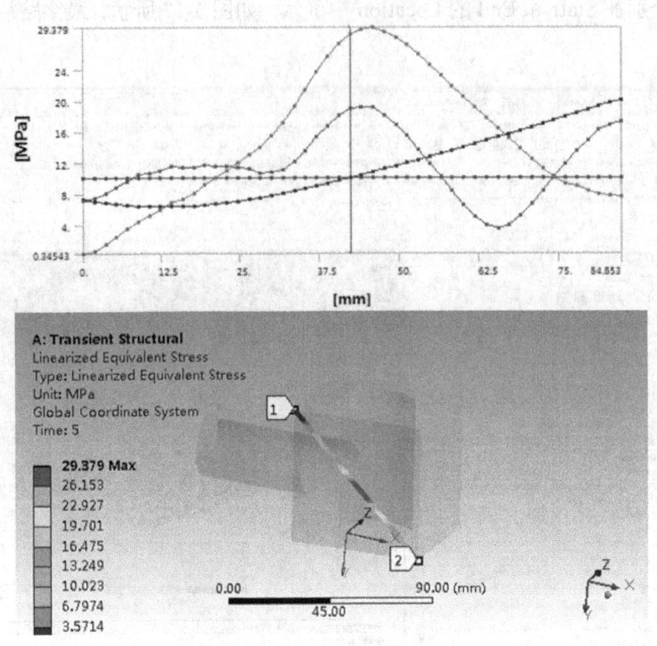


图 5-19　自定义路径输出结果

## 5.2.6　收敛性

收敛性是进行有限元分析需要重视的一个问题，尤其对于显式动力学、瞬态分析等内容。通常网格加密可以使计算结果更加准确并趋于稳定，但是如果采用人为操作，则需要用户反复进行网格细化然后求解，这样往复几次非常低效。

在 WB 19.0 中可以通过收敛性设置，让软件自动完成网格加密和计算求解，并且通过曲线显示结果的变化情况，具体操作如下。

（1）单击 Solution，在 Max Refinement Loops 中设置循环次数（大于 2，通常在 2～4 之间，见图 5-20），其中的数值表示软件自动划分并提交重新求解的次数，数值越大，则求解的时间越长。

（2）选择输出结果，单击鼠标右键，选择 Insert，插入 Convergence，在其中设置收敛对象的容差（Allowable Change），如图 5-21 所示；然后提交求解，如果迭代后结果变化率处于设定范围内，表明结果收敛，Solution 中的 Convergence 前面出现绿色“√”标记，否则为红底白色“!”标记。

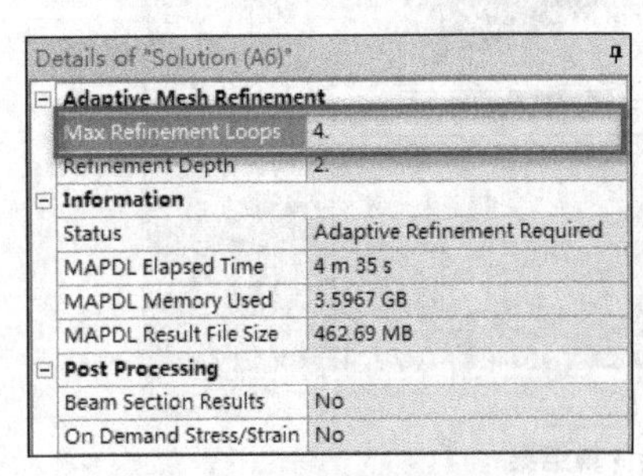

Details of "Solution (A6)"

| Adaptive Mesh Refinement | |
|---|---|
| Max Refinement Loops | 4. |
| Refinement Depth | 2. |
| **Information** | |
| Status | Adaptive Refinement Required |
| MAPDL Elapsed Time | 4 m 35 s |
| MAPDL Memory Used | 3.5967 GB |
| MAPDL Result File Size | 462.69 MB |
| **Post Processing** | |
| Beam Section Results | No |
| On Demand Stress/Strain | No |

图 5-20　设置迭代次数

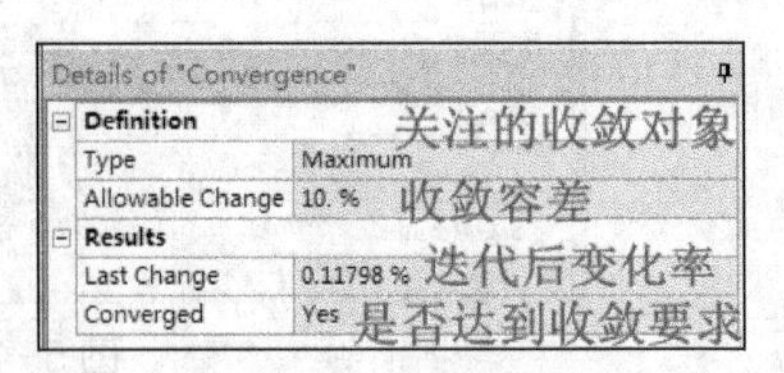

Details of "Convergence"

| Definition | |
|---|---|
| Type | Maximum |
| Allowable Change | 10. % |
| **Results** | |
| Last Change | 0.11798 % |
| Converged | Yes |



图 5-21　收敛设置

（3）单击 Convergence，可以调出收敛曲线，该曲线记录了每次迭代求解得到的结果，并且统计了每次网格细化后的单元和节点数目，求解后的数值及变化情况如图 5-22 所示。

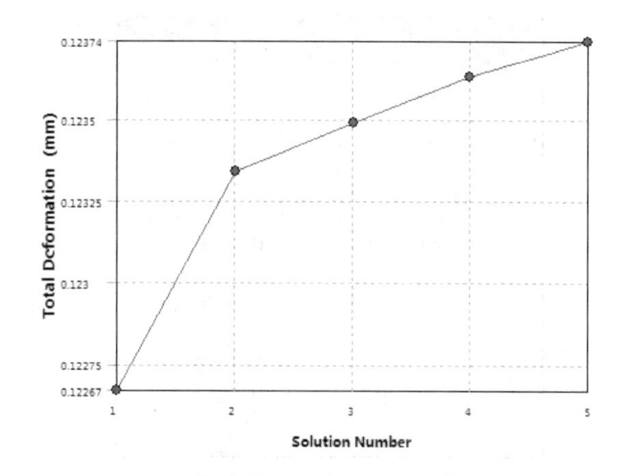


| | Total Deformation (mm) | Change (%) | Nodes | Elements |
|---|---|---|---|---|
| 1 | 0.12267 | | 72384 | 47734 |
| 2 | 0.12334 | 0.5466 | 180588 | 124956 |
| 3 | 0.12349 | 0.11992 | 344363 | 243500 |
| 4 | 0.12363 | 0.11798 | 881802 | 631144 |
| 5 | 0.12374 | 8.4898e-002 | 1832677 | 1320516 |

图 5-22　收敛曲线

对比收敛和不收敛情况的曲线，如图 5-23 所示，可以看到随着网格细化的深入，收敛曲线是逐渐变平缓直至稳定，但是不收敛参数的曲线则出现不断上升发散的情况，对于发散不收敛情况可以通过对几何模型进行简化、修改等方式进行初步的处理以实现结果的收敛。

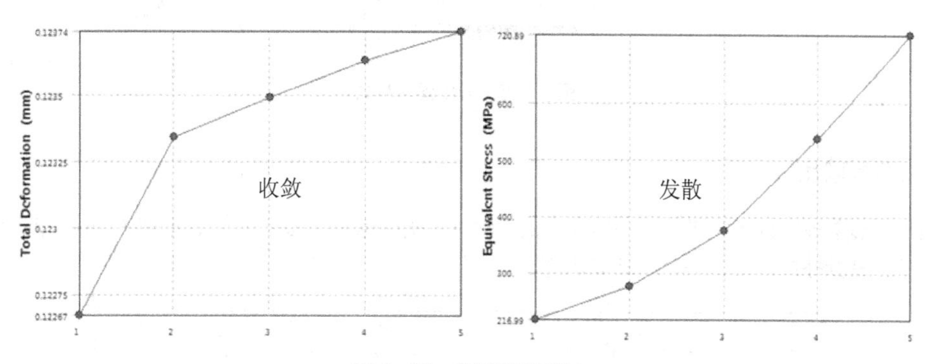


图 5-23　曲线结果对比

## 5.2.7　图表输出

在上面小节中已经实现各个结果的生成和显示，接下来将介绍如何将结果输出成文档、图片等信息为用户使用。通常只需要选中感兴趣的变量，然后单击鼠标右键选择 Expert 即可实现相应结果的输出。

例如，选择 Total Deformation 单击鼠标右键，选择 Expert...| Expert Text File，指定导出结果存储的文件夹，可以看到所有节点的变形全部以.txt 格式被导出，用 Excel 打开该文件，如图 5-24 所示。此外数据结果还可以通过复制的方式直接处理。

如果需要使用图片，可以直接使用截图软件进行截取，也可以选择工具栏中的 New Figure or Image→Image to File...直接将窗口图形导出，可以在弹出的窗口中对导出的图片进行设置，默认导出图片的格式为*.png（可选*.jpg，*.bmp，*.tif 等格式），采用该方式导出的本例变形结果云图如图 5-25 所示。

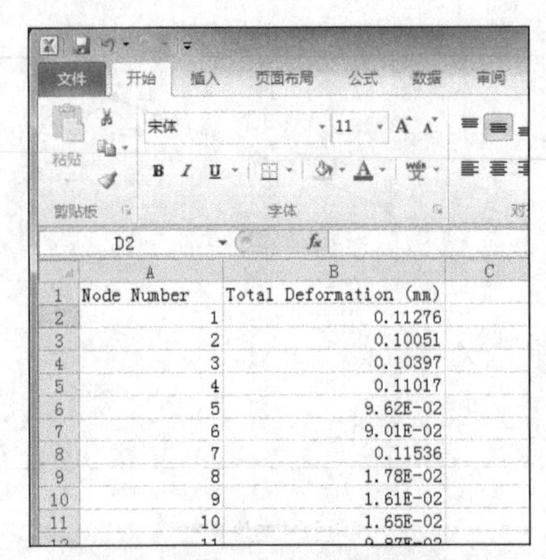

| | A | B |
|---|---|---|
| 1 | Node Number | Total Deformation (mm) |
| 2 | 1 | 0.11276 |
| 3 | 2 | 0.10051 |
| 4 | 3 | 0.10397 |
| 5 | 4 | 0.11017 |
| 6 | 5 | 9.62E-02 |
| 7 | 6 | 9.01E-02 |
| 8 | 7 | 0.11536 |
| 9 | 8 | 1.78E-02 |
| 10 | 9 | 1.61E-02 |
| 11 | 10 | 1.65E-02 |

图 5-24　导出的结果数据

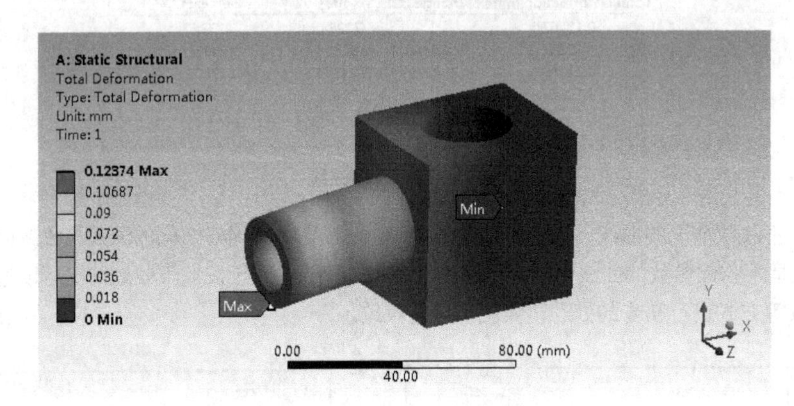


图 5-25　导出图片样式

### 5.2.8　动画输出

动画是为形象理解分析结果的状态而存在的，动画的输出通过 Graph 控制，如图 5-26 所示，包含播放键、暂停键、设置播放速度、保存动画等功能。

图 5-26　动画控制条

输出并保存动画可以直接单击窗口中的保存图标，默认输出动画格式为*.avi，动画的设置较为简单，所以本节不做过多讲解。

## 5.3　本章小结

本章基于 WB 19.0 后处理功能模块，详细介绍了仿真结果的云图显示方式、结果输出控制、结果曲线的绘制、收敛性控制等内容，并对每种功能操作做了分步说明，让读者能够快速掌握。

Chapter 06

# 第6章

# 静力学分析

■ 静力学是有限元分析中最普遍和最基础的内容，也是学习和实践有限元理论入门的必经之路。在我们所遇到的诸多结构问题中，静力分析是保障结构安全的第一道屏障，也是满足设计要求最基本的需求。

WB 19.0 进行静力学分析的基本模块是 Static Structure，它能够完成几乎所有的静力学分析任务。本章将通过具体的实例详细介绍如何利用该模块进行各类型问题的静力学求解，使读者能够快速掌握该模块的功能。

# 6.1 基本理论介绍

静力学主要用于分析固定载荷作用下的结构响应，不考虑系统的惯性及阻尼，其中线性静力学是静力学中最基础的一类问题。基于经典力学理论，系统的动力学方程可通过方程（6-1）描述：

$$M\ddot{X} + C\dot{X} + KX = F(t) \tag{6-1}$$

其中 $M$ 为质量矩阵，$C$ 为阻尼矩阵，$K$ 为系统刚度矩阵，$F$ 为外力，$\ddot{X}$ 、$\dot{X}$ 、$X$ 分别表示系统加速度、速度及位移。

根据线性静力学的定义可知系统速度及加速度为 0，载荷恒定，所以其物理方程可表示为（6-2）：

$$KX = F \tag{6-2}$$

在线性静力分析中必须满足以下三个假设条件。

**1. 小变形**

在线性静力分析中，系统发生的变形相对于系统整体尺寸非常小，变形并不显著影响整个系统的刚度。

**2. 线性材料**

线性静力学问题考虑的是材料在弹性变形阶段的行为，即满足应力与应变呈正比关系。

**3. 固定载荷**

线性静力学问题中假设载荷和约束并不随时间发生变化，载荷的加载过程是一个非常均匀缓慢的过程。

只有满足上述 3 个基本假设才属于我们常见的线性静力学问题，线性静力学比较关注系统的支反力、变形和应力大小。下面我们将通过具体实例对线性静力学问题的具体操作和分析进行详细介绍。

# 6.2 线性静力学分析实例——支架静力分析

本例将通过支架的静力学分析，帮助读者掌握基本的模型简化和求解设置方法，通过详细操作步骤了解静力学分析的一般思路。

## 6.2.1 问题描述

移动龙门支架是工厂车间常用的自动化装卸设备，其常见结构如图 6-1 所示。两端立柱支撑中间横梁，横梁结构上通过提升装置对货物进行移动和升降，从而实现对货物的装卸。由于整个装置针对的是车间或者大型设备，所以整体尺寸和跨度较大，跨度长 6.6m，中间移动升降机安装宽度约为 0.3m。如果中间装卸货物过重，将导致结构产生较大变形，不但影响移动升降机的运动，还可能有安全隐患，因此在设计中需要考虑结构的强度和变形是否满足要求。本例中移动龙门支架主要用于轮胎的装卸操作，载荷大小为 30kg 左右。

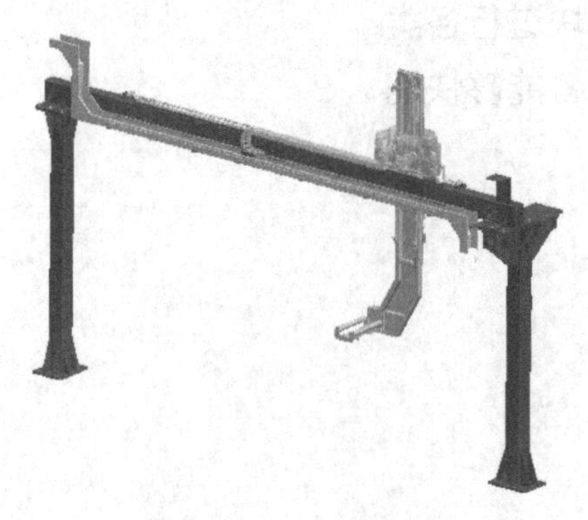

图 6-1 移动龙门支架

根据基本的材料力学知识可知，当移动升降机运动至横梁中间偏右位置时，整个机构的变形将最大，所以只需要计算在中间位置时刻支架的受力及变形，就可以初步判断移动升降机的整个过程中处于任意位置是否满足设计要求。

## 6.2.2 分析模型建模

本模型已通过三维建模软件完成建模，因此只需通过 WB 19.0 的外部几何模型导入功能完成几何建模。但是单纯导入模型并不能直接进行分析，所以需要对模型进行事先预处理，完成几何设计模型到有限元分析模型的建模。具体建模思路如下。

### 1. 删减无关结构

将移动龙门支架的附件、螺栓、升降驱动机等与分析无关的结构直接删除，删除之后，模型进一步简化为图 6-2 所示。

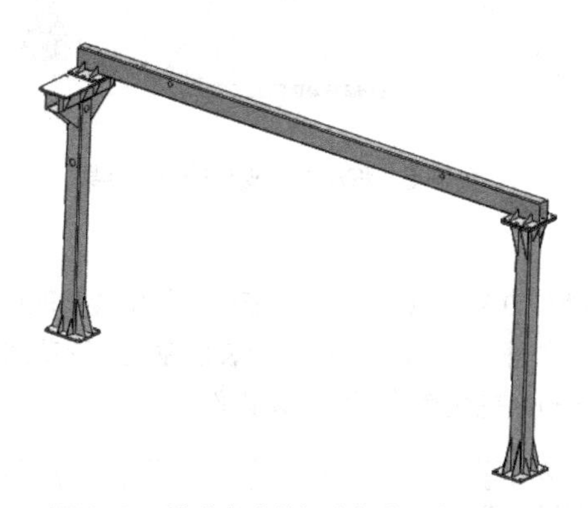

图 6-2 删减移动龙门支架的无关结构

### 2. 几何特征删减

完成无关结构的删减之后，由于几何模型中存在诸多螺栓孔、定位孔，如图 6-3 所示，这些螺栓孔、定位孔对分析结果也不产生直接影响，且不是分析中关注的内容，所以要再次对模型进行特征删减，去除支架及横梁结构中存在的螺栓孔、定位孔，最终得到可以用于分析的模型，如图 6-4 所示。

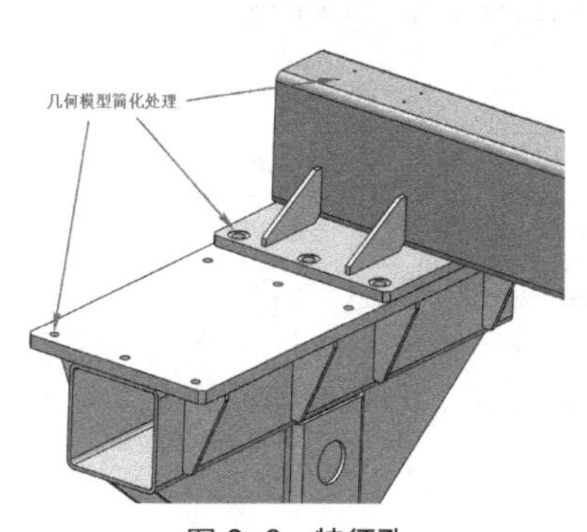


图 6-3 特征孔

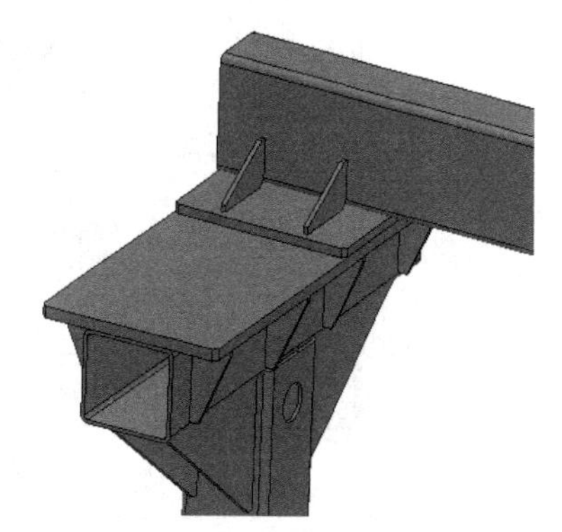

图 6-4 最终简化模型

### 3. 导入几何模型

利用第 3 章讲述的外部几何模型导入操作，设置单位为 mm，将两根立柱及一根横梁几何模型导入 DM 中，导入之后的结果如图 6-5 所示。

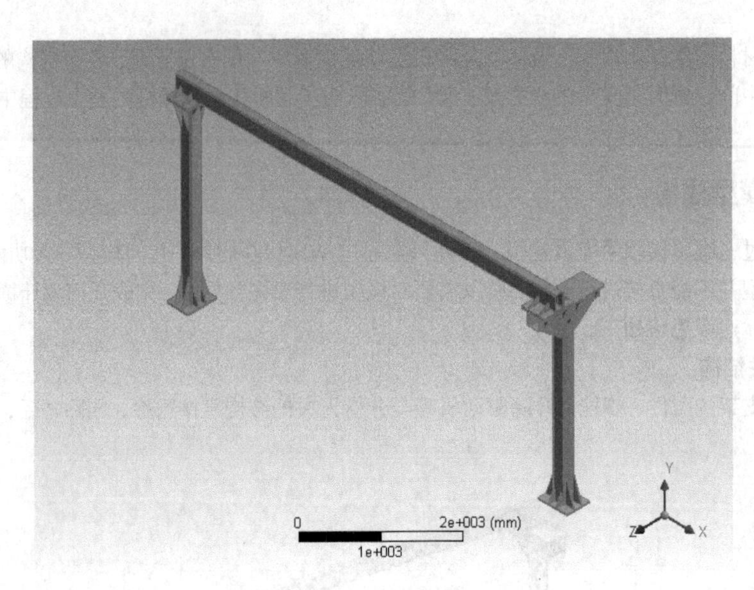


图 6-5　移动龙门支架的导入结果

**4．载荷加载区域预处理**

由于移动升降机的安装宽度为 0.3m，所以需要在横梁中部位置截取该部分宽度的加载区域，可以使用 Imprint Faces 完成载荷面的获取。如图 6-6 所示，在横梁上表面建立矩形草图，然后进行拉伸操作，将 Operation 设置为 Imprint Faces，单击 Generate 完成载荷面的烙印操作。

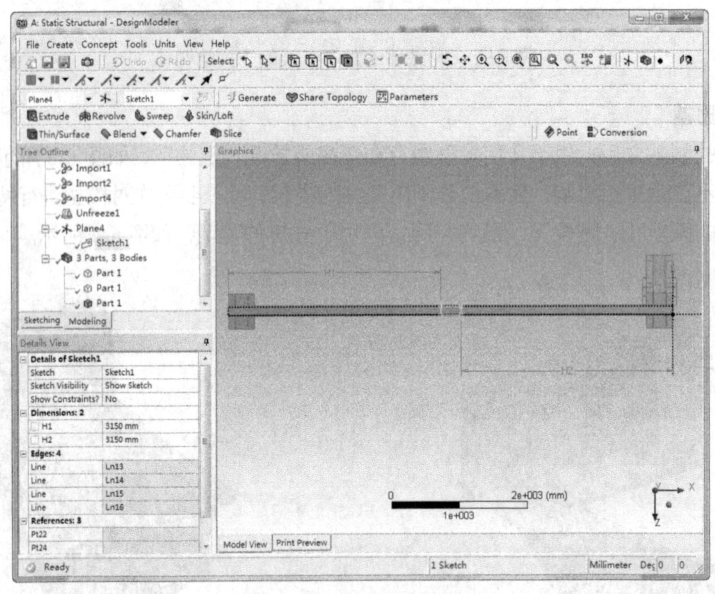


图 6-6　烙印草图绘制

## 6.2.3　材料属性设置

本例静力分析涉及的材料属性有材料弹性模量、泊松比，选用材料为 Q235，查阅材料手册可知 Q235 的弹性模量 $E$=2.12e5MPa、泊松比 $\mu$=0.288、密度 $\rho$=7.86e3kg/m$^3$，具体设置步骤如下。

（1）双击 Engineering Data 进入材料属性设置界面。

（2）单击 Engineering Data Sources 窗口，在 General Materials 中创建 Q235 材料，定义密度、弹性模量和泊松比三种属性，分别输入 $\rho$=7.86e−9tonne/mm$^3$，$E$=2.12e5MPa、$\mu$=0.288，如图 6-7 所示。

| | A | B | C |
|---|---|---|---|
| 1 | Property | Value | Unit |
| 2 | Density | 7.86E-09 | tonne mm^-3 |
| 3 | ⊟ Isotropic Elasticity | | |
| 4 | Derive from | Young's Modulus and Pois... | |
| 5 | Young's Modulus | 2.12E+05 | MPa |
| 6 | Poisson's Ratio | 0.288 | |
| 7 | Bulk Modulus | 1.6667E+11 | Pa |
| 8 | Shear Modulus | 8.2298E+10 | Pa |

图 6-7　材料属性设置

（3）完成材料定义后添加到分析模型中即可。

## 6.2.4　网格划分

进入 Mesh 划分步骤，插入 Body Size，选择所有实体，然后在 Element Size 中输入网格尺寸为 25mm。同时插入网格划分方法 Method，选择四面体网格 Tetrahedrons 划分，设置完成之后单击 Mesh 选择 Generate Mesh 生成网格，如图 6-8 所示。

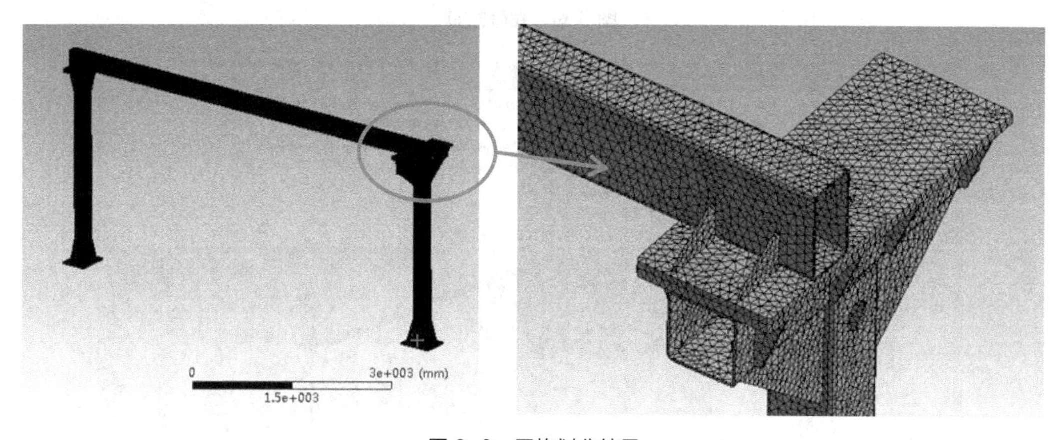


图 6-8　网格划分结果

## 6.2.5　载荷及约束设置

根据工况描述可知，载荷大小为 30kg（G=294N）的重物，装置立柱固定，具体操作如下。

（1）施加外载荷。双击 Model 进入分析模型设置界面，右键单击 Static Structure，选择 Insert→Fore，如图 6-9 所示。在弹出的详细列表中设置加载面，选择 6.2.2 节中创建的载荷面，然后输入载荷大小为 294N，定义图中所示−$y$ 方向。

（2）施加重力。单击工具栏中的 Inertial 下三角图标，选中列表中的 Standard Earth Gravity，然后在弹出的详细设置窗口中定义重力加速度方向，根据整体模型坐标系可知重力加速度方向为−$y$ 方向，所以在 Direction 中选择−$y$ Direction，此时看到 $y$ Component 自动由 0 变为−9806.6mm/s$^2$，完成重力载荷施加，如图 6-10 所示。

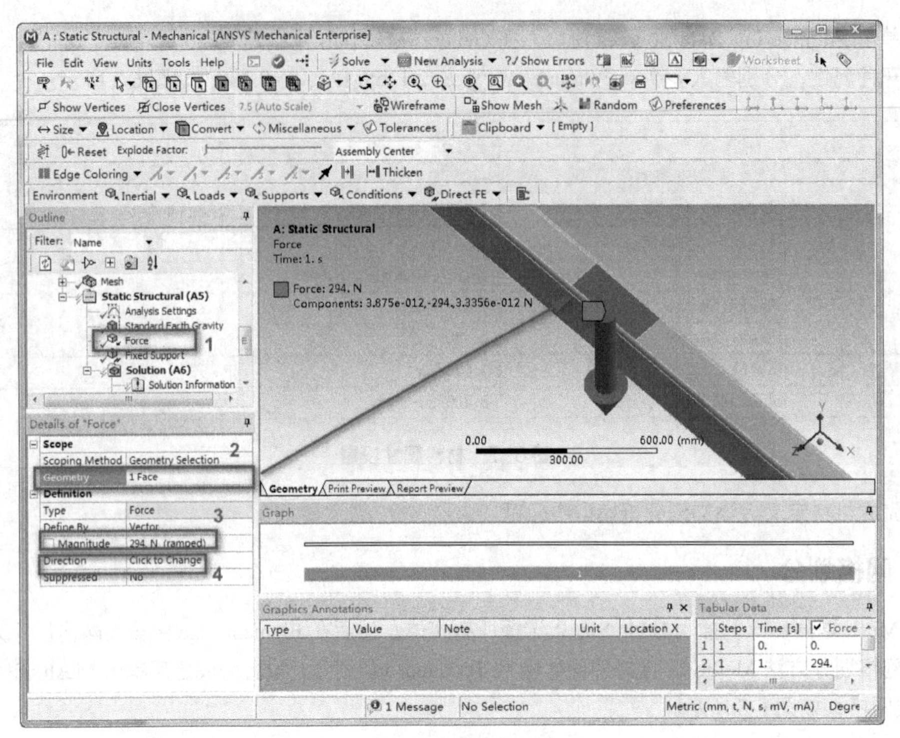


图 6-9　载荷施加

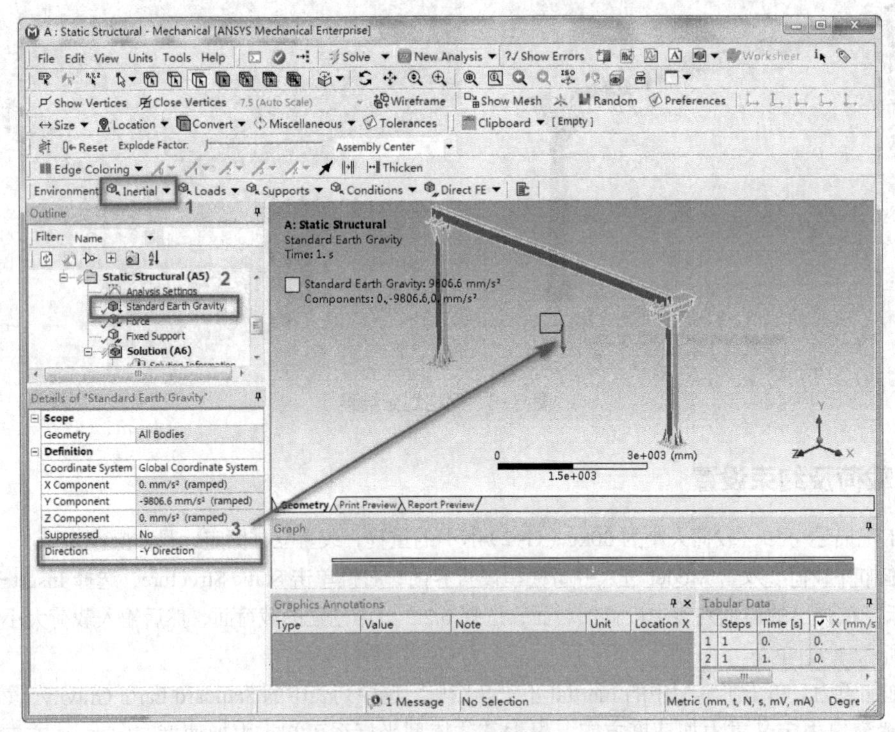


图 6-10　重力载荷施加

（3）边界约束加载。在工具栏中选择 Supports→Fixed Support，在弹出的详细设置窗口选择底部两个面并确认，即将底部所有自由度约束，支架固支在地面上，如图 6-11 所示。

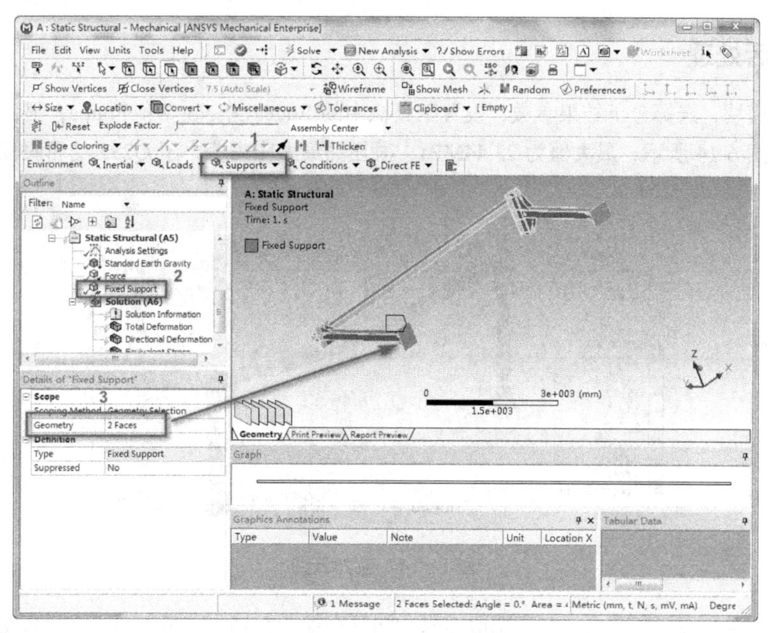

图 6-11　约束支架底面

## 6.2.6　模型求解

设定求解结果，提交计算机计算，具体操作如下。

（1）右键单击 Solution，选择 Insert，分别插入 Equivalent Stress、Total Deformation，同时插入 Directional Deformation，在 Orientation 中选择 $y$ Axis，便于查看 $y$ 方向的变形输出参数，如图 6-12 所示。

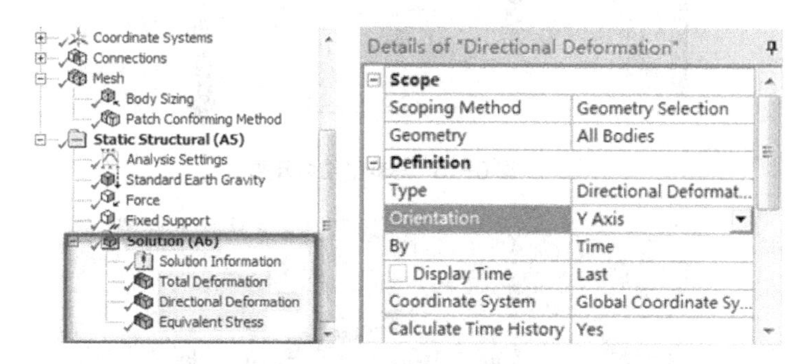

图 6-12　设置输出参数

（2）完成输出量设置后，单击工具栏中的 Solve 提交求解，弹出求解工具条等待求解完成，如图 6-13 所示。

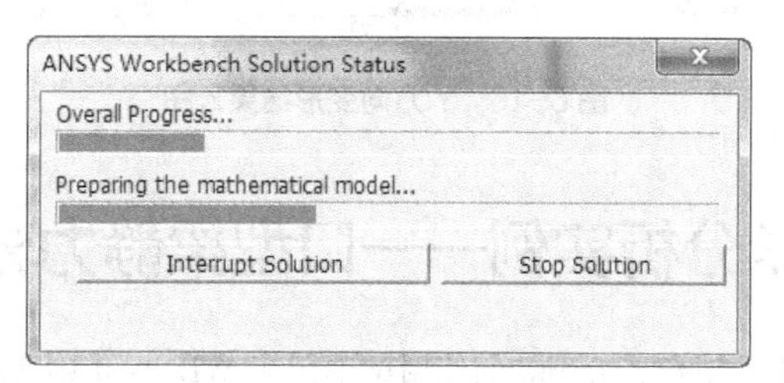


图 6-13　求解工具条

### 6.2.7 结果后处理

进入后处理模块，选择分析结果参数，设置工具栏中的 Edges 为 No WireFrame，显示云图结果。其中应力云图结果如图 6-14 所示，最大值为 23.44MPa，很显然最大应力值小于 Q235 的屈服强度，结构强度是不存在问题的。

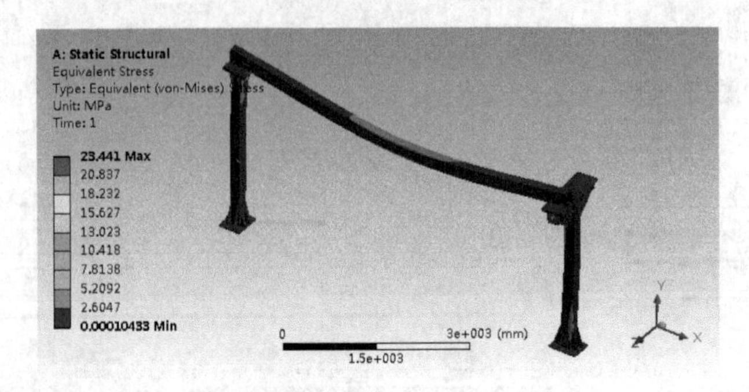


图 6-14 应力云图

移动龙门支架总体变形结果及 $y$ 方向变形结果云图分别如图 6-15 和图 6-16 所示，最大变形量为 0.49mm，其中发生在 $y$ 方向的变形位移为-0.44217mm，为主要变形方向，与实际也相符。

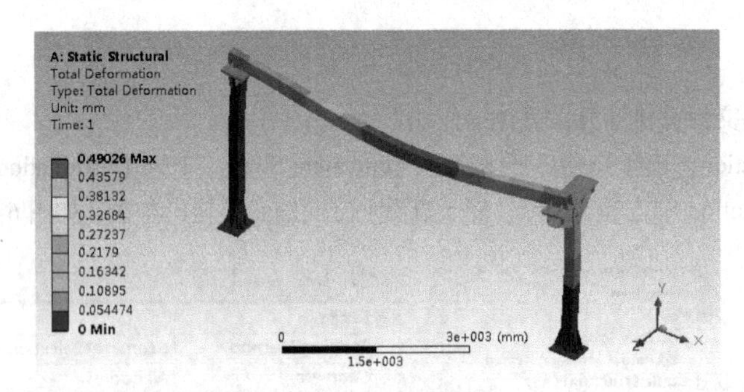


图 6-15 总变形结果云图

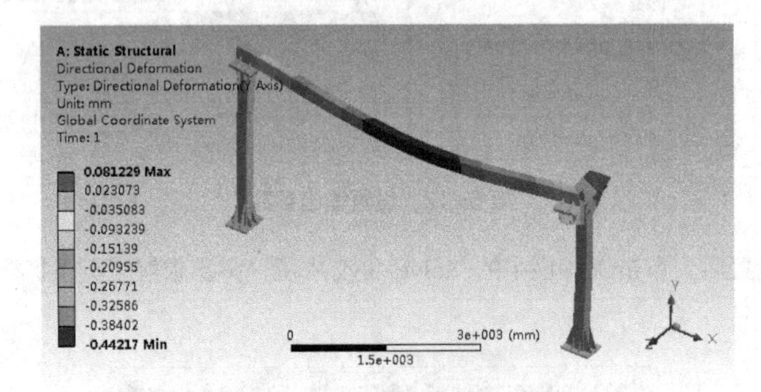


图 6-16 Y 方向变形结果云图

## 6.3 线性静力学分析实例——口型梁静力分析

本例以常见材料力学问题为对象，介绍如何使用梁单元在 WB 19.0 中实现对静力学问题的求解，通过实例对梁单元的建模、网格划分以及边界设置进行详细讲解，为读者对梁单元的使用提供指导。

### 6.3.1 问题描述

梁结构是静力学分析中经常遇到的一类问题，本例通过图 6-17 所示的外伸梁结构详细介绍在 WB 19.0 中如何进行梁结构问题的建模及单元使用，材料属性与 WB 19.0 中 Structure Steel 默认一致。

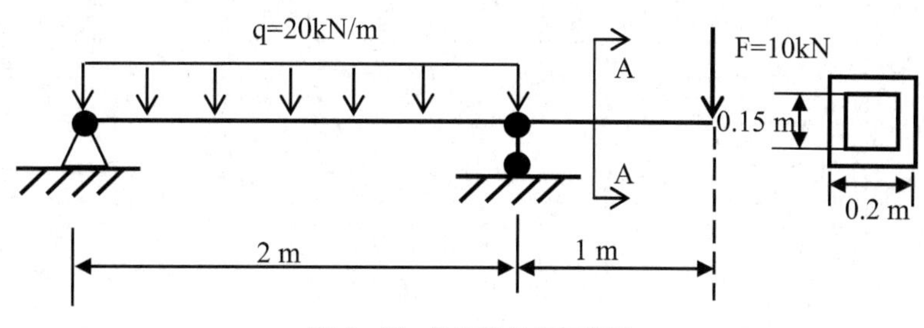


图 6-17 外伸梁结构示意图

### 6.3.2 分析模型建模

分析模型的几何建模直接在 DM 中完成，具体操作如下。

（1）创建直线体。根据外伸梁长度建立直线草图，长度分别为 2000mm 和 1000mm，如图 6-18 所示，然后进入菜单栏依次选择 Concept→Lines From Sketches，选中绘制的直线草图并确认后，单击 Generate 完成直线体的生成，如图 6-19 所示。

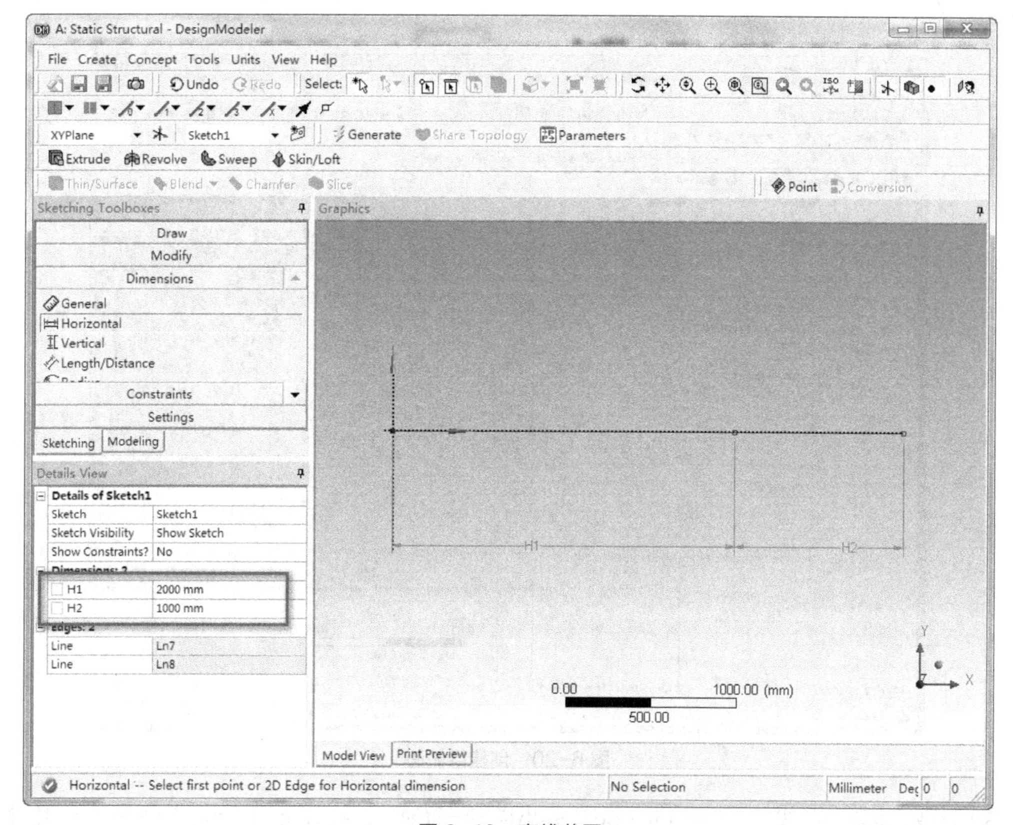


图 6-18 直线草图

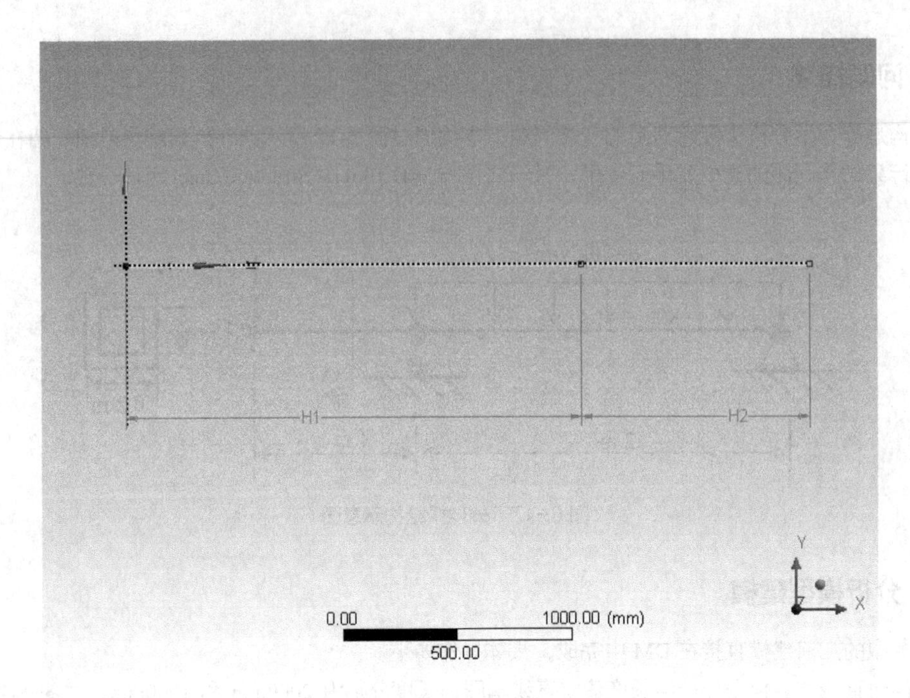


图 6-19　生成直线体

（2）创建梁截面。进入菜单栏依次选择 Concept→Cross Section→Rectangular Tube，创建梁截面，尺寸如图 6-20 所示。

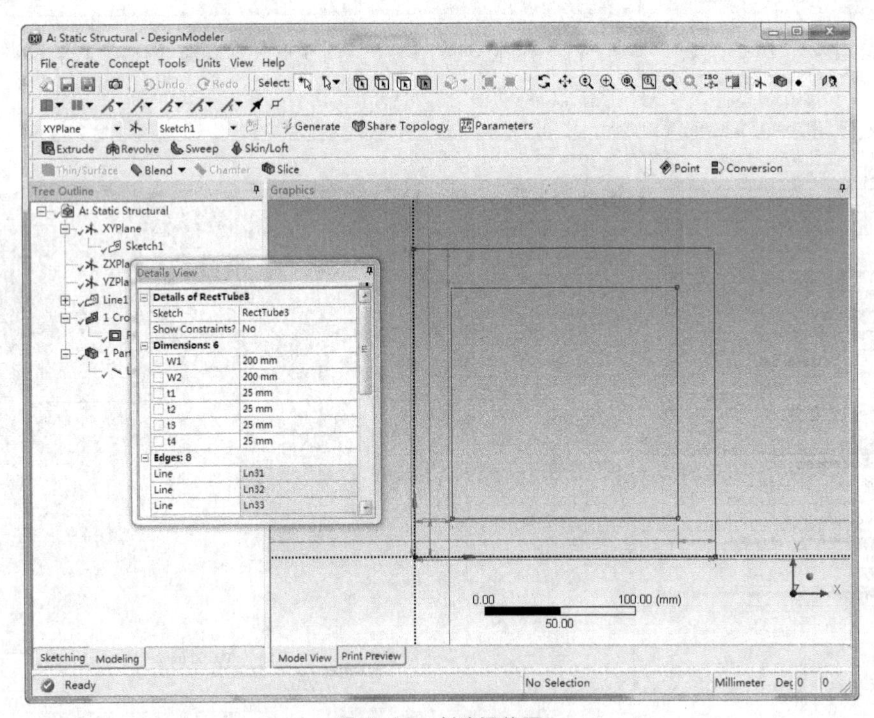


图 6-20　创建梁截面

（3）槽型截面赋予直线体。单击 Line Body 弹出详细设置窗口，将 Cross Section 设置为（2）中建立的截面，为了验证是否创建成功，依次单击菜单栏中的 View→Cross Section Solids，可以看到截面已经赋予直线体，整个外伸梁结构创建完成，如图 6-21 所示。

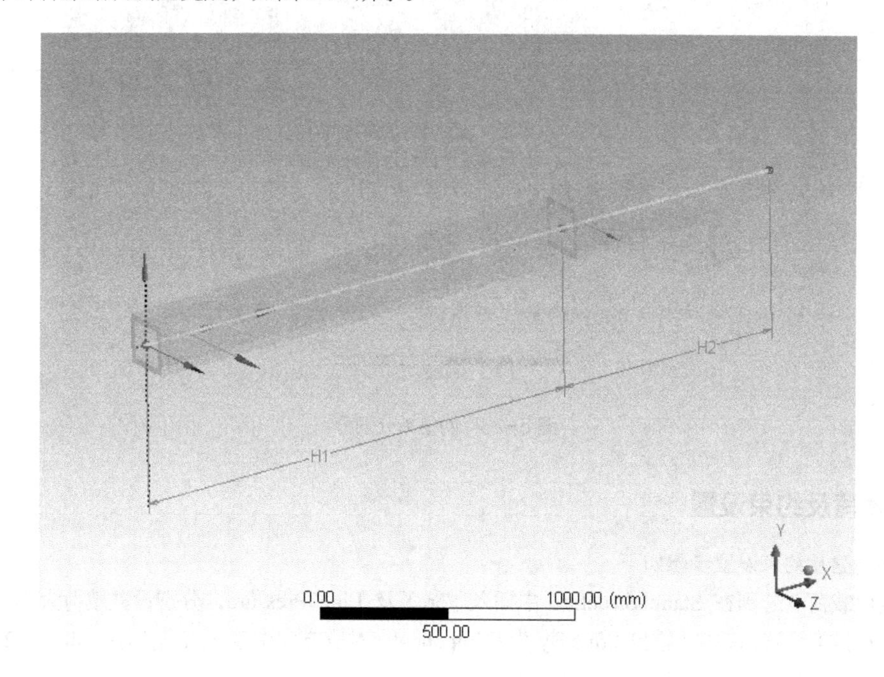


图 6-21　外伸梁结构几何模型

## 6.3.3　材料属性设置

双击进入 Model 设置界面，由于模型材质默认为 Structure Steel，所以无须进一步创建材料属性。在树形窗口中选择 Line Body，可以看到弹出的详细设置窗口中，软件默认将 Structure Steel 赋予几何体，如图 6-22 所示。

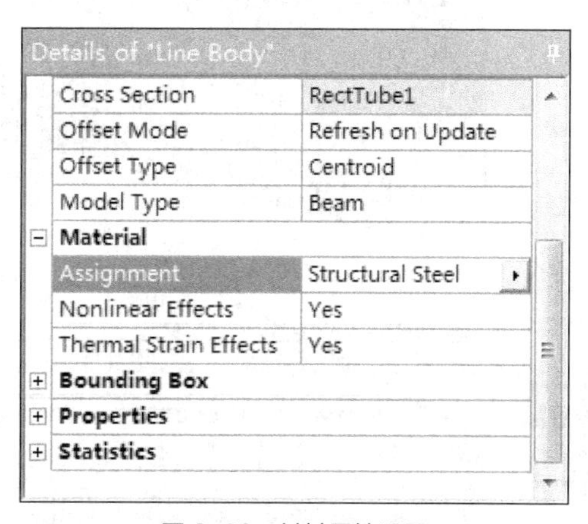


图 6-22　材料属性设置

## 6.3.4　网格划分

在 Mesh 中创建网格单元，具体操作如下。

（1）插入 Body Sizing，设置单元大小为 50mm。

（2）插入单元生成方法，软件默认使用 Automatic 进行网格划分。最终生成的单元网格如图 6-23 所示。

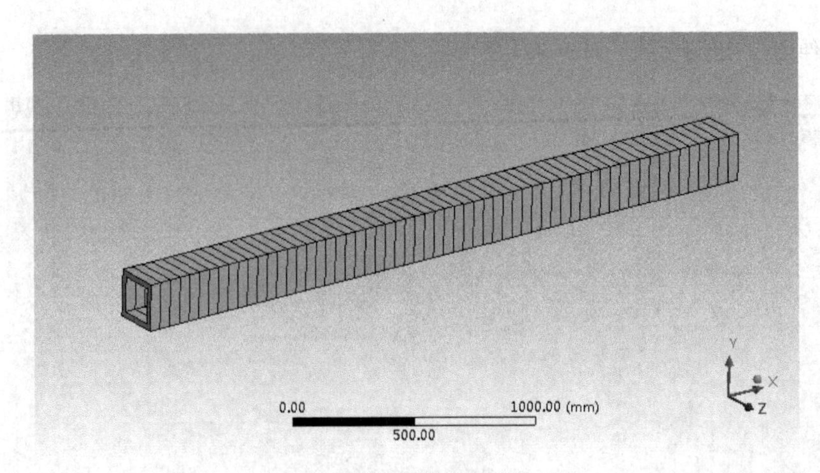


图 6-23　网格单元划分

## 6.3.5　载荷及约束设置

载荷的创建及约束设置步骤如下。

（1）创建载荷。分别在 Static Structure 中插入 Force 及 Line Pressure，分别设置载荷大小-10000N 和-20N/mm，在详细设置窗口中设置 Define By 为 Component，对应方向中输入载荷大小，如图 6-24 所示。最终完成外部载荷加载，结果如图 6-25 所示。

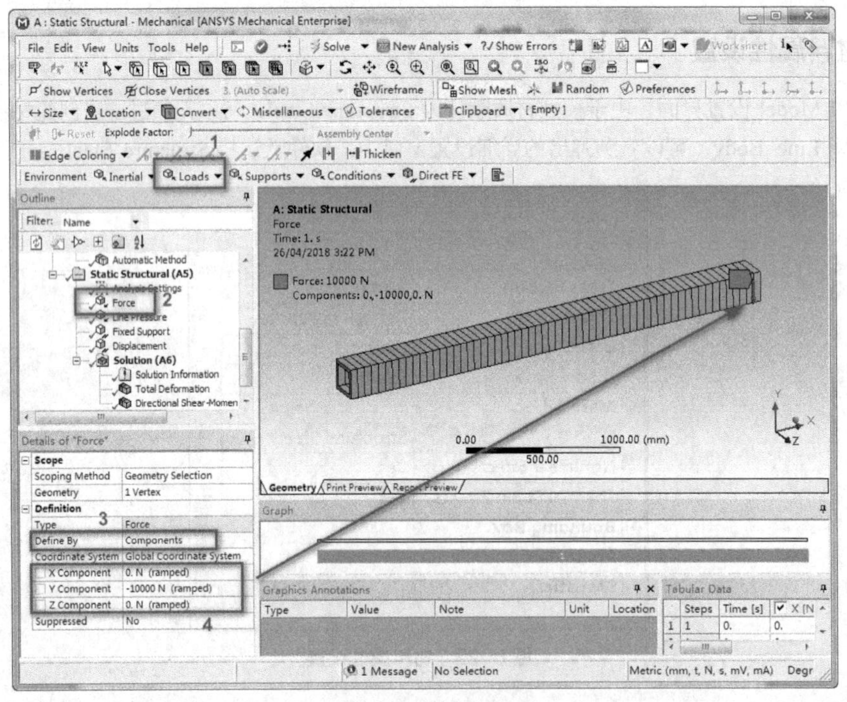


图 6-24　载荷定义

（2）边界约束施加。从示意图可以看出槽型梁属于简支形式，所以左端自由度完全约束，右端约束竖直 $y$ 方向位移，即将左端点设置为 Fixed Support，右端点设置 Displacement，将 $y$ 方向位移约束，如图 6-26 所示。

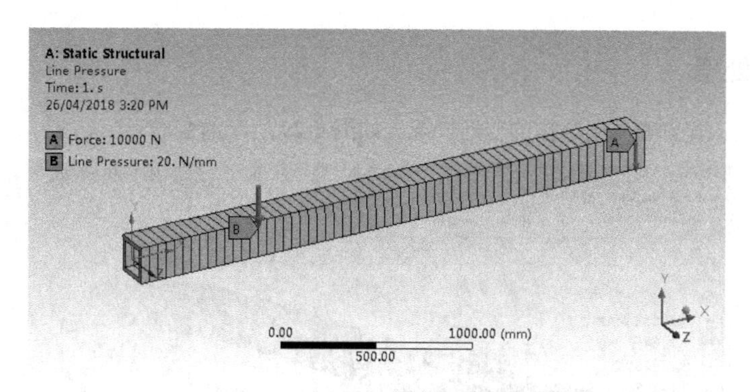


图 6-25　载荷设置完成结果

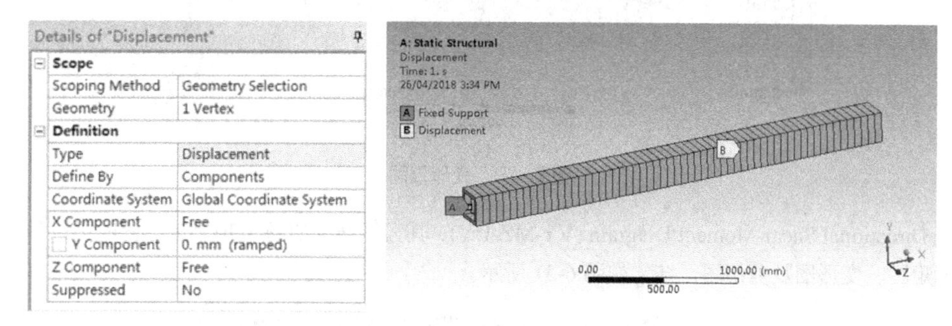

Details of "Displacement"

| | |
|---|---|
| **Scope** | |
| Scoping Method | Geometry Selection |
| Geometry | 1 Vertex |
| **Definition** | |
| Type | Displacement |
| Define By | Components |
| Coordinate System | Global Coordinate System |
| X Component | Free |
| Y Component | 0. mm (ramped) |
| Z Component | Free |
| Suppressed | No |



图 6-26　边界约束设置

## 6.3.6　模型求解

设置求解结果输出参数，分别插入 Total Deformation 及 Directional Shear-Moment Diagram (VY-MZ-UY)，由于剪切-弯矩图的设置需要定义路径 Path，所以在提交计算之前先创建所有曲线的路径。

（1）单击 Model 插入 Construction Geometry，然后基于 Construction Geometry 插入 Path，在详细设置窗口按照图 6-27 所示设置。

（2）进入 Directional Shear-Moment Diagram (VY-MZ-UY)，选择创建的路径，同时定义显示的参数，如图 6-28 所示。

Details of "Path"

| | |
|---|---|
| **Definition** | |
| Path Type | Edge |
| Suppressed | No |
| **Scope** | |
| Scoping Method | Geometry Selection |
| Geometry | 2 Edges |

图 6-27　路径设置

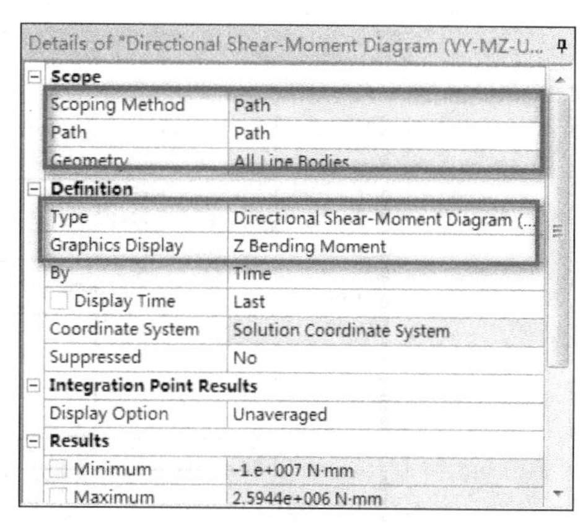

Details of "Directional Shear-Moment Diagram (VY-MZ-U...

| | |
|---|---|
| **Scope** | |
| Scoping Method | Path |
| Path | Path |
| Geometry | All Line Bodies |
| **Definition** | |
| Type | Directional Shear-Moment Diagram (... |
| Graphics Display | Z Bending Moment |
| By | Time |
| Display Time | Last |
| Coordinate System | Solution Coordinate System |
| Suppressed | No |
| **Integration Point Results** | |
| Display Option | Unaveraged |
| **Results** | |
| Minimum | -1.e+007 N·mm |
| Maximum | 2.5944e+006 N·mm |

图 6-28　Directional Shear-Moment Diagram (VY-MZ-UY)设置

（3）上述操作完成之后，单击 Solve 提交计算机求解。

## 6.3.7 结果后处理

计算完成之后可以得到整个梁结构的变形情况，如图 6-29 所示的变形云图。

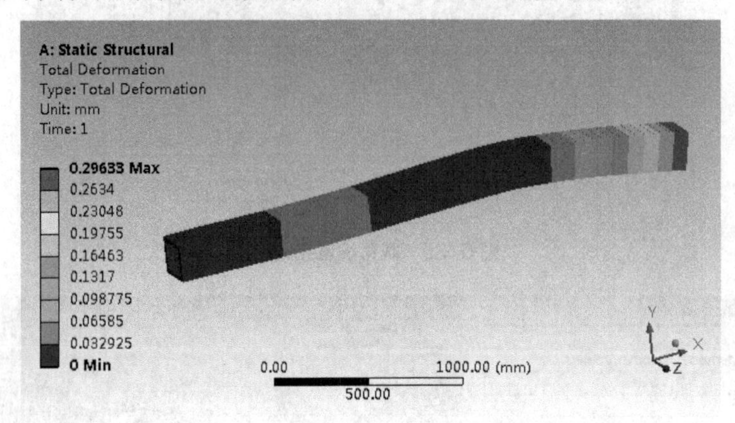


图 6-29 变形云图

单击 Directional Shear-Moment Diagram (VY-MZ-UY)，其云图结果如图 6-30 所示。同时可以得到整个外伸梁的弯矩图、变形图及剪切图，结果如图 6-31 所示。

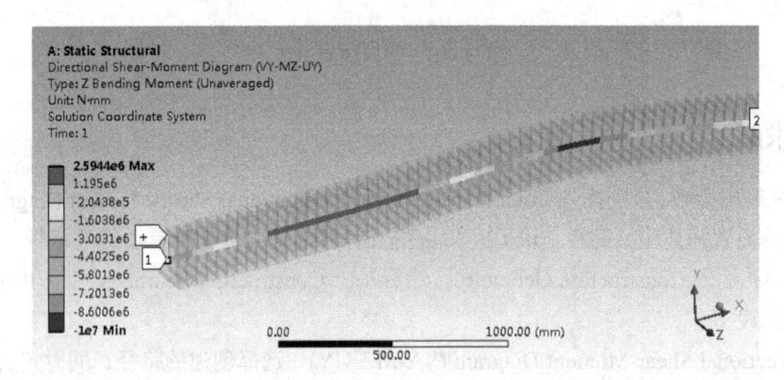


图 6-30 Directional Shear-Moment Diagram (VY-MZ-UY)云图结果

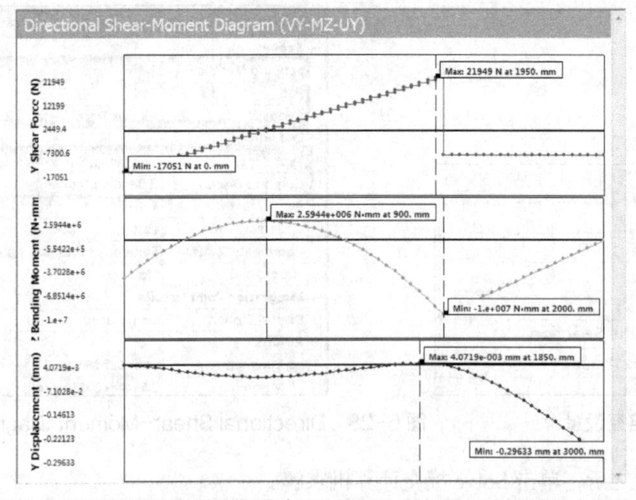


图 6-31 外伸梁结构各曲线图（从上至下：剪切图、弯矩图、变形图）

# 6.4 线性静力学分析实例——壳单元分析实例

壳单元是有限元分析经常需要使用的单元类型，本例将通过壳单元对管道结构进行静力学分析，使读者掌握壳单元的使用方法，同时与实体结构分析结果进行对比，查看两种单元分析结果的误差，使读者对壳单元的使用有更加全面的认识。

## 6.4.1 问题描述

图 6-32 所示为管道连接结构，纵向小管道受到 50kN 的外力作用，横向大管道两端约束，现采用壳单元对整个结构进行仿真校核。

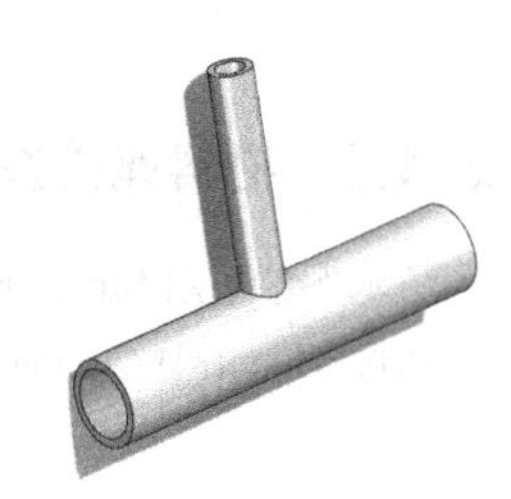

图 6-32 管道几何模型

## 6.4.2 几何建模

创建静力学分析项目，然后进入 DM 编辑窗口导入几何模型。下面针对模型创建薄板结构，操作如下：依次选择菜单栏中的 Tools→Mid-Surface，对几何模型进行中面抽取。在弹出的窗口中分别选择管道内外表面，同时将 Selection Method 设置为 Automatic，如图 6-33 所示，然后单击 Generate 生成薄板结构模型，最终生成的分析模型如图 6-34 所示。

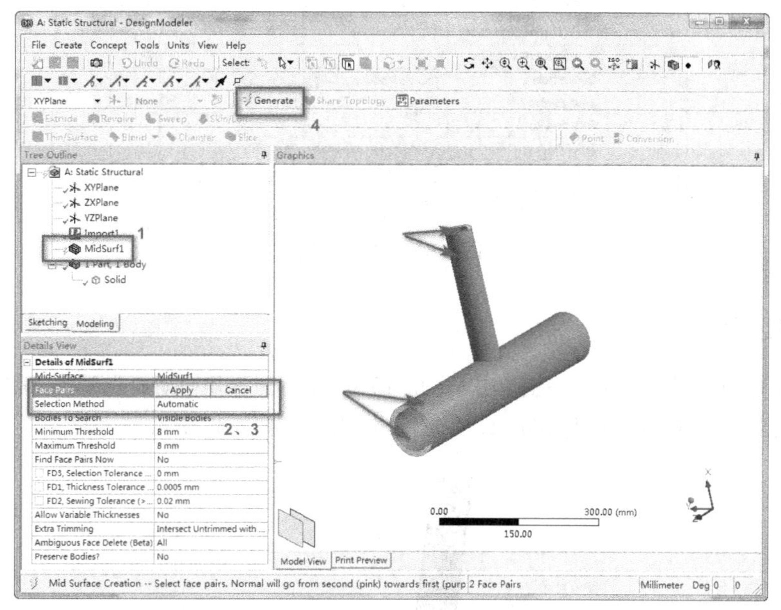


图 6-33 中面抽取

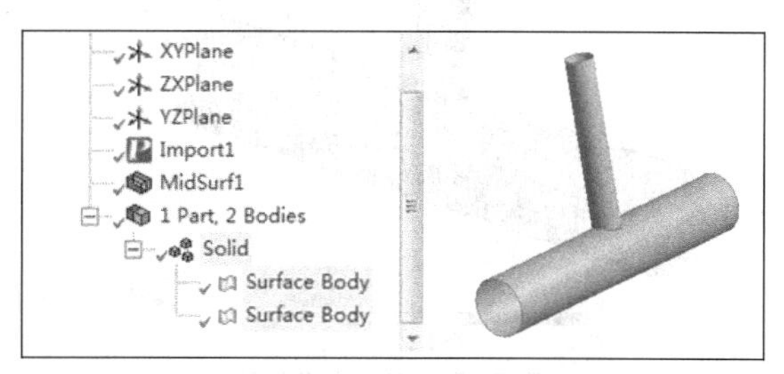


图 6-34 薄板模型

初始几何实体模型厚度为 8mm，通过中面抽取转为薄板模型之后仍然保持厚度为 8mm，用户可单击 Surface Body，然后在弹出的窗口中看到薄板结构的各项几何参数，其中 Thickness 为 8mm，如图 6-35 所示。

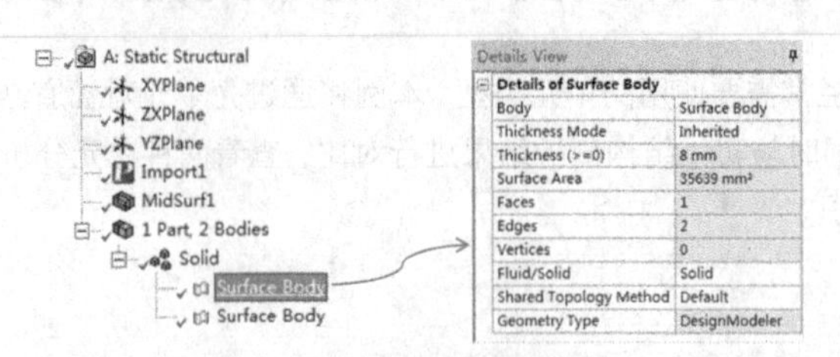


图 6-35　薄板结构厚度信息

## 6.4.3　材料属性设置

本例中采用 Structure Steel 材料，各项参数设置按照图 6-36 所示进行设置，其他按照软件默认即可，然后通过 Model 中 Geometry 下的 Assignment 将材料赋予几何模型。

| | A | B | C | D | E |
|---|---|---|---|---|---|
| 1 | Property | Value | Unit | | |
| 3 | Density | 7850 | kg m^-3 | | |
| 4 | Isotropic Secant Coefficient of Thermal Expansion | | | | |
| 5 | Coefficient of Thermal Expansion | 1.2E-05 | C^-1 | | |
| 6 | Isotropic Elasticity | | | | |
| 7 | Derive from | Young's Modulus ... | | | |
| 8 | Young's Modulus | 2E+11 | Pa | | |
| 9 | Poisson's Ratio | 0.3 | | | |
| 10 | Bulk Modulus | 1.6667E+11 | Pa | | |
| 11 | Shear Modulus | 7.6923E+10 | Pa | | |
| 12 | Alternating Stress Mean Stress | Tabular | | | |

图 6-36　材料属性

## 6.4.4　网格划分

采用六面体主体网格划分方法，右键单击 Mesh，插入 Method，采用自动划分方法；同时单击鼠标右键，插入 Sizing，设置所有薄板单元尺寸为 8mm，生成网格，结果如图 6-37 所示。

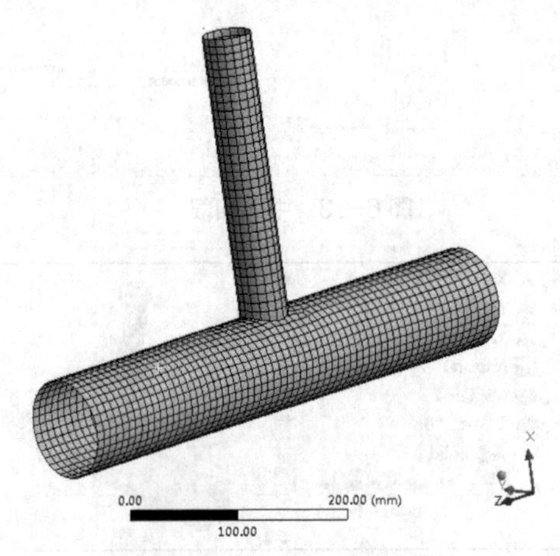


图 6-37　网格划分结果

## 6.4.5 载荷及约束设置

设置求解的外部载荷和边界条件，操作如下：

（1）单击工具栏中的 Loads→Force，然后选择小管道上表面的边线，在-*x* 轴方向加载 50kN 的外力，如图 6-38 所示。

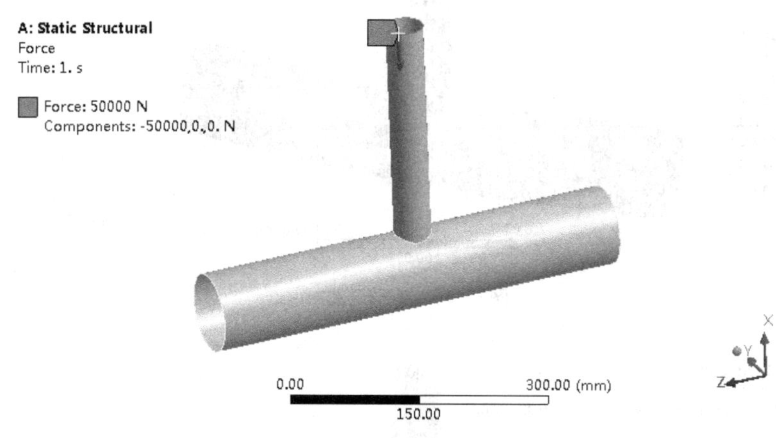


图 6-38 外部载荷施加

（2）设置边界条件。依次选择工具栏中的 Supports→Fixed Support，然后选择大管道两端边线设置固定约束，结果如图 6-39 所示。

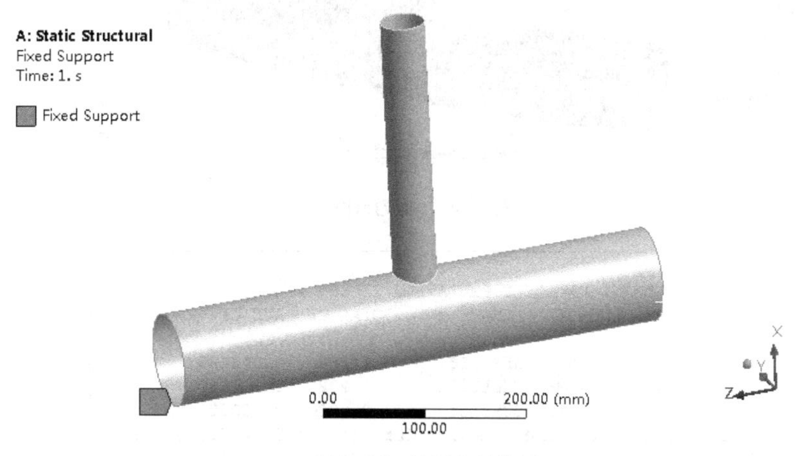


图 6-39 边界条件设置

## 6.4.6 模型求解

设置求解输出参数，右键单击 Solution，分别输出 Total Deformation 和 Equivalent Stress，完成之后提交计算机求解。

## 6.4.7 结果后处理

计算结束之后查看结果，其变形云图如图 6-40 所示，应力云图如图 6-41 所示，从图中可以得到最大变形为 0.2157mm，最大应力值约为 176MPa。查看求解信息 Solution Information，可以看到本实例中所用单元为 SHELL181，如图 6-42 所示。

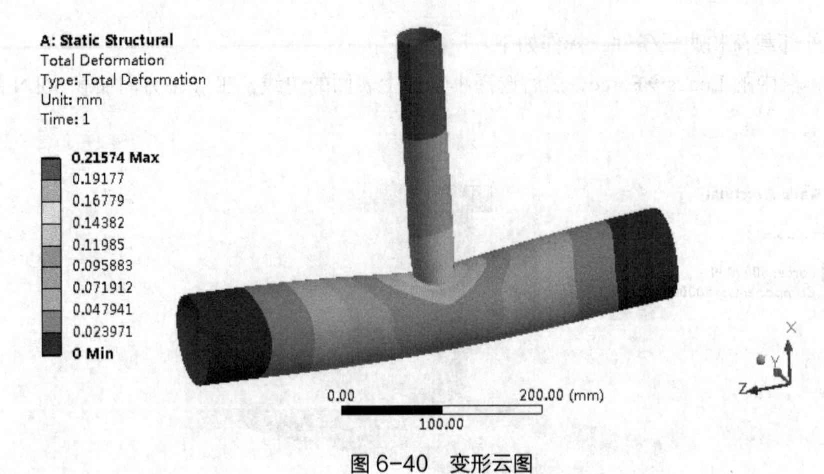


图 6-40　变形云图

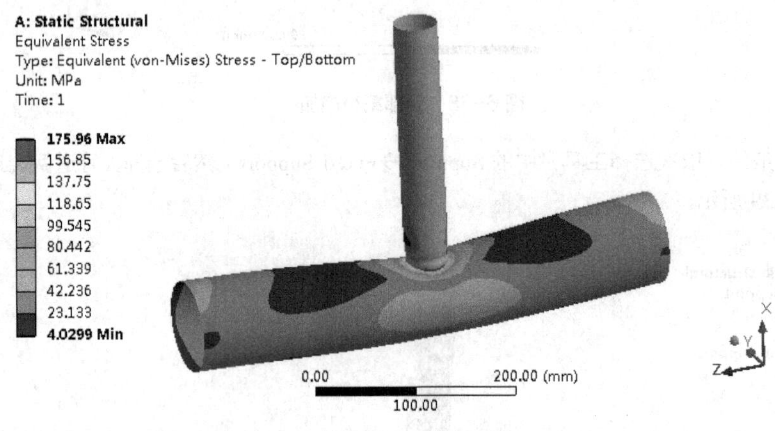


图 6-41　应力云图

```
*** ELEMENT MATRIX FORMULATION TIMES
  TYPE    NUMBER   ENAME      TOTAL CP  AVE CP

     1       594  SHELL181      0.296   0.000499
     2      2198  SHELL181      1.232   0.000561
     3        18  SURF156       0.000   0.000000
Time at end of element matrix formulation CP = 2.34001493.
```

图 6-42　单元类型

## 6.4.8　实体模型计算结果对比

下面通过实体模型的计算，来与壳单元计算结构进行对比。操作步骤如下。

（1）导入实体几何模型进行网格划分，采用六面体主体网格划分技术，网格大小设置为 10mm，划分结果如图 6-43 所示。

（2）同壳单元边界及载荷设置一致，固定大管道两端，同时在$-x$ 方向施加 50kN 载荷，结果如图 6-44 所示。

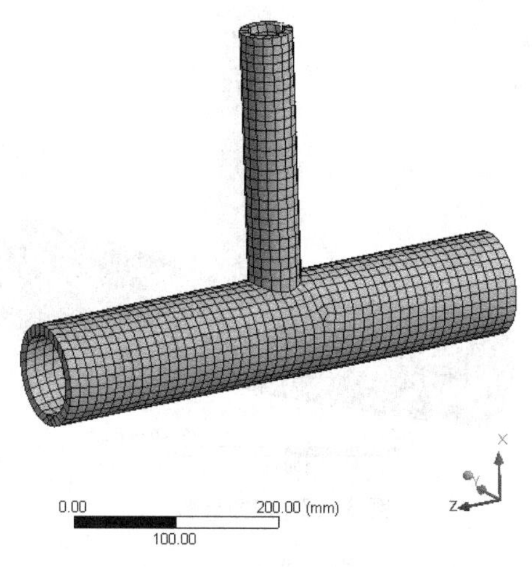


图 6-43　实体网格划分结果

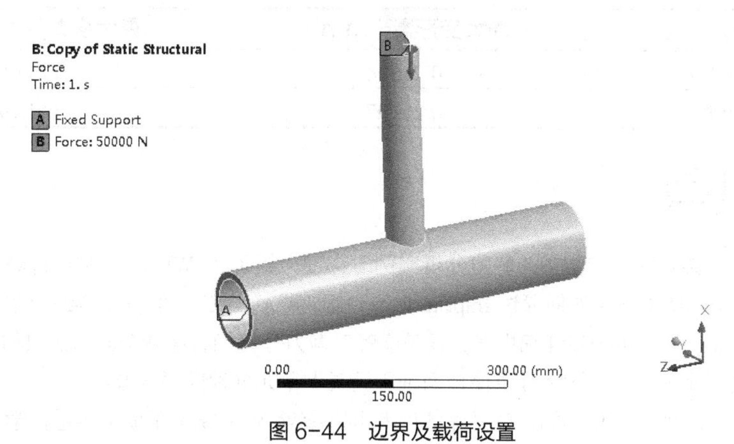


图 6-44　边界及载荷设置

（3）模型求解。完成结果输出设置，最后得到实体模型计算的变形云图和应力云图，分别如图 6-45 和图 6-46 所示，两者结果对比如表 6-1 所示，可以看到实体网格计算的最大变形结果为 0.2mm 左右，与壳单元计算的 0.21574 相差不大，再看两者的应力结果，实体单元应力值为 144MPa，壳单元最大应力结果约为 176MPa，两者计算结果相当。

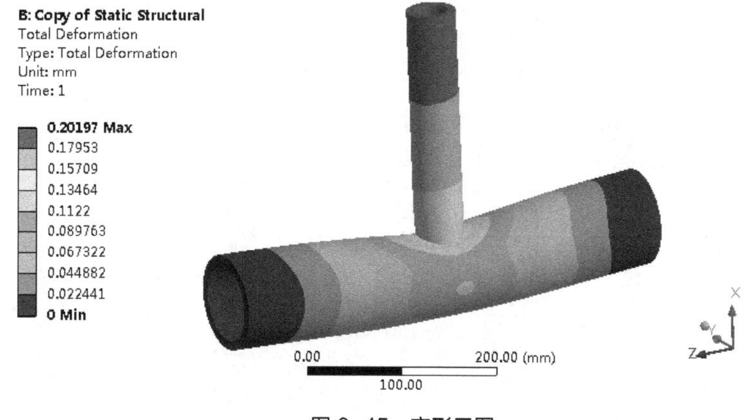


图 6-45　变形云图

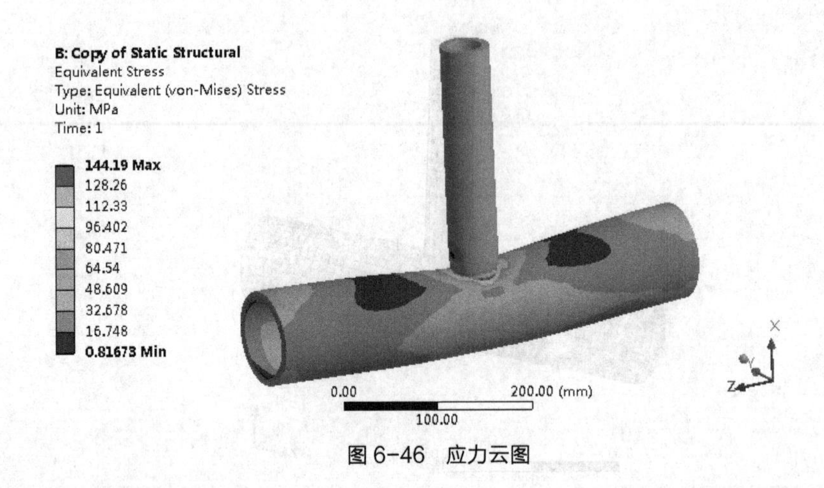


图 6-46　应力云图

表 6-1　Shell 和 Solid 单元计算结果对比

| 网格类型 | 最大变形量（mm） | 最大应力值（MPa） |
|---|---|---|
| 壳单元（Shell） | 0.21574 | 175.96 |
| 实体单元（Solid） | 0.20197 | 144.19 |

# 6.5　本章小结

本章通过移动龙门架和外伸梁结构的静力分析实例，详细介绍了在 WB 19.0 中进行静力学分析的基本思路和步骤，在第一个实例中介绍如何通过 Imprint Faces 施加载荷，第二个实例中详细介绍了如何创建和使用梁单元进行静力分析，通过每一步详细操作，确保读者对静力分析能有清晰全面的认识和掌握，最后通过实体单元和壳单元的对比分析，为读者提供使用两种不同类型单元处理问题的方法。

更多的静力学分析求解方法和实例，感兴趣的读者可以参考 WB 19.0 帮助文档进行学习，本章不再做过多介绍。

Chapter 07

# 第7章

## 接触分析

■ 接触是几乎所有有限元分析都会涉及的问题，通常我们分析的对象都不是单一零部件，而是装配几何体，所以零件之间必然存在相互的作用关系，这个作用关系即本章将要介绍的接触问题。接触设置不仅影响计算结果的准确性，甚至可能导致结果不收敛，无法获得结果。接触的设置需要结合实际情况进行模拟，否则容易出错，下面我们将针对接触做详细介绍。

# 7.1 接触分析简介

接触分析主要分析接触体在外载荷作用下的位移、应力场以及接触边界状态和接触力，是典型的非线性问题，其非线性主要是由于接触边界上边界条件非线性引起的，它既有接触面积的变化导致的非线性，也有接触压力的分布变化产生的非线性，还有由于摩擦作用产生的非线性。

通常接触问题中涉及的几何模型包括主动接触体（master body）和被动接触体（slave body），被动接触体通常是网格精细、刚度较小的接触体表面。目前在有限元分析中针对接触问题主要包含三种模型，分别是点-点模型、点-面模型以及面-面模型。

## 7.1.1 点-点接触模型

点-点接触模型（Node to Node）是两个接触体在接触面划分同样的网格（见图 7-1），通过节点之间的组合传递接触力。该模型针对复杂几何接触面很难做到共节点一一对应的要求，而且对于存在滑动摩擦的问题，求解较为困难。

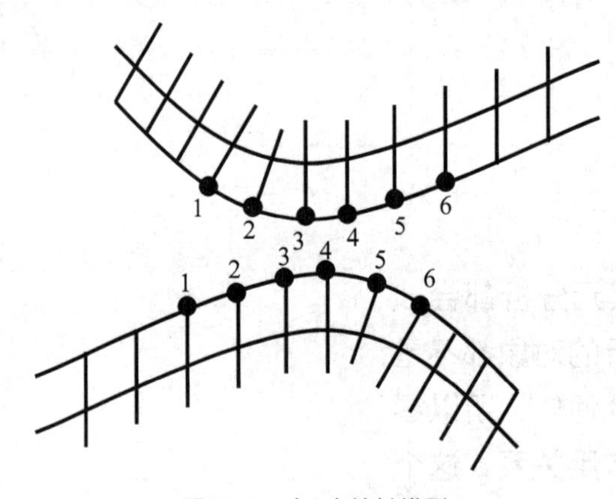


图 7-1 点-点接触模型

## 7.1.2 点-面接触模型

点-面接触模型（Node to Surface）指接触体中，主体网格节点与被动接触体任意节点相作用，接触面可以是刚性体，也可以是柔性体，这种接触允许存在较大的变形和滑动，如图 7-2 所示。

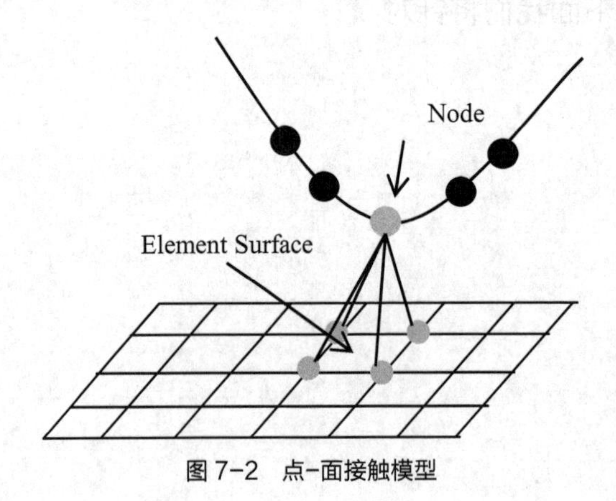


图 7-2 点-面接触模型

### 7.1.3 面-面接触模型

面-面接触模型（Surface to Surface）是比较接近真实场景，也是较为普遍的一类接触模型。相比前两种接触模型，面-面接触模型能够提供更好的分析结果，而且也支持大变形和滑动摩擦，如图 7-3 所示。

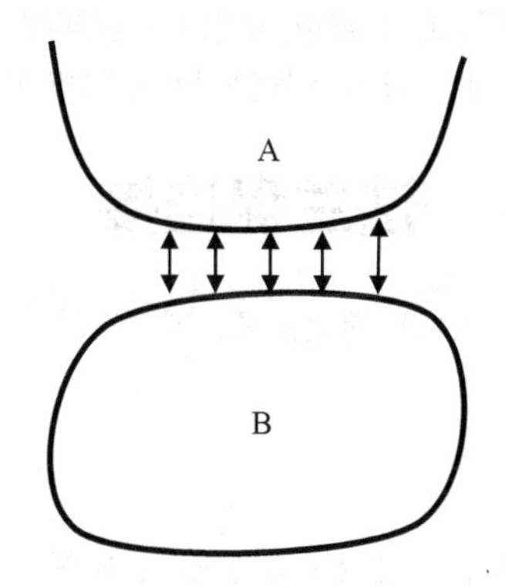


图 7-3 面-面接触模型

在 WB 19.0 中进行接触分析求解与静力学分析基本步骤一致，需要额外增加的一项内容便是设置接触关系，即对接触的主从面进行设定，并选择接触的类型，完成之后即可进行接触求解。下面将对接触类型进行介绍。

## 7.2 接触类型介绍

WB 19.0 中提供了 6 种接触类型，分别是绑定（Bonded）、无分离（No Separation）、无摩擦（Frictionless）、静摩擦（Rough）、摩擦接触（Frictional）、滑动摩擦（Forced Frictional Sliding）。

**1. 绑定**

绑定接触用于模拟两接触面无相对滑动的情况，类似于两者完全焊接在一起，这类接触适用于所有接触区域。使用绑定接触通常会增大分析模型的刚度，在使用中需要根据实际情况选用。

绑定接触适用于几乎所有分析类型，如静力学、刚柔耦合、模态分析等，是接触类型中较为常见的一类情况。

**2. 无分离**

从字面翻译也可以看出该类接触与绑定有一定相似之处，它保证两接触面之间接触法线、不发生分离，一直处于贴合状态，允许在切向有微小的滑移。

**3. 无摩擦**

无摩擦接触，即两接触体之间是理想状态。当外力作用时，两接触体可以发生分离和相对滑动，当两物体分离后，法向作用力减为 0，两物体接触滑动时处于理想状态，不产生摩擦力作用。

**4. 静摩擦**

模拟静摩擦的场景，当两物体之间不发生相对滑动但是存在静摩擦力的时候，可以使用本接触类型进行设置，可以理解为两物体之间的静摩擦力需要多大就提供多大。

**5. 摩擦接触**

通用摩擦接触，既包含静摩擦也包含滑动摩擦，在接触初始时，两接触体是静摩擦状态，当外界作用力增大且使两接触体发生相对滑动时，此时产生滑动摩擦，滑动摩擦力基于 $F=\mu N$ 计算，用户在定义该接触类型时需要定义接触面之间的摩擦系数。

### 6. 滑动摩擦

直接滑动摩擦接触是指接触体之间不发生静摩擦作用的阶段。该接触类型只针对刚体动力学分析，系统接触力与法向正压力成正比。

上述 6 种接触类型需要依据实际的场景进行设置，其中 Frictional 是比较通用的接触类型，也与实际情形比较相符；对于螺栓连接、焊接等分析问题的接触，如果不关注连接部位的详细连接状态，可以使用 Bonded 模拟接触，甚至可以不采用接触设置，直接将几何模型进行布尔操作，成为同一个实体。

# 7.3 接触分析实例——法兰盘连接

本例将以法兰盘连接为分析对象，从模型简化讲解，到基本的接触设置和操作方法介绍，为读者提供全面的绑定类型接触的使用场景介绍。

## 7.3.1 问题描述

法兰盘连接是比较常见的连接类型，一般用于传递扭矩，如图 7-4 所示，通过法兰盘连接后面的旋转主轴，带动轴系结构进行旋转是轴类法兰盘连接常见的一种形式。

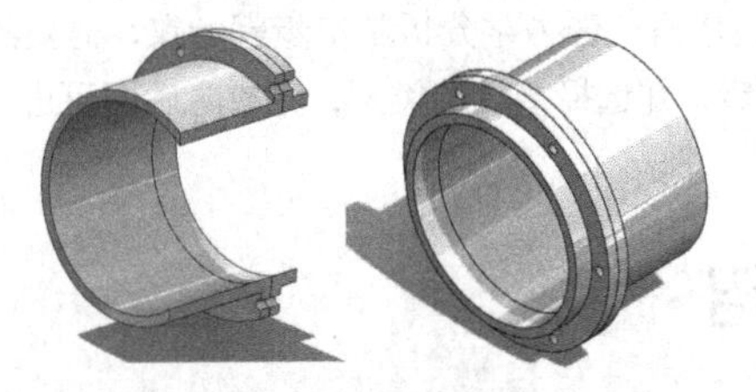

图 7-4 法兰盘模型

本例中为了计算方便，将旋转主轴长度缩短以提高计算效率。结构模型采用软件默认材质 Structure Steel，在轴端加载扭矩 120Nm，计算分析扭矩作用下固定盘的应力及变形大小。计算采用 Static Structure 静力学分析模块。

## 7.3.2 几何建模

几何模型通过 SolidWorks 建立，分别导入 WB 19.0 中进行仿真模型的建立，导入操作如下：双击 Geometry 进入 DM 界面，依次选择菜单栏的 File→Import External Geometry File…，导入几何体，然后单击工具栏中的 Generate 完成。由于模型较为规整，无须进行额外的几何修复操作，最终几何模型的导入结果如图 7-5 所示。

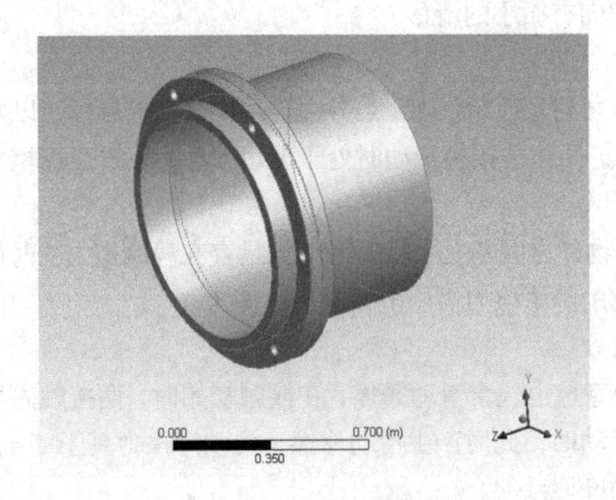


图 7-5 DM 几何模型

## 7.3.3 材料属性设置

模型的材料设置默认选择 Structure Steel，其参数如图 7-6 所示。双击 Model 进入编辑窗口，选中相应的部件，在详细设置窗口中设置 Material 下的 Assignment 为 Structure Steel，本例中软件已默认选择。

| | A | B | C | D | E |
|---|---|---|---|---|---|
| 1 | Property | Value | Unit | | |
| 2 | Material Field Variables | Table | | | |
| 3 | Density | 7.85E-09 | tonne mm^-3 | | |
| 4 | Isotropic Secant Coefficient of Thermal Expansion | | | | |
| 5 | Coefficient of Thermal Expansion | 1.2E-05 | C^-1 | | |
| 6 | Isotropic Elasticity | | | | |
| 7 | Derive from | Young's Modulus and Poisson's Ratio | | | |
| 8 | Young's Modulus | 2E+05 | MPa | | |
| 9 | Poisson's Ratio | 0.3 | | | |
| 10 | Bulk Modulus | 1.6667E+11 | Pa | | |
| 11 | Shear Modulus | 7.6923E+10 | Pa | | |
| 12 | Alternating Stress Mean Stress | Tabular | | | |
| 16 | Strain-Life Parameters | | | | |
| 24 | Tensile Yield Strength | 2.5E+08 | Pa | | |
| 25 | Compressive Yield Strength | 2.5E+08 | Pa | | |

图 7-6　材料参数

## 7.3.4 接触设置

根据使用场景介绍，法兰盘连接位置通过螺栓把接完全固定，可近似等同于一体，所以接触使用 Bonded 设置，如图 7-7 所示。

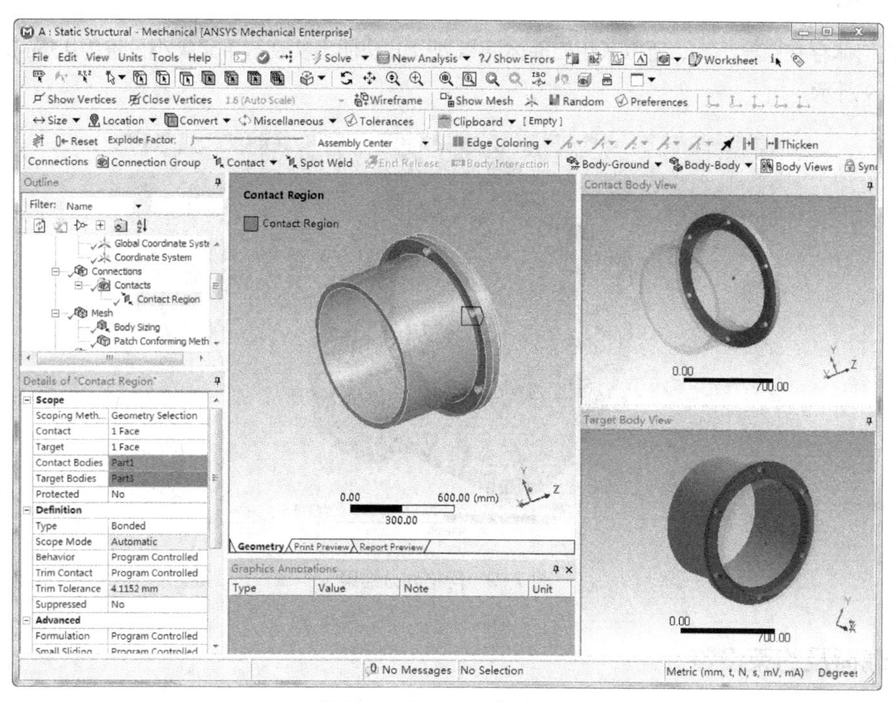


图 7-7　Bonded 接触设置

在 WB 19.0 中，软件自动识别接触关系并默认使用 Bonded 接触类型。进入 Connections 栏可以看到存在一处接触 Contact Region，单击该项目，系统弹出图 7-7 所示的窗口，其中橘红色为接触体 Contact Bodies，蓝色为目标体 Target Bodies，软件自动显示接触面区域并以颜色区分。

当用户希望改变接触类型时，直接在详细设置窗口单击 Type，选择对应的接触类型即可。如图 7-8 所示，当选择通用摩擦接触类型时，在对应的详细设置窗口中，用户需要额外输入接触面的摩擦系数。

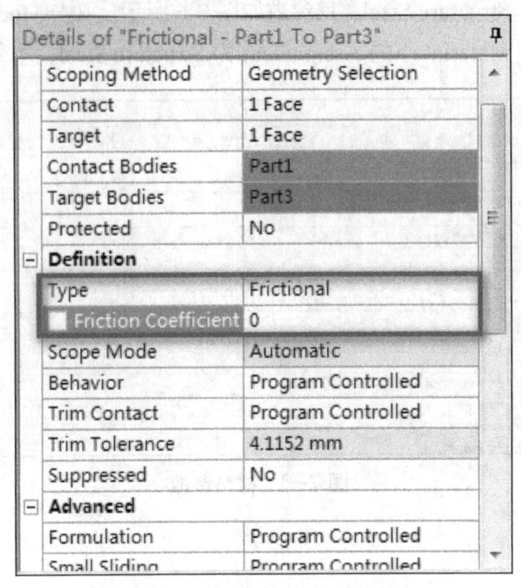


图 7-8　Frictional 接触设置窗口

## 7.3.5　网格划分

由于几何体存在螺栓小孔，所以采用四面体网格划分方法便于实现，单元大小设置为 15mm。网格划分结果如图 7-9 所示。

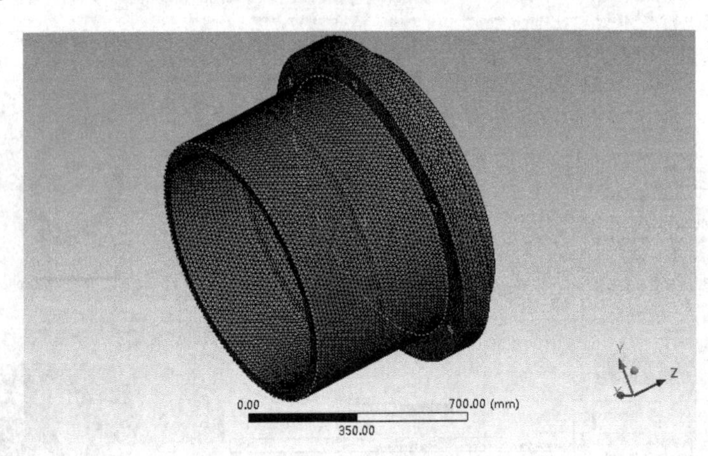


图 7-9　网格划分结果

## 7.3.6　载荷及约束设置

载荷及边界施加如下。

（1）加载扭矩。扭矩值大小为 120000Nmm，从图中可以看到扭矩绕 z 轴方向转动，通过工具栏 Loads 插入 Moment，在详细窗口中输入扭矩值 120000Nmm。

（2）边界约束设置。因为法兰盘外圆面固定在机箱或者支座上，所以将其完全固支即可，最终载荷及边界设置完成结果如图 7-10 所示。

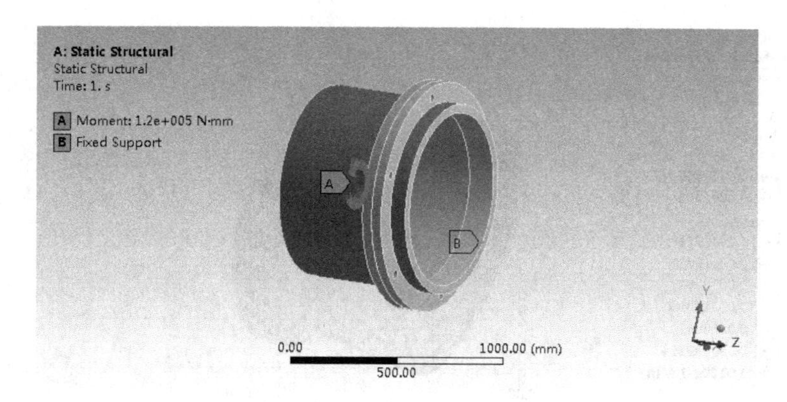


图 7-10 载荷及边界施加

## 7.3.7 模型求解

在求解参数中分别插入 Total Deformation 和 Equivalent Stress，如图 7-11 所示，提交计算机求解，求解过程可以查看 Solution Information 以跟踪了解求解状态。

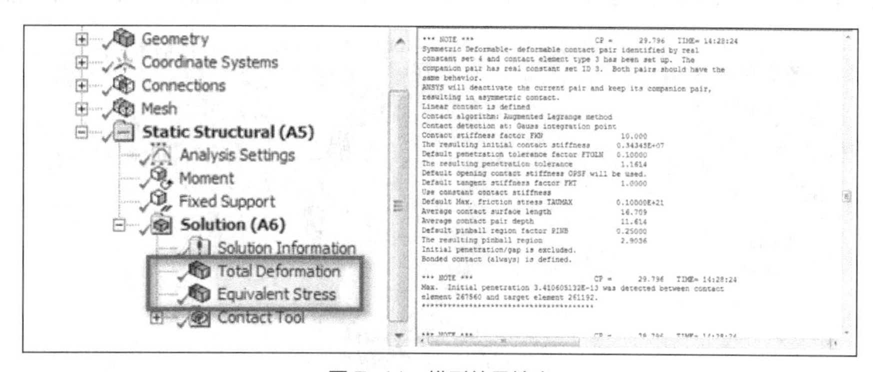


图 7-11 模型结果输出

## 7.3.8 结果后处理

计算完成之后查看输出结果云图，变形结果如图 7-12 所示，应力云图如图 7-13 所示。通过计算可以定量确定两个结果的大小。

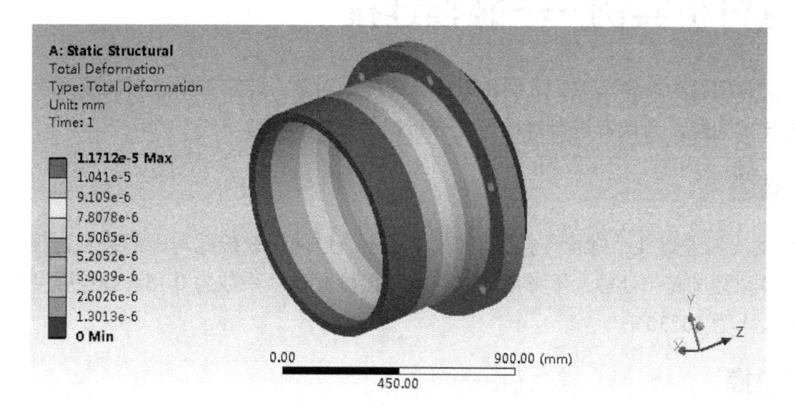


图 7-12 变形云图

图 7-13 应力云图

同时，我们可以通过 Contact Tool 查看接触的状态，如图 7-14 所示，本例中由于仅设置 Bonded，因此接触状态为 Sticking，颜色显示表明两接触体黏结在一起。通过 Contact Tool 可知，WB 19.0 提供了 5 种接触状态，分别为 Over Constrainted（过约束）、Far（远离）、Near（接近）、Sliding（滑动）、Sticking（黏结）。

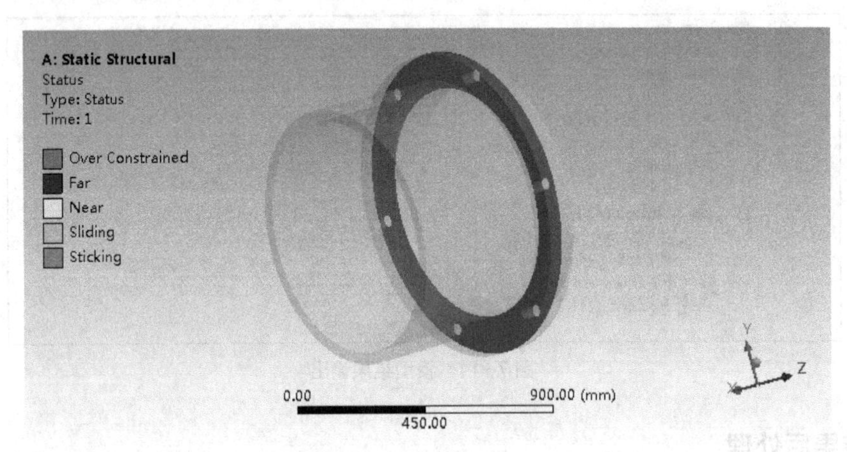


图 7-14 接触状态显示

# 7.4 接触分析实例——螺栓连接

螺栓连接在接触问题中非常典型，本例将以螺栓连接为对象，详细介绍如何加载预紧力、设置螺栓连接接触类型等常见技术问题，为读者进行螺栓连接分析提供指导。

## 7.4.1 问题描述

图 7-15 所示的支座通过 4 个螺栓连接到底板，支座上通过两个铰接孔与外部装置连接。螺栓采用 M8×20 的外六角螺栓，模型经过简化处理，不考虑螺纹，所有接触面摩擦系数为 0.15。螺栓强度等级按照 8.8 级要求设置，预紧力大小为 16230N。

## 7.4.2 几何建模

通过外部依次导入几何模型，分别以 3 部分模型导入，如图 7-16 所示，最终导入结果如图 7-17 所示。

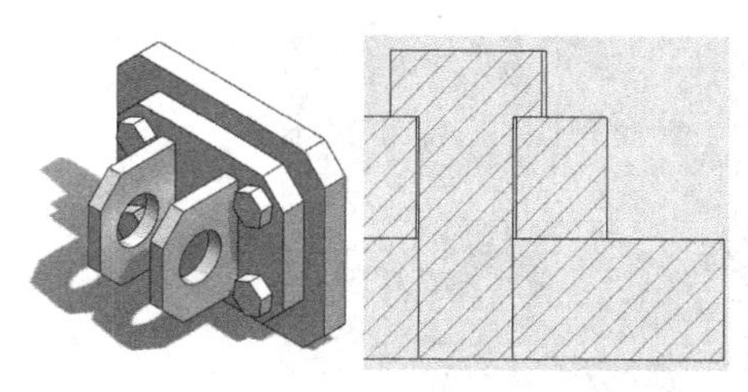

图 7-15　支座连接模型

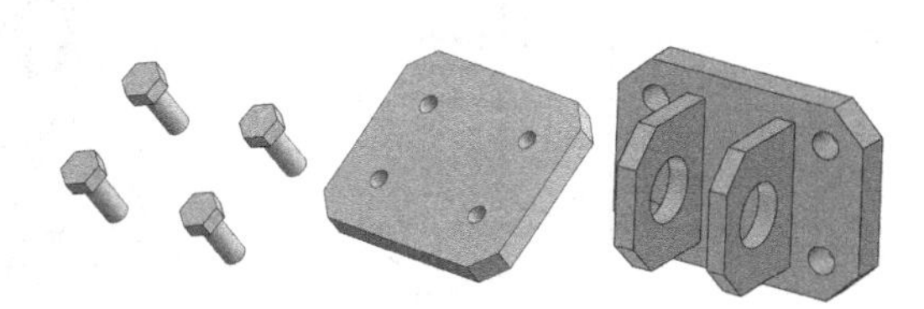

图 7-16　导入部件模型

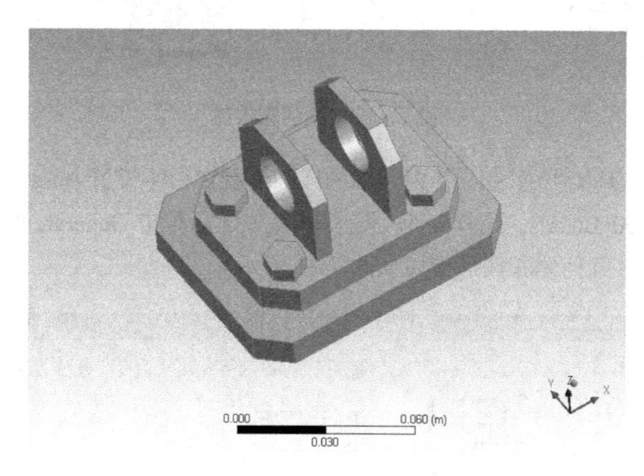


图 7-17　模型导入结果

由于后续分析步中载荷的加载方式主要考虑预紧力的设置，而预紧力的加载只能在非接触面区域，所以在 Geometry 中需要对模型进行简单处理，操作步骤如下。

（1）进入 DM 编辑界面，选择底板上的表面，然后依次单击 New Plane 和 Generate 后创建新的基准面，如图 7-18 所示。

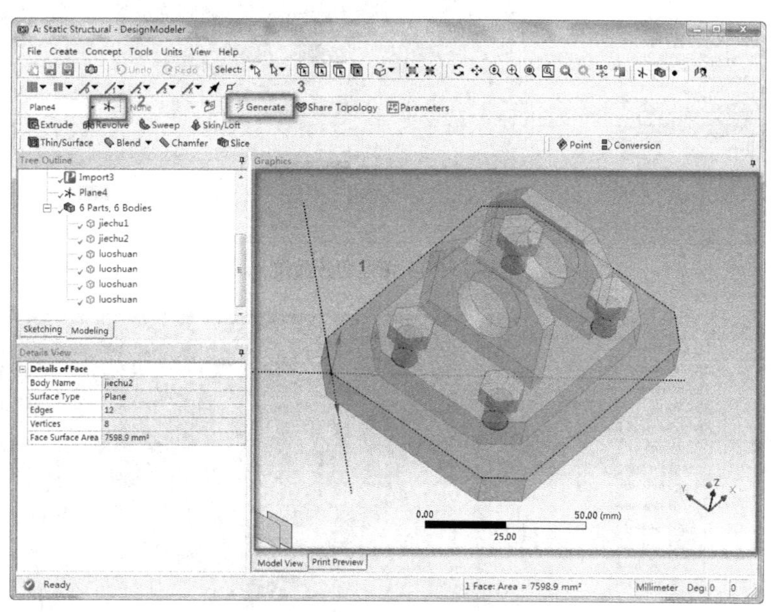


图 7-18　创建 Plane4

（2）激活螺栓体。选择 4 个螺栓几何体，在菜单栏中单击 Tools→Unfreeze 完成对螺栓几何体的激活，激活之后，部件呈现为深色显示状态，如图 7-19 所示。

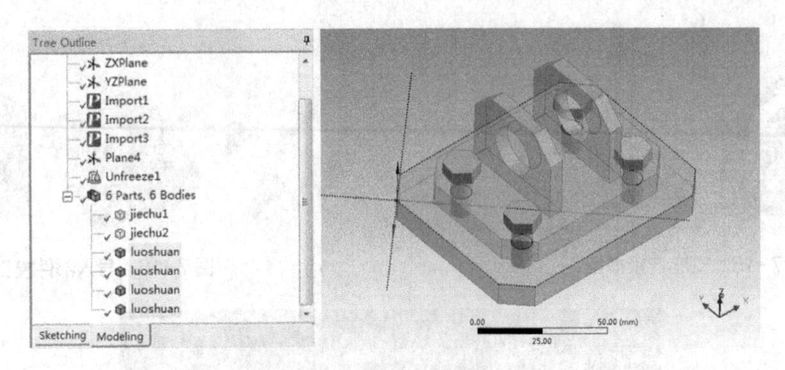


图 7-19　激活螺栓体

（3）切分螺栓。单击工具栏中的 Slice，在弹出的详细设置窗口中设置 Base Plane 为新建的 Plane4，将 Slice Targets 设定为 Selected Bodies，选择 4 个螺栓体，完成之后单击 Generate 即完成对螺栓体的切分，如图 7-20 所示，完成切分后，几何体和树形窗口如图 7-21 所示。

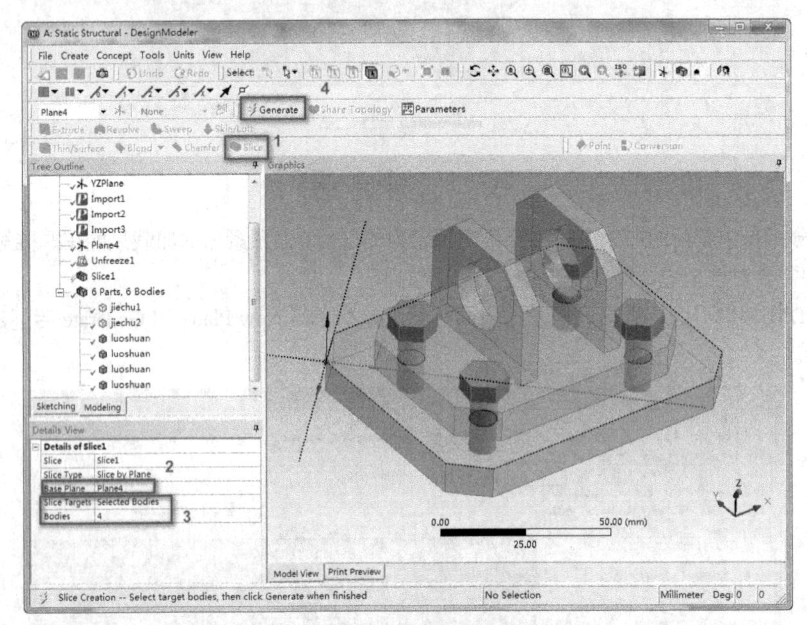


图 7-20　螺栓切分操作

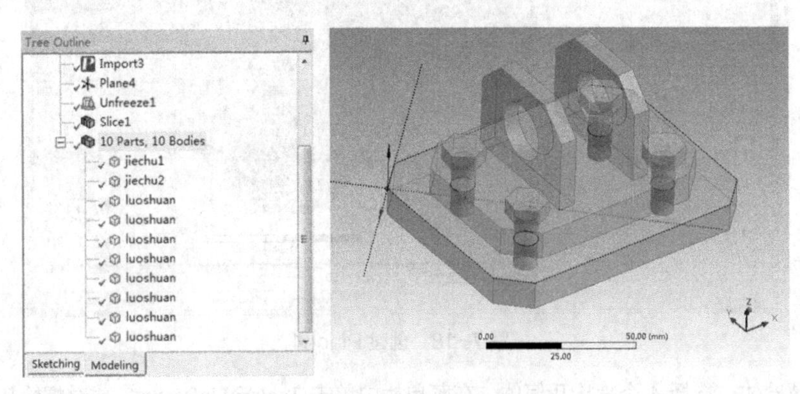


图 7-21　螺栓切分结果

（4）组合螺栓体。选择切分完成之后同一个螺栓体的两部分结构，然后单击鼠标右键，选择 Form New Part 组合成一个几何体，如图 7-22 所示，整个螺栓重组完成后树形窗口如图 7-23 所示，生成 4 个新的 Part。

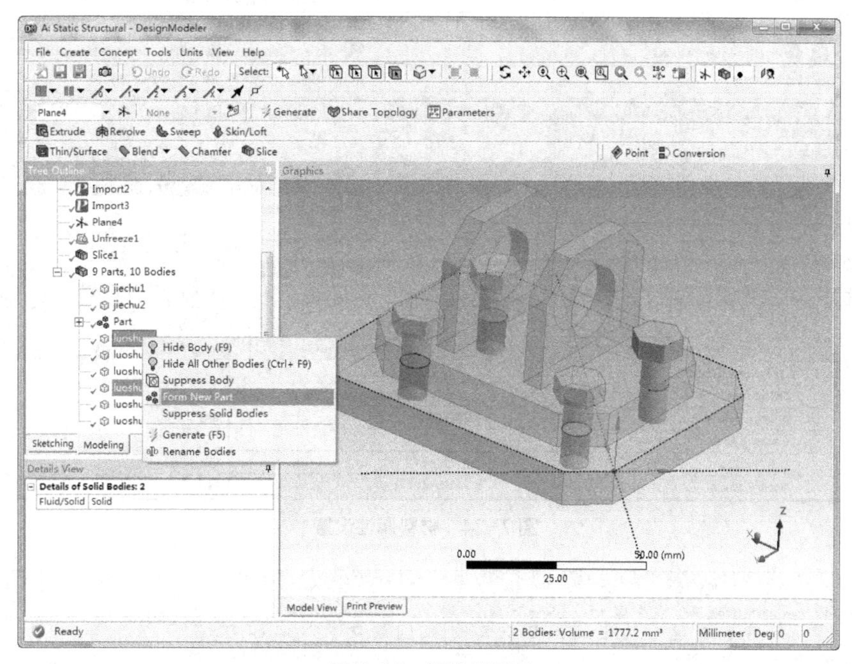


图 7-22　螺栓体重组

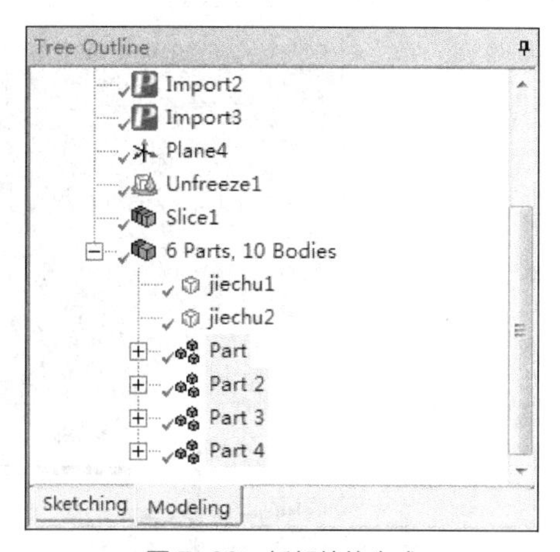


图 7-23　新部件的生成

## 7.4.3　材料属性设置

支座及底板材质为结构钢材，在 WB 19.0 中默认即可；螺栓材质选用 45 号钢，其材料属性参数：$E$=209000MPa，泊松比 $\mu$=0.269。定义螺栓材料属性的操作步骤如下。

（1）双击 Engineering Data，选择 Engineering Data Sources。

（2）选择 General Materials，在材料库列表中新建 45 号钢，其材料属性值设置弹性模量和泊松比即可，完成后保存，如图 7-24 所示。

（3）材料属性赋予分析模型。双击 Model 进入编辑窗口，选择所有螺栓部件，在 Material 中设置材料属性为 45 号钢，其他部件材料默认 Structure Steel，如图 7-25 所示。

Engineering Data Sources

| | A | B | C | D |
|---|---|---|---|---|
| 1 | Data Source | | Location | Description |
| 2 | Favorites | | | Quick access list and default items |
| 3 | General Materials | ☑ | | General use material samples for use in various analyses. |
| 4 | General Non-linear Materials | ☐ | | General use material samples for use in non-linear analyses. |
| 5 | Explicit Materials | ☐ | | Material samples for use in an explicit analysis. |

Outline of General Materials

| | A | B | C | D | E |
|---|---|---|---|---|---|
| 1 | Contents of General Materials | Add | | Source | Description |
| 2 | Material | | | | |
| 3 | 45 | | | General_Materia | |
| 4 | Aluminum Alloy | | | General_Materia | General aluminum alloy. Fatigue properties come from MIL-HDBK-5H, page 3-277. |
| 5 | Concrete | | | General_Materia | |

Properties of Outline Row 3: 45

| | A | B | C |
|---|---|---|---|
| 1 | Property | Value | Unit |
| 2 | Isotropic Elasticity | | |
| 3 | Derive from | Young's Modulus and Poisson's Ratio | |
| 4 | Young's Modulus | 2.09E+05 | MPa |
| 5 | Poisson's Ratio | 0.269 | |
| 6 | Bulk Modulus | 1.5079E+11 | Pa |
| 7 | Shear Modulus | 8.2348E+10 | Pa |

图 7-24　材料属性设置

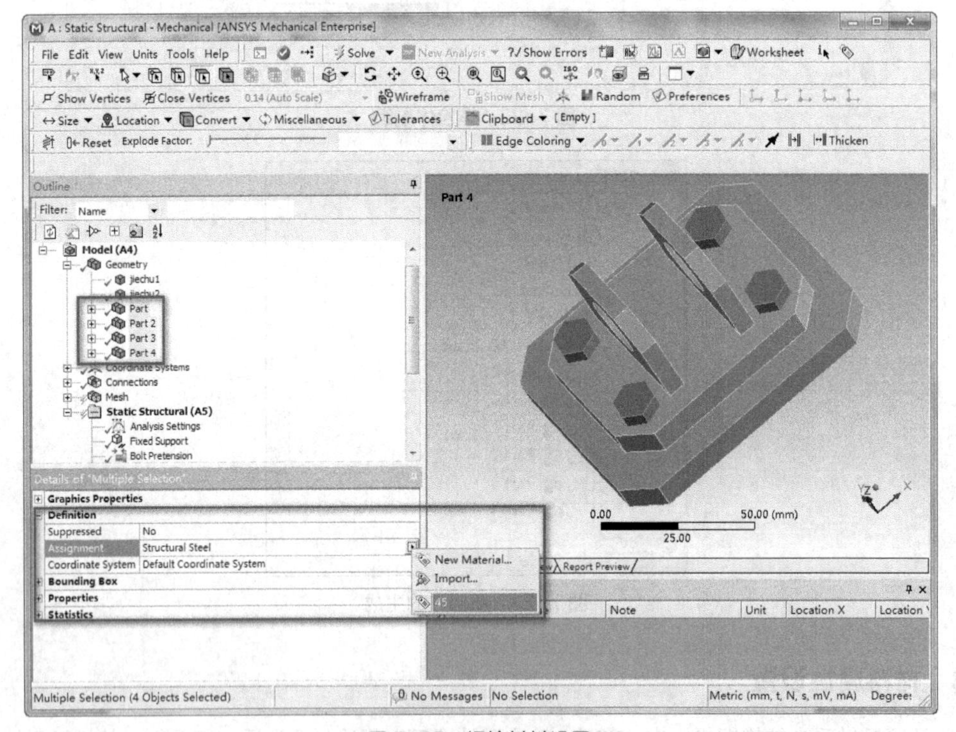


图 7-25　螺栓材料设置

## 7.4.4　接触设置

首先分析整个模型，存在三组接触：螺栓与支座、支座与底板、螺栓与底板。从树形窗口中看到总共存在 9 对接触。根据实际场景可知，螺栓与支座为滑动接触，支座与底板为滑动接触，螺栓与底板为绑定接触，分别按照上述接触方式定义接触类型，如图 7-26 所示。

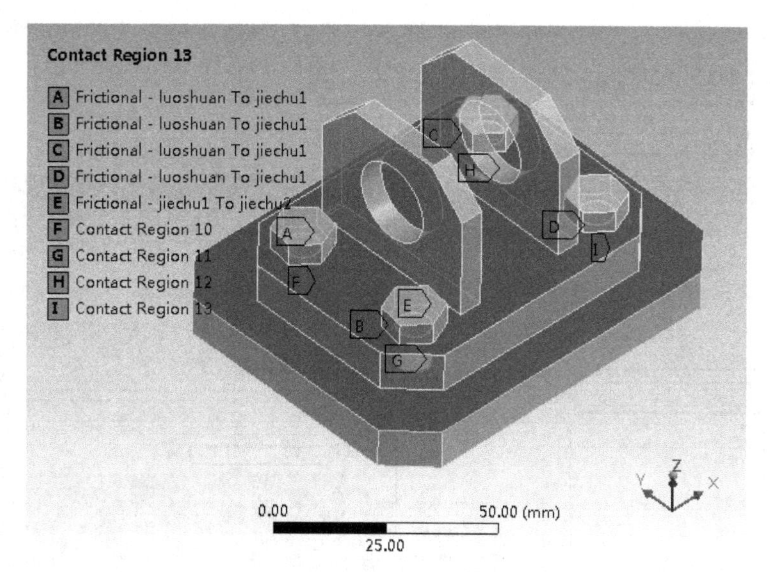


图 7-26　接触设置

## 7.4.5　网格划分

由于几何结构相对简单规则，所以网格划分采用六面体主体划分。定义底板及支座网格大小为 4mm，螺栓网格大小为 2mm，最终获得网格划分结果，如图 7-27 所示。

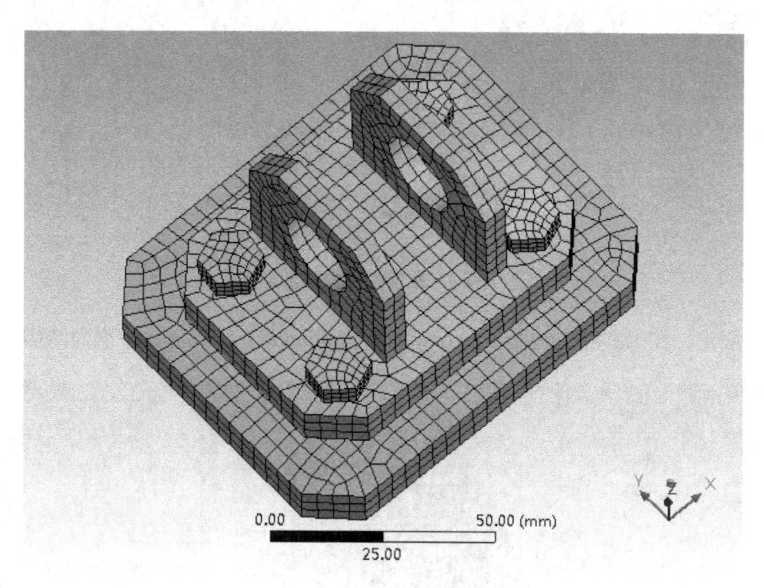


图 7-27　网格划分结果

## 7.4.6　载荷及约束设置

载荷的加载主要是预紧力设置，单击工具栏中的 Loads→Bolt Pretension，在弹出的详细设置窗口中选择螺栓切取的上部分结构体外表面（隐藏支架几何体），同时输入 Preload 值为 16230N，依次完成所有螺栓的预紧力加载，之后我们再创建 Step-2，在该步将预紧力锁死，即将 Define by 设置为 Lock，设置完成之后如图 7-28 所示，最终完成结果如图 7-29 所示。。

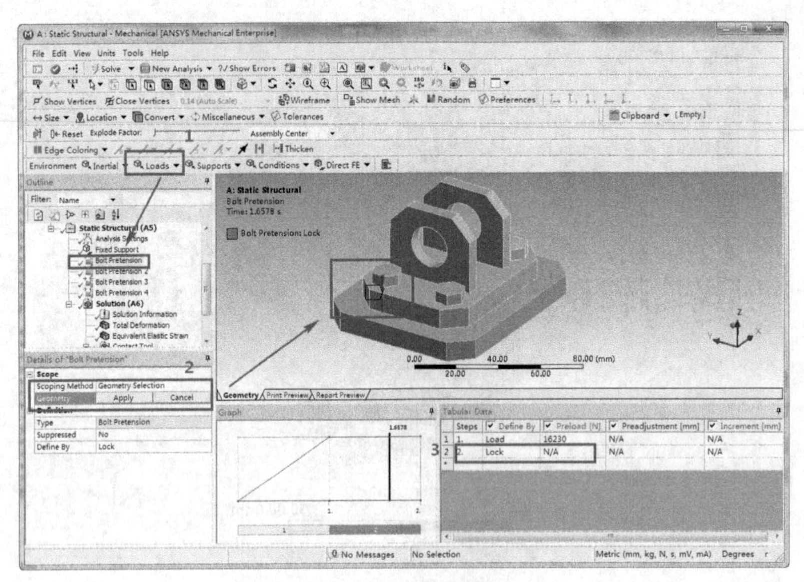


图 7-28　预紧力加载

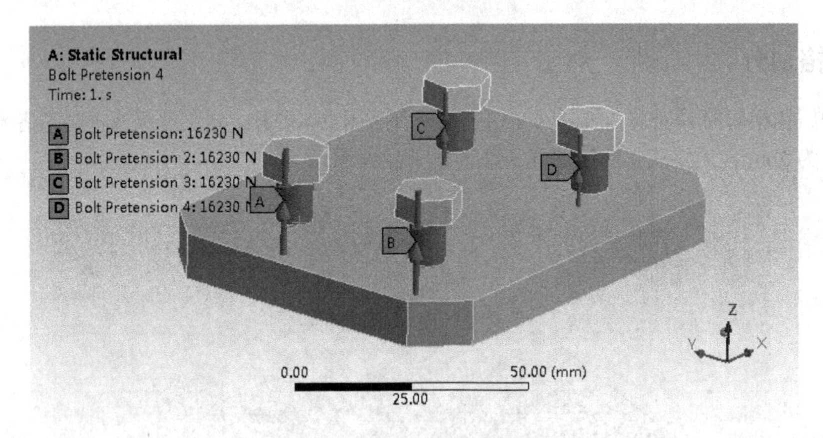


图 7-29　螺栓预紧力施加结果

设置底部边界固定，在工具栏中选择 Supports→Fixed Support，选择底板下表面结构，如图 7-30 所示。

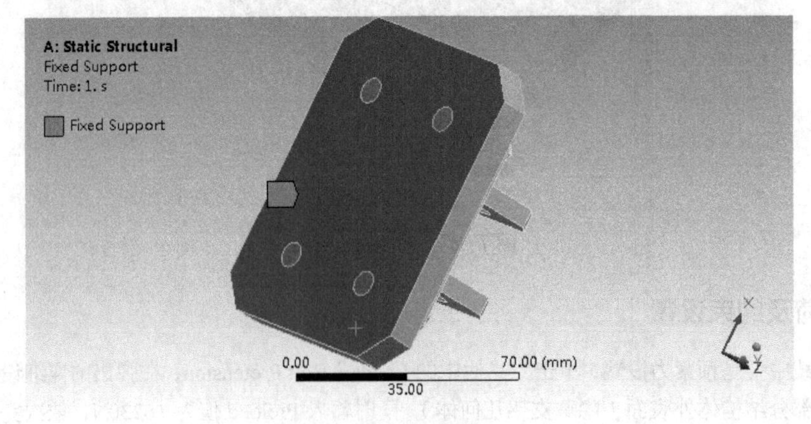


图 7-30　固支底板

### 7.4.7 模型求解

在 Solution 中插入整体结构的总变形和米塞斯应力，分别为 Total Deformation 和 Equivalent Stress；同时我们希望查看在预紧力作用下接触面之间的渗透量和接触压力的大小，所以单击鼠标右键，选择 Insert，插入 Contact Tool，然后继续选择 Contact Tool，单击鼠标右键，选择 Insert，插入 Status、Penetration 和 Pressure 三个输出参数，如图 7-31 所示。

完成输出参数设置后，提交计算机求解。

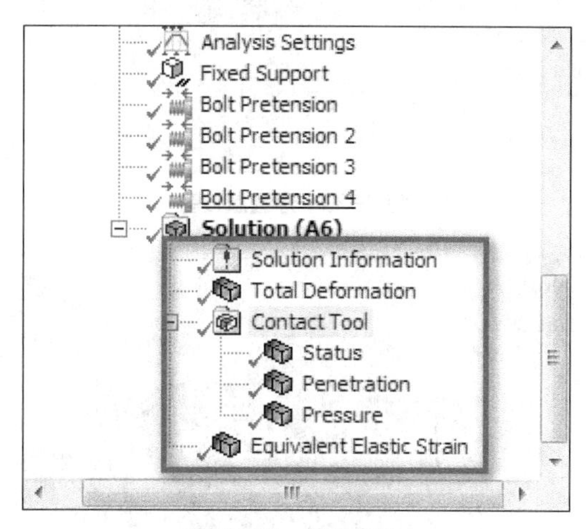


图 7-31　输出参数

### 7.4.8 结果后处理

（1）查看接触状态。计算完成后查看接触状态结果，如图 7-32 所示，可以看到各个部件之间的接触情况。

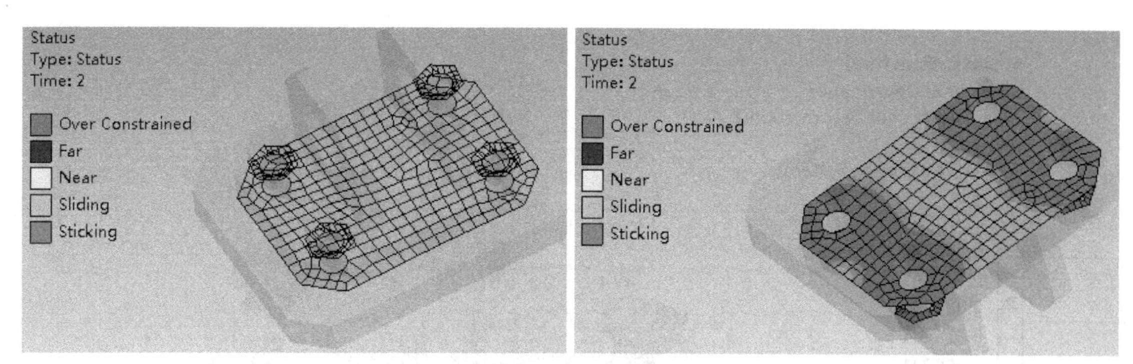


图 7-32　接触状态

（2）查看接触穿透情况，如图 7-33 所示，最大穿透量大小为 0.00348mm 左右，穿透量非常小。

（3）查看接触压力，如图 7-34 所示，最大接触压力为 310.67MPa，该接触压力已经完全大于材料的屈服强度，可能会出现接触面处的压溃，引起点蚀。

（4）查看螺栓变形及应力，图 7-35 所示为螺栓在预紧力作用下的轴向变形，图 7-36 所示为整个螺栓的应力状态分布云图。

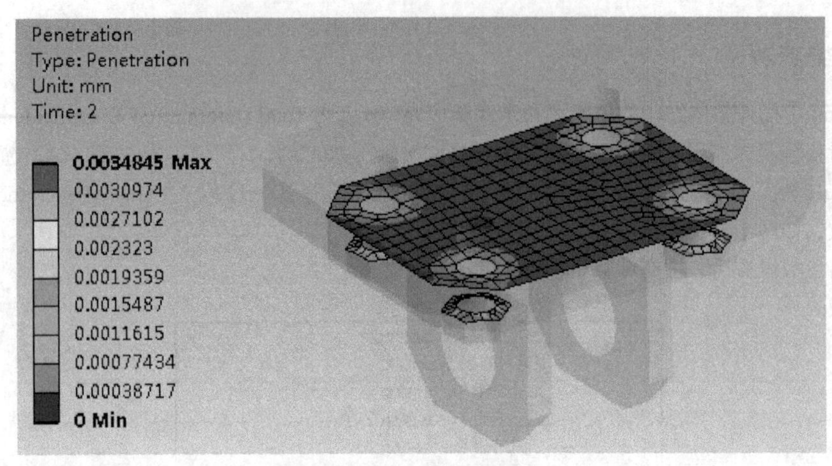


图 7-33　穿透量云图

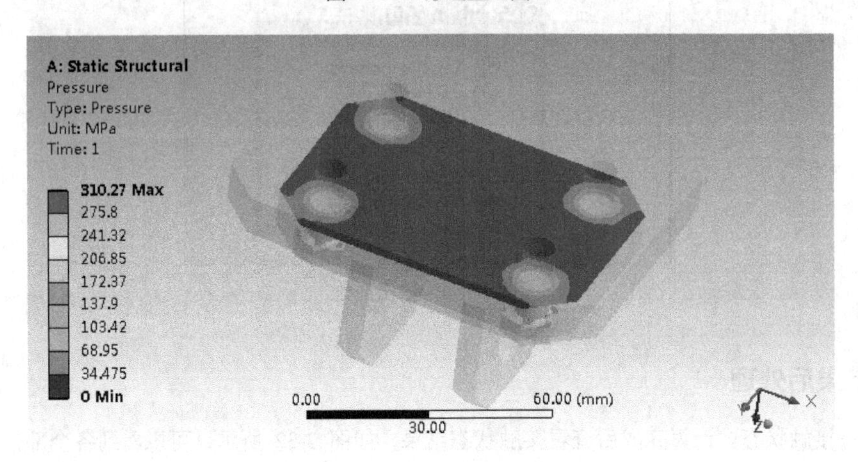


图 7-34　接触压力云图

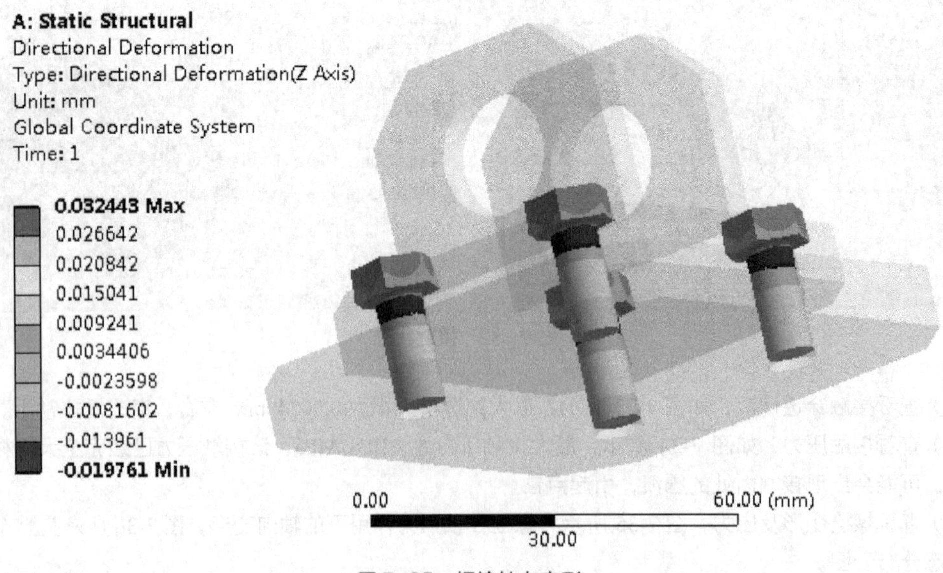


图 7-35　螺栓轴向变形

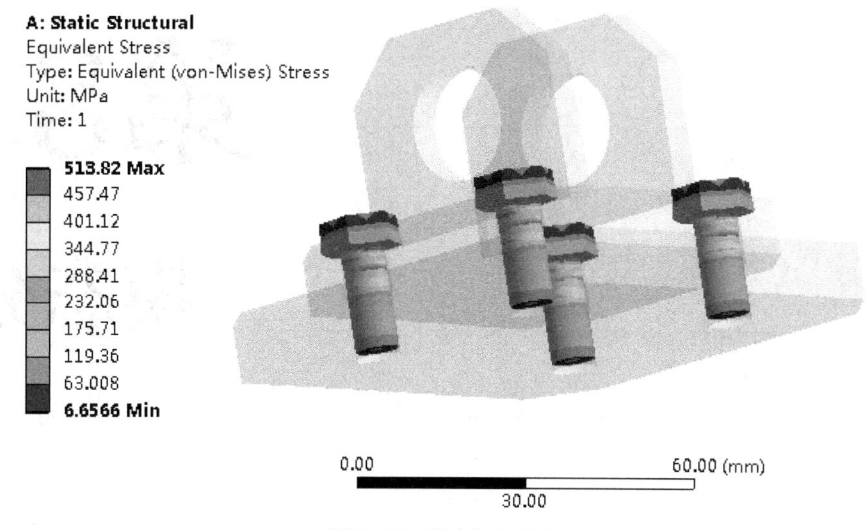


图 7-36　螺栓应力云图

# 7.5　本章小结

本章先对接触问题的基本概念和模型进行介绍，让读者对有限元接触有一个概念性的了解。然后通过两个实例分析，详细介绍如何在 WB 19.0 中进行含非线性接触问题的仿真设置和操作，并对 WB 19.0 中提供的各类接触模型及接触类型进行逐一讲解，使读者掌握如何选择接触类型、设置接触参数、查看接触产生的各种结果类型，最终完成整个接触项目的仿真。

Chapter 08

# 第8章

## 模态分析

■ 模态分析是研究结构动力学特性的一种方法，包括结构固有频率、阻尼和模态振型等内容，是目前动力学研究领域较为成熟的技术，它所针对的研究对象是线性系统或者近似于线性的系统。模态分析通常是结构的振动、噪声、故障诊断以及动态响应等方面研究的基础，在汽车、航空、交通运输等方面应用非常广泛。

WB 19.0 提供了常用的模态分析技术，包括自由模态和预应力模态分析，本章将对它们进行详细介绍。

# 8.1 认识模态分析

模态分析的定义是：将线性系统的振动微分方程进行坐标转换，变为模态坐标下的分析问题，从而使得方程组解耦，成为以模态坐标及模态参数描述的独立方程，进而求出系统的模态参数。坐标变化的矩阵为模态矩阵，其每一列为模态振型。

在讲解模态理论之前，需要了解几个概念：自由度、阶、无阻尼固有频率、有阻尼固有频率及固有频率。

（1）自由度。自由度是指确定系统在空间运动的位置所需的最小坐标个数。空间刚体运动有三个平动自由度和三个转动自由度，一个连续体实际上有无限多个自由度，有限元分析将系统离散从而使得自由度个数有限化。

（2）阶。阶次与自由度对应，一个自由度对应一阶，所以连续体理论上存在无穷阶次，但是在有限元分析中阶次同样有限。

（3）固有频率。固有频率是指系统自由振动时的频率值，是系统的固有特性，仅与系统的结构形状、质量等因素相关，与其他外部条件无关。

（4）无阻尼固有频率。无阻尼固有频率是指仅由系统的惯性力和弹性力形成的自由振动频率，固有频率值仅与系统质量和弹性系数相关。

（5）有阻尼固有频率。有阻尼固有频率是最常见的情形，是有阻尼系统的自由振动频率，频率值大小与质量、弹性系数和阻尼系数有关。

通常 $N$ 维多自由度有阻尼系统在物理坐标系下的运动方程如式（8-1）所示：

$$[M]\ddot{x}+[C]\dot{x}+[K]x=F(t) \tag{8-1}$$

其中 $[M]$、$[C]$、$[K]$ 分别为质量矩阵、阻尼矩阵和刚度矩阵，$\ddot{x}$、$\dot{x}$、$x$ 分别表示加速度、速度及位移响应向量，$F(t)$ 代表 $N$ 维激振力。

通过坐标变化转化为模态坐标下的运动方程如式（8-2）所示：

$$(K-\omega^2M+j\omega C)X(\omega)=F(\omega) \tag{8-2}$$

任意 $l$ 点的响应为各阶模态响应的线性组合：

$$x_l(\omega)=\varphi_{l1}q_1(\omega)+\varphi_{l2}q_2(\omega)+\cdots+\varphi_{lN}q_N(\omega)=\sum_{r=1}^{N}\varphi_{lr}q_r(\omega) \tag{8-3}$$

$$\phi_r=\{\varphi_1\varphi_2\cdots\varphi_N\}_r^T \tag{8-4}$$

解耦之后的运动方程如式（8-4）所示：

$$(K_{dia}-\omega^2M_{dia}+j\omega C_{dia})Q=F_\varphi \tag{8-5}$$

其中，$C=\alpha M+\beta K$，$K_{dia}\begin{bmatrix} C_1 & & & & \\ & \vdots & & & \\ & & C_r & & \\ & & & \vdots & \\ & & & & C_N \end{bmatrix}$，$F_\varphi=\phi^T F(\omega)$，$Q=\{q_1(\omega)q_2(\omega)\cdots q_N(\omega)\}^T$。

通过上述坐标的转化和解耦即可计算求得系统各阶模态。WB 19.0 提供了 5 种求解算法，分别为 Direct、Iterative、Unsymmetric、Supernode、Subspace，5 种求解算法分别有各自的求解特点和使用场景。

### 1. Direct 法

Direct 法能够处理对称矩阵，适用于提取中大型模型（5 万至 10 万个自由度）超出 40 个以上振型，它能够较好地处理刚体振型，经常应用于实体及壳单元中。

### 2. Iterative 法

Iterative 法适用于中大型模型计算，适用于提取模态阶数高于 100 的计算场景。

### 3. Unsymmetric 法

Unsymmetric 法能够处理非对称矩阵，主要用于求解提取系统复模态，对于系统中质量矩阵 $M$ 和刚度矩阵 $K$ 非对称时，该方法非常实用。

### 4. Supernode 法

Supernode 法能够求解非对称矩阵，适用于大规模的模态计算问题，通常模态阶数大于 100000 阶。

### 5. Subspace 法

Subspace 法即子空间法，适用于较好的实体单元与壳单元组成的模型，该方法占用内存较少，一般用于提取较大模型的较少模态阶数（<20）。

下面通过具体的实例讲解来介绍如何利用 WB 19.0 进行模态分析。

# 8.2 自由模态分析实例——机床床身计算

本例以机床为研究对象，利用 WB 19.0 进行机床的自由模态分析，详细介绍分析过程中的操作步骤和需要注意的事项，确保读者能够熟练掌握该分析方法。

## 8.2.1 问题描述

机床对加工精度有较高的要求，微小的振动和干扰都会造成加工零件超出误差允许范围，所以在机床设计中需要充分考虑其动力学特性，避开工作中产生的共振频率，保证加工精度。图 8-1 所示为机床几何模型，整个床身安装在底面，上面布满行走的车刀及电机等部件，通过模态计算分析床身的固有频率，为设计人员提供理论数据支持。

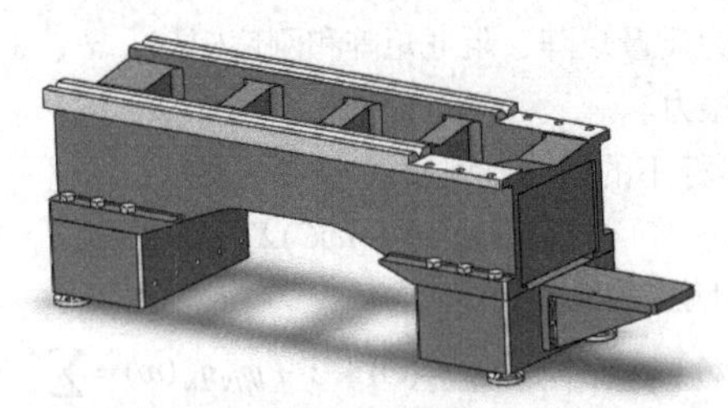

图 8-1 机床床身模型

## 8.2.2 几何建模

将床身模型进行简化，删除螺栓孔、边沿倒角等微小特征并保存，在 WB 19.0 中选择 Modal 进行项目分析，如图 8-2 所示。

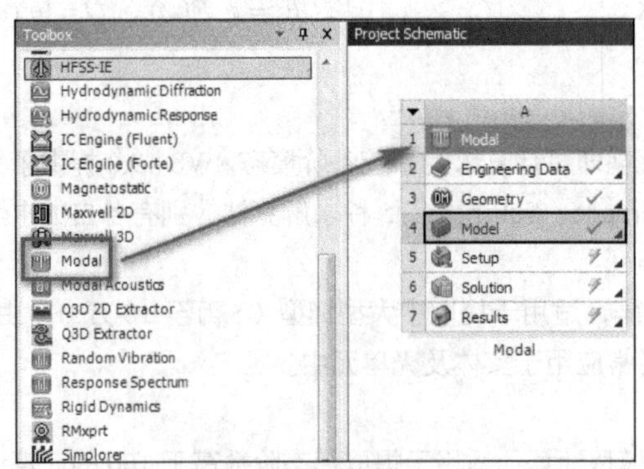


图 8-2 Modal 分析

双击 Geometry 进入 DM 窗口，在菜单项中单击 File→Import External Geometry File…，导入机床床身，结果如图 8-3 所示。

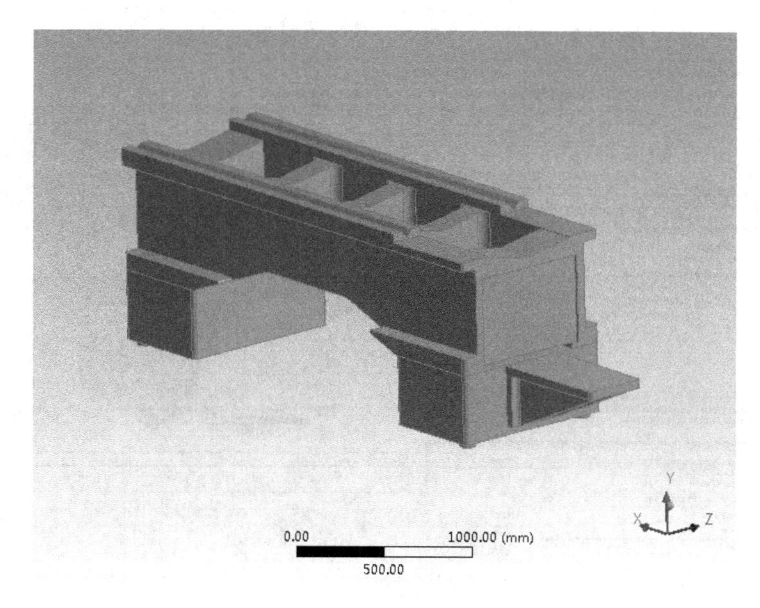


图 8-3　机床导入 DM

## 8.2.3　材料属性设置

机床床身一般使用铸铁铸造而成，材料属性一般如下：弹性模量 $E$=2.05e5MPa，泊松比 $\mu$=0.3，密度 $\rho$=7.8e3kg/m$^3$。在 WB 19.0 的 Engineering Data 中创建新材料并添加到工作项目中，新建铸铁材料，如图 8-4 所示。

进入 Model 中，在树形窗口下选中 Geometry→Part 1，将新建的铸铁材料赋予机床床身，如图 8-5 所示。

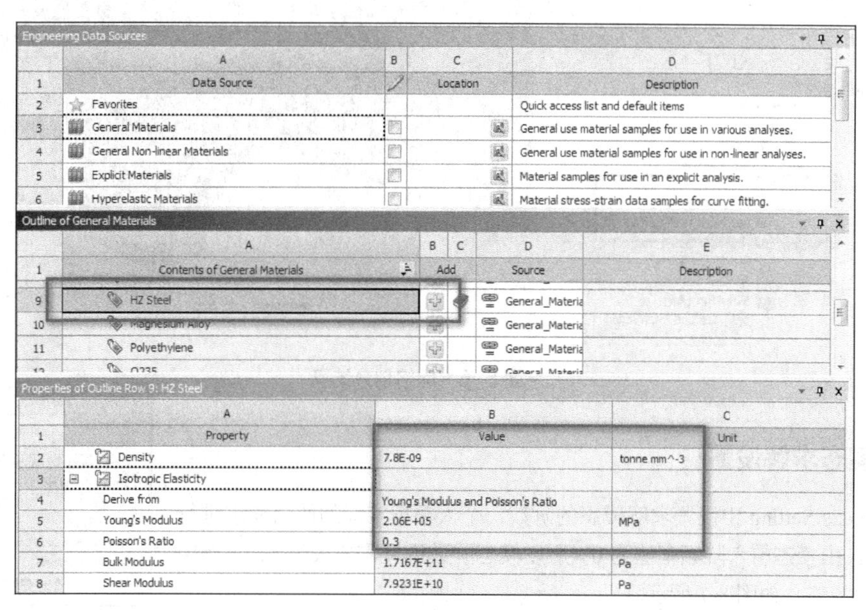


图 8-4　新建铸铁材料

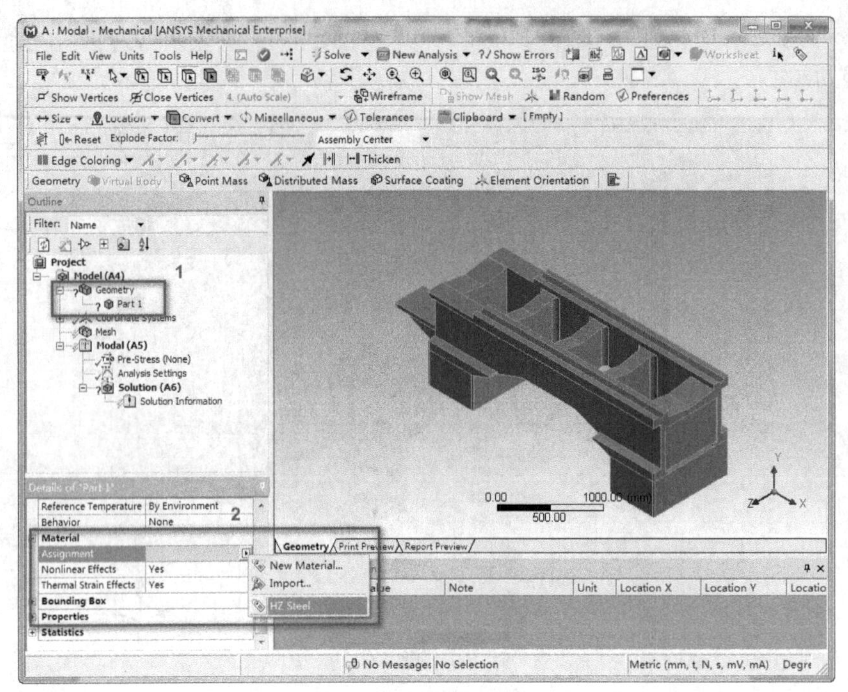


图 8-5　材料赋予操作

## 8.2.4　网格划分

由于整个结构相对复杂，因此采用四面体划分技术 Tetrahedrons 对模型进行单元网格划分，单元网格大小设置为 50mm，在 Mesh 功能树下分别插入 Body Sizing 和 Method，设置完成之后单击 Generate 即可，网格划分结果如图 8-6 所示。

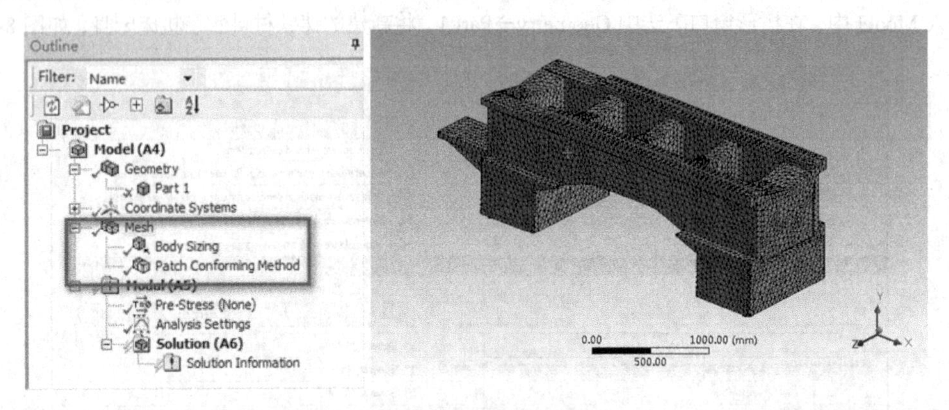


图 8-6　网格划分结果

## 8.2.5　模态求解设置

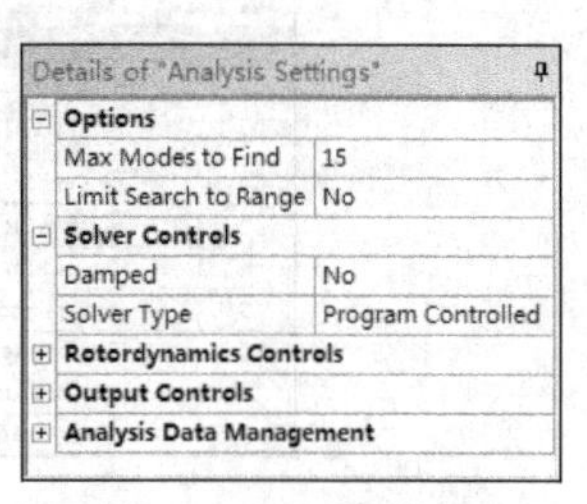


图 8-7　设置模态阶数

在 Analysis Setting 中设置求解模态的阶数，个人根据实际的使用需求进行设置，由于自由模态前六阶频率值为 0，所以模态阶数设置需要大于 6，本例中提取前 15 阶模态，如图 8-7 所示。

模态计算求解算法 Solve Type 采用系统默认即可（Program Controlled），用户也可以根据提取的模态数目设置其他算法。

## 8.2.6 结果后处理

在输出结果参数中设置 Total Deformation，提交计算机求解即可。

模态计算主要查看系统的固有频率及振型，所以提取多少阶固有频率，则输出多少个振型云图。本例计算的固有频率值如图 8-8 所示。

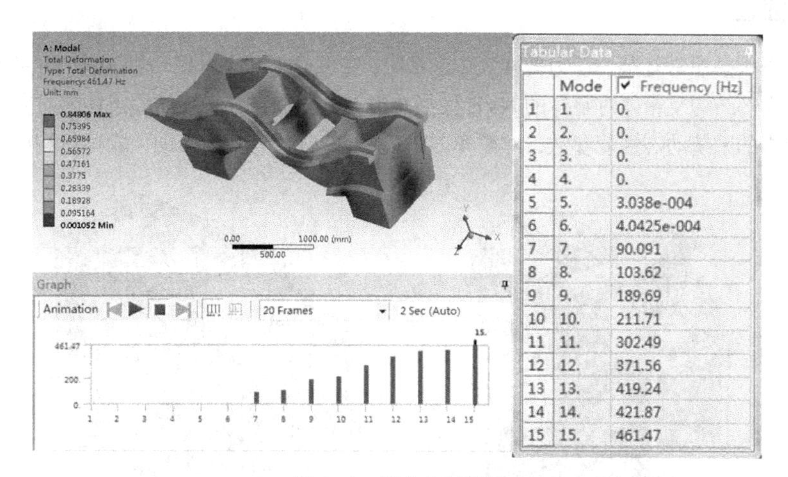


|  | Mode | Frequency [Hz] |
|---|---|---|
| 1 | 1. | 0. |
| 2 | 2. | 0. |
| 3 | 3. | 0. |
| 4 | 4. | 0. |
| 5 | 5. | 3.038e-004 |
| 6 | 6. | 4.0425e-004 |
| 7 | 7. | 90.091 |
| 8 | 8. | 103.62 |
| 9 | 9. | 189.69 |
| 10 | 10. | 211.71 |
| 11 | 11. | 302.49 |
| 12 | 12. | 371.56 |
| 13 | 13. | 419.24 |
| 14 | 14. | 421.87 |
| 15 | 15. | 461.47 |

图 8-8　模态分析结果

在 Tabular Data 中列出了前 15 阶的固有频率大小，结果中可以看出前 6 阶系统的固有频率值都为近似或等于 0，符合理论结果。

同时每种固有频率的振型可以在视图窗口中查看，查看对应阶次的振型云图的方法如下：单击 Graph 中的模态阶数柱状图，单击鼠标右键选择 Retrieve This Result，本例选择第 7 阶模态进行查看，如图 8-9 所示，从振型结果可以看出该阶模态主要是扭转振型，整个机床床身发生大扭转。

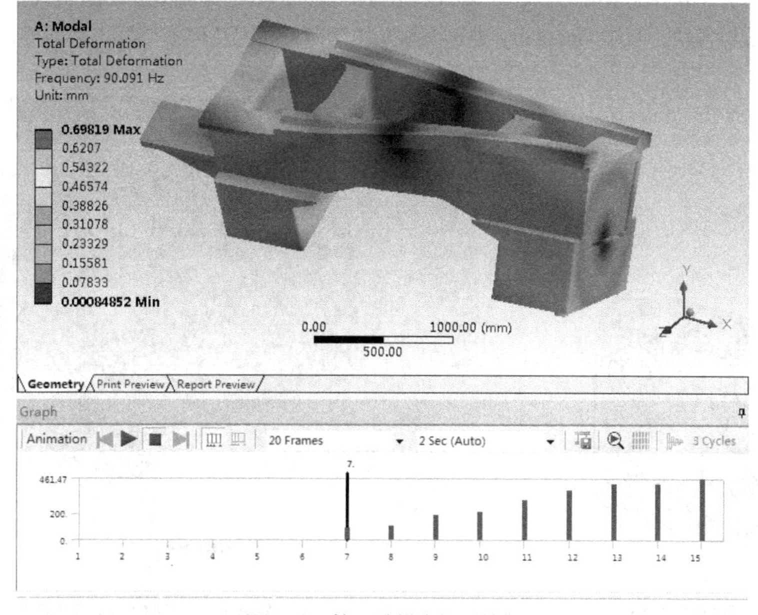


图 8-9　第 7 阶模态振型结果

# 8.3 自由模态分析实例——变速箱箱体计算

变速箱箱体结构复杂，内部部件众多，本例基于变速箱箱体结构进行模态分析，详细介绍自由模态的提取方法和求解思路，为读者提供技术指导。

## 8.3.1 问题描述

变速箱总成结构是非常复杂的动力转换盒传递系统，在总成内部包含发动机变速齿轮等组件，在汽车运行过程中，总成内部结构及箱体对整体的 NVH 性能有很大的影响，分析箱体模态能够对变速箱总成的整体振动噪声提供基本的系统动态性能参数，对整车 NVH 性能的分析有很大帮助，箱体结构如图 8-10 所示。

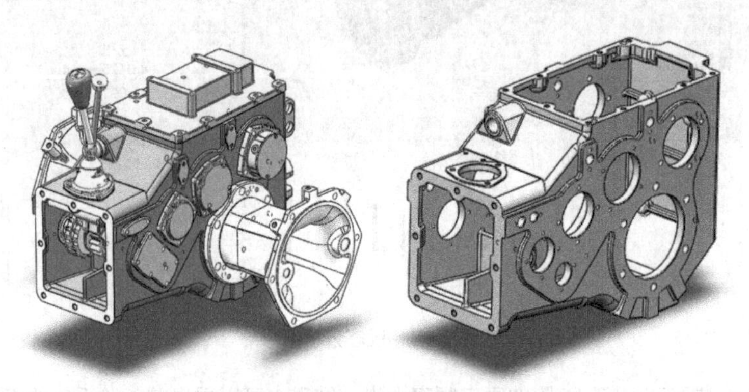

图 8-10 变速箱总成箱体结构

## 8.3.2 几何建模

箱体结构存在诸多安装及定位小孔，将安装及定位小孔均简化处理，同时在箱体外表面存在诸多加工倒角，这些倒角对分析计算并无直接影响，所以将倒角特征删除，最终几何模型如图 8-11 所示。

选择 Modal 分析模块，双击 Geometry 进入模型操作窗口，利用几何模型导入功能导入箱体模型，如图 8-12 所示。

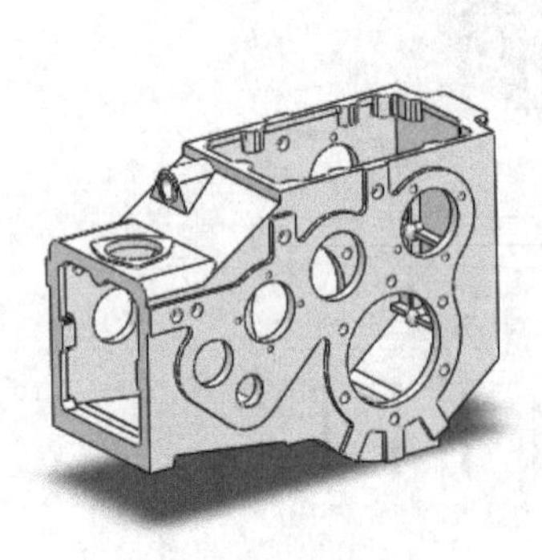

图 8-11 几何模型简化

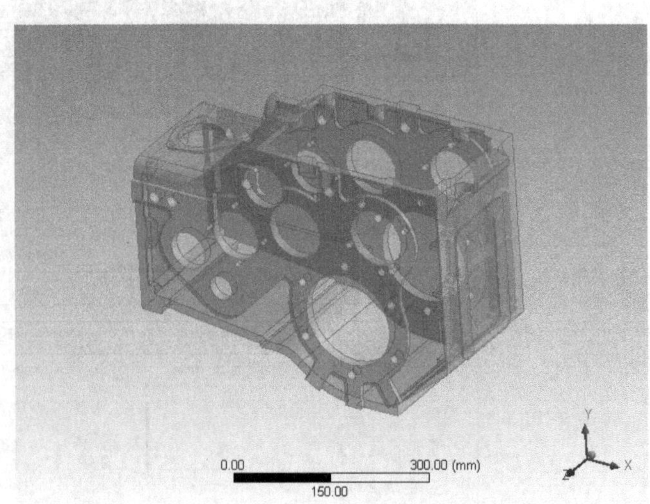


图 8-12 DM 中的箱体模型

## 8.3.3 材料属性设置

变速箱箱体通常采用压铸铝合金材料，本例中变速箱材质为 YL113（合金代号），其弹性模量 $E$=7e4MPa，$\mu$=0.33，$\rho$=2.7e3kg/m$^3$。

双击 Engineering Data 进入 Engineering Data Sources，新建 YL113 材料，并添加至当前分析项目中，如图 8-13 所示。然后进入 Model 窗口，将新建的材料赋予箱体模型。

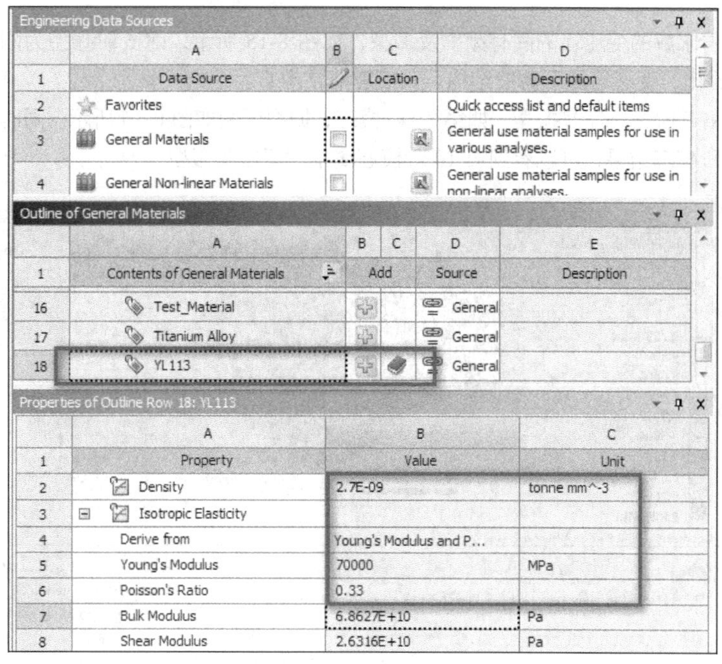


图 8-13 新建压铸铝合金材料

## 8.3.4 网格划分

单元划分启用四面体网格划分技术，选择 Patch Independent 算法，设置最小网格单元尺寸为 10mm，最大网格尺寸 20mm；同时插入 Body Sizing，设置单元网格尺寸为 20mm。网络划分结果如图 8-14 所示。

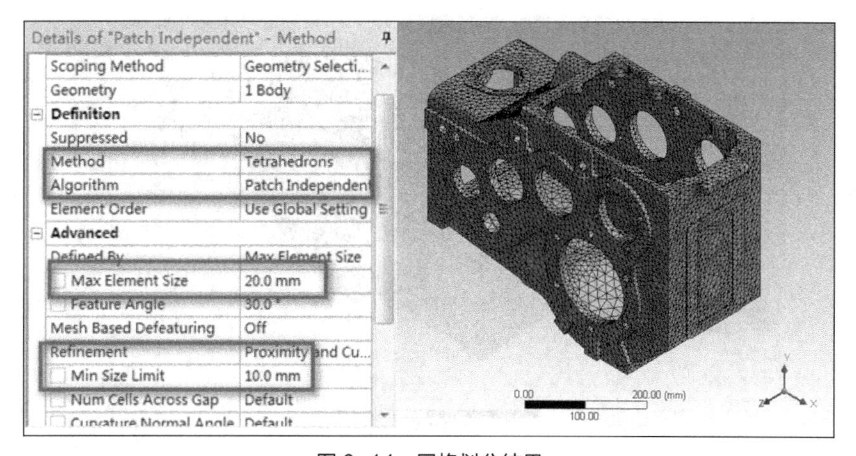


图 8-14 网格划分结果

### 8.3.5 模态求解设置

在 Modal 中单击 Analysis Setting，在弹出的窗口中设置提取前 15 阶模态振型，求解使用默认算法 Program Controlled。

设置输出参数 Total Deformation，提交计算机求解即可。

### 8.3.6 结果后处理

在后处理中查看求解的变速箱的固有频率及振型，如图 8-15 所示，前 6 阶振型为刚体模态，频率大小为 0。从结果可以看出，变速箱属于薄壁结构，其模态非常丰富。

通过柱状图查看某阶模态完整振型，如第 10 阶模态，振型云图如图 8-16 所示。同时用户可以通过播放动画的方式查看该阶模态结果，可以看到第 10 阶模态属于“扭摆”振型。

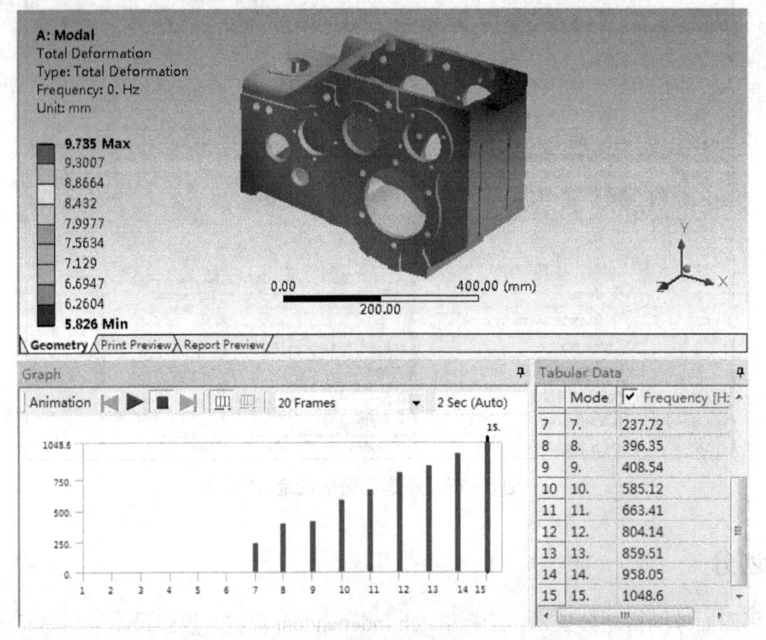


图 8-15 模态振型

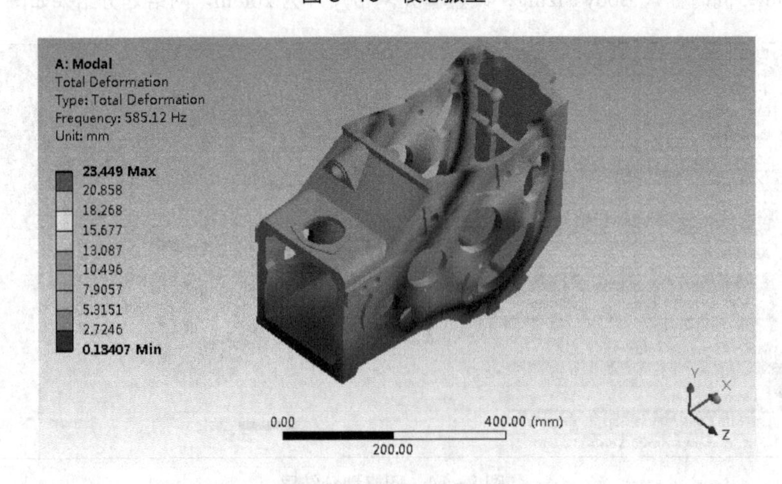


图 8-16 第 10 阶扭摆振型

# 8.4 预应力模态分析实例——方板结构预应力模态分析

预应力模态分析是相对于自由模态而言的，由于边界条件的变化导致结构动态特性发生变化。本例以简单的方板结构为分析实例，介绍如何使用 WB 19.0 软件实现预应力模态的计算和提取，为读者掌握该分析方法提供详细的指导。

## 8.4.1 问题描述

同样的一个系统在不同的应力状态下表现出的动态特性也不一致，最普遍的例子就是琴弦张紧，不同的张紧能够产生不同的音调。针对这类型结构，需要做预应力和无应力的模态分析。以四边固支的矩形薄板为例，薄板长 $L$=150mm，宽 $W$=100mm，厚度 $H$=5mm，薄板材料弹性模量 $E$=2.1e5MPa，$\mu$=0.3，$\rho$=7.93e3kg/m$^3$，薄板表面加载 5MPa 大小的均布压力，计算薄板的固有频率和振型。

## 8.4.2 几何建模

进入 WB 中建立分析项目，首先建立静力学分析（Structure Steel）项目，然后单击 Solution，鼠标右键选择 Modal 链接产生模态分析项目，完成最终的分析项目，如图 8-17 所示。

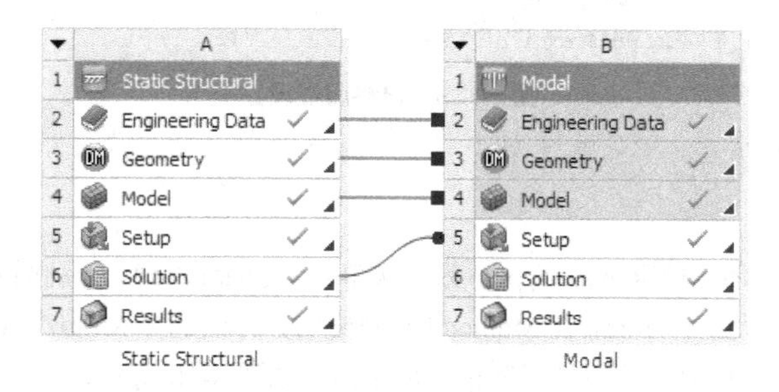


图 8-17　建立预应力分析项目

由于实例模型较简单，所以双击 Geometry 直接在 DM 中建模，主要操作步骤如下。

（1）创建草图并拉伸，获得矩形薄板的实体模型。

（2）薄板抽取中面，使用壳单元进行分析，最终几何模型如图 8-18 所示。

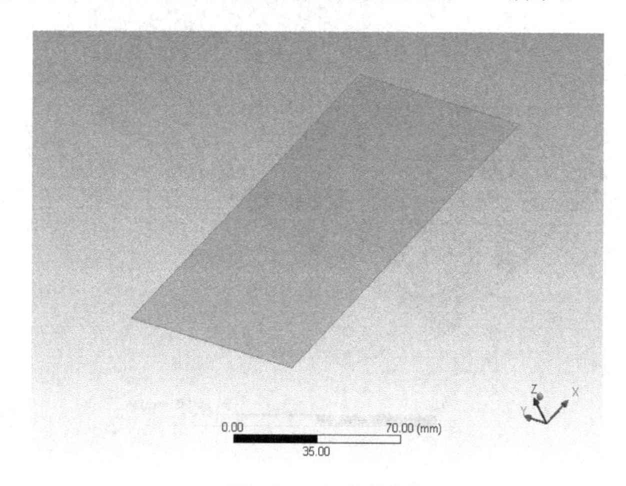


图 8-18　几何模型

### 8.4.3 材料属性设置

双击 Engineering Data 进入材料属性编辑窗口，单击 Structure Steel 材料，根据提供的数据在弹出的列表框中直接修改对应的杨氏模量和密度，完成后的结果如图 8-19 所示。

Properties of Outline Row 3: Structural Steel

| | A | B | C | D | E |
|---|---|---|---|---|---|
| 1 | Property | Value | Unit | | |
| 3 | Density | 7.93E-09 | tonne mm^-3 | | |
| 4 | Isotropic Secant Coefficient of Thermal Expansion | | | | |
| 5 | Coefficient of Thermal Expansion | 1.2E-05 | C^-1 | | |
| 6 | Isotropic Elasticity | | | | |
| 7 | Derive from | Young's Modulus a... | | | |
| 8 | Young's Modulus | 2.1E+05 | MPa | | |
| 9 | Poisson's Ratio | 0.3 | | | |
| 10 | Bulk Modulus | 1.75E+11 | Pa | | |
| 11 | Shear Modulus | 8.0769E+10 | Pa | | |
| 12 | Alternating Stress Mean Stress | Tabular | | | |
| 16 | Strain-Life Parameters | | | | |
| 24 | Tensile Yield Strength | 2.5E+08 | Pa | | |

图 8-19 材料属性设置

### 8.4.4 网格划分

单击 Mesh，设置单元阶次（Element Type）为二次单元（Quadratic）。分别插入 Body Sizing 和 Method，在 Body Sizing 中设置单元大小为 4mm；在 Method 中，网格划分方法选择 MultiZone Quad/Tri，Free Face Mesh Type 选择 All Quad，设置完成之后生成单元网格，最终结果如图 8-20 所示。

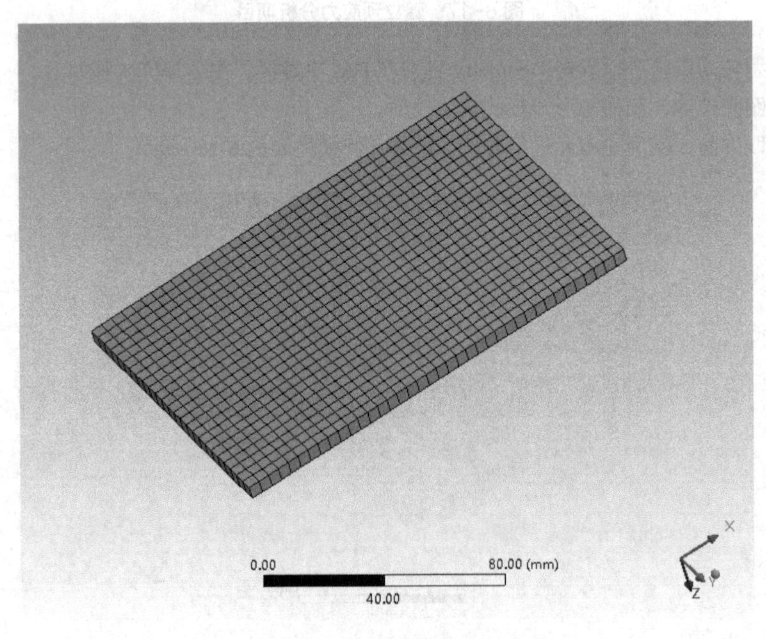


图 8-20 网格划分结果

## 8.4.5 载荷及约束设置

在 Model 中可以看到两个分析项目，分别是 Static Structure 和 Modal，首先在 Static Structure 中施加载荷及边界，然后设置模态分析选项。

（1）选择 Static Structure，单击 Loads→Pressure，在矩形板表面施加 5MPa 的压力，然后单击 Supports→Fixed Support，选择矩形板四条边线并固定，完成载荷及边界约束的加载，如图 8-21 所示。

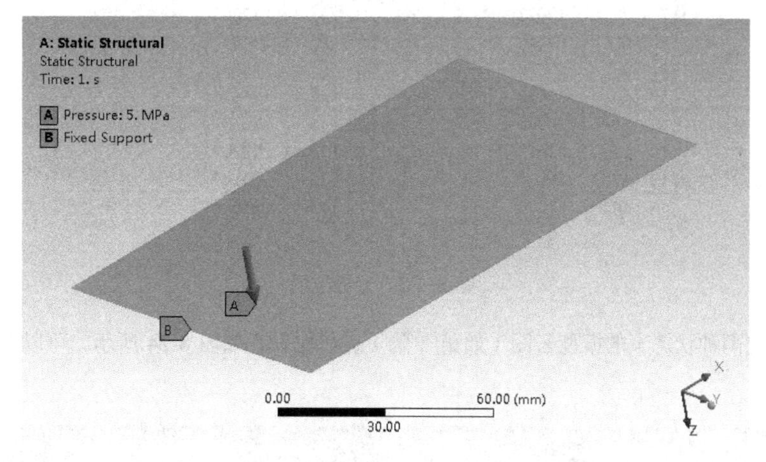


图 8-21 薄板载荷及边界施加

（2）选择 Modal 分析，然后在分析设置中提取前 14 阶预应力模态结果，其他求解设置默认即可。

## 8.4.6 模型求解

模型的求解设置包括两部分，分别是静力学分析部分和模态分析部分。在 Structure Steel 的分析结果中插入 Total Deformation 和 Equivalent Stress，然后进入 Modal 分析项目，在结果中插入 Total Deformation 输出项，完成之后依次提交计算机求解 Static Structure 和 Modal 两个分析项目。

## 8.4.7 结果后处理

计算完成之后提取预应力模态分析结果，并与无载荷加载（添加模态分析项目，如图 8-22 所示）情况下的自由振动情况的结果对比，如图 8-23 所示，可以看到系统在受到外部载荷作用下的模态频率比自由状态更大，同时可以看到，系统在受到外部约束的情况下，其自由振动模态频率前 6 阶数值并不为 0，说明刚性模态被抑制。

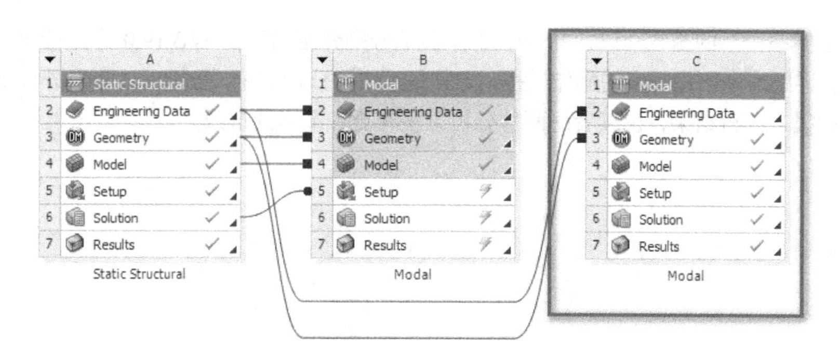


图 8-22 自由状态的四边固支薄板模态分析

Tabular Data

| | Mode | Frequency [Hz] |
|---|---|---|
| 1 | 1. | 3281.3 |
| 2 | 2. | 5031.6 |
| 3 | 3. | 7875.5 |
| 4 | 4. | 7945.6 |
| 5 | 5. | 9446.5 |
| 6 | 6. | 11884 |
| 7 | 7. | 12097 |
| 8 | 8. | 14557 |
| 9 | 9. | 15776 |
| 10 | 10. | 16018 |
| 11 | 11. | 16732 |
| 12 | 12. | 18473 |
| 13 | 13. | 20393 |
| 14 | 14. | 21896 |

（a）预应力模态

Tabular Data

| | Mode | Frequency [Hz] |
|---|---|---|
| 1 | 1. | 3274.2 |
| 2 | 2. | 5015.4 |
| 3 | 3. | 7838.6 |
| 4 | 4. | 7904.7 |
| 5 | 5. | 9391.6 |
| 6 | 6. | 11794 |
| 7 | 7. | 12005 |
| 8 | 8. | 14432 |
| 9 | 9. | 15621 |
| 10 | 10. | 15866 |
| 11 | 11. | 16557 |
| 12 | 12. | 18269 |
| 13 | 13. | 20140 |
| 14 | 14. | 21610 |

（b）自由模态

图 8-23　分析结果

分别提取系统两种状态下的振型云图（如第 3 阶）进行比较，如图 8-24 所示，可以看出两者振型基本一致。

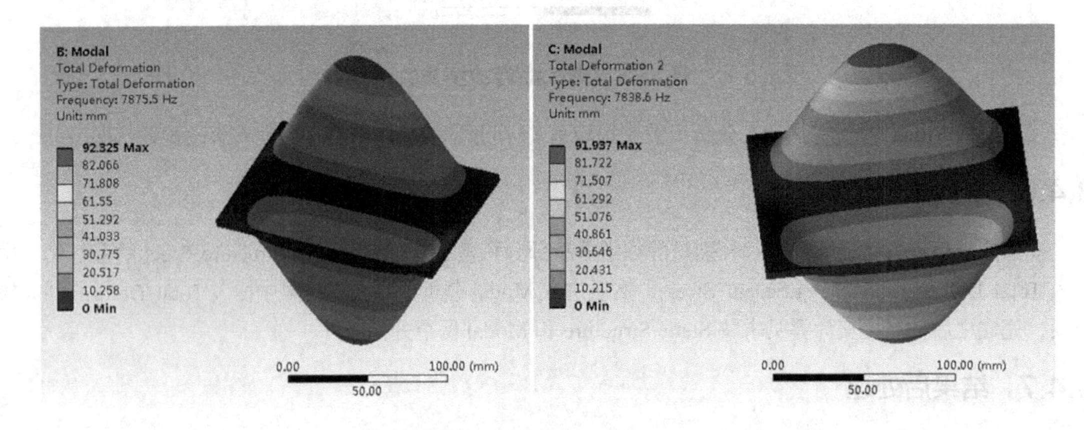


图 8-24　第 3 阶模态振型对比

# 8.5　本章小结

本章介绍了模态分析的基本理论，并基于 3 个实例分别介绍如何在 WB 19.0 中进行自由模态分析和预应力模态分析，详细地介绍每一步的操作过程，尤其是预应力分析部分，分别对比了有外载荷及自由状态下四边固支薄板的模态分析结果，让读者对两种分析方法有更加清晰的认识。

Chapter 09

# 第9章

## 谐响应分析

■ 谐响应分析是分析结构在不同频率的简谐（正弦）载荷作用下的系统动态响应，其目的是确保结构能够经受住不同频率的正弦载荷，并且分析结构的共振响应，以避免共振的发生。

本章将详细介绍谐响应分析的理论和进行谐响应分析的常用方法，并通过两个实例分析，对如何在 WB 19.0 中进行谐响应分析进行深入讲解，希望读者能够通过自身的操作掌握谐响应分析的技巧和方法。

# 9.1 谐响应分析简介

谐响应分析是分析一个结构在简谐载荷作用下的结构响应技术。与模态分析有所不同，模态分析是分析结构固有的动态特性，只有质量、弹性模量、泊松比等材料参数对结构有影响，而与结构所受的外部载荷并不相关；但是谐响应分析则不然，它关注结构在外部载荷作用下的动态响应，是与结构所受的外部载荷相关的。

谐响应分析主要用于设计旋转机械设备的支座、固定装置以及受到涡流影响的结构，比如涡轮叶片、飞机机翼等。

在进行分析时，谐响应分析需要用户输入已知大小和频率的简谐载荷，该载荷可以是力、压力、位移等；输出的结果是响应对频率的曲线。谐响应分析只计算结构的稳态受迫振动，而不考虑发生在激励开始时的瞬态振动。

在第 8 章已经知道结构的通用运动方程如式（9-1）所示：

$$[M]\ddot{x}+[C]\dot{x}+[K]x=F \tag{9-1}$$

根据谐响应分析的概念，有如下方程：

$$F=\{F_{Max}e^{i\varphi}\}e^{i\omega t}=(\{F_1\}+i\{F_2\})e^{i\omega t} \tag{9-2}$$

$$u=\{u_{Max}e^{i\varphi}\}e^{i\omega t}=(\{u_1\}+i\{u_2\})e^{i\omega t} \tag{9-3}$$

由此可以得到谐响应分析的运动方程，如式（9-4）所示：

$$(-\omega^2[M]+i\omega[C]+[K])(\{u_1\}+i\{u_2\})=(\{F_1\}+i\{F_2\}) \tag{9-4}$$

其中，$F_{Max}$ 为载荷幅值，$u_{Max}$ 为位移幅值，$F_1$、$F_2$ 和 $u_1$、$u_2$ 分别为载荷及位移的实部和虚部，$\varphi$ 为载荷函数相位角。

谐响应分析是一种线性分析，对于系统结构的非线性特性，在计算中将被自动忽略。与模态分析一样，谐响应分析也包含预应力的情形。

在 WB 19.0 中进行谐响应分析需要单独创建谐响应分析项目，如图 9-1 所示。

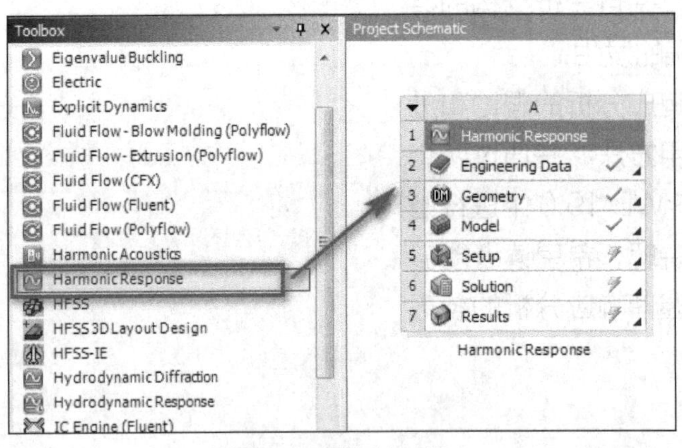


图 9-1　创建分析项目

# 9.2 谐响应分析求解方法

谐响应分析通常有三种求解方法，分别为完整法（Full）、缩减矩阵法（Reduced）以及模态叠加法（Mode Superposition），这 3 种方法有各自的特点和优势，在使用中可以依据不同的分析工况来选择，在 WB 19.0

中主要采用完整法和模态叠加法进行计算，下面针对两种方法逐一介绍。

### 9.2.1 完整法

完整法是最基本的求解方法，它采用完整的系统矩阵计算谐响应，矩阵可以是对称的，也可以是非对称的。使用完整法求解最为简单，不需要为了求解选择模态和主自由度，但是完整法求解效率较低，并且无法处理存在预应力的问题。

### 9.2.2 模态叠加法

模态叠加法需要计算结构的模态，然后通过各阶模态振型乘以对应的权重因子求和来计算结构的动态响应。

使用模态叠加法计算有以下优点：

（1）计算求解最快；

（2）能够处理存在预应力情况的问题；

（3）允许考虑模态阻尼。

使用该方法的缺点如下：

（1）分析过程相比其他两种方法较为复杂；

（2）不允许使用非对称矩阵。

## 9.3 谐响应分析实例——支撑面板谐响应分析

支撑面板常作为电机、机柜等设备的承载结构，其上附带运动的设备通常伴随振动激励的输入，如果激励频率与支撑结构固有频率一致，会对支撑结构产生一定的强度和疲劳破坏，本例通过简单的支撑架实例讲解，介绍类似结构的谐响应分析方法，从而避免设计隐患，保证结构的稳定性。

### 9.3.1 问题描述

图 9-2 所示为矩形支撑架，架体有四个支撑脚，在架体支撑面某一位置持续有竖直方向简谐激励作用，幅值大小为 100N。现需要通过分析保证在外载荷作用下，支架的整体强度满足要求，并且找到架体与激励力之间的共振峰值，进而从设计上避开共振区域。

架体材质使用钢材，与 WB 19.0 中的 Structure Steel 默认一致。

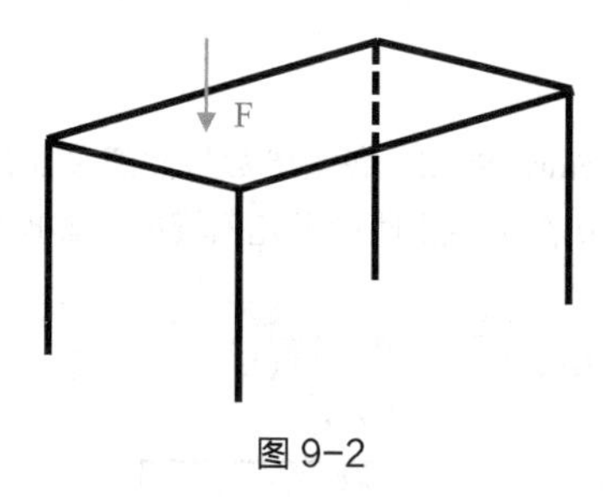


图 9-2

### 9.3.2 几何建模

从外部导入几何模型，由于在后续步骤中需要施加谐波载荷，所以需要在激励位置处截取出载荷施加面。

（1）选中导入的几何体，然后进入菜单栏，选择 Tools→Unfreeze 进行激活。

（2）在支撑面绘制草图，绘制结果如图 9-3 所示。

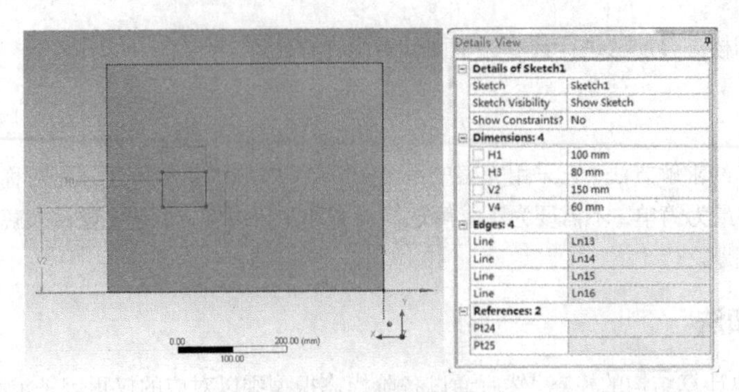


图 9-3　激励面草图

（3）烙印载荷面。完成草图绘制之后选择 Extrude 进行拉伸操作，在弹出的对话框中设置 Operation 为 Imprint Faces，最后单击 Generate 生成加载面，如图 9-4 所示。

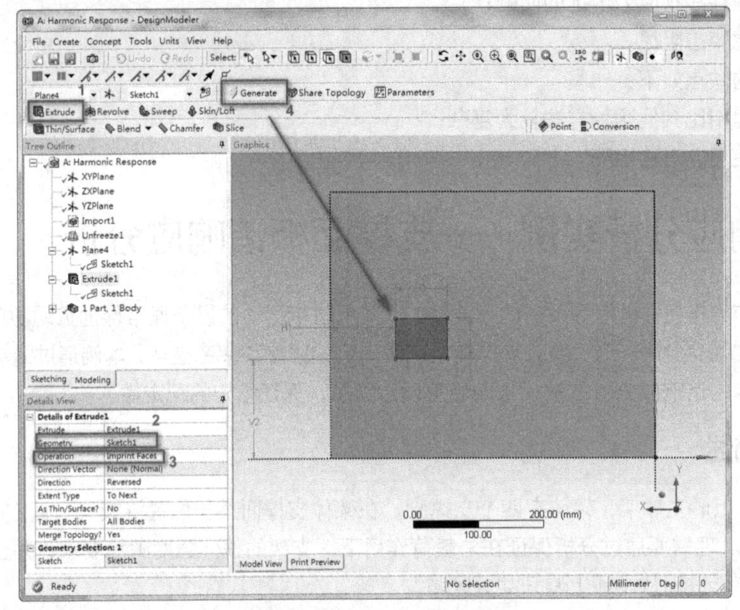


图 9-4　烙印生成载荷面

### 9.3.3　材料属性设置

本例中支撑架结构材质使用 Structure Steel，各项参数按照图 9-5 所示默认即可，完成之后进入 Model 模块，在 Geometry 下通过 Assignment 将材料属性赋予几何模型，实现材料的设定。

| | A | B | C | D | E |
|---|---|---|---|---|---|
| 1 | Property | Value | Unit | | |
| 2 | Material Field Variables | Table | | | |
| 3 | Density | 7850 | kg m^-3 | | |
| 4 | Isotropic Elasticity | | | | |
| 5 | Derive from | Young's Modulus ... | | | |
| 6 | Young's Modulus | 2E+11 | Pa | | |
| 7 | Poisson's Ratio | 0.3 | | | |
| 8 | Bulk Modulus | 1.6667E+11 | Pa | | |
| 9 | Shear Modulus | 7.6923E+10 | Pa | | |

图 9-5　材料属性

## 9.3.4 网格划分

网格划分采用六面体主体技术，在详细设置窗口中设置 Free Face Mesh Type 为 Quad/Tri，网格大小设置为 10mm，网格划分结果如图 9-6 所示。

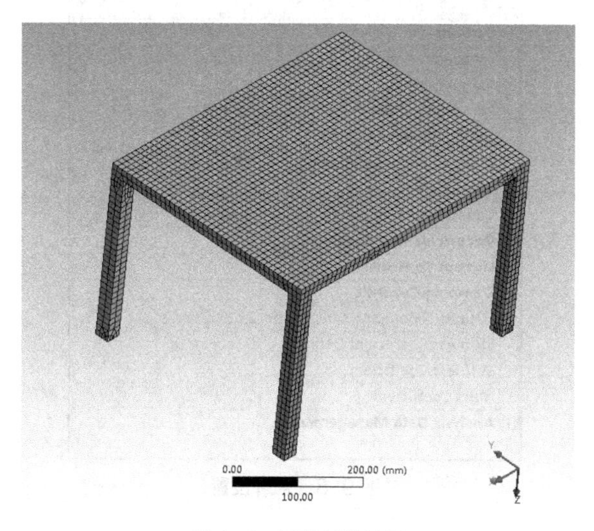


图 9-6　网格划分结果

## 9.3.5 边界及谐波载荷设置

因为架体结构底部固定，所以采用 Fixed Support 对其固支。添加激励载荷，定义方式 Define By 选择 Component，在+z 方向输入 100N，其他值默认即可，最后载荷及边界的加载结果如图 9-7 所示。

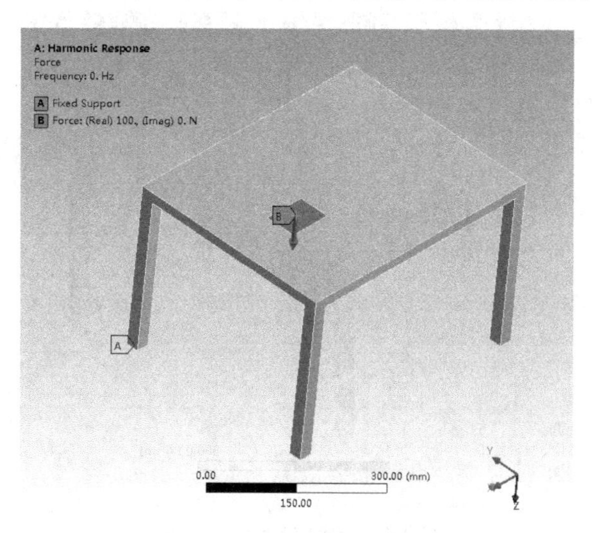


图 9-7　谐波载荷及边界加载结果

## 9.3.6 求解设置

设置谐响应求解方法，进入 Harmonic Response 项选择 Analysis Setting，设置求解方法（Solution Method）为 Full（完整法），分析频率范围为 0～1000Hz，求解间隔数为 100，结构阻尼系数为 0.02，如图 9-8 所示。

其中，求解的步骤计算按照公式 $\Delta\delta = 2\pi\frac{f_{max} - f_{min}}{n}$，$f_{max}$ 和 $f_{min}$ 分别为分析的最大、最小频率，$n$ 为间隔数，本例中频率范围为 0～1000，间隔数为 100，则分析中将求解的每个激励频率分别为 10 Hz、20 Hz……

| Details of "Analysis Settings" | |
|---|---|
| **Options** | |
| Frequency Spacing | Linear |
| Range Minimum | 0. Hz |
| Range Maximum | 1000. Hz |
| Solution Intervals | 100 |
| User Defined Frequencies | Off |
| Solution Method | Full |
| Variational Technology | Program Controlled |
| **Rotordynamics Controls** | |
| **Output Controls** | |
| **Damping Controls** | |
| Structural Damping Coefficient | 2.e-002 rad/s |
| Stiffness Coefficient Define By | Direct Input |
| Stiffness Coefficient | 0. |
| Mass Coefficient | 0. |
| **Analysis Data Management** | |

图 9–8　求解设置

## 9.3.7　模型求解

设置结果输出项，右键单击 Solution，依次选择 Insert→Frequency Response，选择需要输出的结果，本例中分别输出支撑面除载荷面之外的变形、应力以及底座位置的支反力，同时输出图 9-9 所示点的变形，完成之后提交计算机求解。

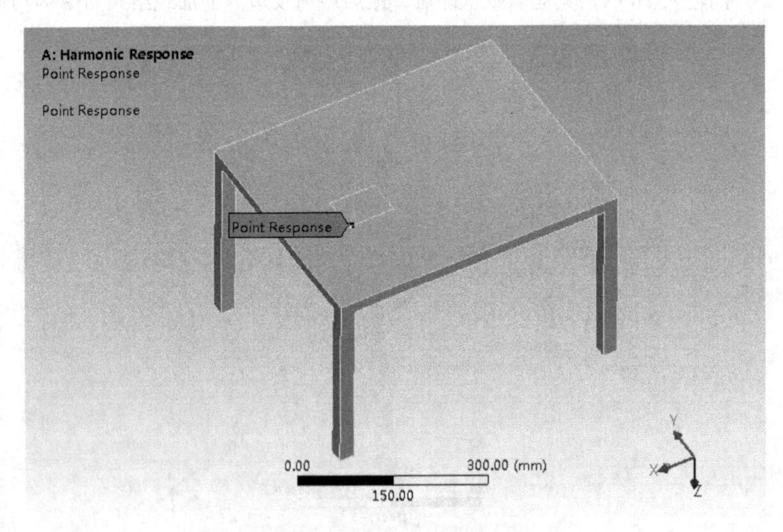


图 9–9　特定位置点的结果输出

## 9.3.8　结果后处理

选择对应的结果输出项，此时将在窗口中弹出支撑表面的变形结果曲线，如图 9-10 所示，可以看到在不同的频率下，变形结果出现不同的波动。

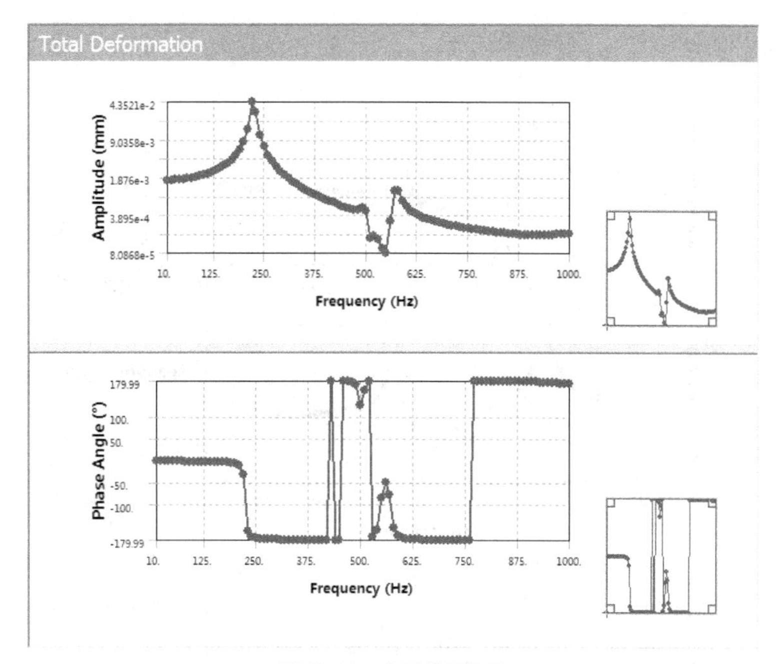


图 9-10　变形结果曲线

为了更详细地查看变形，可插入 Total Deformation，在详细设置窗口中将 By 设置为 Set，在 Set Number 中选择对应的激励频率，可以看到在该状态下的结构变形云图，如图 9-11 所示。

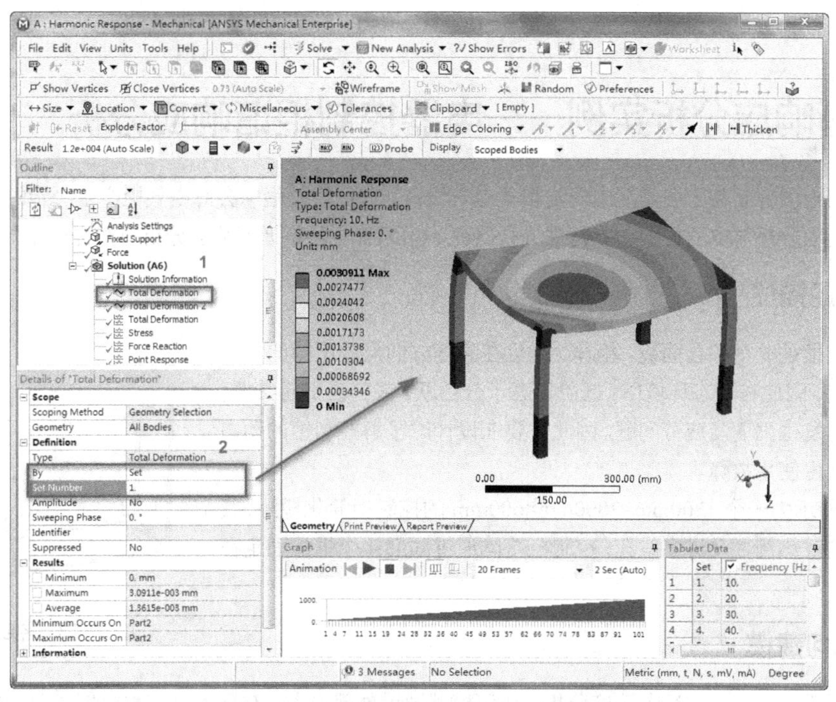


图 9-11　一阶激励状态下的支架变形云图

将分析结果的应力、支反力以及特定位置点的变形结果输出，分别如图 9-12 所示。从图中可以看出，支架在频率为 240Hz 左右激励下所受到的作用力最大，除了 240Hz 频率的作用，在 0～1000Hz 范围内还存在几处峰值，对结构的影响较大，同样需要关注。

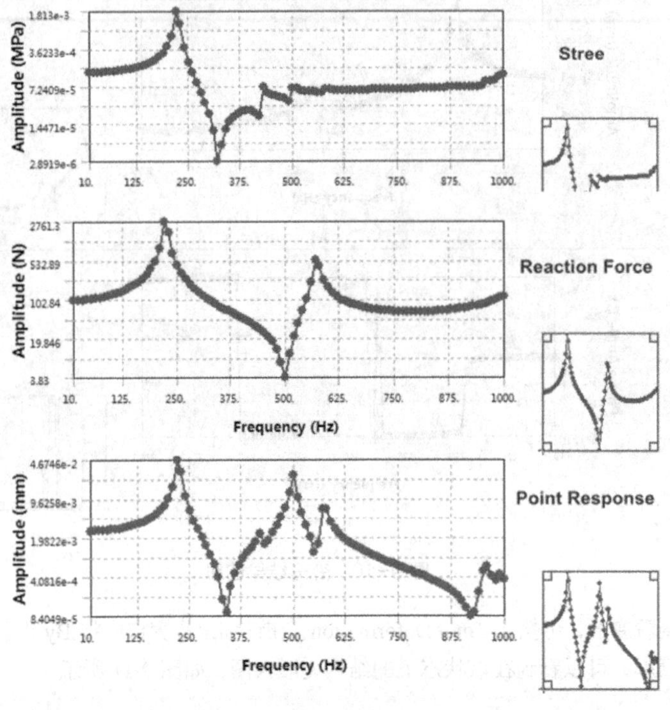


图 9-12　各结果输出曲线

## 9.4　谐响应分析实例——电器控制柜谐响应分析

电气控制柜内部安装了各类继电器及相关电气设备，在运转过程中会对电气柜产生一定的振动激励。本例将通过谐响应分析对电器柜的动态特性进行研究，为读者学习掌握谐响应分析方法提供指导。

### 9.4.1　问题描述

电气控制柜是一个综合面板、柜体，并且在高度方向尺寸比横向尺寸大得多的结构，因此在动态环境中，低阶模态十分活跃，很容易引起共振，从而导致结构发生强度及疲劳问题。因此需要在设计时了解控制柜的动态特性，防止发生使用故障。

图 9-13 所示为一个 1200mm×2000mm×600mm 的控制柜简化模型，其中保留结构的散热栅栏及进出线孔，控制柜箱体通过底部 4 个螺栓固定在设备上。

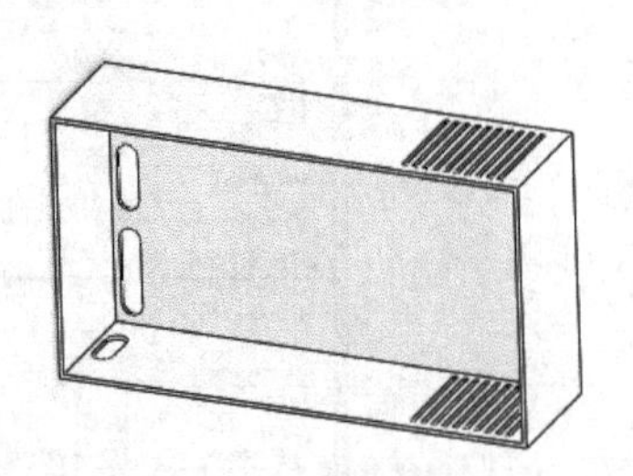

图 9-13　控制柜模型

### 9.4.2　几何建模

本例采用模态叠加法进行谐响应分析，几何模型通过外部导入，在导入之前需要创建分析项目，创建结果如图 9-14 所示，建立模态分析（Modal）并同谐响应分析连接（Harmonic Response），两者分析中的材料数据、几何模型以及模态计算结果共享。

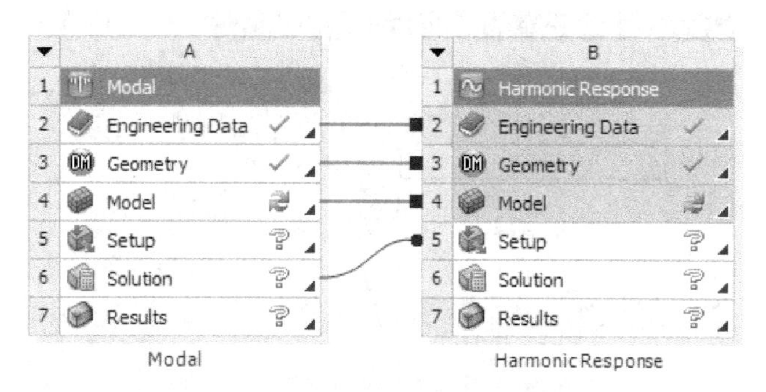


图 9-14　创建分析项目

在控制柜底部利用 Imprint Faces 截取 4 个小圆面用于设置边界约束，按图 9-15 所示绘制草图并通过 Extrude 拉伸，将 Operation 设置为 Imprint Faces，完成之后单击 Generate 即可，最终几何模型如图 9-16 所示。

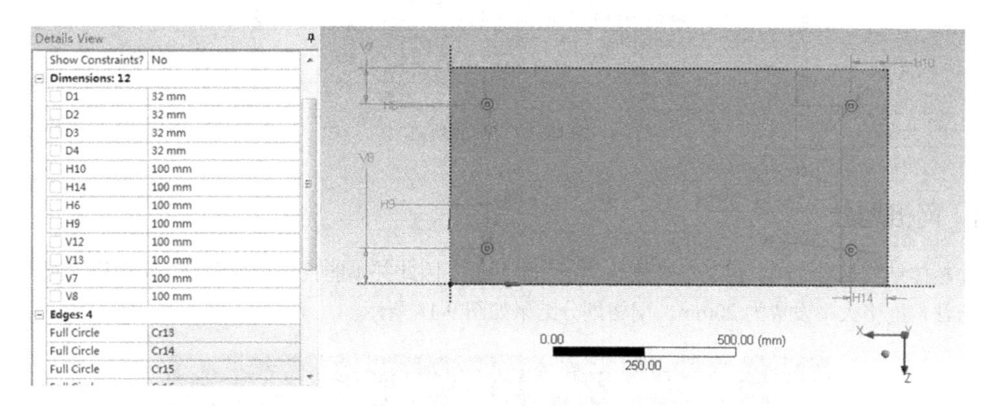


图 9-15　绘制螺栓位置草图

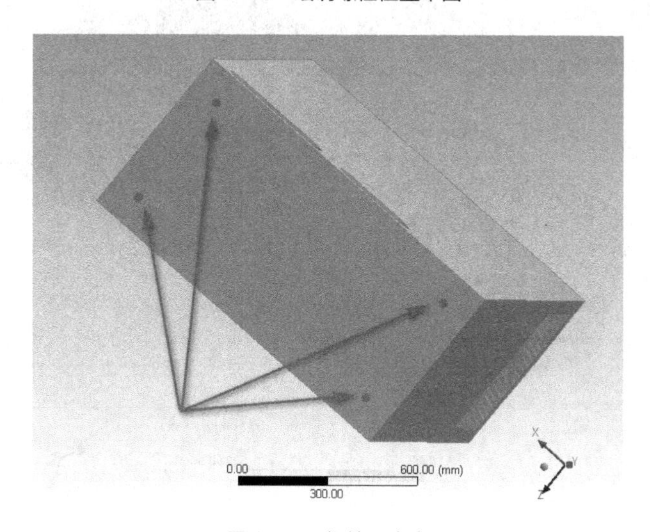


图 9-16　螺栓固定点

## 9.4.3　材料属性设置

设置控制柜的材料属性，从材料库中选用 Q235 作为柜体材料，并在 Model 中选择对应几何体 Part，将 Q235 材料赋予柜体，材料属性值如图 9-17 所示。

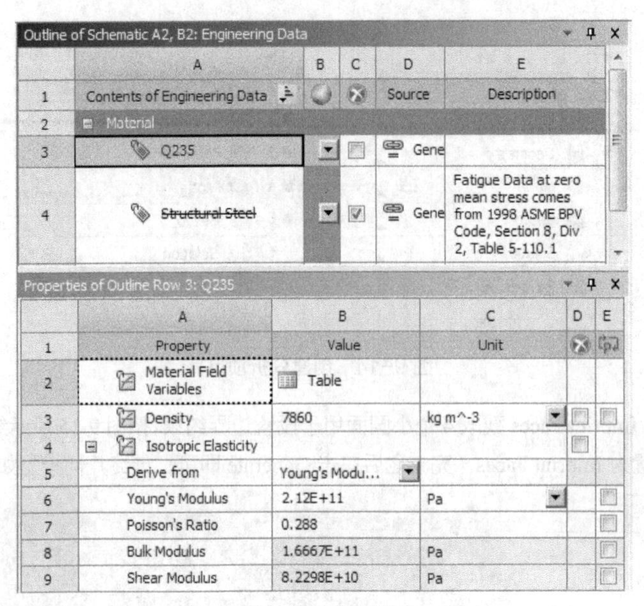

Outline of Schematic A2, B2: Engineering Data

| | A | B | C | D | E |
|---|---|---|---|---|---|
| 1 | Contents of Engineering Data | | | Source | Description |
| 2 | Material | | | | |
| 3 | Q235 | | | Gene | |
| 4 | Structural Steel | | | Gene | Fatigue Data at zero mean stress comes from 1998 ASME BPV Code, Section 8, Div 2, Table 5-110.1 |

Properties of Outline Row 3: Q235

| | A | B | C | D | E |
|---|---|---|---|---|---|
| 1 | Property | Value | Unit | | |
| 2 | Material Field Variables | Table | | | |
| 3 | Density | 7860 | kg m^-3 | | |
| 4 | Isotropic Elasticity | | | | |
| 5 | Derive from | Young's Modu... | | | |
| 6 | Young's Modulus | 2.12E+11 | Pa | | |
| 7 | Poisson's Ratio | 0.288 | | | |
| 8 | Bulk Modulus | 1.6667E+11 | Pa | | |
| 9 | Shear Modulus | 8.2298E+10 | Pa | | |

图 9-17　创建材料

## 9.4.4　网格划分

由于柜体结构相对简单，但又存在栅栏网格和通线孔，因此并不能直接扫掠划分，应采用六面体主体网格划分方法，网格大小设置为 20mm，网格划分结果如图 9-18 所示。

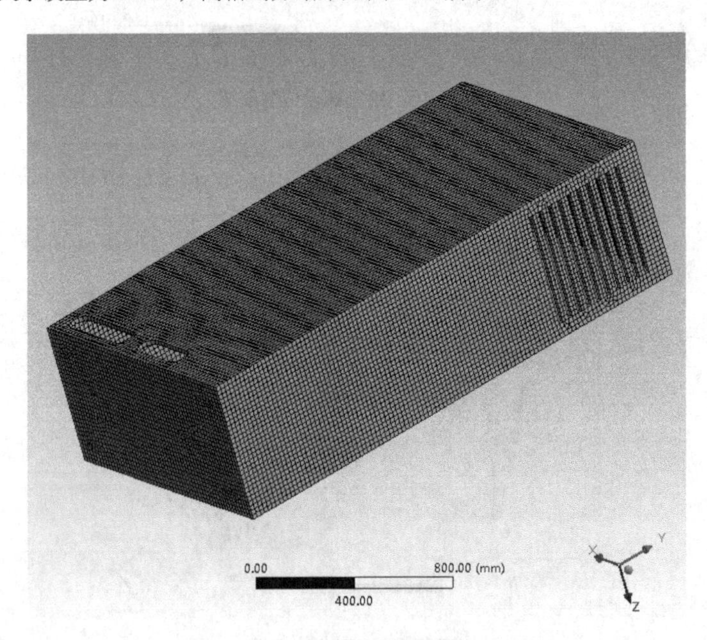


图 9-18　网格划分结果

## 9.4.5　分析设置

分析设置包含两部分，分别为模态分析设置和谐响应分析设置。谐响应分析的设置需要依赖模态分析的结果，故先完成模态分析并求解。

### 1. Modal 分析

进入模态分析设置，选择 Analysis Setting，提取控制柜前 30 阶模态振型；同时在底部螺栓位置处施加固定约束，如图 9-19 所示。

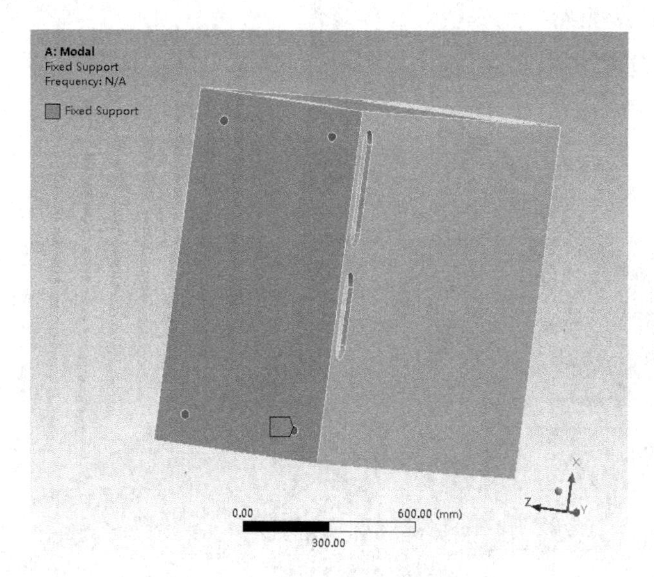


图 9-19　施加底部固定约束

### 2. 模态分析求解

提交求解并完成计算后查看结果，可以看到控制柜前 30 阶频率范围处于 20～300Hz 之间，同时查看各阶振型，可以看到各阶振型云图，以基频振型为例，最大变形位置发生在控制柜右上角区域，如图 9-20 所示。

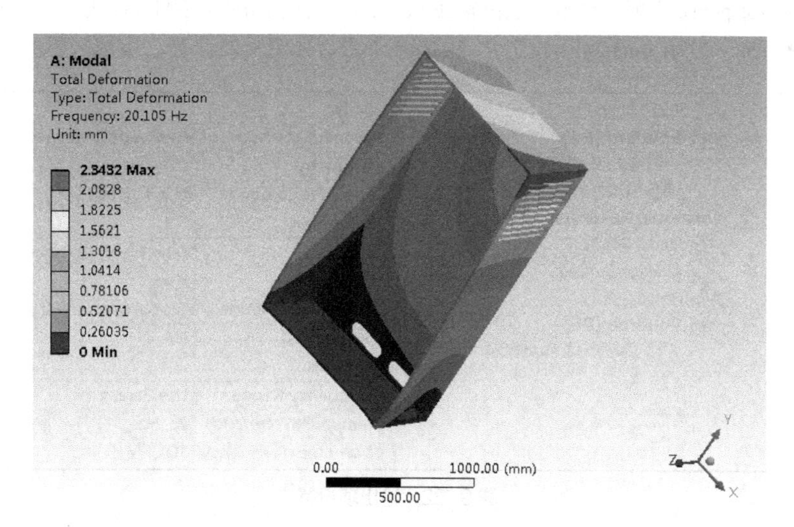


图 9-20　基频振型云图

### 3. Harmonic Response 分析设置

单击 Analysis Setting，设置分析频率范围为 20～100Hz，间隔数为 50，阻尼大小为 0.02，求解方法采用模态叠加法。

根据（2）中最大变形区域，在该区域位置选择一点 P 施加激励，幅值大小为 150N，选择 Define By 设置方式为 Components，在 *y* 分向输入-150N 即可，如图 9-21 所示。

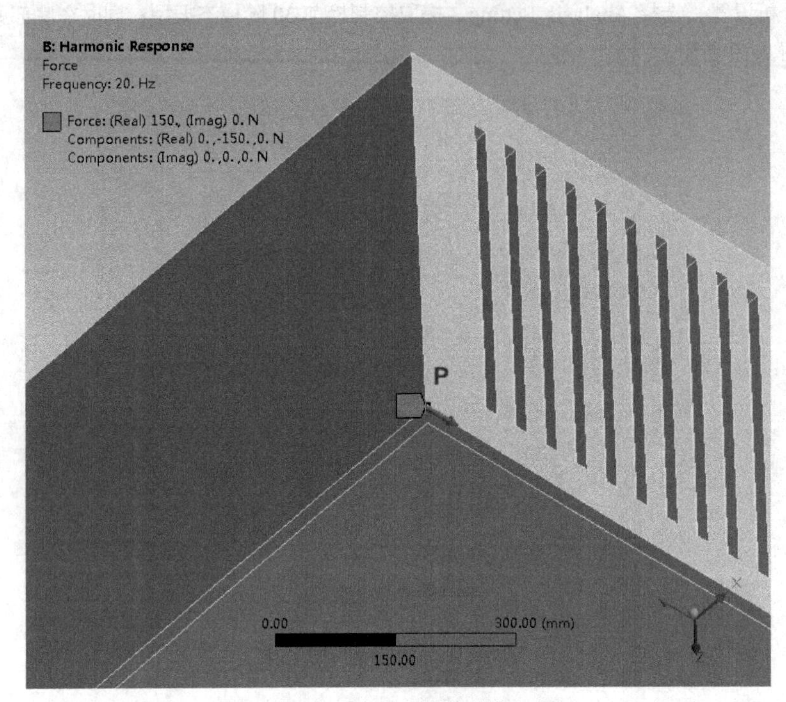


图 9-21　施加激励载荷

## 9.4.6　模型求解

在 Harmonic Response 求解中输出 P 点位置在 *x*、*y*、*z* 三个方向的变形响应曲线，单击鼠标右键，依次选择 Insert→Frequency→Deformation，设定 P 点的输出参数，如图 9-22 所示，完成之后提交计算机求解。

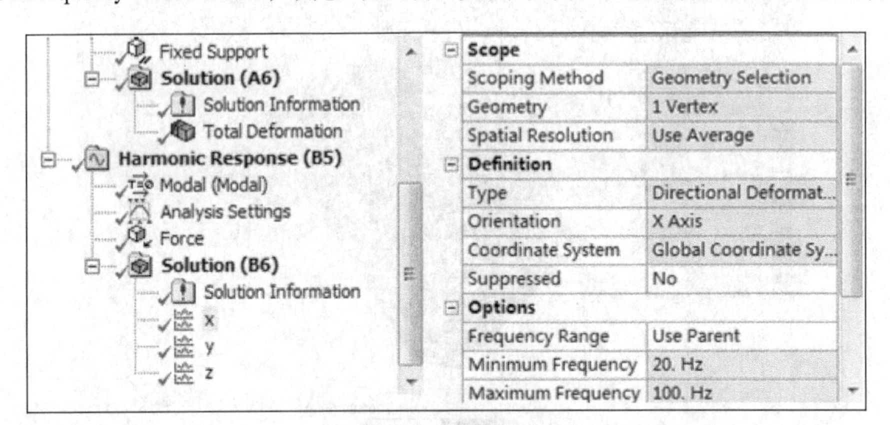


图 9-22　输出项设置

## 9.4.7　结果后处理

查看输出结果，分别单击 *x*、*y*、*z* 三个输出变量，可以得到图 9-23 至图 9-25 所示的响应曲线。从图中曲线可以看到曲线中主要存在 3 个峰值，分别对应频率大小约为 21.6Hz、45Hz、71Hz，在这几处结构变形较大，尤其是在 21.6Hz 及 71Hz 左右激励频率，应重点避免载荷激励作用，以免造成结构的损坏。

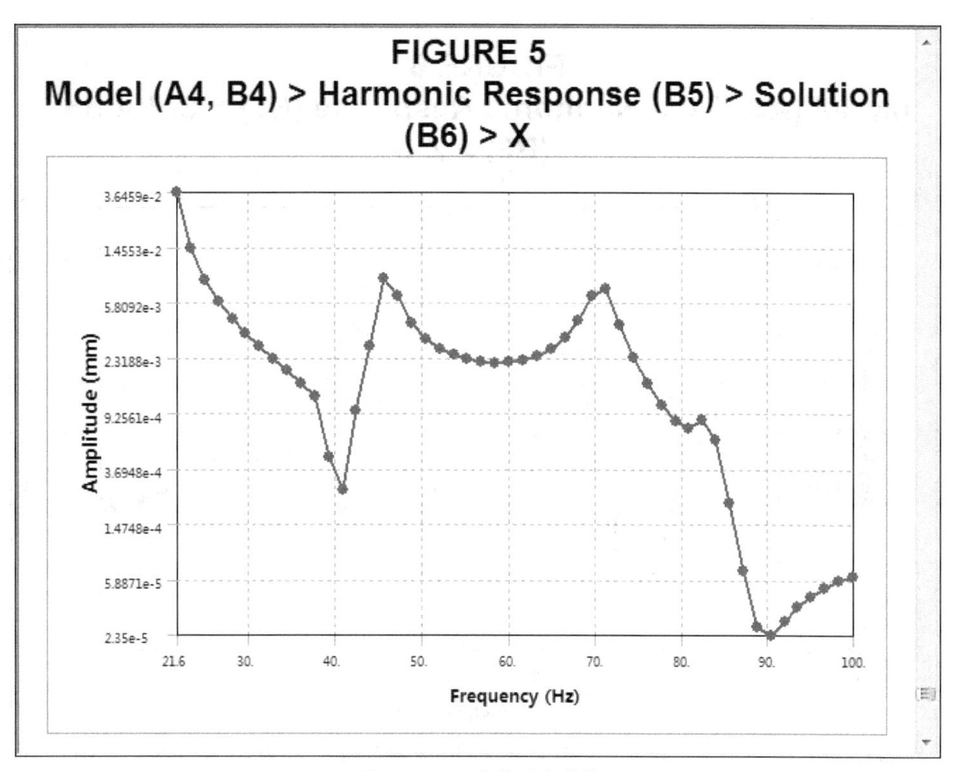


图 9-23　*x* 方向响应曲线

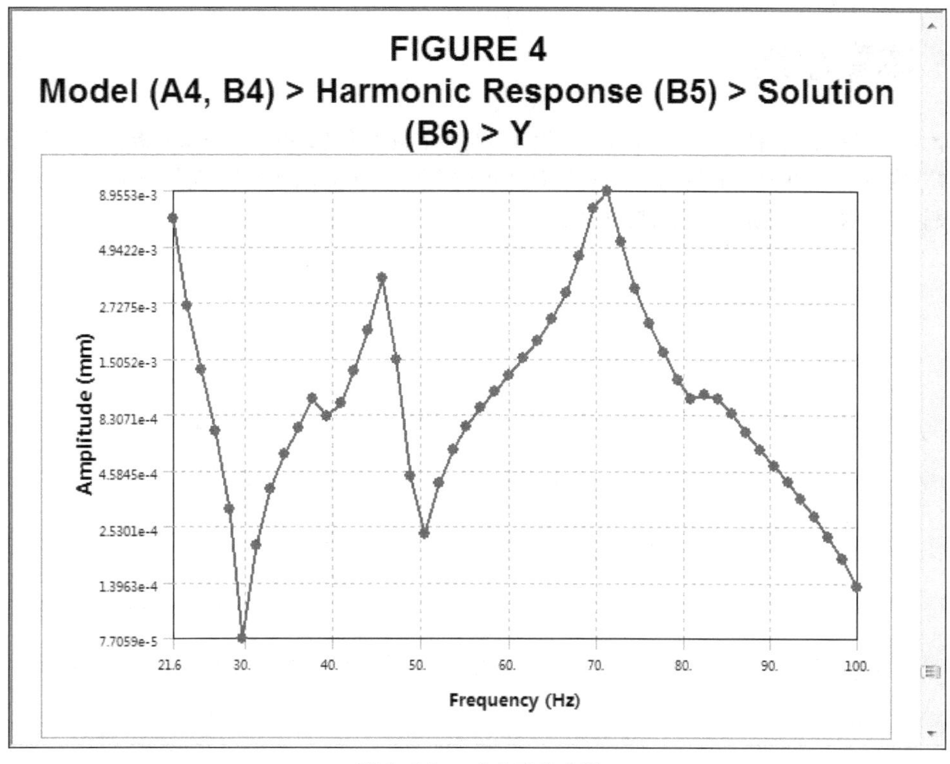


图 9-24　*y* 方向响应曲线

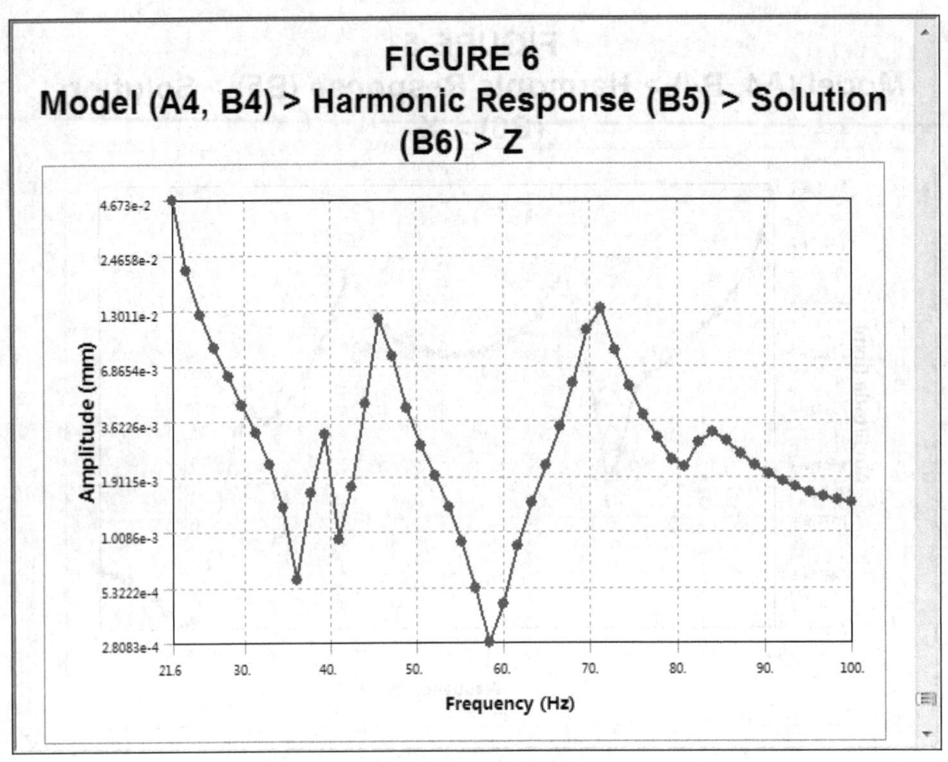


图 9-25　*z* 方向响应曲线

## 9.5　本章小结

本章介绍了谐响应分析的基本理论及其在设计分析中的应用价值，并通过支撑面板和控制柜两个实例，详细介绍了在 WB 19.0 如何利用完整法及模态叠加法进行谐响应求解，给出了完整的项目分析过程和操作方法，使读者能够充分理解和掌握谐响应内容。

Chapter 10

# 第10章

## 瞬态分析

■ 瞬态分析用于分析结构受到随时间变化的外部载荷作用时的动力学响应，使用这种方法可以得出静态、瞬态以及简谐载荷或者它们共同作用下的结构内部随时间变化的位移、应力等结果。

在 WB 19.0 中可以通过 Transient Structure 模块对项目直接进行瞬态分析，本章将对该模块的具体使用方法做详细介绍。

# 10.1 瞬态分析简介

瞬态分析是研究结构在任意随时间变化的载荷作用下系统的动态响应特性，与静态分析不同，瞬态分析主要考虑随时间变化的载荷、阻尼及惯性的影响，在 WB 19.0 中允许在瞬态分析中包含各类非线性如大变形、接触、塑性等内容。瞬态动力学运动方程如式（10-1）所示：

$$[M]\ddot{x}+[C]\dot{x}+[K]x=F(t) \tag{10-1}$$

其中$[M]$、$[C]$、$[K]$分别为质量矩阵、阻尼矩阵和刚度矩阵，$\ddot{x}$、$\dot{x}$、$x$分别表示加速度、速度及位移响应向量，$F(t)$代表变载荷向量。

对于任意给定的时间$t$，式（10-1）可认为是一系列静态的方程同时考虑了惯性力$[M]\ddot{x}$和阻尼力$[C]\dot{x}$。在 WB 19.0 中有两种方法求解这些时间点的等式，分别为直接法（Direct）和迭代法（Iterative）。

## 10.1.1 直接法

直接法求解使用稀疏法直接求解方程组，寻找方程组的精确解，该方法相对比较简单，能够保证有解，但是求解效率较低，耗时较多，占用的磁盘空间也较大，通常不太适合求解复杂的大模型。

## 10.1.2 迭代法

迭代法是指基于方程组初始条件采用 PCG 求解器进行迭代计算寻求方程组的收敛解，相比于直接法，迭代法对磁盘的 I/O 需求更低，占用内存较少，特别适合网格划分良好的大型实体单元模型。

一般在 WB 19.0 中进行瞬态分析时，使用软件默认的 Program Controlled 即可，它能够保证分析模型选用最佳的方法求解。

在 WB 19.0 中进行瞬态分析需要创建瞬态分析项目 Transient Structure，如图 10-1 所示，然后根据瞬态分析步的流场逐项进行分析。

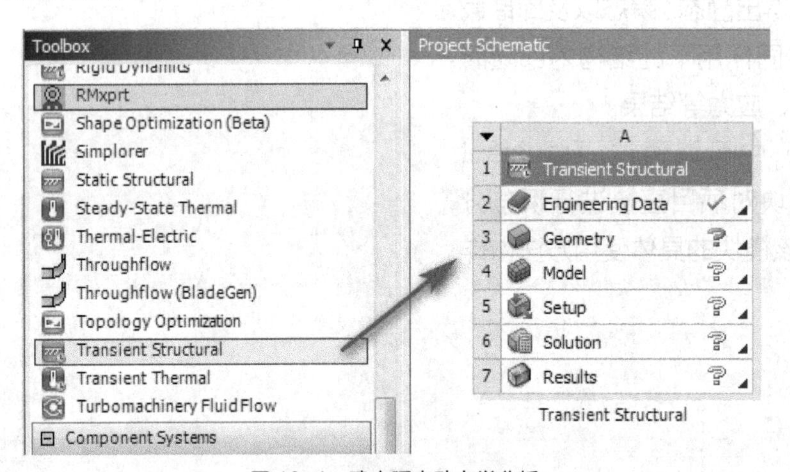


图 10-1 建立瞬态动力学分析

# 10.2 瞬态分析实例——某回转结构瞬态分析

本例以回转臂为研究对象，详细介绍在 WB 19.0 中进行瞬态分析的设置方法和过程，为读者学习掌握瞬态分析模块功能提供指导。

## 10.2.1 问题描述

图 10-2 所示为某一回转结构，通过转动副与机架相连并绕着机架转动，构件两端中心位置长度 $L$=100mm，截面大小为 8mm×6mm，初始角度为 60°，构件以角加速度 3.5rad/s$^2$ 绕机架转动，分析该构件在转动过程中的动力响应。

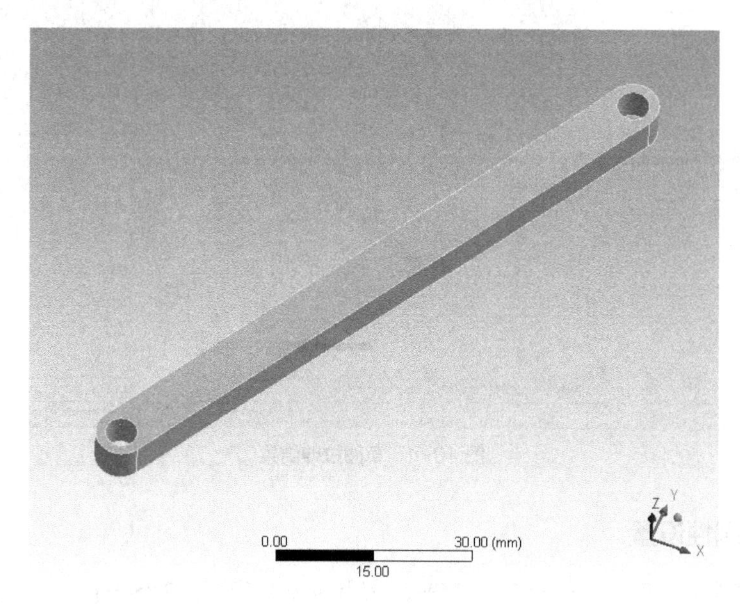


图 10-2 回转构件

## 10.2.2 几何建模

实例模型相对简单，因此直接在 DM 中建模。

（1）绘制模型草图，将模型草图向水平方向倾斜，成 60° 夹角，如图 10-3 所示。

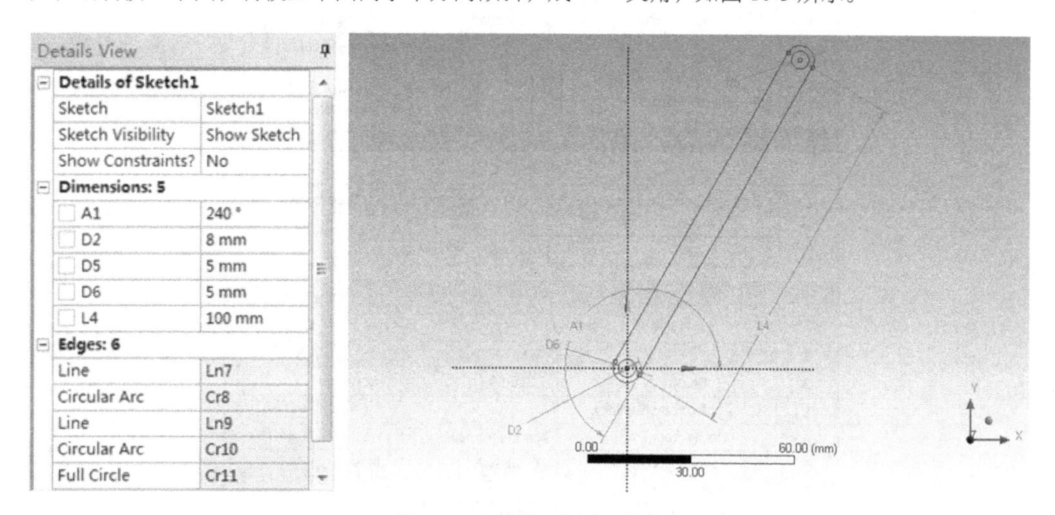


图 10-3 绘制几何模型草图

（2）拉伸草图，选择工具栏中的 Extrude，设置深度为 6mm，生成构件实体，如图 10-4 所示。

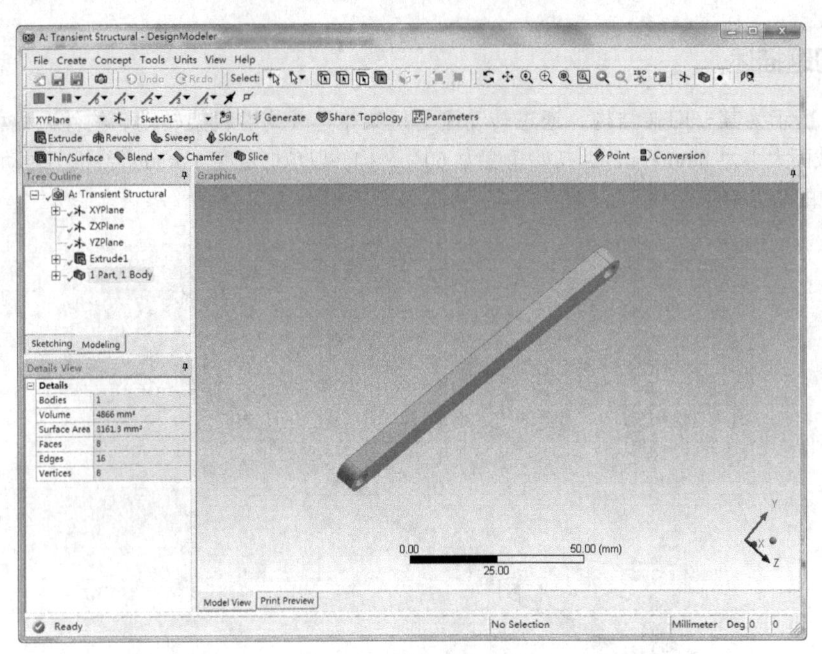


图 10-4　草图拉伸结果

## 10.2.3　材料属性设置

构件的材料属性值如下：弹性模量 $E$=2e5MPa，泊松比 $\mu$=0.3，密度 $\rho$=7.85e3kg/m$^3$。双击 Engineering Data 进入材料编辑界面，在 General Material 中新建材料 ST，依据上述材料属性参数建立新材料并添加至当前项目中，如图 10-5 所示。

双击进入 Model 界面，选中 Geometry 下的 Part，将新建的 ST 材料赋予构件，完成分析模型材料的设定。

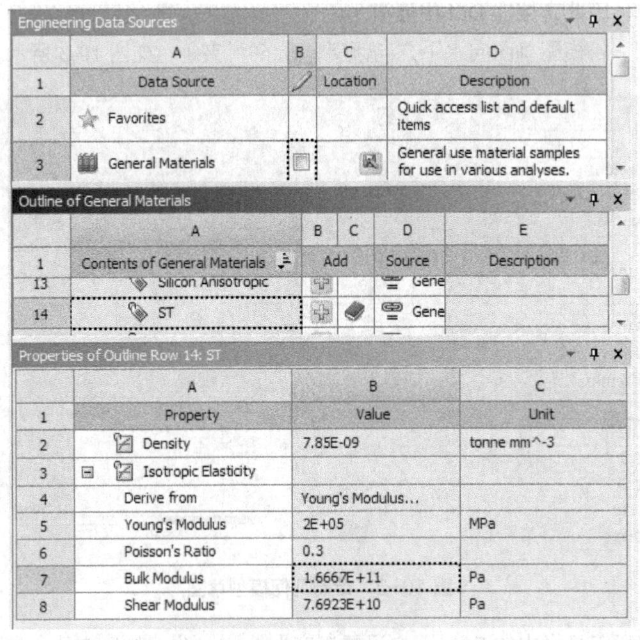


图 10-5　新建材料

### 10.2.4 网格划分

几何模型非常规则，满足扫掠划分标准，在 Mesh 中插入 Method，选择 Sweep 进行网格划分，同时插入 Body Sizing，设置单元大小为 2mm，划分结果如图 10-6 所示。

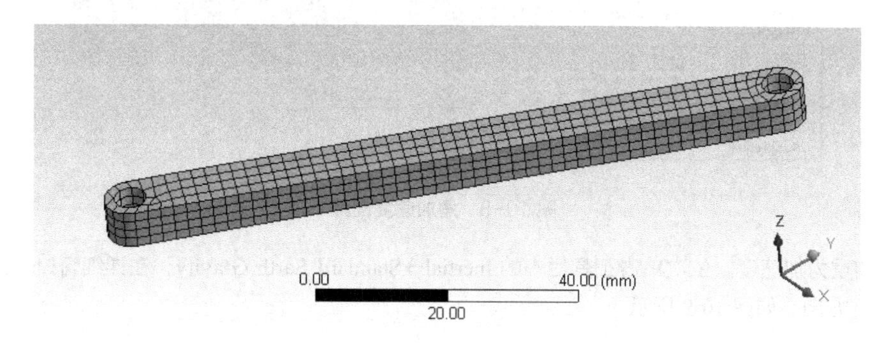


图 10-6 网格划分结果

### 10.2.5 载荷及约束设置

载荷及边界设置需要完成转动副的定义和转动角加速度的施加，具体设置如下。

（1）创建接触项。右键单击 Model，选择 Insert 插入 Connections。

（2）建立转动副。单击 Connections，然后进入工具栏依次选择 Body-Ground→Cylindrical，在弹出的详细窗口中选择 Scope，单击转动位置点内表面，然后单击 Apply 确认，如图 10-7 所示，其他设置默认即可，完成构件对地面的转动副创建。

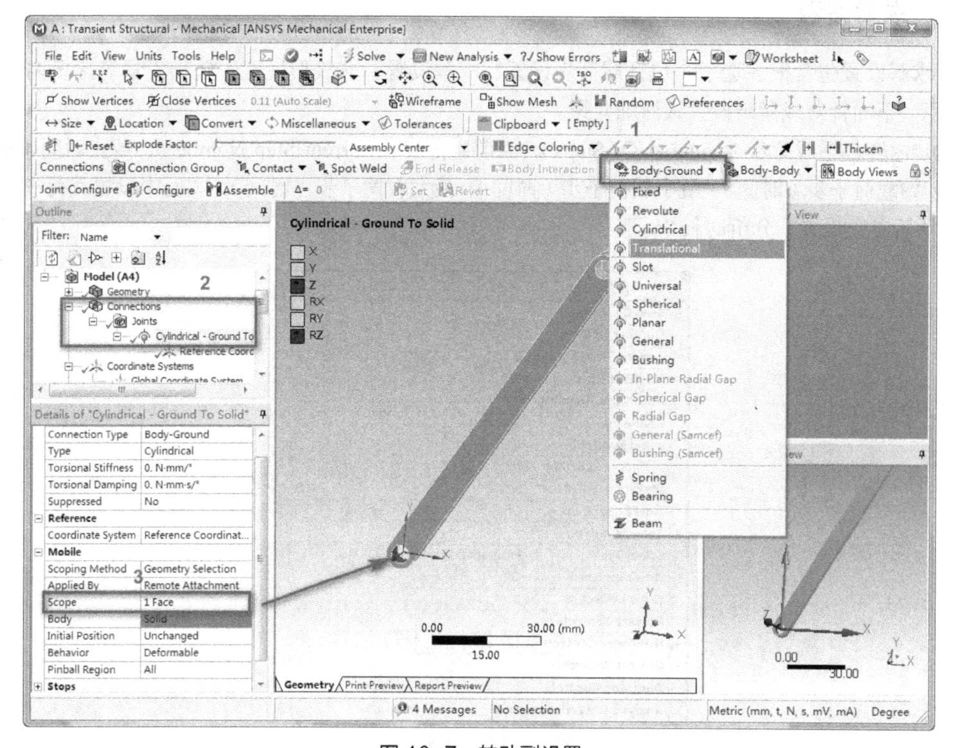


图 10-7 转动副设置

（3）添加角加速度。单击 Transient，然后依次选择工具栏中的 Loads→Joint Load，在弹出的详细窗口中按照图 10-8 所示设置。

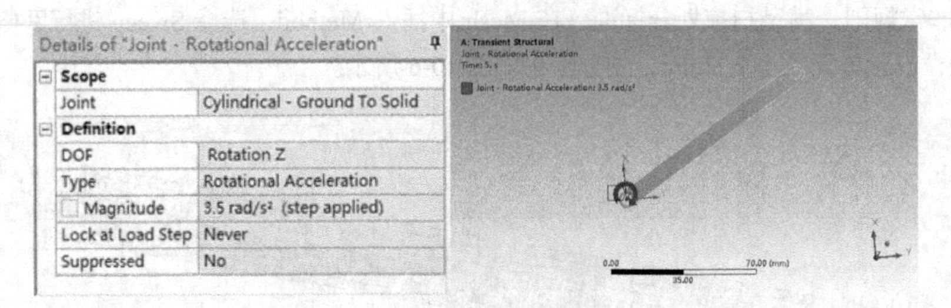


图 10-8　角加速度设置

（4）添加重力加速度。依次单击工具栏中的 Inertial→Standard Earth Gravity，在详细窗口中设置重力加速度方向为−*y* 方向，如图 10-9 所示。

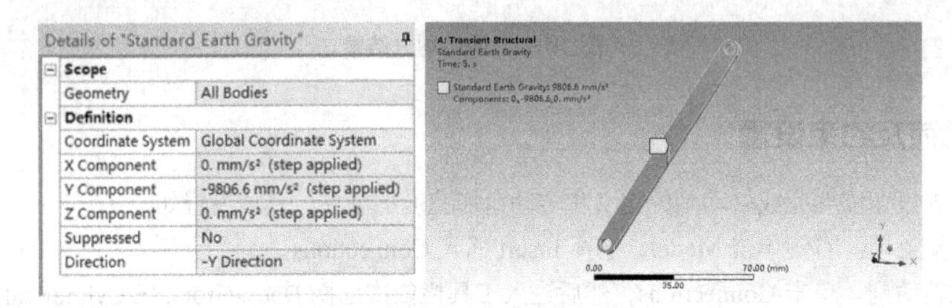


图 10-9　设置重力加速度

## 10.2.6　求解设置

模型求解设置包含很多选项，包括载荷步设置、求解设置、非线形设置、输出设置等诸多内容，如图 10-10 所示。下面针对载荷步设置做详细介绍。

载荷步内容包括载荷步（Number Of Steps）、当前载荷步（Current Step Number）、截止时间（Step End Time）、初始载荷子步（时间）、最小载荷子步（时间）、最大载荷子步（时间），本例中设置载荷子步，按照图 10-10 所示参数设置，分析时长 3s。

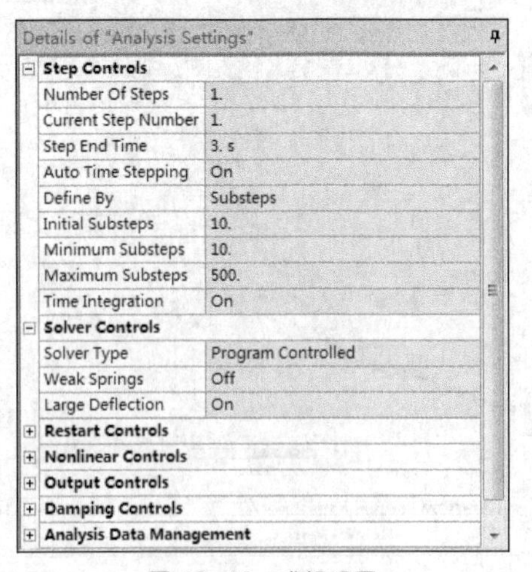


图 10-10　求解设置

完成求解设置后在 Solution 中插入结果输出项，分别为 Total Deformation 和 Equivalent（von-Mises），完成后单击 Solve 提交计算机求解。

## 10.2.7 结果后处理

单击输出结果，可以得到构件的变形及应力云图，分别如图 10-11 所示。然后绘制在整个过程中构件的最大变形曲线，如图 10-12 所示，可以看到变形位移呈现波动周期变化，而应力大小随曲线变化，如图 10-13 所示，在初始位置，应力大小出现波动，随着运动的发展逐渐趋于稳定。

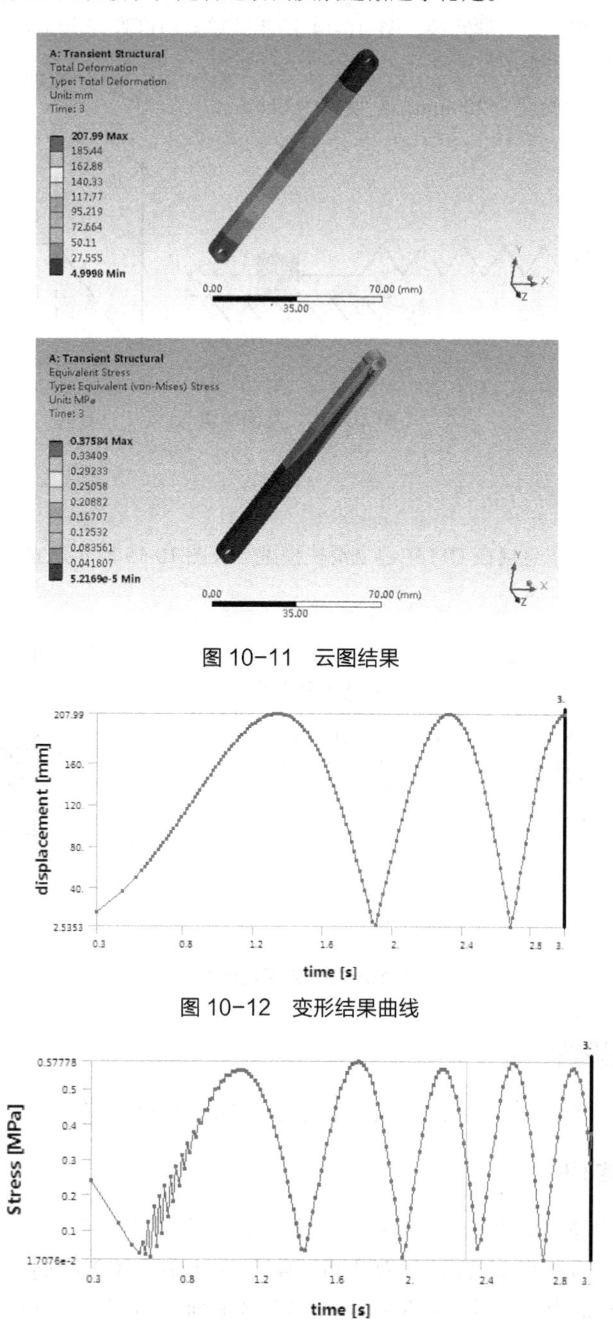


图 10-11 云图结果

图 10-12 变形结果曲线

图 10-13 应力结果曲线

# 10.3 瞬态分析实例——单自由度滑块运动分析

单自由度滑块是典型的动力学模型，本节将其作为研究对象，采用瞬态分析法为读者提供瞬态分析过程设置的方法指导，并对涉及的运动副施加方法进行详细说明，使读者能够熟练掌握相应模块功能。

## 10.3.1 问题描述

单自由度系统是最简单的动力学问题，图 10-14 所示的单自由度弹簧-滑块结构，在滑块一端受到变化外载荷的拉伸作用，通过分析来模拟滑块及弹簧的动力学性能，其中滑块为 20mm×20mm×20mm 立方体，材质为 Structure Steel，弹簧长度为 200mm，刚度值为 6N/mm。

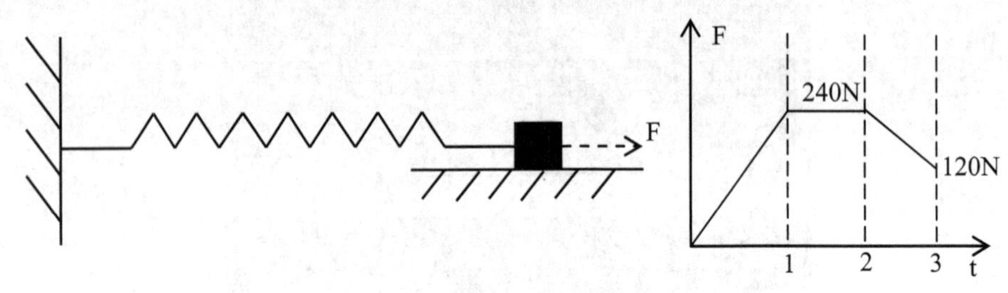


图 10-14　几何模型

## 10.3.2 几何建模

由于几何结构简单，所以直接在 DM 中建立滑块模型，按图 10-15 所示建立草图，然后拉伸 20mm，获得滑块实体模型。

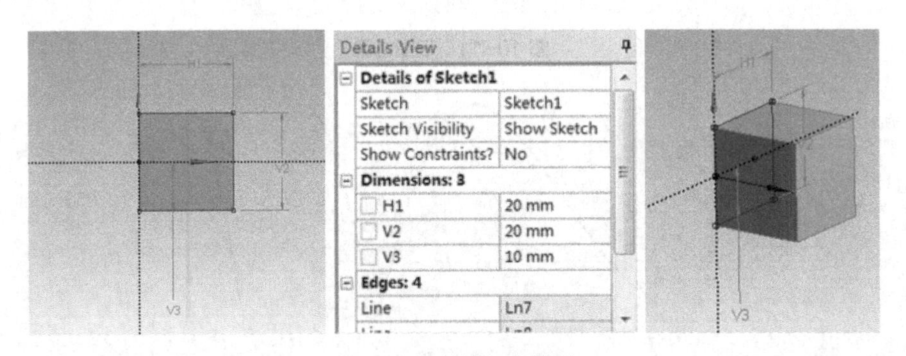


图 10-15　创建几何模型

## 10.3.3 材料属性设置

材料属性采用默认的 Structure Steel，各项参数及设置采用系统默认即可。

## 10.3.4 创建运动约束

根据分析背景，需要创建弹簧模型及滑块的滑动副，具体设置步骤如下。

（1）创建弹簧。在 Connections 选项下依次单击工具栏 Ground-Body→Spring，创建弹簧，然后在 Mobile 中将 Scope 设置为滑块左侧面，同时在 Reference 中保持 Reference X Coordinate 和 Reference Y Coordinate 与 Mobile X Coordinate 和 Mobile Y Coordinate 一致，将 Reference Z Coordinate 在 Mobile Z Coordinate 的基

础上加 200，确认后创建长为 200mm 的弹簧，设置刚度值为 6N/mm 即可，如图 10-16 所示。

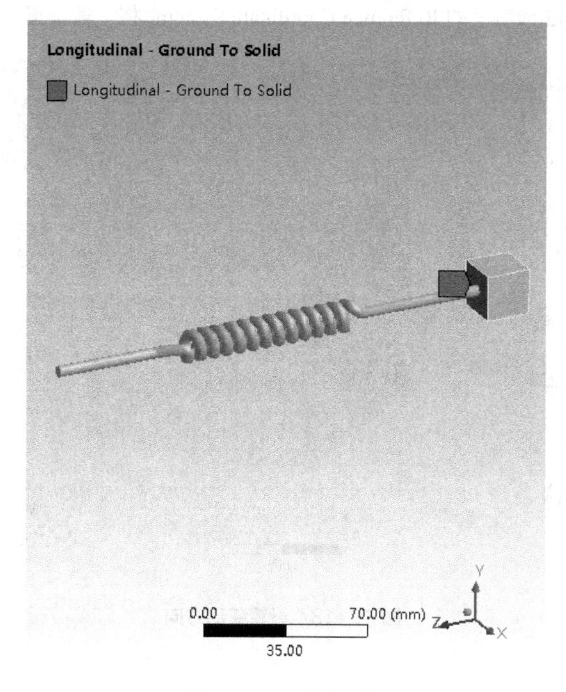


图 10-16　创建弹簧

（2）创建滑动副。单击 Connections，依次选择工具栏中的 Ground-Body→Translational，选择滑块作为移动部件，设置 Scope 为滑块底面，确认选择后在地面自动创建一个局部坐标系，同时主窗口视图左侧位置显示六个方向自由度，分别为 X、Y、Z、RX、RY 以及 RZ，其中字母前部以蓝色填充，标志着该运动副所有释放的自由度，所以 Translational-Ground To Solid 可以沿局部坐标 $x$ 方向进行移动，如图 10-17 所示。

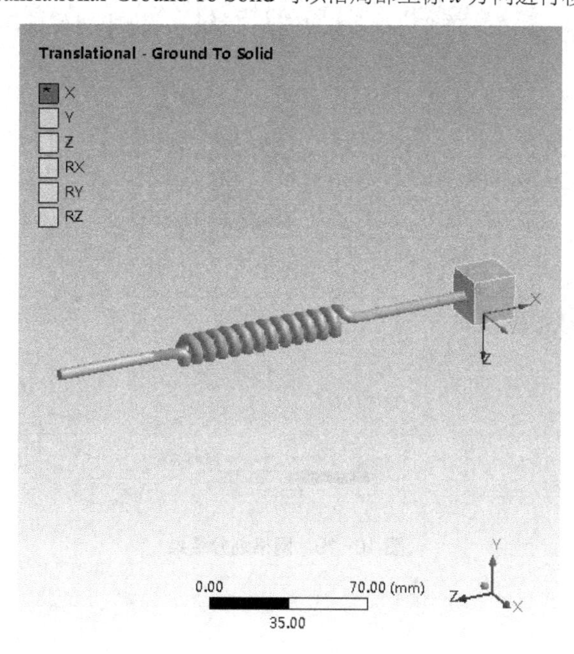


图 10-17　创建移动副

（3）设置局部坐标系方向。为了保证创建的局部坐标系所示方向与释放的自由度移动方向一致，单击 Translational-Ground To Solid 选项下的 Reference Coordinate System，将 $x$ 轴设置为图 10-18 所示的方向即可。

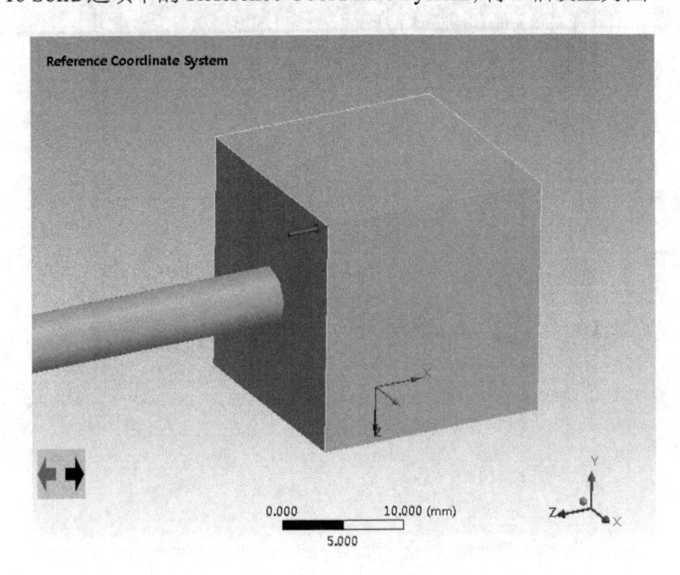


图 10–18　设置移动方向

## 10.3.5　网格划分

对滑块进行网格划分，由于结构过于简单，直接使用 Sweep 划分技术，单元大小设置为 4mm，结果如图 10-19 所示。

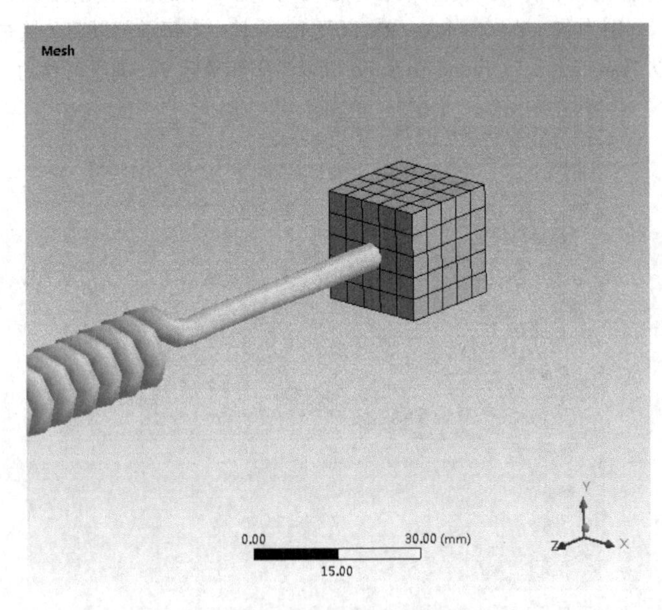


图 10–19　网格划分结果

## 10.3.6　载荷设置

根据外部载荷曲线，总共存在 3 段不同的外力作用，所以在设置载荷之前需要创建 3 个分析步骤，单击

Analysis Setting，在 Number of Steps 中输入数值 3 即可，然后依次单击工具栏中的 Loads→Force，创建输入载荷，结果如图 10-20 所示。

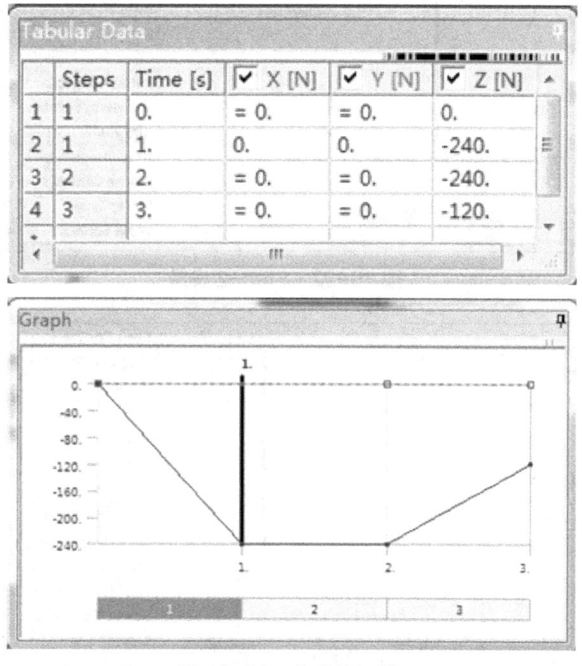

Tabular Data

| | Steps | Time [s] | X [N] | Y [N] | Z [N] |
|---|---|---|---|---|---|
| 1 | 1 | 0. | = 0. | = 0. | 0. |
| 2 | 1 | 1. | 0. | 0. | -240. |
| 3 | 2 | 2. | = 0. | = 0. | -240. |
| 4 | 3 | 3. | = 0. | = 0. | -120. |



图 10-20　外载荷加载

## 10.3.7　求解设置

因为项目创建了 3 个分析步骤，所以需要分别对每一个分析步骤进行单独设置，同时定义输出参数选项，具体设置方法如下。

（1）单击 Analysis Setting，在弹出的曲线窗口中用鼠标单击分析步 1，设置窗口自动变为 Step-1，然后设置 Step Controls 各个选项，其中 Define By 选择 Substeps，求解方式采用程序自动控制( Program Controlled )，各参数设置如图 10-21 所示。

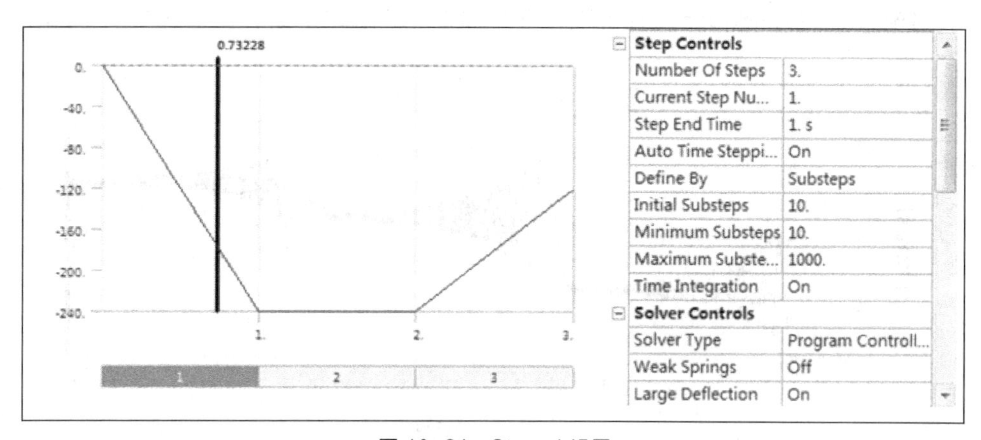



图 10-21　Step-1 设置

（2）采用同样的方法分别设置 Step-2 和 Step-3，设置结果按照图 10-22 和图 10-23 进行。

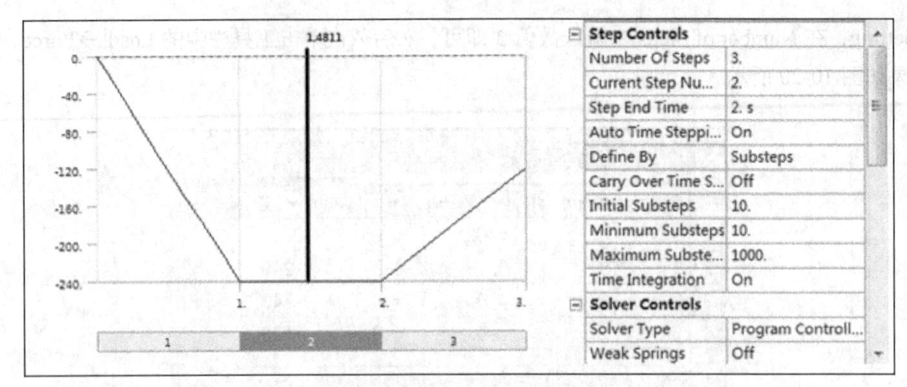


图 10-22　Step-2 设置

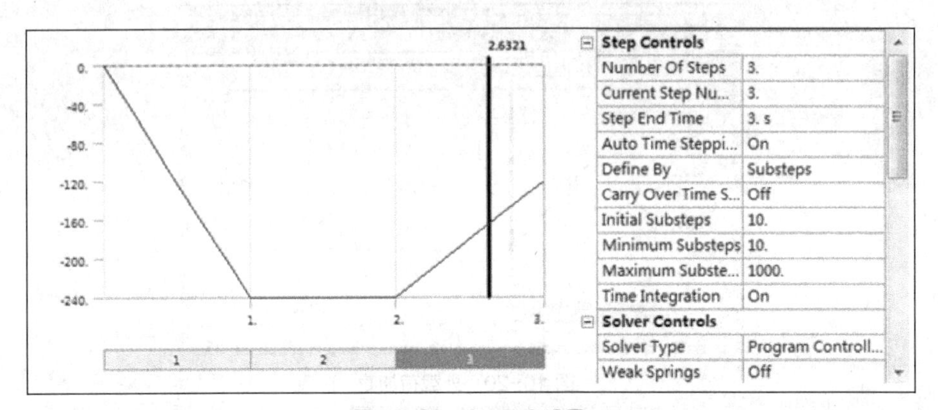


图 10-23　Step-3 设置

（3）定义输出项。在 Solution 中分别创建滑块 $z$ 方向的运动速度（Directional Velocity）和位移（Directional Displacement）以及弹簧的受力大小（Spring Probe），完成后提交计算机求解。

## 10.3.8　结果后处理

完成计算后查看输出项分析结果，其中滑块 $z$ 方向的平均速度如图 10-24 所示，滑块速度呈现波动现象。最大速度约为 79mm/s；再看弹簧受力大小，如图 10-25 所示，基本与外部载荷施加一致，同时查看滑块的位移，可以看到滑块位移先逐渐增大，然后保持不变，最后再逐渐返回，如图 10-26 所示，与理论分析基本一致。

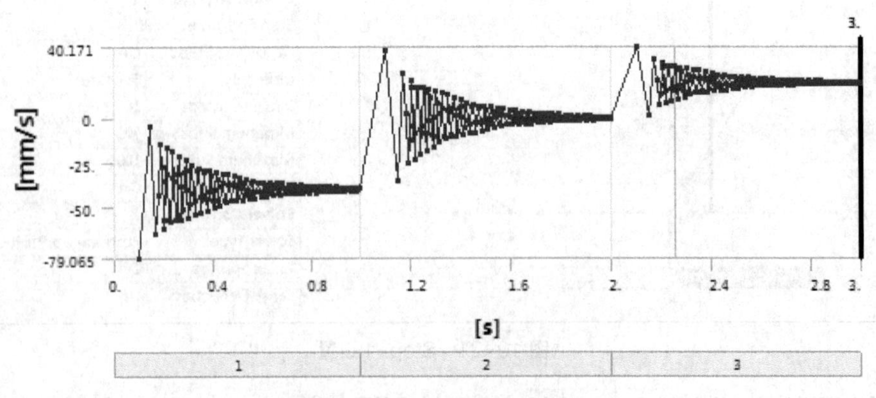


图 10-24　滑块速度变化曲线

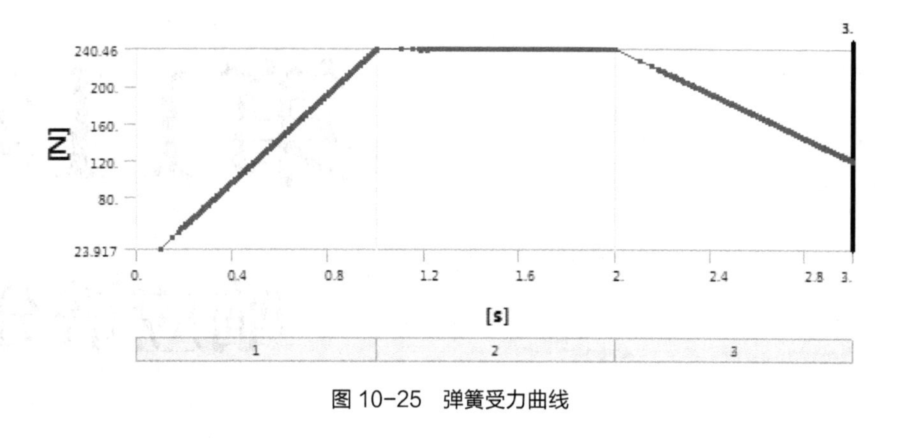


图 10-25 弹簧受力曲线

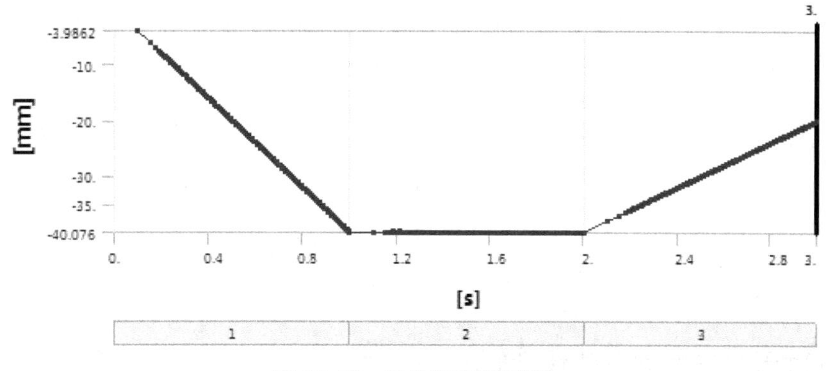


图 10-26 滑块位移变化曲线

## 10.4 本章小结

本章首先介绍了瞬态分析的基本理论基础，然后通过回转杆和简单的弹簧-滑块组合结构详细讲解如何使用 WB 19.0 进行瞬态动力学分析，分别对瞬态动力学中涉及的运动副设置、分析步设置等内容进行了讲解，使读者能够通过实例学习掌握该部分内容。

Chapter 11

# 第11章

## 响应谱分析

■ 响应谱分析主要用于分析结构受到外部激励作用下的峰值响应，尤其是对诸如地震、海浪、风载等环境载荷所带来的影响。相比于更加耗时的瞬态分析，响应谱分析能够快速地对结构的峰值响应进行评估，对载荷作用时间很长的大模型非常有效。

本章将基于理论介绍和实例讲解，详细介绍 WB 19.0 中响应谱分析的思路和方法。

# 11.1 响应谱分析简介

响应谱分析是一种近似的用于预测基础激励作用下结构峰值响应的分析方法。它主要用于寻找给定载荷作用下结构的最大响应值，而不关心最大响应值出现的时间点。与时域的瞬态分析相比，能够快速对大模型和长时间载荷作用的结构进行响应分析。

响应谱的类型包括位移、加速度、速度以及力，其横坐标为单自由度系统的固有频率，纵坐标为单自由度系统的最大响应值，如图 11-1 所示，在进行分析求解时，响应谱一般都是已知给定的，同时结构需要计算足够的模态来保证包含频谱的频率范围，对于与材料相关的阻尼也应该同时定义。

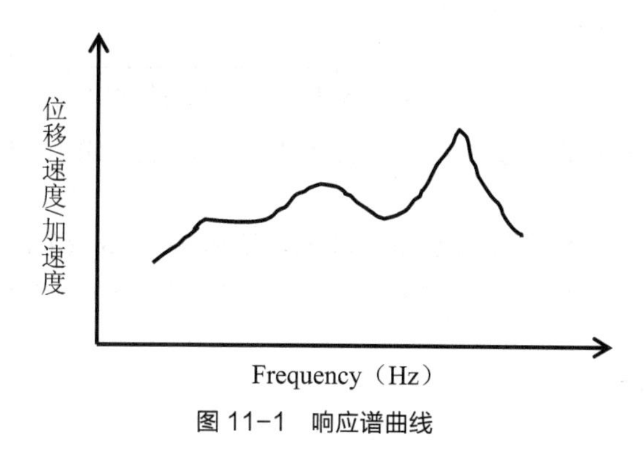


图 11-1　响应谱曲线

在结构中存在两种响应谱计算类型，分别是单点响应谱（SPRS）和多点响应谱（MPRS）。

## 11.1.1 单点响应谱

单点响应谱是结构承受的响应谱激励方向和频率均匀地作用到左右结构支撑点中，即各支撑点接受同一个响应谱值的输入。在分析中需要计算每一阶模态的响应值（如位移、速度和加速度），在获取各阶模态响应值以后，需要对各阶模态响应进行合并以获得结构的总响应值。模态响应合并的方法有两种，分别是使用各阶模态响应值的平方和的均方根（SRSS）法、考虑耦合影响的模态合并法。

均方根法对于结构固有频率分布较为均匀的问题，如式（11-1）所示，其计算精度比较可靠。

$$R=\sqrt{R_1^2+R_2^2+\cdots+R_n^2}=\sqrt{\sum\nolimits_{i=1}^{N}R_i^2} \tag{11-1}$$

如果系统的固有频率分布不均匀，可能会出现模态的重叠耦合情况，此时 SRSS 不再适合，需要考虑模态的关联耦合性，因此引入耦合系数 $h$ 进行表征，$0\leqslant h\leqslant 1$，$h$=0 时表示无耦合关系；$h$=1 表示完全耦合，其他情况属于部分耦合。识别结构的固有频率是否过密可以通过结构阻尼比进行判断，具体如下。

（1）临街阻尼比≤2%

系统相邻固有频率（如固有频率 $f_1$，$f_2$ 且 $f_1<f_2$）的相对差值≤0.1，即 $(f_2-f_1)/f_1\leqslant 0.1$，则认为结构固有频率分布过密，需要考虑响应的耦合影响。

（2）临界阻尼比>2%

系统相邻固有频率（如固有频率 $f_1$、$f_2$ 且 $f_1<f_2$，假设临界阻尼比为 0.03）的相对差值≤5×临界阻尼比，即 $(f_2-f_1)/f_1\leqslant 5\times 0.03=0.15$，则认为结构固有频率分布过密，需要考虑响应的耦合影响。

考虑耦合影响的模态合并方法，计算方法有完全二次方合并方法（CQC）和 Rosenblueth 方法，分别如式（11-2）和（11-3）所示。

$$R_a=\left(\left|\sum\nolimits_{i=1}^{N}\sum\nolimits_{j=1}^{N}k\varepsilon_{ij}R_iR_j\right|\right)^{\frac{1}{2}} \tag{11-2}$$

$$R_a = \left( \left| \sum_{i=1}^{N} \sum_{j=1}^{N} \varepsilon_{ij} R_i R_j \right| \right)^{\frac{1}{2}} \tag{11-3}$$

其中 $k = \begin{cases} 1\ if\ i=j \\ 2\ if\ i \neq j \end{cases}$，$\varepsilon_{ij} = \dfrac{8\left(\epsilon_i' \epsilon_j'\right)^{\frac{1}{2}}\left(\epsilon_i' + r\epsilon_j'\right) r^{\frac{3}{2}}}{(1-r^2)^2 + 4\epsilon_i'\epsilon_j' r(1+r^2) + 4(\epsilon_i'^2 + \epsilon_j'^2) r^2}$，$r = \omega_j / \omega_i$。

### 11.1.2 多点响应谱

多点响应谱计算是指不同约束点承受不同的响应谱值，在采用多点响应谱计算后，程序会利用单点响应谱的计算方法分别求出每种响应谱的总体响应，然后使用每种响应谱总体响应的平方和的均方根计算得到整个系统的总体响应，如式（11-4）所示。

$$R_{MPRS} = \sqrt{\{R_{SPRS}\}_1^2 + \{R_{SPRS}\}_2^2 + \cdots} \tag{11-4}$$

其中 $R_{MPRS}$ 为多点响应谱计算的总体响应，$\{R_{SPRS}\}_1$ 为对应响应谱曲线 1 得到的总体响应，$\{R_{SPRS}\}_2$ 为对应响应谱曲线 2 的总体响应。

在 WB 19.0 中开展响应谱分析需要创建响应谱分析项目 Response Spectrum，如图 11-2 所示，首先需要创建模态分析项目 Modal，然后基于模态分析项目与响应谱分析进行数据的共享扩展，所以分析中其实需要进行两类仿真计算。

下面将通过具体实例进行详细介绍。

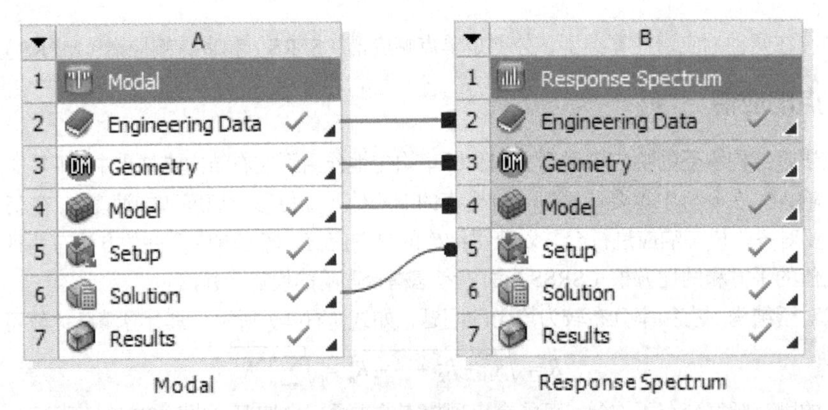


图 11-2 响应谱分析项目

## 11.2 响应谱分析实例——某桥架结构响应谱分析

本例以简化的桥架结构为例，介绍利用 WB 19.0 进行响应谱分析的基本过程和方法，为读者提供一定的使用指导。

### 11.2.1 问题描述

图 11-3 所示为一个简易钢架结构，该结构安装在地面上，模拟受到地震激励作用，结构受到的加速度响应谱值如表 11-1 所示，分析在该激励作用下结构的变形及应力。结构材料属性值如下：弹性模量 $E$=2.1e5MPa，泊松比 $\mu$=0.288，密度 $\rho$=7.86e3kg/m$^3$。

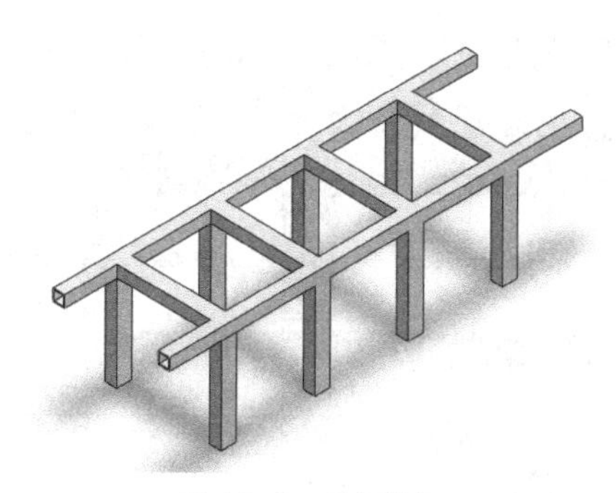

图 11-3 几何结构

表 11-1 加速度响应谱值

| 频率/Hz | 竖直方向加速度/mm · $s^{-2}$ |
|---|---|
| 25 | 7350 |
| 37.4 | 5700 |
| 58 | 6980 |
| 66 | 3820 |
| 71.8 | 10290 |
| 89.5 | 3310 |
| 113 | 2940 |
| 122 | 1910 |
| 136.6 | 1470 |

## 11.2.2 几何建模

将创建的几何模型导入 WB 19.0 中，打开 DM 窗口，设置单位为 mm，几何模型导入方式采用 File→Import External Geometry File…，完成导入后结果如图 11-4 所示。

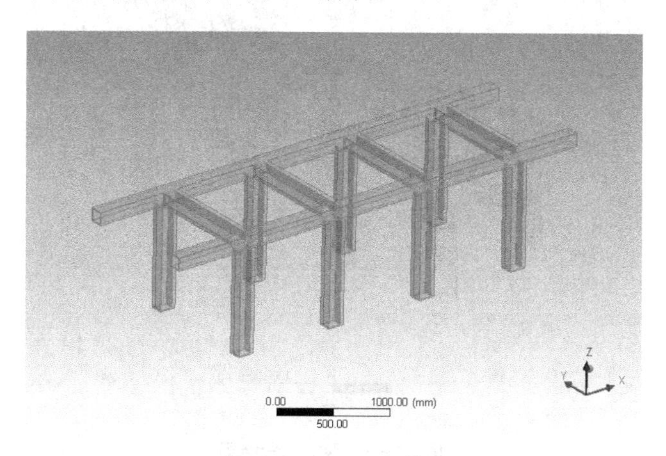


图 11-4 导入几何模型

## 11.2.3 材料属性设置

进入 Engineering Data，选择 Structure Steel 材料，修改其中涉及的材料属性值，如图 11-5 所示，完成后进入 Geometry，将材料属性值重新赋予模型。

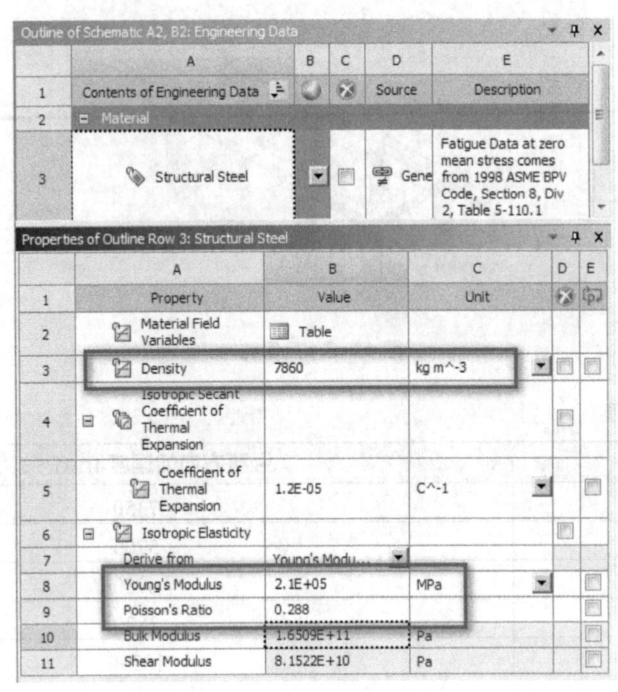


图 11-5　材料属性值设置

## 11.2.4　网格划分

很显然结构模型较为简单，因此选用 Hex Dominant 网格划分技术，网格大小设置为 40mm，自由面网格类型设置为 Quad/Tri，完成之后单击 Generate 生成网格单元，如图 11-6 所示。

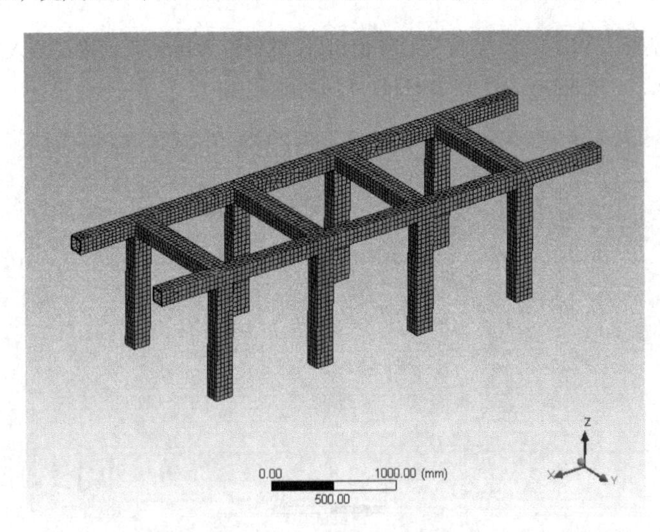


图 11-6　网格划分结果

## 11.2.5　模态求解设置

进入模态求解计算步骤，具体设置如下。

（1）单击左侧树形窗口中的 Modal，然后依次选择工具栏中的 Supports→Fixed Support，将结构的 8 个底面进行固定约束。

（2）单击 Analysis Setting，提取结构前 6 阶模态，设置完成后如图 11-7 所示。

（3）完成（1）（2）步设置之后求解计算，得到结构前 6 阶固有频率及振型，如图 11-8 所示。

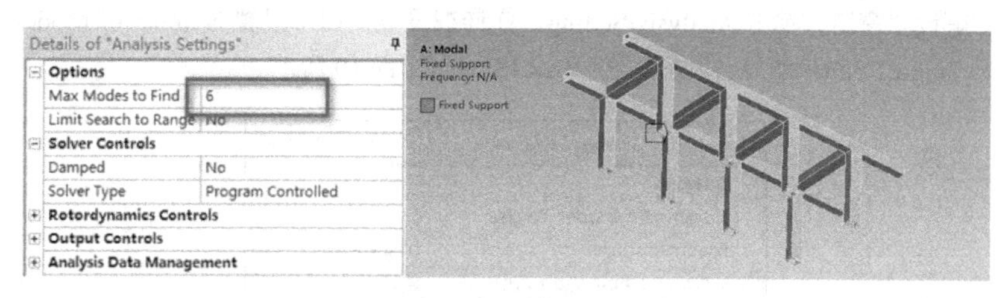


图 11-7　模态求解设置

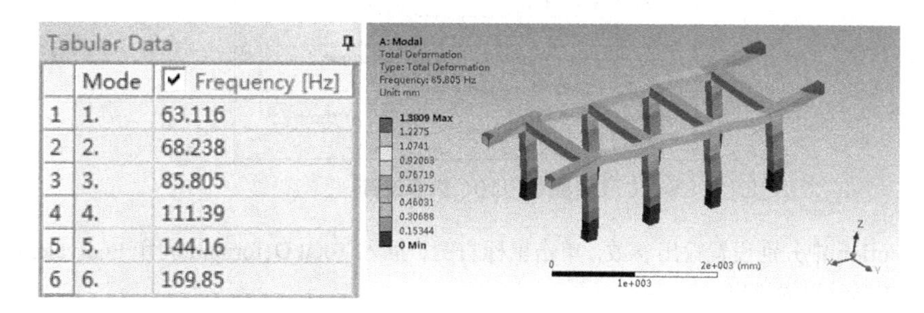


图 11-8　模态振型及频率

## 11.2.6　载荷谱加载

完成结构的模态计算之后，进入响应谱分析步骤，右键单击 Response Spectrum，插入 RS Acceleration，在弹出的详细设置窗口中将 Boundary Condition 设置为 All Supports，然后在 Tabular Data 中输入预先给定的加速度载荷谱值，方向设为 Z Axis，完成加载设置，如图 11-9 所示。

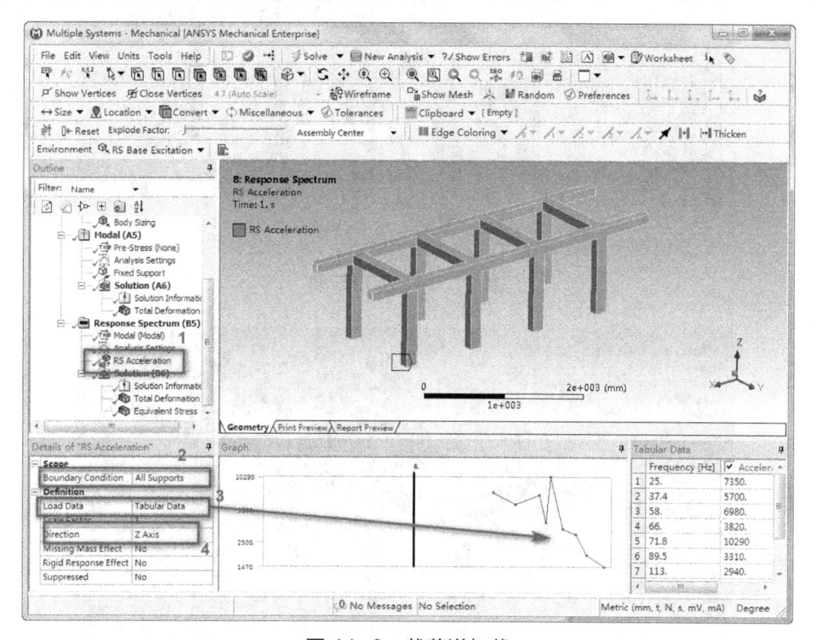


图 11-9　载荷谱加载

## 11.2.7 响应谱求解设置

求解设置及提交计算步骤如下。

（1）进入求解设置窗口，单击 Analysis Setting，在详细设置窗口中设置 Number of Modes to Use 为 6，将谱类型设置为 Single Point，响应合并方式选择 SRSS，如图 11-10 所示。

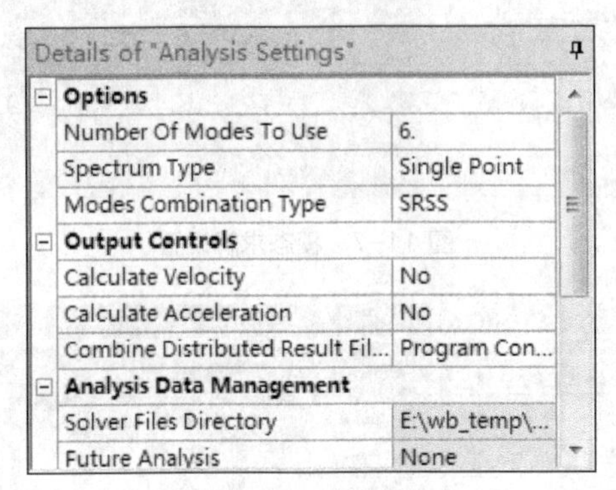


图 11-10　求解设置

（2）在 Solution 中分别设置输出参数，单击鼠标右键，插入 Total Deformation 和 Equivalent Stress，设置结构的应力及变形结果的输出。

## 11.2.8 结果后处理

计算完成之后可以得到结构在该加速度载荷谱作用下的响应结果，分别如图 11-11 和 11-12 所示，通过响应云图可以获得结构的详细动态特性，用于指导设计。

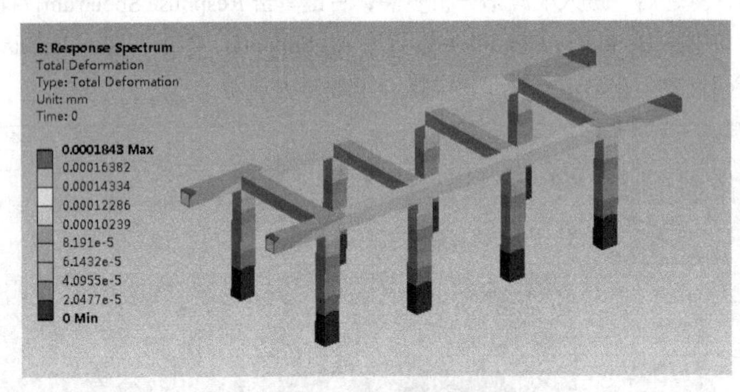


图 11-11　变形云图

图 11-12　应力云图

# 11.3 响应谱分析实例——某驾驶室响应谱分析

货车驾驶室结构通常会受到来自发动机、变速箱等结构的结构振动激励，本例主要介绍通过有限元仿真方法计算驾驶室在受到外部输入载荷谱作用下的响应，对了解整个驾驶室结构的动态特性有很大的指导意义。

## 11.3.1 问题描述

图 11-13 所示为某车辆驾驶室的几何模型。汽车驾驶室在汽车行驶过程中会受到来自汽车不同部位的激励，很容易产生共振，由此造成车门、车窗等结构的变形、油漆脱落等一系列问题，因此需要在设计中提前将这些问题消除。

本例中驾驶室材料为不锈钢，材料属性值如下：弹性模量 $E$=2.1e5MPa，泊松比 $\mu$=0.3，密度 $\rho$=7.8e3kg/m$^3$。在驾驶室底部 4 个安装位置点受到的载荷谱激励如表 11-2 所示，分析计算驾驶室的强度及变形。

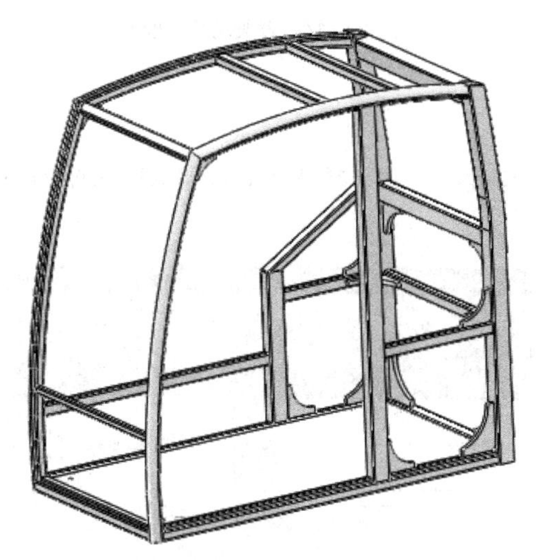

图 11-13　驾驶室几何模型

表 11-2　位移载荷谱

| Frequency/Hz | Displacement/mm |
|---|---|
| 4.1 | 0.1 |
| 8.9 | 0.28 |
| 10.8 | 0.12 |
| 19.2 | 8.00E-02 |
| 37.7 | 0.11 |
| 51.5 | 0.13 |
| 63.3 | 0.21 |

## 11.3.2 几何建模

模型通过外部导入，单击 Modal 中的 Geometry，单击鼠标右键，选择 Import 导入对应的几何文件，导入结果如图 11-14 所示。

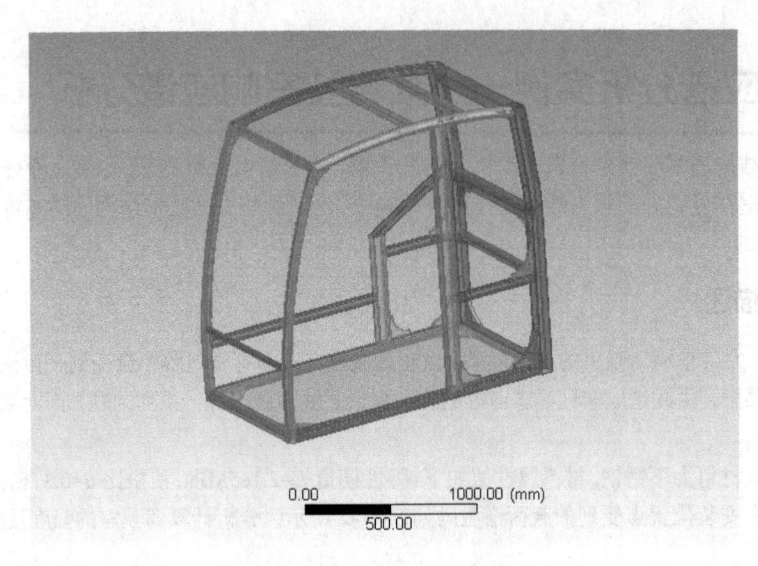


图 11-14　驾驶室几何模型

## 11.3.3　材料属性设置

设置材料属性值，根据要求修改软件默认材料 Structure Steel，在对应参数项按照图 11-15 所示输入各项材料的属性值。

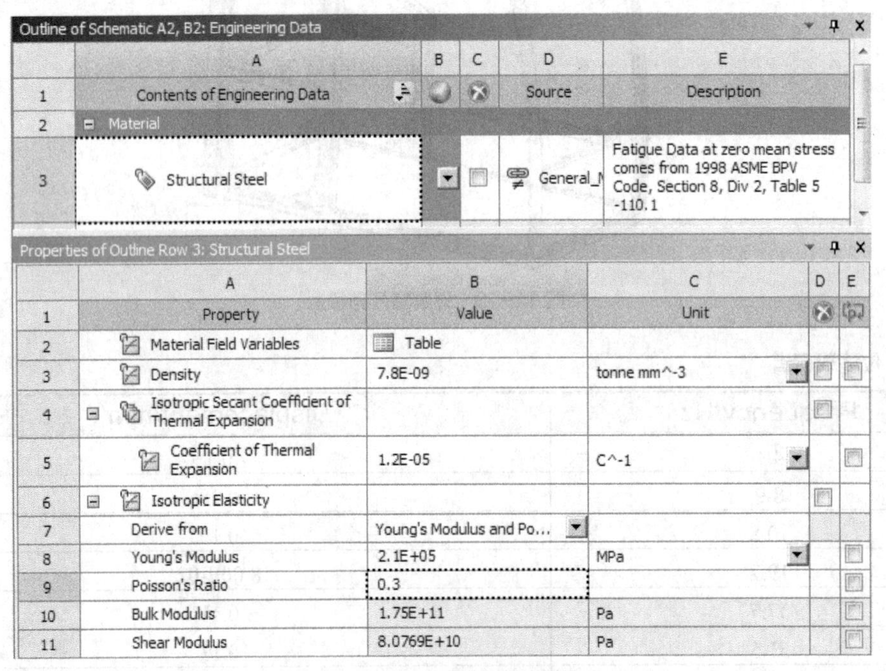

Outline of Schematic A2, B2: Engineering Data

| | A | B | C | D | E |
|---|---|---|---|---|---|
| 1 | Contents of Engineering Data | | | Source | Description |
| 2 | Material | | | | |
| 3 | Structural Steel | | | General_M | Fatigue Data at zero mean stress comes from 1998 ASME BPV Code, Section 8, Div 2, Table 5 -110.1 |

Properties of Outline Row 3: Structural Steel

| | A | B | C | D | E |
|---|---|---|---|---|---|
| 1 | Property | Value | Unit | | |
| 2 | Material Field Variables | Table | | | |
| 3 | Density | 7.8E-09 | tonne mm^-3 | | |
| 4 | Isotropic Secant Coefficient of Thermal Expansion | | | | |
| 5 | Coefficient of Thermal Expansion | 1.2E-05 | C^-1 | | |
| 6 | Isotropic Elasticity | | | | |
| 7 | Derive from | Young's Modulus and Po... | | | |
| 8 | Young's Modulus | 2.1E+05 | MPa | | |
| 9 | Poisson's Ratio | 0.3 | | | |
| 10 | Bulk Modulus | 1.75E+11 | Pa | | |
| 11 | Shear Modulus | 8.0769E+10 | Pa | | |

图 11-15　材料属性设置

## 11.3.4　网格划分

由于几何模型较为复杂，无法实现扫掠及映射网格划分，所以采用四面体单元进行处理，选择划分方法 Tetrahedrons，单元大小设置为 30mm，单击 Generate 生成网格，最终划分结果如图 11-16 所示。

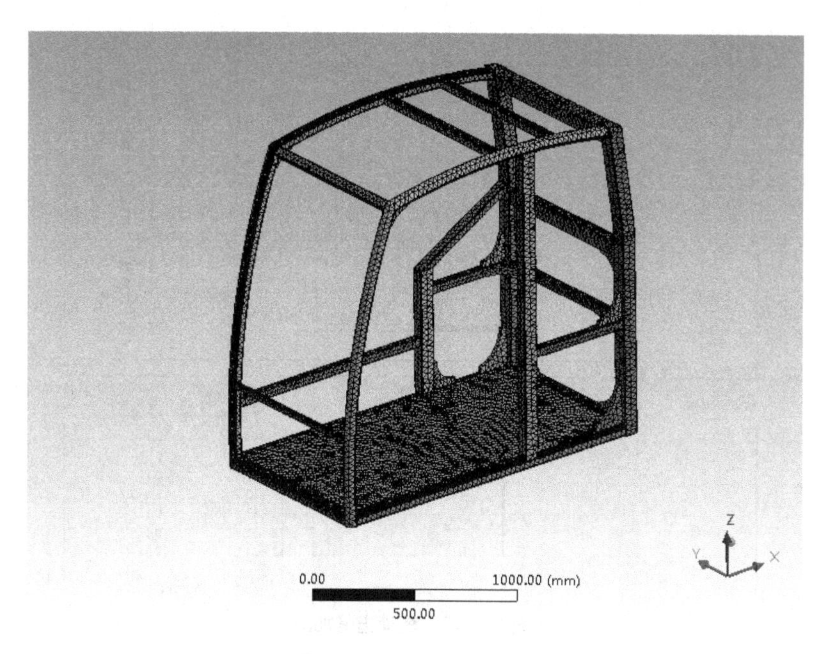


图 11-16　网格划分结果

## 11.3.5　模态求解设置

计算驾驶室模态，具体操作步骤如下。

（1）部件之间的接触设置采用 Bounded，软件默认设置即可。

（2）选择 Modal，依次单击工具栏中的 Supports→Fixed Support，在驾驶室底面 4 个固定安装位置施加固定约束。

（3）单击 Analysis Setting，提取驾驶室前 6 阶模态。

（4）在 Solution 中插入 Total Deformation，设置输出参数后提交计算机求解，模态计算结果如图 11-17 所示。

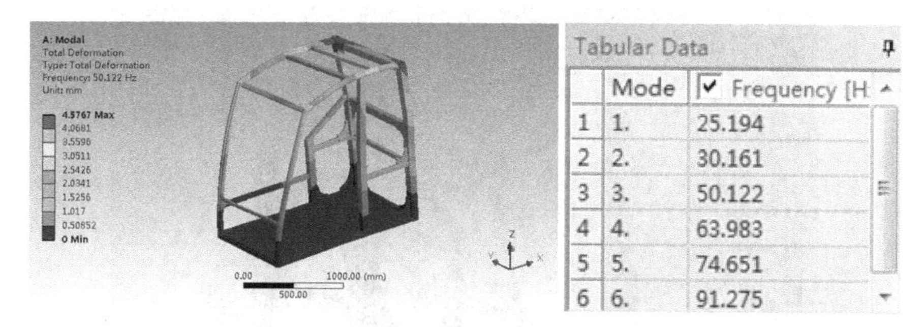


图 11-17　模态计算结果

## 11.3.6　载荷谱加载

完成模态求解之后进入 Response Spectrum 分析步，单击鼠标右键，插入 RS Displacement，在弹出的详细窗口中根据提供的载荷谱输入位移载荷谱值，可以看到在 Graph 中显示了基于载荷谱绘制的曲线。同时设置 Boundary Condition 为 All Support，方向 Director 选择 Z Axis，完成设置后如图 11-18 所示。

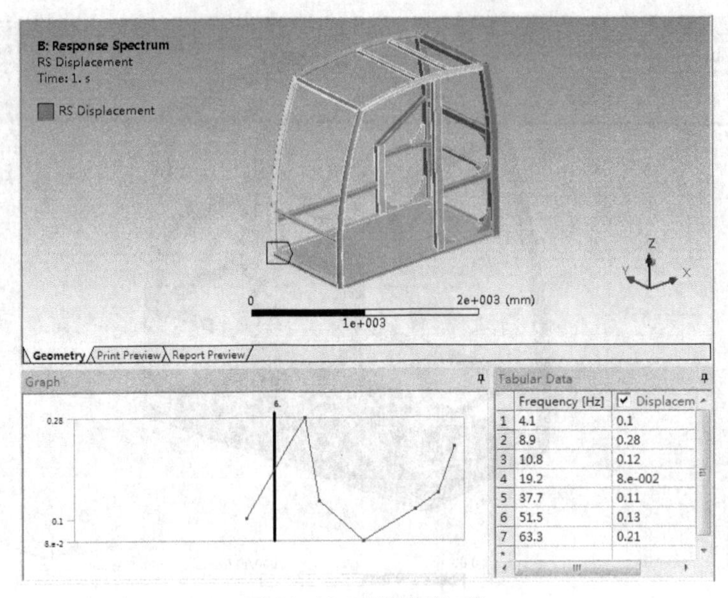


图 11-18　载荷谱值加载

## 11.3.7　响应谱求解设置

单击 Analysis Setting，弹出详细设置窗口，本例中按照默认值设置即可，即载荷谱类型设置为单点载荷谱（Single Point），响应合并方法选择 SRSS。

设置输出参数，选择 Total Deformation 和 Equivalent Stress 作为输出结果，完成之后提交计算机求解即可。

## 11.3.8　结果后处理

求解完成之后单击对应的输出结果，在右侧窗口显示对应云图，从图中可以看到驾驶室在位移载荷谱作用下的响应结果，由此完成对驾驶室动态性能及设计合理性的简单判断，变形及应力结果云图分别如图 11-19 和图 11-20 所示。

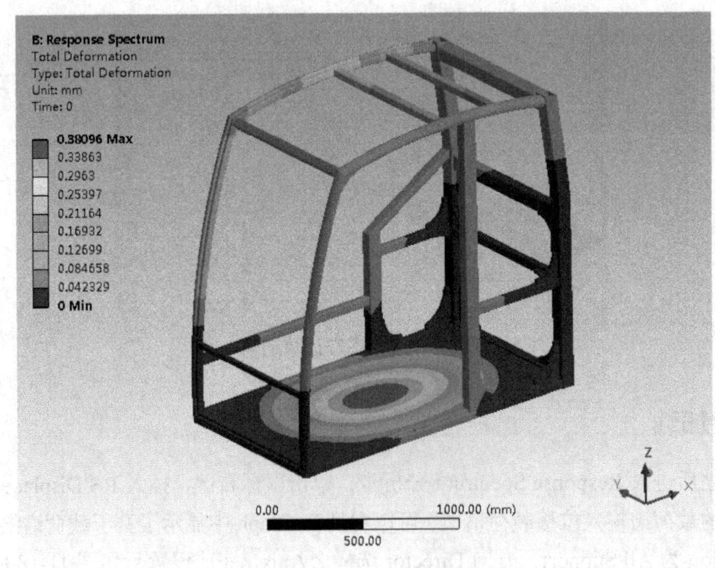


图 11-19　变形结果云图

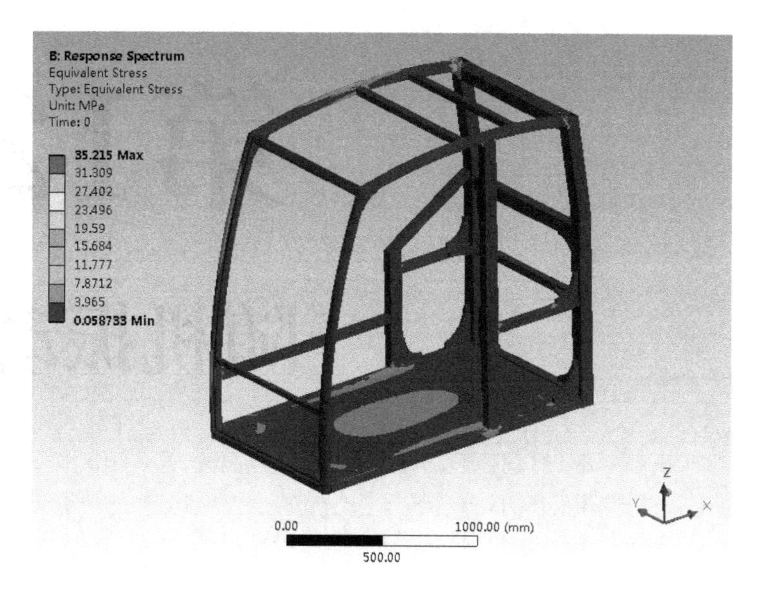


图 11-20 应力结果云图

# 11.4 本章小结

本章首先介绍了响应谱分析的基本概念和基本理论方法，然后通过桥架结构和驾驶室的响应谱分析实例，详细介绍如何利用 WB 建立响应谱分析，对分析过程中的具体设置进行了说明，使读者能够熟练地掌握响应谱分析技术。

Chapter 12

# 第12章 随机振动分析

■ 随机振动分析用于确定结构在随机载荷作用下的响应，它也是一种谱分析方法，目前广泛地应用于汽车驾驶平顺性和舒适性评估、飞机起落过程的振动以及航天器的发射过程等工程领域。

在 WB 19.0 中主要采用功率谱密度（PSD）谱作为随机振动分析的输入，本章将通过详细的实例操作和分析，介绍如何在 WB 19.0 中进行随机振动分析，使读者能够熟练掌握随机振动的分析技术。

# 12.1 随机振动分析简介

随机振动分析是分析随机载荷作用下的结构响应，其输入的是功率谱密度（PSD）函数，是一种基于概率统计的谱分析技术。PSD 是带宽频率的函数，是结构在随机振动激励下的响应结果的统计，是一条功率谱密度值与频率值的关系曲线。

工程中一般使用激励的均方值与频率带宽的比值来评估，即 PSD=（均方值）/（$f_1$-$f_2$）（$f_1$、$f_2$ 为频带的上下限值），根据公式可知 PSD 的单位为 units$^2$/Hz。在 WB 19.0 中，通过 GUI 设置的功率谱密度可以是 PSD 加速度、PSD 速度、PSD G 加速度以及 PSD 位移 4 种形式。

功率谱密度函数定义为：

$$S_{xx}(f)=\int_{-\infty}^{+\infty}R_{xx}(\tau)e^{-i2\pi f\tau}\mathrm{d}\tau \tag{12-1}$$

其中，$R_{xx}(\tau)$ 为自相关函数。自功率谱密度函数为自相关密度的傅里叶变换，其逆变换为：

$$R_{xx}(\tau)=\int_{-\infty}^{+\infty}S_{xx}(f)e^{-i2\pi f\tau}\mathrm{d}f \tag{12-2}$$

对于单一输入的 PSD 值，系统的输出为：

$$S_{out}(w)=|H(w)|^2\,S_m(w) \tag{12-3}$$

其中 $H(w)$ 为固有频率，随机振动分析输入的是固有频率、振型以及多个功率谱密度函数，输出可以是分布在正态分布区间的计算值以及每个方向上的功率谱密度函数，故随机振动分析之前需要进行模态分析，求出所需阶对应的固有频率。

随机振动是稳定的，响应是一个稳定的随机过程，在进行随机振动分析时需要注意以下几点。

（1）保证材料属性参数是恒定的，不考虑非线性材料模型。

（2）结构的总体刚度、阻尼以及质量矩阵是定值。

（3）结构的阻尼力应远小于结构的惯性和弹性力。

（4）施加的外载荷并不随施加变化而变化。

如果在一个随机振动分析项目中有多个 PSD 输入，则计算结果使用 SRSS 方法进行合并，当然，我们也可以分别独立进行分析，然后手动合并结果。

在 WB 19.0 中进行随机振动分析同样需要创建两个分析项目，首先创建模态分析项目 Modal，如图 12-1 所示，然后基于模态计算结果与随机振动分析项目（Random Vibration）进行连接，实现数据传递和共享，下面将通过具体实例进行详细介绍。

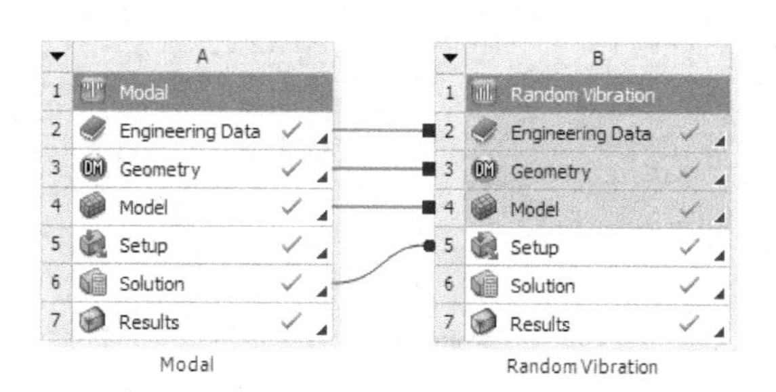


图 12-1 创建分析项目

# 12.2 随机振动分析实例——某转轴随机振动分析

转动轴结构经常由于随机振动问题导致结构发生强度和疲劳问题，本例以某转动轴为分析实例，介绍如何利用 WB 19.0 进行随机振动仿真，为读者提供学习和使用指导。

### 12.2.1 问题描述

在随机振动环境中可能导致设备的损坏，常见的有电机转轴的随机振动，图 12-2 所示为简化的电机转轴模型。转轴在电机中承载转子并做旋转运动，与其他设备相连，输出机械能，对其进行随机振动有利于提高电机的产品性能。

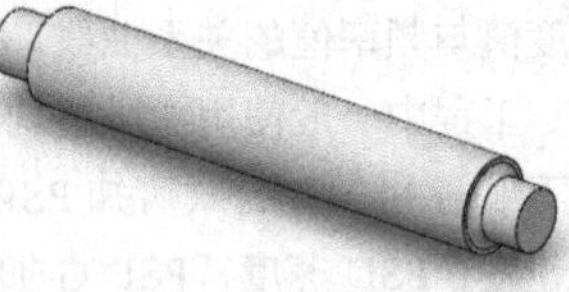
图 12-2 转轴几何简化模型

电机两端由轴承支撑固定，输出转矩，其材料性能参数如下：弹性模量 $E$=2.1e5MPa，泊松比 $\mu$=0.288，密度 $\rho$=7.86e3kg/m$^3$。

在随机振动分析中需要输入功率谱密度函数，本例中拟用表 12-1 所示的加速度 PSD 数值作为输入参数。

表 12-1 加速度 PSD 数值

| 频率（Hz） | 加速度[（mm/s$^2$）$^2$/Hz] |
|---|---|
| 3840 | 1448 |
| 5021 | 2345 |
| 6266 | 5733 |
| 11904 | 6021 |
| 18833 | 7447 |
| 22355 | 7633.8 |
| 24994 | 2644 |
| 27122 | 883.2 |

### 12.2.2 几何建模

通过外部导入分析几何模型，右键单击 Modal 模块中的 Geometry，选择 Import，导入本例中的几何模型，导入完成后 Geometry 后面出现绿色“√”标志表示成功，导入后的结果如图 12-3 所示。

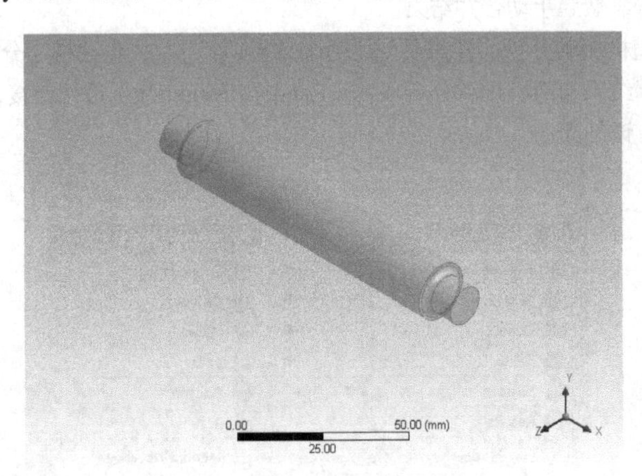

图 12-3 几何模型导入结果

### 12.2.3 材料属性设置

材料属性的设置直接通过修改软件默认 Structure Steel 材质即可。进入 Engineering Data 编辑窗口，单击 Structure Steel，在对应的窗口按照给定的材料属性值输入图 12-4 所示的性能参数即可。

| | A | B | C | D | E |
|---|---|---|---|---|---|
| 1 | Contents of Engineering Data | | | Source | Description |
| 3 | Structural Steel | | | General_Materia | Fatigue Data at zero mean stress comes from 1998 ASME BPV Code, Section 8, Div 2, Table 5-110.1 |

Properties of Outline Row 3: Structural Steel

| | A | B | C | D | E |
|---|---|---|---|---|---|
| 1 | Property | Value | Unit | | |
| 2 | Material Field Variables | Table | | | |
| 3 | Density | 7.86E-09 | tonne mm^-3 | | |
| 4 | Isotropic Secant Coefficient of Thermal Expansion | | | | |
| 5 | Coefficient of Thermal Expansion | 1.2E-05 | C^-1 | | |
| 6 | Isotropic Elasticity | | | | |
| 7 | Derive from | Young's Modulus and Poisson's Ratio | | | |
| 8 | Young's Modulus | 2.1E+05 | MPa | | |
| 9 | Poisson's Ratio | 0.288 | | | |
| 10 | Bulk Modulus | 1.6509E+11 | Pa | | |
| 11 | Shear Modulus | 8.1522E+10 | Pa | | |

图 12-4 材料属性设置

## 12.2.4 网格划分

由于几何模型较为简单，因此直接采用六面体主体技术进行划分，设置网格单元大小为 2mm，然后单击鼠标右键选择 Generate Mesh 完成网格划分，划分结果如图 12-5 所示。

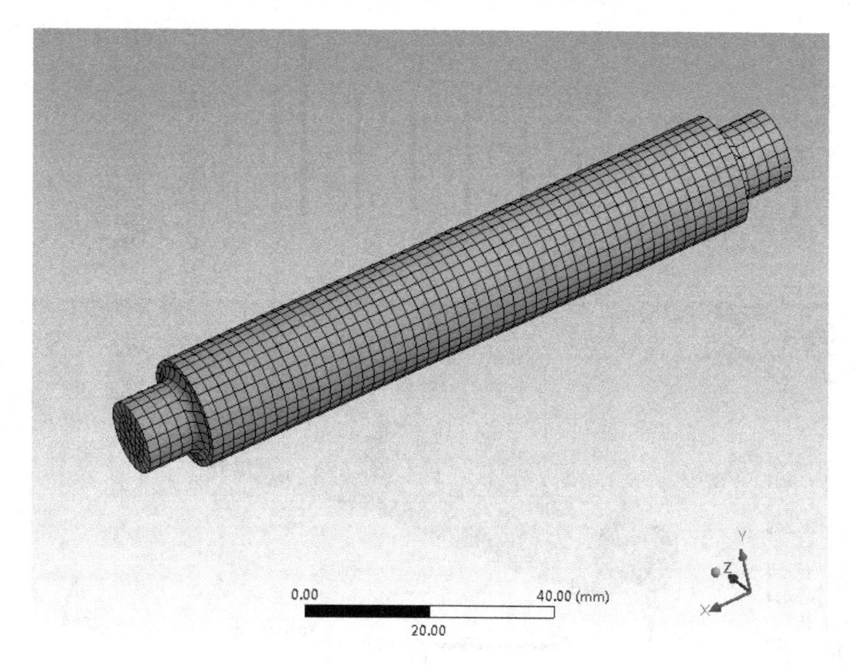


图 12-5 网格划分结果

## 12.2.5 模态求解设置

随机振动分析需要两个步骤，首先进行模态计算，然后基于计算结果进行随机振动响应分析，所以在网格划分完成之后进入模态求解设置，设置步骤如下。

（1）单击 Modal，依次选择工具栏中的 Supports→Fixed Support，将转轴两端轴承支撑位置固定，如图 12-6 所示。

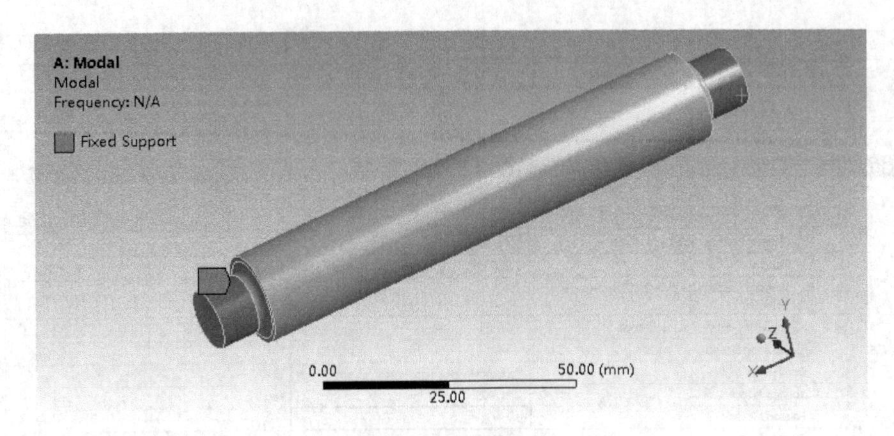


图 12-6　添加约束

（2）单击 Analysis Setting，设置提取结构前 10 阶模态振型。

（3）完成设置后单击 Solve 提交计算机求解计算。

（4）计算完成后查看模态振型，如图 12-7 所示，前 10 阶模态固有频率值最大为 37965Hz，能足够覆盖加速度 PSD 的频率范围。

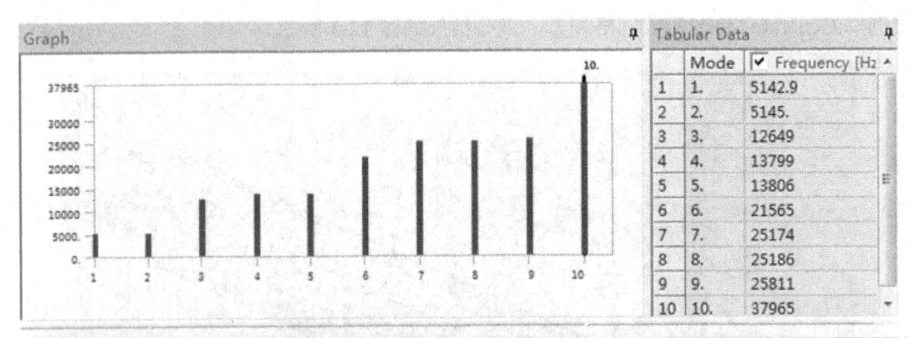


| | Mode | Frequency [Hz] |
|---|---|---|
| 1 | 1. | 5142.9 |
| 2 | 2. | 5145. |
| 3 | 3. | 12649 |
| 4 | 4. | 13799 |
| 5 | 5. | 13806 |
| 6 | 6. | 21565 |
| 7 | 7. | 25174 |
| 8 | 8. | 25186 |
| 9 | 9. | 25811 |
| 10 | 10. | 37965 |

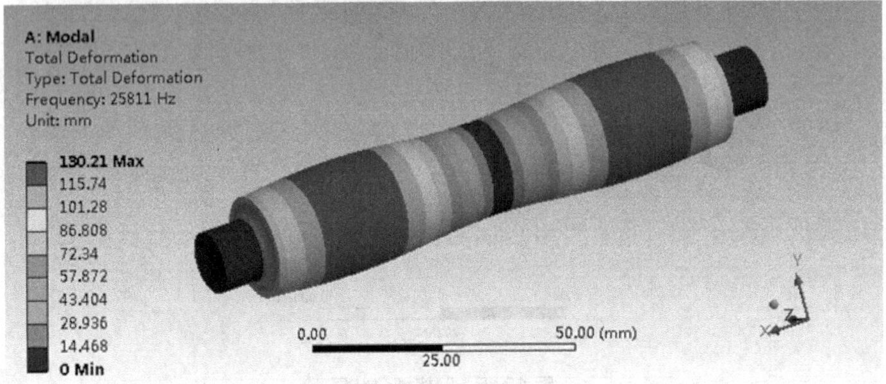


图 12-7　模态计算结果

## 12.2.6　PSD 载荷谱施加

进入随机振动分析模块，选择 Random Vibration，依次单击工具栏中的 PSD Base Excitation→PSD Acceleration，分别设置 $x$、$y$、$z$ 三个方向的加速度 PSD 输入，在 Tabular Data 中依次输入给定的数值，如图 12-8 所示。

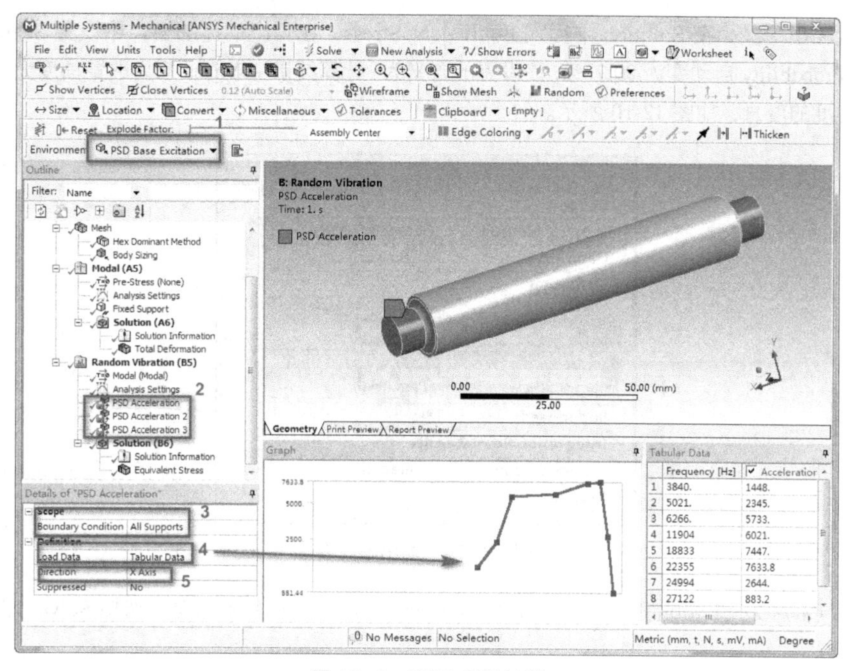


图 12-8　PSD 函数加载

## 12.2.7　求解计算

设置求解计算方式的步骤如下。

（1）单击 Analysis Setting，在弹出的详细窗口中设置 Number of Modes To Use 为 All，在 Damping Controls 中设置 Constant Damping Ratio 为 0.02，如图 12-9 所示。

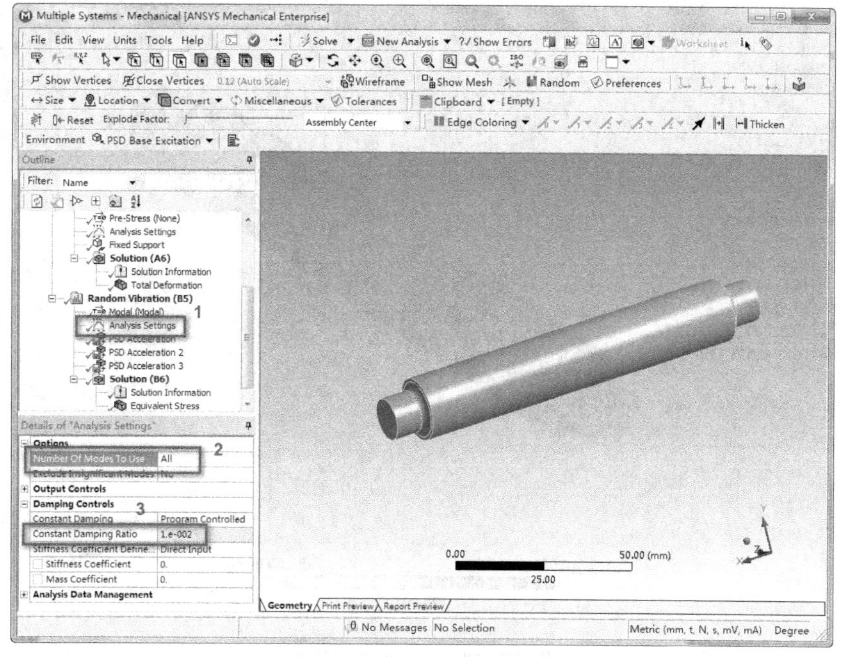


图 12-9　设置求解参数

（2）设置输出变量。在 Solution 中插入 Equivalent Stress，在弹出的详细窗口中设置 Scale Factor 为 3 Sigma，此时 Probability 自动变为 99.73%，该设置的含义为：计算结果中 Mises 应力的置信度大小为 99.73%，是一个可靠程度的度量，如图 12-10 所示。

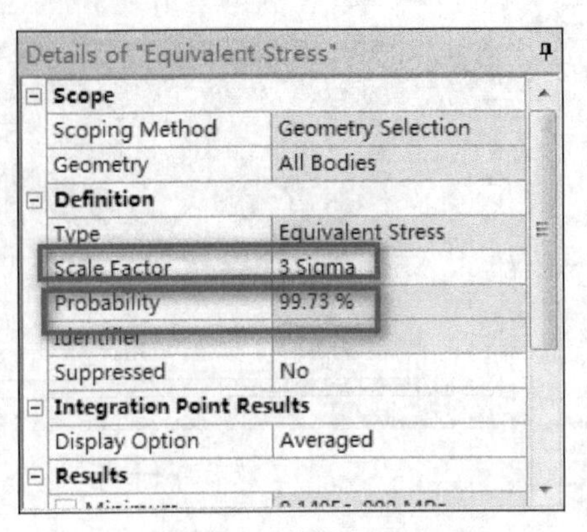


图 12-10 输出项设置

（3）完成（1）（2）步骤的设置之后单击 Random Vibration，单击鼠标右键，选择 Solve，提交计算机求解即可。

## 12.2.8 结果后处理

计算完成查看结果，可以得到结构在该随机振动作用下的应力响应云图，如图 12-11 所示。从图中可以看到最大 Mises 应力值约为 1.8MPa，即该作用下转轴有 99.73%的概率 Mises 应力值不超过 1.8MPa，为设计提供参考和修改的理论依据。

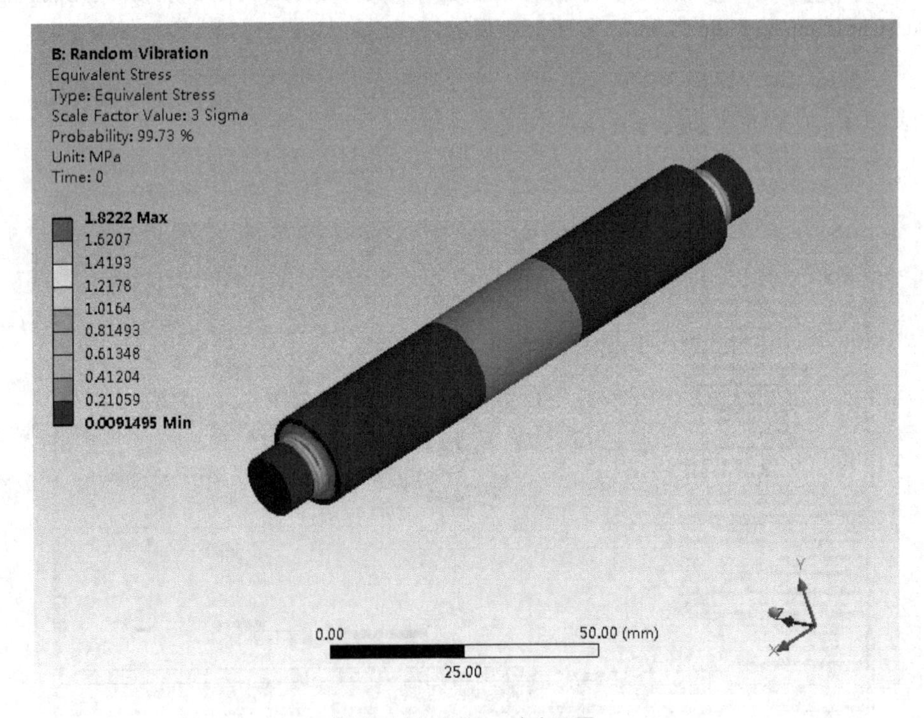


图 12-11 Mises 应力云图

# 12.3 随机振动分析实例——某直升机机载设备随机振动分析

本例以某直升机机载设备为分析对象，介绍随机振动问题的仿真方法和操作过程，同时为读者提供学习参考和案例实践。

## 12.3.1 问题描述

图 12-12 所示为某直升机机载设备的简化几何模型，直升机最主要的振源来自旋翼和尾桨系统，在飞行过程中，由于桨叶在气流作用下产生摆振和扭转，进而影响整个机身。机载设备由于机身振动不平衡产生激励作用，致使设备可能发生强度及疲劳失效问题，因此对机载设备进行随机振动分析能够提前排除隐患。

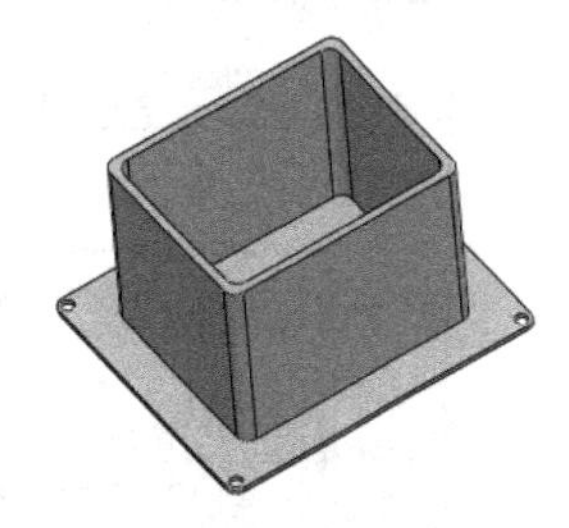

图 12-12 机载设备简图

机载设备材料采用超硬铝合金 2A12，弹性模量 $E$=73MPa，泊松比 $\mu$=0.33，密度 $\rho$=2780kg/m$^3$。机载设备在底部固定点受到的加速度密度谱值如表 12-2 所示。

表 12-2 加速度 PSD 数值

| 频率（Hz） | 功率谱密度（$g^2$/Hz） | 频率（Hz） | 功率谱密度（$g^2$/Hz） |
|---|---|---|---|
| 9.8 | 0.001 | 54 | 0.353 |
| 14.7 | 0.4754 | 66.9 | 0.359 |
| 19.6 | 0.4754 | 71 | 0.36 |
| 31.9 | 0.9688 | 99.8 | 0.012 |
| 37.1 | 0.9692 | 299 | 0.012 |
| 50 | 0.35 | 501 | 0.00012 |

## 12.3.2 几何建模

几何模型通过外部导入，设置单位为 mm，在 DM 窗口中通过 File→Import External Geometry File...导入模型，单击 Generate 生成即可，如图 12-13 所示。

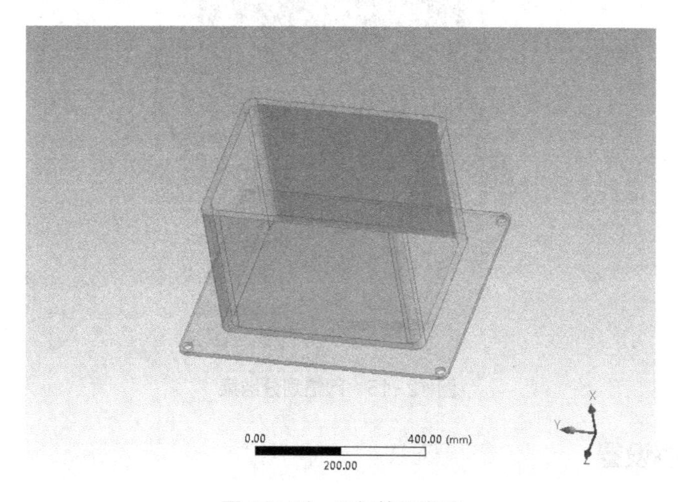


图 12-13 几何简化模型

## 12.3.3 材料属性设置

材料属性设置。由于模型中只有一种材料，所以直接采用软件默认的 Structure Steel 即可，将材料名称更改为 Alu，按图 12-14 所示的参数值进行设置，完成之后赋予几何体。

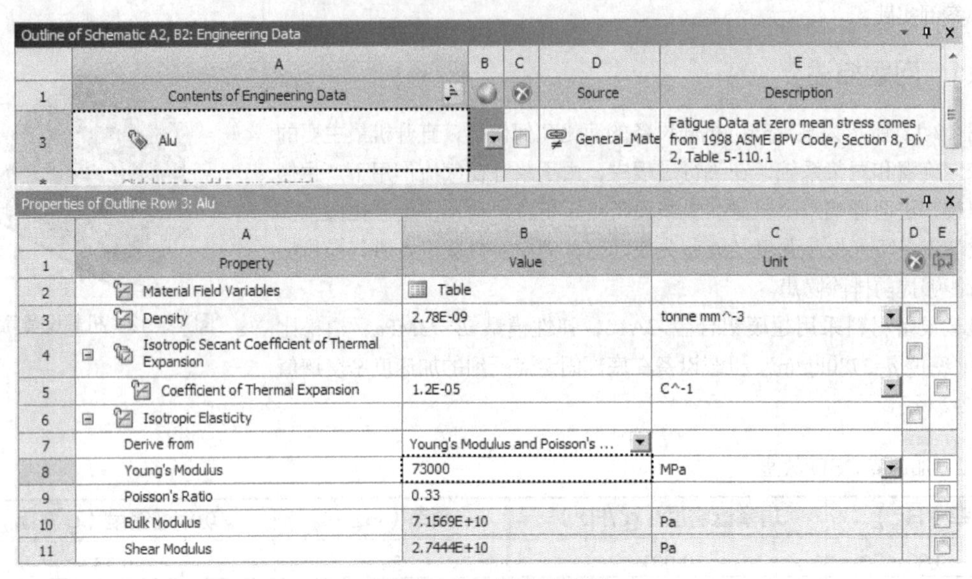

Outline of Schematic A2, B2: Engineering Data

| | A | B | C | D | E |
|---|---|---|---|---|---|
| 1 | Contents of Engineering Data | | | Source | Description |
| 3 | Alu | | | General_Mate | Fatigue Data at zero mean stress comes from 1998 ASME BPV Code, Section 8, Div 2, Table 5-110.1 |

Properties of Outline Row 3: Alu

| | A | B | C | D | E |
|---|---|---|---|---|---|
| 1 | Property | Value | Unit | | |
| 2 | Material Field Variables | Table | | | |
| 3 | Density | 2.78E-09 | tonne mm^-3 | | |
| 4 | Isotropic Secant Coefficient of Thermal Expansion | | | | |
| 5 | Coefficient of Thermal Expansion | 1.2E-05 | C^-1 | | |
| 6 | Isotropic Elasticity | | | | |
| 7 | Derive from | Young's Modulus and Poisson's ... | | | |
| 8 | Young's Modulus | 73000 | MPa | | |
| 9 | Poisson's Ratio | 0.33 | | | |
| 10 | Bulk Modulus | 7.1569E+10 | Pa | | |
| 11 | Shear Modulus | 2.7444E+10 | Pa | | |

图 12-14 材料属性设置

## 12.3.4 网格划分

网格划分采用六面体主体划分方法，网格大小设置为 10mm，划分完成后如图 12-15 所示，课件网格质量较为可观。

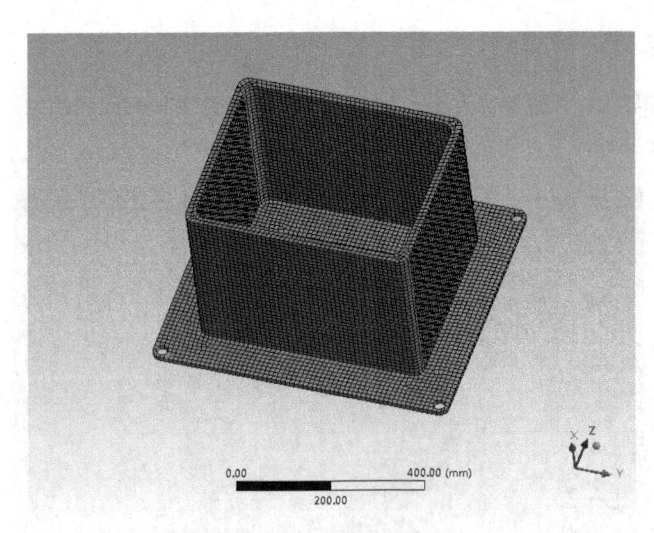


图 12-15 网格划分结果

## 12.3.5 模态求解设置

模态求解设置与上一个实例中类似，主要包括以下步骤。

（1）施加固定约束。通过 Supports→Fixed Support 将底部四个螺栓孔固定，如图 12-16 所示。

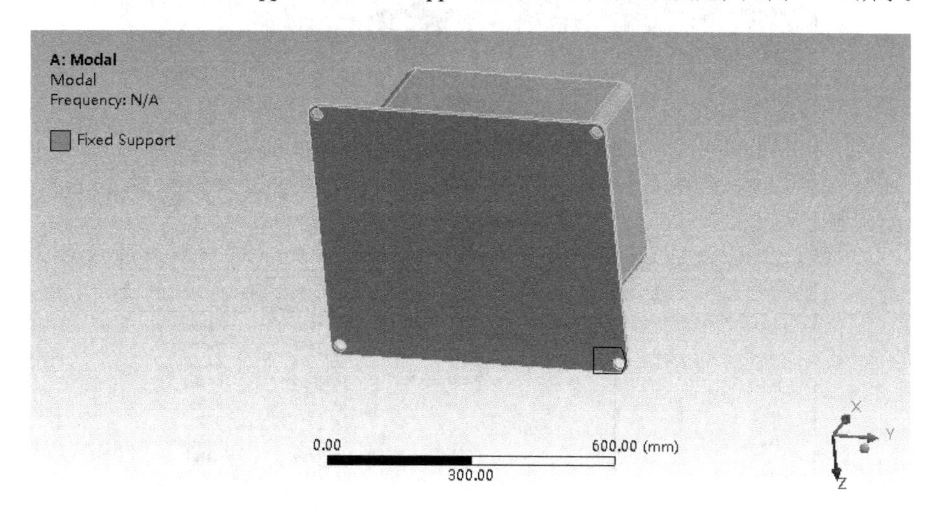


图 12-16　约束设置

（2）设置 Analysis Setting，提取前 10 阶模态振型并提交计算。

（3）查看模态计算结果，可以看到前 10 阶模态频率及振型云图，如图 12-17 所示。

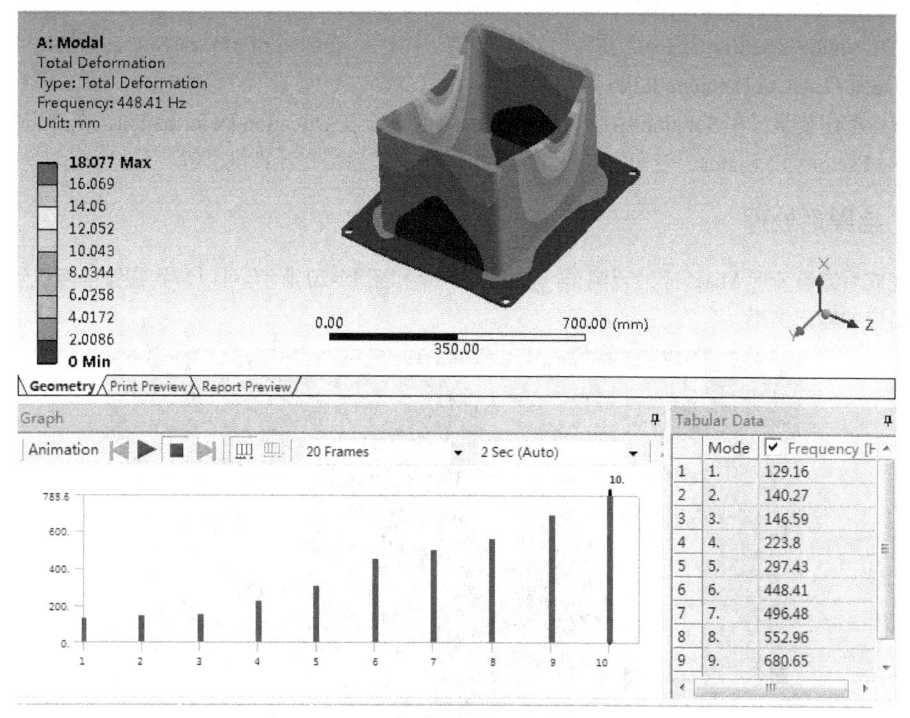


图 12-17　模态计算结果

## 12.3.6　PSD 载荷谱施加

根据提供的 PSD 载荷谱施加激励，选择 PSD Base Excitation→PSD G Acceleration，在弹出的详细设置窗口中设置边界约束为 All Support，PSD 施加方向为 $x$ 方向，输入数据如图 12-18 所示。

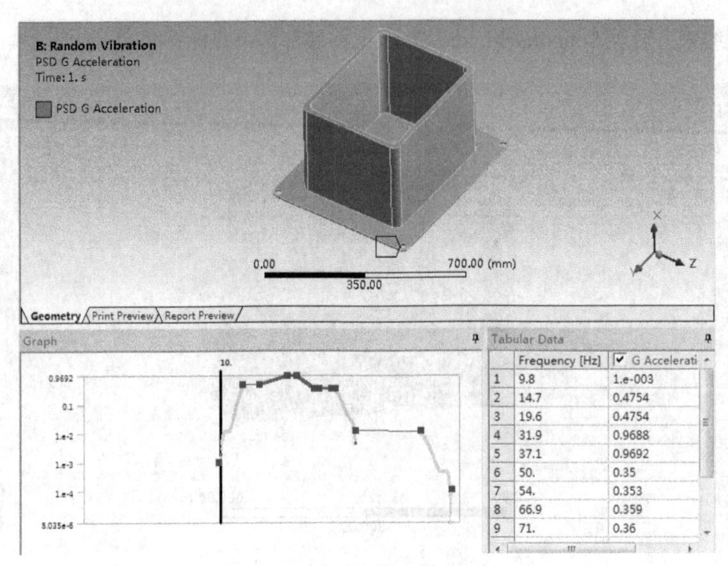


图 12-18 PSD 载荷谱输入

## 12.3.7 求解计算

设置随机振动求解，具体操作如下。

（1）设置 Analysis Setting，选择后在弹出的详细窗口中设置 Number of Modes To Use 为 All，在 Damping Controls 中设置 Constant Damping Ratio 为 0.02。

（2）设置输出变量，在 Solution 中插入 Equivalent Stress 以及 Direction Deformation，在弹出的详细窗口中设置 Scale Factor 为 3 Sigma，变形方向设置为 $x$ 方向，完成后提交计算机求解。

## 12.3.8 结果后处理

求解完成后查看变形 Mises 应力云图，分别如图 12-19 和图 12-20 所示。可以看到在置信度设置为 99.73% 的情况下对应的输出结果。

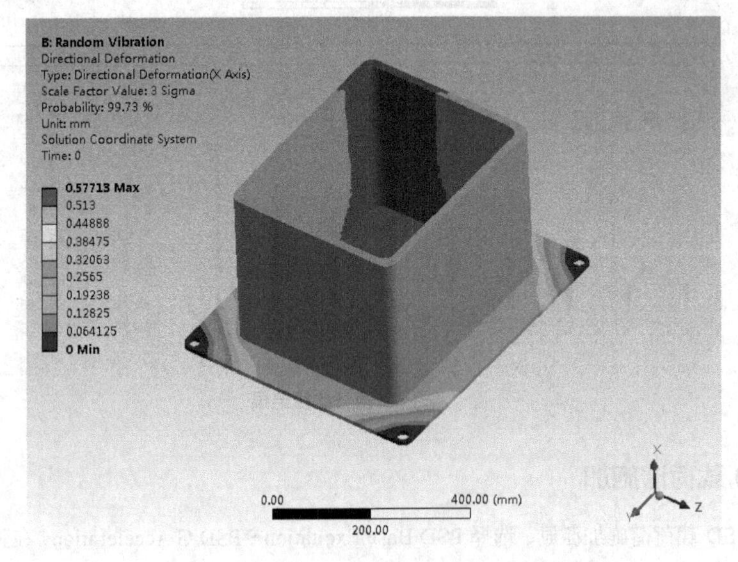


图 12-19 $x$ 方向变形云图

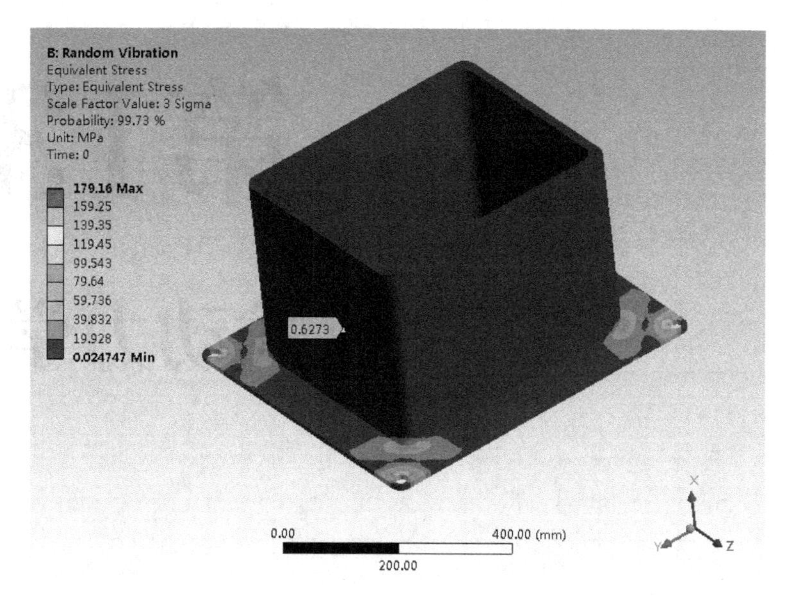


图 12-20　Mises 应力云图

# 12.4　本章小结

本章主要讲解了随机振动分析的理论，并在 WB 19.0 中通过简单的工程实践分析进行详细阐述，通过基于模态求解来进行后续的随机振动分析，结合每一步操作使读者能够快速掌握随机振动分析的方法和技巧。

Chapter 13

# 第13章

# 显式动力学分析

■ 显式动力学分析主要用于分析瞬态问题，如冲击、爆炸等短时间内发生的动力学场景。

在WB 19.0中有专门的显式动力学分析模块，本章将通过具体的理论和实例讲解，介绍显式动力学的详细使用和操作，使读者能够充分掌握该分析功能。

# 13.1 显式动力学简介

显式动力学用来分析结构在应力波作用、外部冲击以及短时间内载荷快速变化等情形下的响应。通常情况下，当分析项目中作用时间小于 1s（通常单位为 ms）时适合采用本方法进行分析求解。

在前面的章节中已经知悉，系统的运动方程可以用式（13-1）描述：

$$[M]\ddot{x}+[C]\dot{x}+[K]x=F(t) \tag{13-1}$$

其中$[M]$、$[C]$、$[K]$分别为质量矩阵、阻尼矩阵和刚度矩阵，$\ddot{x}$、$\dot{x}$、$x$分别表示加速度、速度及位移响应向量，$F(t)$代表变载荷向量。

和静力学相比较，在动力学分析中由于阻尼和惯性力的存在，最后求解的方程为常微分方程。在 WB 19.0 中采用直接积分法中的中心差分格式对运动学方程进行积分。在中心差分算法中，速度和加速度可以通过位移表示为：

$$\dot{x}_t=\frac{1}{2\Delta t}(-x_{t-\Delta t}+x_{t+\Delta t}) \tag{13-2}$$

$$\ddot{x}_t=\frac{1}{\Delta t^2}(x_{t-\Delta t}-2x_t+x_{t+\Delta t}) \tag{13-3}$$

将式（13-2）和式（13-3）代入式（13-1）中可得到求解各个离散时间点解的递推公式。如式（13-4）所示。

$$\left(\frac{1}{\Delta t^2}M+\frac{1}{2\Delta t}C\right)x_{t+\Delta t}=F(t)-\left(K-\frac{2}{\Delta t^2}M\right)x_t-\left(\frac{1}{\Delta t^2}M-\frac{1}{2\Delta t}C\right)x_{t-\Delta t} \tag{13-4}$$

在给定初始条件和一定的起步计算方法后利用式（13-4）求解各离散时间点的位移值。中心差分算法是条件稳定算法，其解的稳定条件是：

$$\Delta t\leqslant\Delta t_{cr}=\frac{T_n}{\pi} \tag{13-5}$$

式中，$T_n$是有限元系统的最小固有振动周期，而$\Delta t_{cr}$可由下式进行估计：

$$\Delta t_{cr}=\frac{l_{\min}}{\sqrt{E\rho/(1-\beta\gamma^2)}} \tag{13-6}$$

式中，$l_{\min}$为最小单元长度，$\rho$为材料密度，$\gamma$为泊松比，$E$为材料弹性模量。

显式动力学适用于分析高度非线性的问题，包括材料非线性（如超弹性材料、材料失效等）、接触问题（如高速冲击）以及几何大变形（如屈曲、压溃等情形），所以显式动力学在非线性问题的求解上有非常广的应用。

在 WB 19.0 中进行显式动力学分析前需要单独创建显示动力学分析项目（Explicit Dynamics），如图 13-1 所示。

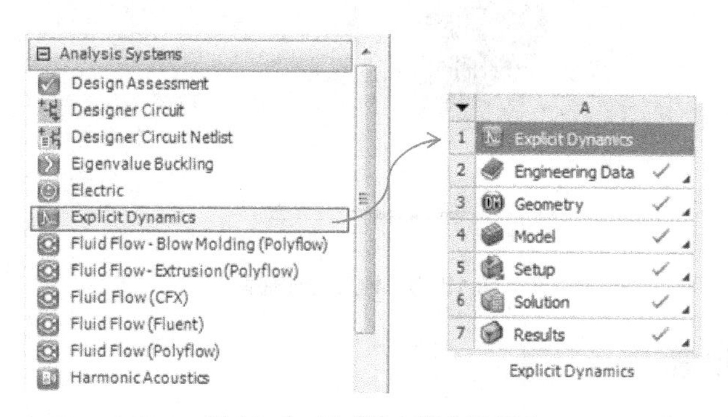


图 13-1　显式动力学分析项目

# 13.2 显式动力学实例——子弹射击简单模拟

本例以子弹射击为分析对象，利用显式动力学分析模块研究高速状态下结构的相互作用情况，为读者学习和掌握显式动力学的分析方法提供详细的使用指导。

## 13.2.1 问题描述

子弹射击是显式动力学最常见的一类分析问题，图 13-2 所示为子弹射击场景的几何模型，假设子弹在远离钢板 0.1m 远处以 100m/s 的速度射出，模拟该击中并穿透过程中子弹及钢板的应力和变形情况，整个过程历时 2ms。

本例中选用材质分别来源于 WB 19.0 软件默认显式分析材料库，子弹材料为 Steel 1006，钢板材料为 Steel V250。

图 13-2　几何简化模型

## 13.2.2 几何建模

在三维建模软件中分别建立钢板及子弹模型，为了加快模拟，设置两者相距 0.1m。之后在 DM 中通过 Import External File…分别导入两部分模型，结果如图 13-3 所示。

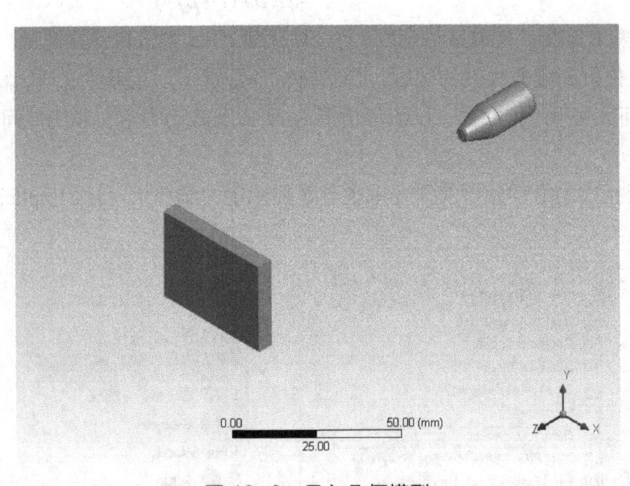


图 13-3　导入几何模型

## 13.2.3 材料属性设置

根据问题描述，设置子弹材料为 Steel 1006，钢板模型材质为 Steel V250。双击 Engineering Data 进入材料属性设置界面，依次单击 Engineering Data Sources→Explicit Materials，在显式动力学材料库中选择 Steel 1006 和 Steel V250 并添加到当前分析项目中，如图 13-4 所示。

完成材料属性设置后，进入 Model 中的 Geometry 项，选择对应的几何模型部件，在弹出的详细设置窗口中利用 Assignment 将材料属性分别赋予相应的几何部件。

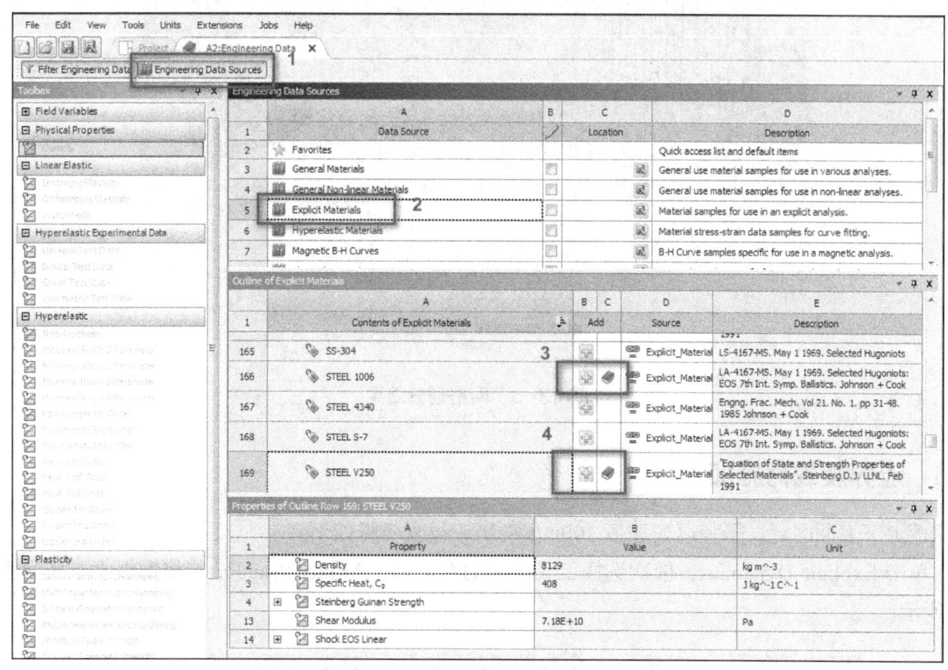


图 13-4　设置材料属性

## 13.2.4　接触设置

在显式动力学分析中接触设置采用 Body Interactions，分析建模中软件将自动建立该接触，如图 13-5 所示。单击 Body Interaction，在弹出的详细窗口中设置 Geometry 为 All Bodies，静摩擦系数和动摩擦系数分别设置为 0.25 和 0.2。

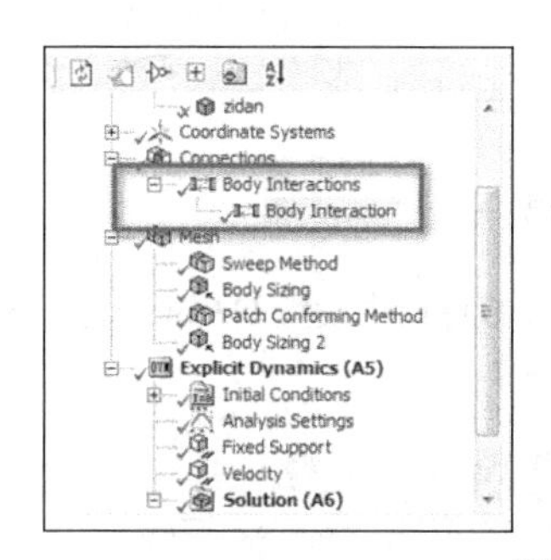


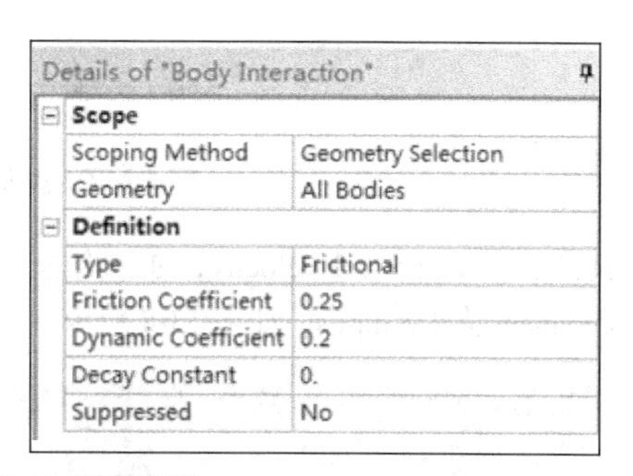


图 13-5　接触设置

## 13.2.5　网格划分

设置钢板网格划分技术为 Sweep，网格大小为 2mm；子弹网格划分技术为 Tetrahedrons，网格大小为 1.2mm，设置完成之后右键单击 Mesh Generate 实现网格划分，如图 13-6 所示。

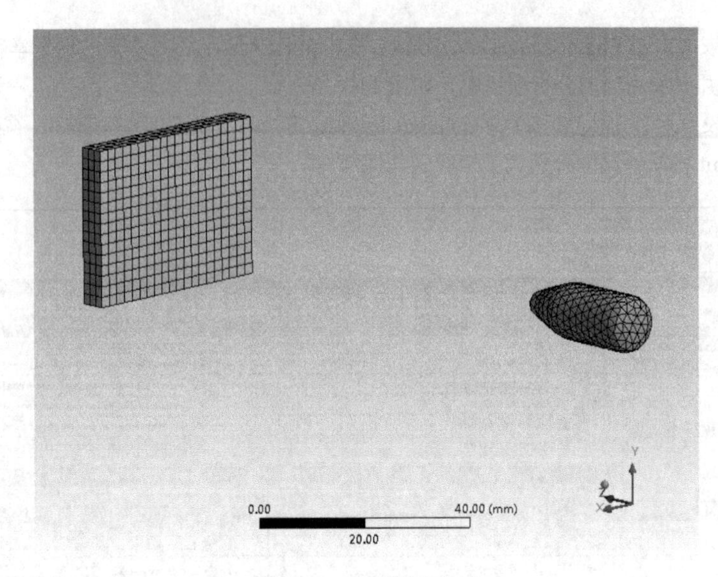


图 13-6　网格划分结果

## 13.2.6　边界及载荷施加

将钢板上下表面固定，子弹以初速度 100m/s 射出，设置步骤如下。

（1）单击 Explicit Dynamics，依次选择工具栏中的 Supports→Fixed Support，将钢板上下表面固定，如图 13-7 所示。

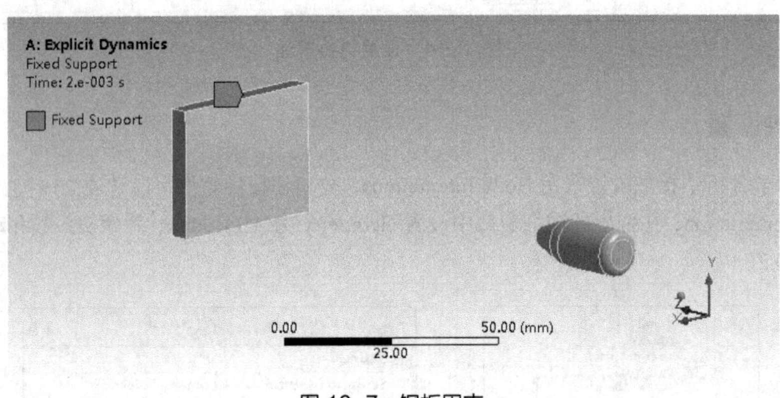


图 13-7　钢板固支

（2）选择工具栏中的 Supports→Velocity，在弹出的详细设置窗口中设置 Geometry 为子弹模型，同时设置子弹速度 Z Component 为 $1.e^5$mm/s，如图 13-8 所示。

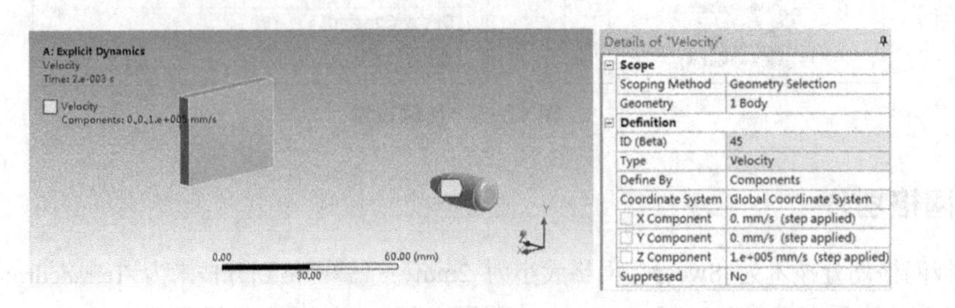


图 13-8　子弹初速度设置

（3）单击工具栏中的 Inertial→Standard Earth Gravity，根据实际情况设置-*y* 方向的重力加速度。

## 13.2.7　求解设置

求解设置包括以下几步。

（1）单击 Analysis Setting，在弹出的详细窗口中设置 End Time 为 2.e-3s，分析类型 Type 选择 High Velocity，其他求解设置采用软件默认即可。

（2）单击 Solution 设置输出参数，选择 Total Deformation 和 Equivalent Stress 作为输出结果；完成设置后单击 Solve 提交计算机求解。

（3）为了能够方便地掌握求解进度，单击 Solution Information，可以看到求解过程的实时进展，整个过程如图 13-9 所示。

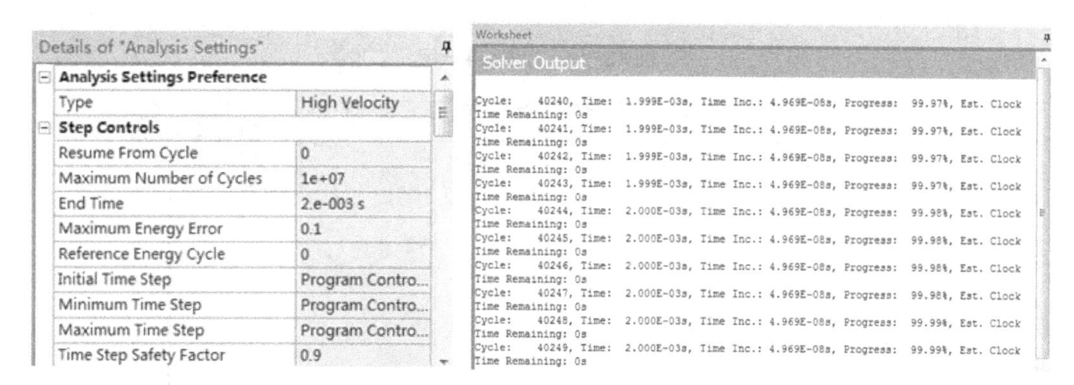


图 13-9　求解设置

## 13.2.8　结果后处理

单击输出参数查看计算结果，其变形和应力结果云图分别如图 13-10 和图 13-11 所示，同时可以获取整个子弹射击过程中 Mises 应力大小随时间变化的曲线，如图 13-12 所示，在开始撞击的时候应力值瞬间增大。

单击图 13-12 中的动画保存按钮可以导出整个模拟动画，用于实时查看。

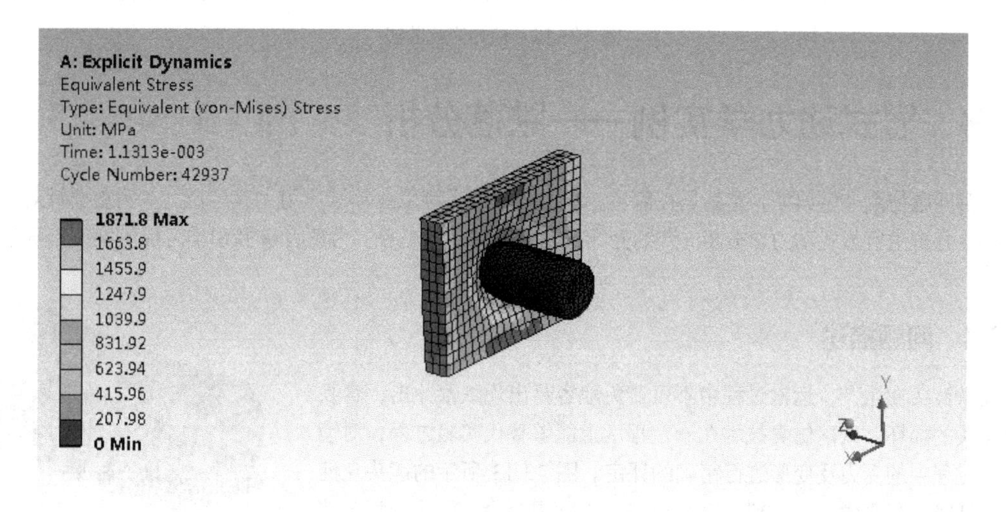


图 13-10　应力结果云图

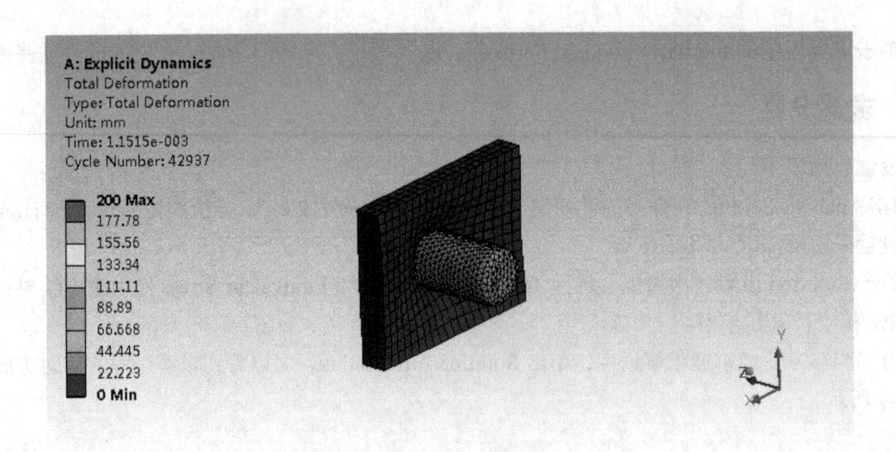


图 13-11　变形结果云图

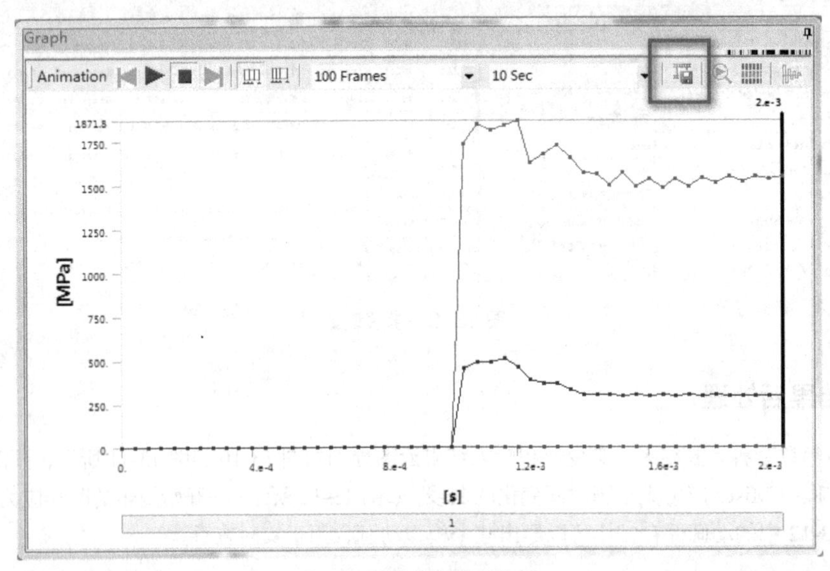


图 13-12　应力变化曲线

# 13.3　显式动力学实例——跌落分析

跌落问题仿真非常典型，尤其是在家电、小型电子产品等工业领域应用尤其广泛。本例主要针对光学镜头的跌落分析进行显式动力学分析，详细介绍跌落分析的设置方法，为读者掌握和学习提供案例指导和案例实践。

## 13.3.1　问题描述

光学镜头在生产、运输过程中不可避免地容易出现跌落冲击，容易导致镜头的损坏。跌落仿真技术在一定程度上能够替代实验过程，对镜头跌落过程中的受力及变形进行精确的评定。图 13-13 所示的镜头几何模型包括镜头和光学玻璃材料，镜头材料选用硬铝合金，两块光学玻璃选用 K9 玻璃，地面使用软件默认的混凝土材料，各材料属性值如表 13-1 所示。

图 13-13　镜头几何模型

本实例参考长春大学学报 2013 年 2 月第 23 卷第 2 期发表的论文《基于 Ansys Workbench 的镜头跌落仿真分析研究》中的例子，利用显式动力学对镜头跌落碰撞过程进行仿真分析。

表 13-1　镜头各部件材料属性值

| 部件 | 材料名称 | 密度（kg/m³） | 泊松比 | 弹性模量（GPa） | 剪切模量（GPa） | 屈服强度（MPa） |
|---|---|---|---|---|---|---|
| 镜头 | 硬铝合金 | 2700 | 0.3 | 70 | 27 | 380 |
| 光学玻璃 | K9 | 2.5e-3 | 0.208 | 78 | 32.28 | 2.3 |

## 13.3.2　几何建模

分别建立镜头结构和光学玻璃结构模型，然后通过 DM 中的 Import External Geometry File…依次导入 WB 19.0 中。导入完成之后如图 13-14 所示。

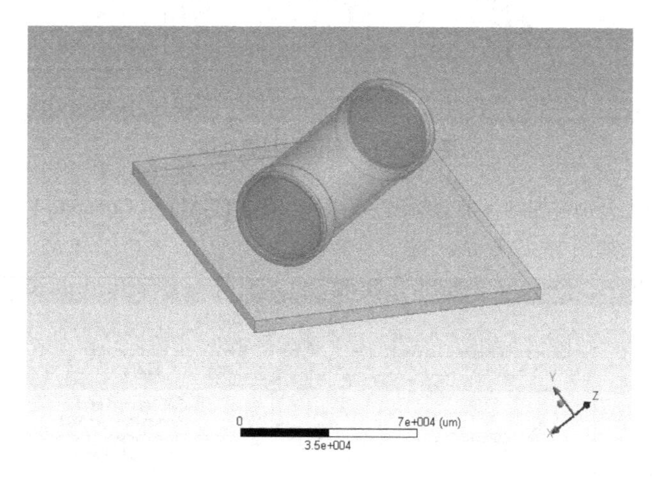


图 13-14　镜头几何模型

## 13.3.3　材料属性设置

本例中需要设置 3 种材料模型，其中新建两种材料，步骤如下。

（1）进入 Engineering Data 界面，单击 Engineering Data Sources 弹出材料属性库，在 Explicit Materials 中新建光学玻璃材料 K9 和镜头材料 JT-Alu，如图 13-15 所示。

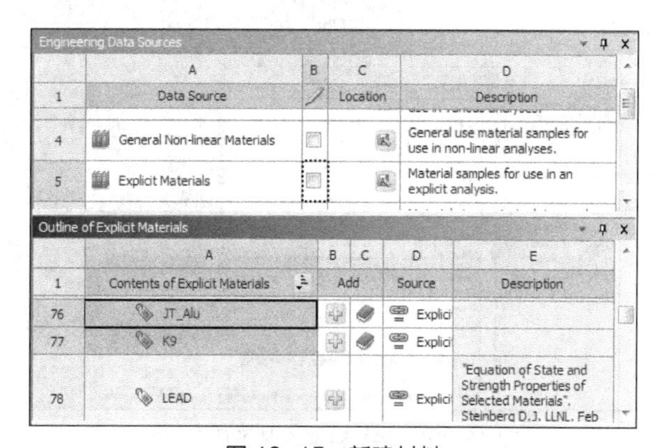


图 13-15　新建材料

（2）单击新建材料，然后将左侧工具条中的密度（Density）、各项同性材料（Isotropic Elastic）和双线性各向同性强化模型（Bilinear Isotropic Kinematic Hardening）添加到对应窗口中，并在窗口中设置图 13-16 所示的参数值。

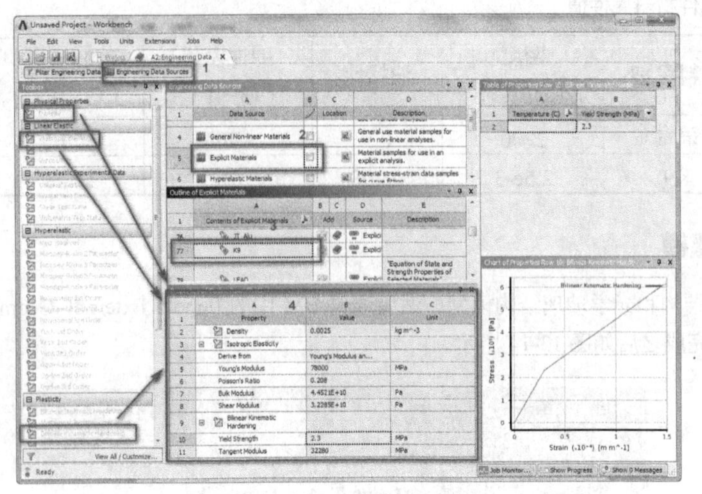

图 13-16　新建材料属性值

（3）将新建材料属性分别添加到当前分析项目，单击 K9、JT-Alu 和 Concrete-L 表格右侧“+”号，完成材料同步添加功能，最后如图 13-17 所示。

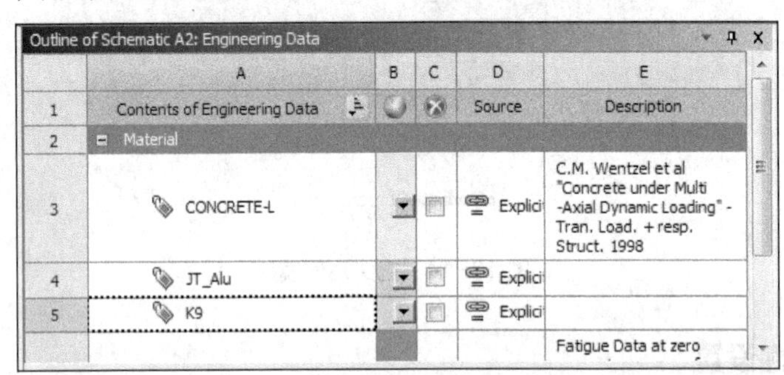


| | A | B | C | D | E |
|---|---|---|---|---|---|
| 1 | Contents of Engineering Data | | | Source | Description |
| 2 | Material | | | | |
| 3 | CONCRETE-L | | | Explici | C.M. Wentzel et al "Concrete under Multi -Axial Dynamic Loading" - Tran. Load. + resp. Struct. 1998 |
| 4 | JT_Alu | | | Explici | |
| 5 | K9 | | | Explici | |
| | | | | | Fatigue Data at zero |

图 13-17　将材料添加至当前项目

（4）进入 Model，单击各部件，将材料分别赋予各个几何模型，如图 13-18 所示。

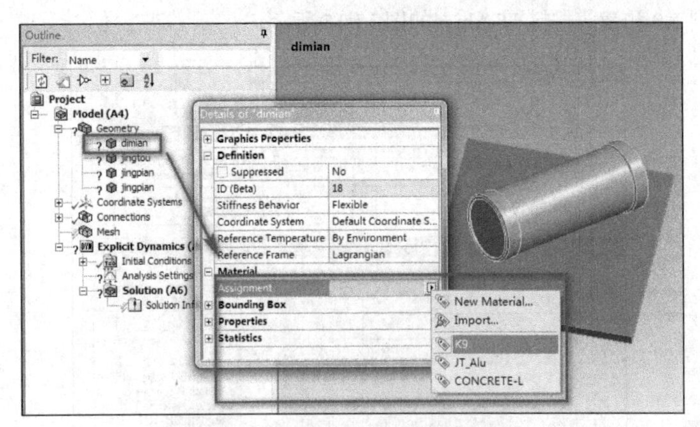


图 13-18　将材料属性赋予几何部件

## 13.3.4 接触设置

模型中存在 4 个部件，设置光学玻璃与镜头之间为绑定约束（Bonded），同时将所有部件设定 Body Interaction，摩擦系数分别设置 0.25 和 0.2，如图 13-19 所示。

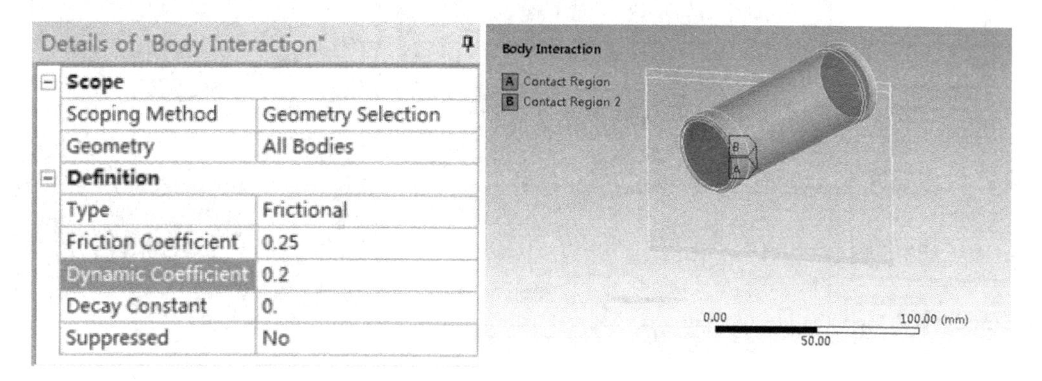

Details of "Body Interaction"

| Scope | |
|---|---|
| Scoping Method | Geometry Selection |
| Geometry | All Bodies |
| **Definition** | |
| Type | Frictional |
| Friction Coefficient | 0.25 |
| Dynamic Coefficient | 0.2 |
| Decay Constant | 0. |
| Suppressed | No |



图 13-19　接触设置

## 13.3.5 网格划分

设置所有网格为自动划分，其中地面网格大小为 10mm，镜片网格大小为 6mm，镜头网格大小为 10mm，完成单元划分，结果如图 13-20 所示。

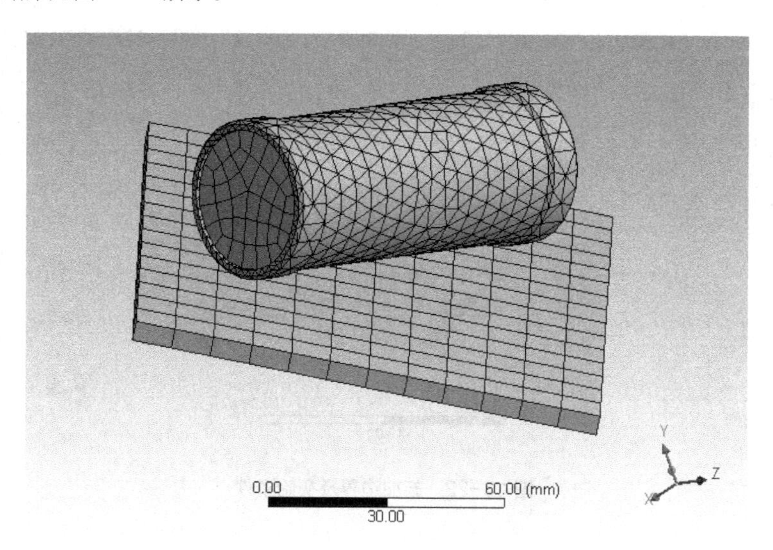


图 13-20　网格划分结果

## 13.3.6 边界及载荷施加

本步骤主要包括边界约束和外部初始条件设置，由于整个模型竖直方向与整体坐标系不一致，所以在进行载荷施加之前需要新建参考坐标 CS，具体步骤如下。

（1）单击 Coordinate System，单击鼠标右键，插入新坐标并重命名为 CS。

（2）单击 CS，弹出详细设置窗口，将 Type 设为 Cartesian，然后选择地面上表面，同时将 $x$、$y$ 方向设置为地面长宽两边方向，如图 13-21 所示。

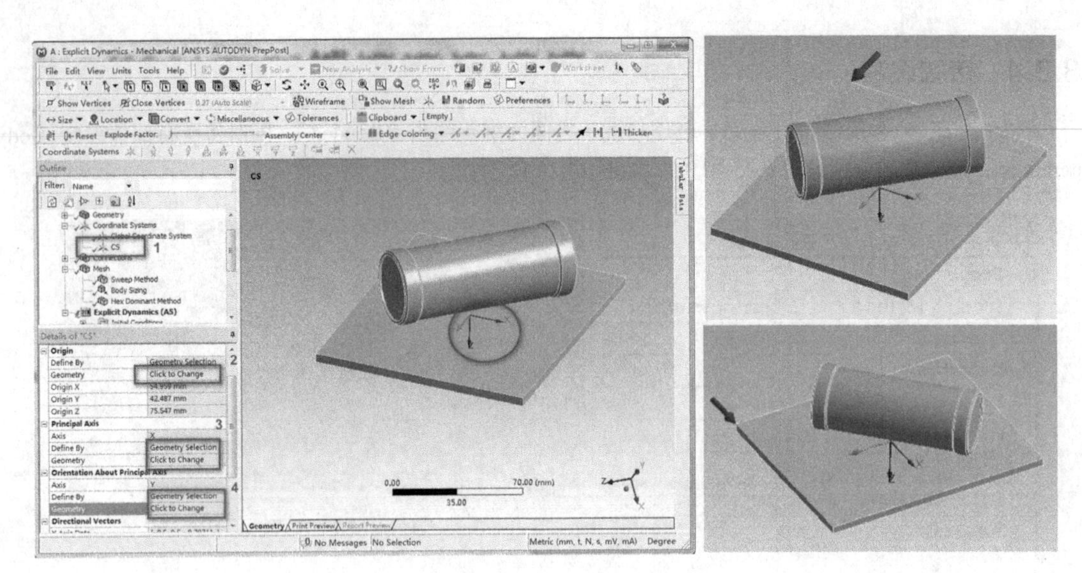

图 13-21　创建新坐标

基于新创建的坐标参考，下面设置初始条件。

（1）单击 Supports→Velocity，设置镜头及光学玻璃初始速度为 5000mm/s，方向选择 CS 的+Z 方向。

（2）创建重力加速度。单击 Inertial→Standard Earth Gravity，然后设置加速度方向为+Z 方向。

（3）边界约束。利用 Fixed Support 将地面固定，完成设置后如图 13-22 所示。

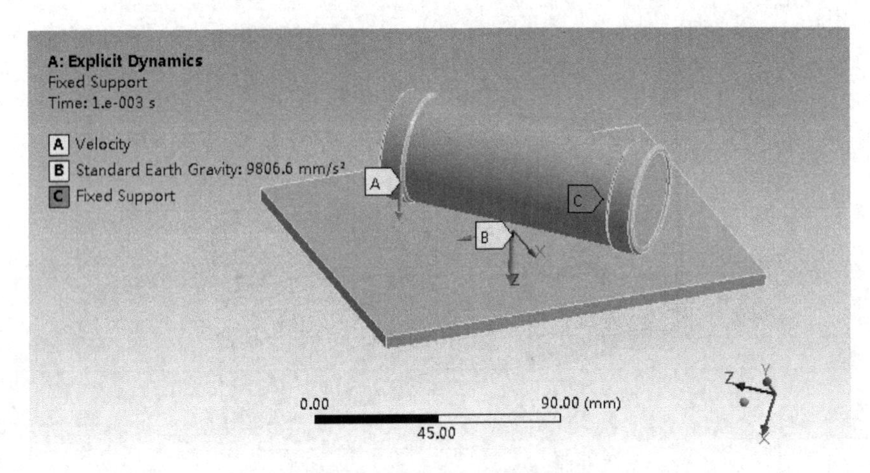


图 13-22　施加边界及初始条件

## 13.3.7　求解设置

单击 Analysis Setting，设置求解时间 End Time 为 1ms，其他设置默认即可。

然后单击 Solution 插入希望输出的选项，分别选择 Total Deformation 和 Equivalent Stress，完成后提交计算机求解。

## 13.3.8　结果后处理

查看计算结果云图，可以得到镜头在整个过程中的碰撞应力，图 13-23 为最后时刻的应力结果云图。图 13-24 所示为最大应力大小随时间的变化曲线，可以看到整个过程中最大应力值为 226.8MPa。

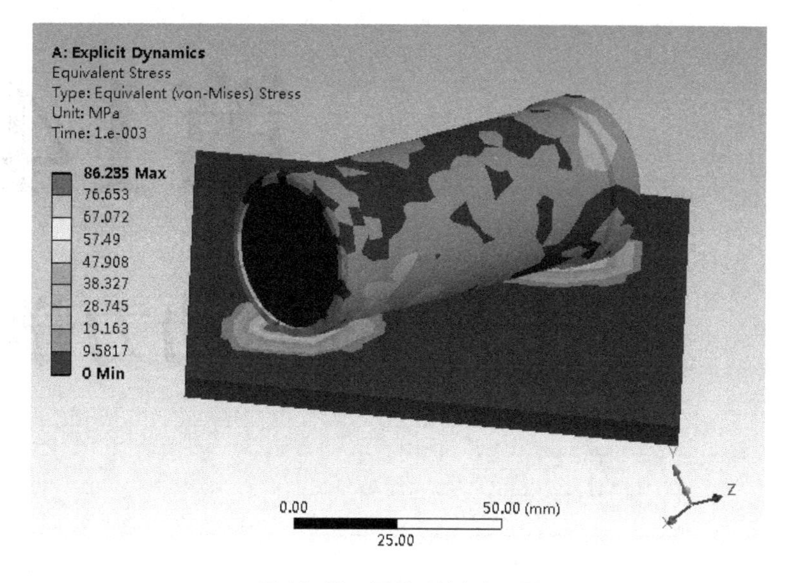


图 13-23　最后时刻应力云图

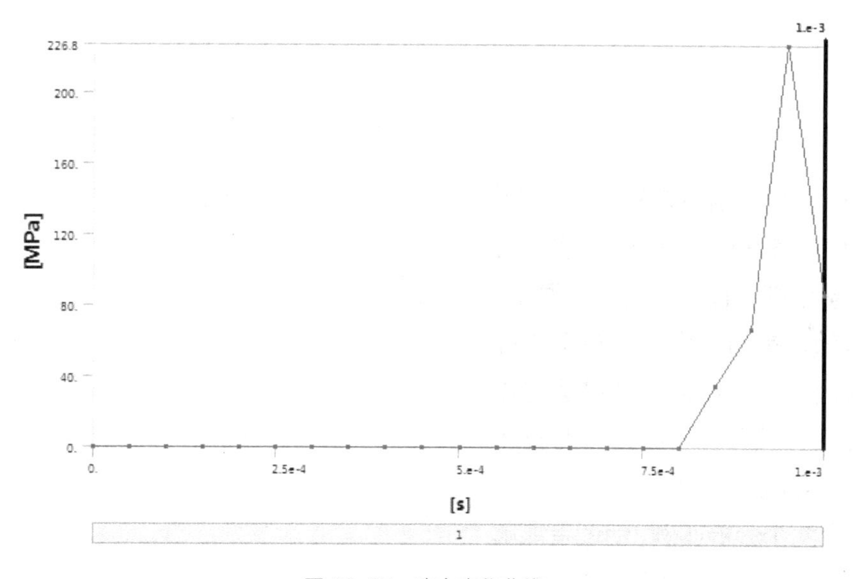


图 13-24　应力变化曲线

# 13.4　本章小结

本章主要介绍了显式动力学分析的一般理论和求解方法，然后通过子弹击穿和镜头跌落两个分析实例，详细讲解如何在 WB 19.0 中进行显式动力学的仿真，对每一步的操作设置和注意事项都进行了说明，为读者呈现了较为全面的求解分析过程。

Chapter 14

# 第14章

## 刚体动力学分析

■ 刚体是不可变形的物体，在 WB 19.0 中的刚体动力学分析主要用于考量组合结构的动力学性能，包括速度、加速度、扭矩等物理量，参与分析的所有部件都为刚体。各运动学部件之间通过运动副建立约束关系，然后基于动力学方程求解获得各位置点的物理量。

本章主要结合两个分析实例，使读者能够充分掌握刚体运动学仿真的基本技巧。

# 14.1 刚体动力学简介

刚体运动学分析属于多体动力学的一部分内容，其分析中涉及的诸多零部件都为刚体，因此也成为多刚体动力学分析。它们通过特定的关节将诸多零件连接在一起，实现特定的运动和功能，这些部件组成的系统也称为多刚体系统。

多刚体动力学分析广泛应用于汽车、航空航天、机器人等领域，如汽车悬架系统的多体动力学、机器人机械臂的动力学分析等。对多刚体系统，从 20 世纪 60 年代到 80 年代，在航天和机械领域形成了两类不同的数学建模方法，分别是拉格朗日法和笛卡尔法。

## 14.1.1 拉格朗日法

拉格朗日法是一种相对坐标的方法，其动力学方程的形式为拉格朗日坐标阵的二阶微分方程组，如式（14-1）所示：

$$M(q,t)\ddot{q}=F \tag{14-1}$$

其中，$q$ 、$\ddot{q}\in R^{n}$ 分别是系统的广义坐标及其对时间的二阶导数，$M\in R^{n\times n}$ 为系统广义质量阵，$F\in R^{n}$ 为广义力向量。

该方法主要用于航天器相关问题的解决，优点是方程个数最少，动力学方程容易转化为常微分方程（Ordinary Differential Equation，ODE），但是方程呈现严重的非线性，求解复杂。

## 14.1.2 笛卡儿法

笛卡儿法是一种绝对坐标法，它以系统中的每个部件为单元，建立固结在刚体上的坐标系，刚体位置相对于一个公共参考系进行定义，通过欧拉角或者欧拉参数来描述相对的位置坐标。

对于由 $N$ 个刚体组成的系统，系统动力学模型一般表示为式（14-2）所示的形式：

$$\begin{cases}M\ddot{q}+\phi_{q}^{T}\lambda=B\\ \phi(q,t)=0\end{cases} \tag{14-2}$$

式中，$\phi$ 为位置坐标阵的约束方程，$\phi_{q}$ 为约束方程的雅克比矩阵，$\lambda$ 为拉格朗日乘子，这类数学模型被称为欧拉-拉格朗日方程组。

该方法方程个数较多，但系数矩阵呈现稀疏状，适合于计算机自动建立统一的模型进行处理。

目前对多体动力学问题的求解主要采用符号-数值方法，即先采用基于计算代数的符号计算方法进行符号推导，得到多刚体系统拉格朗日模型和系数矩阵简化的数学模型，再用数值方法求解 ODE 问题。

在 WB 19.0 中提供了 4 阶、5 阶龙格-库塔等算法求解微分方程组，求解计算中可以根据需要自行设定。

通常进行刚体动力学分析需要创建刚体动力学分析项目（Rigid Dynamics），如图 14-1 所示。然后在具体的边界设置中需要额外进行运动副的创建，这是刚体结构的动力学分析同其他分析类型的不同之处。

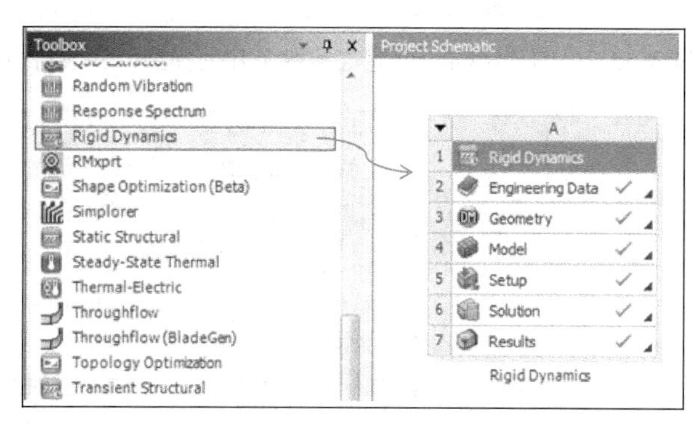


图 14-1 刚体动力学分析

# 14.2 刚体动力学实例——压力机分析

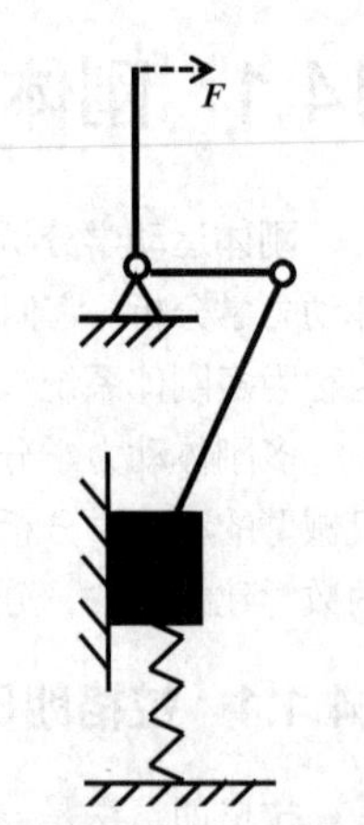

图 14-2 压力机示意图

本例以压力机为研究对象，介绍刚体动力学的基本建模和仿真方法，通过每一步的详细操作，为读者提供详细的学习指导。

## 14.2.1 问题描述

图 14-2 所示为一个简易压力机，通过外力 $F$ 作用实现压载动作，现通过刚体动力学分析部件中弹簧力的大小，其中外力作用为 200N，弹簧刚度为 6.4N/mm，初始长度为 200mm，各构件材质为结构钢，默认使用 Structure Steel。

## 14.2.2 几何建模

分别建立各构件的几何模型，然后通过 DM 窗口依次导入，完成自动装配，初始导入模型如图 14-3 所示。

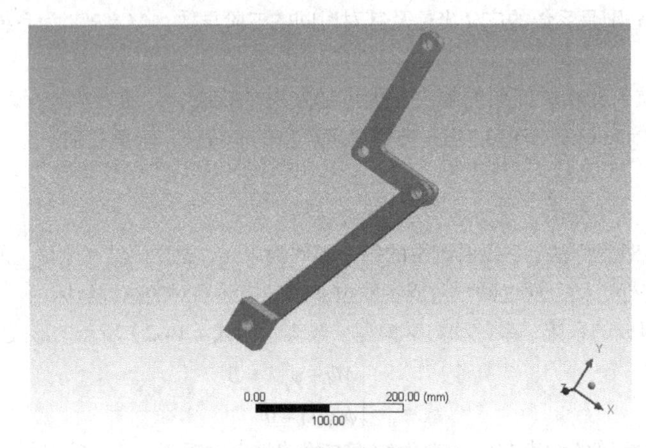

图 14-3 几何部件导入结果

## 14.2.3 材料属性设置

本实例中各部件的材料属性采用软件默认的 Structure Steel，各项材料参数设置如图 14-4 所示，然后通过 Model 中的 Assignment 将材料赋予几何模型，完成材料的设定。

| | A | B | C | D | E |
|---|---|---|---|---|---|
| 1 | Property | Value | Unit | | |
| 3 | Density | 7850 | kg m^-3 | | |
| 4 | Isotropic Secant Coefficient of Thermal Expansion | | | | |
| 5 | Coefficient of Thermal Expansion | 1.2E-05 | C^-1 | | |
| 6 | Isotropic Elasticity | | | | |
| 7 | Derive from | Young's Modulus... | | | |
| 8 | Young's Modulus | 2E+11 | Pa | | |
| 9 | Poisson's Ratio | 0.3 | | | |
| 10 | Bulk Modulus | 1.6667E+11 | Pa | | |
| 11 | Shear Modulus | 7.6923E+10 | Pa | | |
| 12 | Alternating Stress Mean Stress | Tabular | | | |

图 14-4 材料属性参数

## 14.2.4 运动副设置

为了能够实现系统的整体运动，需要在各个部件之间建立运动副约束，在 WB 19.0 中，常用的运动副包括固定副（Fixed）、铰接副（Revolute）、圆柱副（Cylindrical）、移动副（Translational）等，本例中创建的运动副包括移动副和圆柱副，如图 14-5 所示，其中 Part1 和地面、Part1 和 Part2 以及 Part2 和 Part3 之间均通过圆柱副相连接，Part3 与地面之间可以相对移动，通过移动副相连。

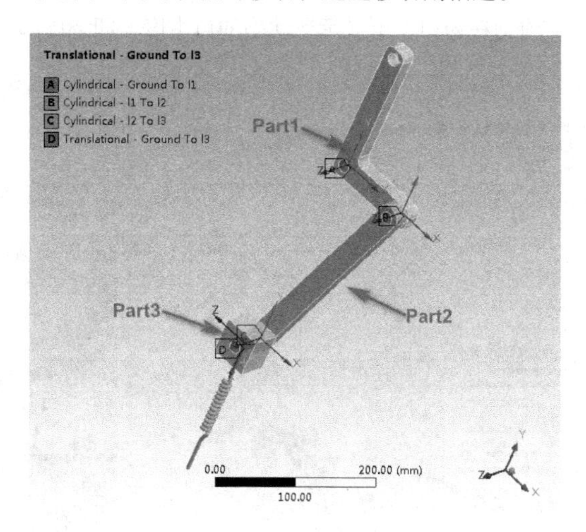


图 14-5 运动副设置

下面介绍如何在不同部件之间添加上述运动副，具体操作如下。

（1）创建 Part1 与地面之间的圆柱副。进入 Connection 选项，依次单击工具栏中的 Body-Ground→Cylindrical，然后在弹出的详细窗口中，进入 Mobile 项，设置 Part1 绕地面转动位置的内表面作为 Scope 的选择面，在完成选择之后在内表面中心处自动创建一个局部坐标，确认选择即可，结果如图 14-6 所示。

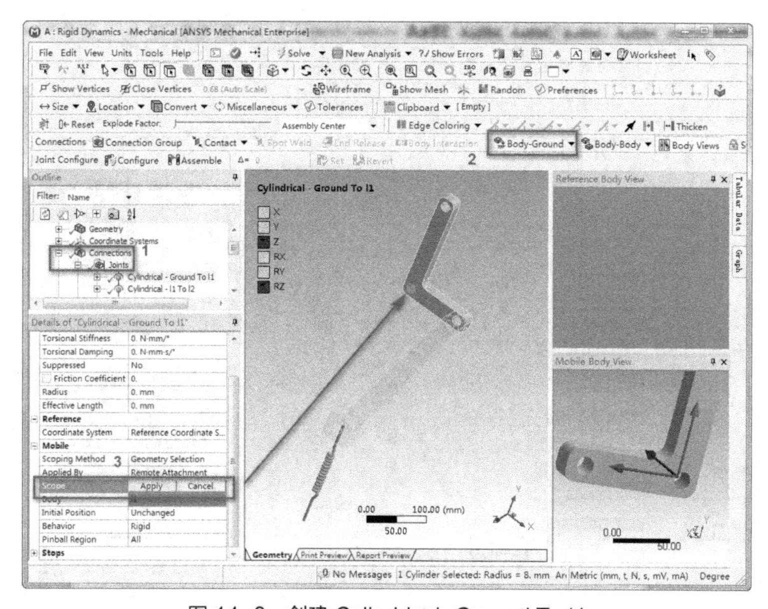


图 14-6 创建 Cylindrical-Ground To I1

完成设置后在主窗口视图左侧位置显示六个方向自由度，分别为 X、Y、Z、RX、RY 以及 RZ，其中字母前部以蓝色填充标志着该运动副所有释放的自由度，所以 Cylindrical -Ground To I1 可以绕新建的局部坐标 *z* 方向进行移动和转动。

（2）创建 Part1 和 Part2 之间的转动自由度。同理进入 Connection，依次单击 Body-Body→Cylindrical，然后弹出详细设置窗口，对 Body-Body 类型的运动副进行设置，需要分别指定参考部件（Reference）和移动部件（Mobile），本例中指定 Part1 为参考部件，Part2 为移动部件，分别在 Scope 中指定转动点的内表面，如图 14-7 所示，完成之后同样看到在窗口左侧显示运动副的自由度，即绕局部坐标 *z* 移动和转动。

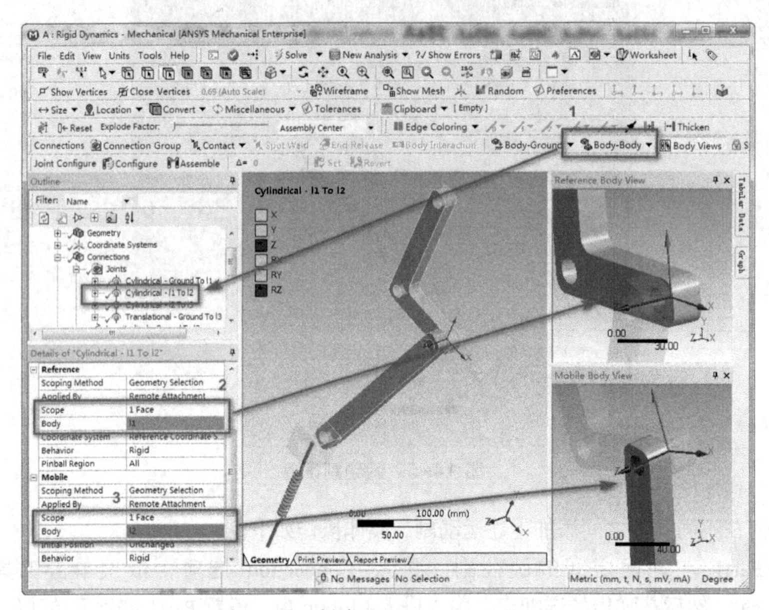


图 14-7　创建 Cylindrical-I1 To I2

（3）同理，指定 Part2 和 Part3 之间的圆柱副，完成创建后如图 14-8 所示。

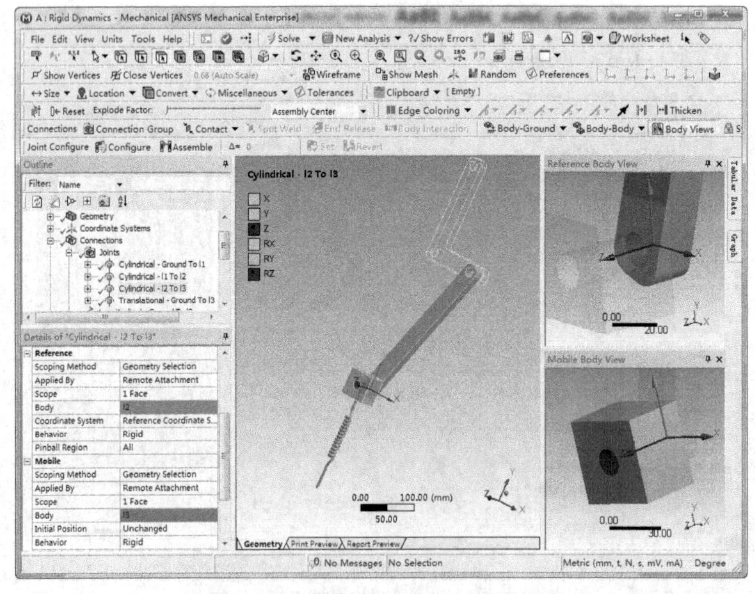


图 14-8　创建 Cylindrical-I2 To I3

（4）创建 Part3 与地面的移动副。移动副的创建和圆柱副基本一致，但是需要注意坐标系的方向。在选择图 14-9 所示 Part3 的圆孔内表面之后，左侧显示的自由度为 $x$ 方向移动自由度，对照自动创建的局部坐标系中的 $x$ 方向，发现与实际运动方向并不一致，所以需要对坐标系方向进行更改。

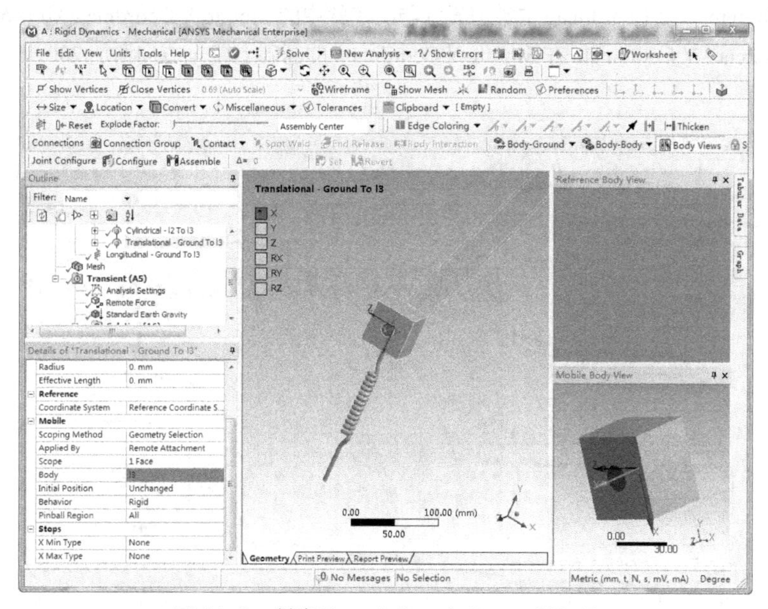


图 14-9　创建 Translational-Ground To I3

如图 14-10 所示，单击 Translational-Ground To I3 中的局部坐标系，然后在弹出的详细窗口中设置 $X$ 轴方向与实际运动一致，图中选中滑块的一边作为参考。

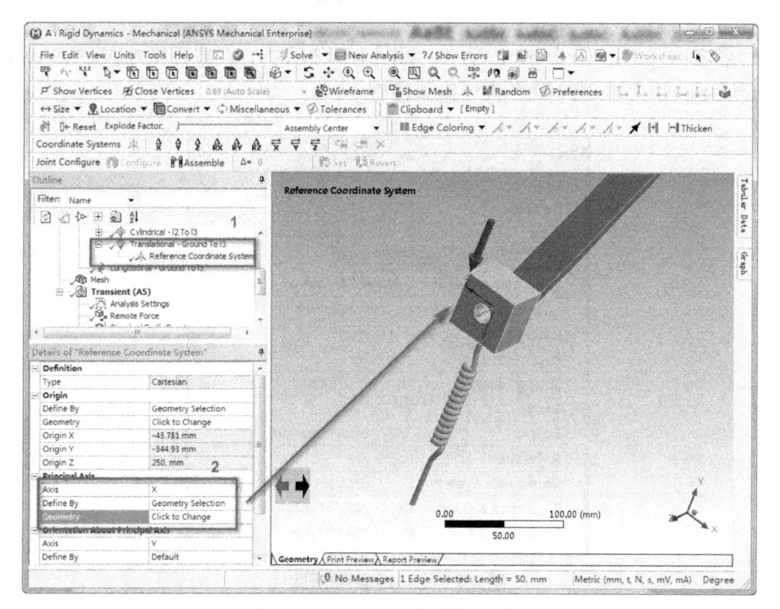


图 14-10　设置局部坐标系方向

（5）创建弹簧。弹簧的创建相比运动副更为麻烦，根据已知弹簧一端固定于地面，另一端与滑块连接，具体创建步骤如下。

① 依次单击 Body-Ground →Spring，在弹出的窗口中选择滑块作为移动部件，设置 Scope 为其内表面，

此时可以看到 Mobile X Coordinate、Mobile Y Coordinate、Mobile Y Coordinate 的窗口数值全部显示出来，留作备用。

② 由于滑块与弹簧垂直，运动方向一致，且已知弹簧长度为 200mm，所以在 Reference 中将 Reference X Coordinate 和 Reference Z Coordinate 的数值设为与①步骤中的 Mobile X Coordinate 和 Mobile Z Coordinate 一致，同时将 Reference Y Coordinate 在 Mobile Y Coordinate 的基础上往-*y* 方向增加 200，即完成弹簧的建模，如图 14-11 所示。

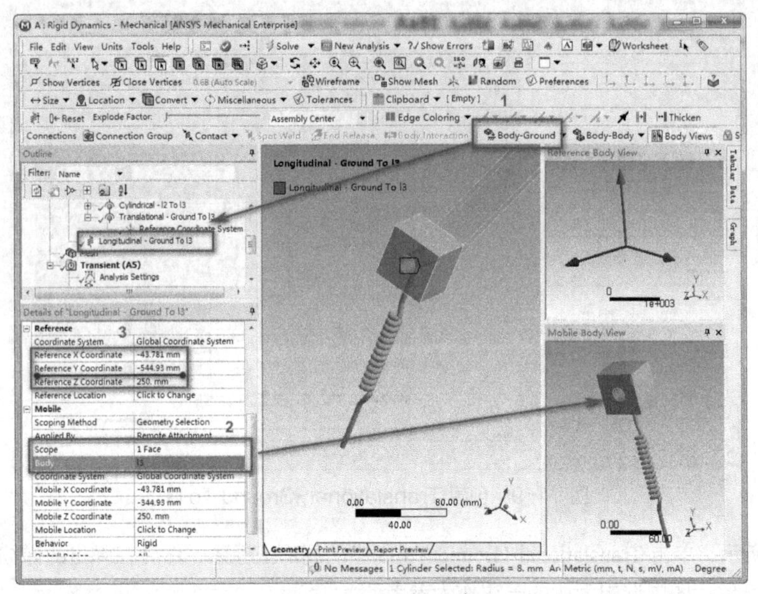


图 14-11　创建弹簧模型

③ 完成弹簧创建之后，进入 Definition 选项，如图 14-12 所示，设置弹簧刚度值为 6.4N/mm，弹簧行为（Spring Behavior）为 Both，最终实现弹簧的创建与设置。

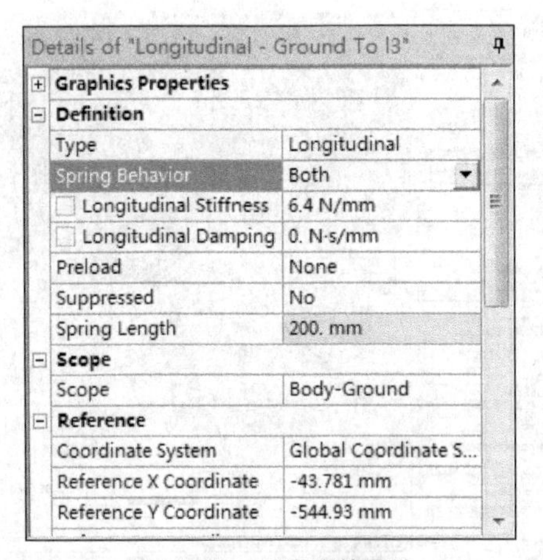

Details of "Longitudinal - Ground To I3"

| | |
|---|---|
| Graphics Properties | |
| Definition | |
| Type | Longitudinal |
| Spring Behavior | Both |
| Longitudinal Stiffness | 6.4 N/mm |
| Longitudinal Damping | 0. N·s/mm |
| Preload | None |
| Suppressed | No |
| Spring Length | 200. mm |
| Scope | |
| Scope | Body-Ground |
| Reference | |
| Coordinate System | Global Coordinate S... |
| Reference X Coordinate | -43.781 mm |
| Reference Y Coordinate | -544.93 mm |

图 14-12　设置弹簧属性

## 14.2.5　载荷及驱动设置

刚体动力学分析中的驱动和载荷设置，可以直接在运动副上加载，也可以通过虚拟的远程力或者位移进行添加，本例中添加 200N 的驱动力，依次单击 Loads→Remote Force，选择 Part1 上部圆孔内表面，同时在

$x$ 方向添加 200N 的外力。

此外，需要设置整个系统的重力加速度，依次单击 Inertial→Standard Earth Gravity，在$-y$ 方向施加重力加速度，最终结果如图 14-13 所示。

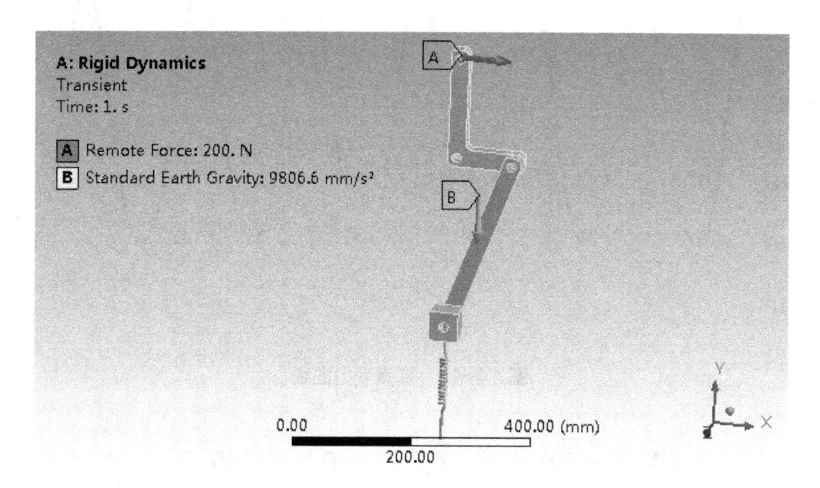


图 14-13　驱动力及重力加速度加载

## 14.2.6　模型求解设置

求解设置包括两部分内容，分别是求解算法控制和求解输出设置，具体步骤如下。

（1）求解计算设置。单击 Analysis Setting，在弹出的详细窗口中设置求解时间 Step End Time 为 1s，积分类型选择程序自动控制（Program Controlled），其他默认即可。

（2）输出设置。单击 Solution，分别设置 Directional Velocity 和 Spring Probe 两项输出，在弹出的详细窗口中分别设置速度方向为 $y$ 方向，弹簧输出项目选择 Force，设置结果如图 14-14 所示。

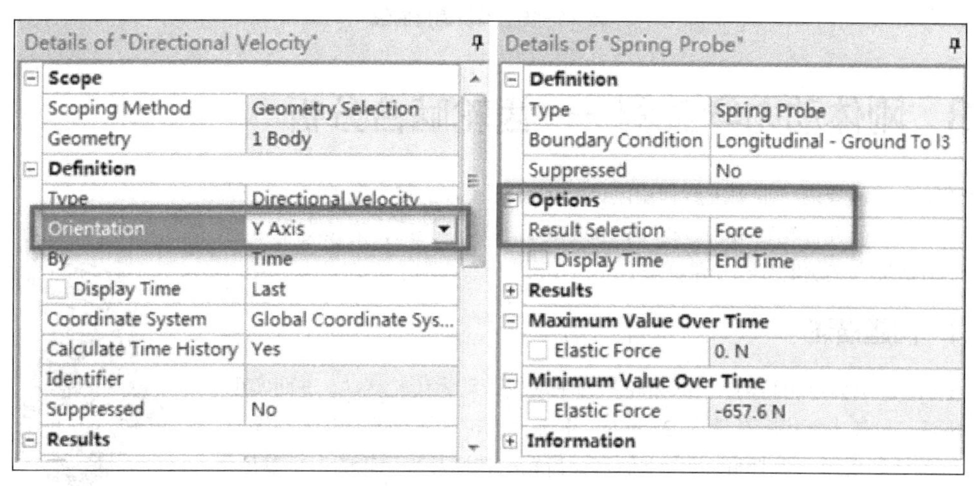


图 14-14　模型求解设置

## 14.2.7　结果后处理

完成计算后可以得到输出项的曲线及动画，图 14-15 所示为弹簧的受力曲线，可以看出弹簧受力呈现周期性的变化，同样图 14-16 中获得滑块在地面的移动速度，也呈现周期性的变化。通过上述分析可以对系统各结构的动力学参数和性能有较为清晰的认识。

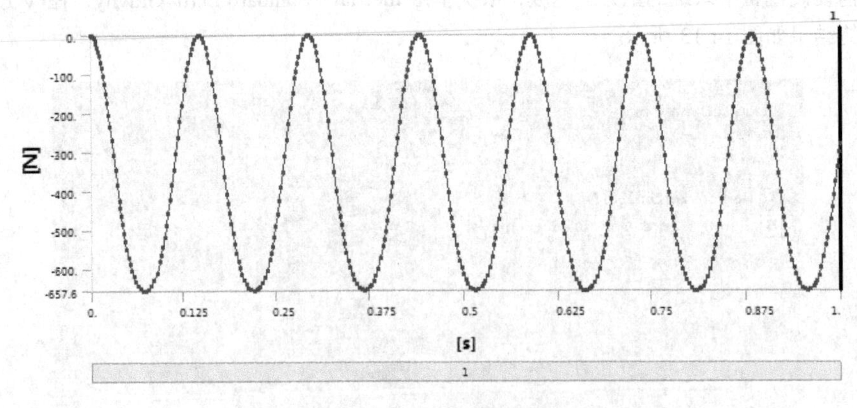


图 14-15　弹簧受力曲线

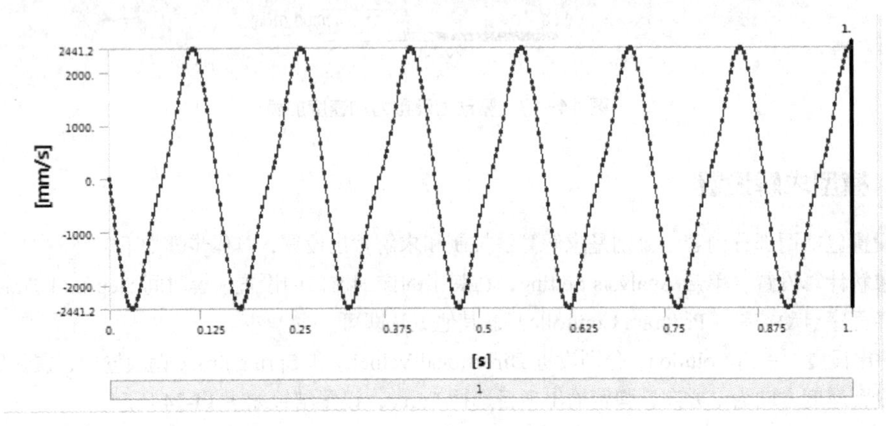


图 14-16　滑块速度曲线

## 14.3 刚体动力学实例——齿轮啮合分析

齿轮啮合非常普遍，本例主要利用刚体动力学仿真方法对齿轮的啮合过程进行详细介绍，研究齿轮在啮合过程中的接触力以及转速关系，为读者学习刚体动力学方法提供案例实践和使用指导。

### 14.3.1 问题描述

图 14-17 所示为齿轮结构，上部齿轮作为主动轮带动大齿轮转动，进而实现扭矩的传递。已知上部齿轮转速为 2 rad/s，下部大齿轮及其附带后续部件需要 120 N·m 的启动扭矩，通过刚体动力学仿真大齿轮的转速及小齿轮的扭矩输出。

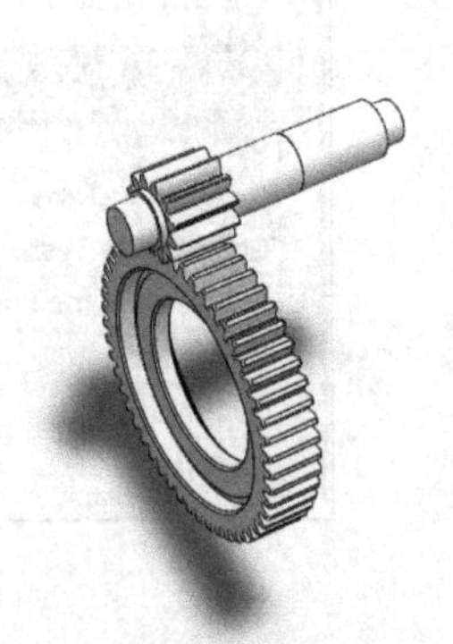

图 14-17　齿轮啮合示意图

### 14.3.2 几何建模

通过外部导入几何模型，导入方式基于 MD 的 Import External Geometry File...实现，如图 14-18 所示。

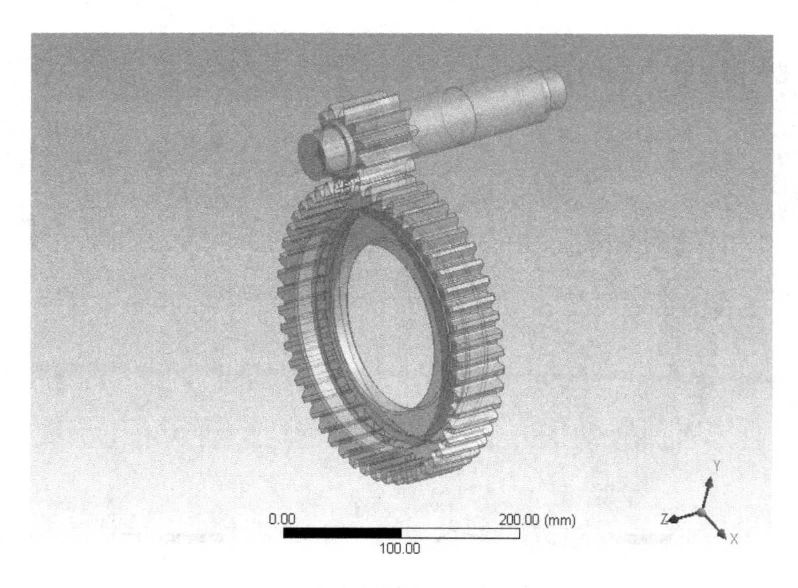


图 14-18　齿轮导入 DM 结果

## 14.3.3　材料属性设置

为便于进行仿真，将两齿轮结构默认选用 Structure Steel 材质，各项参数设定如图 14-19 所示，其他各项按照软件默认即可。

| | A | B | C | D | E |
|---|---|---|---|---|---|
| 1 | Property | Value | Unit | | |
| 3 | Density | 7850 | kg m^-3 | | |
| 4 | Isotropic Secant Coefficient of Thermal Expansion | | | | |
| 5 | Coefficient of Thermal Expansion | 1.2E-05 | C^-1 | | |
| 6 | Isotropic Elasticity | | | | |
| 7 | Derive from | Young's Modulus... | | | |
| 8 | Young's Modulus | 2E+11 | Pa | | |
| 9 | Poisson's Ratio | 0.3 | | | |
| 10 | Bulk Modulus | 1.6667E+11 | Pa | | |
| 11 | Shear Modulus | 7.6923E+10 | Pa | | |
| 12 | Alternating Stress Mean Stress | Tabular | | | |

图 14-19　材料属性参数

## 14.3.4　运动副及接触创建

创建齿轮运动副约束，具体操作方法与前一实例一致，基本步骤如下。

（1）创建齿轮转动副。选择 Connections，依次单击 Body-Ground→Cylindrical，分别选择大齿轮的内圆面和小齿轮的大径外沿面，创建两个随地面转动的圆柱副，如图 14-20 所示。

（2）创建齿轮面接触。选择 Connections 下面的 Contacts，将 Contact Region 中的 Type 修改为 Frictional，设置 Friction Coefficient 为 0.15，同时选择两个齿轮左右啮合面作为接触的目标面和接触面，如图 14-21 所示。

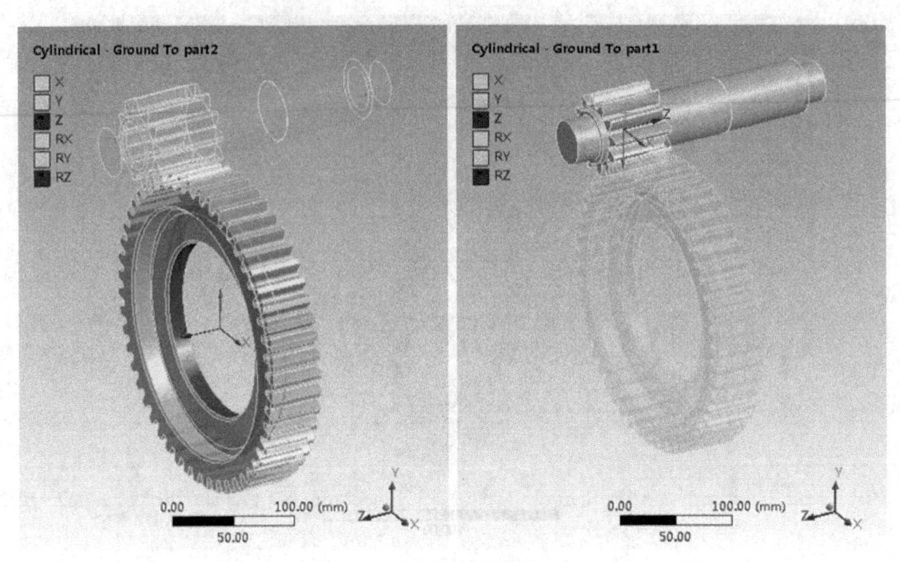


图 14-20　创建齿轮转动副

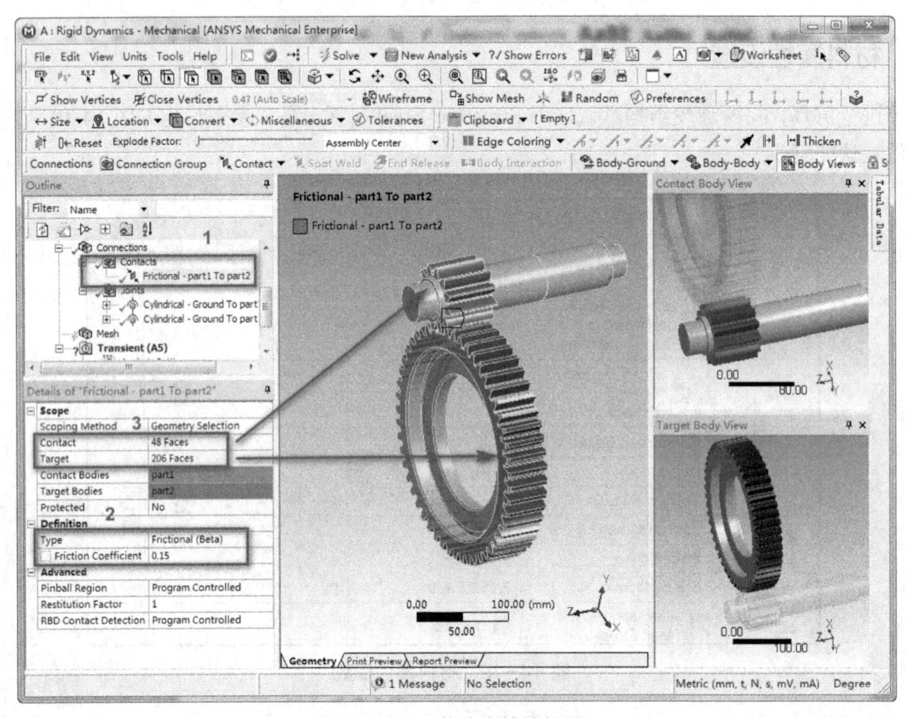


图 14-21　创建齿轮接触面

## 14.3.5　网格划分

为了能够实现接触面的仿真和整个刚体动力学的求解，需要对接触面进行网格划分。与其他分析中的网格划分操作基本一致，单击鼠标右键，插入网格划分方法，在刚体动力学中，网格划分方法包括 Quadrilateral Dominant 和 Triangles 两种，选用 Quadrilateral Dominant 四面体主体划分法应用于两个齿轮部件，单元大小设置为 8mm，单击生成网格，结果可以看到齿轮本身并不进行网格划分，仅对接触面实现划分，如图 14-22 所示。

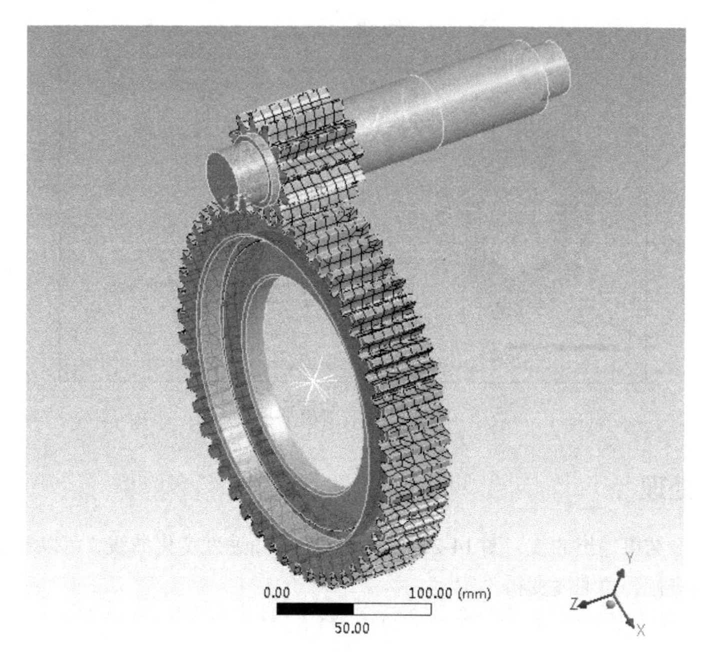


图 14-22　接触面的网格划分结果

## 14.3.6　载荷及驱动设置

进入 Transient 选项，单击 Loads→Joint Load，分别对创建的运动副施加转速和扭矩，分别按照图 14-23 所示窗口进行详细设置。

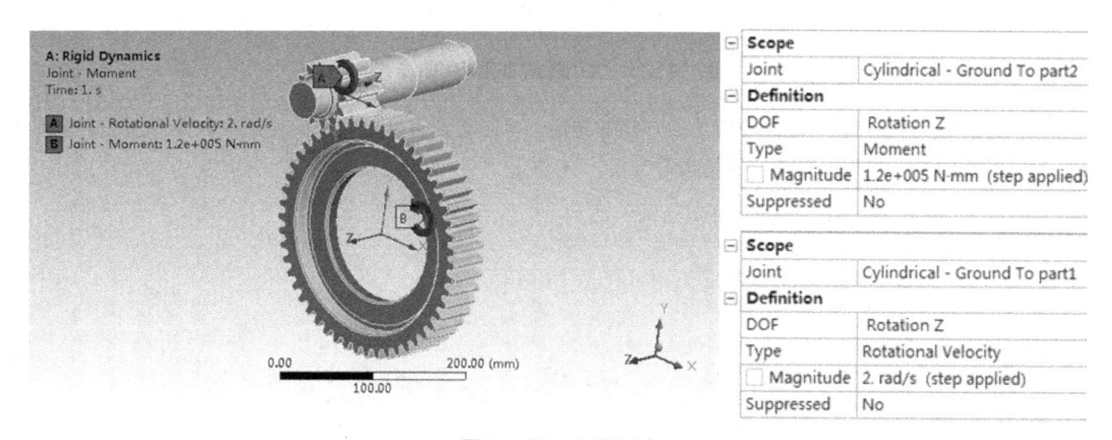


图 14-23　设置驱动

## 14.3.7　模型求解设置

设置模型求解参数，单击 Analysis Setting，在详细设置窗口中设置 Step End Time 为 1s，其他设置默认即可。

单击 Solution 选项，单击鼠标右键，分别插入 Angular Velocity 和 Joint Probe，分别弹出详细设置窗口，如图 14-24 所示，完成之后提交计算机求解。

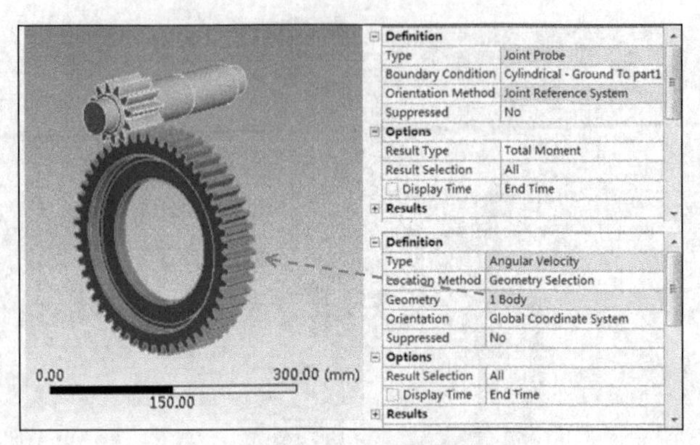


图 14-24　求解设置

### 14.3.8　结果后处理

单击输出参数查看结果输出曲线，图 14-25 所示为大齿轮角速度变化曲线，可以看到在初始状态存在一些振动，随着啮合的进行，角速度变得稳定。

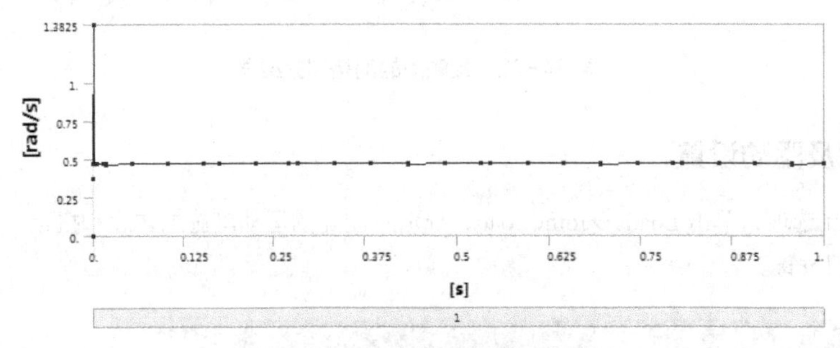


图 14-25　大齿轮角速度变化曲线

图 14-26 所示为小齿轮转动副位置 z 轴方向的转矩，可以看到整个过程中，转矩存在些许振动，总体维持在 24～29.39N · m 之间，与理论值基本符合。

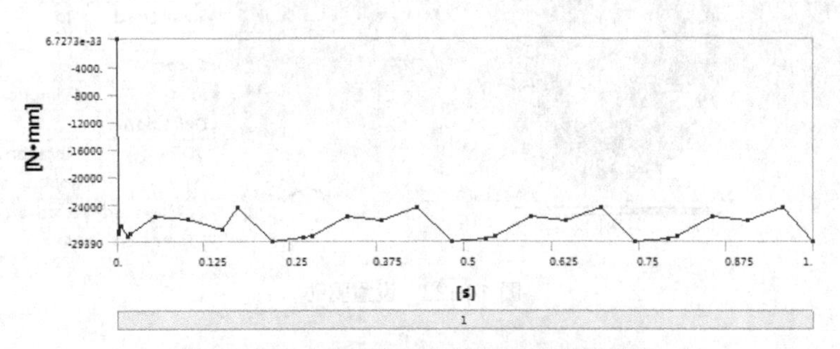


图 14-26　小齿轮转动副 *Z* 向扭矩值变化曲线

## 14.4　本章小结

刚体动力学分析在研究系统的运动状态和关系中非常实用，而且计算效率较纯柔性体分析更高。本章通过两个简单的分析实例，对如何进行刚体动力学分析进行了详细的介绍，尤其是齿轮啮合问题中涉及刚体接触面的网格划分，与其他类型分析存在一定的差别，读者在学习使用中需要仔细处理。

Chapter 15

# 第15章

# 刚柔耦合分析

■ 在实际工程问题中有很多影响系统精度的因素，包括摩擦、接触、环境温度等，其中一个非常重要的因素就是部件自身的形变。所以如果完全将系统作为刚体进行分析，很多情况下并不合理，这就需要考虑结构的变形效果，即进行刚柔耦合分析。

本章将介绍如何借助WB 19.0软件进行刚柔耦合的仿真工作，为设计提供精确指导。

# 15.1 刚柔耦合分析简介

刚柔耦合系统是指由刚体及柔性体通过不同的连接方式构成的复杂动力学系统，是刚体动力学的延伸内容。它主要研究柔性体的变形与其大范围空间运动之间的相互作用或耦合，以及这种耦合所导致的动力学效应。

在前一章中知道机械刚体动力学方程可以通过拉格朗日方程建立，假设多刚体动力系统 6 个不独立广义坐标为 $q_i=[x,y,z,\phi,\theta,\varphi]_i^T$，则多刚体系统动力学方程组可表示为式（15-1）和式（15-2）：

$$\begin{cases}\dfrac{\partial}{\partial t}\left[\dfrac{\partial T}{\partial \dot{q}}\right]^T-\left[\dfrac{\partial T}{\partial q}\right]+\varphi_q^T p+\theta_q^T\mu-Q=0\\ \varphi(q,t)=0\\ \theta(q,\dot{q},t)=0\\ q=\left[q_1^T,\cdots,q_n^T\right]^T\end{cases}\tag{15-1}$$

$$T=\frac{1}{2}[v^T Mv+\omega^T I\omega]\tag{15-2}$$

式中：$T$ 为系统的能量；$\varphi(q,t)=0$ 为完整约束方程；$\theta(q,\dot{q},t)=0$ 为非完整约束方程；$q$ 为广义坐标矩阵；$Q$ 为广义力矩阵；$p$ 为对应于完整约束的拉氏乘子列阵；$\mu$ 为对应于非完整约束的拉氏乘子列阵；$M$ 为质量阵；$v$ 为广义速度列阵；$I$ 为转动惯量列阵；$\omega$ 为广义角速度列阵。

当多刚体系统中含有柔性体时，需要将柔性体看成有限元模型节点的集合。引入浮动坐标系，任意节点 P 的运动可以描述为式（15-3）：

$$r_p=r(t)+c+u(c,t)\tag{15-3}$$

式中：$r(t)$ 和 $c$ 为刚体运动矢量；$u(c,t)$ 为变形矢量，通过瑞利-利兹法可近似为式（15-4）：

$$u(c,t)=\sum_{i=1}^n u_i(c)q_i(t)\tag{15-4}$$

式中：$u_i(c)$ 和 $q_i(t)$ 分别为相对于浮动坐标系微小线性变形的模态振型和坐标。

假设柔性体广义坐标为 $\varepsilon_i=[x,y,z,\phi,\theta,\varphi,q_m]_i^T$，其中 $q_m$ 为第 $m$ 阶模态振型分量，于是得到动能和势能的表达式，如式（15-5）和式（15-6）所示：

$$T=\frac{1}{2}\dot{\varepsilon}^T M(\varepsilon)\dot{\varepsilon}\tag{15-5}$$

$$\varDelta=\frac{1}{2}\varepsilon^T K(\varepsilon)\varepsilon\tag{15-6}$$

代入拉格朗日方程可以得到柔性体运动微分方程，如式（15-7）所示：

$$M\varepsilon+M\dot{\varepsilon}-\frac{1}{2}\left[\frac{\partial M}{\partial\varepsilon}\varepsilon\right]\varepsilon+K\varepsilon+fg+\left[\frac{\partial\phi}{\partial\varepsilon}\right]=Q\tag{15-7}$$

式中：$K$ 为柔性体的模态刚度，刚度的变化只取决于变形；$f_g$ 为重力；$\phi$ 为约束方程；$Q$ 为外部施加载荷在 $\varepsilon$ 上的投影。

在 WB 19.0 中可以通过 Transient Structure 实现系统的刚柔耦合分析，具体分析项目与第 10 章瞬态分析过程基本一致，主要区别在于分析模型中存在刚体结构，下面通过实例对刚柔耦合分析进行详细介绍。

# 15.2 刚柔耦合分析实例——曲柄滑块机构分析

曲柄滑块机构是学习刚柔耦合问题最合适的案例，本节主要基于曲柄滑块机构的运动过程，采用刚柔耦合分析功能研究连杆在运动过程中的变形和受力情况，为读者学习提供指导。

### 15.2.1 问题描述

图 15-1 所示为非常典型的曲柄滑块机构示意图，其中驱动曲柄的转速大小为 4 rad/s，为了方便大家学习刚柔耦合分析，假定连杆为柔性体，其他部件均做刚体处理，分析运动过程中连杆的变形和应力大小。

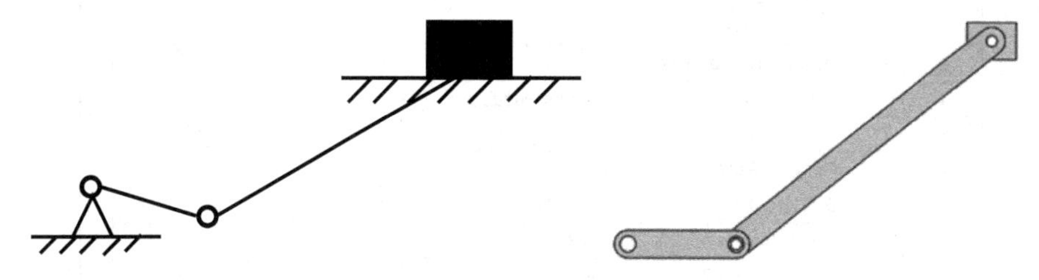

图 15-1 曲柄连杆机构示意图

### 15.2.2 几何建模

通过 3D 创建曲柄连杆及滑块模型，然后在 DM 窗口中通过 Import External Geometry File...依次导入几何模型，最终结果如图 15-2 所示。

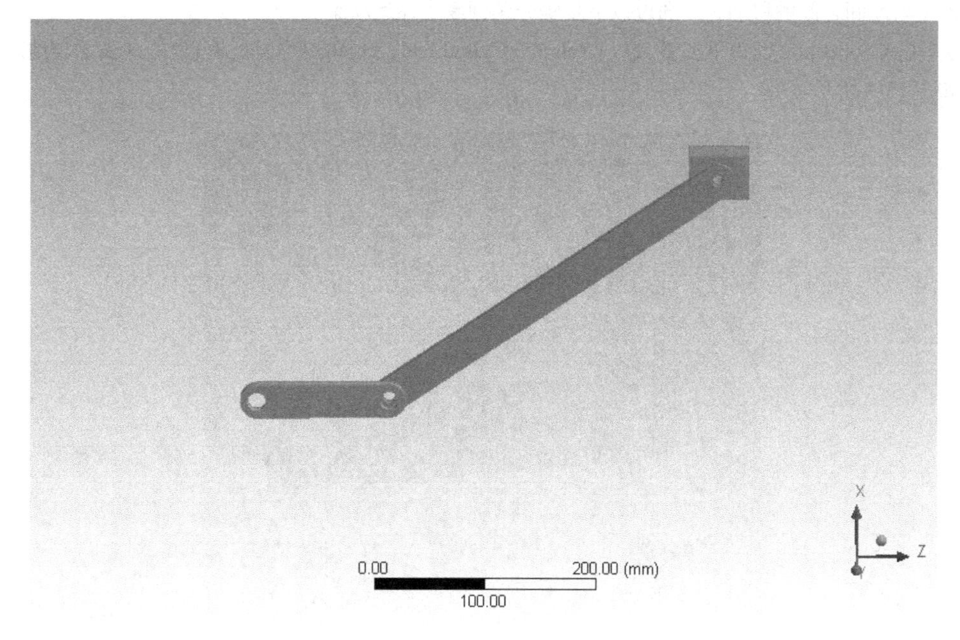


图 15-2 几何模型

### 15.2.3 材料属性设置

材料属性采用 Structure Steel，各项参数设置如图 15-3 所示，其他设置均按软件默认即可。由于连杆结构采用柔性体建模，曲柄及滑块均设为刚体模型，所以在 Model 窗口中，选中 Geometry 下的曲柄及滑块，在弹出的窗口中设置 Stiffness Behavior 为 Rigid，将连杆下的 Stiffness Behavior 设为 Flexible，完成刚柔体的创建。

| | A | B | C | D | E |
|---|---|---|---|---|---|
| 1 | Property | Value | Unit | | |
| 3 | Density | 7850 | kg m^-3 | | |
| 4 | Isotropic Secant Coefficient of Thermal Expansion | | | | |
| 5 | Coefficient of Thermal Expansion | 1.2E-05 | C^-1 | | |
| 6 | Isotropic Elasticity | | | | |
| 7 | Derive from | Young's Modulus... | | | |
| 8 | Young's Modulus | 2E+11 | Pa | | |
| 9 | Poisson's Ratio | 0.3 | | | |
| 10 | Bulk Modulus | 1.6667E+11 | Pa | | |
| 11 | Shear Modulus | 7.6923E+10 | Pa | | |
| 12 | Alternating Stress Mean Stress | Tabular | | | |

图 15-3　材料属性参数

## 15.2.4　运动副设置

曲柄滑块机构涉及的运动副包括：曲柄与地面之间的转动副、曲柄与连杆的转动副、连杆与滑块的转动副以及滑块与地面之间的移动副。通过以下步骤分别创建上述运动副。

（1）单击 Connection 窗口下的 Body - Ground→Cylindrical，选择曲柄转动位置处的内表面与地面建立转动副，如图 15-4 所示。

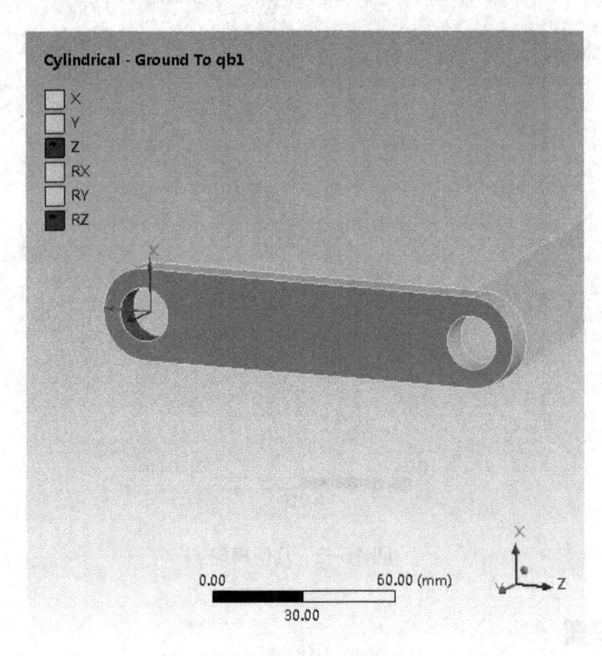


图 15-4　创建转动副

（2）同理创建曲柄与连杆、连杆与滑块之间的转动副，如图 15-5 所示。

（3）最后创建滑块与地面的移动副，设置 Scope 为滑块圆孔内表面，完成移动副的设置，此处需要修改局部坐标系 $x$ 的方向以保证移动方向与局部坐标一致，如图 15-6 所示。

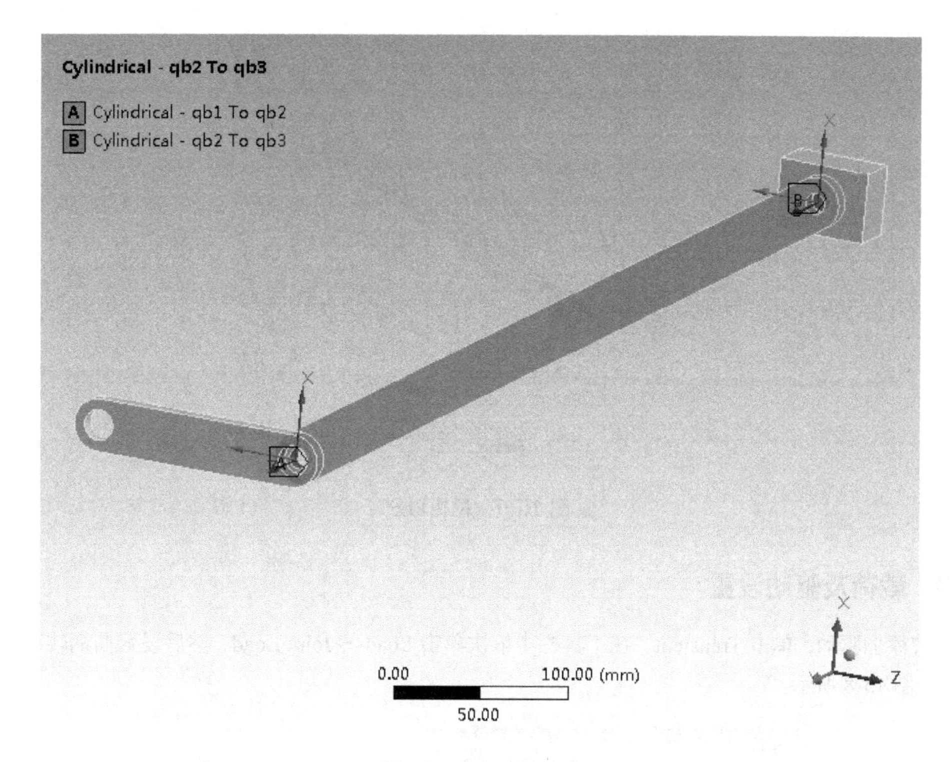


图 15-5 创建运动副

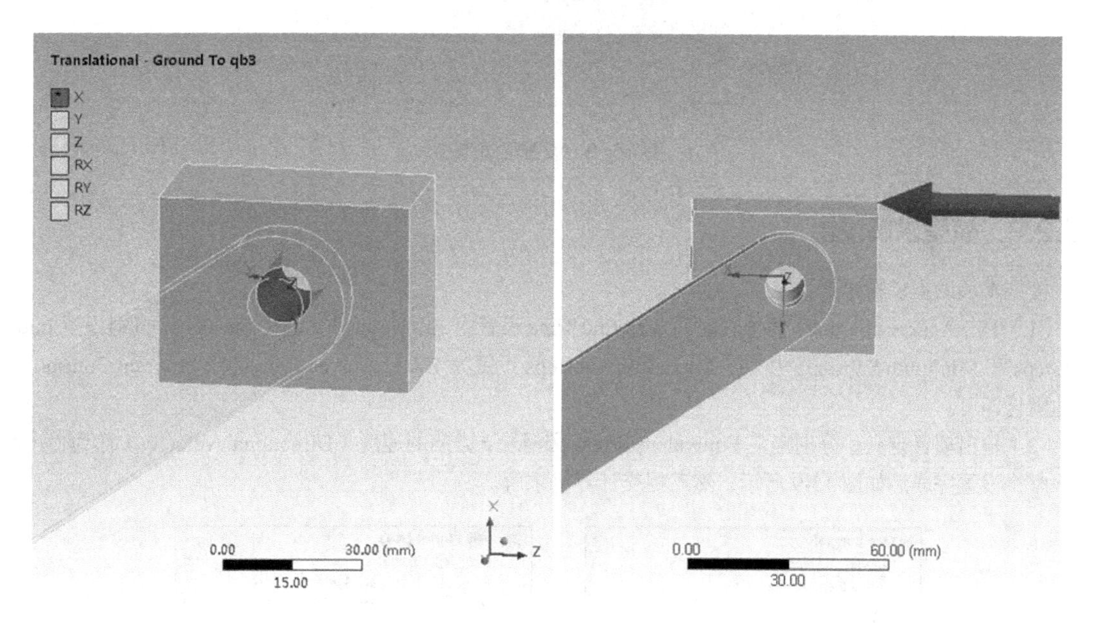


图 15-6 定义滑块移动副

## 15.2.5 网格划分

设置对柔性体的网格划分，右键单击 Mesh，插入 Sizing，设置对象为所有部件，单元大小为 10mm，然后直接生产网格，如图 15-7 所示。

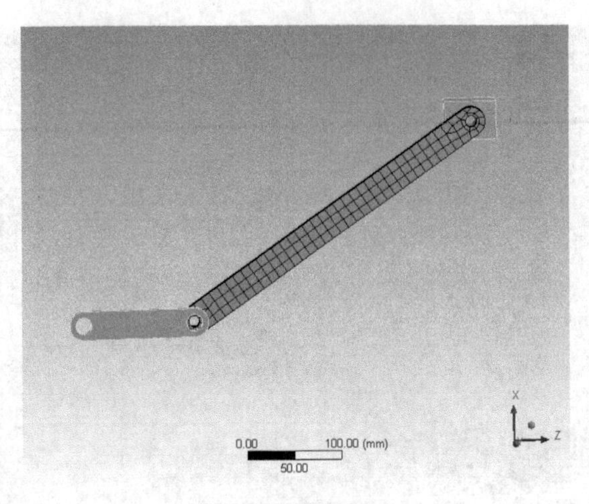


图 15-7　网格划分

## 15.2.6　载荷及驱动设置

为系统添加驱动，单击 Transient，在工具栏中依次单击 Loads→Joint Load，然后设置曲柄转动副转速为 4 rad/s，如图 15-8 所示。

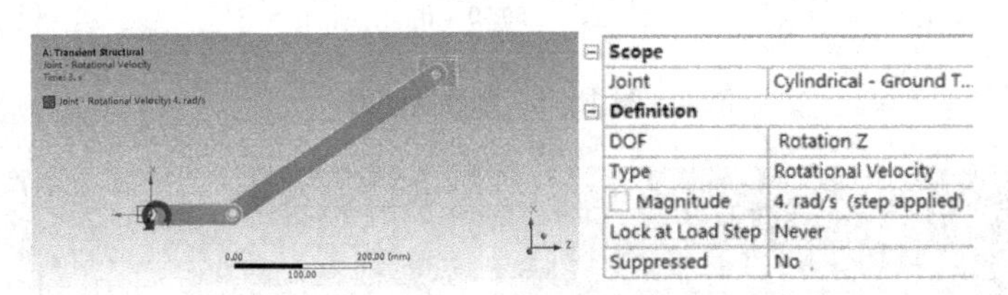

| Scope | |
|---|---|
| Joint | Cylindrical - Ground T... |
| **Definition** | |
| DOF | Rotation Z |
| Type | Rotational Velocity |
| Magnitude | 4. rad/s (step applied) |
| Lock at Load Step | Never |
| Suppressed | No |

图 15-8　设置驱动转速

## 15.2.7　模型求解设置

模型求解设置步骤如下。

（1）单击 Analysis Setting，将仿真时间 Step End Time 设置为 3s，Define By 选择 Substeps，同时设置 Initial Substeps 和 Minimum Substeps 为 10，Maximum Substeps 设置为 1000，Solver Type 选择 Program Controlled，其他默认即可。

（2）输出项目定义。分别定义 Equivalent Stress 和滑块 $z$ 方向的速度（Directional Velocity）作为输出结果，整个设置完成后如图 15-9 所示，然后提交计算机求解。

| Step Controls | |
|---|---|
| Number Of Steps | 1. |
| Current Step Number | 1. |
| Step End Time | 3. s |
| Auto Time Stepping | On |
| Define By | Substeps |
| Initial Substeps | 10. |
| Minimum Substeps | 10. |
| Maximum Substeps | 1000. |
| Time Integration | On |
| **Solver Controls** | |
| Solver Type | Program Controlled |
| Weak Springs | Off |

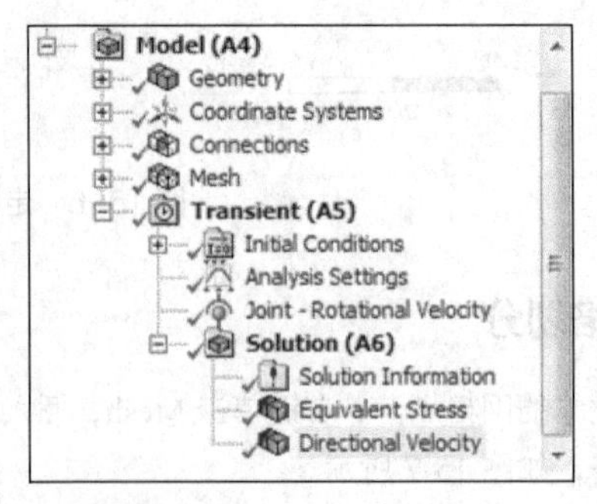


图 15-9　模型求解及输出设置

### 15.2.8 结果后处理

进入结果后处理，单击 Equivalent Stress 可以获得连杆在整个分析中的云图及应力结果曲线，如图 15-10 所示，应力结果较小；同时查看滑块速度，可以得到滑块速度变化曲线，如图 15-11 所示，可以看到滑块在运动过程中存在"急回特性"。

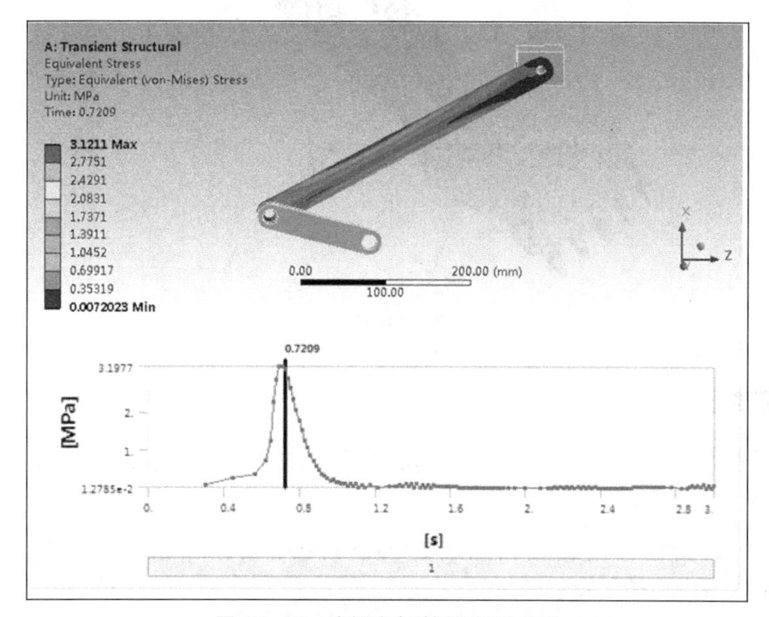


图 15-10 连杆应力结果云图及曲线

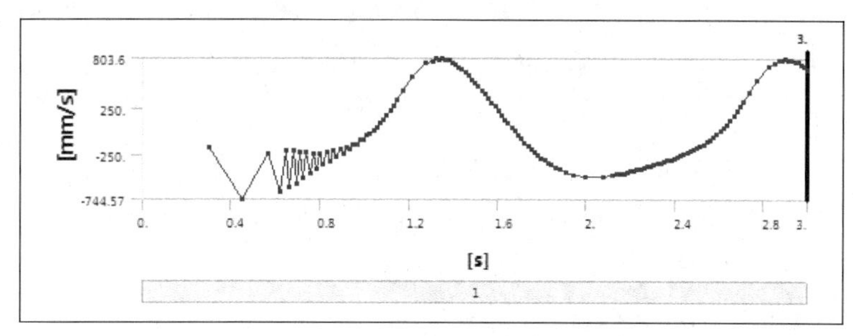


图 15-11 滑块速度变化曲线

## 15.3 刚柔耦合分析实例——挖掘机斗杆分析

挖掘机斗杆结构复杂，承受载荷较大，如果考虑纯柔性体进行仿真，则所耗费的时间和硬件成本较高。本例以斗杆为研究对象，采用刚柔耦合分析法对斗杆结构关注部件进行仿真模拟，为读者学习提供详细的操作指导和案例实践。

### 15.3.1 问题描述

图 15-12 所示为某一型号挖掘机前段斗杆及铲斗组成的几何模型，由于在实际工作中引导杆受载较大，单纯考虑多刚体动力学无法对结构变形及应力进行直接的求解，因此考虑使用刚柔耦合分析技术研究其在运动过程中的受力大小。

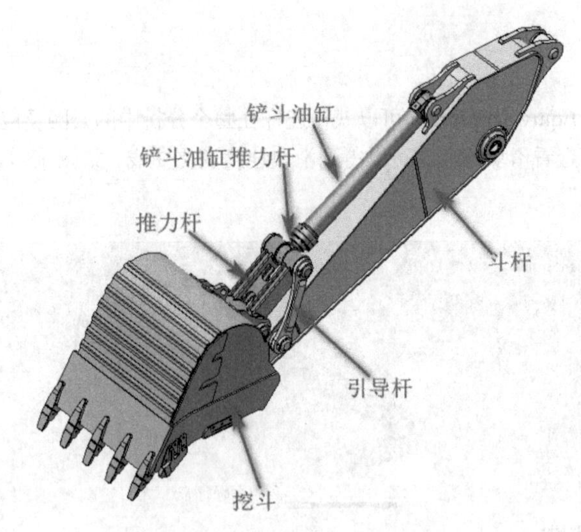


图 15-12 挖掘机斗杆示意图

## 15.3.2 几何建模

斗杆几何模型较为复杂，各部件通过外部三维建模软件完成建模及装配，然后通过 DM 依次导入各个部件，导入结果如图 15-13 所示。

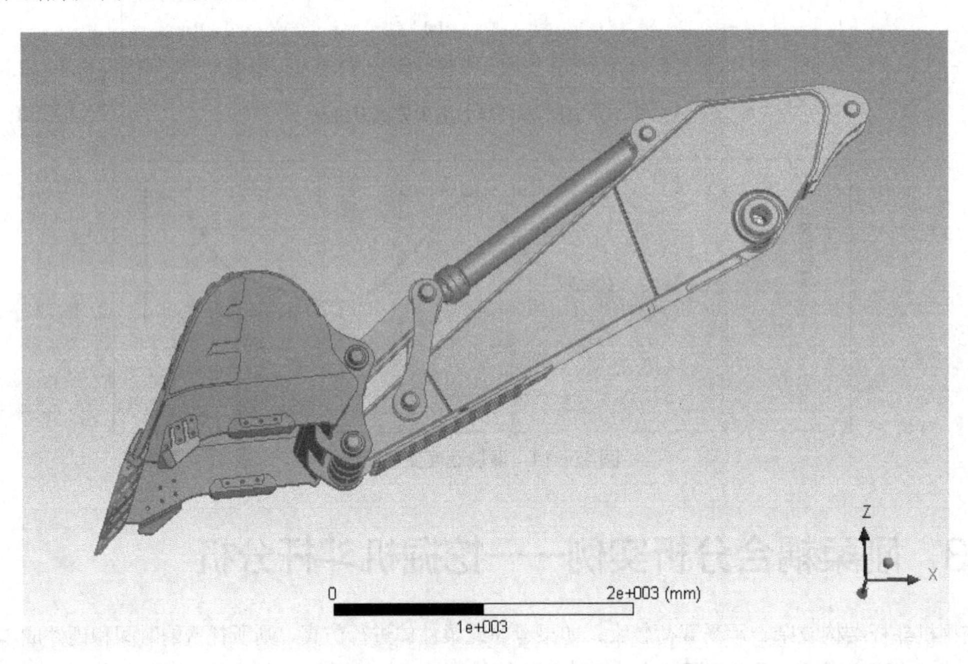


图 15-13 通过 DM 导入几何模型

## 15.3.3 材料属性设置

为了方便计算，本例中所有结构采用 Structure Steel 材料，各项参数设置按照图 15-14 所示设置，其他额外设置按照软件默认即可。

| | A | B | C | D | E |
|---|---|---|---|---|---|
| 1 | Property | Value | Unit | | |
| 3 | Density | 7850 | kg m^-3 | | |
| 4 | Isotropic Secant Coefficient of Thermal Expansion | | | | |
| 5 | Coefficient of Thermal Expansion | 1.2E-05 | C^-1 | | |
| 6 | Isotropic Elasticity | | | | |
| 7 | Derive from | Young's Modulus... | | | |
| 8 | Young's Modulus | 2E+11 | Pa | | |
| 9 | Poisson's Ratio | 0.3 | | | |
| 10 | Bulk Modulus | 1.6667E+11 | Pa | | |
| 11 | Shear Modulus | 7.6923E+10 | Pa | | |
| 12 | Alternating Stress | Tabular | | | |

图 15-14　材料属性参数

## 15.3.4　运动副设置

由于斗杆整体结构子部件众多，需要设置的运动副数量也非常多，总共 10 个，如图 15-15 所示。

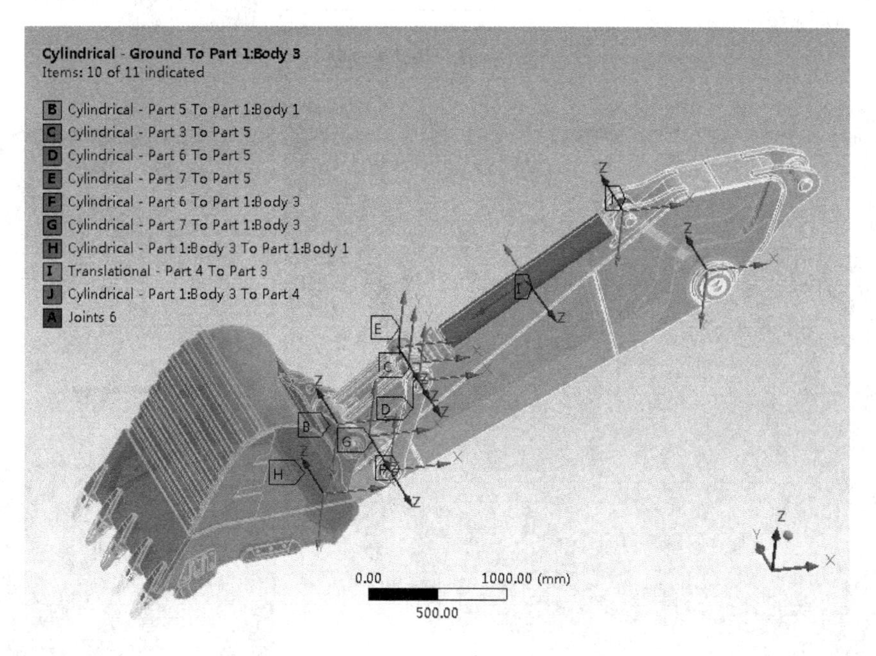


图 15-15　运动副汇总

采用前面介绍的运动副设置方法逐一设置，下面对其中几个运动副的设置做具体介绍，步骤如下。

（1）创建挖斗与推力杆的转动副。选择树形窗口中的 Connections，依次单击工具栏中的 Body-Body→Cylindrical，选择挖斗连接外表面作为参考部件，推力杆圆孔内表面作为移动部件，如图 15-16 所示，确认后完成转动副的创建。

（2）创建挖斗与斗杆之间的转动副。挖斗与斗杆之间通过挖斗两侧安装孔安装于斗杆前部两侧伸出部分的圆柱安装座上，此处存在约束，因此只需要在中间位置建立一个转动副即可，如图 15-17 所示，单击挖斗两侧安装孔内表面作为移动部件，同时选择斗杆前端中部转动外圆面作为参考部件，完成中间位置转动副的创建。

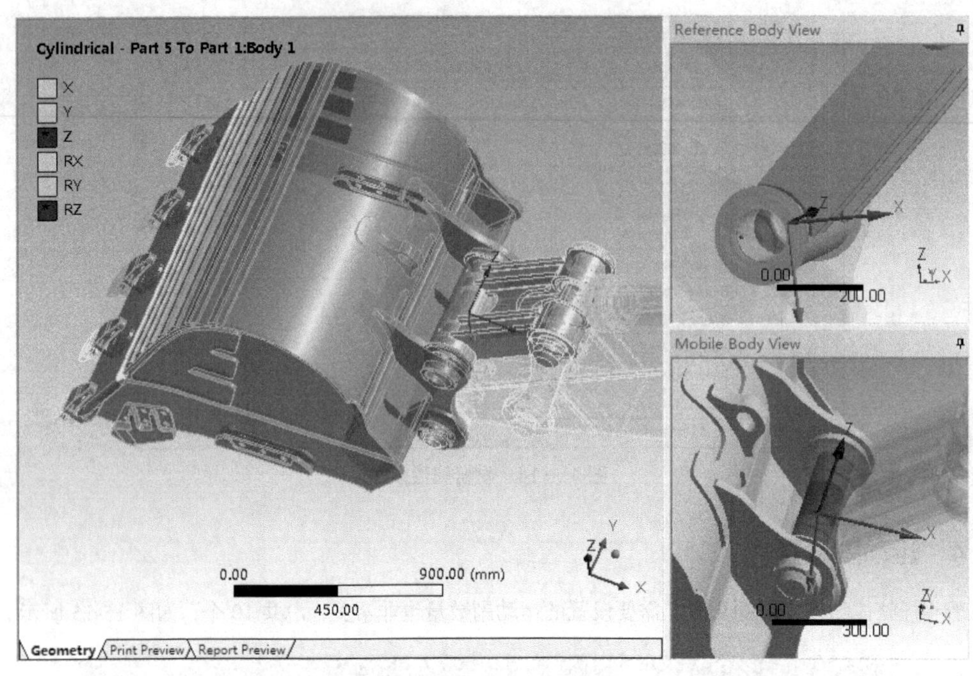


图 15-16　挖斗转动副

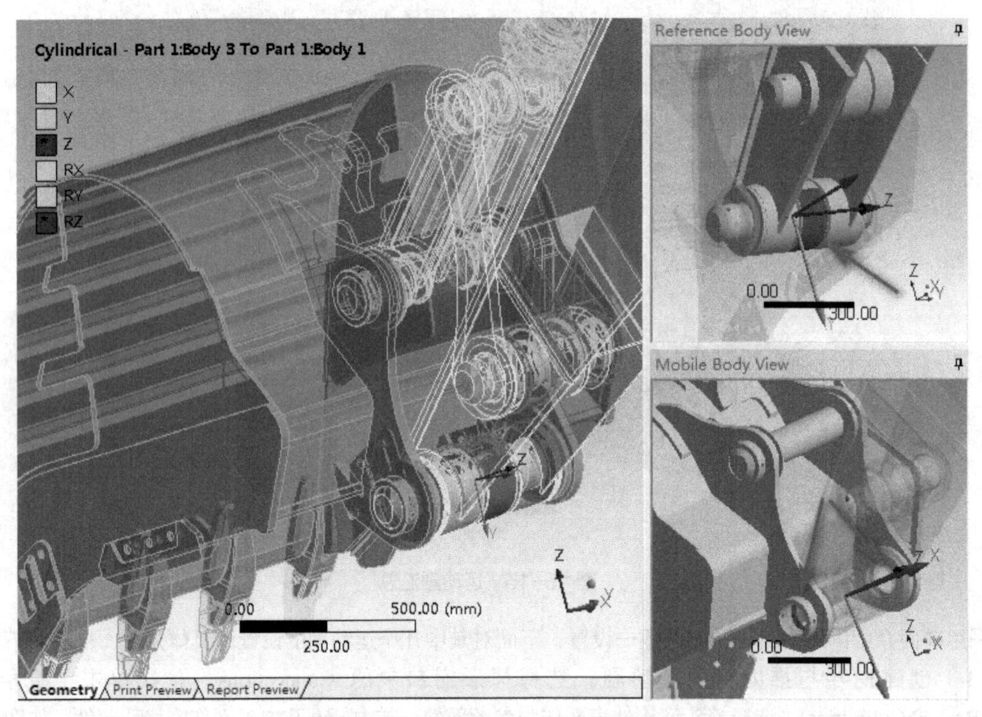


图 15-17　创建挖斗与斗杆的转动副

（3）采用同样的方式，分别创建左右两侧引导杆与斗杆、引导杆与推力杆、推力杆与铲斗油缸推力杆、斗杆与地面之间的转动副，如图 15-18 所示。

（4）创建油缸推力杆与油缸之间的移动副。分别选择油缸杆表面及油缸外表面作为移动部件和参考部件，释放 $x$ 方向移动自由度，如图 15-19 所示。

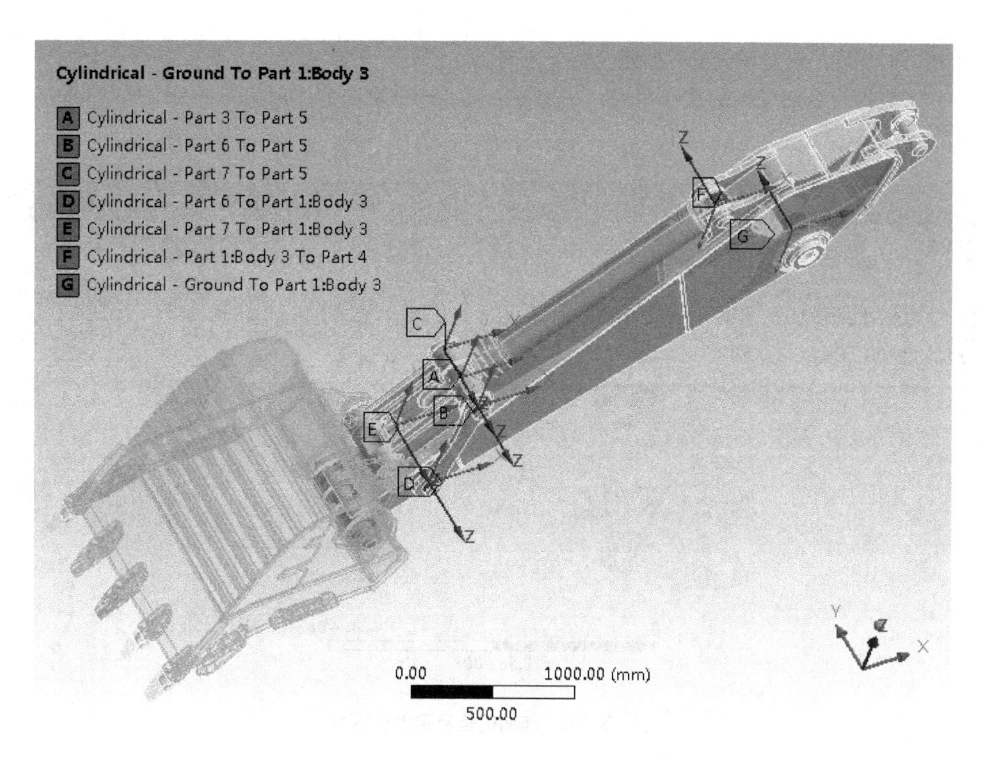


图 15-18　创建其他各位置的转动副

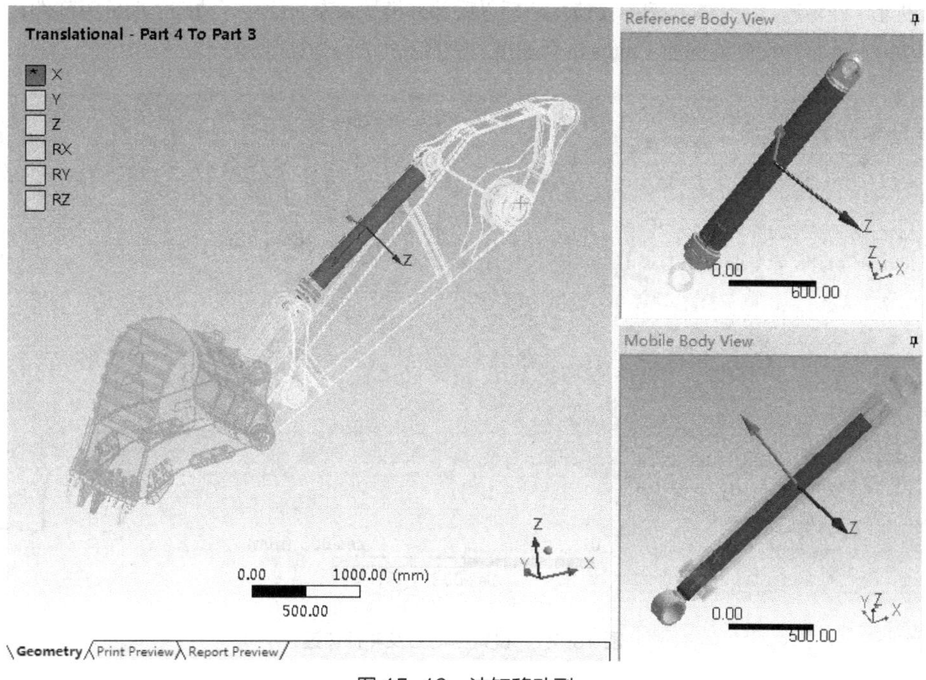


图 15-19　油缸移动副

## 15.3.5　载荷及驱动设置

为了能够更好地模拟挖掘机挖掘的情况，分别施加以下载荷。

（1）重力加速度。设置系统重力加速度沿-z 方向。

（2）为了模拟挖掘时受到的反作用力，在挖斗上施加一个反向的作用扭矩，大小为 750N · m，如图 15-20 所示。

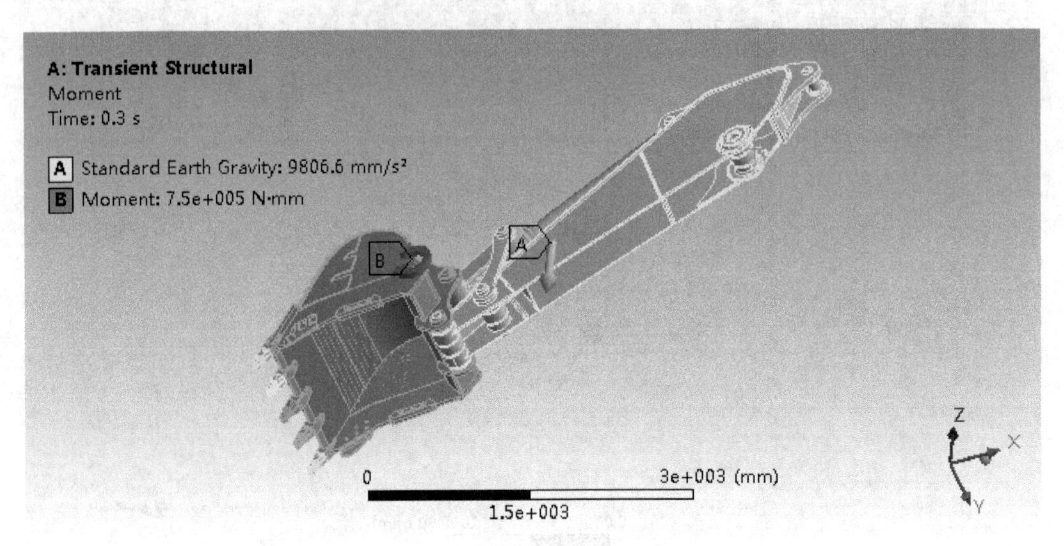


图 15-20　施加扭矩及重力加速度

（3）设置油缸推力。单击工具栏中的 Loads→Joint Load，创建沿运动方向的驱动力，大小为 80kN。

（4）设置斗杆转速。由于本实例中仅涉及斗杆以后部分模型，未加载斗杆油缸及动臂等部件，为了模拟斗杆的转动，在斗杆转动副处施加 1 rad/s 的角速度，完成后如图 15-21 所示。

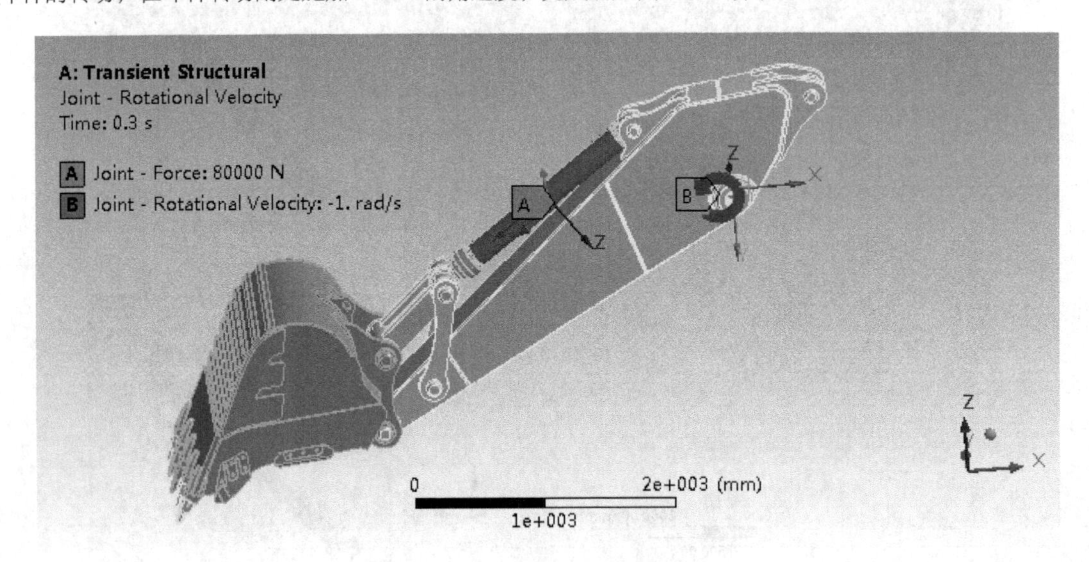


图 15-21　设置驱动力及斗杆转速

## 15.3.6　网格划分

由于将引导杆作为柔性体处理，因此针对引导杆进行网格划分。引导杆几何模型较为规则，直接使用 Sweep 技术划分网格，单元大小设置为 30mm，划分完成之后如图 15-22 所示。

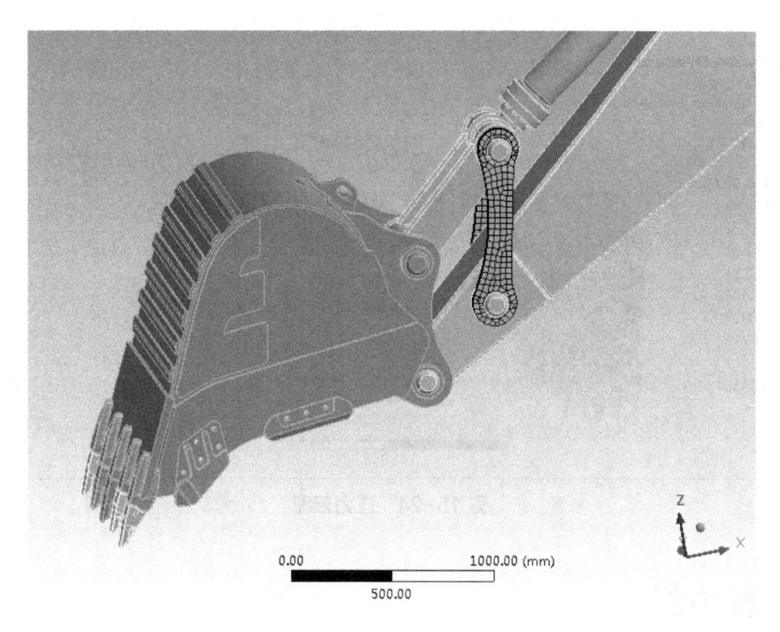


图 15-22　网格划分结果

## 15.3.7　模型求解设置

模型求解设置过程如下。

（1）单击 Analysis Setting，设置求解时间 Step End Time 为 0.3s，Define By 设为 Time，初始时间步及最小时间步设为 0.01s，最大时间步设为 0.1s，其他设置默认即可。

（2）设置结果输出。在 Solution 中创建 Equivalent Stress，用于查看引导杆应力大小，整个设置完成后如图 15-23 所示，最后提交计算机求解。

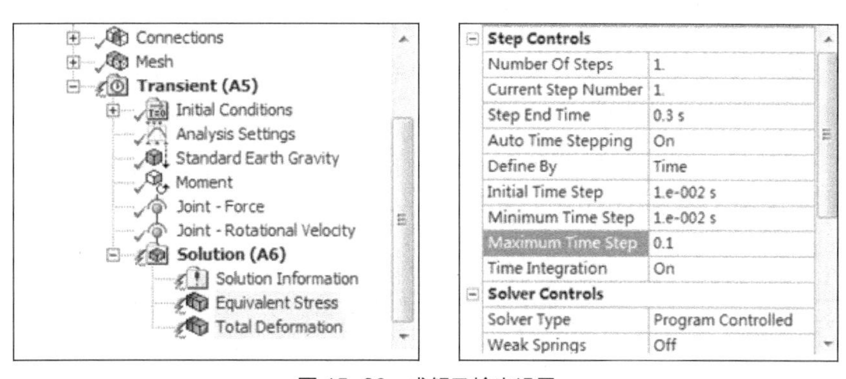


图 15-23　求解及输出设置

## 15.3.8　结果后处理

计算完成后查看引导杆受到的应力大小，其应力云图如图 15-24 所示，同时可以设置通过动画显示整个过程的变化情况。

此外，如果需要进一步了解其他部件的动力学性能，可以在后处理中查看其他各部件的各项动力学参数变化情况。

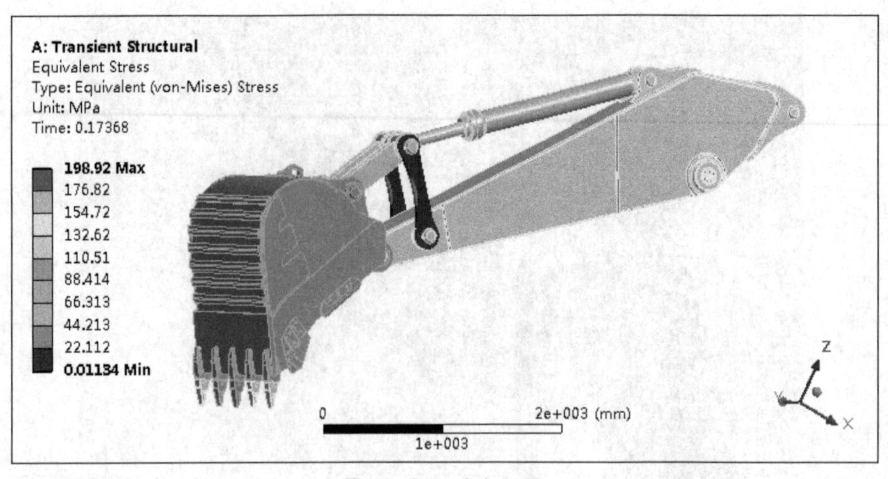


图 15-24　应力云图

# 15.4　本章小结

本章首先介绍了基于多刚体动力学延伸而来的刚柔耦合分析的基础理论，然后结合两个分析实例详细介绍如何进行具体的仿真工作，尤其是第二个实例中的挖掘机斗杆相关模型组件的刚柔耦合分析，涉及的模型和运动副较多，需要充分了解各部件之间的运动关系，防止出现过约束等情况而影响仿真的进行。

刚柔耦合分析对研究和解决复杂系统的动力学问题有非常大的优势和效率，在不同的分析项目中应该根据需要考虑采用刚柔耦合的仿真方法。

Chapter 16

# 第16章

# 线性屈曲分析

■ 工程中经常需要对结构或者系统的稳定性进行评判，例如柱子基座、真空罐等模型的应用场合。其中失去稳定性也被称为发生屈曲，结构屈曲可能瞬间造成灾难性后果，因为在失稳状态下，结构会突然产生大变形，所以对于建筑、大型机械设备安装以及压力容器瓶、罐结构需要在设计阶段引起充分重视。

本章将通过理论和实例讲解，介绍如何利用 WB 19.0 进行线性屈曲分析，使读者掌握利用仿真技术进行屈曲问题的求解和判断。

## 16.1 线性屈曲分析简介

当结构承受轴向压缩载荷作用时，若压缩载荷在临界范围内，给结构一个横向干扰结构就会发生翘曲，当该横向载荷消除时，结构仍能恢复原始状态；若压缩载荷超过临界值，结构的应力刚化产生的应力刚度矩阵就会抵消结构本身的刚度矩阵，此时若在横向施加一个微小扰动也会产生较大的挠度，且该变形在扰动撤销之后，结构无法恢复原有平衡状态，这就是屈曲理论，如图 16-1 所示。

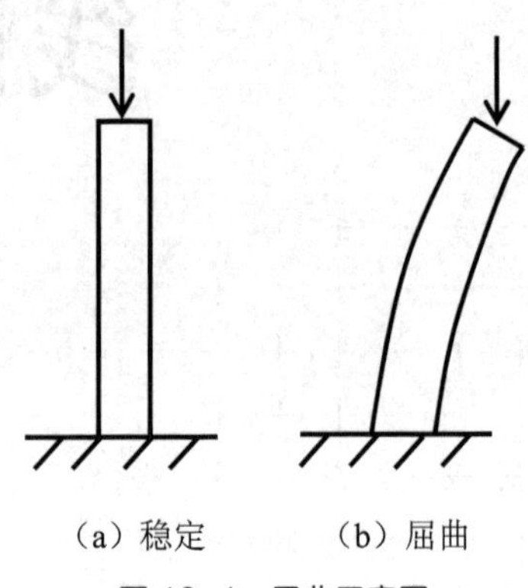


图 16-1　屈曲示意图

屈曲分析是一种用于确定结构开始变得不稳定时的临界载荷和屈曲结构发生屈曲响应时的模态形状的技术，主要包括特征值屈曲分析（也叫线性屈曲分析）和非线性屈曲分析。由于线性屈曲分析计算简单、效率高，因此本章将主要介绍线性屈曲分析方法。

线性屈曲分析是以特征值为研究对象，以小位移、小变形的线弹性理论为基础，分析中不考虑结构在受载过程中结构形状的变化，也就是在外力施加的各个阶段，总是在结构初始构形上建立平衡方程。当载荷达到某一临界值时，结构将突然跳到另一个随遇的平衡状态，称之为屈曲。临界点之前称为前屈曲，临界点之后称为后屈曲。

线性屈曲尽管不保守，但是有很多优点：相比非线性屈曲计算更省时，并且可以做第一步计算来评估临界载荷（屈曲开始的载荷）。线性屈曲分析可以用来作为确定屈曲形状的工具。

对于线性屈曲分析，求解特征值需要用到屈曲载荷因子 $\lambda_i$ 和屈曲模态 $\varphi_i$ ，如式（16-1）所示：

$$([K]+\lambda_i[S])\{\varphi_i\}=0 \tag{16-1}$$

其中假定 $[K]$ 和 $[S]$ 不变，假定为线性材料，利用小变形理论并未包括非线性。

在 WB 19.0 中进行屈曲分析创建的分析项目如图 16-2 所示，首先进行静力学计算，然后通过与 Eigenvalue Buckling 连接完成线性屈曲的计算。

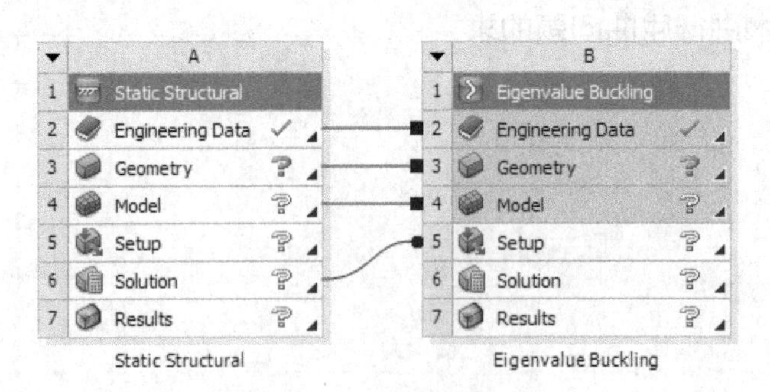


图 16-2　创建屈曲分析项目

# 16.2 线性屈曲分析实例——变截面压杆屈曲分析

屈曲分析常用于杆件或者薄壁容器类结构的校核计算，本例主要以变截面梁为研究对象，介绍如何使用 WB 19.0 进行先行屈曲分析，通过具体操作步骤说明为读者学习该方法提供详细的指导。

## 16.2.1 问题描述

图 16-3 所示的变截面压杆结构，两端铰支。L1 段为直径 $\phi=12$mm 的圆柱，且 L1=80mm；L2 段为 15mm×15mm 的方形结构，且 L2=60mm。

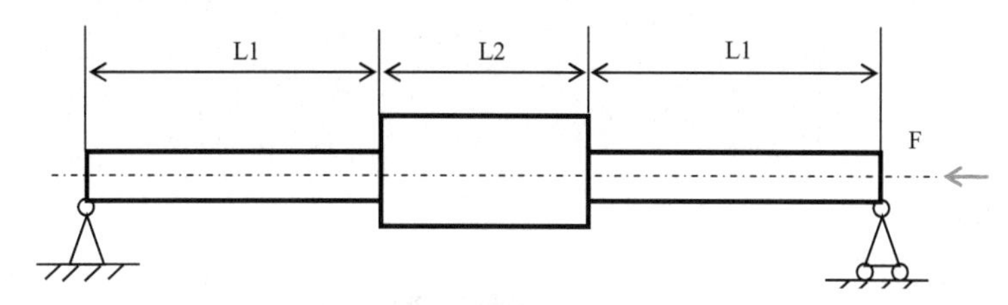


图 16-3 变截面压杆示意图

## 16.2.2 几何建模

由于几何模型较为简单，通过 DM 建模实现，具体操作步骤如下。

（1）分别分三次绘制草图，每次绘制长度与各段压杆长度相等的直线，如图 16-4 所示。

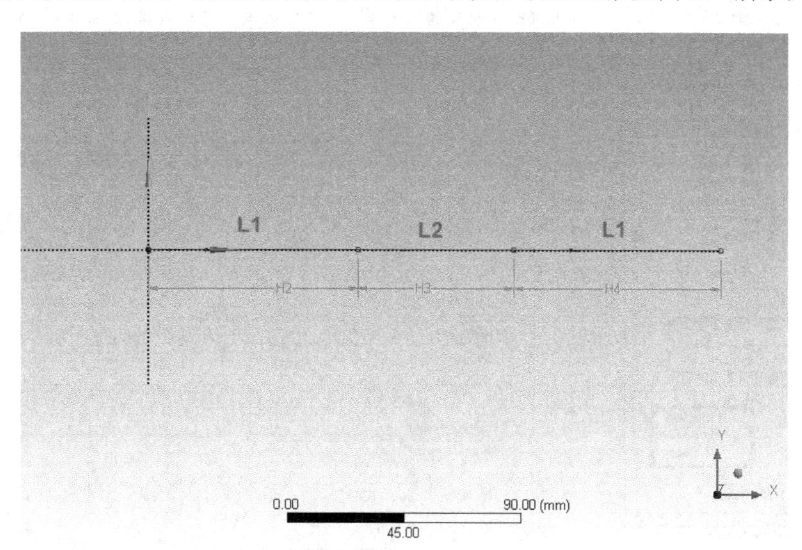


图 16-4 绘制 3 段直线草图

（2）分别分三次使用菜单栏中的 Concept→Lines From Sketchs 创建直线体，并在详细设置窗口中将 Operation 设置为 Add Frozen，如图 16-5 所示。

（3）为直线赋予截面属性。单击 Concept→Cross Section，分别创建直径为 12mm 的圆形截面和 15mm×15mm 的方形截面，完成之后单击每段 Line Body，分别赋予直线体对应的截面，完成后选择菜单中的 View→Cross Section Solids，显示创建的变截面实体压杆模型，如图 16-6 所示。

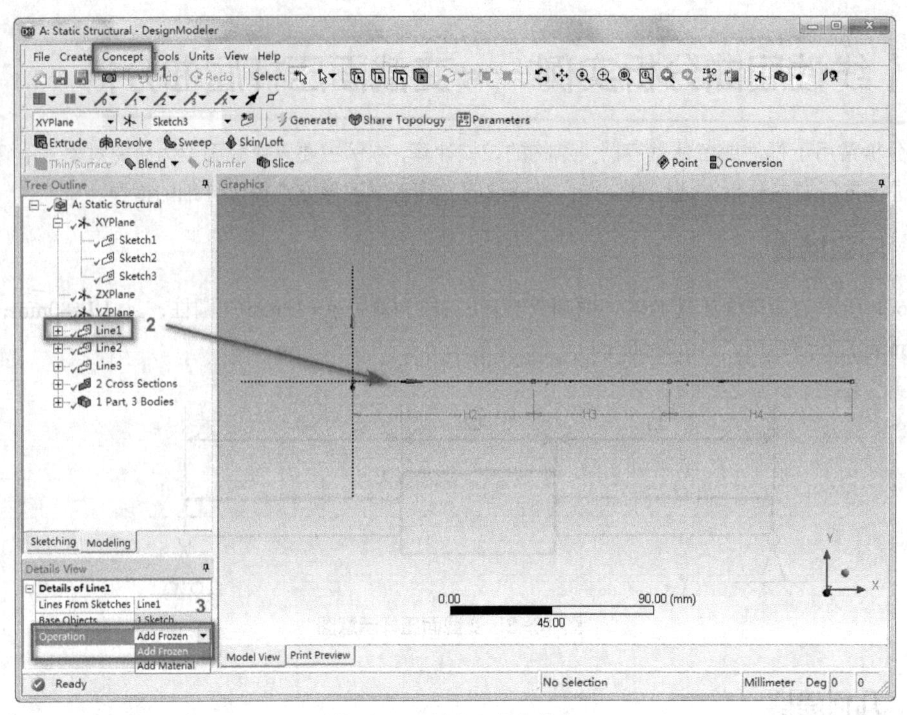


图 16-5　创建 3 段直线体

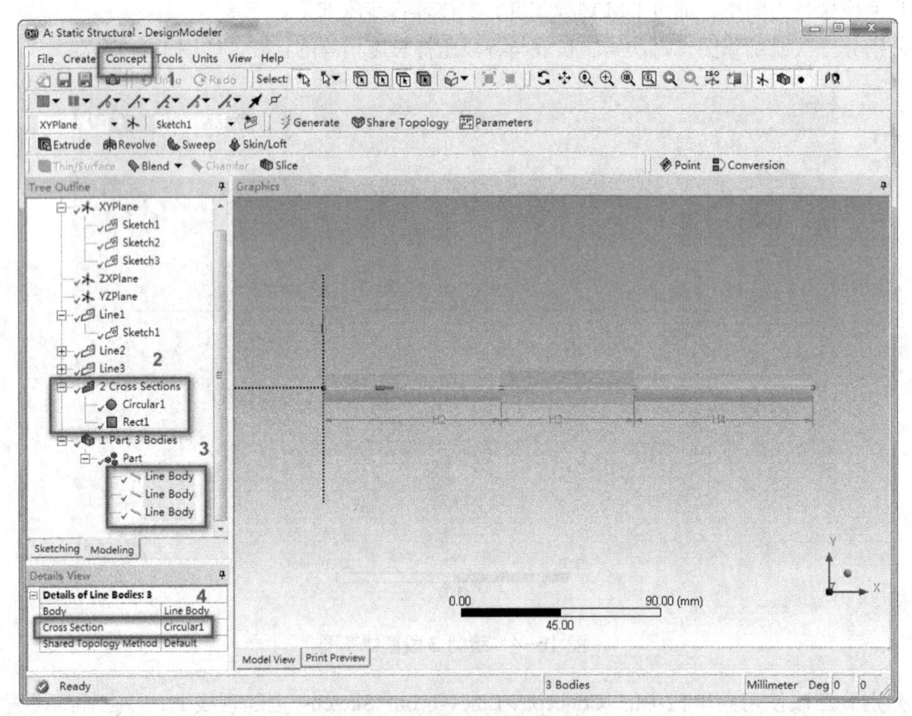


图 16-6　创建变截面压杆模型

（4）为了能够将各段压杆组合为一体，一次性选中所有 Line Body，单击鼠标右键，选择 From New Part，生成一个新的 Part 结构，这样操作方便后续网格划分中自动实现过渡位置共节点，至此完成几何建模。

## 16.2.3 材料属性设置

分析模型使用软件默认材料 Structure Steel，各参数设置按照图 16-7 所示输入，然后材料属性将通过软件自动赋予几何模型。

| | A | B | C | D | E |
|---|---|---|---|---|---|
| 1 | Property | Value | Unit | | |
| 2 | Variables | Table | | | |
| 3 | Density | 7850 | kg m^-3 | | |
| 4 | Isotropic Secant Coefficient of Thermal Expansion | | | | |
| 5 | Coefficient of Thermal Expansion | 1.2E-05 | C^-1 | | |
| 6 | Isotropic Elasticity | | | | |
| 7 | Derive from | Young's Modulus... | | | |
| 8 | Young's Modulus | 2E+11 | Pa | | |
| 9 | Poisson's Ratio | 0.3 | | | |
| 10 | Bulk Modulus | 1.6667E+11 | Pa | | |
| 11 | Shear Modulus | 7.6923E+10 | Pa | | |

图 16-7　材料属性参数

## 16.2.4 网格划分

网格划分针对直线进行操作，直接设置单元大小为 2mm，完成之后如图 16-8 所示。

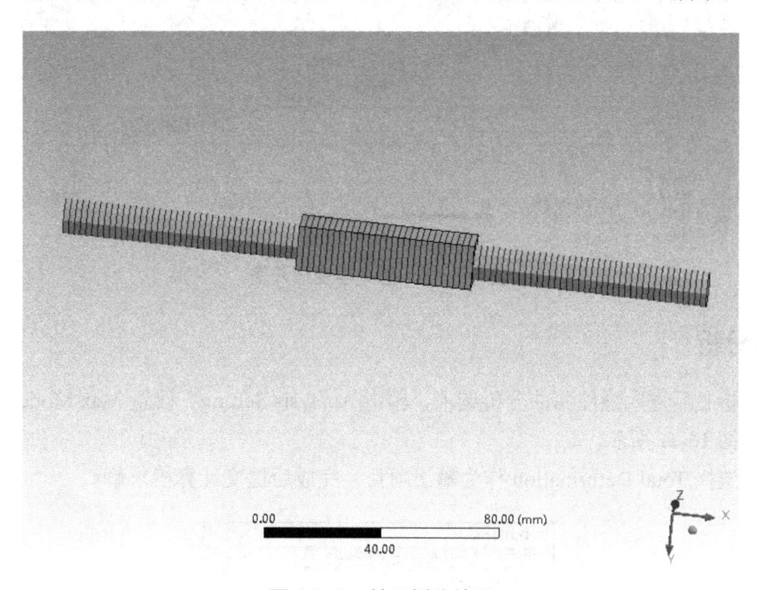


图 16-8　单元划分结果

## 16.2.5 载荷及约束设置

根据分析问题的背景进行载荷及约束的加载，步骤如下。

（1）左端施加 Fixed Support。单击 Supports→Fixed Supported，选择左端点位置创建约束，限制左端面所有自由度。

（2）右端施加 Displacement 和 Fixed Rotation 约束。与（1）一样单击工具栏选择 Displacement，约束右

端面向 $y$、$z$ 方向位移，同时施加 Fixed Rotation 约束，限制 $x$、$z$ 方向的转动自由度。

（3）施加外载荷。由于临界载荷等于所有施加载荷与载荷因子的乘积，所以在右端施加 1N 的外力，完成设置后如图 16-9 所示。

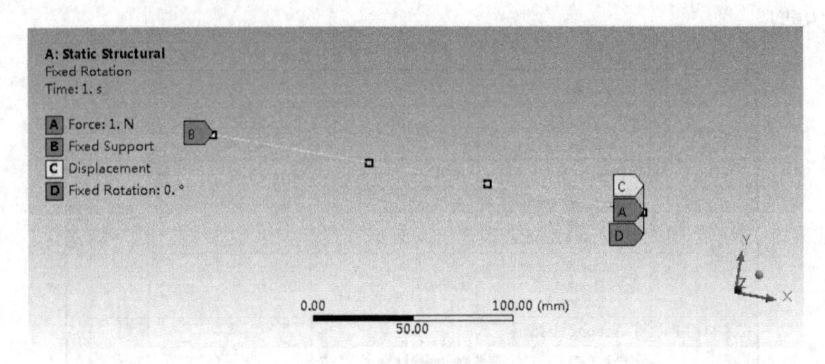


图 16-9 载荷及约束设置

## 16.2.6 静力学求解

完成上述设置后，进入静力学求解项，提交计算机求解，可获得在 1N 外在作用下的压杆变形云图，如图 16-10 所示。

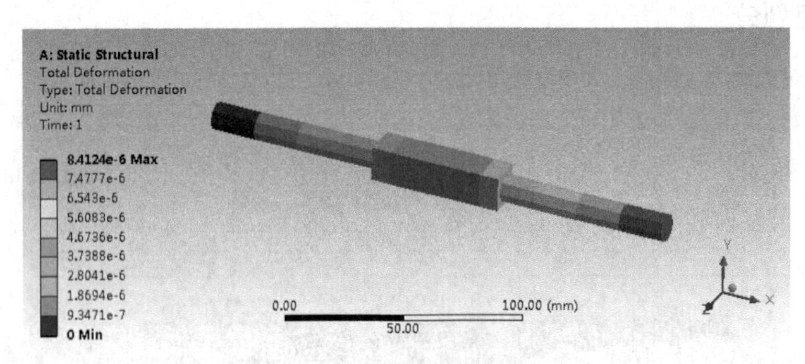


图 16-10 静力学变形云图

## 16.2.7 屈曲分析

完成静力学分析之后进入线性屈曲分析选项，单击 Analysis Setting，设置 Max Mode to Find 为 2，其他设置默认即可，如图 16-11 所示。

设置输出项，选择 Total Deformation 作为输出项目，完成后提交计算机求解。

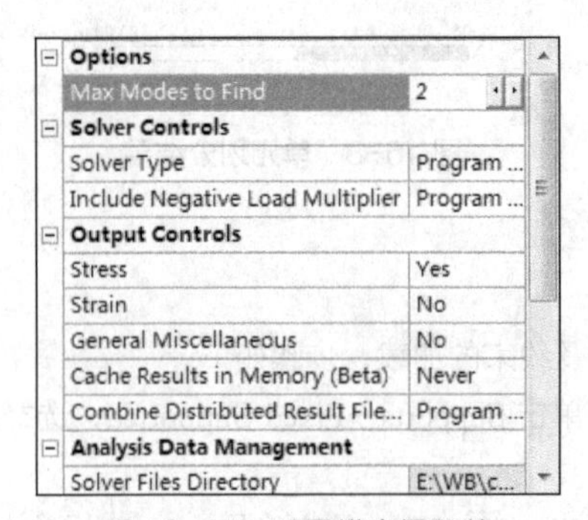

| Options | |
|---|---|
| Max Modes to Find | 2 |
| **Solver Controls** | |
| Solver Type | Program ... |
| Include Negative Load Multiplier | Program ... |
| **Output Controls** | |
| Stress | Yes |
| Strain | No |
| General Miscellaneous | No |
| Cache Results in Memory (Beta) | Never |
| Combine Distributed Result File... | Program ... |
| **Analysis Data Management** | |
| Solver Files Directory | E:\WB\c... |

图 16-11 设置模态提取数

### 16.2.8 结果后处理

求解完成之后可以得到变截面压杆的变形云图以及对应的屈曲载荷因子，如图 16-12 所示。本例中第一阶载荷因子为 1.1248e5，所以该变截面压杆的临界载荷 $P_{cr}=F\times\lambda=1\times$ 1.1248e5=1.1248e5N，这意味着当外载荷达到 1.1248e5N 以上时，变截面压杆将失稳。

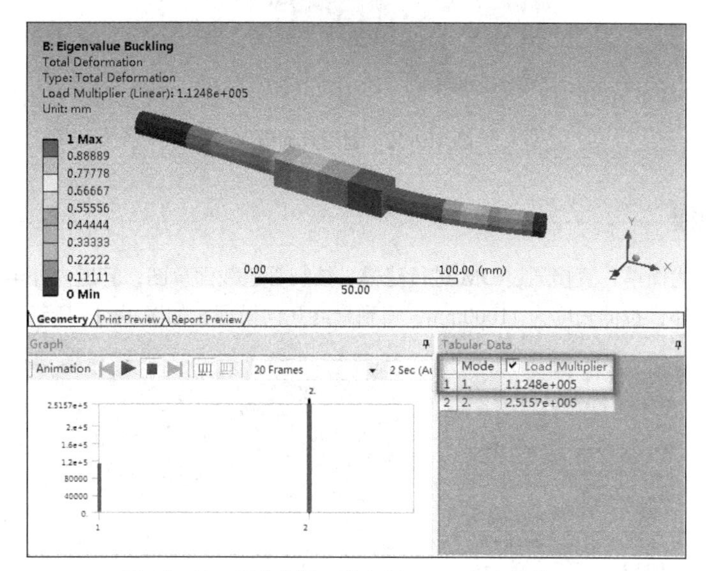


图 16-12 屈曲分析一阶变形云图及各阶载荷因子

## 16.3 线性屈曲分析实例——真空管道屈曲分析

薄壁管道类结构的屈曲分析非常典型，经常需要对其稳定性进行校核。本例以某真空管道模型为研究对象，详细介绍使用线性屈曲方法进行仿真模拟的过程，为读者学习和掌握该方法提供指导和案例实践。

### 16.3.1 问题描述

大型管道薄壁件的主要失效形式不是强度失效而是失稳失效。所谓压力容器失稳指的是压力容器所承受的载荷超过某一临界值时突然失去原有几何形状的现象。所以研究压力容器的失稳现象，提高其抗失稳能力非常重要，但是通过实验进行外压测试，校验压力容器的稳定性是不现实的，工程上通常采用有限元方法进行仿真计算。

根据 GB150-2012 规定，外压圆筒稳定性许用压力值为临界压力和稳定安全系数的比值，如式（16-2）所示：

$$[p]=\frac{P_{cr}}{m} \tag{16-2}$$

式中：$[p]$ 为许用压力，单位为 MPa；$m$ 为安全系数，按照 GB150-2012 要求，$m$=3； $P_{cr}$ 为临界压力，单位为 MPa。

图 16-13 所示为某真空管道模型，几何参数如下：外径 $D_0=2632\text{mm}$，长度 $L=11000\text{mm}$，厚度 $\delta_e=14.7\text{mm}$，管道材质为 Q345R，其弹性模量 $E$=2.1e5MPa，$\mu$=0.3，$\rho$=7.85e3kg/m$^3$。下面针对管道进行先行屈曲分析。

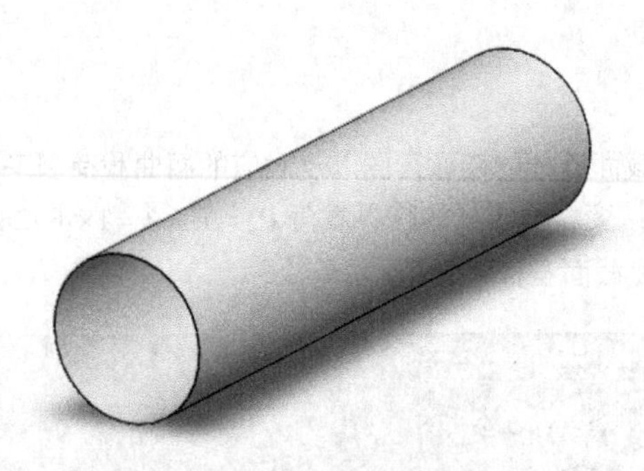

图 16-13　管道几何模型

## 16.3.2　几何建模

分析几何模型较为简单，直接通过 DM 进行建模。绘制管道截面草图，管道内外半径如图 16-14 所示。完成之后进行拉伸操作，拉伸长度为 11000mm，得到最终几何模型，如图 16-15 所示。

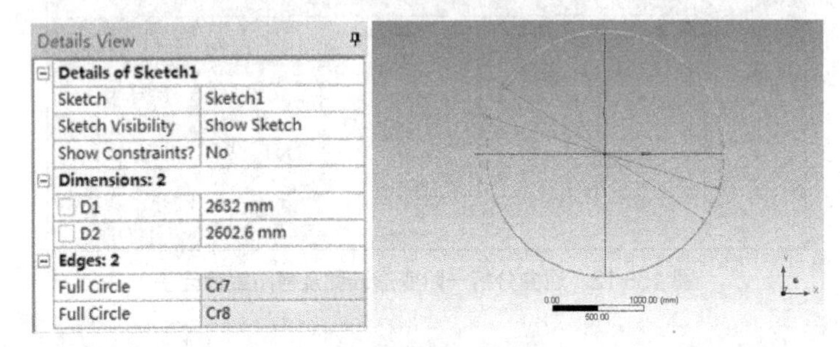

| Details of Sketch1 | |
|---|---|
| Sketch | Sketch1 |
| Sketch Visibility | Show Sketch |
| Show Constraints? | No |
| Dimensions: 2 | |
| D1 | 2632 mm |
| D2 | 2602.6 mm |
| Edges: 2 | |
| Full Circle | Cr7 |
| Full Circle | Cr8 |

图 16-14　管道截面草图

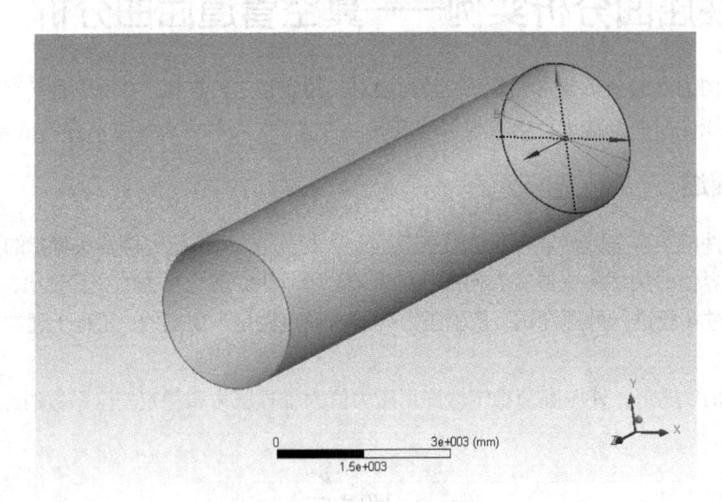

图 16-15　管道几何模型

## 16.3.3　材料属性设置

管道材质使用 Q345R，属于普通低碳钢，是锅炉压力容器的常用材料。双击 Engineering Data 进入材料属性编辑窗口，将 Structure Steel 直接重命名为 Q345R，修改对应的弹性模量相关参数，如图 16-16 所示，完成后退出。

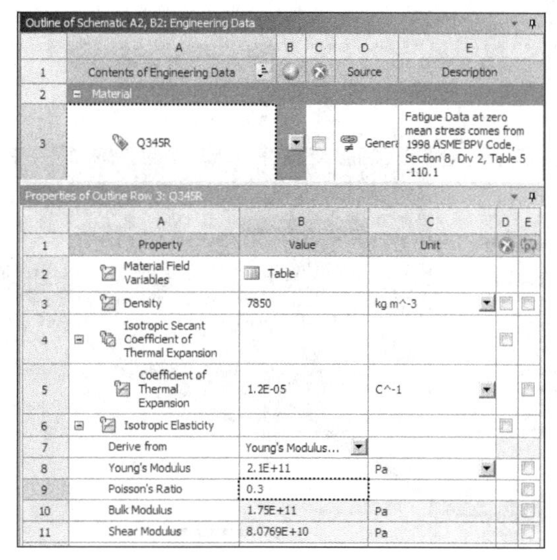


图 16-16　材料属性编辑

## 16.3.4　网格划分

单击 Mesh，在弹出的详细设置窗口中设置 Element Size 为 400mm，然后单击 Generate Mesh 完成网格划分，如图 16-17 所示。

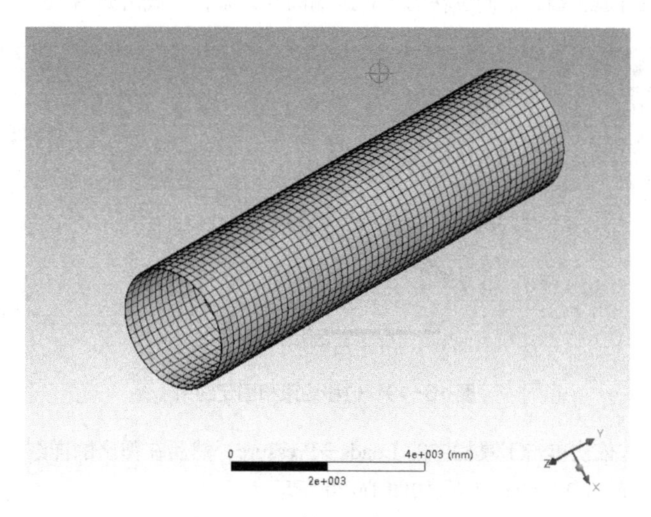


图 16-17　单元网格划分结果

## 16.3.5　载荷及约束设置

由于真空管道两端可以得到刚性构件的加强，近似可以认为两端保持圆形截面形状，因此在管道两端施加环向的位移约束；同时在管道一段施加轴向位移约束及固定的远端位移约束以限制刚性运动；此外，管道外表面承受均布压力，大小为 0.1MPa，具体设置如下。

（1）创建圆柱坐标系。单击树形窗口中的 Coordinate Systems，单击鼠标右键，插入 Coordinate System，然后在弹出的详细窗口中设置 Type 为 Cylindrical，同时选择 Geometry，单击几何管道内表面并单击 Apply 确认，完成圆柱坐标系的创建，如图 16-18 所示。

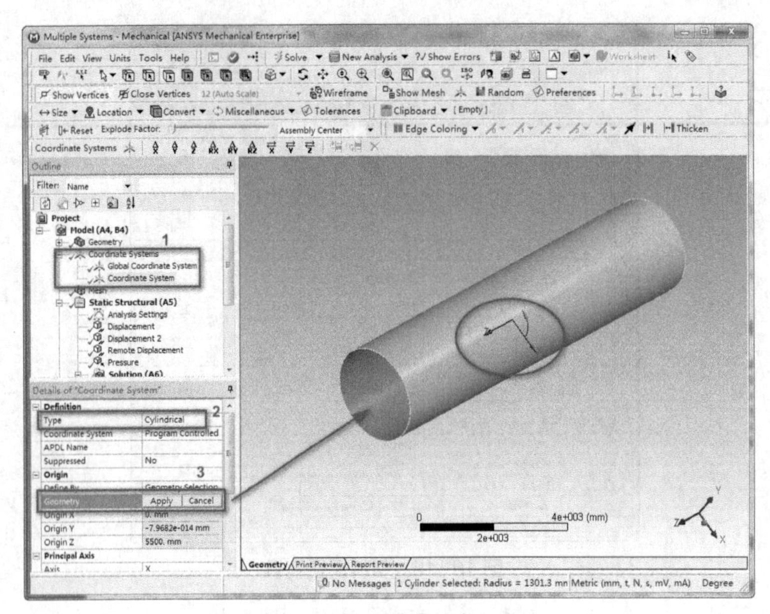
图 16-18　创建圆柱坐标系

（2）创建环向位移约束。依次单击工具栏中的 Supports→Displacement，然后在弹出的详细窗口中将 Coordinate System 设置为（1）中创建的圆柱坐标系，并将 Y Component 设置为 0，完成约束的建立。

（3）同理依次创建管道左端的轴向位移约束和远端固定约束，完成后如图 16-19 所示。

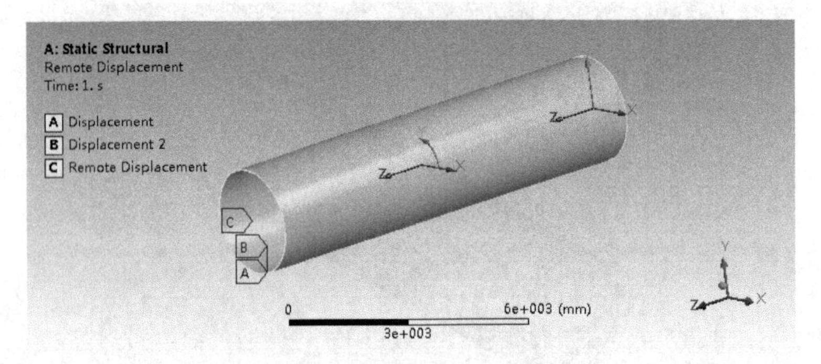

图 16-19　位移约束和固定约束

（4）施加均布压力。依次单击工具栏中的 Loads→Pressure，然后在弹出的详细窗口中设置 Define By 为 Normal To，压力大小设置为 0.1MPa，结果如图 16-20 所示。

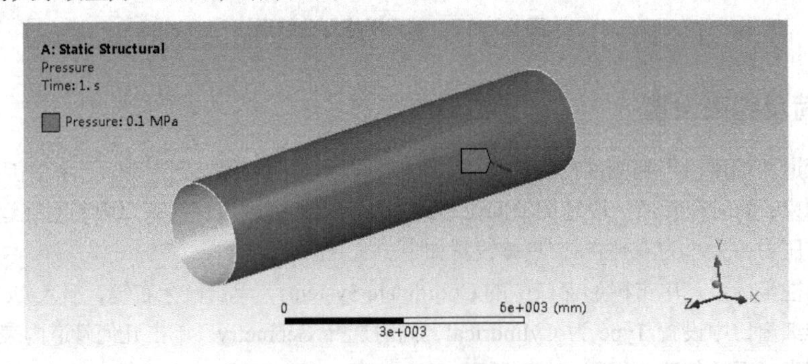

图 16-20　载荷施加

### 16.3.6 静力学求解

设置完成之后，进行静力学求解，求解设置按照软件默认即可，同时可以设置 Mises 应力及管道变形作为输出结果，图 16-21 所示为管道变形结果云图。

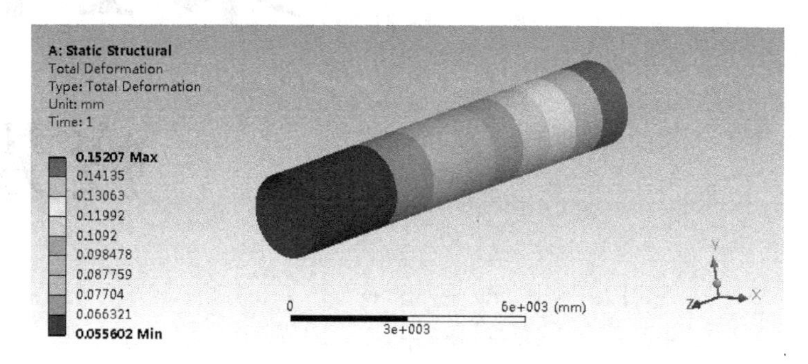


图 16-21 管道变形结果云图

### 16.3.7 屈曲分析

静力学求解完成之后，进入 Eigenvalue Buckling，单击 Analysis Setting，设置求解的最大模态，本例中模态数设置为 1 和 2 均可，此处按软件默认值设置。

进入 Solution，单击鼠标右键设置输出参数，插入 Total Deformation 完成输出量的设置，之后提交计算机求解。

### 16.3.8 结果后处理

计算完成之后获得屈曲载荷因子，从表中可以看到载荷因子大小为 3.844。根据式（16-2）可得到管道的许用压力大小为 $p=\frac{P_{cr}}{m}=\frac{P\cdot\lambda}{m}=\frac{0.1\times3.844}{3}=0.128\text{MPa}$。

同时可以单击 Total Deformation 查看管道的 1 阶失稳模态振型云图，其结果如图 16-22 所示。

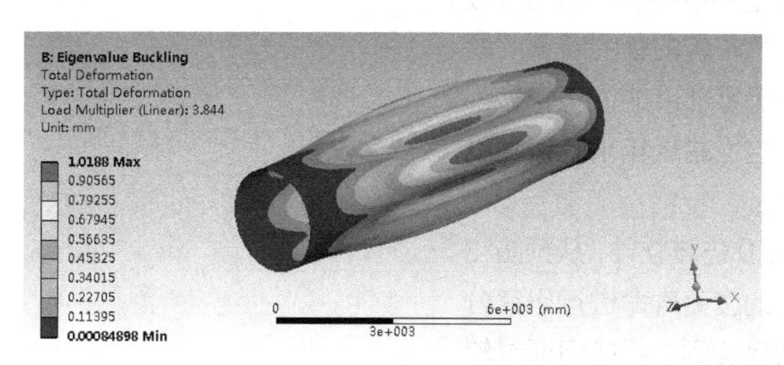


图 16-22 管道失稳模态

## 16.4 本章小结

屈曲分析在研究大型管道薄壁以及压杆稳定等类型结构时具备非常直接有效的指导作用。本文通过理论讲解，对失稳现象的产生进行了说明，并且结合两个经典实例的分析，为读者详细介绍如何使用 WB 19.0 软件对线性屈曲分析进行仿真计算，使读者能够轻松掌握该部分内容的工程应用。

Chapter 17

# 第17章

## 疲劳分析

■ 零部件由于交变载荷的往复作用导致在局部位置产生疲劳裂纹并扩展，最后断裂的现象叫作疲劳破坏。疲劳问题是目前左右制造领域都面临的一个非常普遍而头疼的问题，如电子产品的按键使用寿命问题、汽车转向轴的断裂问题以及飞机、火车等零部件的使用寿命都涉及疲劳问题，这也是近年来越来越受到人们重视的原因。

本章基于 WB 19.0 仿真软件，从预防和理论上对零部件的疲劳寿命进行研究分析，通过具体项目实例介绍如何通过软件对构件的疲劳寿命进行计算，使读者能够更好地从理论和实践上全面掌握疲劳分析的技术，从而反过来指导设计和实践。

# 17.1 疲劳分析简介

疲劳是导致结构出现故障的常见原因，通常分为高周疲劳和低周疲劳。高周疲劳通常是构件在受到比材料的极限强度低的应力作用下发生的疲劳失效问题，通常循环次数一般高于 1e4～1e5；低周疲劳又称为“低循环疲劳”，低周疲劳通常构件受到的应力值较大，常伴随塑性变形，通常应力循环作用次数低于 1e4～1e5。

使零件或构件发生疲劳破坏的动载荷称为疲劳载荷，可分为两类，一类是大小和正负方向随时间周期性变化的交变载荷，另一类是大小和正负方向随时间随机变化的随机载荷。交变载荷又称为循环载荷，是最简单和最基本的疲劳载荷形式。所研究的结构部位因交变载荷引起的应力称为交变应力。

图 17-1 所示为两类循环应力曲线图，应力循环可以通过最大应力、最小应力和周期 $T$ 来描述。当最大循环应力与最小循环应力绝对值相等而方向相反时，称为对称循环应力，如图 17-1（a）所示；当构件除了受动载荷作用外还有静载分量时，这种循环应力称为非对称循环作用，如图 17-1（b）所示。

通常采用最小应力与最大应力的比值 $R$ 来描述循环应力的步对称程度，$R$ 称为应力比，表达式如式（17-1）所示：

$$R=\frac{\delta_{\min}}{\delta_{\max}} \tag{17-1}$$

由定义可知：$R$=−1 时为对称循环应力，$R\neq 0$ 时统称为不对称循环应力。其中，$R$=0 时为拉伸脉动应力，$R=-\infty$ 时为压缩循环应力。

在疲劳载荷分析中存在以下定义，如式（17-2）～式（17-4）所示：

$$\delta_a=\frac{\delta_{\max}-\delta_{\min}}{2} \tag{17-2}$$

$$\Delta\delta=\delta_{\max}-\delta_{\min} \tag{17-3}$$

$$\delta_m=\frac{\delta_{\max}+\delta_{\min}}{2} \tag{17-4}$$

其中，$\delta_a$ 为应力幅，反映交变应力在一个循环中变化大小的程度；$\Delta\delta$ 为应力范围，$\delta_m$ 为平均应力。

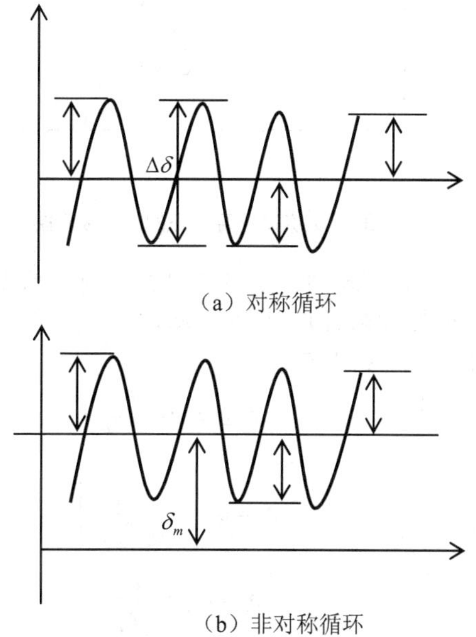


图 17-1 循环应力曲线

一般情况下，材料所承受的循环应力幅越小，到发生疲劳破坏所经历的时间（应力循环次数）越长。S-N 曲线就是用于描绘材料承受应力幅水平与该应力幅下发生疲劳破坏所经历的应力循环次数的关系曲线。S-N 曲线一般使用标准试样进行疲劳寿命分析获得，如图 17-2 所示，纵坐标表示试样承受应力幅（有时也称为最大应力值，用 $\delta$ 表示）；横坐标表示应力循环次数，常用 $N_f$ 表示。

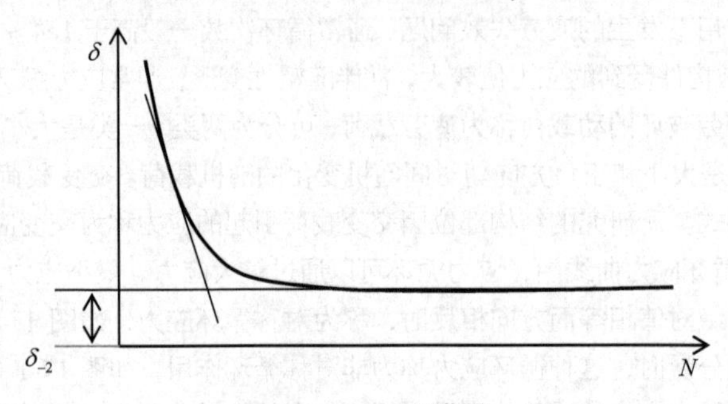


图 17-2　S—N曲线

S-N 曲线中的水平直线部分对应材料的疲劳极限，其含义为材料经过无限次应力循环不发生破坏的应力极限。通常钢材的“无限”定义为 $10^7$ 次应力循环，$\delta_{-1}$ 是对称循环作用下的疲劳极限。疲劳极限是材料抵抗疲劳的重要性能指标，也是进行疲劳强度的无限寿命设计的主要依据。

在给定疲劳寿命 $N$（$10^7$ 次）的情况下，研究循环应力幅与平均应力之间的关系，如图 17-3 所示，横坐标为平均应力 $\delta_m$ 和强度极限 $\delta_b$ 的比值，纵坐标为应力幅 $\delta_a$ 和对称循环疲劳极限 $\delta_{-1}$ 的比值，基于该曲线图可以得到各类疲劳分析中需要用到的曲线。

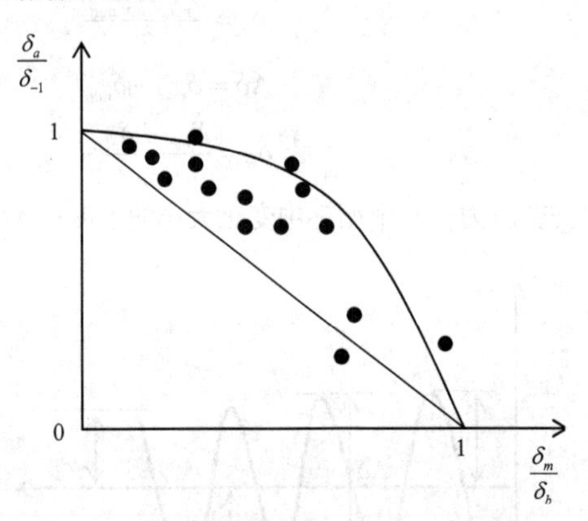


图 17-3　$10^7$ 次循环寿命下的疲劳极限图

图 17-3 中的直线称为古德曼（Goodman）线，如式（17-5）所示；曲线为杰柏（Gerber）抛物线，如式（17-6）所示；用屈服极限 $\delta_s$ 代替 $\delta_b$ 得到索德伯格（Soderberg）线，如式（17-7）所示；用断裂真应力 $\delta_f$ 代替 $\delta_b$ 得到摩儒（Morrow）线，如式（17-8）所示。

$$\delta_a = \delta_{-1}(1-\frac{\delta_m}{\delta_b}) \tag{17-5}$$

$$\delta_a = \delta_{-1}\left[1-\left(\frac{\delta_m}{\delta_b}\right)^2\right] \tag{17-6}$$

$$\delta_a = \delta_{-1}(1-\frac{\delta_m}{\delta_s}) \tag{17-7}$$

$$\delta_a = \delta_{-1}(1-\frac{\delta_m}{\delta_f}) \tag{17-8}$$

上述曲线在 WB 19.0 中进行疲劳分析时均可能用到。

WB 19.0 中的疲劳分析与常规分析基本一致，只是在求解中需要额外插入疲劳分析的相关处理步骤，下面通过两个具体实例进行详细介绍。

# 17.2 疲劳分析实例——某叉车货叉疲劳寿命分析

疲劳分析应用领域较为广泛，本节以叉车货叉结构为研究对象，介绍在 WB 19.0 中使用疲劳分析功能进行货叉的疲劳寿命分析过程，为读者学习提供详细的指导。

## 17.2.1 问题描述

图 17-4 所示为某叉车单边货叉的简化几何模型，假设该叉车额定载荷为 4.5t，载荷中心距为 400mm。货叉在实际使用中反复经历“叉货—卸载—叉货—卸载”，为了研究货叉在此过程中的使用寿命，在 WB 19.0 中创建 Static Structure 分析项目，对货叉进行疲劳仿真，从而实现对货叉整体寿命的预测。

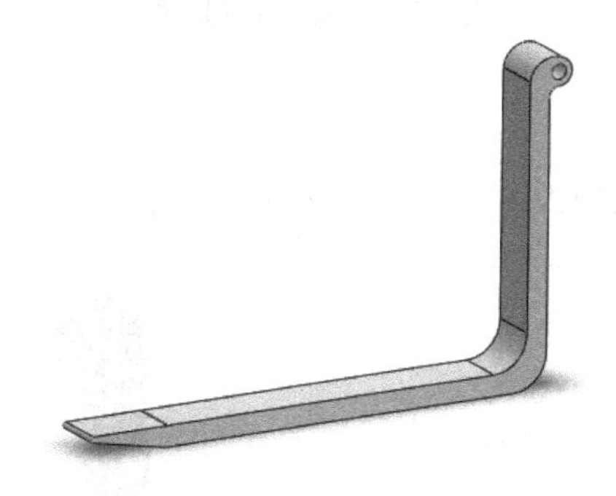

图 17-4 货叉几何模型

## 17.2.2 几何建模

通过外部建模软件完成几何建模，并在 DM 中导入模型，结果如图 17-5 所示。

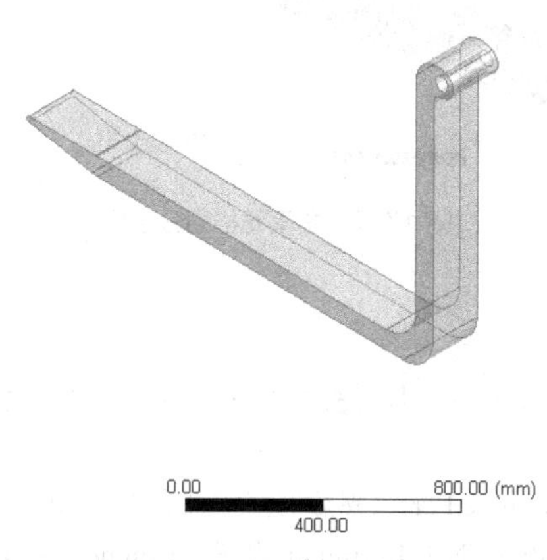


图 17-5 单边货叉几何模型

## 17.2.3 材料属性设置

本例中的材料使用软件默认材料 Structure Steel 即可，各材料参数设置按照图 17-6 输入即可，通过 Model

中的 Assignment 将材料属性赋给几何模型，本例中软件已默认这一操作。

| | A | B | C | D | E |
|---|---|---|---|---|---|
| 1 | Property | Value | Unit | | |
| | Variables | | | | |
| 3 | Density | 7850 | kg m^-3 | | |
| 4 | Isotropic Secant Coefficient of Thermal Expansion | | | | |
| 5 | Coefficient of Thermal Expansion | 1.2E-05 | C^-1 | | |
| 6 | Isotropic Elasticity | | | | |
| 7 | Derive from | Young's Modulus... | | | |
| 8 | Young's Modulus | 2E+11 | Pa | | |
| 9 | Poisson's Ratio | 0.3 | | | |
| 10 | Bulk Modulus | 1.6667E+11 | Pa | | |
| 11 | Shear Modulus | 7.6923E+10 | Pa | | |
| | Alternating Stress | | | | |

图 17-6　材料属性参数

### 17.2.4　网格划分

网格划分采用六面体主体网格划分技术，单元大小设置为 15mm，划分结果如图 17-7 所示。

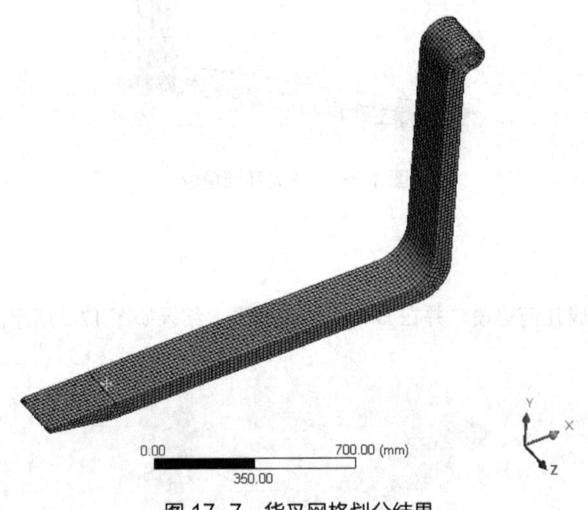


图 17-7　货叉网格划分结果

### 17.2.5　载荷及约束设置

对货叉进行静力学分析，在其支撑面施加 4.5t/2=2.25t 的外载，合计 2250×9.81=22072.5N，具体载荷及边界加载步骤如下。

（1）单击工具栏中的 Loads→Remote Force，然后选择货叉支撑面，在对应的详细设置窗口中将 Coordinate System 下的 Z Coordinate 修改为 380，同时将 Definition 设置为 Component，在 Y Component 中输入-22072.5N，如图 17-8 所示。

（2）单击 Supports→Fixed Support，选择货叉上部支座孔进行固定，所有设置完成后，结果如图 17-9 所示。

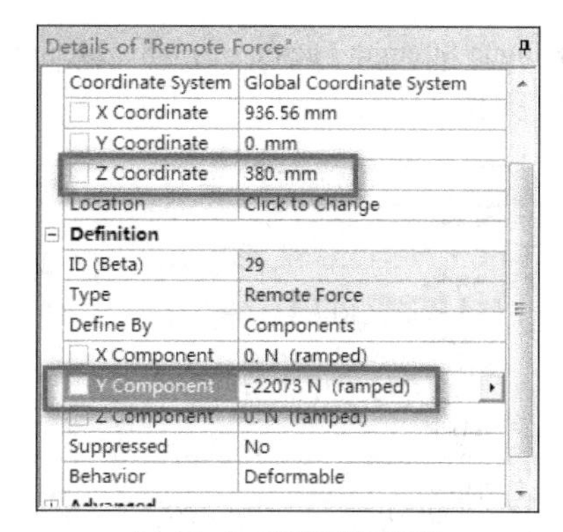


图 17-8　载荷详细设置

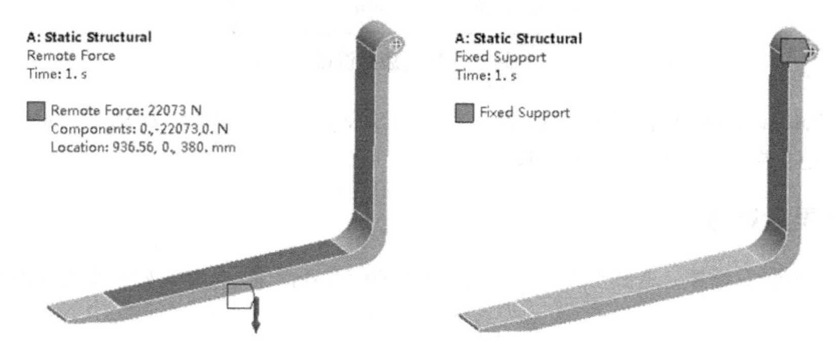


图 17-9　边界及载荷施加结果

## 17.2.6　静力求解

设置计算结果输出，将 Equivalent Stress 作为输出项，然后提交计算机求解。完成后，应力结果云图如图 17-10 所示。

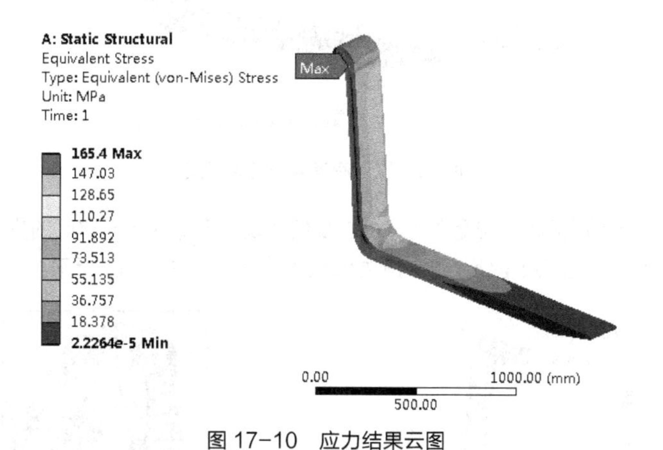


图 17-10　应力结果云图

## 17.2.7　疲劳求解

疲劳求解的步骤如下。

（1）右键单击 Solution，依次选择 Insert→Fatigue→Fatigue Tool，在弹出的详细窗口中设置 Type 为

Zero-Based，设置疲劳强度因子（Fatigue Strength Factor）为 0.8，Mean Stress Theory 采用 Goodman 修正理论，完成基本疲劳设置，如图 17-11 所示。

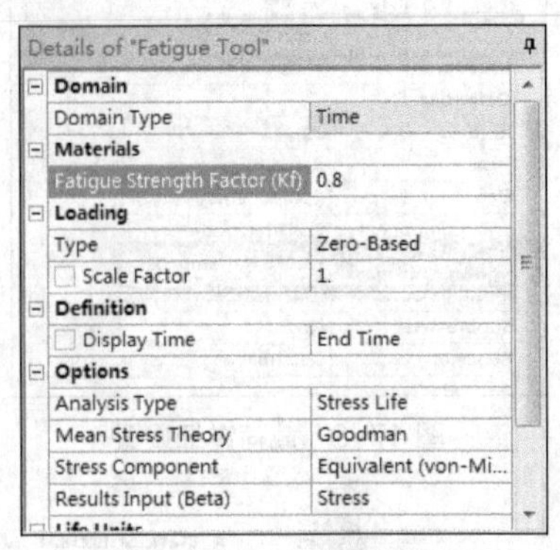


图 17-11　疲劳设置

（2）选择 Fatigue Tool，单击鼠标右键，插入 Life 和 Safety Factor，其中设置 Safety Factor 下的设计寿命为 1.e+006 cycles，完成之后提交计算机求解。

## 17.2.8　结果后处理

进入疲劳分析计算结果，单击 Life，可以查看货叉的疲劳寿命值，图中可知最小为 1.3895e5 次，如图 17-12 所示。

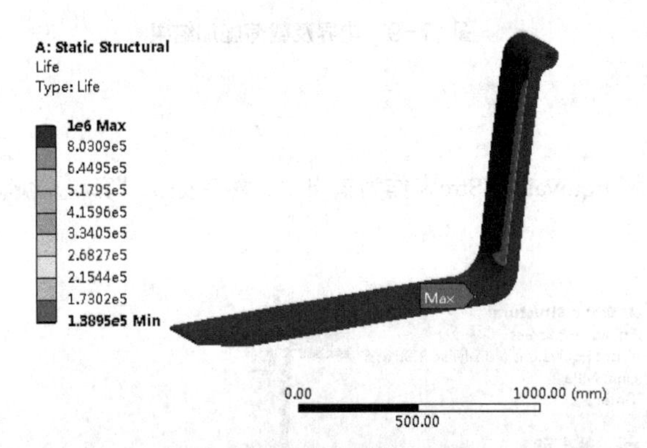


图 17-12　疲劳寿命结果云图

单击 Safety Factor 查看货叉疲劳安全系数，可以看到在设计寿命为 1e6 次时的货叉各位置安全系数，最小安全系数出现于上部固定支座圆角处，也是应力值最大位置，如图 17-13 所示。

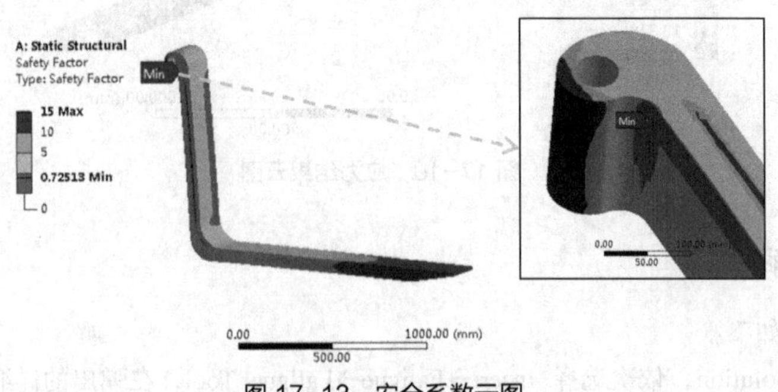


图 17-13　安全系数云图

# 17.3 疲劳分析实例——发动机连杆疲劳强度分析

发动机连杆疲劳问题非常常见，本例将以连杆结构为分析对象，介绍疲劳分析过程中的各操作步骤和方法，并对疲劳分析的各项后处理功能进行讲解，为读者学习和掌握 WB 19.0 的疲劳仿真提供案例实践。

## 17.3.1 问题描述

发动机连杆承受拉、压交变应力作用，很容易引起疲劳问题。图 17-14 所示为某发动机连杆几何模型，最大承受载荷为 5e4N，作用于连杆大端内表面位置，方向沿连杆轴线方向，连杆材料为合金钢 40Cr，材料属性值如表 17-1 所示。

图 17-14 连杆几何模型

表 17-1 40Cr 材料属性

| 材料名称 | 密度/kg · m$^{-3}$ | 泊松比 | 弹性模量/MPa | 屈服极限/MPa | 拉伸极限/MPa |
|---|---|---|---|---|---|
| 40Cr | 7.87e3 | 0.28 | 2.06e5 | 785 | 980 |

## 17.3.2 几何建模

通过外部建模软件完成连杆结构的几何建模，并在 DM 中导入模型，结果如图 17-15 所示，单位设置为 mm。

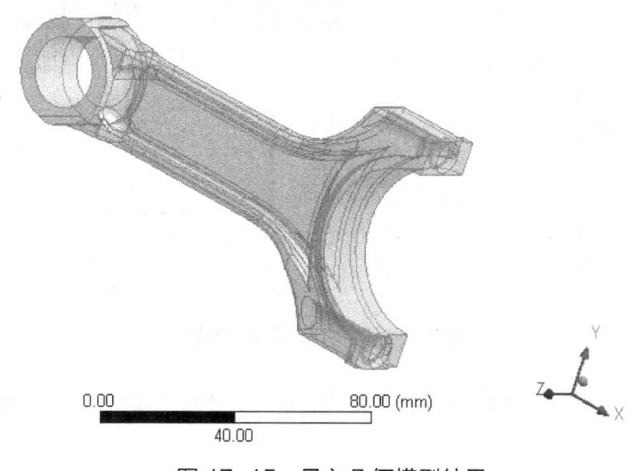


图 17-15 导入几何模型结果

## 17.3.3 材料属性设置

删除软件默认材料 Structure Steel，然后双击 Engineering Data 进入材料属性编辑窗口，创建 40Cr 材料，具体操作如下。

（1）单击 General Materials 进入编辑页面，创建新材料 40Cr，然后依次添加材料密度、各向同性弹性材料属性值、平均应力曲线、材料拉伸极限和屈服极限等属性值，如图 17-16 所示。

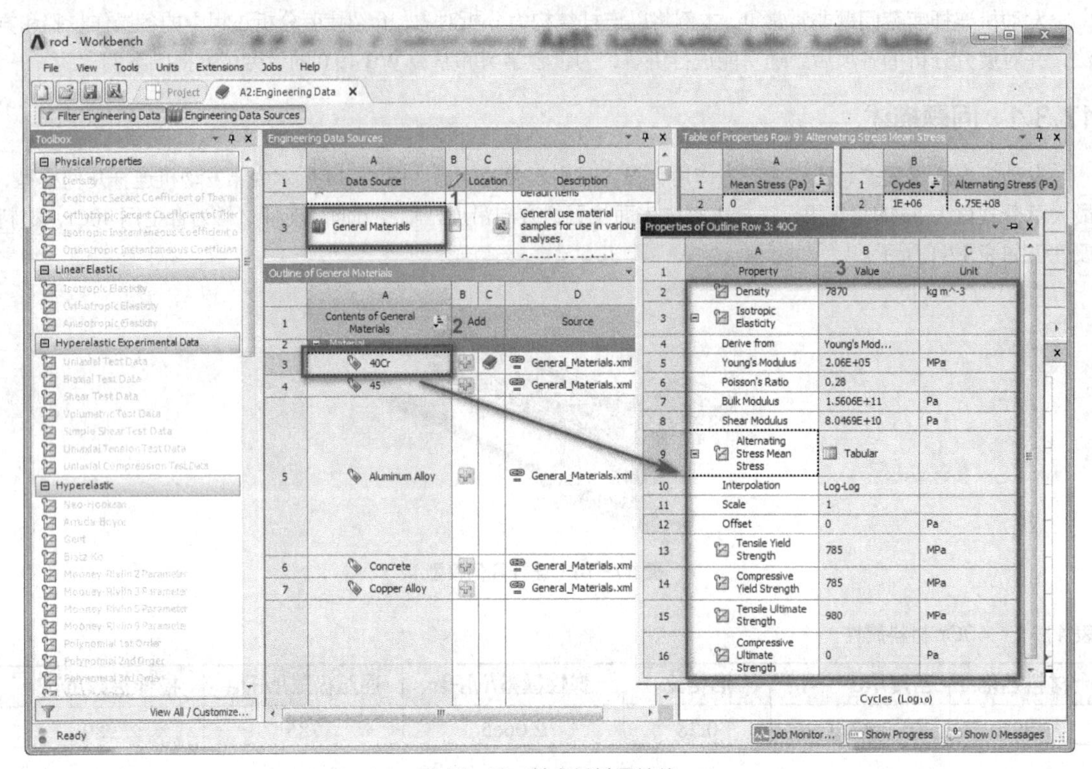


图 17-16　基本材料属性值

（2）然后按照表 17-1 所示参数分别输入对应的参数值，其中在 Alternating Stress Mean Stress 中输入图 17-17 所示的应力值，通过曲线拟合获得 40Cr 的 *S-N* 曲线。

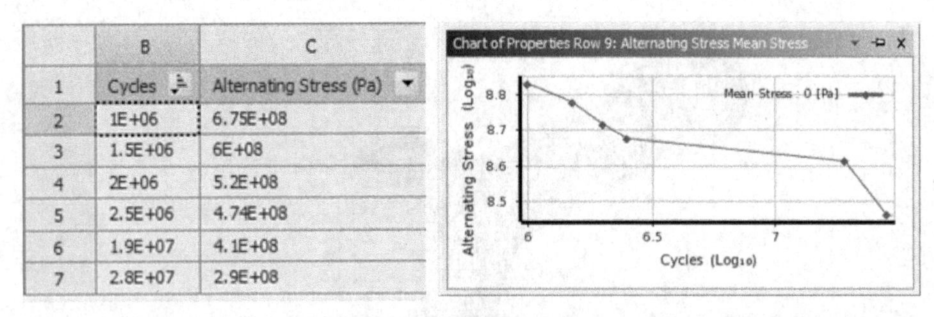

| | B | C |
|---|---|---|
| 1 | Cycles | Alternating Stress (Pa) |
| 2 | 1E+06 | 6.75E+08 |
| 3 | 1.5E+06 | 6E+08 |
| 4 | 2E+06 | 5.2E+08 |
| 5 | 2.5E+06 | 4.74E+08 |
| 6 | 1.9E+07 | 4.1E+08 |
| 7 | 2.8E+07 | 2.9E+08 |



图 17-17　材料 *S-N* 曲线

（3）完成之后，保存并退出材料编辑窗口，然后双击进入 Model 模块，对几何模型赋予新建材料 40Cr，完成材料参数的导入。

## 17.3.4　网格划分

由于连杆模型相对复杂，因此直接采用四面体网格划分方法，网格大小设置为 2mm，划分完成之后，结果如图 17-18 所示。

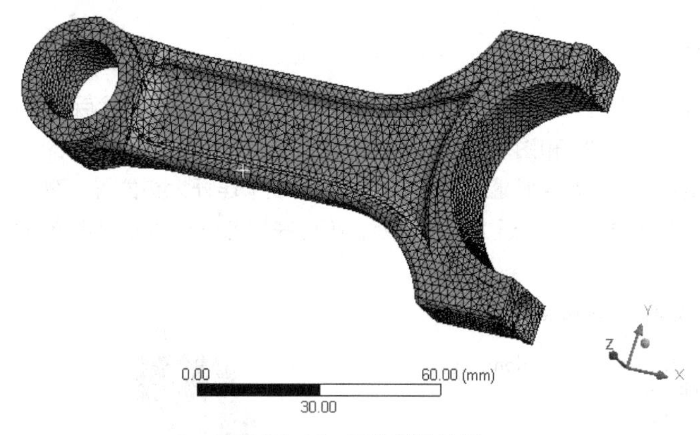


图 17-18　网格划分结果

## 17.3.5　载荷及约束设置

对连杆施加载荷及约束，步骤如下。

（1）单击连杆大头内表面，施加大小为 50000N 的载荷，方向沿连杆轴向，如图 17-19 所示。

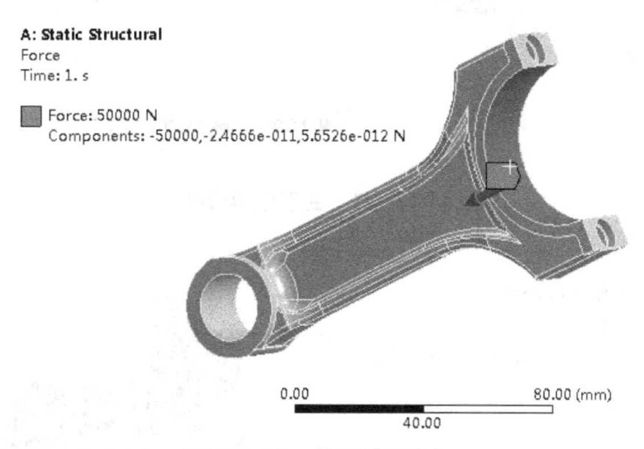


图 17-19　外部载荷施加

（2）在连杆小头内表面利用 Fixed Support 设置固定约束，同时在连杆大头左右两螺栓孔位置处创建圆柱面约束，设置 Radial=Fixed、Axial=Free、Tangential=Free，设置完成后如图 17-20 所示。

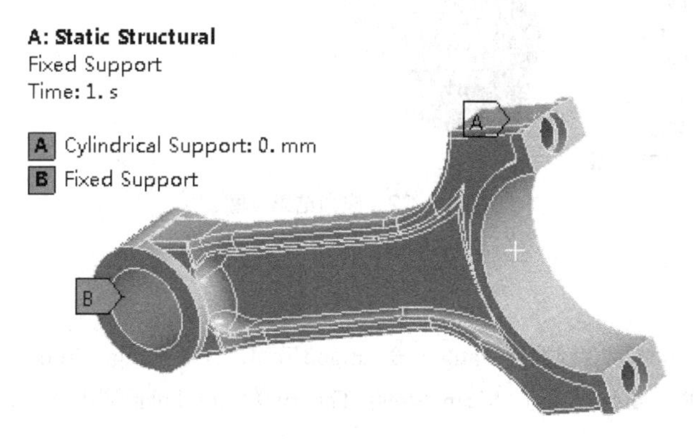


图 17-20　连杆约束结果

## 17.3.6 静力求解

设置静力求解输出，分别插入 Total Deformation 和 Equivalent Stress，然后提交计算机求解，可得连杆变形及应力结果云图，如图 17-21 和图 17-22 所示。

从图 17-21 可以看到连杆最大变形量约为 0.145mm，出现于连杆大头位置。图 17-22 中显示最大应力值约为 419MPa，位置出现于连杆杆身靠近大头位置处，因此在疲劳分析时需要重点考虑。

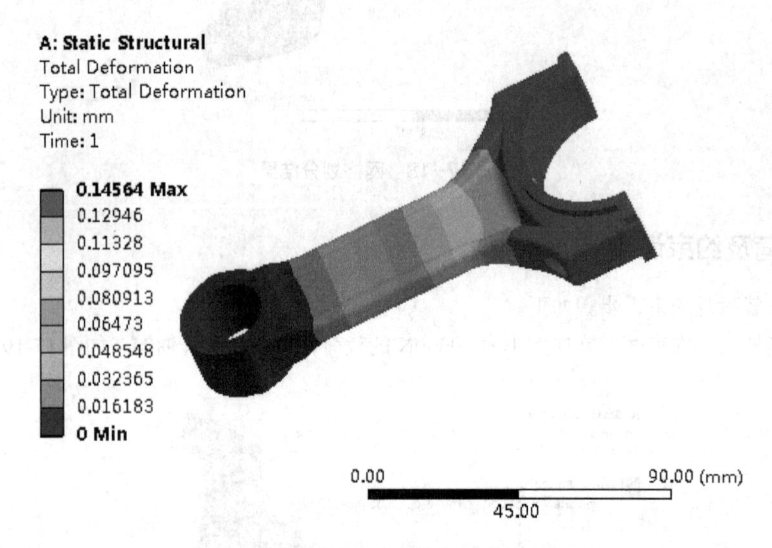


图 17-21 变形结果云图

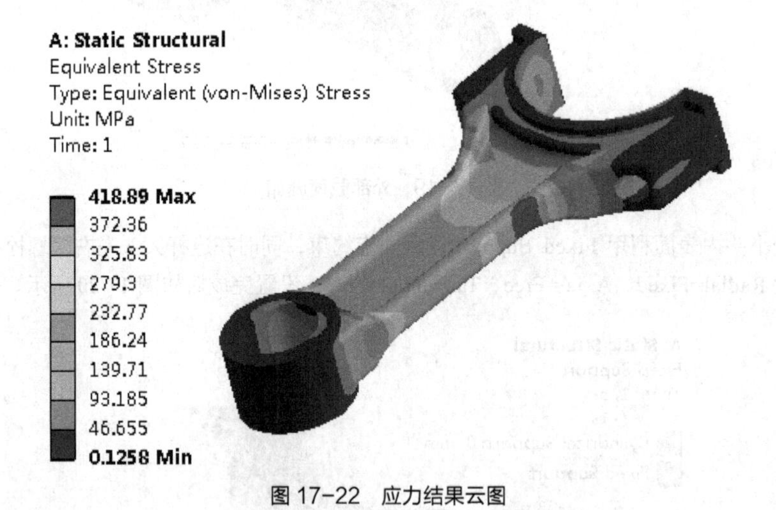


图 17-22 应力结果云图

## 17.3.7 疲劳求解

进入 Solution 项，单击鼠标右键插入 Fatigue →Fatigue Tool，针对 Fatigue Tool 按照图 17-23 所示进行设置，选择 Type 为 Fully Resversed，设置 Mean Stress Theory 为 Goodman 修正理论，其修正曲线如图 17-24 所示。

然后基于 Fatigue Tool 创建疲劳寿命 Life、安全系数 Safety Factor 等输出项，其中将安全系数定义为永久设计寿命下的安全系数，完成之后提交计算机求解。

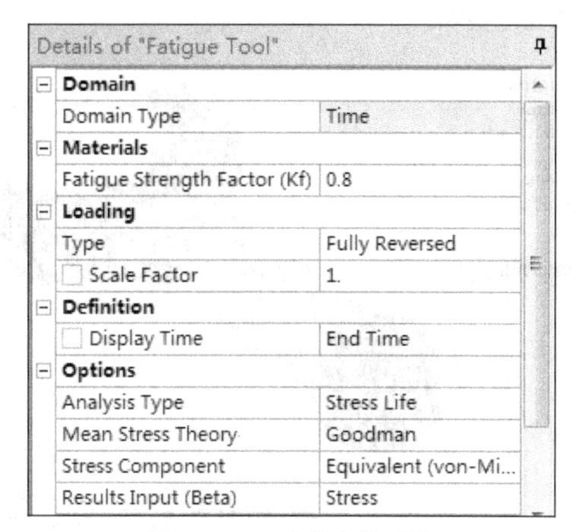


图 17-23　疲劳参数设置

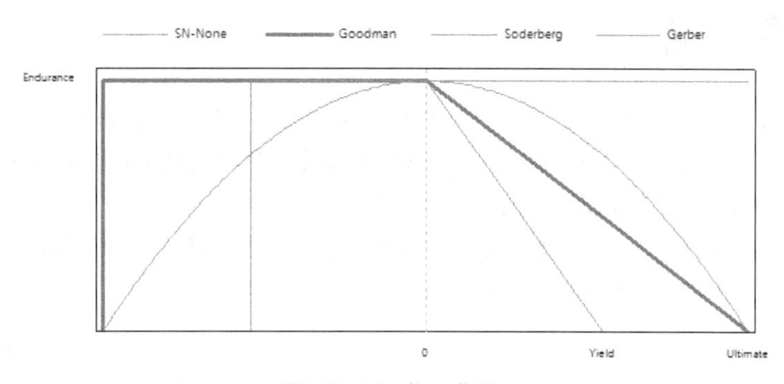


图 17-24　修正曲线

## 17.3.8　结果后处理

查看计算结果中的疲劳寿命云图，如图 17-25 所示，可以看到最小寿命值为 1.97e6，与最大应力值一致出现于连杆杆身靠近大头位置。

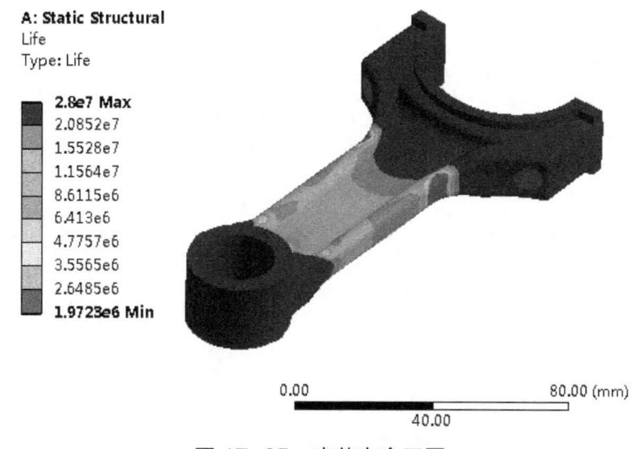


图 17-25　疲劳寿命云图

然后通过安全系数查看连杆的安全性，如图 17-26 所示，连杆最小安全系数约为 0.8198，在连杆杆身靠近大头位置不满足永久疲劳寿命设计要求。

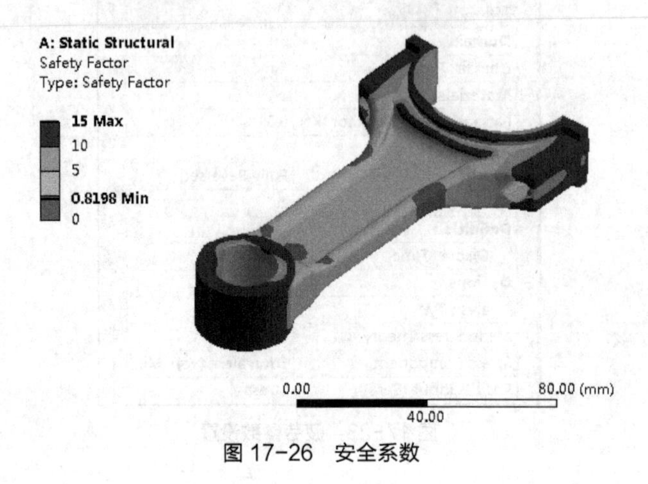


图 17-26 安全系数

# 17.4 本章小结

本章首先介绍了疲劳分析中涉及的基本概念和理论，并对各个修正理论和概念也做了讲解，导出相应的公式和对应曲线；然后结合两个实例讲解，介绍在 WB 19.0 中如何利用 Fatigue Tool 展开疲劳分析、计算结构的安全系数和寿命等，为读者提供详细的指导和参考。

对于疲劳分析问题中更多、更详细的理论介绍和仿真方法，读者朋友可以查看专门的疲劳理论和仿真书籍，结合专门的疲劳分析软件进行更深入的学习。

Chapter 18

# 第18章

## 子模型分析

■ 子模型分析是得到模型局部区域中更加精确解的有限元技术。在复杂结构的有限元分析中，某些局部关键部位是我们关注的对象，需要进行网格细化以获得较为准确的解，但如果对整体结构进行同样的单元尺度划分将严重影响求解效率，因此采用子模型技术是解决此类问题的有效方法。

本章将基于分析实例，讲解如何利用WB 19.0进行子模型技术的仿真和应用。

# 18.1 子模型分析简介

利用有限元技术进行仿真分析时，面对复杂结构的求解，一般先采用较粗的单元网格尺度对整个构件进行网格划分，求解获得应力较大部位，然后对关键的薄弱点进行局部网格细化，以获得更为精确的求解值，经过多次反复求解，将趋于收敛的求解结果作为最终结果。

采用上述方法计算时需要每次都对整个构件进行网格划分和计算，效率非常低下，为了解决这一问题，研究人员提出使用子模型分析技术。该方法在对整个构件进行一次粗略仿真之后，直接取出应力薄弱点附近的小片区域，然后利用插值方法将边界点的位移映射到该小片区域边界作为边界条件，然后再对该区域进行网格细化和求解，如图 18-1 所示。

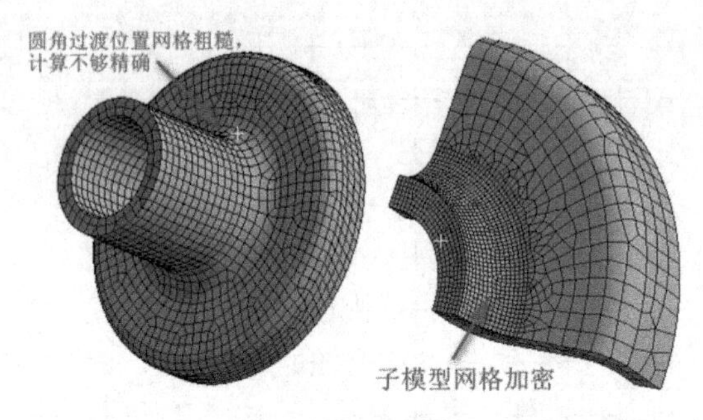


图 18-1 子模型法

除了能够提高计算效率，获得模型某部分更精确解之外，采用子模型技术还具备以下优点。

（1）该方法减少甚至消除了有限元实体模型中所需的复杂传递区域。

（2）它使用户可以在感兴趣的区域就不同的设计进行分析。

（3）它能够帮助用户证明网格划分是否足够细。

虽然存在上述优势，但是在使用子模型过程中仍然存在一些限制，比如只能针对实体或者壳单元进行求解，子模型的切割边界应该远离应力集中区域等，在具体使用中，用户需要注意。

在 WB 19.0 中使用子模型方法进行求解的一般步骤如下。

（1）创建几何模型。

（2）创建子模型分析项目，如图 18-2 所示，右键单击 Geometry，选择 Duplicate 复制几何模型。

（3）在子模型分析项目中进行切分，获得子模型分析的局部几何体。

（4）完成粗糙网格的整体模型的求解。

（5）将求解结果与子模型分析项目进行数据共享，同时加载到子模型切割边界，如图 18-2 所示，设置整体分析项目下 Solution 到子模型 Setup 中的连接。

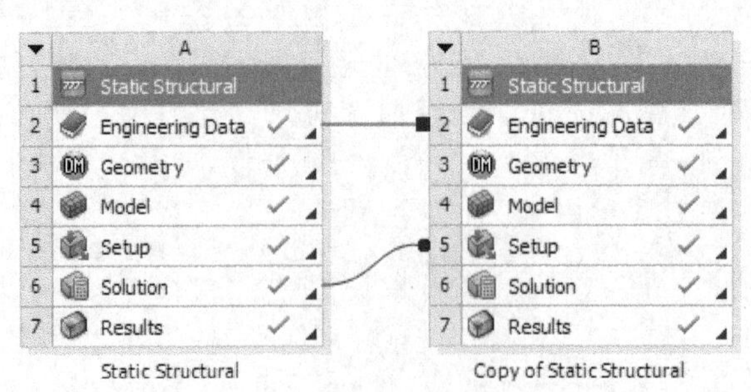


图 18-2 创建分析项目和数据连接

（6）在子模型分析项目中细化网格，完成更为精确的求解。

（7）结果后处理。

# 18.2 子模型分析实例——直角支撑结构应力分析

本例以直角支撑结构为分析对象，为读者详细介绍如何使用 WB 19.0 进行子模型方法的应用，通过每一步的操作设置以及最终分析结果对比，使读者能够更好地掌握该方法。

## 18.2.1 问题描述

图 18-3 所示为直角支撑板结构，厚度为 10mm，其过渡圆角为 8mm，分析在受到竖直向下的挂载力作用时结构的整体应力分布情况。

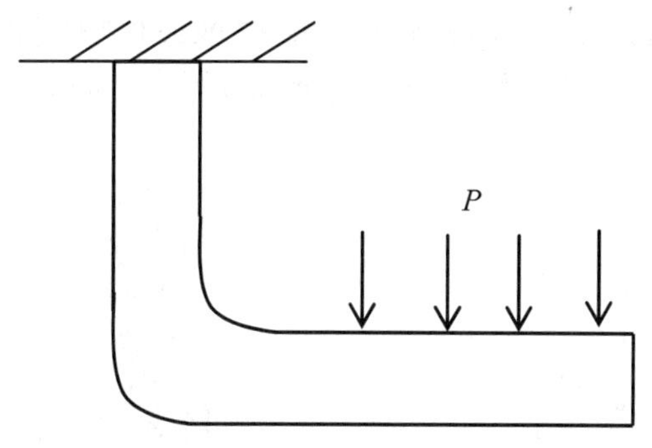


图 18-3 直角板几何示意图

## 18.2.2 几何建模

几何建模分为两部分内容，分别为整体几何建模和子模型局部几何建模，下面分别做介绍。

### 1. 整体几何建模

（1）进入 DM 编辑窗口建立几何模型，图 18-4 所示为几何模型草图，各长度按照图中给定的参数进行绘制。

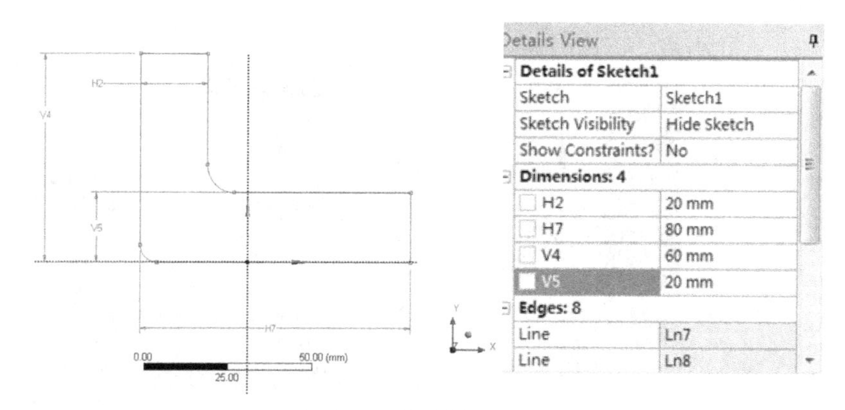


图 18-4 几何草图

（2）退出草图编辑，依次单击菜单栏中的 Concept→Surfaces From Sketches，生成几何面，然后在其详细设置窗口的 Thickness 中输入 10mm，完成后单击 Generate 生成模型，如图 18-5 所示。

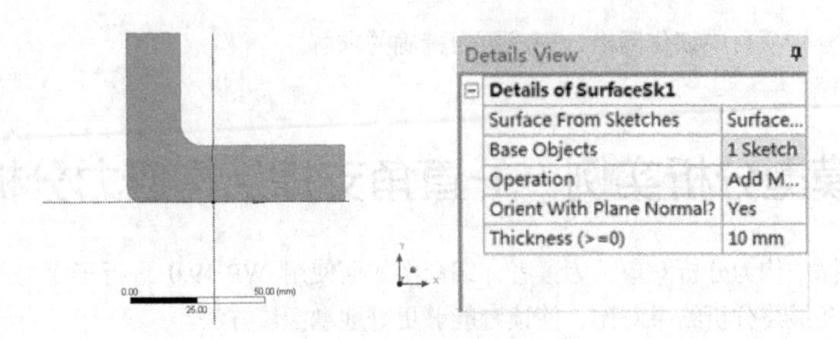


图 18-5　绘制几何体

### 2. 子模型几何建模

（1）完成整体几何建模之后，右键单击 Geometry，选择 Duplicate 生成 B 项目，然后进入 B 项目中的 DM 窗口。

（2）在 DM 窗口中单击工具栏中的 Slice 命令，选择 YZ Plane 作为切分面并单击 Generate，完成右侧区域的几何体切分，然后将右侧且分出的部分利用 Suppress 进行压制，如图 18-6 所示。

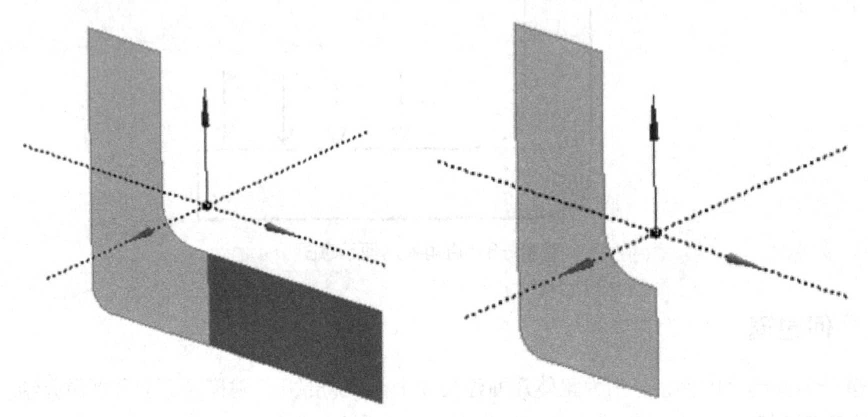

图 18-6　右侧区域切分

（3）新建基准面，单击 New Plane 图标，设置新建基准面相对 ZX Plane 偏移 30mm（Offset Z），完成后如图 18-7 所示。

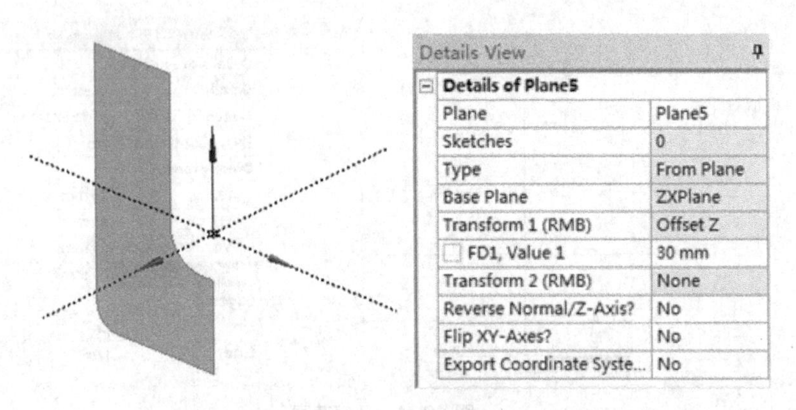


图 18-7　新建基准面

（4）采用与步骤（2）一样的方法进行上侧面几何体的切分，切分面选择步骤（3）中创建的新基准面，完成后将上部分切出区域使用 Suppress 进行压制，最终结果如图 18-8 所示。

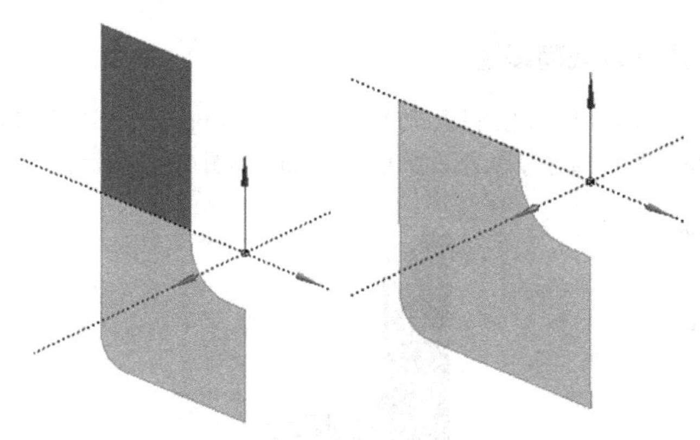

图 18-8　切出子模型

## 18.2.3　材料属性设置

本实例中的材料属性设置为 Structure Steel，各项参数按照图 18-9 所示设置即可，其他各项参数及设置按照软件默认即可。

| | A | B | C | D | E |
|---|---|---|---|---|---|
| 1 | Property | Value | Unit | | |
| 3 | Density | 7850 | kg m^-3 | | |
| 4 | Isotropic Secant Coefficient of Thermal Expansion | | | | |
| 5 | Coefficient of Thermal Expansion | 1.2E-05 | C^-1 | | |
| 6 | Isotropic Elasticity | | | | |
| 7 | Derive from | Young's Modulus... | | | |
| 8 | Young's Modulus | 2E+11 | Pa | | |
| 9 | Poisson's Ratio | 0.3 | | | |
| 10 | Bulk Modulus | 1.6667E+11 | Pa | | |
| 11 | Shear Modulus | 7.6923E+10 | Pa | | |
| 12 | Alternating Stress Mean Stress | Tabular | | | |

图 18-9　材料属性参数

## 18.2.4　整体模型网格划分

进入 A 项目下的 Model 界面，单击 Mesh 设置网格尺度为 5mm，网格划分方法采用 Quadrilateral Dominant，网络划分结果如图 18-10 所示。

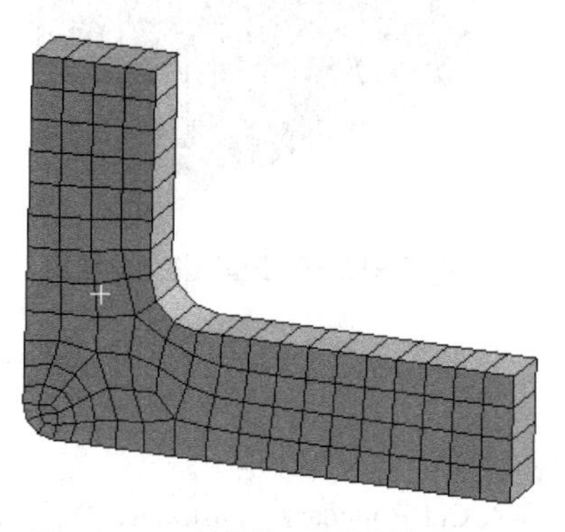

图 18-10　整体单元网格划分结果

### 18.2.5 整体模型边界及载荷设置

根据分析背景，在整体模型上部边线设置固定约束（Fixed Support），然后单击 Loads→Line Pressure，选择模型右侧边线施加-*y* 方向的载荷，大小设置为 50N/mm，如图 18-11 所示。

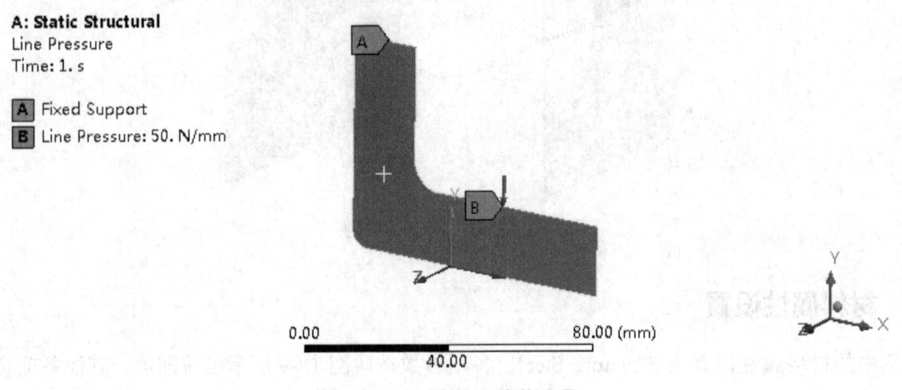


图 18-11 边界及载荷设置

### 18.2.6 子模型网格划分

完成边界及载荷设置后，采用软件默认设置，提交计算机求解，输出项目设置 Equivalent Stress 为输出结果。

完成整体模型的求解之后，拖动 Solution 与 B 项目的 Setup 建立连接，然后双击 B 项目中的 Setup 进入编辑窗口进行子模型的操作。

在子模型中，由于模型属于局部几何体，可以进行更细致的网格划分。单击 Mesh 项，设置单元划分技术为 Quadrilateral Dominant，设置单元格大小为 3mm，划分结果如图 18-12 所示。

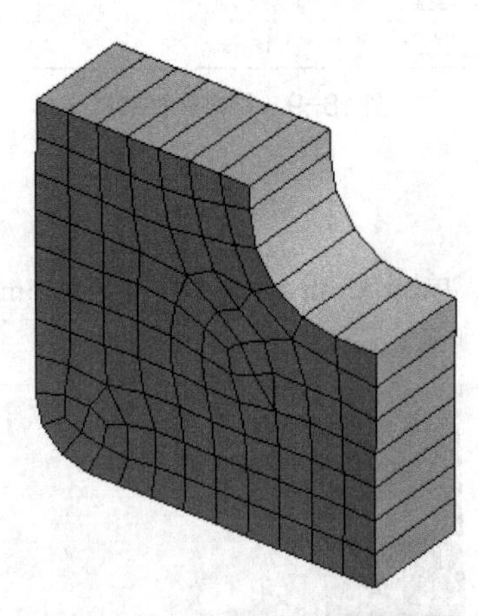

图 18-12 子模型网格划分结果

### 18.2.7 子模型边界设置

子模型边界设置是子模型求解的关键，具体操作如下。

（1）右键单击 Submodeling，插入 Cut Boundary Constraint，然后在弹出的详细窗口中设置 Geometry 为切割的两条边线，如图 18-13 所示。

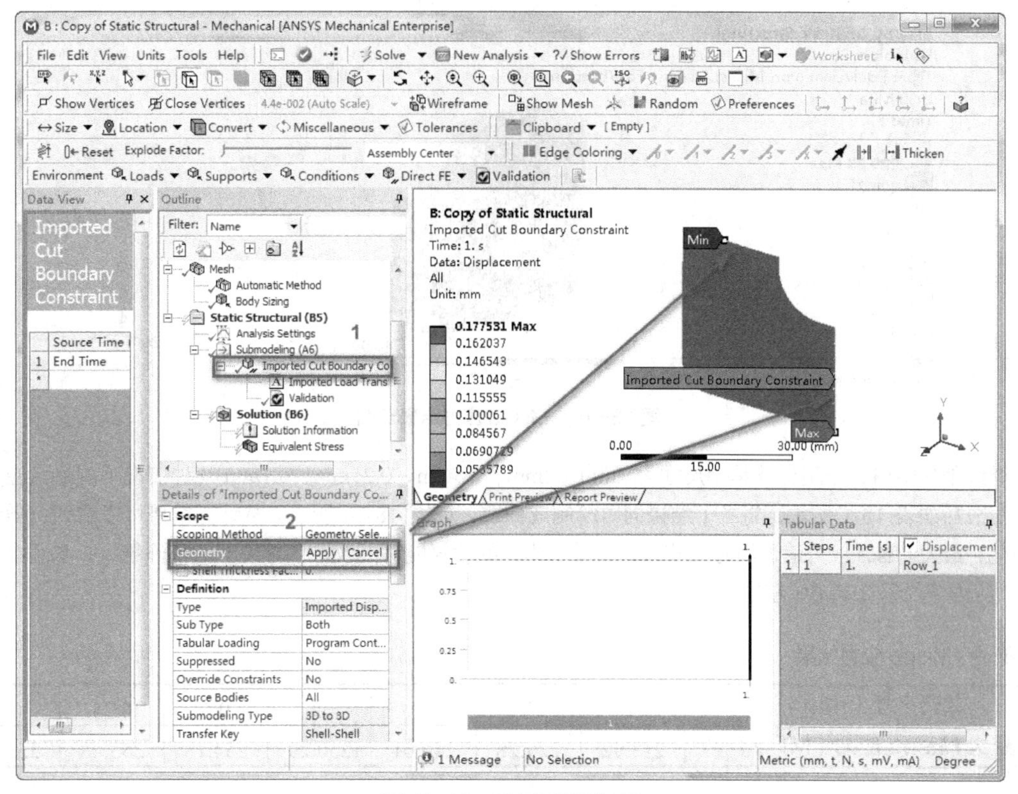


图 18-13　设置子模型边界

（2）右键单击 Imported Cut Boundary Constraint，插入 Validation，在详细设置窗口中设置 Component 为 Y Component，Type 为 Distance Based Average Comparison，用于查验整体模型结果到子模型结果的映射情况。

（3）完成设置后右键单击 Submodeling，选择 Import Load，将整体模型在该位置的计算数据导入作为子模型边界，结果如图 18-14 所示。

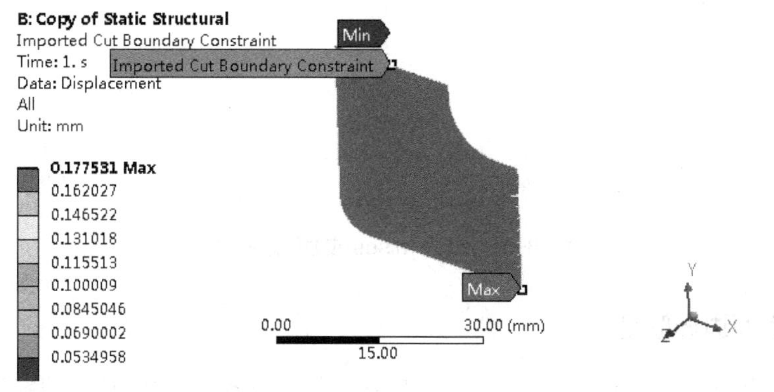


图 18-14　导入整体计算数据结果

## 18.2.8　子模型结果后处理

对子模型按照软件默认设置求解内容，并将 Equivalent Stress 作为输出参数，提交计算机求解。

求解完成之后可获得子模型部分的最大 Mises 应力云图，当网格尺寸为 3mm 时，应力云图结果如图 18-15 所示，最大应力值为 229.28MPa。

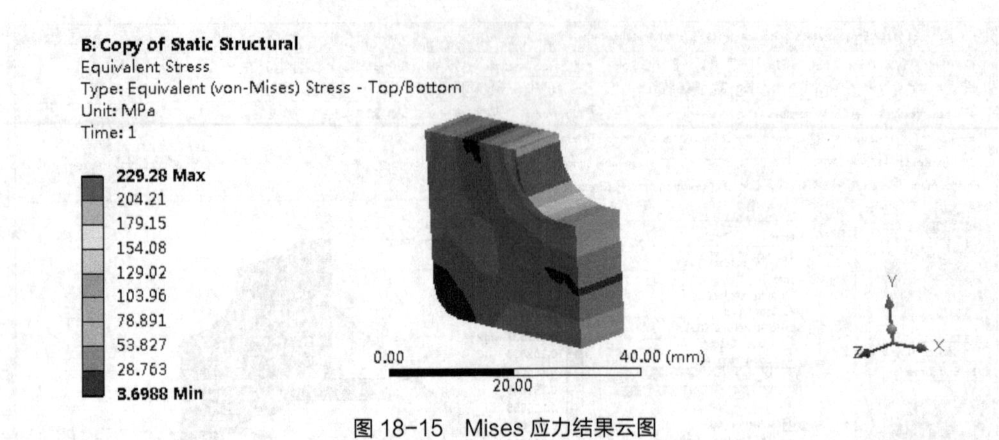


图 18-15 Mises 应力结果云图

继续细化网格，分别计算单元尺寸为 2mm、1mm、0.5mm、0.25mm、0.1mm 几种情况下的最大应力结果，汇总后如表 18-1 所示，将各个结果同时绘制成曲线，如图 18-16 所示。从计算结果可以看到，随着网格细化，最大 Mises 应力值逐渐趋于收敛，通过子模型的计算能够高效地计算模型的精确结果，本例中最大 Mises 应力值处于 256MPa 左右。

表 18-1 Mises 应力结果

| 单元尺寸（mm） | 5 | 3 | 2 | 1 | 0.5 | 0.25 | 0.1 |
|---|---|---|---|---|---|---|---|
| 最大 Mises 应力（MPa） | 213.92 | 229.28 | 240.01 | 250.29 | 254.18 | 255.48 | 256.18 |

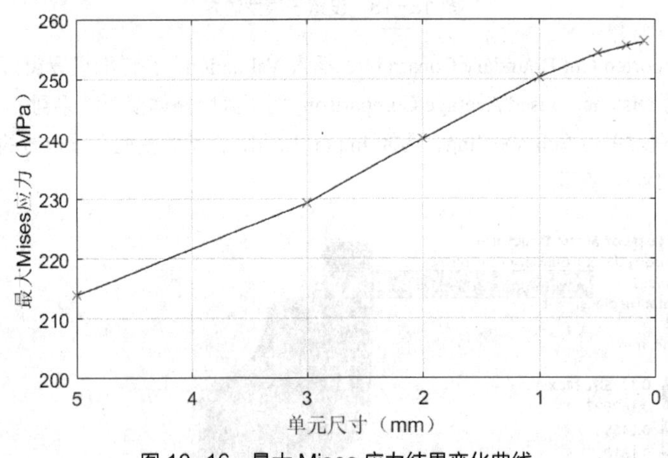


图 18-16 最大 Mises 应力结果变化曲线

## 18.2.9 子模型边界验证

为了检验该切分方法计算结果是否可信，分别在整体模型和子模型中创建切割面路径，获取沿路径的应力分布结果。

整体模型选取路径起点为（0,0,0），终点为（0,20,0），提取路径上的应力分布结果，如图 18-17 所示。子模型中直接选取切割面起始点两位置点创建路径，同时提取路径应力分布结果，如图 18-18 所示。对比两图的结果，可以看到子模型同整体模型在切割面处的应力分布情况基本一致，使用该切割路径进行子模型的分析具备较高的可信度。

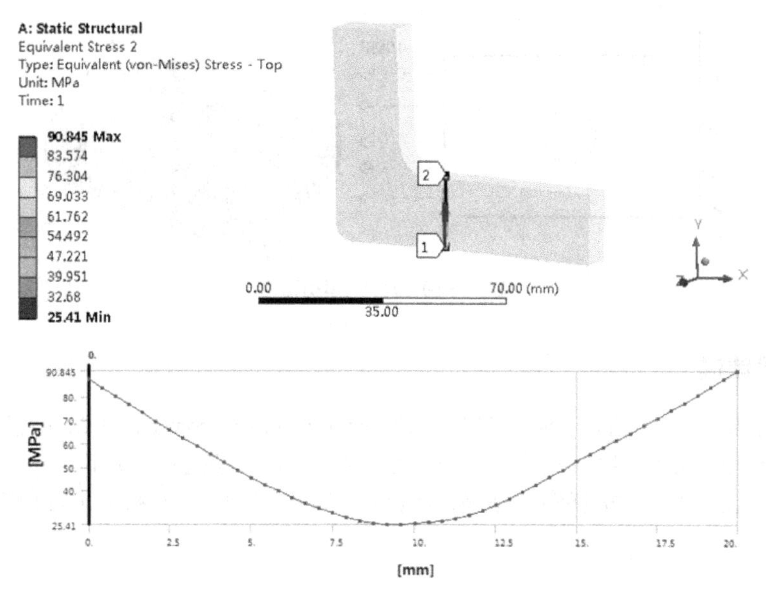


图 18-17　整体模型沿切割面路径的应力分布

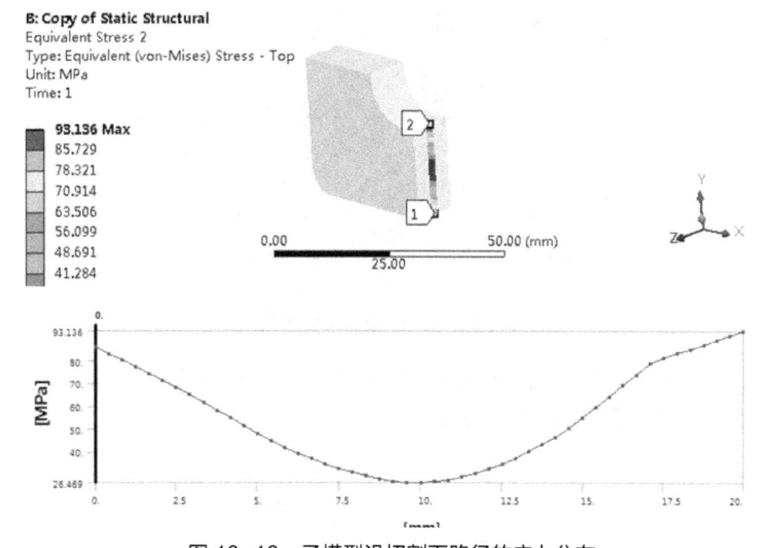


图 18-18　子模型沿切割面路径的应力分布

# 18.3　子模型分析实例——凹槽板子模型分析

本例以凹槽板结构为研究对象，介绍实体模型采用子模型分析方法进行仿真分析的基本操作，并对网格划分和边界条件设置进行详细说明，最后对比不同尺寸的单元计算得到的结果，为读者了解和掌握子模型分析方法提供深入的指导。

## 18.3.1　问题描述

图 18-19 所示为几何体板块，在中间位置存在一个球体凹槽，模型右侧受到 10MPa 的均布力作用，分析模型的受力情况。

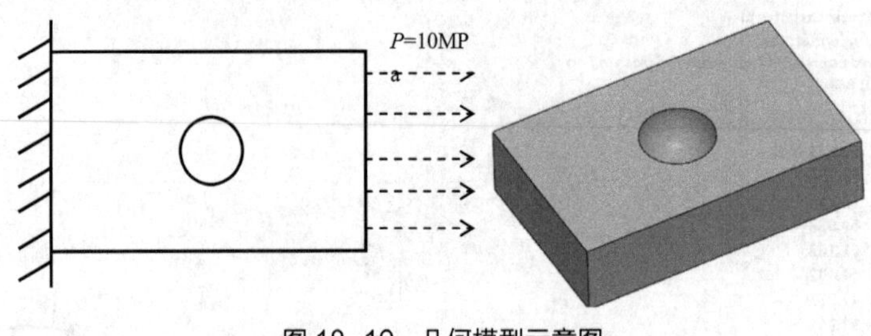


图 18-19　几何模型示意图

### 18.3.2　几何建模

创建静力分析项目，然后进入 DM 窗口中，利用 Import External Geometry File…导入几何体，导入模型之后为了方便子模型的处理，直接在中体模型分析项目中切分模型，具体操作如下。

（1）绘制切割面草图。单击几何体上表面，然后进入草图编辑窗口，绘制图 18-20 所示的圆形，直径 $D1$=32mm。

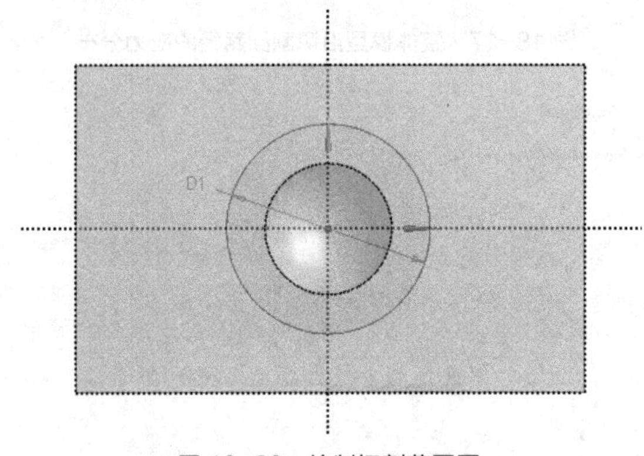


图 18-20　绘制切割草图圆

（2）退出草图，然后单击工具栏中的 Extrude，在弹出的详细窗口中设置 Operation 为 Slice Material，然后单击 Generate 切分出中间凹槽几何，如图 18-21 所示。

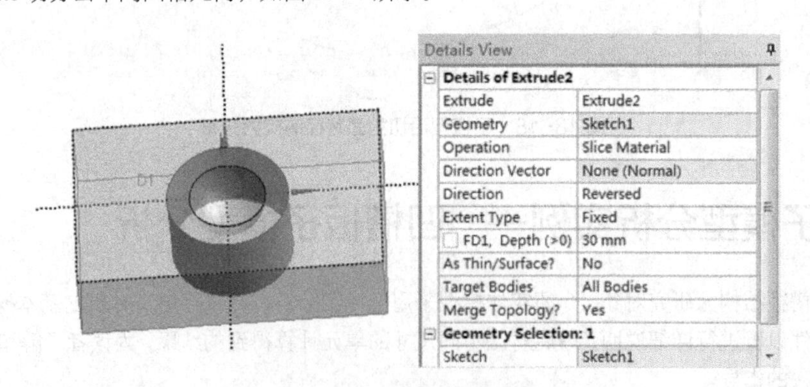


图 18-21　凹槽几何体切分

（3）完成切分之后，选中切分出的实体模型，单击鼠标右键，选择 From New Part，将部件重新组合在一起。

（4）完成上述操作之后，退出 DM 编辑窗口，然后选择 Geometry，单击鼠标右键，选择 Duplicate，复制几何模型作为子模型处理的基础模型。然后进入复制出的 B 项目中的 DM 窗口，将凹槽之外的几何体压制（Suppress）即可，最终切分出的几何体如图 18-22 所示。

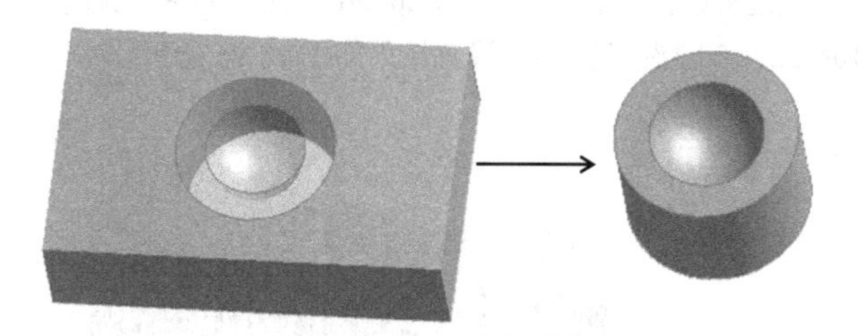

图 18-22　切分出的子模型结构

## 18.3.3　材料属性设置

本实例所有实体均采用 Structure Steel 材料，各材料属性参数及设置如图 18-23 所示，其他操作内容均采用软件默认即可。

| | A | B | C | D | E |
|---|---|---|---|---|---|
| 1 | Property | Value | Unit | | |
| 3 | Density | 7850 | kg m^-3 | | |
| 4 | Isotropic Secant Coefficient of Thermal Expansion | | | | |
| 5 | Coefficient of Thermal Expansion | 1.2E-05 | C^-1 | | |
| 6 | Isotropic Elasticity | | | | |
| 7 | Derive from | Young's Modulus... | | | |
| 8 | Young's Modulus | 2E+11 | Pa | | |
| 9 | Poisson's Ratio | 0.3 | | | |
| 10 | Bulk Modulus | 1.6667E+11 | Pa | | |
| 11 | Shear Modulus | 7.6923E+10 | Pa | | |
| 12 | Alternating Stress Mean Stress | Tabular | | | |

图 18-23　材料属性参数

## 18.3.4　整体模型网格划分

双击 A 项目中的 Model，进入编辑界面进行网格划分。网格大小设置为 4mm，采用六面体主体划分方法，完成的划分结果如图 18-24 所示。

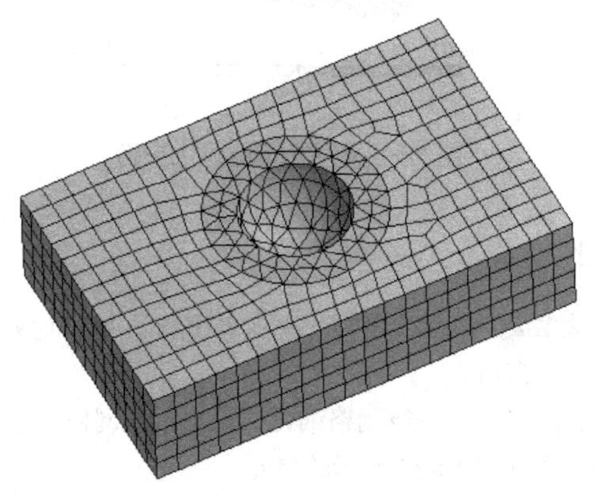

图 18-24　整体模型网格划分结果

## 18.3.5 整体模型边界及载荷设置

根据分析要求设置模型的边界条件，利用 Fixed Support 对几何体左侧面进行固定；然后在右侧面施加均布压力载荷，大小为 10MPa，方向沿+*x* 方向，设置结果如图 18-25 所示。

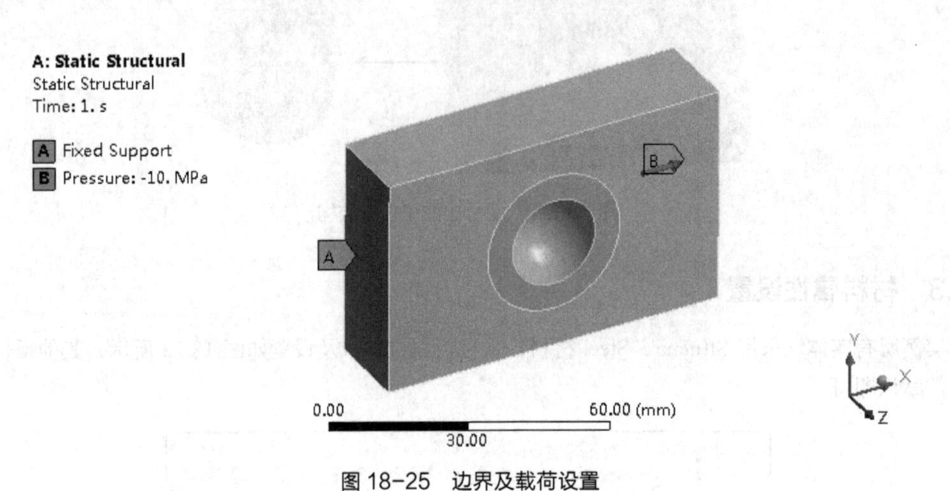


图 18-25 边界及载荷设置

## 18.3.6 整体模型求解

设置求解输出参数为 Equivalent Stress，然后提交计算机求解，可以得到整体模型的 Mises 应力云图分布，如图 18-26 所示，可以看到最大应力出现在半球形凹槽区域。

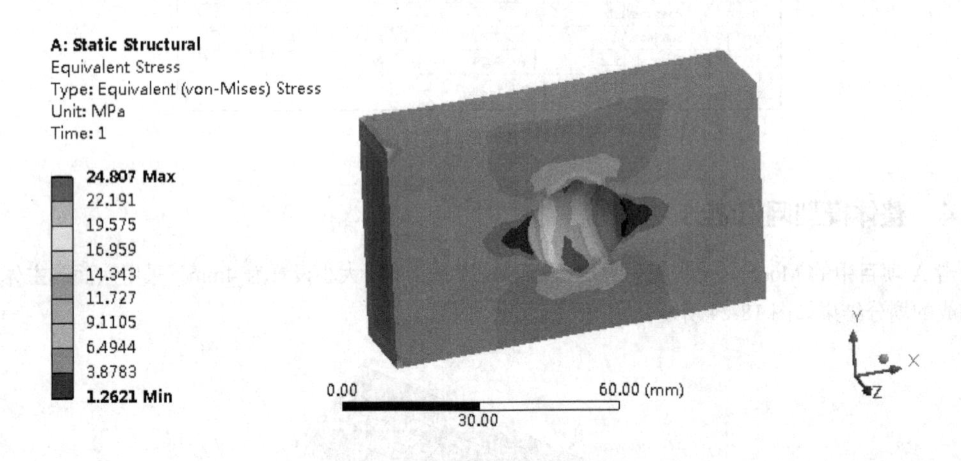


图 18-26 整体模型应力云图

## 18.3.7 子模型网格划分

完成整体模型计算之后，设置整体数据连接，将 A 项目中的 Solution 与 B 项目中的 Setup 进行连接，然后双击 B 项目中的 Setup 进入编辑窗口。

为了获得更加精确的求解，对子模型进行网格细化，设置单元网格大小为 2mm，网格划分方法依旧采用六面体主体网格方法，划分后得到图 18-27 所示的单元。

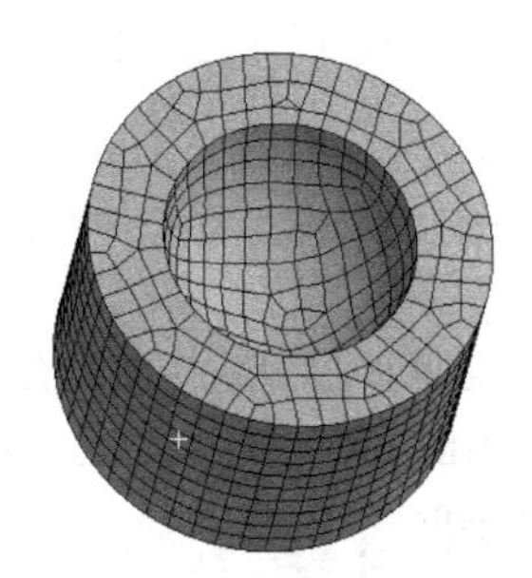

图 18-27　子模型单元划分结果

## 18.3.8　子模型边界设置

与上一个实例中的设置方法类似，单击 Submodeling，然后单击鼠标右键，插入 Cut Boundary Constraint，选择切分的外沿面作为子模型边界。之后单击 Imported Cut Boundary Constraint，通过 Import Load 导入整体模型计算结果在切分面的映射，映射结果如图 18-28 所示。

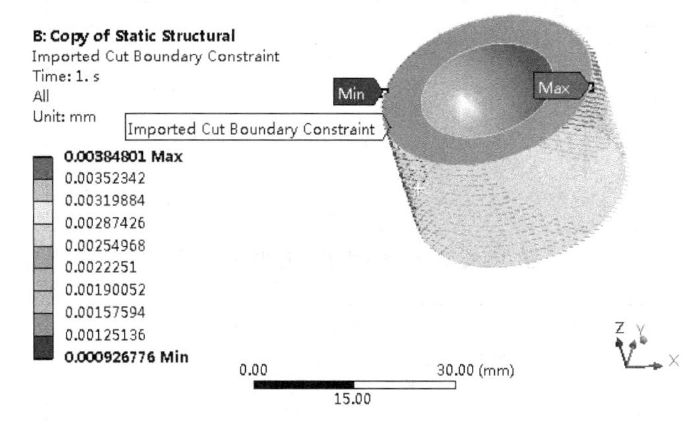


图 18-28　导入整体模型结果映射数据

## 18.3.9　子模型结果后处理

各项设置完成之后，进入 Solution 设置子模型的 Mises 应力作为结果输出，然后提交计算机求解。

完成计算之后，单击输出项目，可以看到在细化网格后子模型部分的应力云图，如图 18-29 所示，可以看到最大应力值为 26.167MPa，比整体模型中的结果稍微增大。继续细化网格，可以看到应力值逐渐趋于稳定，大小约为 26MPa。

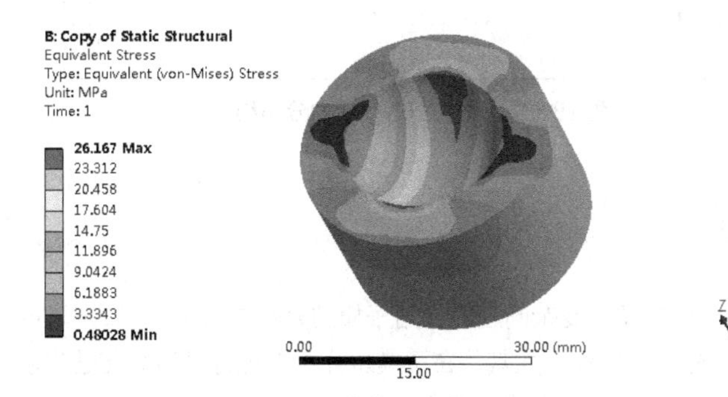


图 18-29　子模型应力结果云图

### 18.3.10　子模型边界验证

为了确保子模型分析结果的可信度，分别在整体模型和子模型中的切分位置创建路径曲线，查看两者的应力分布并进行对比。

在整体模型中选择切分边界上部分外沿线创建路径，其应力分布如图 18-30 所示。同样在子模型中同样位置创建路径，并显示其应力分布情况，如图 18-31 所示。对比两者曲线可以看到应力分布基本一致，采用该切分路径进行子模型分析具备较高的可信度。

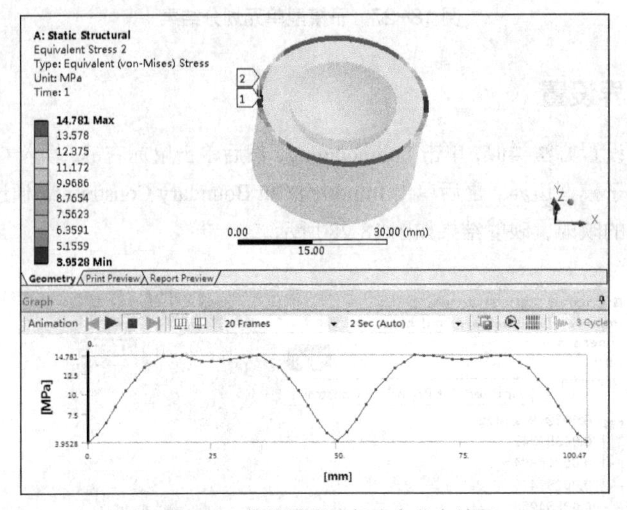


图 18-30　整体模型路径应力分布结果

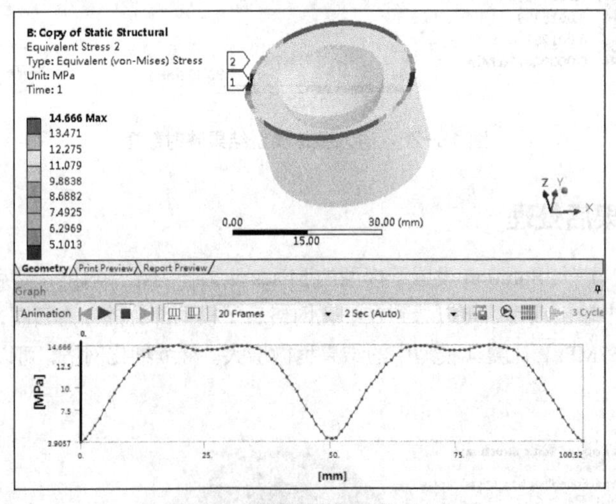


图 18-31　子模型路径应力分布结果

## 18.4　本章小结

本章主要介绍了有限元分析中解决复杂问题时采用子模型分析方法的思想，通过两个案例分别介绍了如何在 WB 19.0 中进行子模型分析的操作，尤其是在子模型分析中进行网格细化迭代求解，以获取收敛的应力结果，这样的处理方法在大型复杂模型中非常有效，希望读者能够充分掌握。

Chapter 19

# 第19章

## 热分析

■ 热现象是我们日常生活中一种非常普遍的自然现象，当然也是有限元分析问题中最为常见的一类问题。小到生活中我们人手一个的手机、笔记本电脑等日常用品的发热、散热，大到国家重大桥梁建筑、核工程等关系国计民生的工程热问题。热现象无处不在，所以研究物体的发热、传热、散热等问题意义重大，本章将基于有限元理论知识，结合WB 19.0 分析软件讲解如何进行热传导、对流等一系列问题的分析。

# 19.1 热分析简介

热分析用于计算系统或者结构部件的温度分布及其他物理参数，如热量的获取或损失、热梯度、热通量等。通常我们遇到的热分析问题主要包括三种形式，分别是热传导、热对流和热辐射（见图 19-1）。热传导是发生在一个物理内或者紧挨着的物体之间，热对流是发生在有相对运动的两种介质之间，而热辐射是由于物体受热激发磁场产生的，它不需要依靠介质就可以产生。

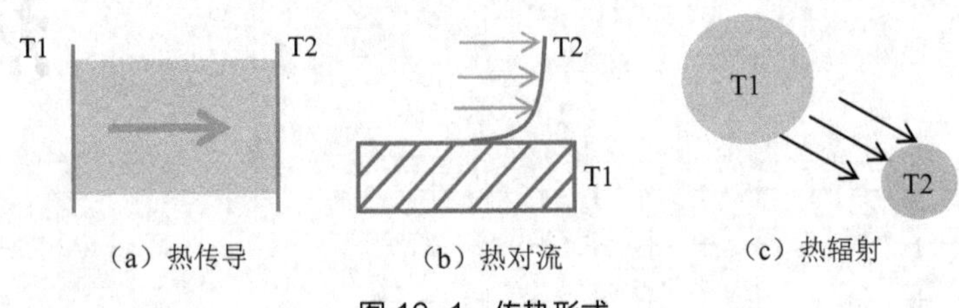


图 19-1 传热形式

所有的热分析问题都遵循热力学的能量守恒定律。对于使用 WB 19.0 进行的热分析应用，其依据的基本原理就是能量守恒的热平衡方程。一般通用热平衡矩阵方程如式（19-1）所示：

$$[C(t)]\{\dot{T}\}+[K(t)]\{T\}=[Q(t)] \tag{19-1}$$

式中：$t$——时间；$\{T\}$——温度矩阵；$\{\dot{T}\}$——温度对时间的导数；$[C]$——比热容矩阵；$[K]$——热传导矩阵；$[Q]$——热流率向量。

一个系统加热或者冷却过程中热容等系统内能会随着时间发生变化，是一个复杂的过程，这个过程的分析称为瞬态热分析，瞬态热分析表达式可直接采用式（19-1）表示。瞬态热分析中，载荷是随着时间变化的，在进行分析时，首先需要将载荷-时间曲线划分为载荷步，然后在软件中加载各载荷步，计算系统的响应结果。

如果流入系统的热量加上系统自身产生的热量等于系统流出的热量，即满足式（19-2）：

$$q_{流入}+q_{产生}+q_{流出}=0 \tag{19-2}$$

此时，系统处于稳定状态，即热稳态，在热稳态分析中，任一节点的温度不再随时间变化，因此不考虑时间变化的动态项，则稳态热分析的平衡方程如式（19-3）所示：

$$[K]\{T\}=\{Q\} \tag{19-3}$$

稳态传热和瞬态传热是热分析最主要的两类问题。当存在以下情况时，则为非线性热分析。

（1）材料性能随温度变化。

（2）边界条件随温度变化。

（3）含有非线性单元。

（4）考虑热辐射传热。

在热分析问题中常涉及的符号及单位名称如表 19-1 所示，在实际进行项目分析时建议严格按照统一的单位制进行计算求解。

表 19-1 热分析单位

| 名称 | 国际单位 | 英制单位 |
|---|---|---|
| 长度 $L$ | m | ft |
| 时间 $t$ | s | s |

续表

| 名称 | 国际单位 | 英制单位 |
|---|---|---|
| 质量 $m$ | kg | lbm |
| 温度 $T$ | ℃ | ℉ |
| 力 $F$ | N | lbf |
| 能量 $J$ | J | BTU |
| 功率 $Q$ | W | BTU/sec |
| 热流密度 $q$ | $W/m^2$ | $BTU/sec\text{-}ft^2$ |
| 产热速率 $\dot{q}$ | $W/m^2$ | $BTU/sec\text{-}ft^2$ |
| 导热系数 $\lambda$ | W/m-℃ | BTU/sec-ft-℉ |
| 对流系数 $h$ | $W/m^2$-℃ | $BTU/sec\text{-}ft^2$-℉ |
| 密度 $\rho$ | $kg/m^3$ | $Lbm/ft^3$ |
| 比热 $c$ | J/kg -℃ | BTU/lbm-℉ |
| 焓 $H$ | $J/m^3$ | $BTU/ft^3$ |

在 WB 19.0 中进行热分析项目的仿真，需要明确分析的问题属于瞬态热分析还是稳态热分析，然后通过 Toolbox 建立图 19-2 所示的项目，下面将通过两个实例分别介绍如何进行稳态热分析和瞬态热分析。

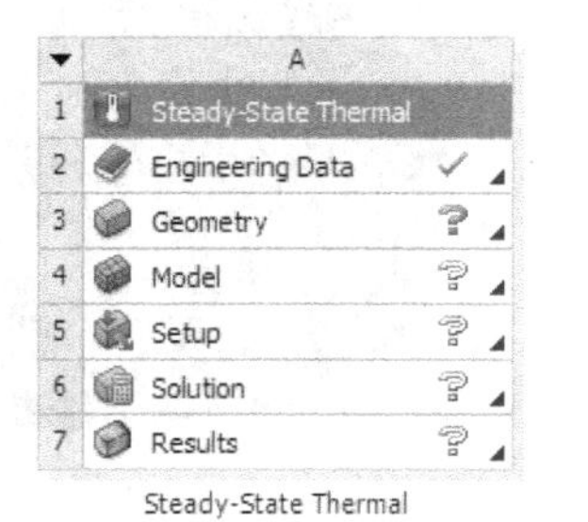


图 19-2 热分析项目卡片

# 19.2 热分析实例——水杯稳态热分析

水杯散热过程是我们非常熟悉的问题，本例主要利用 WB 19.0 稳态传热功能对水杯装热水温度自然变化的过程进行模拟，通过对各项操作的详细描述和介绍，为读者学习和掌握该部分的仿真功能提供指导。

## 19.2.1 问题描述

图 19-3 所示为一个简化水杯，水杯中装有 80℃的热水，模拟两种不同材料情况下杯子的传热特性。

假设水杯分别采用铝合金和塑料制作，材料采用软件提供的 Aluminum Ally 和 Polyethylene，初始环境温度设置为 26℃。

图 19-3 水杯几何模型

## 19.2.2 几何建模

由于几何模型较为简单，因此直接采用 DM 进行建模，具体操作如下。

（1）绘制杯子外圆草图，外圆直径大小为 65mm，然后拉伸 120mm 得到杯子外形，如图 19-4 所示。

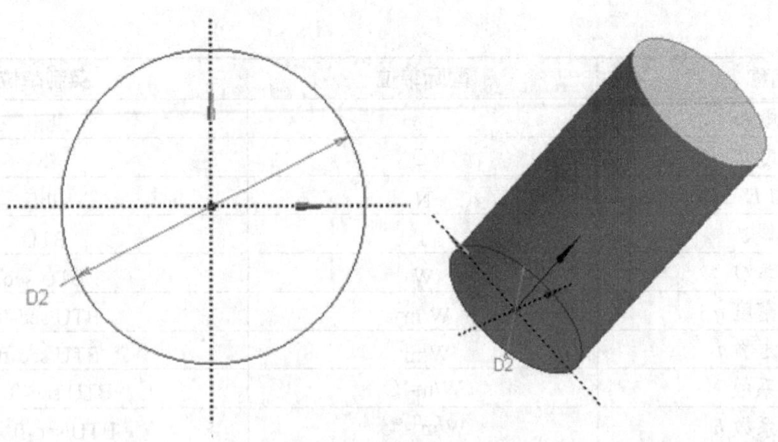


图 19-4　绘制杯子外形

（2）基于杯子圆柱上表面，绘制直径为 50mm 的草图，然后拉伸长度为 112.5mm，设置 Operation 为 Cut Material，通过切除内部材质，获得杯子整体结构形状，如图 19-5 所示。

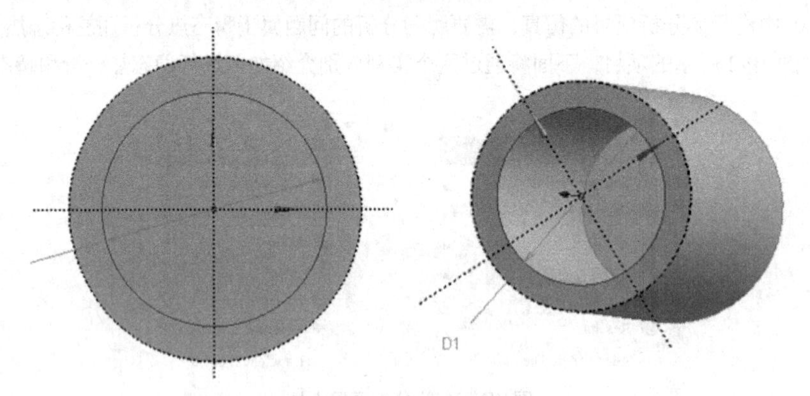


图 19-5　拉伸切除

（3）分别对杯沿内外进行圆角操作，大小为 2mm，同时对底部内外沿倒角，大小为 3mm，最终完成后杯子简单模型如图 19-6 所示。

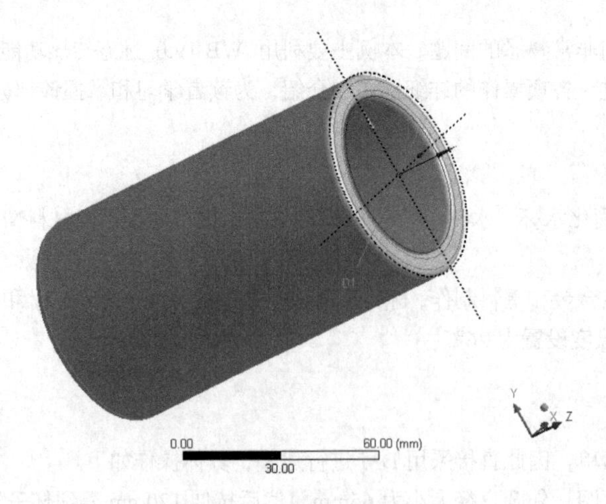


图 19-6　杯子几何外形

## 19.2.3 材料属性设置

由于需要比较两种材料的分析结果，因此需要在分析中分别添加铝合金和塑料两种材质。双击 Engineering Data 进入材料编辑窗口，单击工具栏中的 Engineering Data Sources，选择 General Material，在其中添加 Aluminum Ally 和 Polyethylene 两种材料，如图 19-7 所示。

完成材料属性添加之后，对应材料的热传导系数均按照软件默认的值即可。分析中，第一次计算使用 Aluminum Ally 材料，第二次计算更换材料为 Polyethylene。

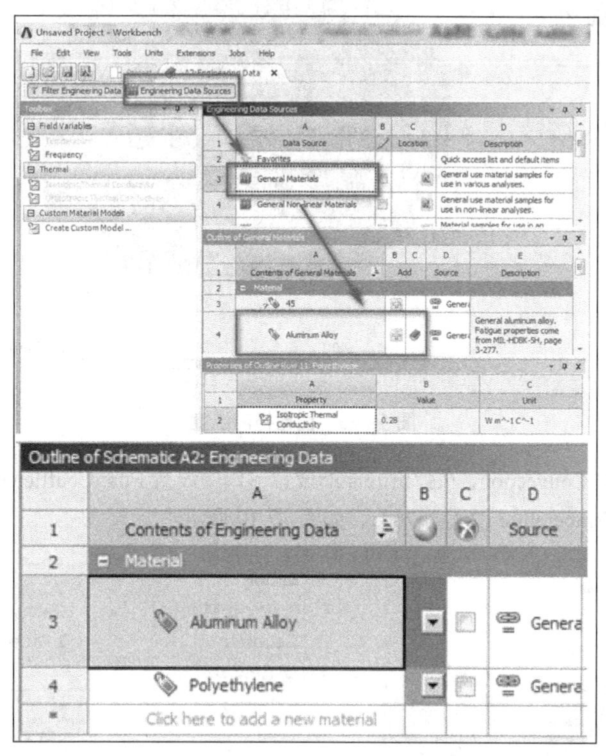


图 19-7 材料属性设置

## 19.2.4 网格划分

进入网格划分 Mesh 项，使用六面体主体 Hex Dominant 划分方法，设置单元大小为 4mm，划分结果如图 19-8 所示。

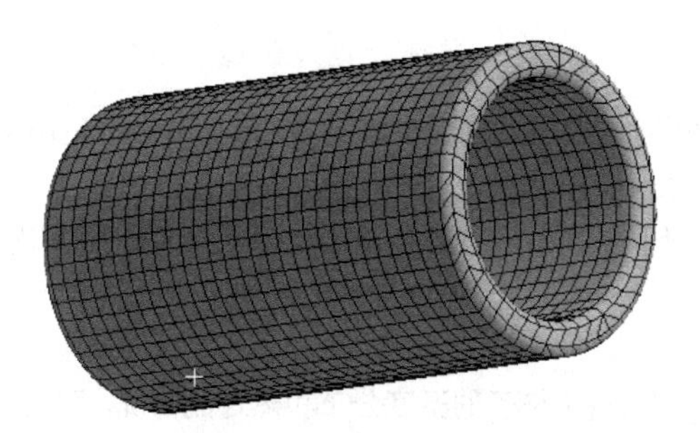

图 19-8 网格划分结果

## 19.2.5 载荷及约束设置

进入 Steady-State Thermal 项，单击工具栏中的 Temperature，然后在弹出的窗口中选择杯子的所有内表面，在 Magnitude 中输入温度值为 80℃，即水杯内表面温度为 80℃，如图 19-9 所示。

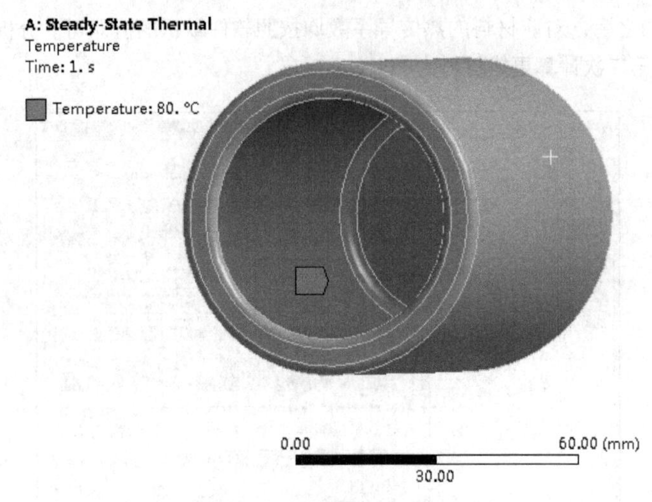


图 19-9 设置杯内温度

然后选择工具栏中的 Convection，在弹出的详细设置窗口中设置 Film Coefficient 为 12.5W/mm$^2$·℃，同时将环境温度 Ambient Temperature 设置为 26℃，如图 19-10 所示。

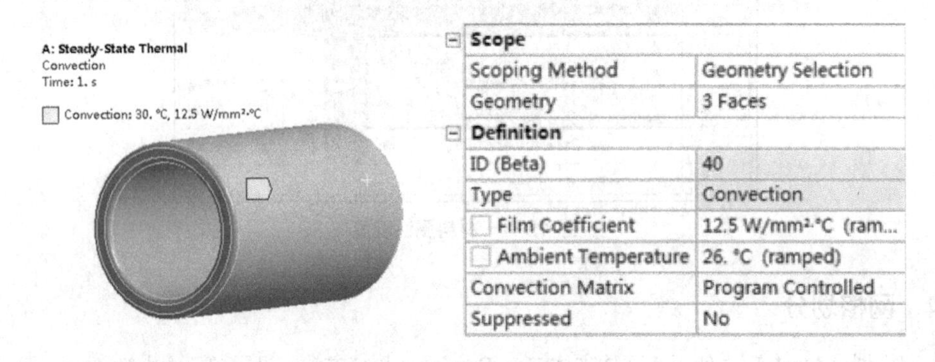


图 19-10 设置热对流参数

## 19.2.6 模型求解

模型求解设置采用默认即可。同时设置输出参数项为 Temperature 和 Total Heat Flux，用于查看结果中温度场及热对流情况，完成后提交计算机求解。

由于本例中需要分别对比不同材料计算的分析结果，因此需要分两次提交计算。

## 19.2.7 结果后处理

计算完成之后查看两种不同材料下杯子的温度分布和热对流情况。图 19-11 所示为两种材料计算的温度场云图结果；图 19-12 和图 19-13 所示为杯子的热对流情况，可以看到塑料杯子热流密度较铝合金杯子小得多，这与我们实际情况也相符。

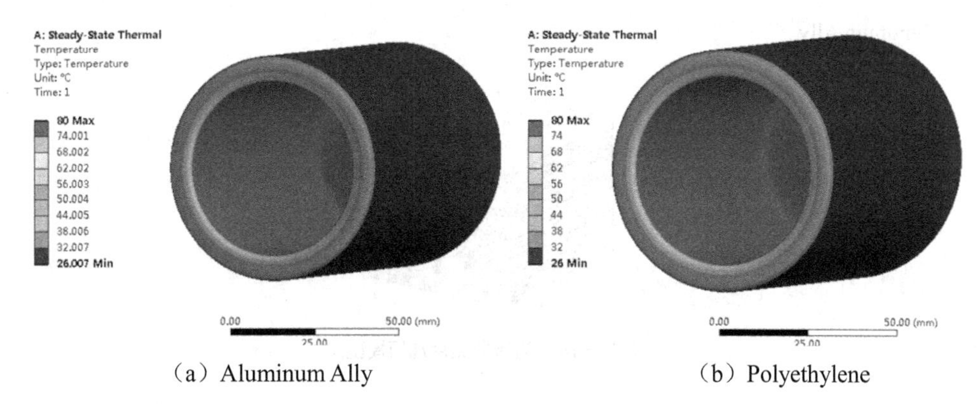


（a）Aluminum Ally　　（b）Polyethylene

图 19-11　温度场分布

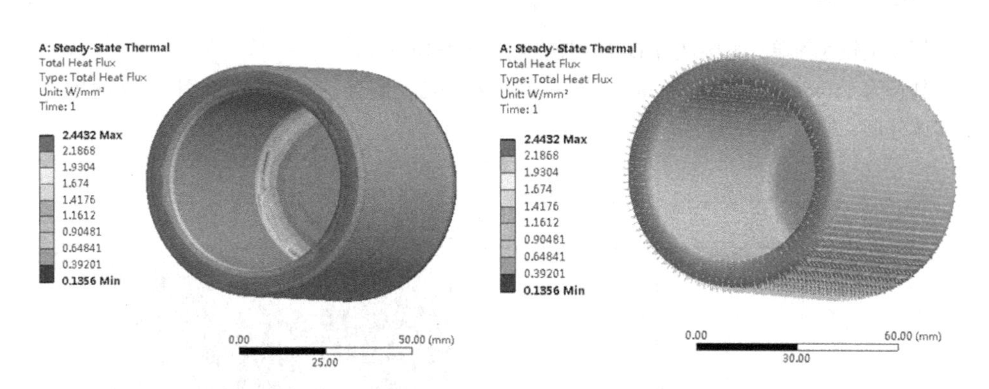


图 19-12　Aluminum Ally 对流结果

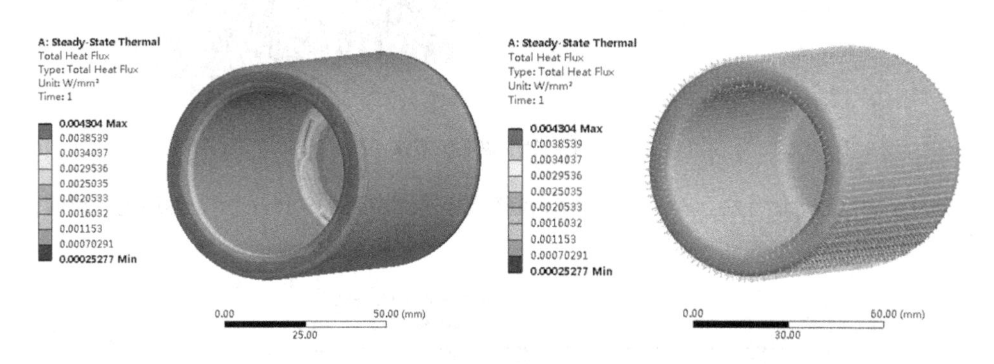


图 19-13　Polyethylene 对流结果

# 19.3　热分析实例——散热片瞬态热分析

散热片的热传导问题也是非常普遍的一类工程问题，在摩托车、房屋暖气片等方面有较多的应用。本例以简单的散热片结构模型为例，介绍瞬态热传导问题的分析方法和过程，为读者学习提供详细指导。

## 19.3.1　问题描述

图 19-14 所示为一个简易的散热片结构，中间通有高温液体，在传输中为了保证结构温度不至于过高，需要进行风冷散热，通过仿真模拟散热片的散热效率。假设初始散热器结构的温度高达 100℃，管道采用铝

合金材料 Aluminum Ally。

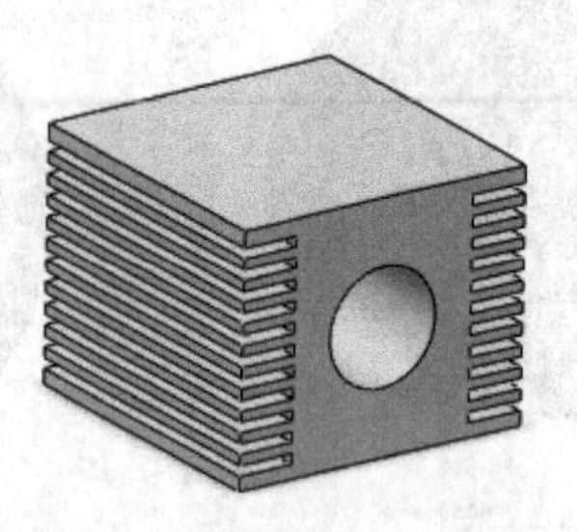

图 19-14　简易散热片几何模型

## 19.3.2　几何建模

由于几何模型较为简单，直接通过 DM 建模，创建过程如下。

（1）绘制长为 150mm、宽为 120mm 的矩形，同时在中心绘制直径为 60mm 的圆，然后拉伸 120mm 得到散热器实体外形，如图 19-15 所示。

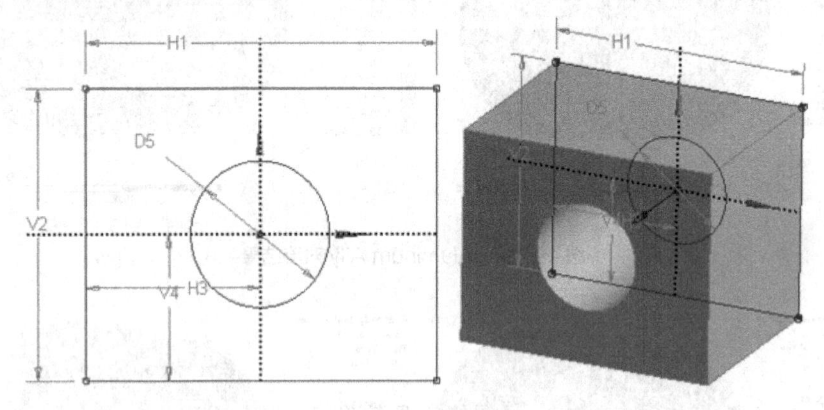


图 19-15　绘制长方体

（2）分别绘制散热矩形叶片。首先在草图中绘制矩形，尺寸如图 19-16 所示，然后进行拉伸，长度为 120mm。

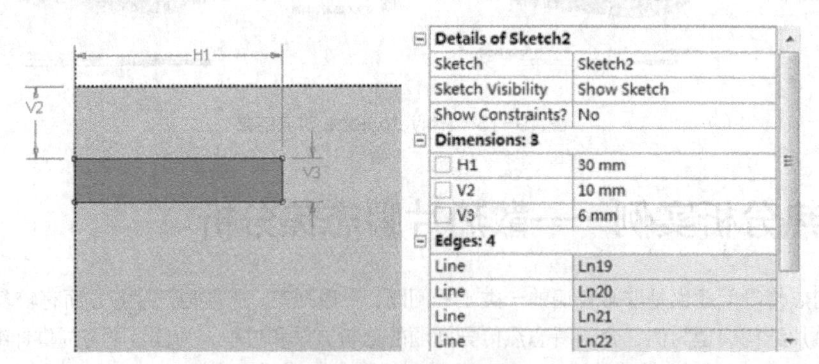


图 19-16　绘制矩形草图

（3）单击菜单栏中的 Create→Pattern，对拉伸的矩形实体进行阵列，阵列数量为 10，距离为 9.4mm，完成之后如图 19-17 所示。

（4）在模型中间创建对称面，依次单击 Create→Body Transformation→Mirror，将原始叶片和阵列的 10 个叶片进行左右对称，如图 19-18 所示。

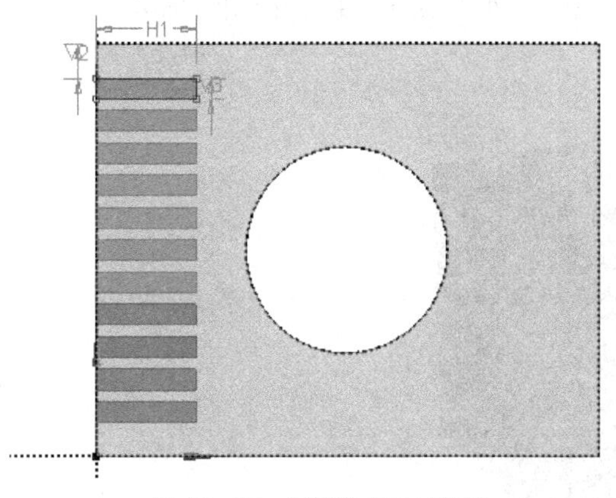


图 19-17　矩形实体叶片阵列

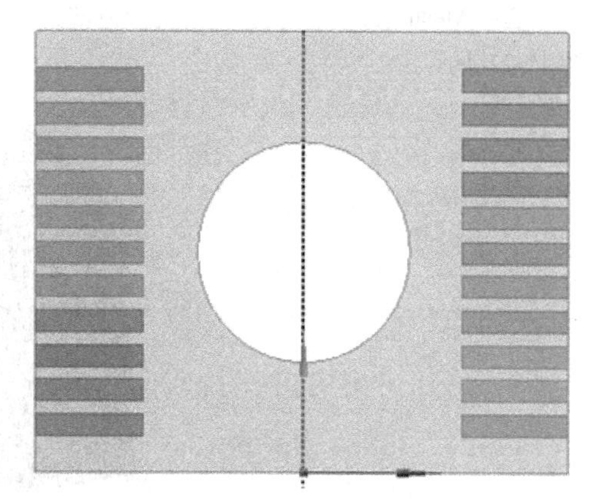

图 19-18　实体对称

（5）对创建的实体进行布尔运算，单击菜单栏中的 Create→Boolean，然后在弹出的窗口中设置 Operation 为 Subtract，目标实体为（1）中创建的长方体，工具实体选择所有阵列和镜像的小实体叶片，完成布尔减运算，结果如图 19-19 所示。

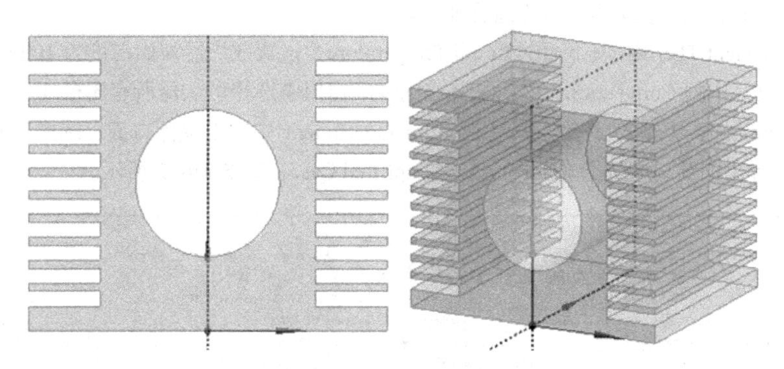

图 19-19　布尔运算结果

## 19.3.3　材料属性设置

添加铝合金材料，双击 Engineering Data，然后选中 Engineering Data Sources，在 General Materials 中添加 Aluminum Ally 材料到当前分析项目中，同时将 Structure Steel 抑制，其他设置默认即可，如图 19-20 所示。

|  | A | B | C | D | E |
|---|---|---|---|---|---|
| 1 | Property | Value | Unit |  |  |
| 2 | Material Field Variables | Table |  |  |  |
| 3 | Density | 2770 | kg m^-3 |  |  |
| 4 | Isotropic Thermal Conductivity | Tabular |  |  |  |
| 5 | Scale | 1 |  |  |  |
| 6 | Offset | 0 | W m^-1 C^-1 |  |  |
| 7 | Specific Heat, $C_p$ | 875 | J kg^-1 C^-1 |  |  |

图 19-20　材料属性参数

## 19.3.4 网格划分

选中 Mesh 项，然后设置网格划分方法为六面体主体，单元大小为 6mm，生成用于计算的单元网格，如图 19-21 所示。

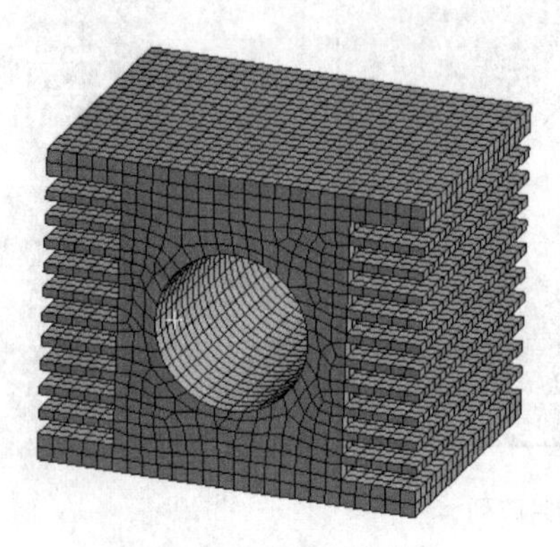

图 19-21 网格划分结果

## 19.3.5 载荷及约束设置

为瞬态热分析添加载荷及边界，操作过程如下。

（1）单击 Transient Thermal 项下面的 Initial Temperature，设置散热器初始温度为 100℃。

（2）单击工具栏中的 Convection，然后在弹出的详细窗口中选择散热器所有栅栏表面和轮廓上下表面，在 Ambient Temperature 中输入 26℃，然后在 Film Coefficient 中单击鼠标右键，选择 Import Temperature Dependent…，在弹出的窗口中选择 Stagnant Air-Simplified Case，如图 19-22 所示。

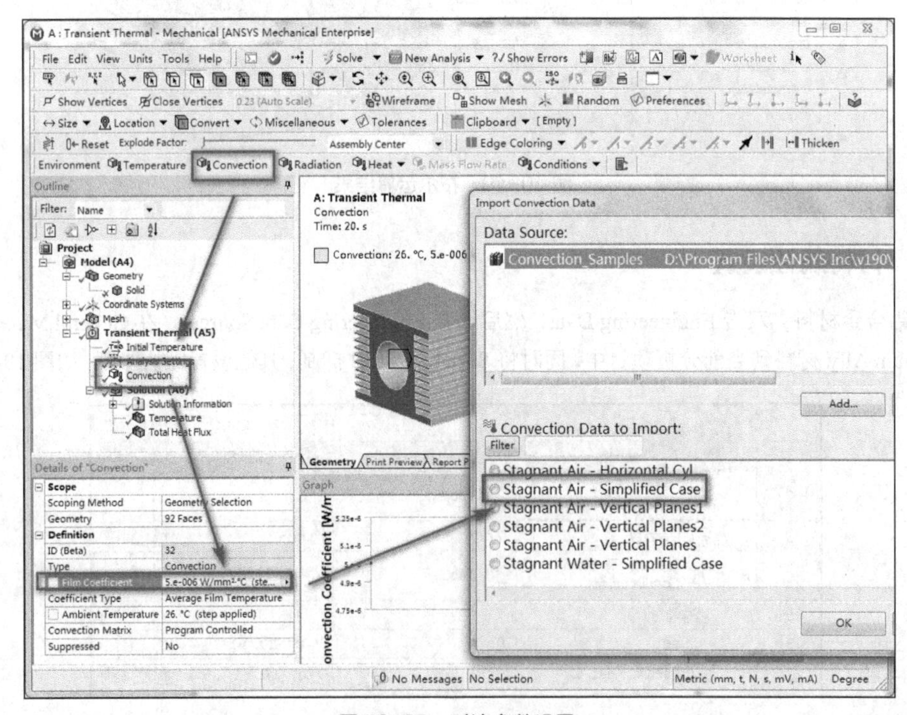


图 19-22 对流参数设置

## 19.3.6 模型求解

设置 Analysis Settings，在弹出的窗口中将各参数按照图 19-23 所示进行设置，其他设置默认即可。

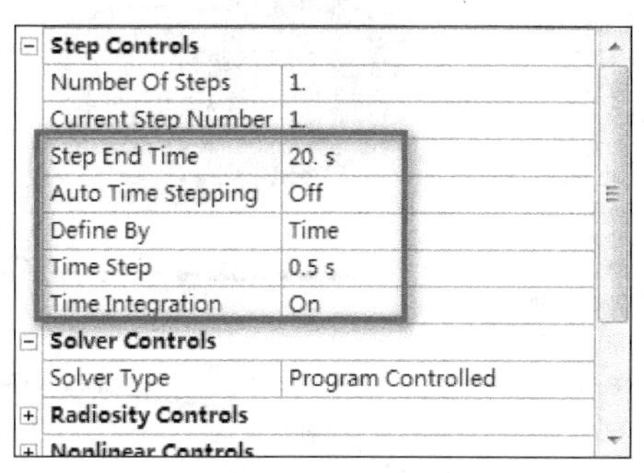


图 19-23 求解设置

然后进入 Solution 中，选择 Temperature 和 Total Heat Flux 作为输出项，最后提交计算机求解。

## 19.3.7 结果后处理

求解结束后单击 Temperature 查看散热器温度场云图以及整个 20s 的变化过程中散热器最大温度值的变化曲线，如图 19-24 所示。

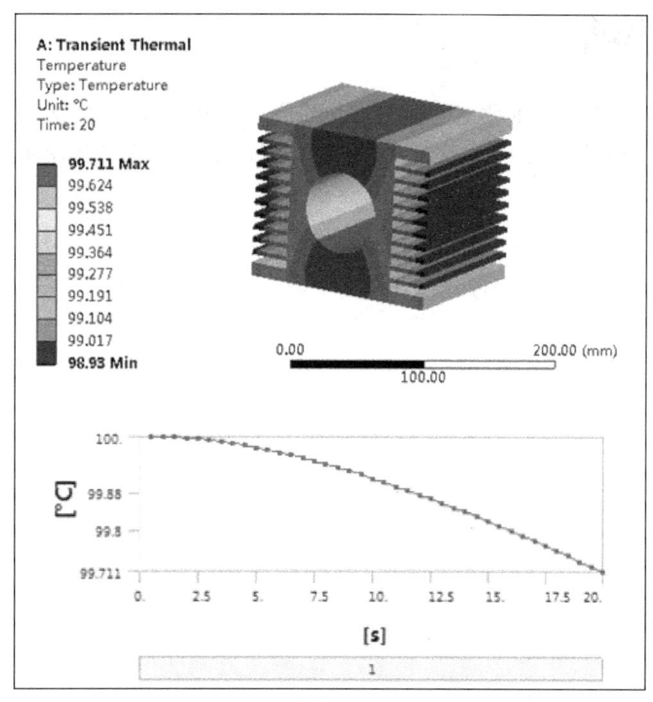


图 19-24 散热器温度变化结果

然后查看该过程中热量的对流情况，如图 19-25 所示，可以看到在这 20s 中，最大热流密度出现在散热器栅栏根部位置，该部分自然外流的热量最大，从曲线图中可以看到整个过程中的热流密度值也在逐渐增大。

本实例中鉴于计算效率问题，仅计算 20s 过程中的自然对流情况，有兴趣的读者可以计算更长时间（如半小时或者 1 小时）来观察散热器的温度变化。

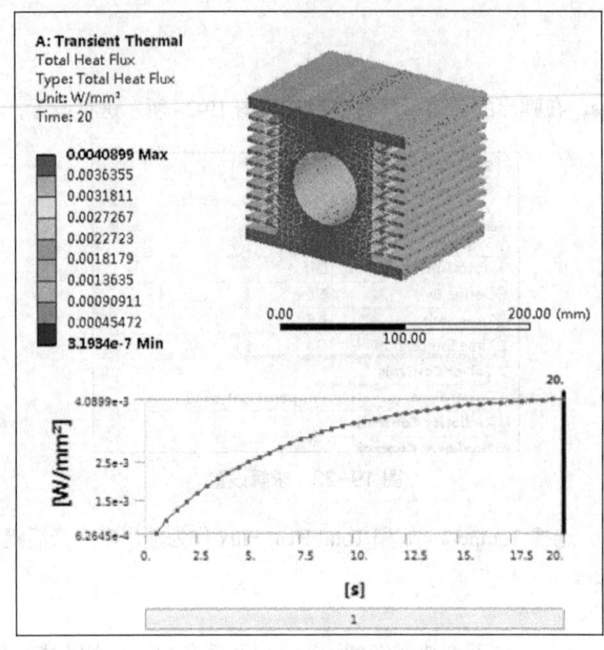


图 19-25　热流密度结算结果

# 19.4　本章小结

本章介绍了热分析中存在的三种物理现象，同时详细阐述了 WB 19.0 中热分析的基本理论和分析类型，通过稳态传热和瞬态传热的两个实例，对软件的仿真计算进行了详细讲解，使读者能够充分掌握热分析的基本方法。

Chapter 20

# 第20章

## 热-力耦合分析

■ 热应力是结构温度发生变化时，结构因为内外部约束作用使其不能完全自由胀缩而产生的应力，也称为变温应力。在工程领域经常需要考虑温度对结构应力的影响，尤其像汽车发动机、航空发动机、汽轮机等场景设备。本章将介绍有关热-力耦合分析的基本概念和基本理论，然后基于WB 19.0讲解如何通过软件对热-力耦合分析进行仿真模拟，使读者能够熟悉这类方法的使用。

# 20.1 热–力耦合分析简介

结构受热或者受冷时会产生膨胀或者收缩变形，如果变形受到约束限制，则在结构中将产生热应力；此外，当不同材料组合在一起，如果材料变形（热膨胀系数不同）不均匀也会导致热应力的发生。典型的例子如图 20-1 所示，（a）中梁上下两端被约束固定，受温度作用膨胀变形而在结构中产生应力；（b）中由于两组不同材料组合在一起，受到温度作用时变形不一致，导致产生热应力。

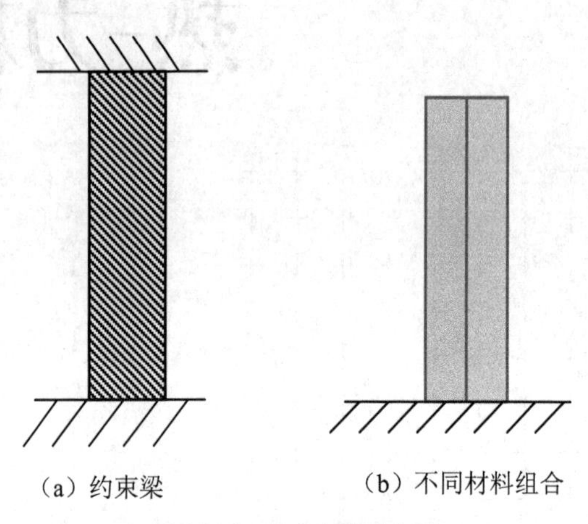

（a）约束梁　　（b）不同材料组合

图 20-1　热应力典型实例

假设弹性体各点温度为 $T$，对各向同性体，如果不受约束作用，则弹性体内各点将产生正应变，各形变分量如式（20-1）和式（20-2）所示：

$$\varepsilon_x = \varepsilon_y = \varepsilon_z = \alpha T \tag{20-1}$$

$$\gamma_{yz} = \gamma_{zx} = \gamma_{xy} = 0 \tag{20-2}$$

式中：$\alpha$ 为热膨胀系数。

但由于实际中存在约束作用，不可能自由发生变形，由此导致热应力的产生，这将对结构引起附加变形，所以弹性体的总体变形分量如式（20-3）和式（20-4）所示：

$$\begin{cases} \varepsilon_x = \dfrac{1}{E}\left[\sigma_x - \mu(\sigma_y + \sigma_z)\right] + \alpha T \\ \varepsilon_y = \dfrac{1}{E}\left[\sigma_y - \mu(\sigma_x + \sigma_z)\right] + \alpha T \\ \varepsilon_y = \dfrac{1}{E}\left[\sigma_z - \mu(\sigma_x + \sigma_y)\right] + \alpha T \end{cases} \tag{20-3}$$

$$\begin{cases} \gamma_{yz} = \dfrac{2(1+\mu)}{E}\tau_{yz} \\ \gamma_{zx} = \dfrac{2(1+\mu)}{E}\tau_{zx} \\ \gamma_{xy} = \dfrac{2(1+\mu)}{E}\tau_{xy} \end{cases} \tag{20-4}$$

式（20-3）和式（20-4）表明，结构的总体应变大小由两部分组成：第一部分为热应力引起的符合胡克定律的弹性应变；第二部分是由于温度变化引起的热应变，且这部分应变与应力无关。

对于平面热弹性问题的平衡方程如式（20-5）所示，因此将上述式（20-3）和式（20-4）代入热弹性问题的平衡方程（设 $X$=$Y$=0）可得到基于位移表示的平衡微分方程，如式（20-6）所示，然后对方程进行求解即可。

$$\begin{cases}\dfrac{\partial \delta_x}{\partial x}+\dfrac{\partial \varepsilon_{xy}}{\partial y}+X=0\\ \dfrac{\partial \varepsilon_{xy}}{\partial x}+\dfrac{\partial \varepsilon_y}{\partial y}+Y=0\end{cases} \tag{20-5}$$

$$\begin{cases}\dfrac{\partial^2 u}{\partial x^2}+\dfrac{1-\mu}{2}\dfrac{\partial^2 u}{\partial y^2}+\dfrac{1+\mu}{2}\dfrac{\partial^2 v}{\partial x\partial y}-(1+\mu)\alpha\dfrac{\partial T}{\partial x}=0\\ \dfrac{\partial^2 u}{\partial y^2}+\dfrac{1-\mu}{2}\dfrac{\partial^2 u}{\partial x^2}+\dfrac{1+\mu}{2}\dfrac{\partial^2 u}{\partial x\partial y}-(1+\mu)\alpha\dfrac{\partial T}{\partial y}=0\end{cases} \tag{20-6}$$

在有限元分析中求解热应力问题有两种方法，分别是直接法和间接法。直接法是将热分析和热应力耦合起来分析的方法。在求解时，直接将热边界条件、力学边界条件施加在有限元模型上，以节点温度和位移作为未知变量求解。

间接法是单向耦合问题。即将热应问题分解为两个过程来求解，先求解传热过程再计算热应力。通过先分析结构的温度场分布，然后再求解已知温度场情况下的热应力。相比直接法，该方法的求解效率更高。

在 WB 19.0 中进行热应力分析通常需要建立如图 20-2 所示的分析项目，可以完成基于稳态热应力分析，也可以是瞬态热应力分析，下面将通过具体实例进行详细介绍。

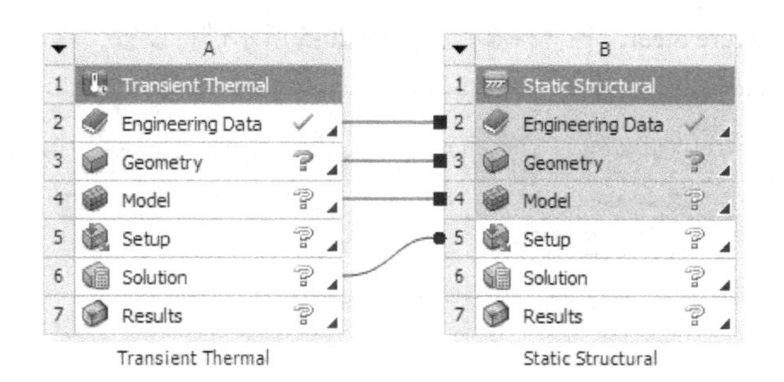


图 20-2 创建分析项目

# 20.2 热-力耦合分析实例——固支梁热应力分析

热-力耦合问题非常普遍，本例以两端固支的梁结构为对象，介绍如何利用 WB 19.0 实现热-力耦合仿真，通过详细的操作步骤说明和讲解，为读者提供学习指导。

## 20.2.1 问题描述

图 20-3 所示为两端固定的等截面梁结构，初始状态结构处于常温，现假设底部有热源加热至 60℃，分析结构经过 10s 后整体受力及形变情况。

根据描述，建立瞬态热传导和静力学两个分析项目用于仿真，参考图 20-2。

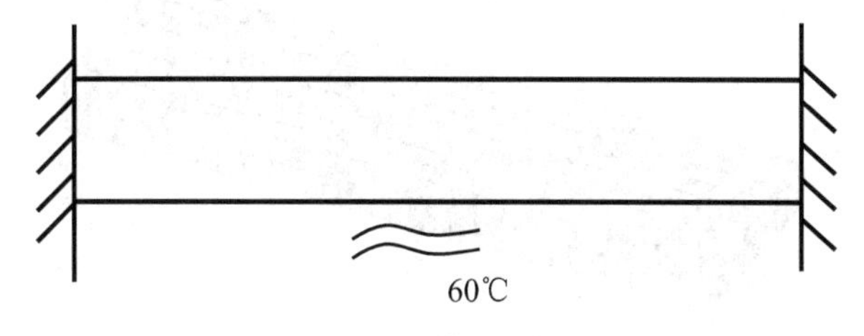


图 20-3 结构示意图

## 20.2.2 几何建模

通过 DM 创建几何模型，绘制 30mm×8mm 的矩形截面，然后拉伸 100mm 得到几何模型，如图 20-4 所示。

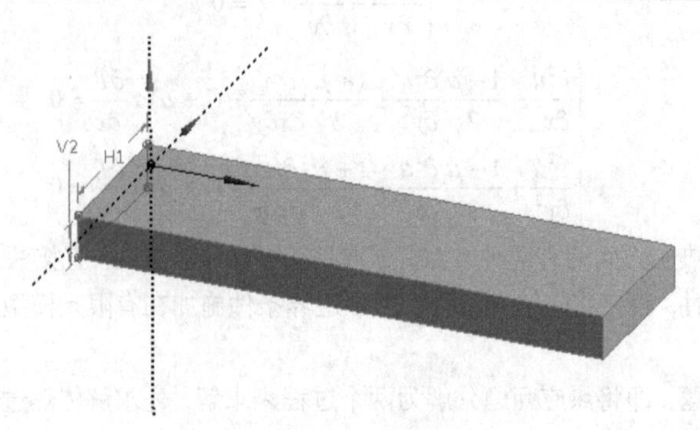


图 20-4 几何模型

## 20.2.3 材料属性设置

本例中材料使用 Structure Steel，各材料参数按照图 20-5 所示进行设置，其他设置按照软件默认即可。

| | A | B | C | D | E |
|---|---|---|---|---|---|
| 1 | Property | Value | Unit | | |
| 3 | Density | 7850 | kg m^-3 | | |
| 4 | Isotropic Secant Coefficient of Thermal Expansion | | | | |
| 5 | Coefficient of Thermal Expansion | 1.2E-05 | C^-1 | | |
| 6 | Isotropic Elasticity | | | | |
| 7 | Derive from | Young's Modulus... | | | |
| 8 | Young's Modulus | 2E+11 | Pa | | |
| 9 | Poisson's Ratio | 0.3 | | | |
| 10 | Bulk Modulus | 1.6667E+11 | Pa | | |
| 11 | Shear Modulus | 7.6923E+10 | Pa | | |
| 12 | Alternating Stress | Tabular | | | |

图 20-5 材料属性参数

## 20.2.4 网格划分

由于模型非常规则简单，因此直接使用 Sweep 网格划分方法，网格大小设置为 4mm，划分结果如图 20-6 所示。

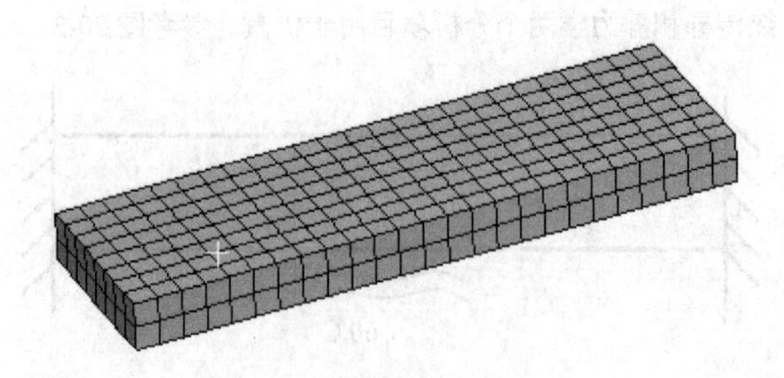

图 20-6 网格划分结果

### 20.2.5　瞬态传热分析

由于模型中存在两个分析项目，首先对结构设置瞬态传热分析计算。

（1）单击 Transient Thermal 插入温度 Temperature 边界，设置温度大小为 60℃。

（2）然后单击 Analysis Settings，在弹出的详细设置窗口中设置 Step End Time 为 10s，自定义 Time Step 为 0.5s，完成计算设置。

（3）提交计算后获得结构的温度场分布云图，如图 20-7 所示。

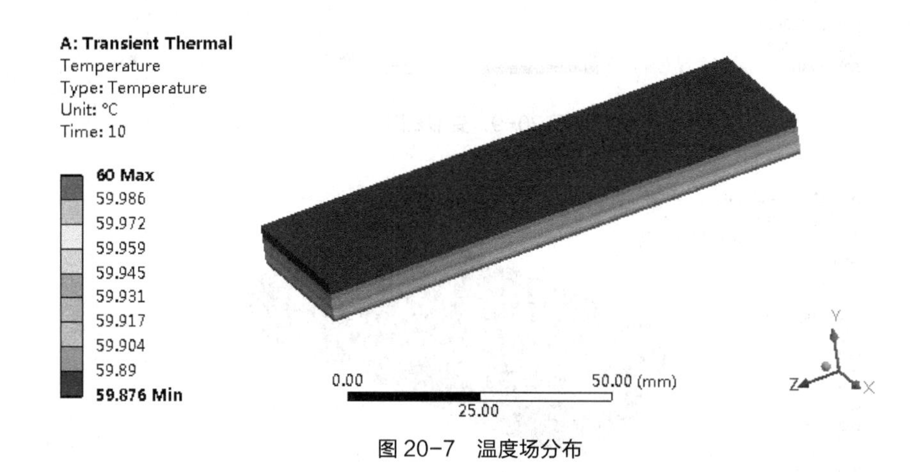


图 20-7　温度场分布

### 20.2.6　热应力分析

静力学分析设置步骤如下。

（1）进入 Static Structure 分析项目，选择结构左右两端面，施加固定约束 Fixed Support。

（2）单击 Imported Load，选中 Imported Body Temperature，然后单击鼠标右键，选择 Import Load，将温度场导入静力分析项目中，如图 20-8 所示。

（3）单击 Solution，设置静力学输出项目，单击鼠标右键，插入 Total Deformation 和 Equivalent Stress 作为输出参数，提交计算机求解。

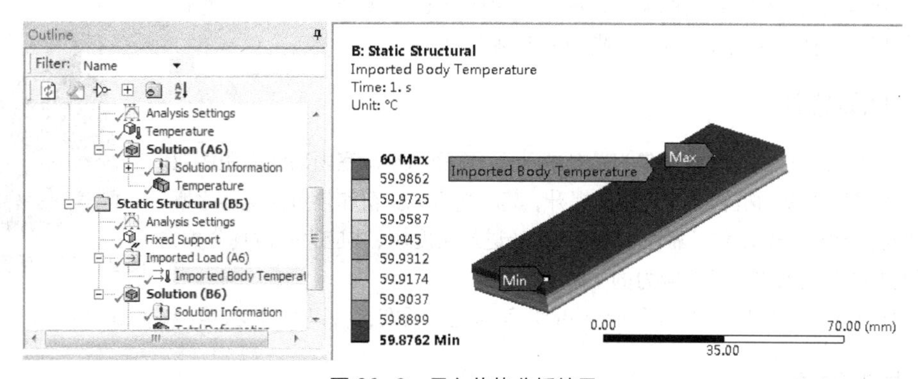


图 20-8　导入传热分析结果

### 20.2.7　结果后处理

计算完成之后查看结构在该状态下的变形和应力情况，图 20-9 和图 20-10 所示为结构变形云图及 Mises 应力云图。

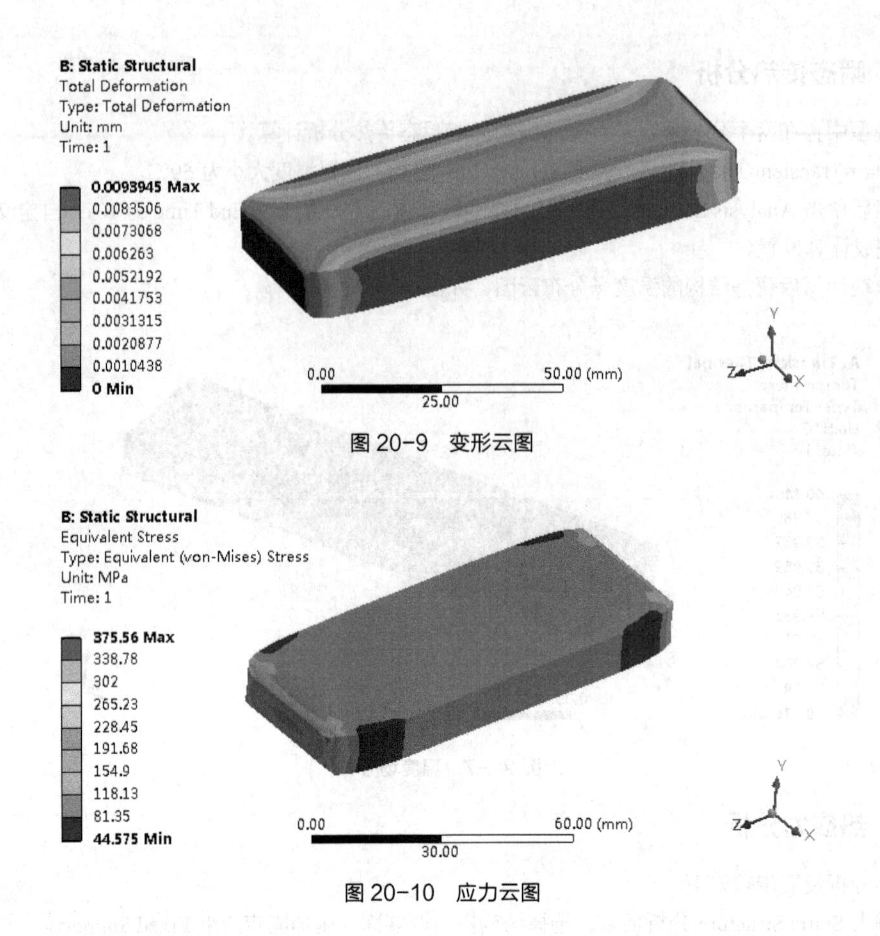


图 20-9　变形云图

图 20-10　应力云图

# 20.3　热–力耦合分析实例——活塞热机耦合分析

发动机活塞是我们非常熟悉的部件，也是热力耦合问题中的典型。本例以活塞组件为分析对象，通过文献资料查阅获得活塞组件各部位的温度情况，然后基于热–力耦合分析方法对组件进行仿真模拟，为读者提供详细的学习指导和案例实践。

## 20.3.1　问题描述

活塞组件是发动机内工作条件最为苛刻的部件，它受到燃烧室内高温高压的双重作用，尤其是随着发动机转速和功率的提升，其所受机械负荷和热负荷也随之增大。为了保证发动机的寿命和可靠性，需要对活塞进行温度场、热应力等仿真分析，实现对活塞的热负荷状态和综合应力的了解。

图 20-11　活塞几何模型

图 20-11 所示为某型号发动机活塞结构的几何模型，活塞材料属性如表 20-1 和表 20-2 所示。

表 20-1　材料属性值

| 属性<br>名称 | 密度（$kg/m^3$） | 弹性模量（MPa） | 泊松比 | 抗拉强度（MPa） | 抗压强度（MPa） | 热膨胀系数（$℃^{-1}$） | 热传导系数（$W\cdot m^{-1}\cdot ℃^{-1}$） |
|---|---|---|---|---|---|---|---|
| 活塞 | 2770 | 7100 | 0.33 | 268 | 260 | 见表 20-2 | 见表 20-2 |

表 20-2 活塞热膨胀系数和热传导系数

| 温度/℃ | 热传导系数（$W \cdot m^{-1} \cdot ℃^{-1}$） | 热膨胀系数（$℃^{-1}$） |
|---|---|---|
| 20 | 145.9 | 19.2e-6 |
| 100 | 153.8 | 19.2e-6 |
| 150 | 156.9 | 19.23-6 |
| 200 | 158.5 | 20.5e-6 |
| 250 | 159.2 | 20.5e-6 |
| 300 | 159.4 | 21.23-6 |

## 20.3.2 几何建模

进入 DM 编辑窗口，通过外部建模导入活塞几何模型，导入结果如图 20-12 所示。

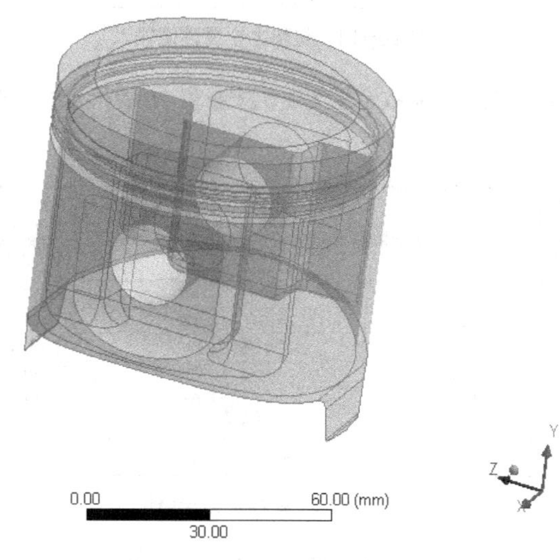


图 20-12 导入几何模型结果

## 20.3.3 材料属性设置

根据表 20-1 和表 20-2 提供的数据创建材料 huosai，创建方法如下。

（1）双击 Engineering Data 进入材料编辑窗口，然后单击 Engineering Data Sources 进入 General Materials，新建材料 huosai。

（2）在新建材料中，从 Toolbox 中分别添加密度、各向同性弹性材料参数、各向同性热膨胀系数、各向同性热传导系数，如图 20-13 所示。

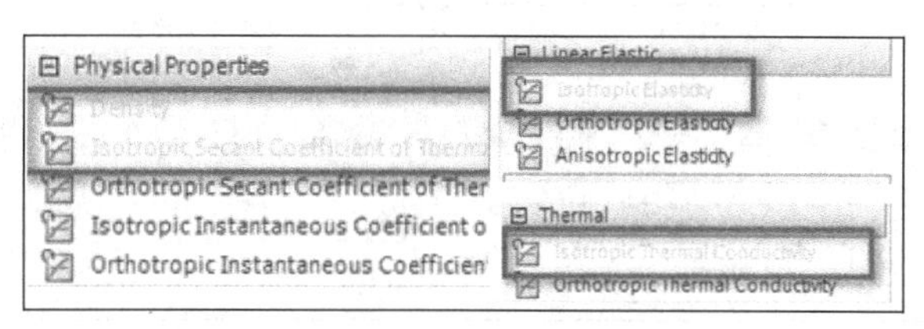


图 20-13 各材料属性

（3）添加各材料属性后，基于提供的材料属性值，按图 20-14 所示在对应选项输入材料密度、弹性模量、泊松比等参数。

| | A | B | C | D | E |
|---|---|---|---|---|---|
| 1 | Property | Value | Unit | | |
| 3 | Density | 2770 | kg m^-3 | | |
| 4 | Isotropic Secant Coefficient of Thermal Expansion | | | | |
| 5 | Coefficient of Thermal Expansion | Tabular | | | |
| 6 | Scale | 1 | | | |
| 7 | Offset | 0 | C^-1 | | |
| 8 | Zero-Thermal -Strain Reference Temperature | 22 | C | | |
| 9 | Isotropic Elasticity | | | | |
| 10 | Derive from | Young's Modulus... | | | |
| 11 | Young's Modulus | 7.1E+09 | Pa | | |
| 12 | Poisson's Ratio | 0.33 | | | |
| 13 | Bulk Modulus | 6.9608E+09 | Pa | | |

图 20-14　材料力学属性值输入

（4）进入材料热膨胀系数和热传导系数定义选项，按照表 20-2 所示的数据依次输入对应的温度数值，如图 20-15 所示。

| | A | B |
|---|---|---|
| 1 | Temperature (C) | Coefficient of Thermal Expansion |
| 2 | 20 | 1.92E-05 |
| 3 | 100 | 1.92E-05 |
| 4 | 150 | 1.92E-05 |
| 5 | 200 | 2.05E-05 |
| 6 | 250 | 2.05E-05 |
| 7 | 300 | 2.12E-05 |
| * | | |

| | A | B |
|---|---|---|
| 1 | Temperature (C) | Thermal Conductivity (W m^-1 C |
| 2 | 20 | 145.9 |
| 3 | 100 | 153.8 |
| 4 | 150 | 156.9 |
| 5 | 200 | 158.5 |
| 6 | 250 | 159.2 |
| 7 | 300 | 159.4 |
| * | | |

图 20-15　材料热力学属性

（5）保存新建材料，同时将材料添加至当前分析项目中，如图 20-16 所示，并在 Modal 中将材料赋给活塞。

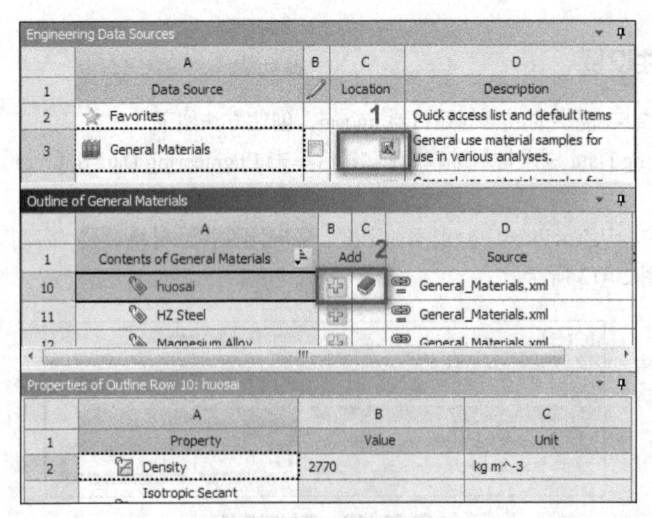


图 20-16　材料属性添加

## 20.3.4 网格划分

由于活塞结构模型相对复杂，因此采用四面体单元 Tetrahedrons 进行网格划分，单元大小设置为 2mm，结果如图 20-17 所示。

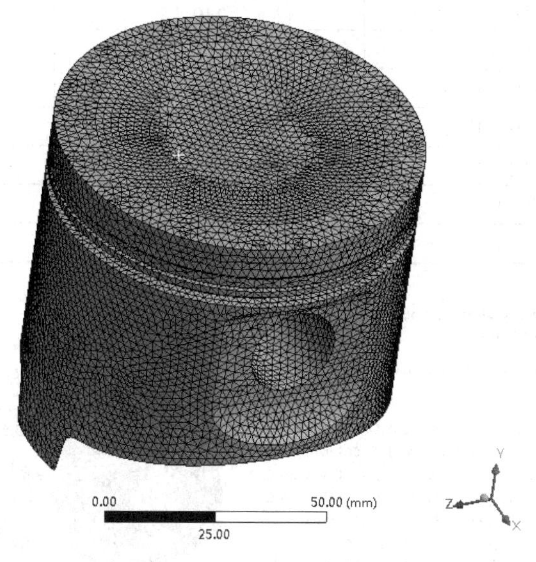


图 20-17 活塞网格划分

## 20.3.5 稳态传热分析

进入稳态传热分析项，对模型进行边界及载荷设置，步骤如下。

（1）边界条件设置。由于活塞在气缸内不同位置的热传导系数及所处环境的介质温度不一样，因此需要分区域对活塞施加稳态传热边界条件。

根据相关资料结合图 20-18，按照表 20-3 所示的数值进行施加，完成之后的结果如图 20-19 所示。

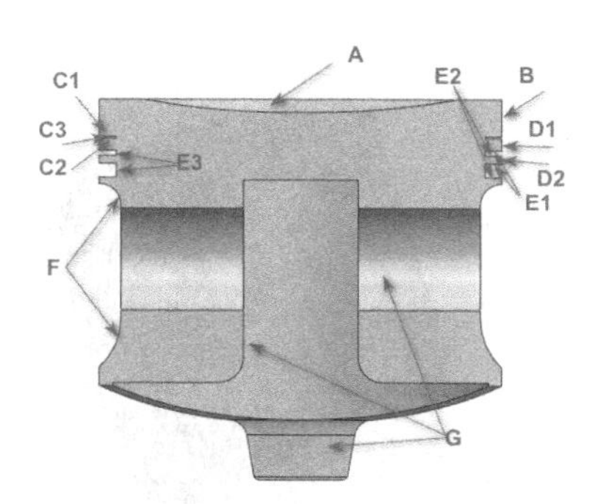


图 20-18 活塞边界区域示意图

表 20-3 活塞各区域换热系数

| 位置（符号表示） | 温度（℃） | 热传导系数（W/m$^2$·℃） |
|---|---|---|
| 顶部（A） | 509.8 | 688 |
| 火力岸（B） | 250 | 110 |
| 第一环槽上（C1） | 150 | 450 |

续表

| 位置（符号表示） | 温度（℃） | 热传导系数（W/m²·℃） |
|---|---|---|
| 第一环槽内（C2） | 150 | 60 |
| 第一环槽下（C3） | 150 | 740 |
| 第一环岸（D1） | 240 | 150 |
| 第二环岸（D2） | 150 | 200 |
| 第二、第三环槽上（E1） | 100 | 450 |
| 第二、第三环槽下（E2） | 100 | 60 |
| 第二、第三环槽内（E3） | 100 | 740 |
| 裙部外侧（F） | 90 | 300 |
| 裙部内侧（G） | 85 | 90 |

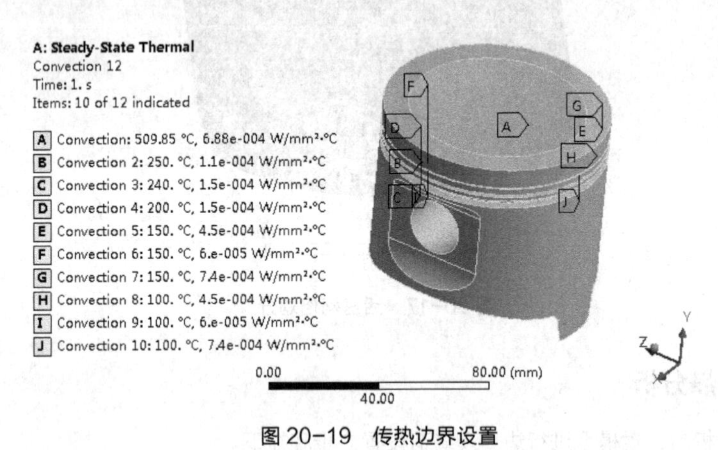


图 20-19　传热边界设置

（2）设置完成之后，进入热分析的 Solution 选项，在其中设置温度的输出，之后提交计算即可。

（3）计算完成后可以看到活塞的稳态温度场分布云图，如图 20-20 所示。可以看到活塞的最大温度出现在活塞头部，稳态情况下最大温度值为 261.58℃。

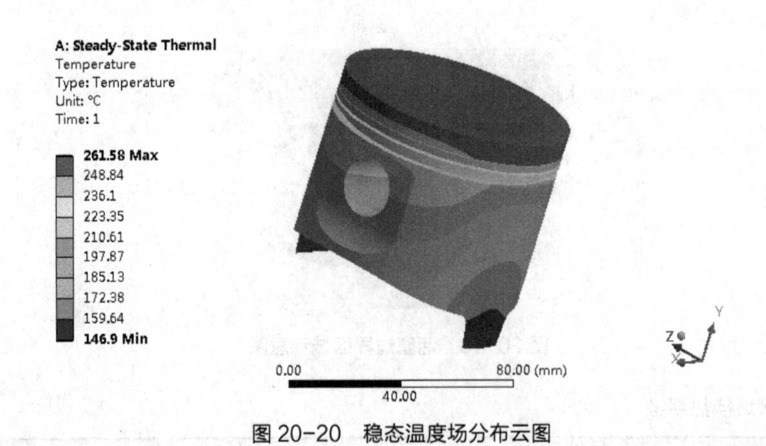


图 20-20　稳态温度场分布云图

## 20.3.6　热-力耦合分析

进入静力学分析项目，下面针对在热-力耦合作用下的活塞进行仿真，活塞受到的外部载荷主要有燃烧气体压力和往复惯性力，其中惯性力以活塞在上下止点位置时刻受到的最大，本例中通过施加加速度来设置，大小为 1469mm/s$^2$。气体压力大小按照图 20-21 所示施加，各载荷设置的具体步骤如下。

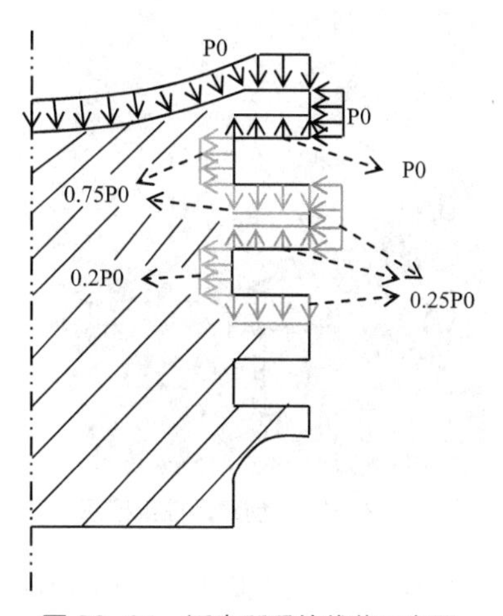


图 20-21　活塞所受外载荷示意图

（1）单击工具栏中的 Loads→Pressure，然后在各表面施加压力。

（2）单击工具栏中的 Inertial→Acceleration，对活塞施加加速度，方向向下。

（3）由于活塞通过活塞销与连杆相接，可以绕活塞销转动，因此为了模拟转动边界，创建圆柱副。进入 Connections，在活塞销孔位置与地面创建圆柱副。单击 Body-Ground→Cylindrical，然后选择活塞销孔内表面作为移动部件参考，完成设置后如图 20-22 所示。

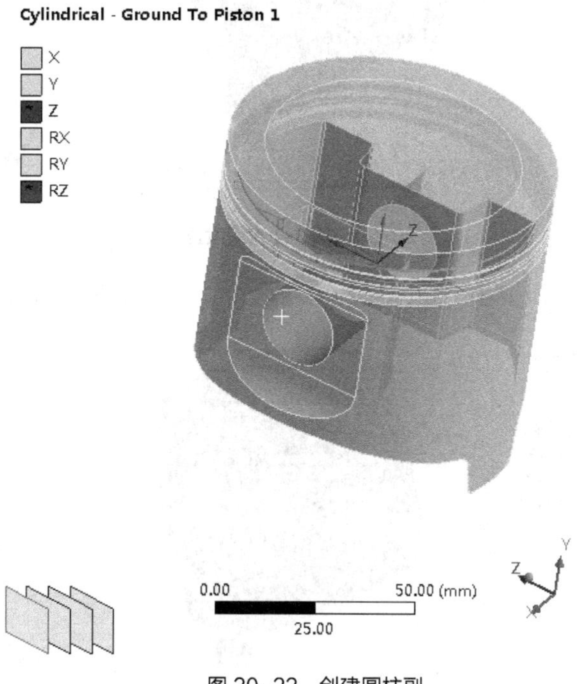


图 20-22　创建圆柱副

（4）创建援助坐标系为设置圆柱面约束做准备。单击 Coordinate Systems，然后单击鼠标右键，插入坐标系，在弹出的窗口中将 Type 设为 Cylindrical，选择活塞顶面并设置主坐标系方向，如图 20-23 所示。

图 20-23 创建圆柱坐标系

（5）设置活塞外表面约束。由于活塞外表面与气缸贴合，因此在径向默认变形受限。单击工具栏中的 Supports→Cylindrical Support，选择活塞外圆面，在弹出的详细设置窗口中将径向自由度约束，其他方向自由度释放，结果如图 20-24 所示。

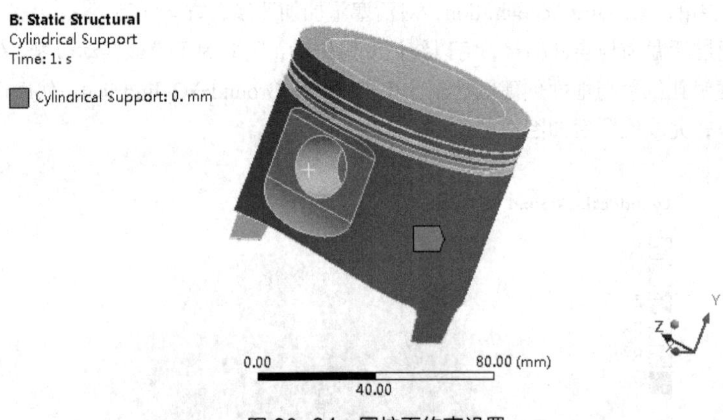


图 20-24 圆柱面约束设置

完成上述边界设置后，整个活塞如图 20-25 所示，包括压力、惯性加速度、圆柱面约束以及圆柱副。

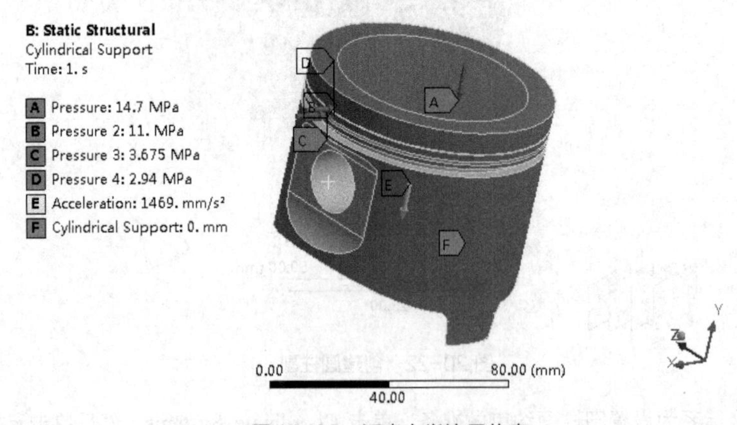


图 20-25 活塞力学边界约束

### 20.3.7 结果后处理

进入 Solution 项，设置活塞的变形（Total Deformation）和 Mises 应力（Equivalent Stress）作为输出项，然后提交计算机求解。

计算完成之后，可以得到各结果云图。图 20-26 所示为活塞在热-力耦合作用下的变形云图，最大变形量为 0.34mm 左右，发生于裙部两侧薄片位置。图 20-27 所示为活塞整体应力结果云图，最大 Mises 应力约为 229.5MPa，根据表 20-2 提供的数据，活塞整体应力大小处于安全范围内。

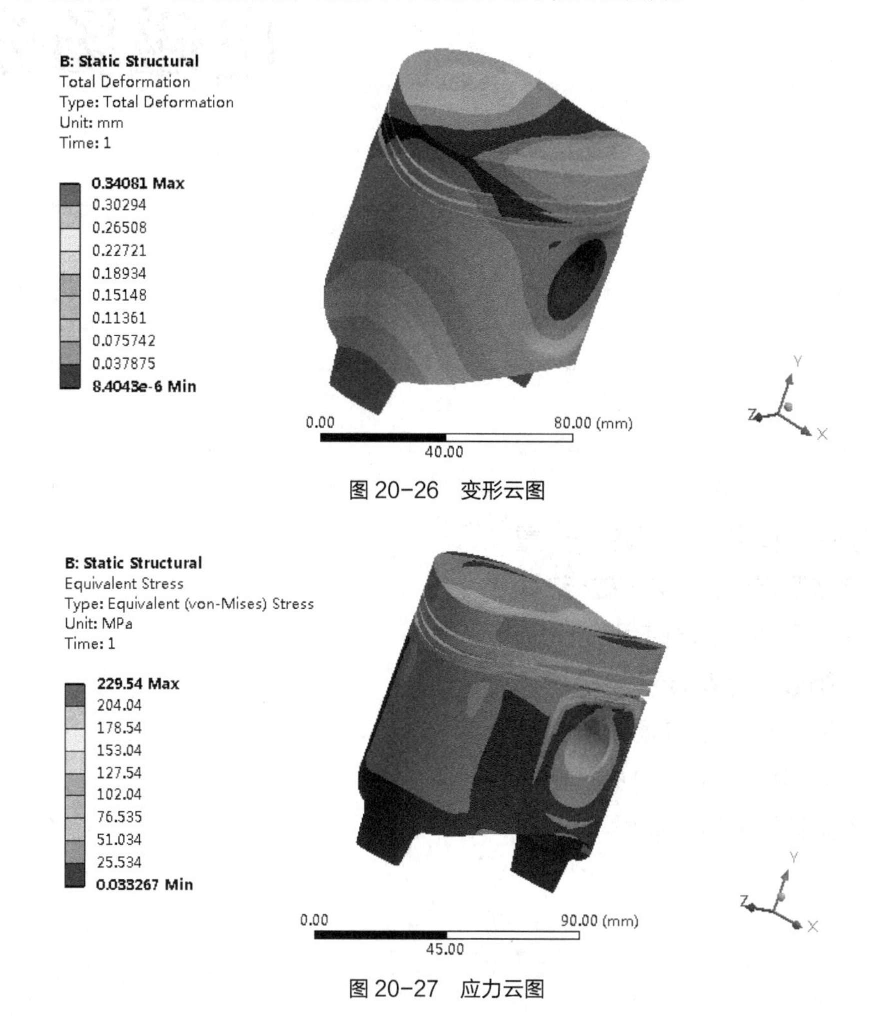


图 20-26　变形云图

图 20-27　应力云图

## 20.4 本章小结

本章主要阐述了结构在受热状态下的应力及变形仿真方法。首先从理论层面对热应力的计算求解做了简单介绍，然后针对 WB 19.0 中有关热-力耦合分析技术做了讲解，最后通过两个实例，尤其是活塞的热-力耦合实例分析，对有关热-力耦合的仿真方法和技术做了全面的介绍，确保读者能够熟悉和掌握。

Chapter 21

# 第21章

## 电磁场分析

■ 电磁场分析是有限元分析的一个重要内容，通常涉及电磁力、电-磁-热耦合等诸多内容。工程中普遍使用的电机、磁性开关、电阻线圈等都涉及电磁场分析的应用。本章将介绍电磁场分析的基本理论以及如何利用WB 19.0进行电磁场的仿真，为读者提供操作指导。

# 21.1 电磁场分析简介

磁性物质是自然界中常见的一类物质，在一定条件下，它们能够相互作用。导致它们相互作用的原因是存在着磁力作用的特殊物质，我们称之为力磁场，它们存在于磁体的周围空间中。当我们将载流导体或者运动电荷放在磁场中时，导体会受到磁场力的作用，这就是著名的法拉第电磁感应现象，即通电导体周围能够产生磁场，且电流总是被磁场所包围。

根据安培定则（右手定则），右手握住导线，大拇指指向电流方向，其余四指所指方向即为磁场方向，如图 21-1（a）所示；如果为螺旋线圈，则四指指向电流方向，大拇指所指为电磁方向，如图 21-1（b）所示。

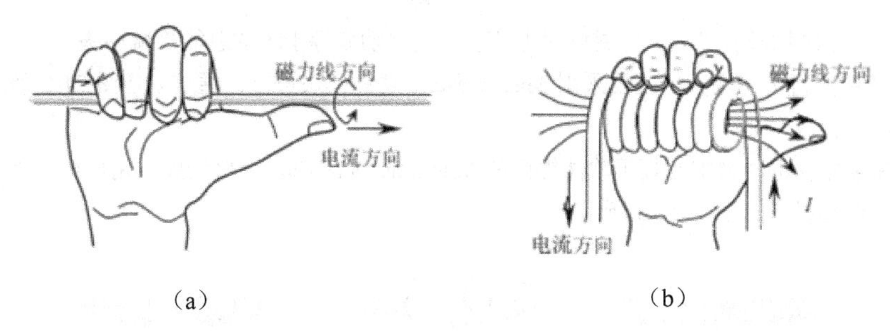


图 21-1　右手定则

随着电磁场研究的深入，实验发现：不仅电流能够激发磁场，而且变化的电场和变化的磁场也可以相互激发。电场和磁场之间的联系可以通过麦克斯韦方程组来描述，其微分形式如式（21-1）所示：

$$\begin{cases} \nabla \cdot D = \rho \\ \nabla \cdot B = 0 \\ \nabla \times E = -\dfrac{\partial B}{\partial t} \\ \nabla \times H = j + \dfrac{\partial D}{\partial t} \end{cases} \tag{21-1}$$

麦克斯韦方程组构成了电磁场理论的基础，根据上式，电场和磁场可以互相激发，它们是电磁场不可分割的两个方面。

麦克斯韦方程组中的格式还可以用式（21-2）所示的定积分表示：

$$\begin{cases} \oiint_S D \cdot \mathrm{d}S = \iiint_V \rho \mathrm{d}V \\ \oiint_S B \cdot \mathrm{d}S = 0 \\ \oint_L E \cdot \mathrm{d}l = -\iint_S \dfrac{\partial B}{\partial t} \cdot \mathrm{d}S \\ \oint_L H \cdot \mathrm{d}l = \iint_S (j + \dfrac{\partial D}{\partial t}) \cdot \mathrm{d}S \end{cases} \tag{21-2}$$

电磁场是一种物质，具有内部运动。电磁场的运动和其他物质运动形式之间可以互相转化，并遵从能量转换与守恒定律。电磁场的能量是按照一定的方式分布于电场和磁场内，并且随着电磁场的运动而在空间中传播。为了描述电磁场的能量，引入两个物理量，分别为能量密度和能量流密度。

在电磁场内单位体积的能量称为能量密度。电磁场的能量密度是空间位置和时间的函数，通常用 $w = w(r,t)$ 表示。

能量流密度是描述能量在电磁场内传播的物理量，是一个矢量，通常用 $S$ 表示。

能量流密度在数值上等于单位时间垂直流过单位横截面的能量，其方向代表能量传输的方向。

根据能量守恒定律，单位时间内通过 $S$ 流入空间某区域 $V$ 内的能量，等于场对 $V$ 内电荷所做的功率与 $V$ 内电磁场能量增加率之和。可用式（21-3）表示：

$$-\oiint_S S\cdot \mathrm{d}\sigma=\iiint_V f\cdot v\mathrm{d}V+\frac{\partial}{\partial t}\iiint_V w\mathrm{d}V \qquad (21\text{-}3)$$

相应的微分形式可以写成式（21-4）所示的形式：

$$\nabla\cdot S+\frac{\partial w}{\partial t}=f\cdot v \qquad (21\text{-}4)$$

式中，$f$ 表示场对电荷作用力密度，$v$ 是电荷运动速度。

对于无限大的空间，电磁场的能量守恒定律可以写成式（21-5）所示的形式：

$$\int_0^\infty f\cdot v\mathrm{d}V=-\frac{\mathrm{d}}{\mathrm{d}t}\int_0^\infty w\mathrm{d}V \qquad (21\text{-}5)$$

式（21-5）表示的物理含义为：电磁场对电荷所做的总功率等于场的总能量减小率。

在 WB 19.0 中进行电磁场分析主要采用 Magnetostaic 功能模块进行，通过创建图 21-2 所示的分析项目进行电磁场的仿真计算。

在分析中需要定义的材料主要基于软件提供的 Magnetic B-H Curves 材料库，用户可以基于分析所需的材料从中选择并新建材料，如图 21-3 所示。

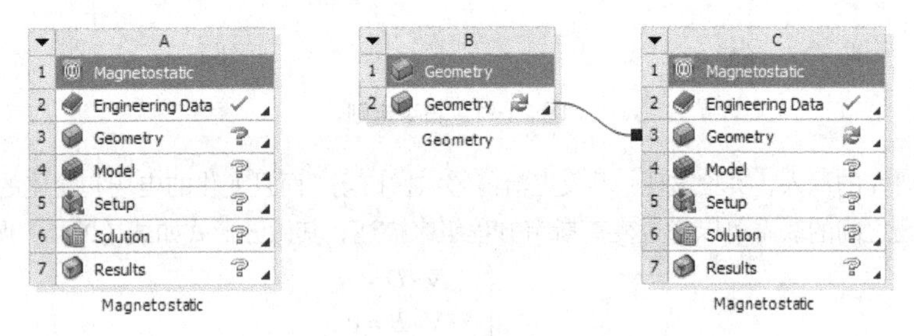


图 21-2　电磁场分析项目

| | A | B | C | D |
|---|---|---|---|---|
| 1 | Data Source | | Location | Description |
| 5 | Explicit Materials | | | Material samples for use in an explicit analysis. |
| 6 | Hyperelastic Materials | | | Material stress-strain data samples for curve fitting. |
| 7 | Magnetic B-H Curves | | | B-H Curve samples specific for use in a magnetic analysis. |
| 8 | Thermal Materials | | | Material samples specific for use in a thermal analysis. |

Outline of Magnetic B-H Curves

| | A | B | C | D |
|---|---|---|---|---|
| 1 | Contents of Magnetic B-H Curves | Add | | Source |
| 4 | Co25ni45 | | | Magnetic_B-H_curves_Soft_Material |
| 5 | Cold Rolled low carbon strip steel | | | Magnetic_B-H_curves_Soft_Material |
| 6 | Ferro Cobalt: 34.5% Co | | | Magnetic_B-H_curves_Soft_Material |
| 7 | Gray Cast Iron | | | Magnetic_B-H_curves_Soft_Material |
| 8 | hymu49 | | | Magnetic_B-H_curves_Soft_Material |
| 9 | Ingot iron, annealed | | | Magnetic_B-H_curves_Soft_Material |
| 10 | M14 Steel | | | Magnetic_B-H_curves_Soft_Material |

图 21-3　电磁场分析材料库

## 21.2 电磁场分析实例——条形磁性体磁场分析

条形磁铁磁场分布是中学阶段最早接触的电磁场问题，本例以简单的条形磁铁为研究对象，通过建立仿真分析模型，设置详细的仿真操作步骤，为读者使用 WB 19.0 进行磁场仿真提供学习指导和案例实践。

### 21.2.1 问题描述

图 21-4 所示为一个条形磁性体，分析在其空间周围存在的磁场分布情况。磁性体材质为 NdFeB 永磁材料，其基本性能参数如表 21-1 所示。

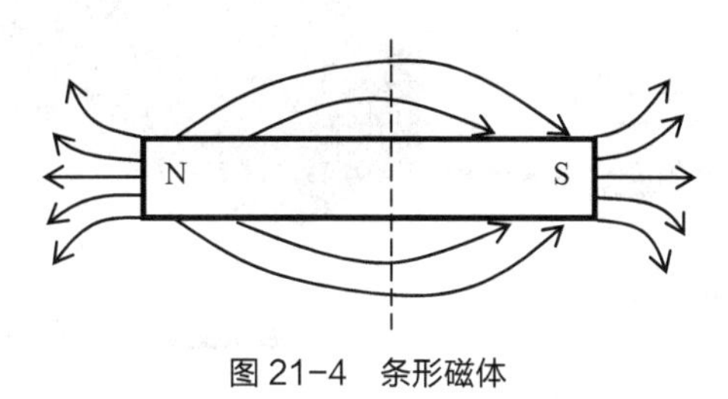


图 21-4 条形磁体

表 21-1 NdFeB 永磁材料性能参数

| 名称 | 密度/kg · m$^{-3}$ | 居里温度/℃ | 矫顽力/kA · m$^{-1}$ | 剩磁/T |
|---|---|---|---|---|
| NdFeB | 7.5e3 | 310 | 5840 | 1.6 |

### 21.2.2 几何建模

条形磁体几何简单，直接通过 DM 建模，具体步骤如下：

（1）按图 21-5 所示绘制条形磁体草图（长 80mm，宽 20mm），并拉伸 30mm 得到几何模型。

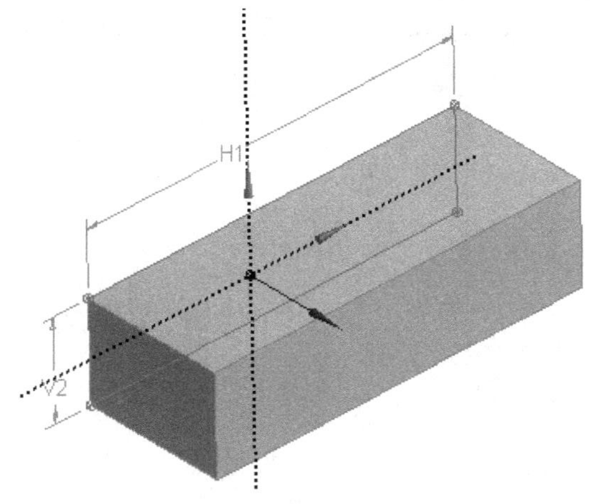


图 21-5 绘制条形磁体模型

（2）创建坐标用于定义极化方向。单击工具栏中的 New Plane，在弹出的详细窗口中命名为 polar，设置创建方式 Type 为 From Three Points，同时设置 Export Coordinate System? 为 Yes，选择几何模型中的三个顶点创建坐标系，单击 Generate 完成，如图 21-6 所示。

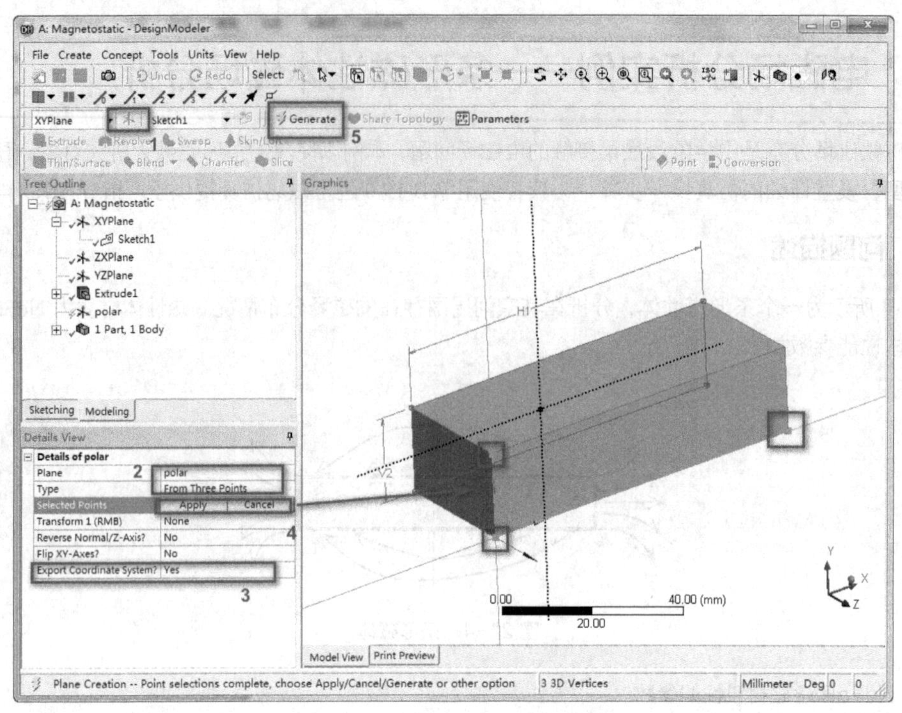


图 21-6　创建极化方向参考坐标

（3）创建磁场区域。依次单击菜单栏中的 Tools→Enclosure，在弹出的详细窗口中设置 Shape 为 Box，Cushion 为 Uniform，在其中输入 50mm，设置 Merge Parts? 选择为 Yes，完成之后单击 Generate 生成场域，如图 21-7 所示。

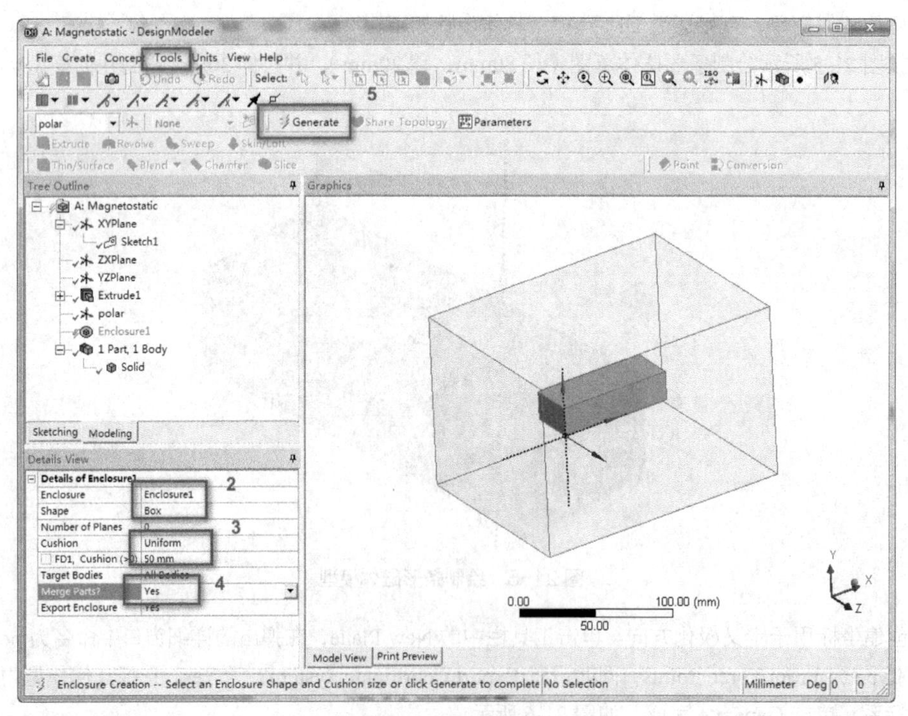


图 21-7　创建场域

## 21.2.3 材料属性设置

根据表 21-1 创建永磁体材料，双击 Engineering Data，然后进入 Engineering Data Sources 中的 Magnetic B-H Curves 材料库，新建 NdFeB 材料，然后在左侧工具箱中拖入 Linear“Hard”Magnetic Material 下的 Coercive Force & Residual Induction，分别在其中输入矫顽力和剩磁大小，如图 21-8 所示。

| | A | B | C | D |
|---|---|---|---|---|
| 1 | Contents of Magnetic B-H Curves | Add | | Source |
| 24 | Mu metal | | | Magnetic_B-H_curves_Soft_Material |
| 25 | NdFeB | | | Magnetic_B-H_curves_Soft_Material |
| 26 | Nodular Cast Iron | | | Magnetic_B-H_curves_Soft_Material |
| 27 | Powdered iron Sintered | | | Magnetic_B-H_curves_Soft_Material |

Properties of Outline Row 25: NdFeB

| | A | B | C |
|---|---|---|---|
| 1 | Property | Value | Unit |
| 2 | Coercive Force & Residual Induction | | |
| 3 | Coercive Force | 5.84E+06 | A m^-1 |
| 4 | Residual Induction | 1.6 | T |

图 21-8 创建磁性材料属性

然后进入 Model 编辑窗口，将材料赋予磁体结构，完成材料属性的创建和赋予。同时，设置磁性体极化方向，选择新建的 polar 坐标，定义极化方向为+*x* 方向，如图 21-9 所示。

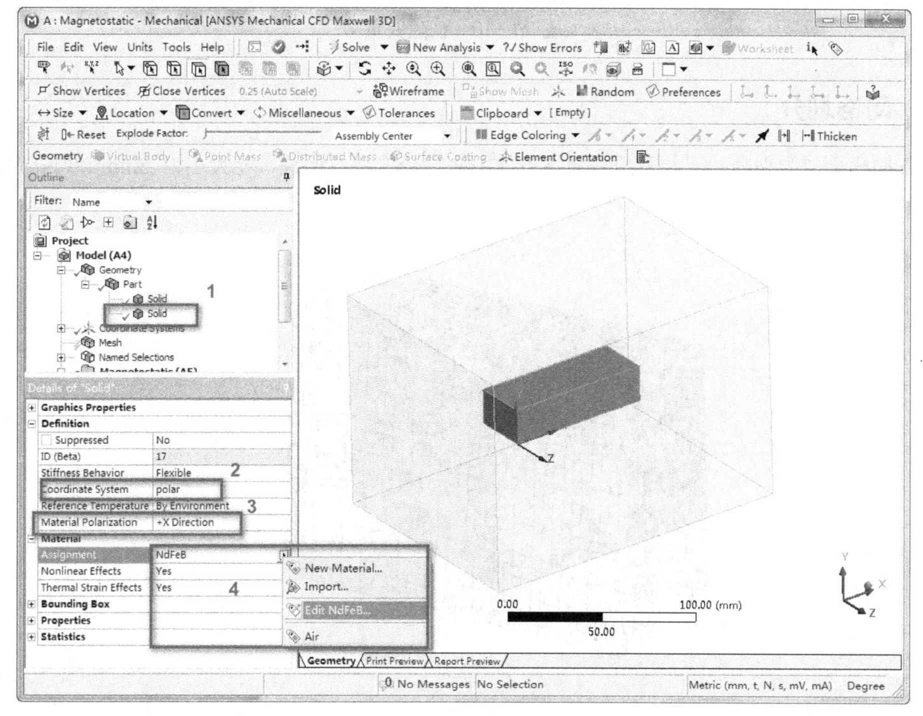


图 21-9 磁性材料定义

## 21.2.4　创建变量

进入 Model 编辑窗口，依次单击菜单栏中的 Tools→Variable Manager，在弹出的窗口中创建变量 ansys 230x，并赋值为 1，勾选后确定，如图 21-10 所示。

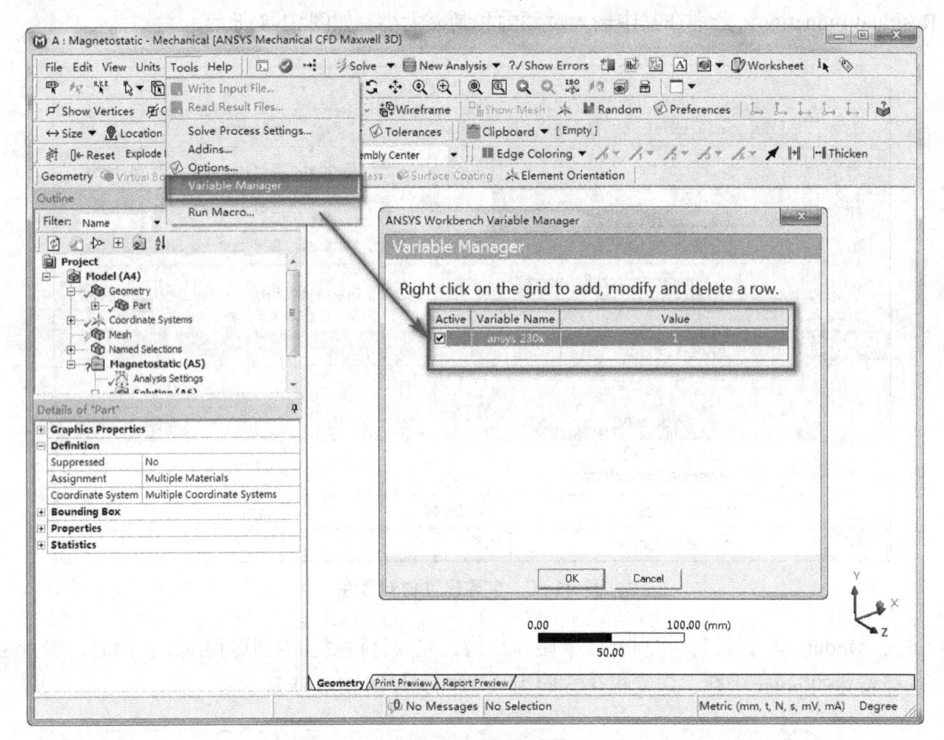


图 21-10　创建变量

## 21.2.5　网格划分

由于几何模型较为规则，因此采用六面体主体网格划分方法，设置单元大小为 5mm，划分完成后结果如图 21-11 所示。

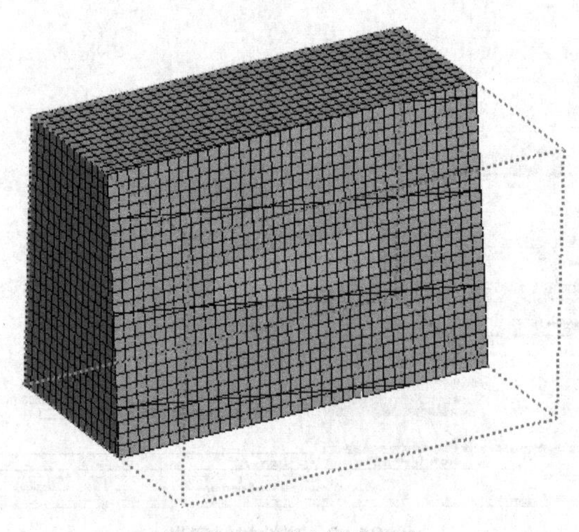

图 21-11　分析模型网格

### 21.2.6　载荷及边界设置

进入 Magnetostatic 项，单击工具栏中的 Magnetic Flux Parallel，选择场域的所有表面，结果如图 21-12 所示。

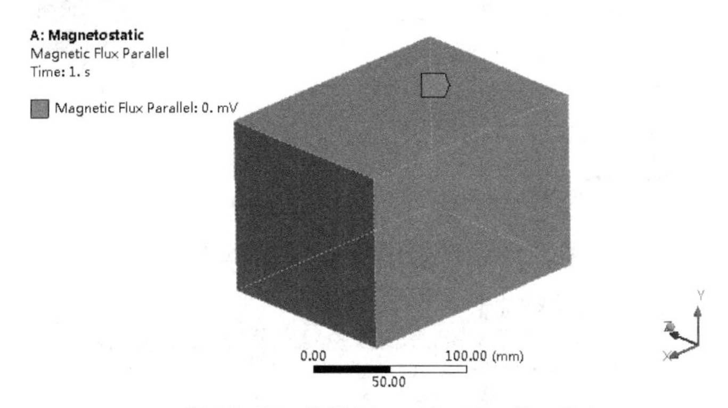


图 21-12　设置 Magnetic Flux Parallel

### 21.2.7　结果后处理

进入 Solution，单击鼠标右键，依次插入 Electricmagnetic→Total Magnetic Flux Density 作为输出项，其他设置按照软件默认即可，之后提交计算机求解。

计算结束后单击 Total Magnetic Flux Density，然后再次单击工具栏中的 Graphics 和 Solid Form，可以查看磁密度云图及方向，如图 21-13 所示。

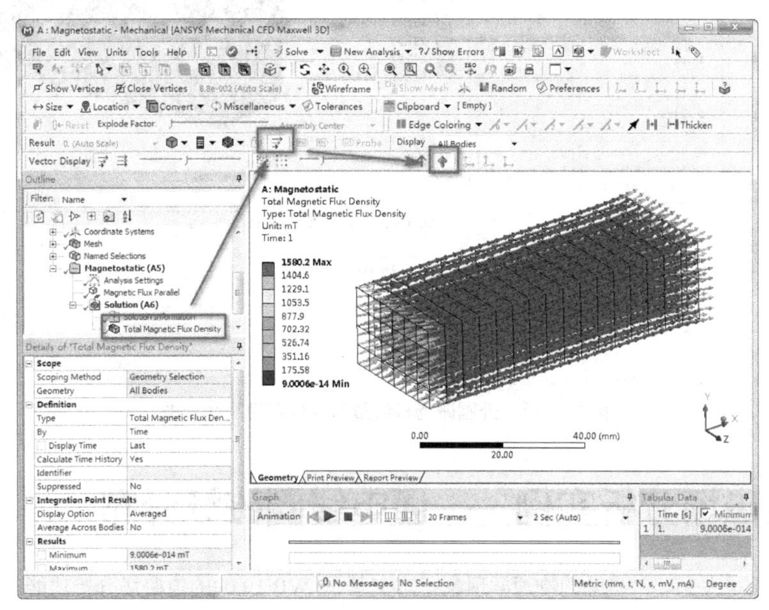


图 21-13　磁体内部磁通量密度分布云图

清除计算结果数据，选择场域模型作为计算对象，重新提交计算，得到场域的磁场密度分布云图，如图 21-14 所示。

新建一个切分面，查看磁场密度分布的等高线结果，如图 21-15 所示，可见在垂直磁体进出端区域磁场分布最强。

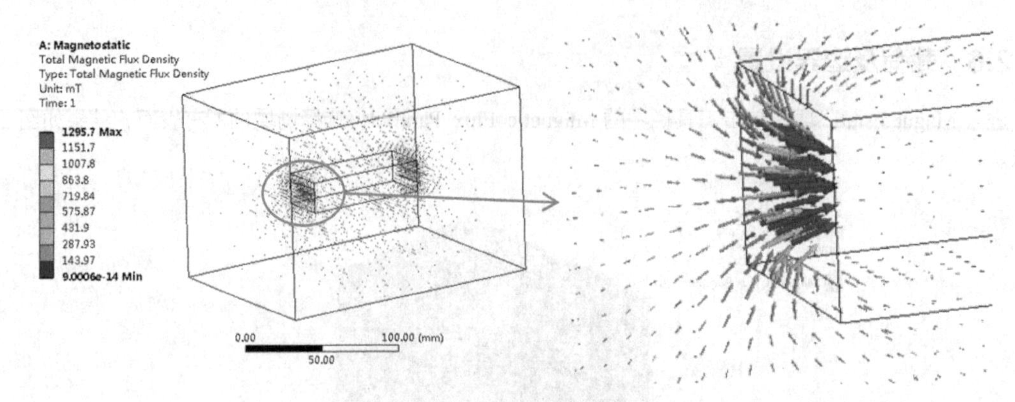


图 21-14　磁体外围场磁通量密度分布

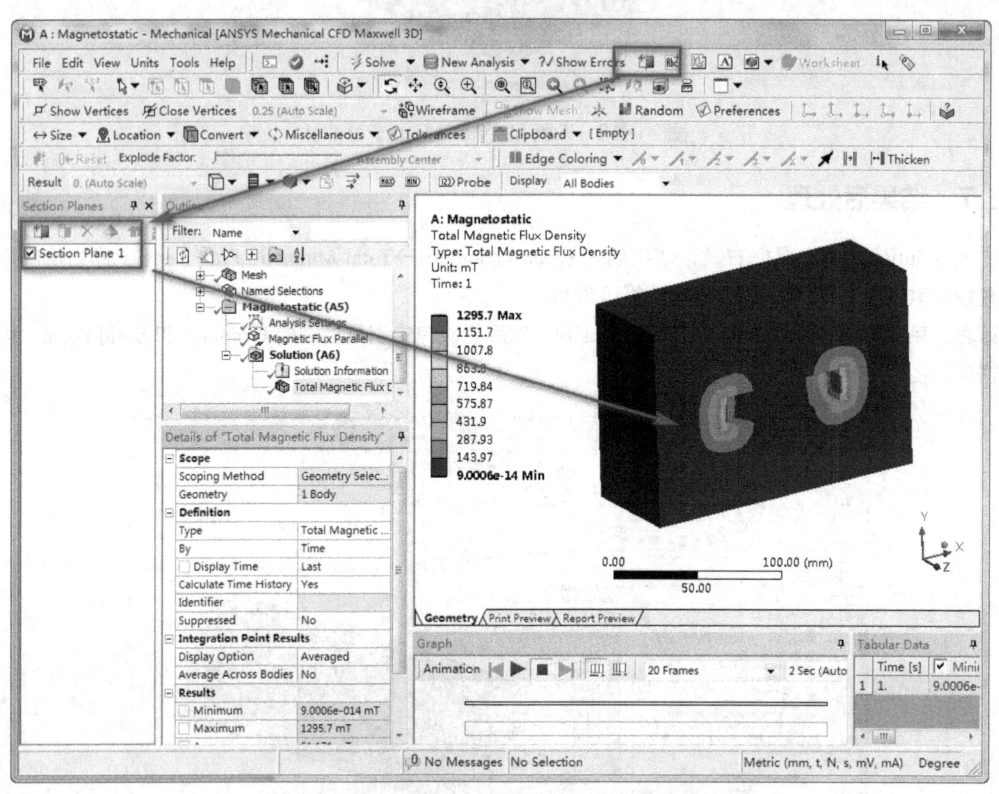


图 21-15　外围磁场磁通量密度分布等高线云图

# 21.3　电磁场分析实例——通电线圈磁场分布

电磁感应现象是大家非常熟悉的物理学现象，本文基于 WB 19.0 的电磁场分析功能对通电线圈中的铁芯周边磁场进行仿真，通过详细的操作步骤说明和设置讲解，为读者学习电磁场分析提供一定的指导。

## 21.3.1 问题描述

有一个中间缠绕铁芯的通电线圈，线圈总共 50 匝，电流截面为 500mm$^2$，通电电流大小为 1000mA，如图 21-16 所示。

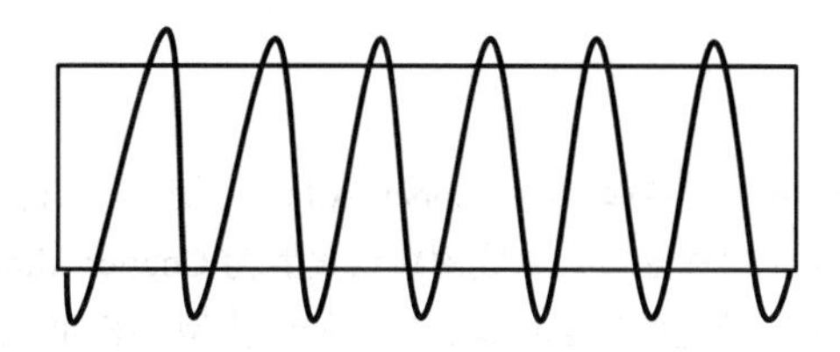

图 21-16　通电线圈示意图

## 21.3.2　几何建模

在 DM 中创建几何模型，步骤如下。

（1）创建铁芯及线圈模型，如图 21-17 所示，分别绘制铁芯草图和外围线圈缠绕部分模型草图，内圆直径大小为 20mm，外圆直径大小为 36mm，完成之后拉伸 50mm 得到实体模型。

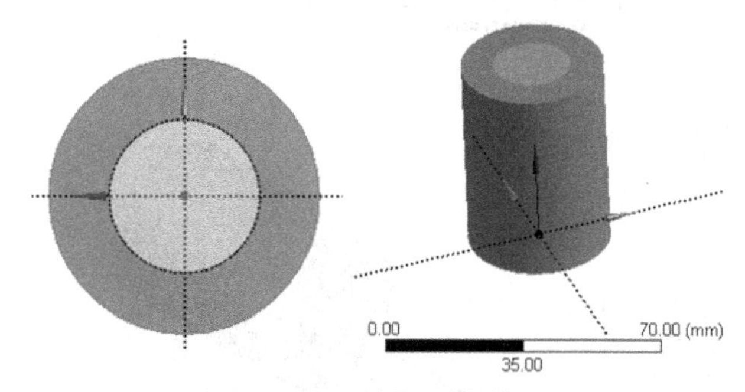


图 21-17　铁芯及线圈模型

（2）创建磁场域。单击菜单中的 Tools→Enclosure，然后在弹出的详细窗口中设置 Shape 为 Cylinder，Cushion 为 Uniform，输入数值 50mm，同时将 Merge Parts? 设置为 Yes，完成之后单击 Generate 生成模型，如图 21-18 所示。

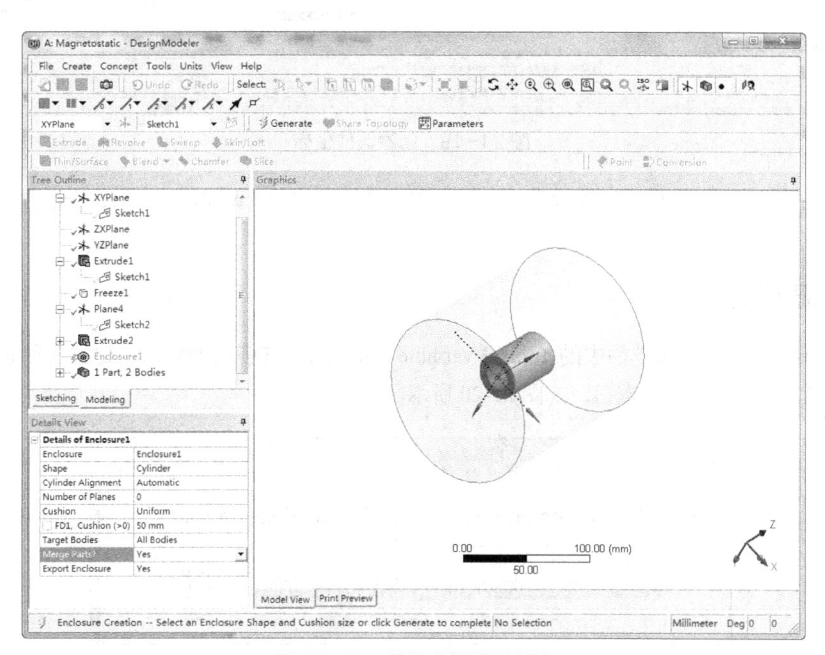


图 21-18　整体分析模型创建

### 21.3.3 材料属性设置

（1）线圈材料使用软件自带通用材料库下的 Cooper Alloy，通过单击材料后侧的“+”标记将材料添加至当前分析项目，然后进入 Model 编辑窗口，将线圈材料设置为 Cooper Alloy，其他依照软件定义。

（2）进入 Coordinate Systems，新建圆柱坐标系，单击线圈模型外表面生成坐标系，并重命名为 CS，如图 21-19 所示。

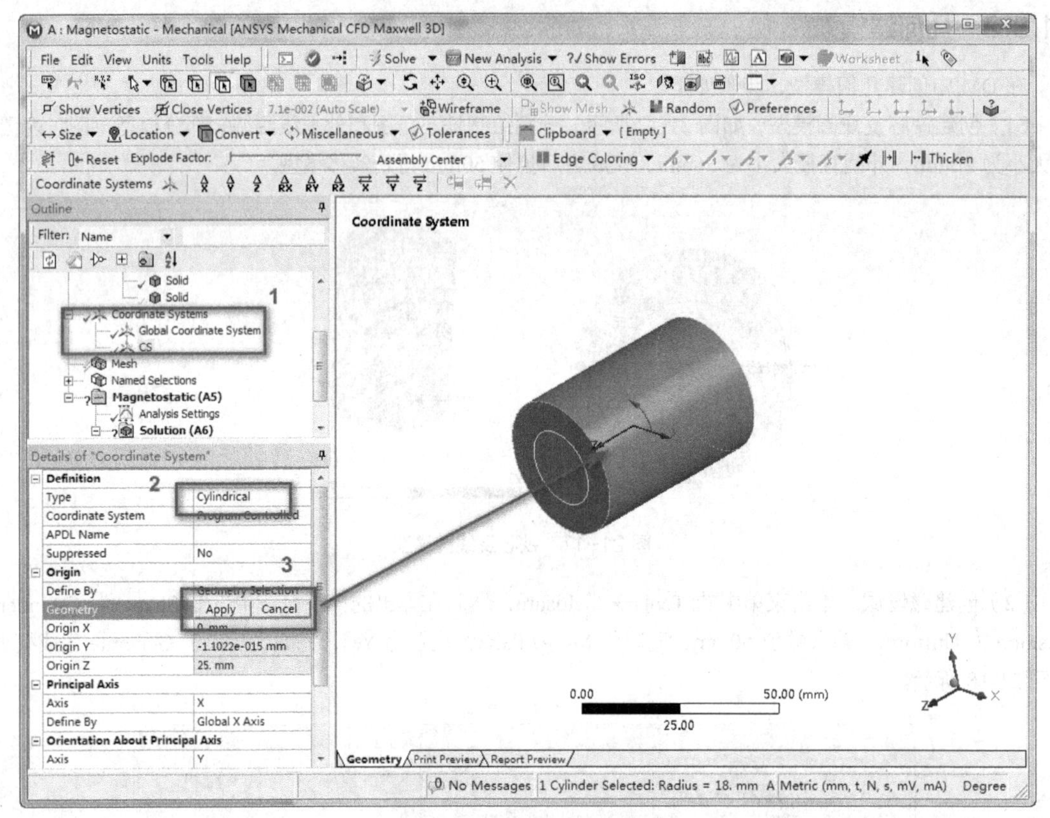


图 21-19 创建圆柱坐标

（3）再次进入 Geometry 单击线圈模型，然后在弹出的窗口中将 Coordinate System 设置为新建的 CS 圆柱坐标系。

### 21.3.4 创建变量

在 Model 窗口中，单击菜单栏中的 Tools→Variable Manager，在弹出的窗口中建立变量 ansys 230x，并设置值为 1，选中之后单击 OK 按钮，如图 21-20 所示。

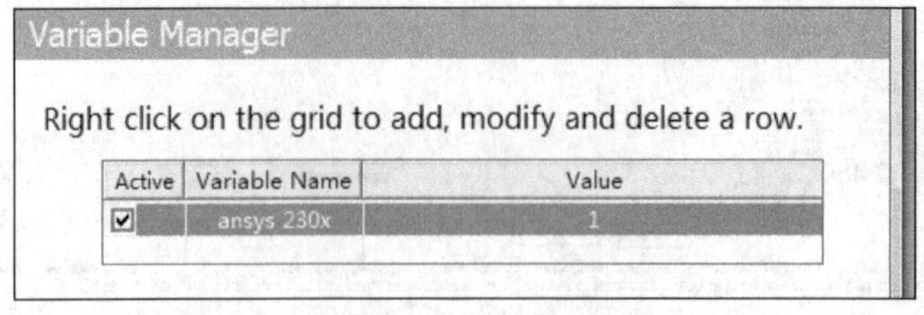


图 21-20 创建变量

### 21.3.5 网格划分

采用六面体主体网格划分技术，设置单元大小为 5mm，生成网格模型，如图 21-21 所示。

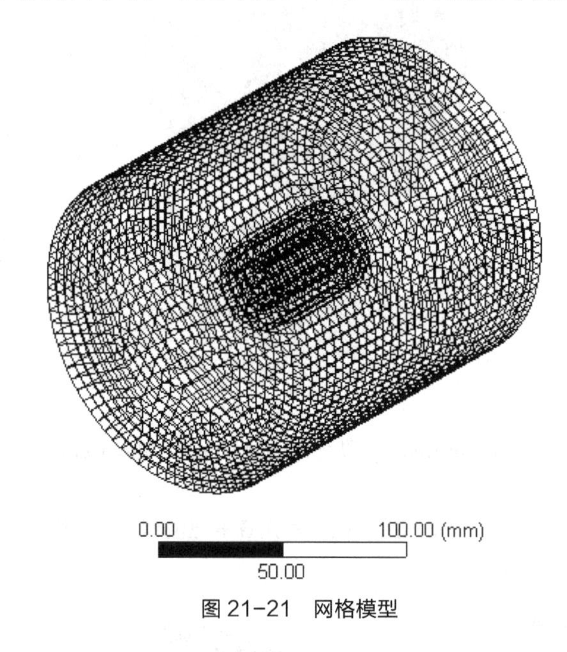


图 21-21 网格模型

### 21.3.6 电流输入及边界设置

电流输入及边界设置步骤如下。

（1）进入 Magnetostatic 项，然后插入 Source Conductor，选择线圈部分模型，同时设置 Conductor Type 为 Stranded，在其中输入线圈匝数 50，通电截面积为 500mm$^2$，然后继续在 Source Conductor 中单击鼠标右键，插入 Current，并输入电流大小 1000mA，如图 21-22 所示。

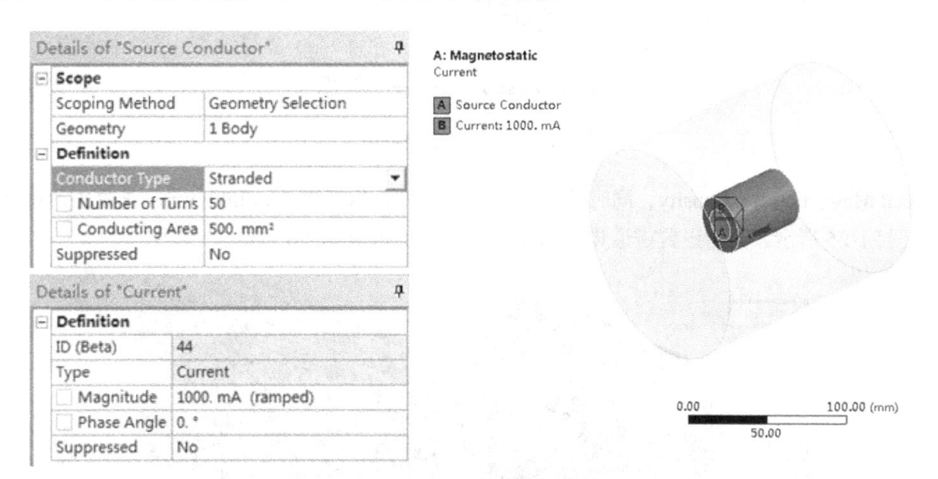


图 21-22 创建线圈电流

（2）单击 Magnetic Flux Parallel，在弹出的窗口中选择所有场域表面设置磁场边界，结果如图 21-23 所示。

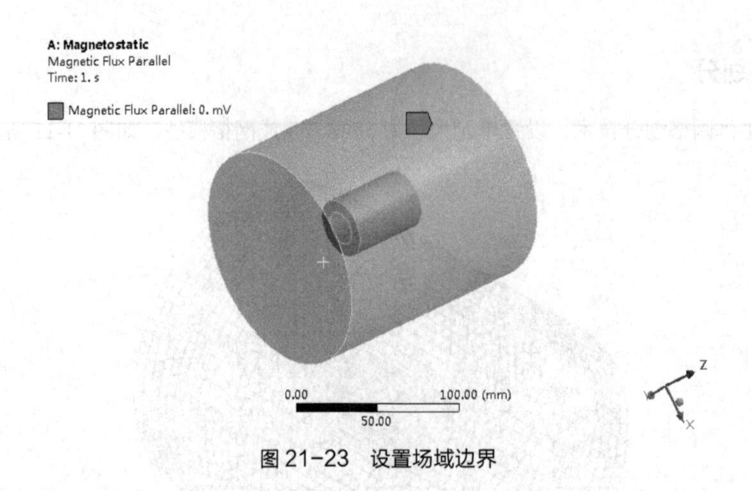


图 21-23　设置场域边界

## 21.3.7　结果后处理

单击 Solution，在其中插入 Current Density 以及 Total Magnetic Flux Density 作为初始输出项，设置完成之后提交计算机求解。

计算完成之后单击相应输出项，查看结果云图。首先查看电流密度，验证是否设置正确，如图 21-24 所示，电流密度及方向符合施加的情况。

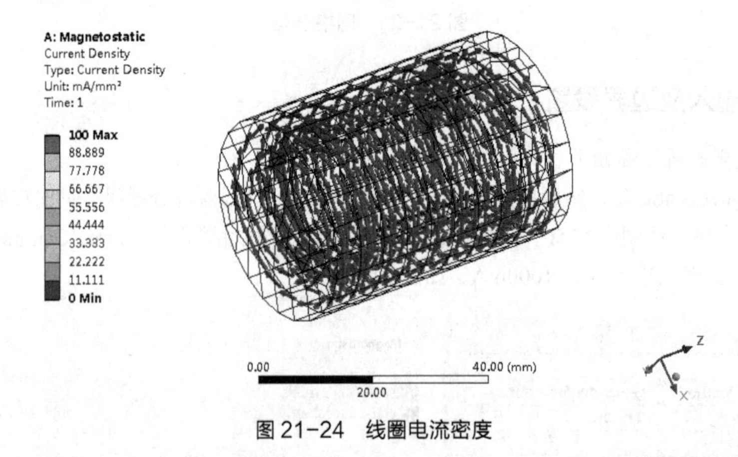


图 21-24　线圈电流密度

单击 Total Magnetic Flux Density，同时单击工具栏中的 Graphics 以及 Solid Form，查看磁通量密度分布及流向，如图 21-25 所示。同时设置磁通量等高线显示云图，如图 21-26 所示。

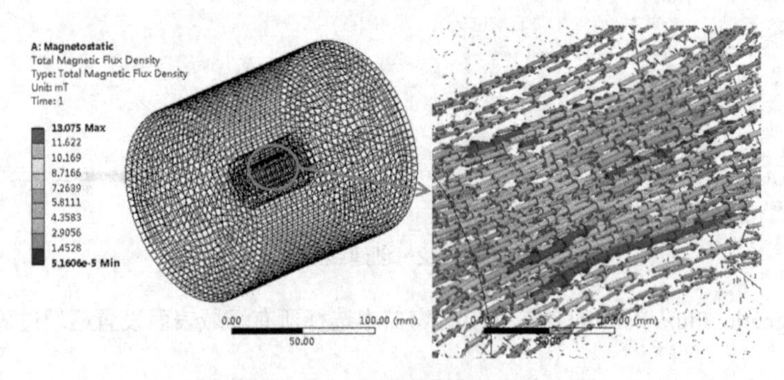


图 21-25　磁通量密度流线图

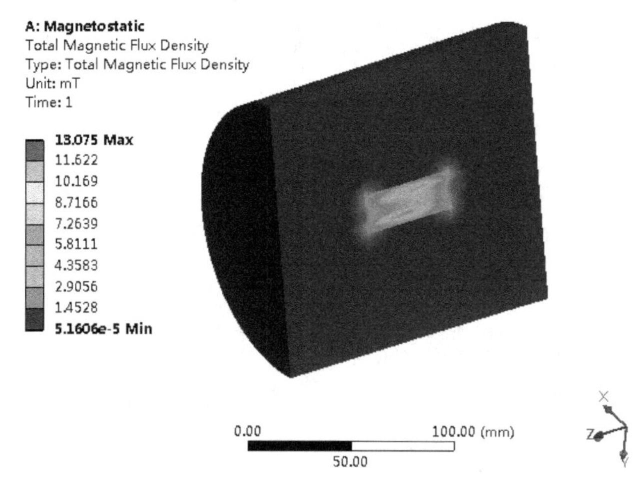


图 21-26　磁通量密度等高线云图

最后选择 Model，单击鼠标右键，依次插入 Construction Geometry→Path，然后创建图 21-27 所示的路径。然后基于创建的路径计算 Directional Magnetic Flux Density，设置 Orientation 方向为 Z Axis 方向，计算完成后结果如图 21-28 所示，可以得到在路径上的磁通量密度分布结果，同时得到路径上各点位置的 $z$ 方向磁通量密度值的曲线图，如图 21-29 所示。

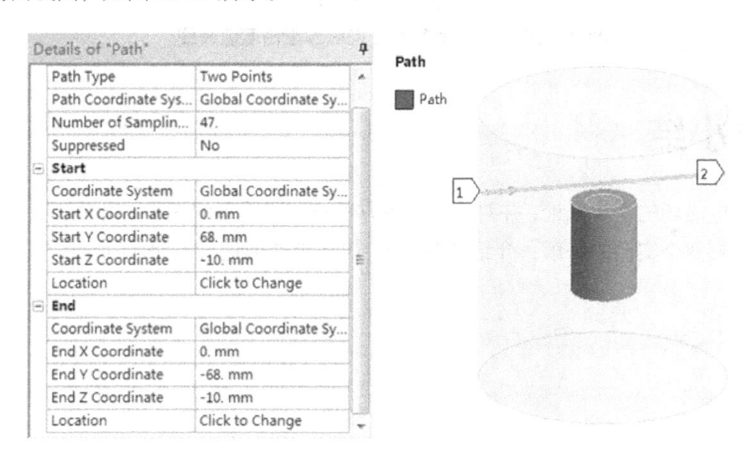


图 21-27　创建路径

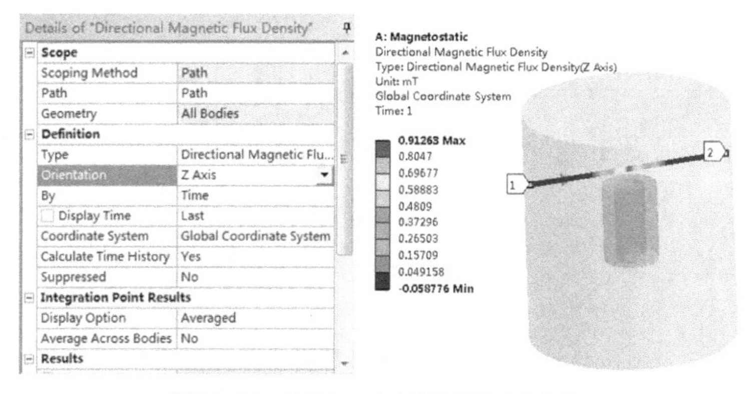


图 21-28　路径在 $z$ 方向磁通量密度分布结果

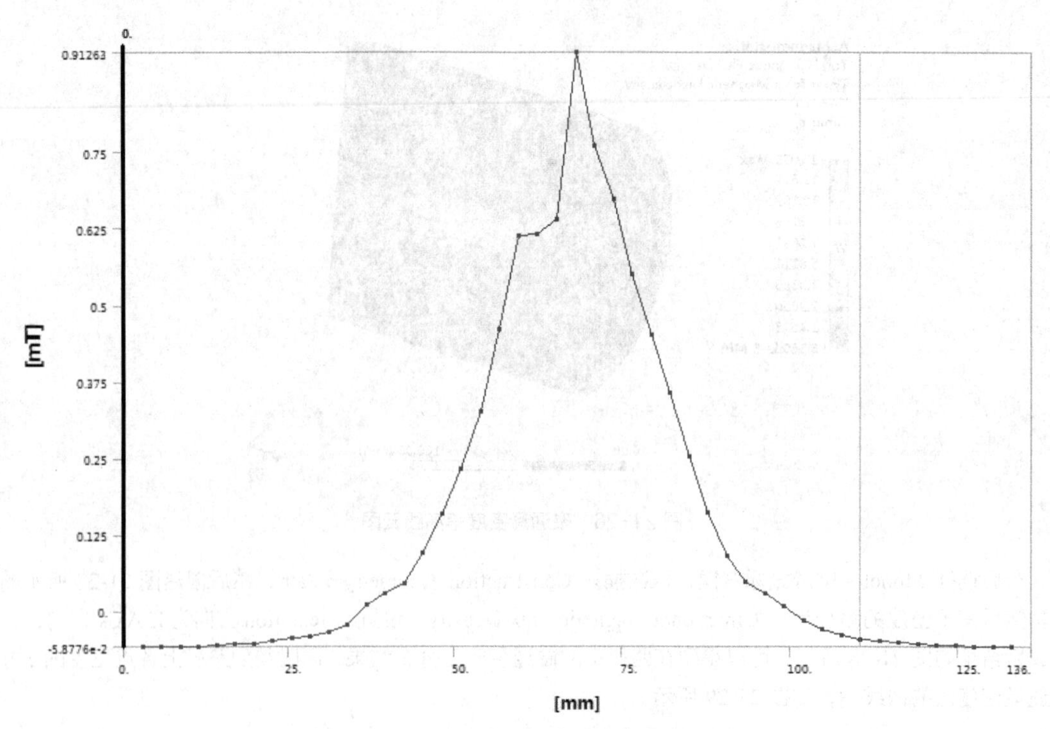


图 21-29　路径上各点 Z 向磁通量密度值曲线

## 21.4　本章小结

本章主要介绍了电磁场的基本理论，并对麦克斯韦方程进行了简单的说明，然后基于条形磁性体磁场分析及通电线圈磁场分布两个实例的讲解，介绍了在 WB 19.0 中如何进行电磁场问题的仿真，为读者提供一定的实践指导。

Chapter 22

# 第22章

## 优化设计

■ 结构优化设计就是寻找最佳设计方案，在工程设计中非常普遍。像在机械设计、自动控制、工程经济等领域随处可见，具体涉及成本优化、性能优化、运输方案优化等问题，它是现代设计方法中的一种。本章将以机械制造领域为背景，介绍如何使用计算机仿真软件（WB 19.0）进行结构最优化设计，并结合具体实例进行讲解。

# 22.1 优化设计简介

传统结构设计主要基于技术要求和设计者的经验来完成，待设计实现之后再进行校验计算以确保方案的可靠。但对于设计中的结构布局、尺寸合理性、材料选择以及结构外形等方面的优化考虑较少，这样可能会导致设计出现冗余、设计成本增加。

随着科学技术和设计思路的发展，人们逐渐意识到单纯实现设计要求是不够的，更重要的是对设计结构进行优化和完善，由此产生了现代设计方法中的优化设计方法。优化设计的出现改变了以往被动设计的局面，它可以在规定的约束条件下，满足确定的目标要求来设计结构的有关参数。

## 22.1.1 优化设计的基本概念

首先介绍优化设计的基本概念，主要包括设计变量、目标函数以及约束条件。

**1. 设计变量**

优化设计中待确定的参数，称为设计变量。一个结构的设计方案是由若干个设计变量来描述的，这些设计变量可以是结构的尺寸、截面积、惯性矩等几何参数，也可以是结构的形状布置参数，如高度、跨度等，还可以是材料的力学或物理特性参数。设计变量通常记为 $X=[x_1x_2x_3\cdots x_n]^{\mathrm{T}}$ ，设计变量中元素的个数即为优化问题的维数。

**2. 目标函数**

目标函数是优化设计中用于判别设计方案优劣标准的数学表达式。它是设计变量的函数，代表设计结构中某个最重要的特征或者指标。优化设计就是从许多可行的设计中，以目标函数为标准找出最优方案。目标函数常用 $F(X)$表示，最常见的表达式如式（22-1）所示：

$$F(X)=\mu_1x_1+\mu_2x_2+\mu_3x_3+\cdots+\mu_nx_n=\sum_{i=1}^{n}\mu_ix_i \tag{22-1}$$

式中：$\mu$ 为权重系数，$x$ 为设计变量。设计变量的个数确定了目标函数的维数，设计变量的幂及函数性态确定了目标函数的性质。

**3. 约束条件**

优化设计中寻求目标函数极值的某些限制条件，称为约束条件，它反映了某些设计规范、计算规程等。约束条件包括常量约束和约束方程两类，其中常量约束也称界限约束，用于限制设计变量的允许取值范围；约束方程是以选定的设计变量为自变量，以要求加以限制的设计参数为因变量，按一定的关系式建立起来的函数表达式。

## 22.1.2 优化设计的一般表达式

最优化问题的基本表达式通常如式（22-2）所示：

$$\begin{cases} X=[x_1x_2x_3\cdots x_n]^{\mathrm{T}} \\ F(X)\to\min\text{（或}\max\text{）} \\ h_j(X)=0 \quad j=1,2,\cdots,k \\ G_i(X)\leqslant 0 \quad i=1,2,\cdots,m \\ X\geqslant 0 \end{cases} \tag{22-2}$$

式中 $X$ 表示设计变量，$F(X)$ 为目标函数，$h_j(X)$ 、$G_i(X)$ 以及 $X\geqslant 0$ 分别表示优化问题中应该满足的约束条件。

## 22.1.3 优化设计分类

优化设计可以按照以下方式进行分类。

（1）约束与有约束优化问题。以是否存在约束条件进行区分。

（2）确定性与不确定性优化问题。在确定性优化问题中，每个变量是确定的；在随机性优化设计问题中，某些变量的取值是不确定的，可能服从某一概率分布。

（3）线性与非线性优化问题。目标函数与设计变量是线性函数关系的，称为线性优化问题，即线性规划。只要目标函数与任一设计变量是非线性函数关系，则称为非线性规划。

（4）静态和动态优化问题。优化问题不随时间而改变的，称为静态优化问题；若优化问题的解随时间变化，则称为动态优化问题。

### 22.1.4 其他概念

结构优化通常分为三大类：拓扑优化、形状优化、尺寸优化。

拓扑优化是在给定一个设计域内，结合边界条件，通过计算得到该结构中材料的最优分布。完成拓扑优化后可以根据拓扑优化的结果对产品的形状和尺寸进行合理优化，如图 22-1 所示。

图 22-1 拓扑优化示意图

形状优化是确定给定边界条件下结构的最优边界形状，通常用于确定冲压板件加强筋的最佳位置形状。

尺寸优化是基于设计变量的取值限定范围，确定结构各细节位置的具体几何尺寸，在优化设计中较为常见。

在 WB 19.0 中用于优化的分析项有拓扑优化、形状优化以及直接的优化分析等，如图 22-2 所示，下面将通过具体实例讲解如何利用 WB 19.0 进行优化设计。

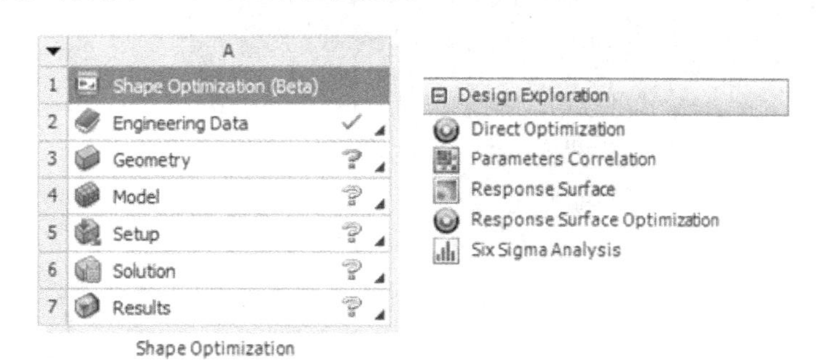


图 22-2 优化设计项目

## 22.2 优化设计实例——某定位基座拓扑优化设计

拓扑优化是对结构进行形貌的改变，本例以基座结构的拓扑优化为例，介绍在 WB 19.0 中进行拓扑优化的详细过程，为读者学习拓扑优化技术提供详细的实践指导。

### 22.2.1 问题描述

图 22-3 所示的基座为某定位平台的组成部分，在保证设备平稳的同时，希望基座质量能够尽量轻便，为此需要对基座进行拓扑优化设计，以获得更为优化的结构模型。

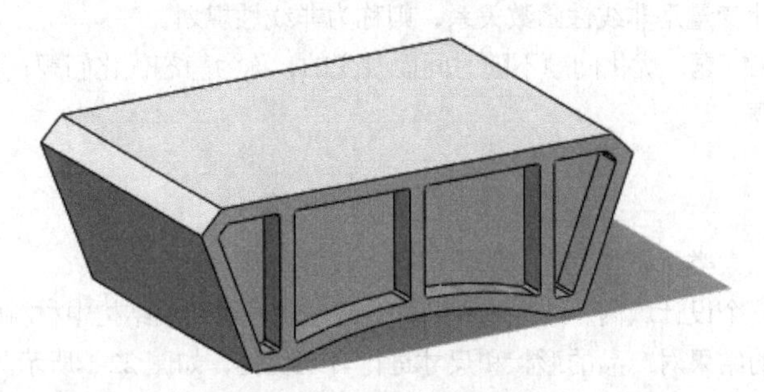

图 22-3 基座几何模型

在软件中创建 Shape Optimization 进行分析任务。基座材料使用 HT250，密度 $\rho$=7.2e3kg/m$^3$，弹性模量 $E$=1.1e5MPa，泊松比 $\mu$=0.288。

### 22.2.2 几何建模

通过外部三维建模软件建立几何模型，然后通过 DM 窗口中的 Import External Geometry File…导入几何模型，结果如图 22-4 所示。

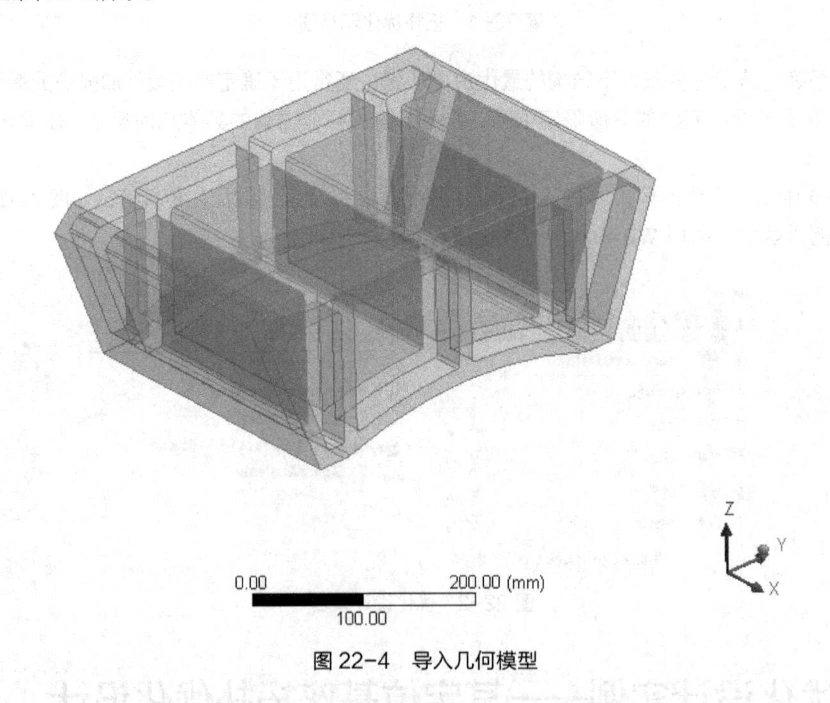


图 22-4 导入几何模型

### 22.2.3 材料属性设置

材料直接使用 Structure Steel，将其中的弹性模量和泊松比更改为本例提供的数值，如图 22-5 所示，其他参数设置按照软件默认即可。

| | A | B | C | D | E |
|---|---|---|---|---|---|
| 1 | Property | Value | Unit | | |
| 2 | Material Field Variables | Table | | | |
| 3 | Isotropic Elasticity | | | | |
| 4 | Derive from | Young's Modulus ... | | | |
| 5 | Young's Modulus | 1.1E+11 | Pa | | |
| 6 | Poisson's Ratio | 0.288 | | | |
| 7 | Bulk Modulus | 8.6478E+10 | Pa | | |
| 8 | Shear Modulus | 4.2702E+10 | Pa | | |

图 22-5　材料属性参数

## 22.2.4　网格划分

由于结构模型相对简单，因此直接利用六面体主体网格划分方法，设置网格大小为 15mm，划分结果如图 22-6 所示。

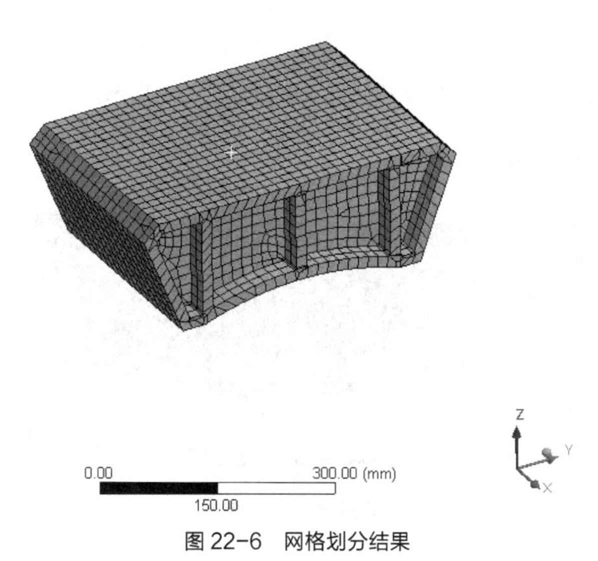


图 22-6　网格划分结果

## 22.2.5　载荷及约束设置

约束模型弧形地面，同时在顶部总共施加 3000N 的载荷，如图 22-7 所示。

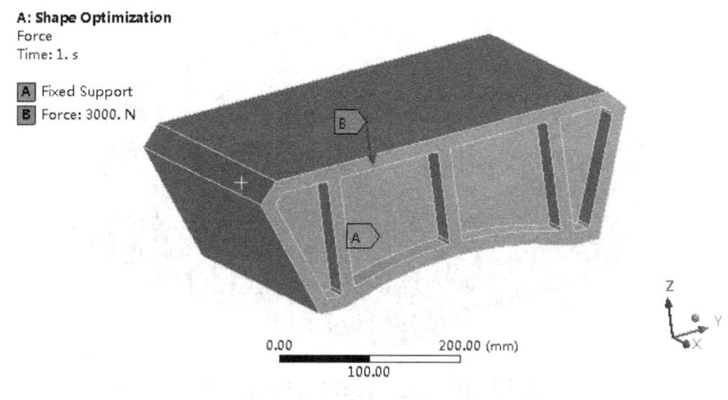


图 22-7　施加载荷及约束

### 22.2.6 模型求解

进入 Solution，单击 Shape Finder，在弹出的详细窗口中设置目标质量减少 51%，如图 22-8 所示，其他保持默认即可，然后提交计算机求解。

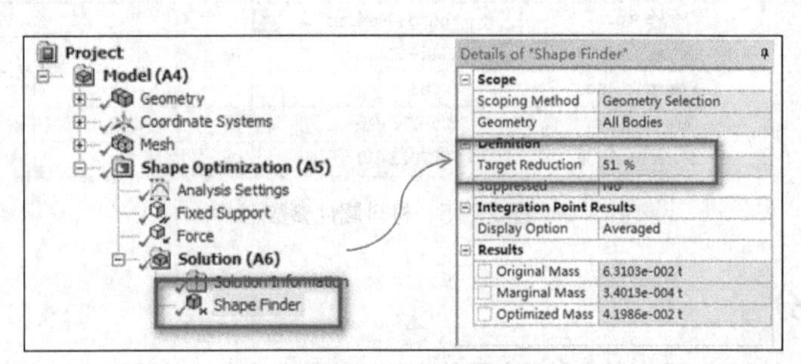


图 22-8 优化求解设置

### 22.2.7 结果后处理

完成计算之后可以得到在该条件下的形状优化结果，如图 22-9 所示。

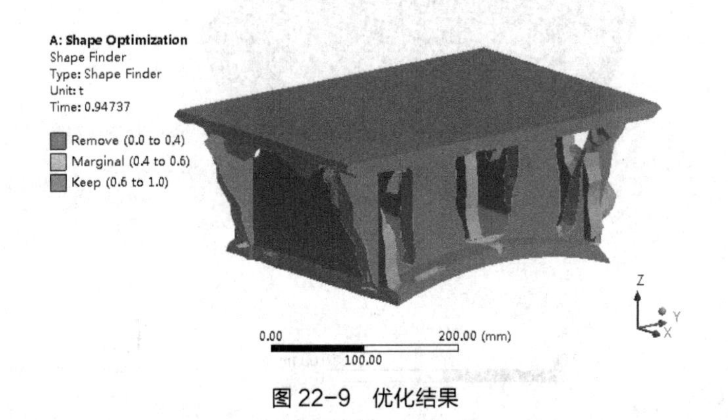


图 22-9 优化结果

### 22.2.8 结果验算

基于优化结果，同时考虑设备的实际使用情况，保证基座底部中间位置保持密封，最后对模型进行切除，优化后的几何模型可更新为图 22-10 所示的结果。

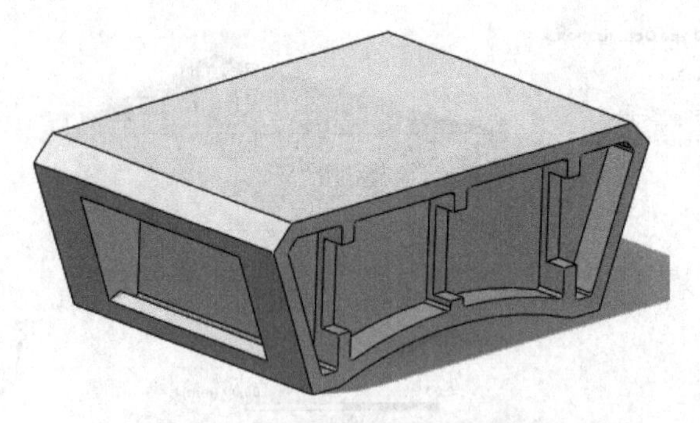

图 22-10 优化修改后的几何模型

分别对优化前后的几何模型进行静力分析计算，加载 3000N 载荷，同时约束底部弧面，可获得它们的变形云图，如图 22-11 所示。优化前后两模型的具体参数对比结果如表 22-1 所示，可以看到优化后的结构不仅质量减小，而且刚度变大了。

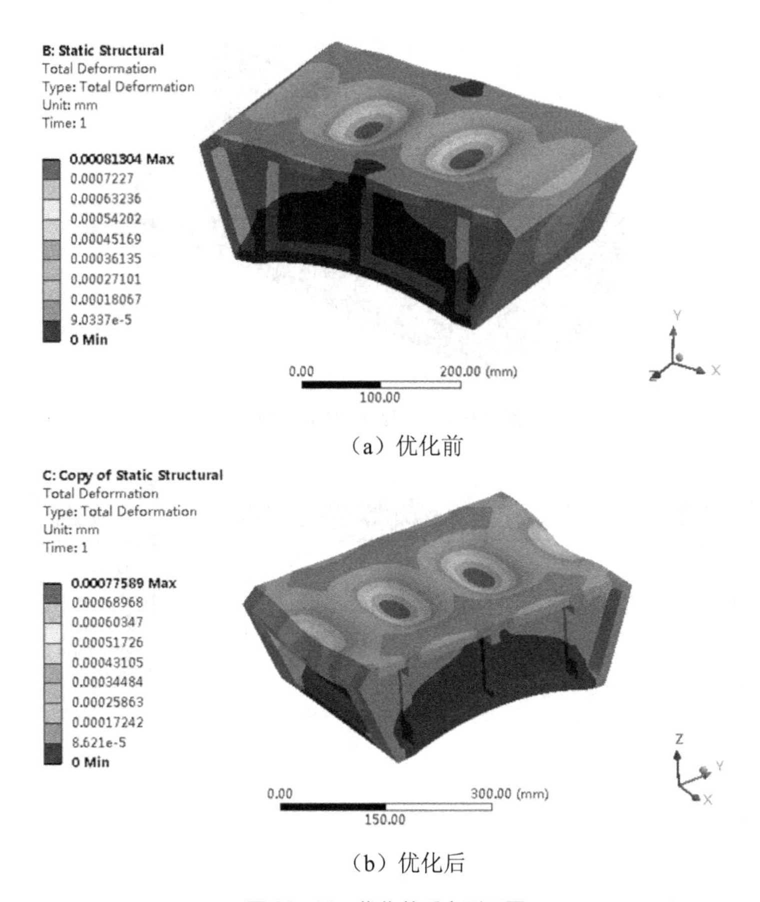


（a）优化前

（b）优化后

图 22-11　优化前后变形云图

表 22-1　优化前后结果对比

| 基座 | 作用力方向的刚度（N/mm） | 质量/kg |
| --- | --- | --- |
| 优化前 | 3.69e6 | 57.872 |
| 优化后 | 3.867e6 | 52.027 |

# 22.3　优化设计实例——固定支架优化设计

本例主要介绍利用 WB 19.0 自带的优化算法进行结构的优化设计，通过详细的操作过程说明和算法迭代设计，为读者进行优化设计提供有力的指导。

## 22.3.1　问题描述

图 22-12 所示为某一固定支座，立板固定端有两个螺栓孔用于固定，承载面上有两处圆形区域受到外部载荷作用，大小为 20kN，中部有一个加强筋，初始设计尺寸为：宽 30mm，高 120mm，长 280mm。为满足变形量小于 1mm 且减小重量的设计要求，对结构进行优化设计。

本例的优化思路如下：先进行结构的拓扑优化，然后基于优化结果对模型进行更新修改，最后进行尺寸优化设计，项目工程如图 22-13 所示，A 组主要用于计算初始状态结构的变形及应力，B 组对结构进行拓扑优化，C 组和 D 组用于对拓扑优化后的几何模型进行尺寸优化。

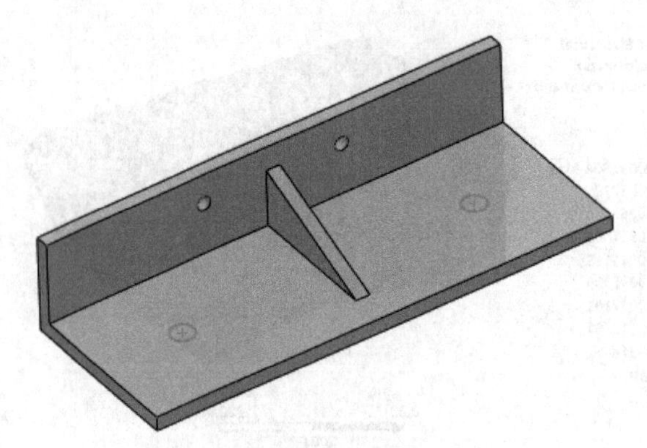

图 22-12　某结构的固定支座

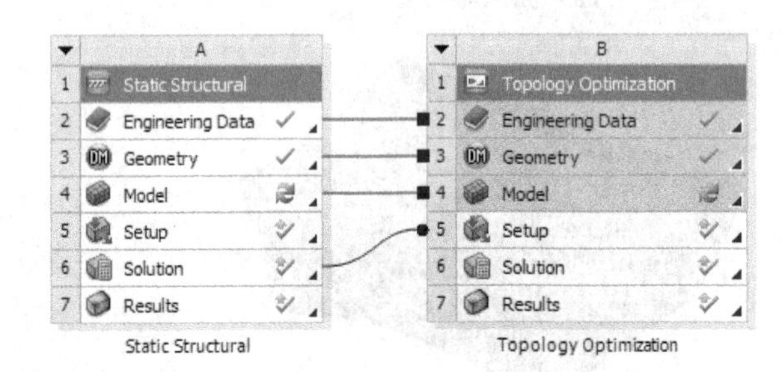


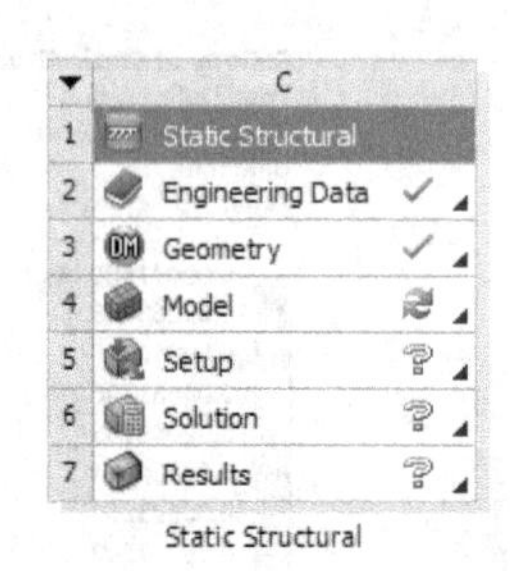


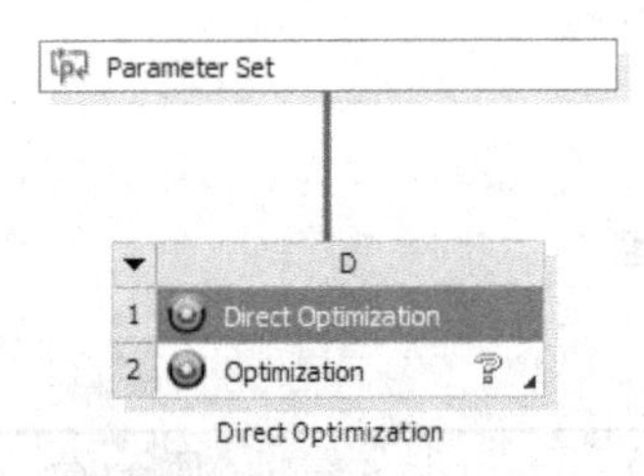


图 22-13　创建分析项目

## 22.3.2　几何建模

由于需要对结构进行尺寸优化，所以直接在 DM 中建模并设置参数。具体步骤如下。

（1）在 DM 几何建模窗口中建立底部支座，长 1000mm、宽 380mm、厚 30mm，固定立板长 1000mm、高 170mm（含底部支座厚度 30mm，共计 200mm），固定端两螺栓孔直径为 29mm、高度为 107mm、距离为 300mm，如图 22-14 所示。

（2）创建筋板截面草图并拉伸，厚度为 30mm。首先在中间位置创建基准面，然后基于基准面创建截面草图，通过对称拉伸得到筋板模型，如图 22-15 所示。

（3）在支撑面创建两个施力面，然后通过拉伸草图，设置 Operation 为 Imprint Faces，创建载荷加载面，如图 22-16 所示。

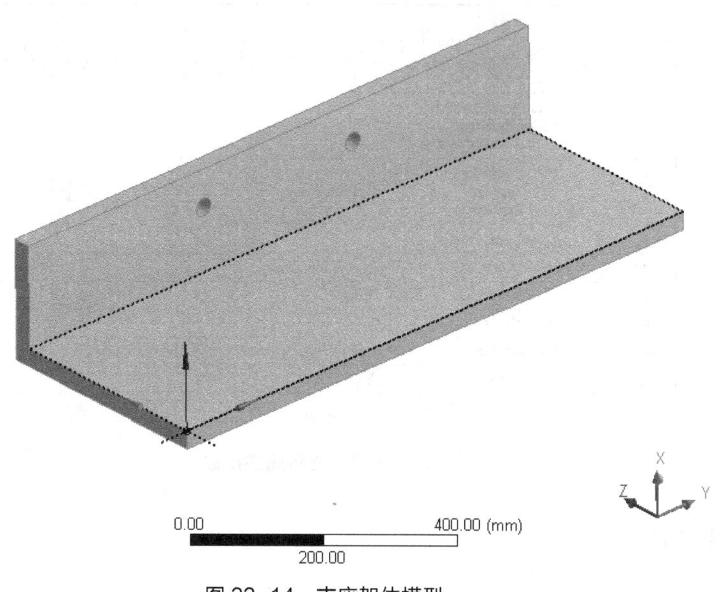


图 22-14　支座架体模型

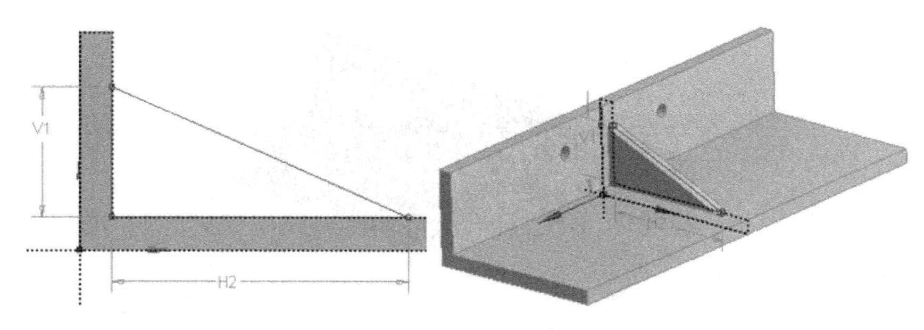


图 22-15　筋板建模

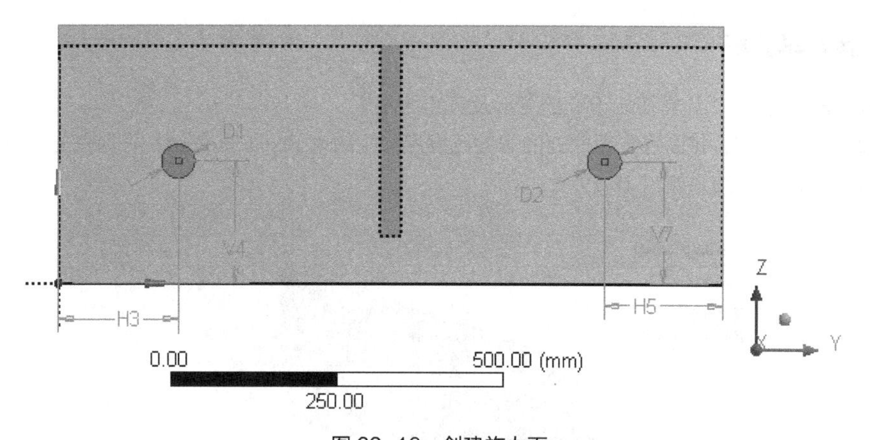


图 22-16　创建施力面

## 22.3.3　材料属性设置

本例材料采用 Structure Steel，各参数按照图 22-17 所示输入，其他各项材料操作按照软件默认设置。

| | A | B | C | D | E |
|---|---|---|---|---|---|
| 1 | Property | Value | Unit | | |
| 3 | Density | 7850 | kg m^-3 | | |
| 4 | Isotropic Secant Coefficient of Thermal Expansion | | | | |
| 5 | Coefficient of Thermal Expansion | 1.2E-05 | C^-1 | | |
| 6 | Isotropic Elasticity | | | | |
| 7 | Derive from | Young's Modulus... | | | |
| 8 | Young's Modulus | 2E+11 | Pa | | |
| 9 | Poisson's Ratio | 0.3 | | | |
| 10 | Bulk Modulus | 1.6667E+11 | Pa | | |
| 11 | Shear Modulus | 7.6923E+10 | Pa | | |
| 12 | Alternating Stress Mean Stress | Tabular | | | |

图 22-17　材料属性参数

## 22.3.4　网格划分

对结构采用六面体主体单元网格划分技术，设置单元大小为 20mm，划分结果如图 22-18 所示。

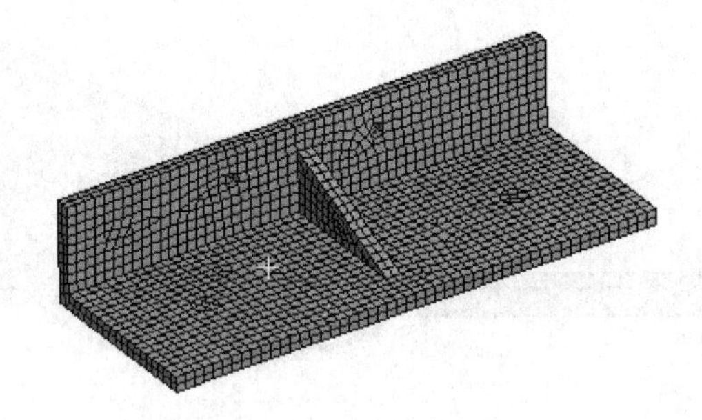

图 22-18　网格划分结果

## 22.3.5　静力学分析

首先进行静力学分析，计算初始设计的变形及应力大小。

（1）设置载荷及边界。将固定立板两处的螺栓孔设定固定约束 Fixed Support，同时在左右两个载荷施加点加载 20kN 的外载荷，结果如图 22-19 所示。

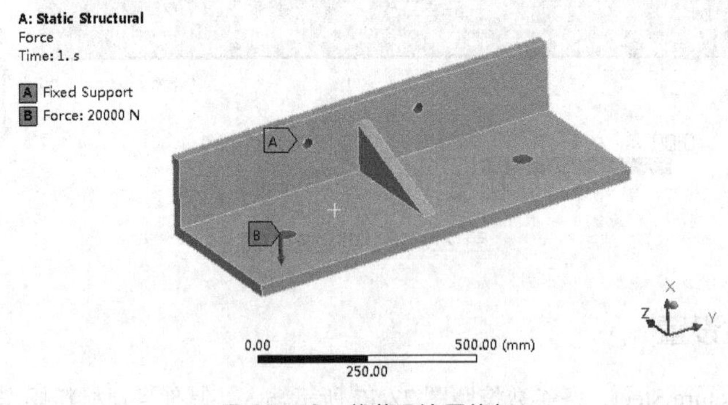


图 22-19　载荷及边界施加

（2）结果后处理。查看计算获得的变形及应力云图，如图 22-20 和图 22-21 所示。初始设计最大变形量为 0.716mm 左右，最大应力大小为 151.44MPa。

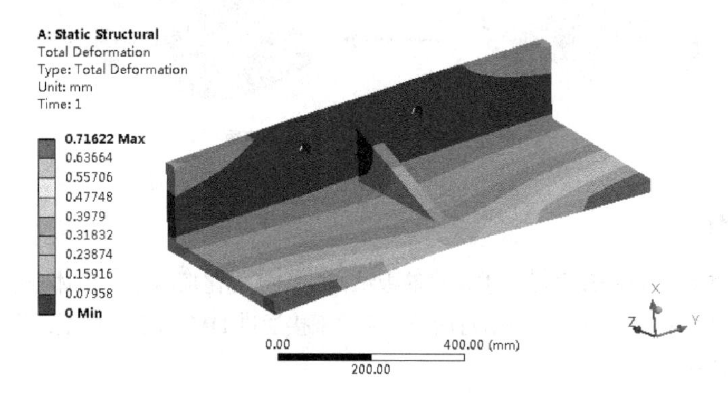


图 22-20　变形云图

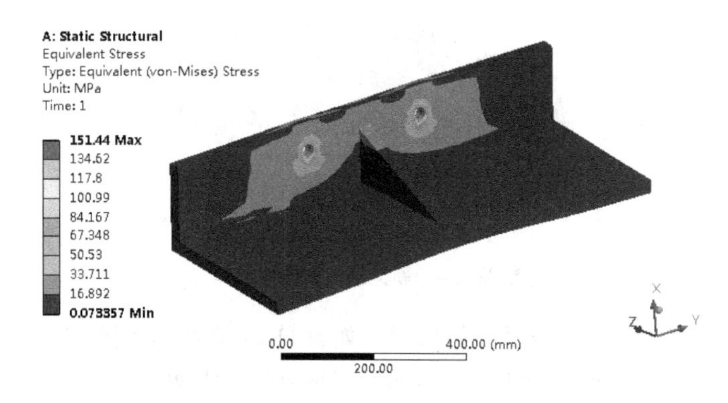


图 22-21　应力云图

## 22.3.6　拓扑优化

拓扑优化分析步骤如下。

（1）进入 Topology Optimization 分析项，单击 Response Constraint，在弹出的详细设置窗口中，设置 Response 为 Mass，Percent to Retain 为 80%，即减少 20%的重量。完成之后提交计算机求解。

（2）求解完成之后可以得到优化结果，如图 22-22 所示，可以看到结构中边沿部分区域可以删减，基于此分析结果对初始几何模型进行修改，修改完成后如图 22-23 所示。

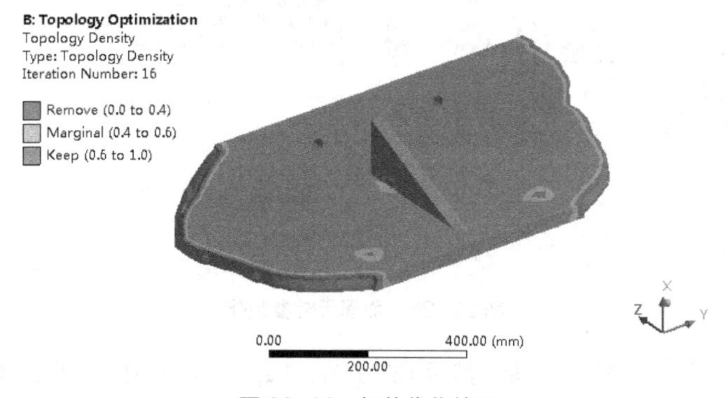


图 22-22　拓扑优化结果

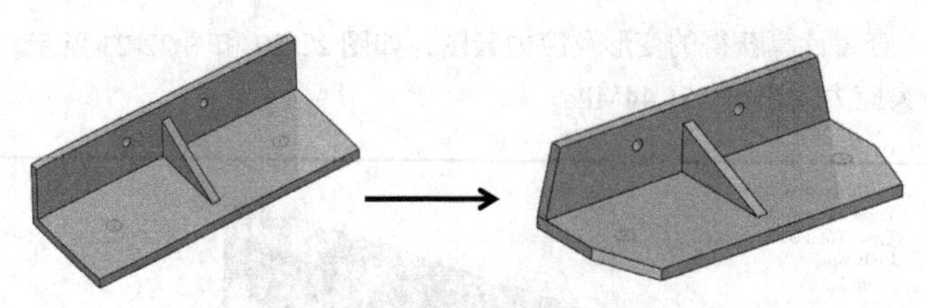

图 22-23　修改几何模型结果

## 22.3.7　尺寸优化

完成拓扑优化及模型更新修改之后，进入对筋板结构的尺寸优化项目中，具体分析过程如下。

（1）筋板结构尺寸参数化。由于模型相对简单，因此直接通过 DM 创建新模型，首先完成基本支座框架结构拉伸，如图 22-24 所示。

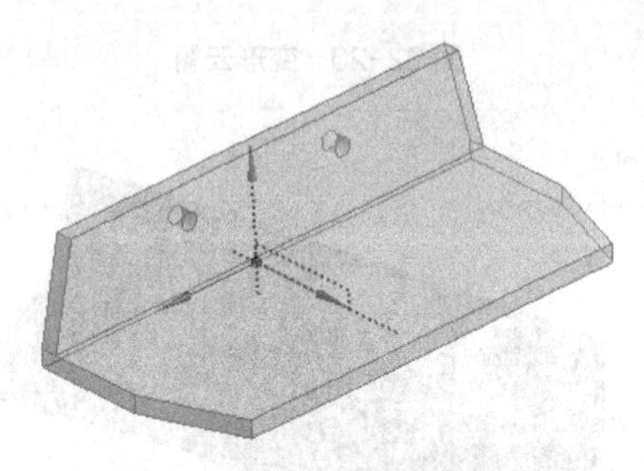

图 22-24　新支座模型框架结构

（2）创建筋板截面草图，然后对截面尺寸参数化，如图 22-25 所示。分别单击尺寸前端小方格，在弹出的窗口中将筋板长度重新命名，如 Length，同理，筋板高度命名为 Height。

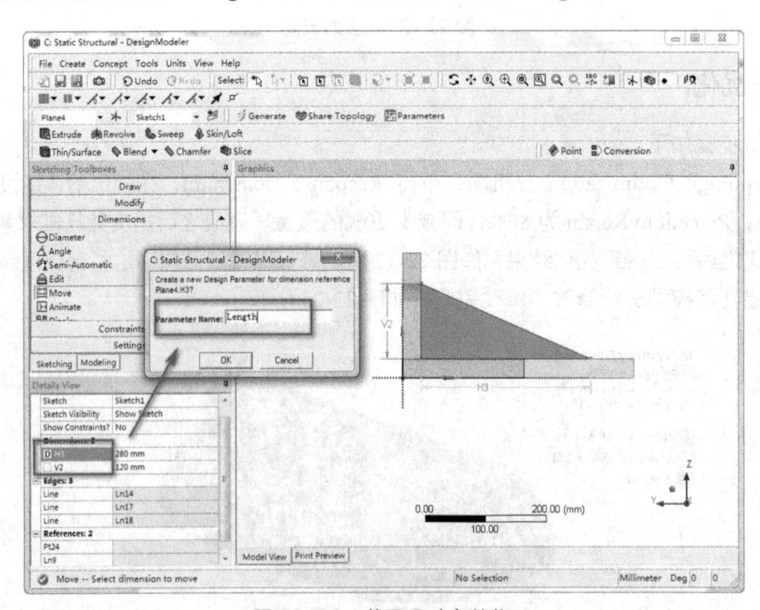


图 22-25　截面尺寸参数化

（3）拉伸筋板截面草图获得几何模型，然后单击 FD1，Depth（>0）项前部小方格，将参数化尺寸命名为 Width，如图 22-26 所示。

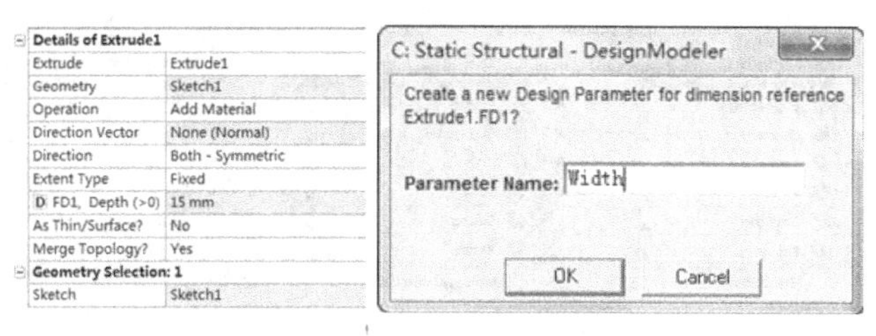


图 22-26　拉伸尺寸参数化

（4）单击工具栏中的 Parameter，可以显示所有参数化的几何尺寸，如图 22-27 所示。

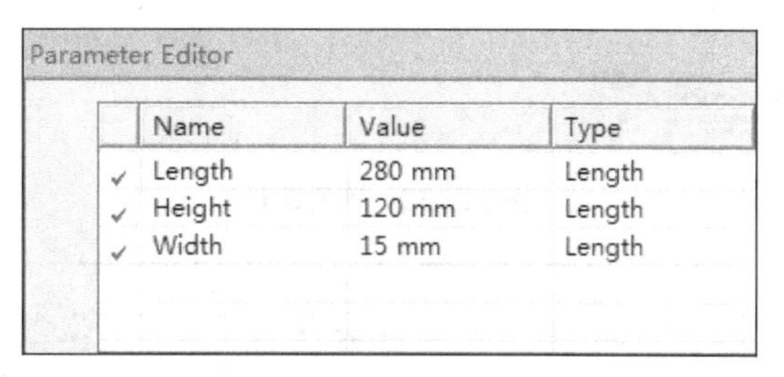


图 22-27　参数化尺寸列表

（5）重新进入静力学分析项目，对新结构再次进行静力分析，操作过程与 22.3.5 节一致，计算完成后查看结果变形及最大应力值，如图 22-28 所示，可以看到优化之后变形减小，最大应力值也减小。

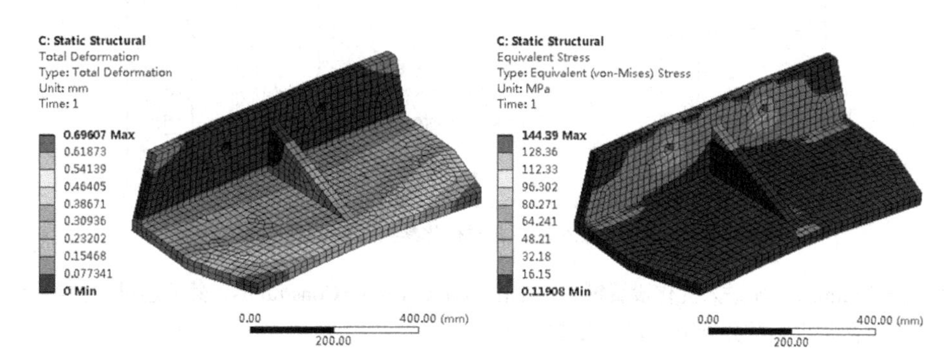


图 22-28　优化后的变形及应力云图

然后对模型质量、最大变形和最大应力值进行参数化，以同样的方式单击前端小方格，出现 P 字样图标即表示完成，结果如图 22-29 所示。

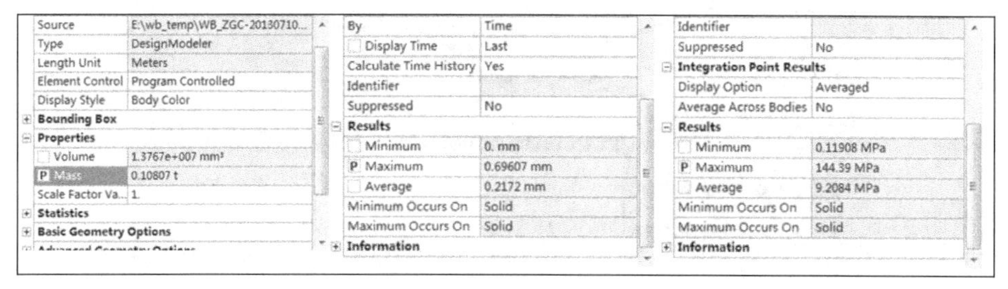


图 22-29　参数化变形及应力结果

（6）进入项目纲要可以看到系统自动创建 C 选项组和 Parameter Set，如图 22-30 所示，单击 Parameter Set 可以得到所有优化参数，如图 22-31 所示。

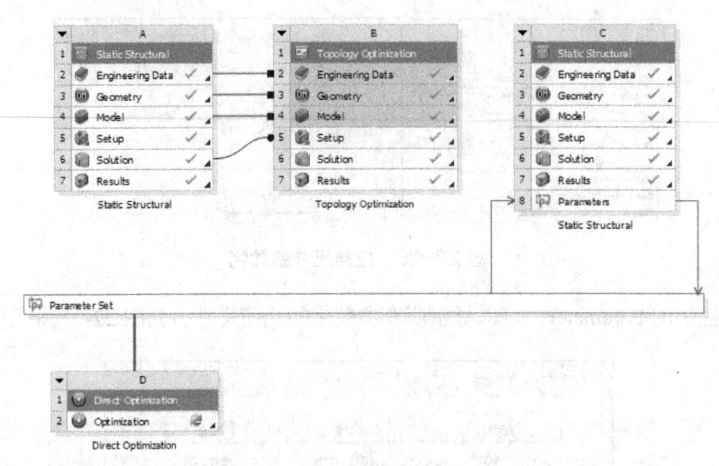


图 22-30　项目纲要

| | A | B | C | D |
|---|---|---|---|---|
| 1 | ID | Parameter Name | Value | Unit |
| 2 | ⊟ Input Parameters | | | |
| 3 | ⊟ Static Structural (C1) | | | |
| 4 | P1 | Length | 280 | mm |
| 5 | P2 | Height | 120 | mm |
| 6 | P3 | Width | 15 | mm |
| * | New input parameter | New name | New expression | |
| 8 | ⊟ Output Parameters | | | |
| 9 | ⊟ Static Structural (C1) | | | |
| 10 | P4 | Total Deformation Maximum | 0.69607 | mm |
| 11 | P5 | Equivalent Stress Maximum | 144.39 | MPa |
| * | New output parameter | | New expression | |
| 13 | Charts | | | |

图 22-31　尺寸优化参数列表

（7）单击 Optimization 进入优化设置窗口，单击 Objectives 和 Constraints，然后通过下拉菜单将所有参数化的变量逐个添加到当前分析中，如图 22-32 所示。

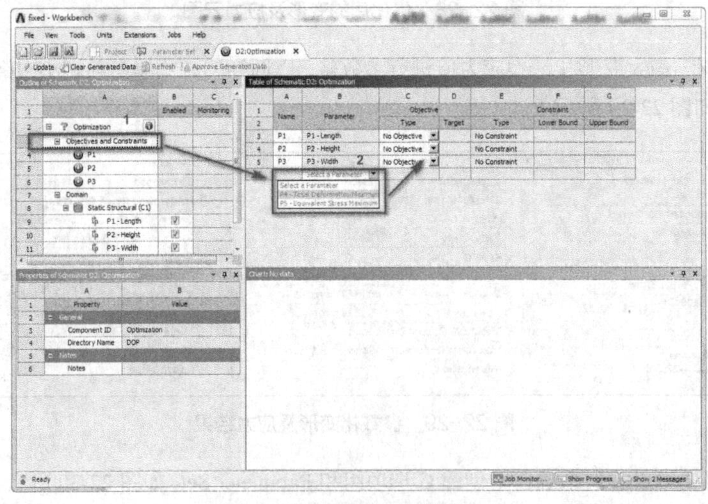


图 22-32　添加参数化变量

（8）设置优化目标及约束，定义最大变形小于 0.8mm，最大应力小于 150MPa，同时满足模型质量最小，如图 22-33 所示。

| | A | B | C | D | E | F | G |
|---|---|---|---|---|---|---|---|
| 1 | Name | Parameter | Objective | | Constraint | | |
| 2 | | | Type | Target | Type | Lower Bound | Upper Bou |
| 3 | P1 | P1 - Length | No Objective | | No Constraint | | |
| 4 | P2 | P2 - Height | No Objective | | No Constraint | | |
| 5 | P3 | P3 - Width | No Objective | | No Constraint | | |
| 6 | P4 <= 0.8 mm | P4 - Total Deformation Maximum | No Objective | | Values <= Upper Bound | | 0.8 |
| 7 | P5 <= 150 MPa | P5 - Equivalent Stress Maximum | No Objective | | Values <= Upper Bound | | 150 |
| 8 | Minimize P6 | P6 - Geometry Mass | Minimize | | No Constraint | | |
| * | | | | | | | |

图 22-33 优化目标及约束设定

（9）设置参数化变量的取值范围。单击 Static Structure，在弹出的窗口中设置变量取值范围，如图 22-34 所示，筋板各几何尺寸条件为：80≤Length≤280，40≤Height≤170，5≤Width≤20。

Table of Schematic D2: Optimization

| | A | B | C | D |
|---|---|---|---|---|
| 1 | Input Parameters | | | |
| 2 | Name | Lower Bound | Upper Bound | |
| 3 | P1 - Length (mm) | 80 | 280 | |
| 4 | P2 - Height (mm) | 40 | 170 | |
| 5 | P3 - Width (mm) | 5 | 20 | |
| 6 | Parameter Relationships | | | |
| 7 | Name | Left Expression | Operator | Right Expression |
| * | New Parameter Relationship | New Expression | <= | New Expression |

图 22-34 筋板结构尺寸变化范围

（10）设置优化算法。为了计算效率，本例中直接采用简单的 Screening 优化算法，如图 22-35 所示，完成之后单击窗口中 Update 提交计算，可以看到每一个计算样本的完成情况，如图 22-36 所示。

| | A | B |
|---|---|---|
| 1 | Property | Value |
| 6 | Optimization | |
| 7 | Method Selection | Manual |
| 8 | Method Name | Screening |
| 9 | Estimated Number of Design Points | 50 |
| 10 | Number of Samples | 50 |
| 11 | Maximum Number of Candidates | 3 |
| 12 | Optimization Status | |

图 22-35 优化算法设置

| | A | B | C | D | E |
|---|---|---|---|---|---|
| 1 | Name | P1 - Length (mm) | P2 - Height (mm) | P3 - Width (mm) | P4 - Total Deformation Maximum (m |
| 2 | 1 | 82 | 41.3 | 5.15 | 0.93673 |
| 3 | 2 | 86 | 106.3 | 10.15 | 0.85548 |
| 4 | 3 | 90 | 73.8 | 15.15 | 0.86692 |
| 5 | 4 | 94 | 138.8 | 6.8167 | 0.83448 |
| 6 | 5 | 98 | 57.55 | 11.817 | 0.89454 |
| 7 | 6 | 102 | 122.55 | 16.817 | 0.79619 |
| 8 | 7 | 106 | 90.05 | 8.4833 | 0.85722 |
| 9 | 8 | 110 | 155.05 | 13.483 | 0.77448 |
| 10 | 9 | 114 | 49.425 | 18.483 | 0.88625 |
| 11 | 10 | 118 | 114.43 | 5.7056 | 0.83439 |
| 12 | 11 | 122 | 81.925 | 10.706 | 0.8455 |
| 13 | 12 | 126 | 146.93 | 15.706 | 0.75332 |

图 22-36 样本计算进度

## 22.3.8 结果后处理

完成优化计算之后，可以得到优化的尺寸结果，如图 22-37 所示，软件提供三组推荐的优化结果，其中五角星个数越多表示结果越优。

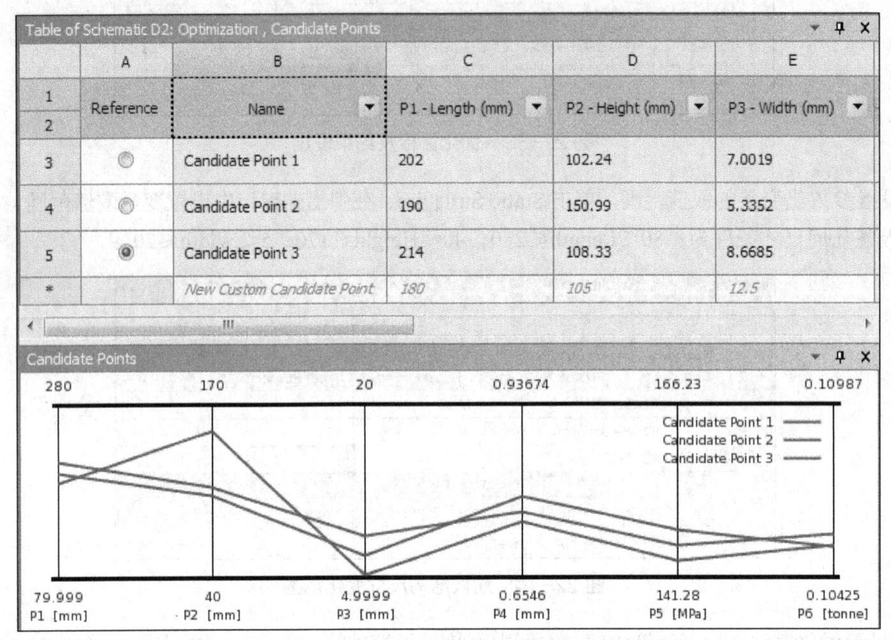

Table of Schematic D2: Optimization , Candidate Points

|  | A | B | C | D | E |
|---|---|---|---|---|---|
| 1<br>2 | Reference | Name | P1 - Length (mm) | P2 - Height (mm) | P3 - Width (mm) |
| 3 |  | Candidate Point 1 | 202 | 102.24 | 7.0019 |
| 4 |  | Candidate Point 2 | 190 | 150.99 | 5.3352 |
| 5 |  | Candidate Point 3 | 214 | 108.33 | 8.6685 |
| * |  | New Custom Candidate Point | 180 | 105 | 12.5 |



图 22-37 尺寸优化结果

除了直接查看优化的尺寸结果，还可以查看整个优化过程中各个设计变量的历史变化过程，如图 22-38 所示，可以看到 P1～P6 各设计变量的变化趋势。

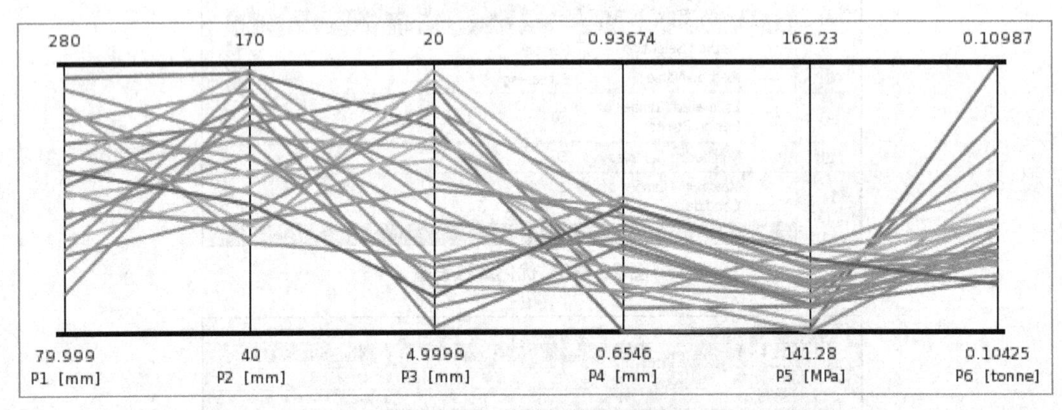


图 22-38 设计变量历史过程

为了了解尺寸参数的变化对目标结果的影响，可以查看灵敏度分析直方图，单击左侧优化项目中的 Sensitivities，直接弹出结果图，如图 22-39 所示，横坐标表示目标函数，纵坐标为灵敏度值，正值表示对结果的影响是正向的，否则为反向作用。

此外，在优化完成之后，每个结果和变量的历程曲线也会同步显示，如图 22-40 所示，其中 Monitor 列显示了所有目标值和设计变量的变化过程。直接单击对应的变量，在右侧窗口中会以曲线的形式呈现出来，以 P3 为例，单击结果如图 22-41 所示，可以看到 P3 整个优化过程的数值变化。

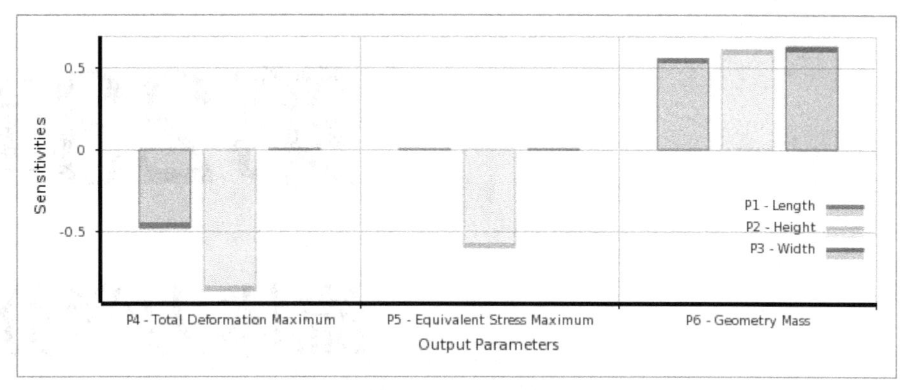


图 22-39　灵敏度结果图

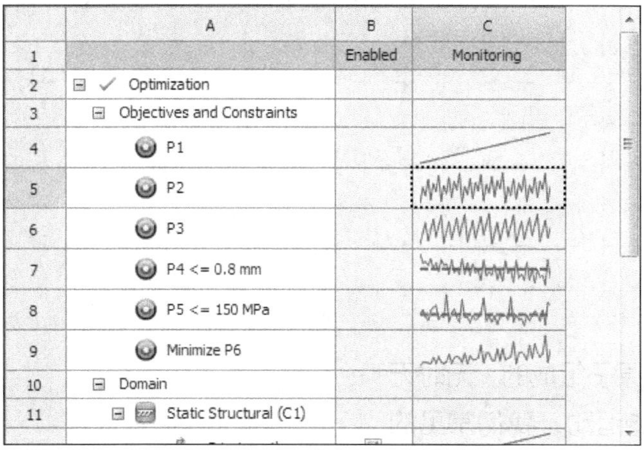

| | A | B | C |
|---|---|---|---|
| 1 | | Enabled | Monitoring |
| 2 | ⊟ ✓ Optimization | | |
| 3 | ⊟ Objectives and Constraints | | |
| 4 | P1 | | |
| 5 | P2 | | |
| 6 | P3 | | |
| 7 | P4 <= 0.8 mm | | |
| 8 | P5 <= 150 MPa | | |
| 9 | Minimize P6 | | |
| 10 | ⊟ Domain | | |
| 11 | ⊟ Static Structural (C1) | | |

图 22-40　设计变量历程

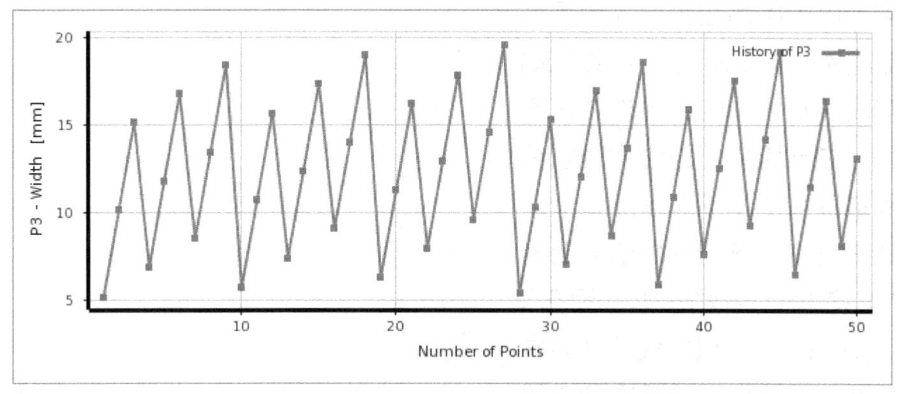


图 22-41　P3 历史变化曲线

# 22.4　本章小结

本章主要介绍了优化设计理论的基础理论知识和概念，针对不同类型的优化做了比较说明，然后通过两个优化实例，分别介绍了拓扑优化、尺寸优化的分析过程，尤其是第二个实例，将不同优化类型进行组合分析，使读者能够将相应的仿真方法灵活应用。

Chapter 23

# 第23章

# 流体力学分析

■ 流体是由分子或原子组成的，无时无刻不在做无规则的热运动，我们常见的空气、水都属于流体介质。在实际工程问题中经常面临的问题也主要来自于空气或者其他液体（水或者油），比如气动噪声、汽车高速行驶中的平稳性、液压传动等方面。由于流体问题通常难以具象化，实验难度和成本都非常高，所以采用数值计算解决流体问题是最为普遍的技术。本章将基于 WB 19.0 介绍如何利用 CFX 以及 Fluent 进行纯流体力学的分析和仿真，为读者提供基本的学习指导。

# 23.1 流体力学简介

流体力学是专门用来研究静止或者运动的流体的基本规律的学科，是力学中的一个分支。与弹性力学理论相比，流体力学基于以下基本假设。

（1）连续性假设：流体是由大量分子构成的，分子间存在间隙，但实际分析问题中，假设流体是连续的，质点之间不存在间隙。

（2）不可压缩流体：液体体积受压力和温度影响较小，工程中通常不予考虑。

（3）理想流体假设：流体无黏性，研究无黏性流体可以大大地简化问题，从而有助于获得流体的基本规律。

（4）定常流动假设：流动参数不随时间变化。

流体力学包括静力学和动力学两类，下面分别做简单介绍。

## 23.1.1 流体静力学

流体静力学是研究流体在静止时的力的平衡规律。在静止时，流体所受的外力有质量力（作用于每个质点上的力）和压力两种。对于连续、均质且不可压缩流体，其基本力学方程可表示为式（23-1）：

$$\rho gh + p = \text{常数} \tag{23-1}$$

对于静止流体中任意两点1和2，则有：

$$p_2 = p_1 + \rho g(h_1 - h_2) \tag{23-2}$$

两边同除 $\rho g$ 可得：

$$\frac{p_1}{\rho g} = \frac{p_2}{\rho g} + (h_1 - h_2) \tag{23-3}$$

根据上式可知：

（1）静止的连续的同种液体，处于同一水平面上的各点压力处处相等，其中压力相等的面称为等压面；

（2）静止流体中各处的总势能（静压能 $p$ 与位能 $\rho gh$ 之和）相等。

（3）压力具有传递性，当液面上方压力变化时，液体内部各处压力也随之发生变化。

## 23.1.2 流体动力学

流体动力学主要研究流体运动时的特性及力学规律。描述流体运动有两种方法，分别是拉格朗日法和欧拉法。

拉格朗日法是通过跟踪质点来描述它们的力学和其他物理状态，着眼于每个质点的轨迹，式（23-4）表示质点速度；欧拉法是在特定的时空坐标系中考察流动过程中力学和其他物理参量的分布，着眼于空间质点的速度特性，如式（23-5）所示。

$$u = \frac{\partial x}{\partial t} v = \frac{\partial y}{\partial t} w = \frac{\partial z}{\partial t} \tag{23-4}$$

$$u = u(x,y,z,t) v = v(x,y,z,t) w = w(x,y,z,t) \tag{23-5}$$

对于大多数流体力学问题，欧拉描述方法比较实用、方便，所以通常以欧拉法来描述流场，分析流体的运动。

描述流场的几何图像可以用流线、迹线、等时线等。流线是不同质点同一时间的向量线，迹线是指同一质点不同时间的空间曲线，等时线是同一时间不同质点形成的线。

对于流体动力学问题，除了对流体的运动进行描述之外，还需要考虑作用于流体上的力。首先了解流体动力学中的三大基本方程，它们分别是连续性方程、动量方程以及能量方程。

**1. 连续性方程**

连续性方程也称为质量守恒方程，即在某一时间内，流体经过某一指定空间的封闭曲面时，流出的流体质量和流入的流体质量相等。对不可压缩均质流体，满足方程（23-6）：

$$\frac{\partial u}{\partial x}+\frac{\partial v}{\partial y}+\frac{\partial w}{\partial z}=0 \tag{23-6}$$

上式表示在同一时间内流经流场任一封闭表面的体积流量为零。

**2. 动量方程**

单位体积中流体动量的变化率等于作用于该体积上的质量力和面力之和，其微分形式的基本方程即为动量守恒方程，如式（23-7）所示。

$$\begin{cases}\rho\left(\frac{\partial u}{\partial t}+u\frac{\partial u}{\partial x}+v\frac{\partial u}{\partial y}+w\frac{\partial u}{\partial z}\right)=\rho F_x+\frac{\partial p_{xx}}{\partial x}+\frac{\partial p_{xy}}{\partial y}+\frac{\partial p_{xz}}{\partial z}\\ \rho\left(\frac{\partial v}{\partial t}+u\frac{\partial v}{\partial x}+v\frac{\partial v}{\partial y}+w\frac{\partial v}{\partial z}\right)=\rho F_y+\frac{\partial p_{yx}}{\partial x}+\frac{\partial p_{yy}}{\partial y}+\frac{\partial p_{yz}}{\partial z}\\ \rho\left(\frac{\partial w}{\partial t}+u\frac{\partial w}{\partial x}+v\frac{\partial w}{\partial y}+w\frac{\partial w}{\partial z}\right)=\rho F_z+\frac{\partial p_{zx}}{\partial x}+\frac{\partial p_{zy}}{\partial y}+\frac{\partial p_{zz}}{\partial z}\end{cases} \tag{23-7}$$

式中，$F_x$、$F_y$、$F_z$ 是单位质量流体质量力在 $x$、$y$、$z$ 三个方向的分量，$p_{ij}, i, j = x, y, z$ 是内应力张量的分量。

**3. 能量守恒**

能量守恒是自然界最普遍的定律，流体流动同样遵循该定律。对于流动的流体，能量主要有三种形式：内能、动能及势能。流体能量守恒定律可表述为：体积 $V$ 内流体的动能及内能的改变率等于单位时间内质量力和压力所做的功加上单位时间内给予体积 $V$ 内的热量。能量方程的微分形式如式（23-8）所示。

$$\rho\frac{\mathrm{d}}{\mathrm{d}t}\left(U+\frac{V^2}{2}\right)=\rho F\cdot v+\mathrm{div}(P\cdot v)+\mathrm{div}(k\mathrm{grad}T)+\rho q \tag{23-8}$$

式中，左侧为单位质量流体能量的变化率，右端第一项为单位时间内表面内质量力对单位质量流体做的功，第二项为单位时间内表面力对单位质量流体所做的功，第三项为单位时间内外界通过单位质量流体表面传入的热量，第四项为单位时间内加给单位质量流体的辐射热。

### 23.1.3 WB 19.0 流体仿真简介

在 WB 19.0 中可以进行流体分析的功能众多，包含 CFX、Fluent、Fluid Flow 等，如图 23-1 所示。另外，软件还提供流固耦合等涉及流体分析的功能，可以说在处理流体问题中有其独一无二的优势。

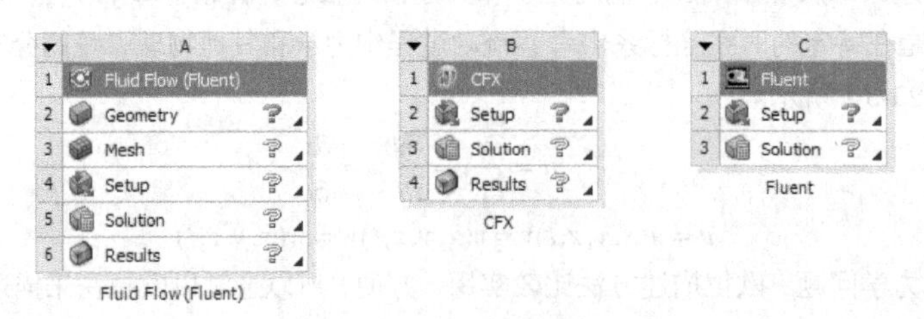


图 23-1 流体分析功能

## 23.2 流体力学分析实例——简易汽车流场分析

汽车高速行驶的流场是研究的一个重要领域，本例通过建立简化的汽车模型，介绍在 WB 19.0 中利用

CFX 实现对整车外部流场的简单分析，通过详细的操作步骤说明为读者提供学习指导。

## 23.2.1 问题描述

图 23-2 所示为某简化汽车模型，假设汽车以 100km/h 的速度通过某隧道，分析在此过程中整个汽车的流场及压力分布。

图 23-2 简易汽车模型

为了在 WB 19.0 中完成整个流体分析，事先根据需要创建图 23-3 所示的分析项目流程。

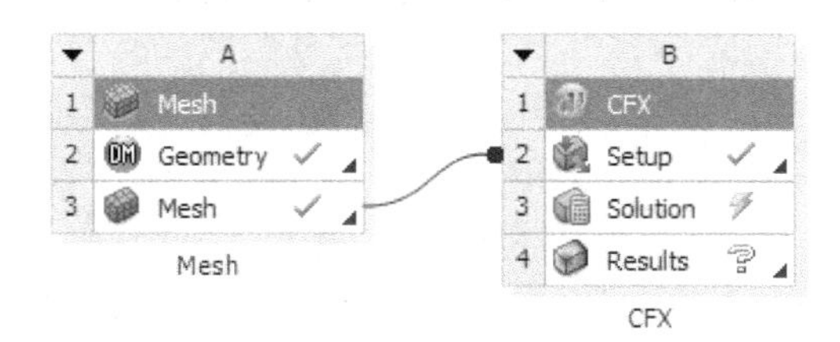


图 23-3 CFX 流体分析项目

## 23.2.2 几何建模

本步骤主要利用 DM 完成汽车周边空气流场的创建，步骤如下。

（1）首先在外部三维建模软件中创建简易车模，然后通过 DM 的外部几何模型导入功能将模型导入，结果如图 23-4 所示。

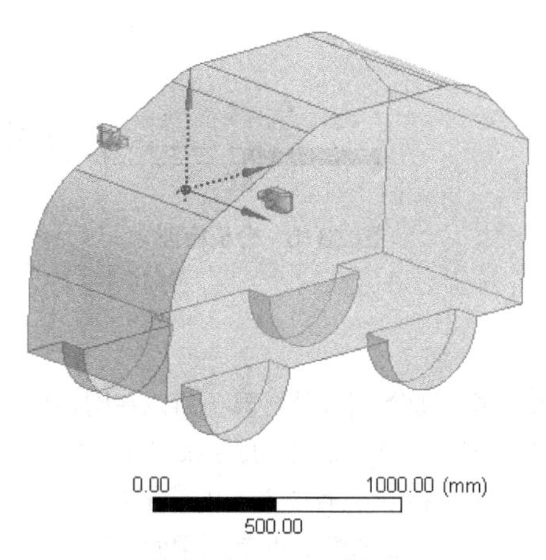


图 23-4 导入车体模型

（2）基于导入的车体模型，单击菜单栏中的 Tools→Enclosure 创建空气流场，在弹出的详细窗口中按照图 23-5 所示设置流场大小，完成之后看到包围整车的空气场。

Details View

| Details of Enclosure2 | |
|---|---|
| Enclosure | Enclosure2 |
| Shape | Box |
| Number of Planes | 0 |
| Cushion | Non-Uniform |
| FD1, Cushion +X value (>0) | 1000 mm |
| FD2, Cushion +Y value (>0) | 1000 mm |
| FD3, Cushion +Z value (>0) | 1000 mm |
| FD4, Cushion -X value (>0) | 1000 mm |
| FD5, Cushion -Y value (>0) | 1 mm |
| FD6, Cushion -Z value (>0) | 1000 mm |
| Target Bodies | All Bodies |
| Export Enclosure | Yes |

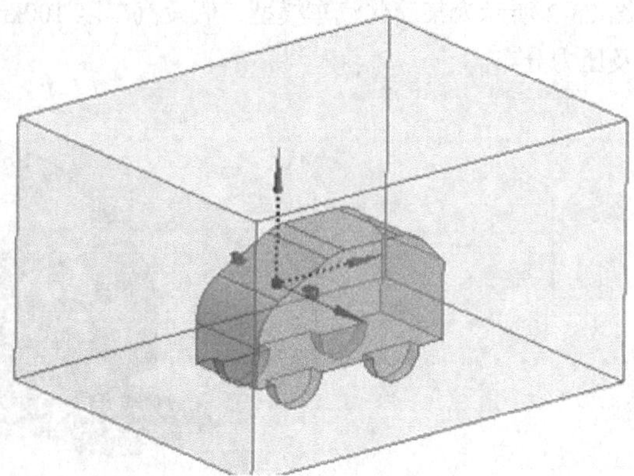

图 23-5 创建空气流场

（3）将空气流场与整车进行布尔运算，切除整车部分结构模型，单击菜单栏中的 Create→Boolean，选择空气流场作为目标，整车结构为工具，完成布尔减运算，结果如图 23-6 所示。

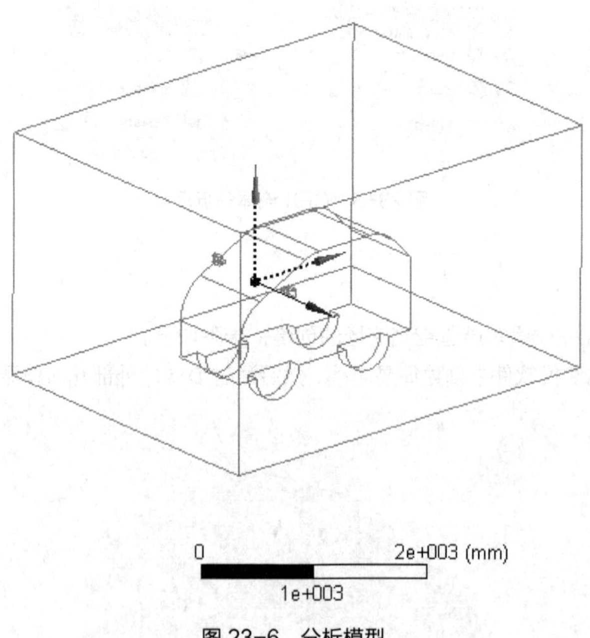


图 23-6 分析模型

## 23.2.3 网格划分

双击 Mesh 进入网格划分窗口，由于是针对流体计算，所以在网格划分之前需要进行分析类型的设置。

单击 Mesh，在弹出的详细窗口中设置 Physical Preference 为 CFD，将 Solver Preference 设置为 CFX，然后单击 Quality，将 Smoothing 设为 Medium，同时指定 Inflation 中的 Use Automatic Inflation 为 All Faces in Chosen Named Selection，将 Named Selected 选择 wall 完成壁面网格划分设置，最后直接 general mesh 生成流体计算网格，单击工具栏中的 Wireframe 显示网格划分结果，如图 23-7 所示。

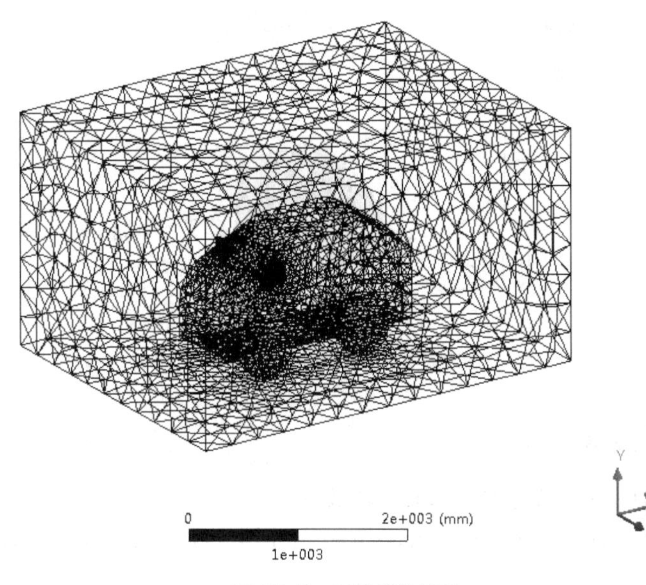


图 23-7　网格划分结果

## 23.2.4　边界组设置

因为汽车在隧道中运行，空气流向如图 23-8 所示，所以需要对行驶中涉及的各类流场边界条件进行设定。

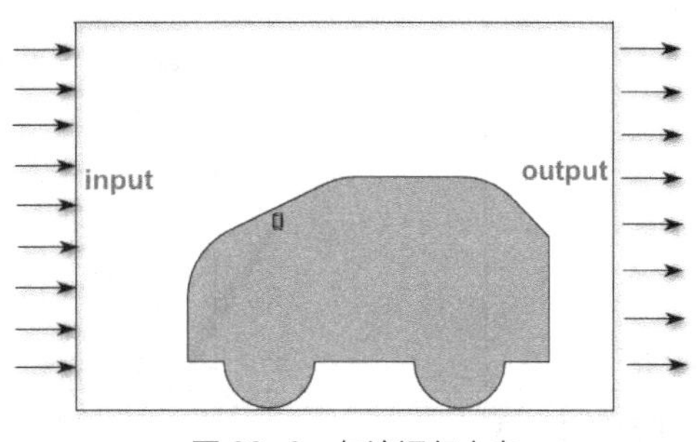


图 23-8　气流运行方向

单击工具栏中的 Named Selection，单击前端面命名为 input，同理单击尾部端面，命名为 output，如图 23-9 所示。选择所有车体边界，命名为 wall，结果如图 23-10 所示。

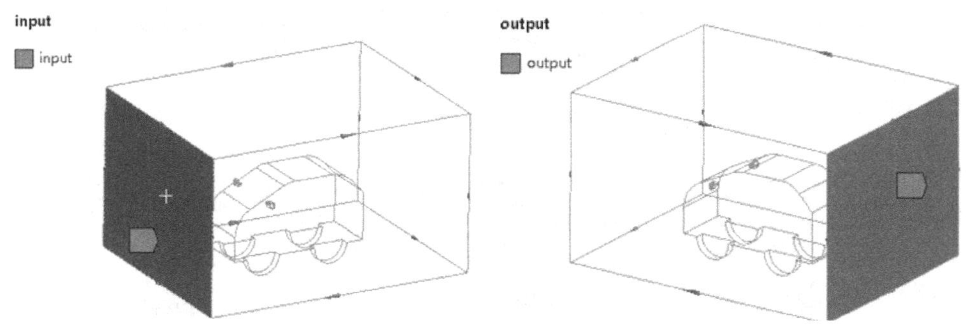


图 23-9　设置气流进出边界

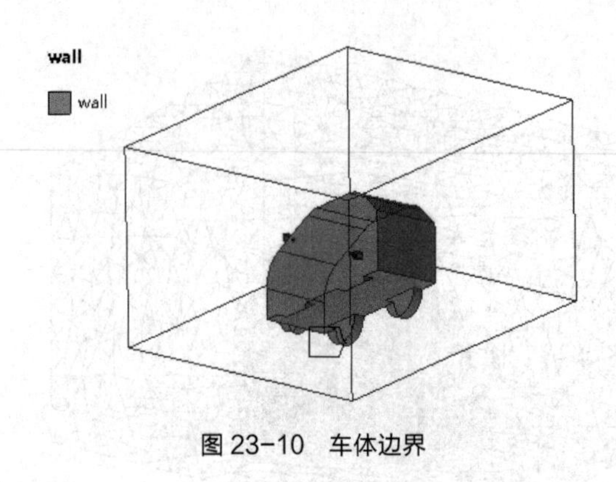


图 23-10 车体边界

## 23.2.5 CFX 求解设置

双击 B2 中的 Setup 进入求解设置窗口，具体步骤如下。

（1）依次单击菜单栏中的 Tools→Quick Setup Mode，弹出图 23-11 所示的窗口，选择 25℃空气作为流场介质。

（2）完成后单击 Next 按钮，进入图 23-12，在窗口中默认设置即可，该界面表示稳态问题，湍流模型选择 k-Epsilon。

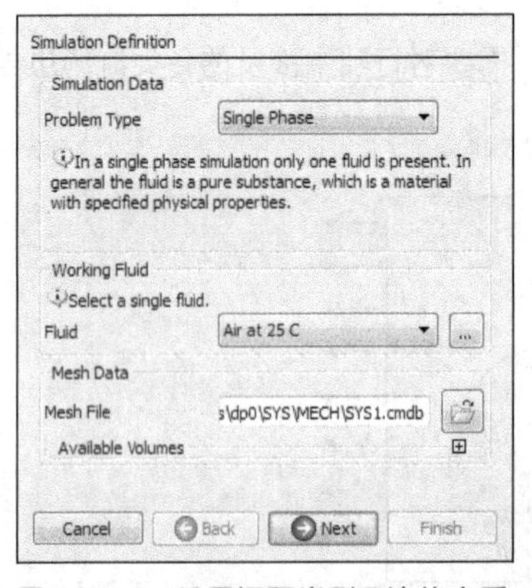


图 23-11 设置问题类型及流体介质

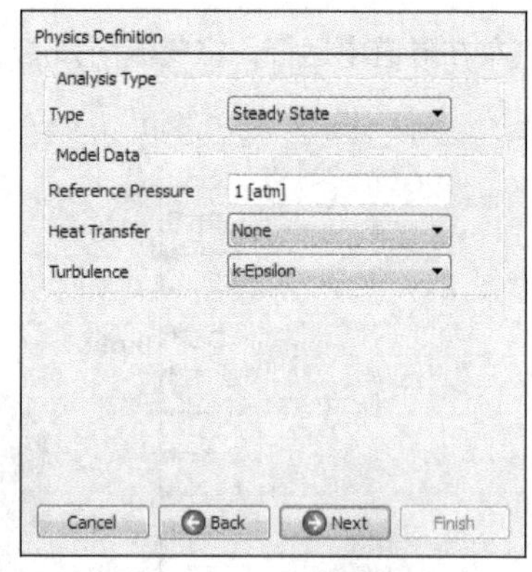


图 23-12 分析类型

（3）完成（2）之后单击 Next 按钮，进入边界条件定义窗口，依次定义流入流出边界以及壁面，选择 Inlet，输入气流速度 100km/h，在 Outlet 中设定相对压力为 0，壁面类型为 No Slip Wall，如图 23-13 所示。

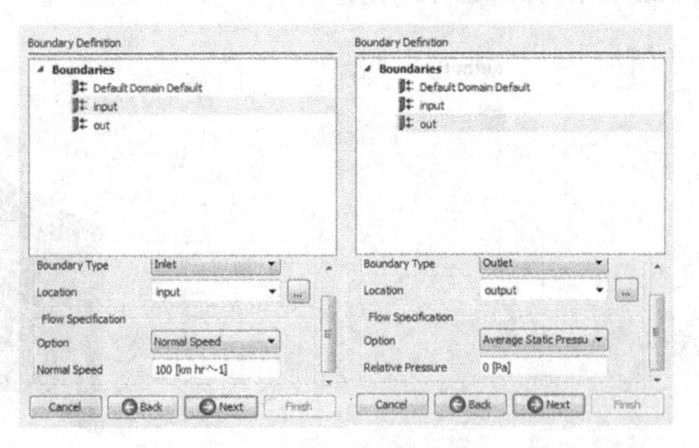


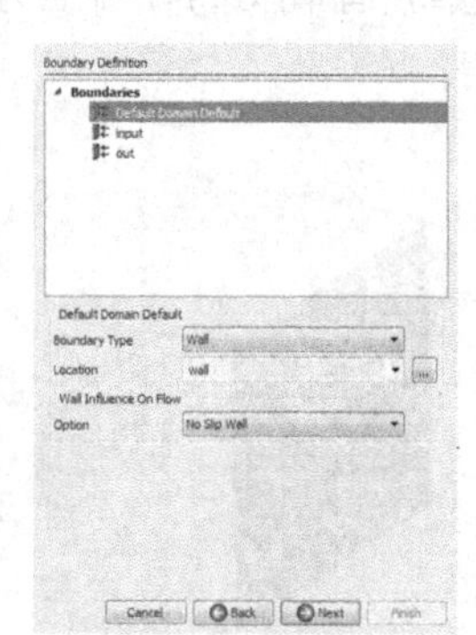

图 23-13 边界设置

（4）继续单击 Next 按钮，进入最后一步设置界面，按照软件默认即可，最终模型如图 23-14 所示。

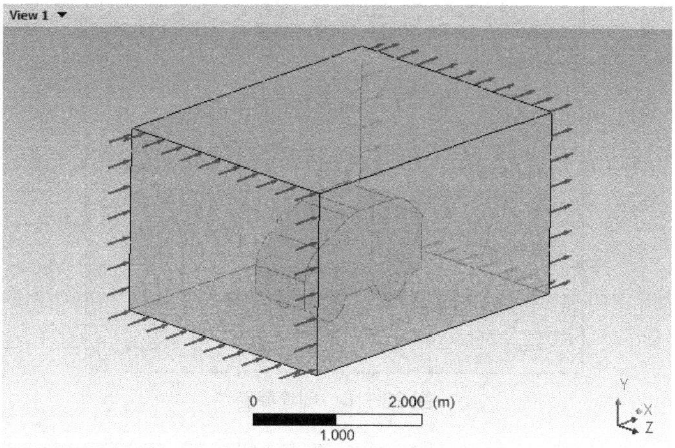

图 23-14　完整分析模型

## 23.2.6　模型求解

完成求解设置后，双击 Solution 进入模型求解窗口，各选项默认即可，然后单击 Start Run 进行求解计算，可以看到求解过程中各残差值的曲线变化，如图 23-15 所示。

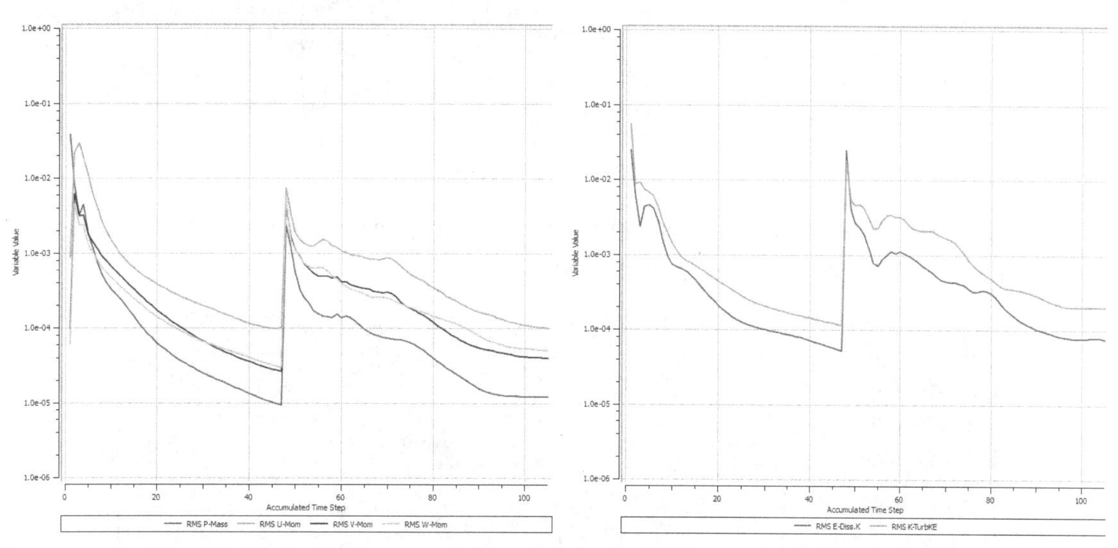


图 23-15　残差值变化曲线

## 23.2.7　结果后处理

（1）双击 Result 进入结果后处理界面，依次单击菜单栏中的 Insert→Location→Plane，创建一个截断面 Plane1，按照图 23-16 所示设置，完成后单击 Apply 按钮。

（2）单击菜单栏中 Insert→Vector，创建矢量图 Vector1，在弹出的窗口中按照图 23-17 左侧图所示设置，Location 选择（1）中创建的 Plane1，Variable 选择 Velocity，完成后单击 Apply 按钮，可以看到速度矢量图，如图 23-17 右侧图所示。

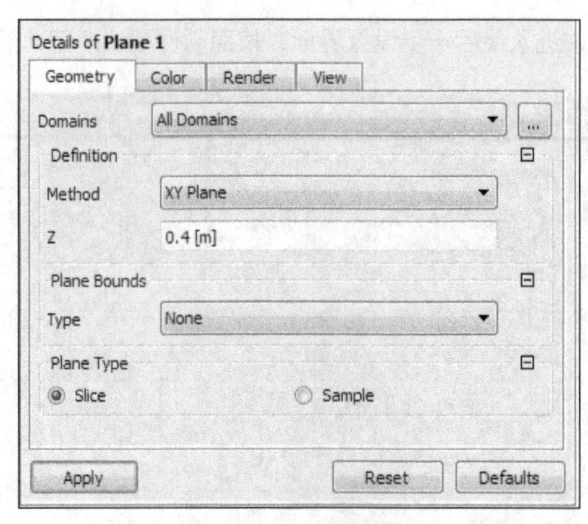


图 23-16 创建截面

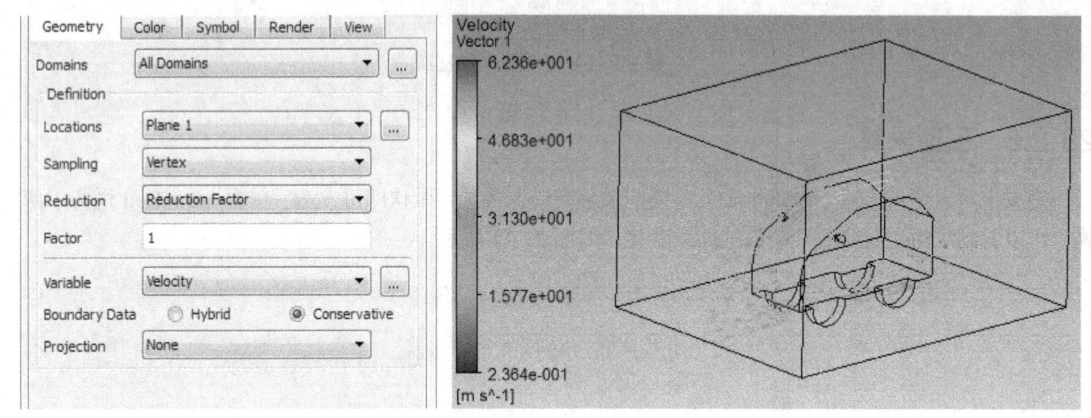


图 23-17 速度矢量图

（3）采用同样的方法创建 Contour1，可以看到速度的等高线图，如图 23-18 所示，重新修改截面位置，放大可以看到后视镜位置的气流速度云图，如图 23-19 所示。

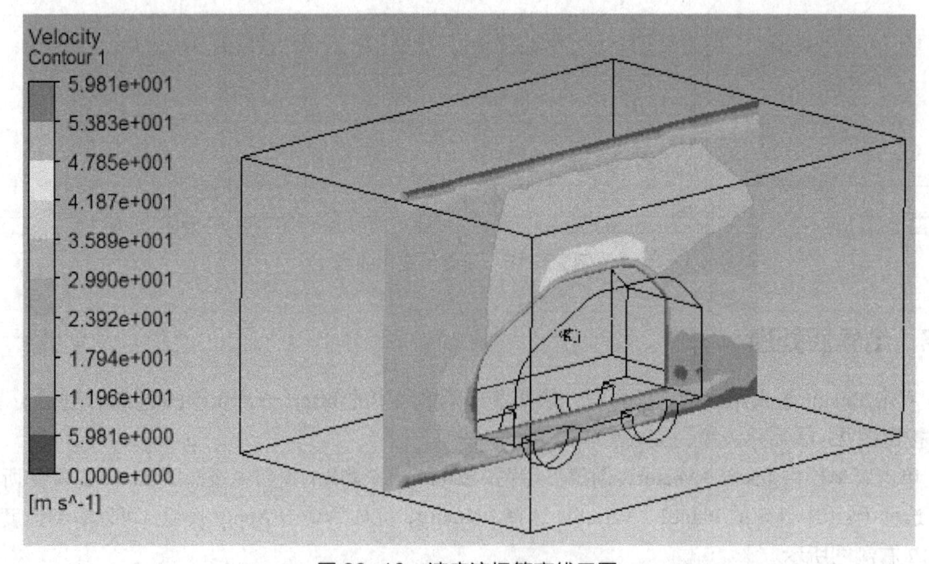


图 23-18 速度流场等高线云图

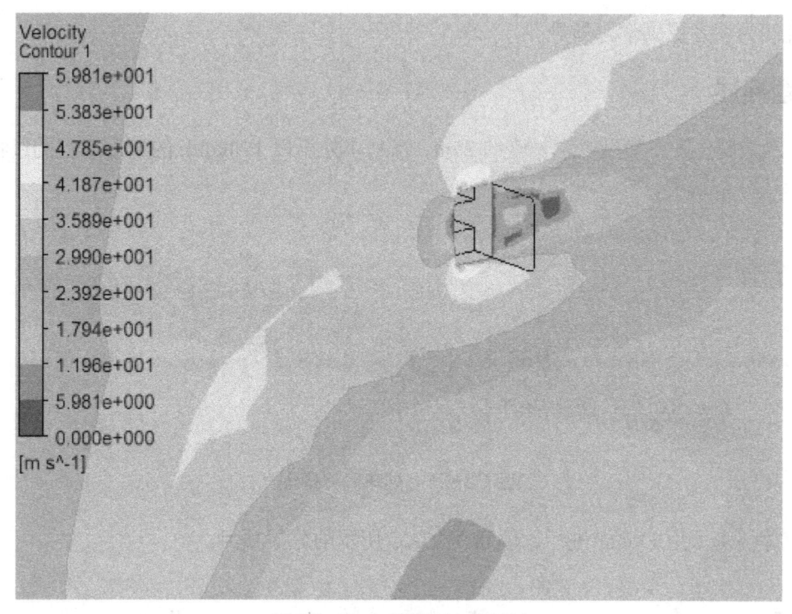


图 23-19　后视镜速度云图

（4）创建速度迹线。采用与（2）中同样的方法创建 Streamline，完成之后如图 23-20 所示。可以看到在该位置整体速度迹线按照车身外形分布。

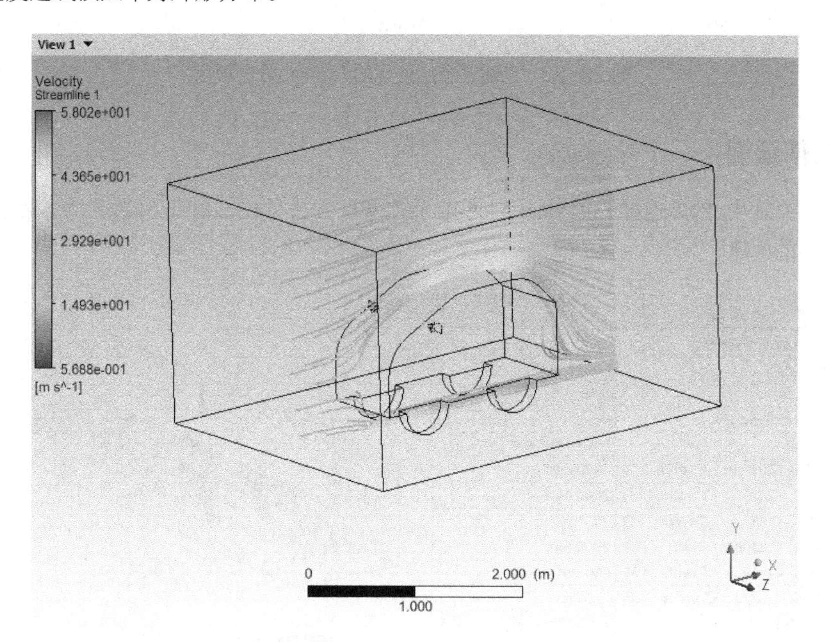


图 23-20　速度迹线图

# 23.3　流体力学分析实例——高速列车流场分析

高铁是大家非常熟悉的交通工具，也是目前国内装备制造行业在技术和研究上较为高端和前沿的领域。本例基于简单的列车车体模型，通过 WB 19.0 中的 CFD 分析模块对列车高速行驶状态下的流场进行模拟，通过详细操作说明为读者提供学习指导。

### 23.3.1 问题描述

图 23-21 所示为简化列车模型，总长度约 25m，当列车处于以 120km/h 的速度前行的过程中，分析列车周边流场及压力场分布情况。

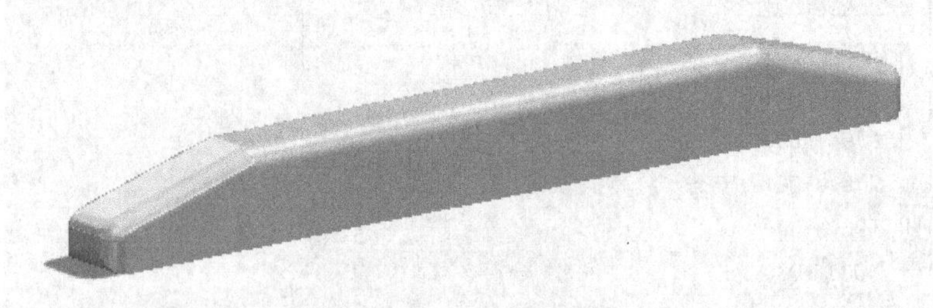

图 23-21 列车简化模型

本例中的流体仿真采用 Fluent 进行，创建图 23-22 所示的分析项目。

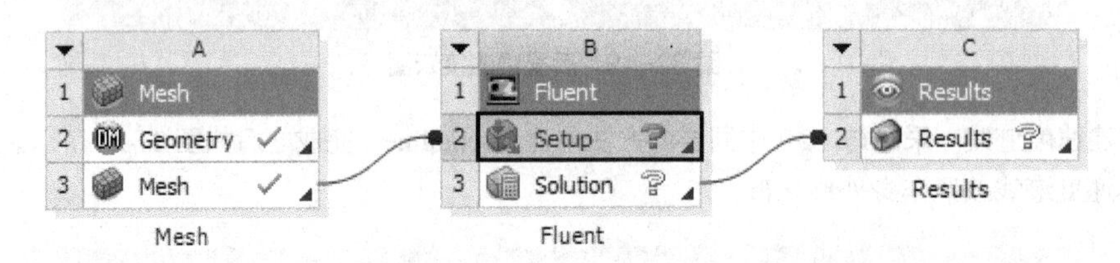


图 23-22 创建带有后处理的 Fluent 分析项目

### 23.3.2 几何建模

将模型导入 DM 中，然后通过 Enclosure 创建流场域，实现方法与 23.2.2 节类似，具体参数设置如图 23-23 所示，完成流场的创建。

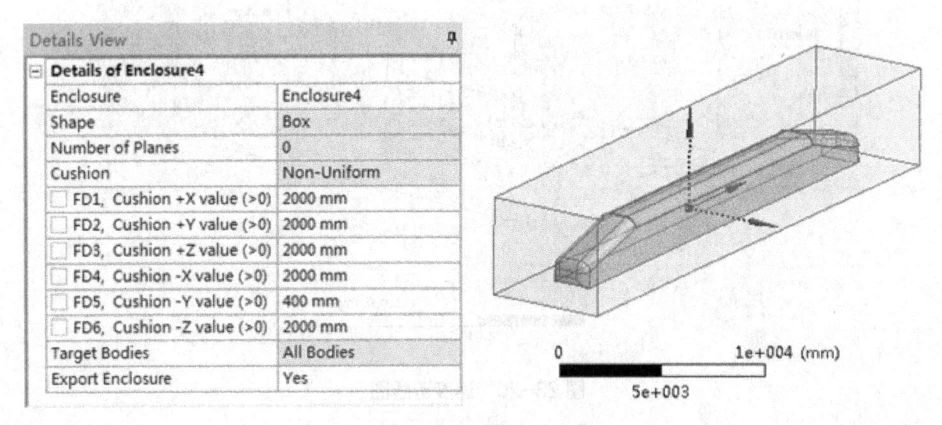


图 23-23 创建几何模型

### 23.3.3 网格划分

单击 Mesh 项，设定网格分析类型为 CFD，求解器为 Fluent，然后采用六面体主体划分方法进行单元划分。

对于列车结构区域，右键单击 Mesh，插入 Inflation，在弹出的窗口中设定 Geometry 为列车实体模型，Boundary 设定为列车整个车身面，如图 23-24 所示，完成之后再将列车实体模型 Suppress，最后生成整个列车分析模型的网格，如图 23-25 所示。

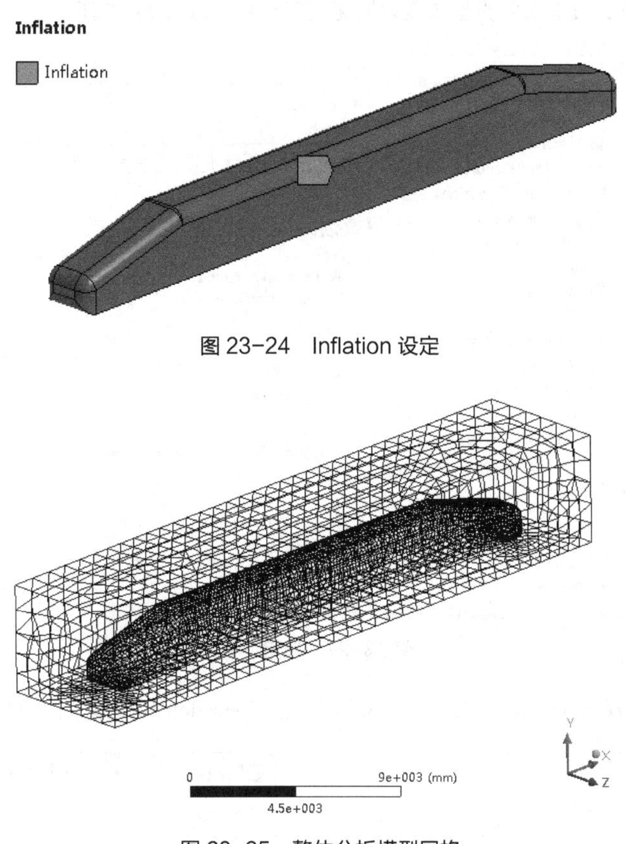


图 23-24　Inflation 设定

图 23-25　整体分析模型网格

## 23.3.4　边界组设置

设定流场流入边界面 input 和流出边界面 output，以及整个车身外围壁面边界 wall，结果如图 23-26 所示。

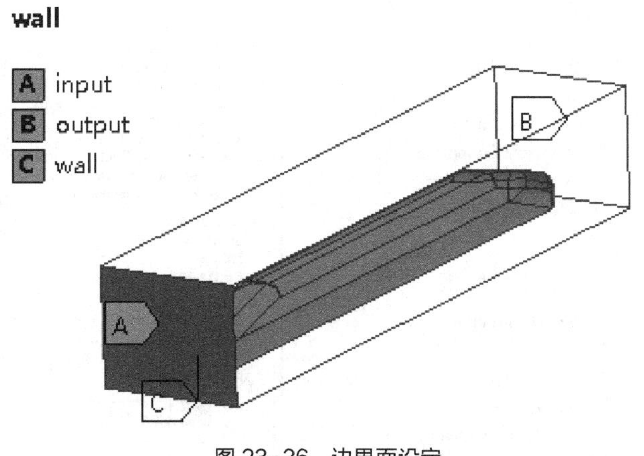


图 23-26　边界面设定

## 23.3.5 Fluent 求解设置

双击 Fluent 项目下的 Setup 进入编辑窗口，各设置步骤如下。

（1）进入 General 项，设置求解类型和重力加速度等参数，如图 23-27 所示。

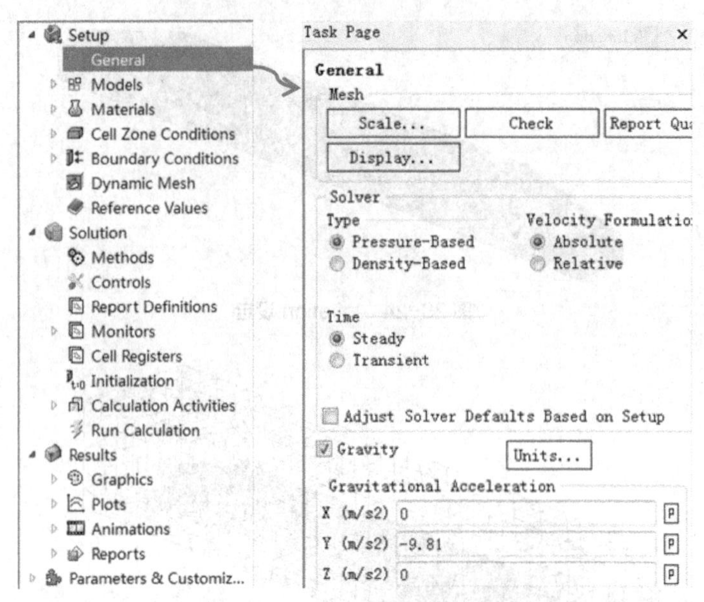


图 23-27 通用设置

（2）进入 Models，双击 Viscous，在弹出的窗口中选择 k-epsilon 标准模型，如图 23-28 所示。

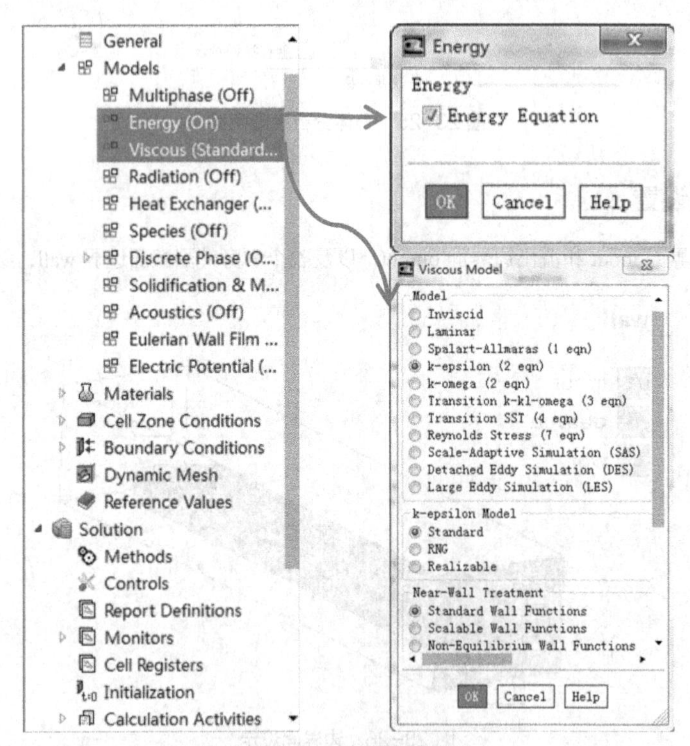


图 23-28 设定湍流模型

（3）双击 Material，选择气体作为流体介质，然后在双击 Cell Zone Condition 空气赋予模型。

（4）接下来设置边界，双击 Boundary Conditions，选择 input，边界类型选择 velocity-inlet，在弹出的窗口中设定速度为 33.3m/s，如图 23-29 所示。

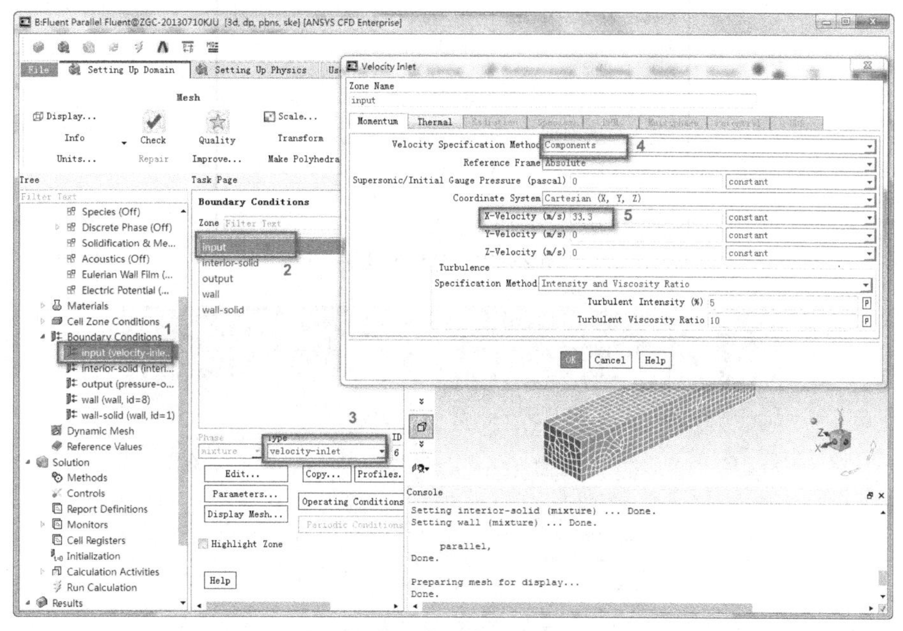

图 23-29　气流速度设置

（5）采用同样的方法设定出口压力边界，压力值为 0，壁面边界设定为 No Slip，如图 23-30 所示。

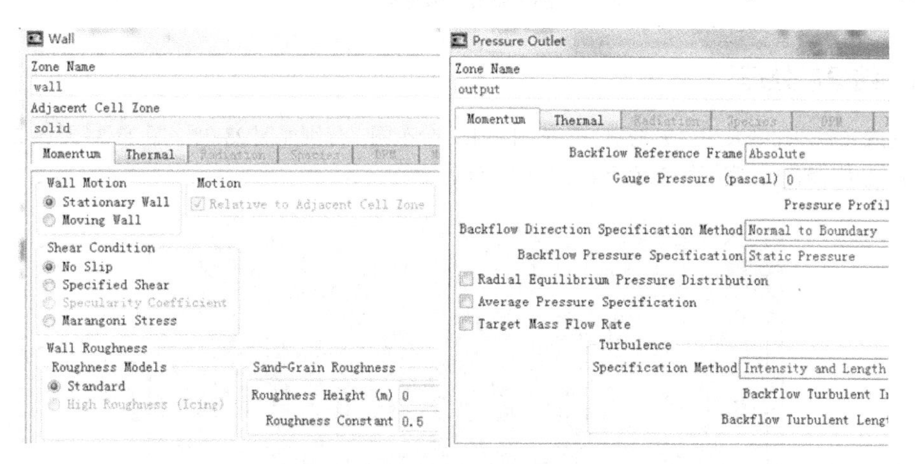

图 23-30　出口及壁面边界设置

（6）双击 Methods，设定求解方法，本例中默认即可。同时设定 Mentors→Residual，控制残值及收敛曲线，同样默认设置。

（7）双击 Initialization，初始化计算条件，选择 Standard Initialization，然后在 Compute From 中从下拉列表中选择 input，完成后单击 Initialize。

（8）最后双击 Run Calculation，设置迭代步为 200，如图 23-31 所示，然后单击 Calculate 提交计算机求解。求解过程中可以看到实时的收敛曲线的变化，如图 23-32 所示。

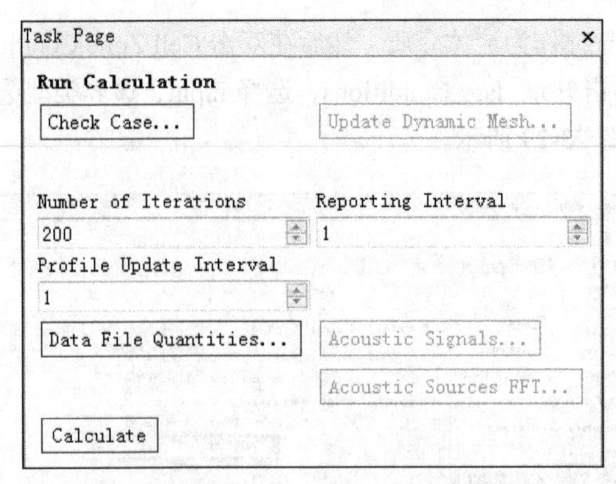


图 23-31　迭代步设置

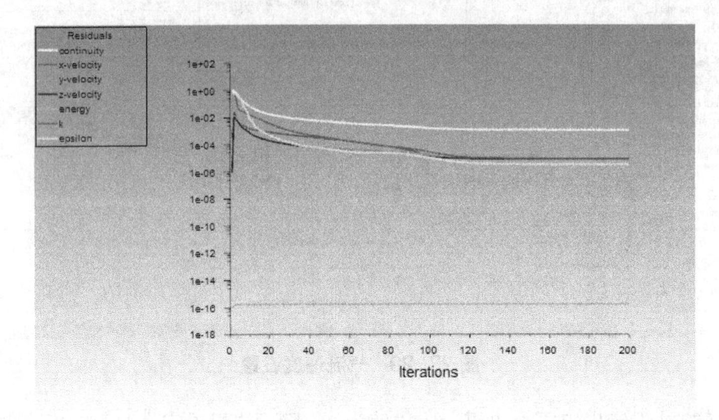


图 23-32　收敛曲线

## 23.3.6　结果后处理

计算完成之后创建结果速度矢量图、迹线图和压力分布图，分别如图 23-33、图 23-34 及图 23-35 所示，从速度矢量图可以看到，底部气流运行至中后位置处速度趋于零。

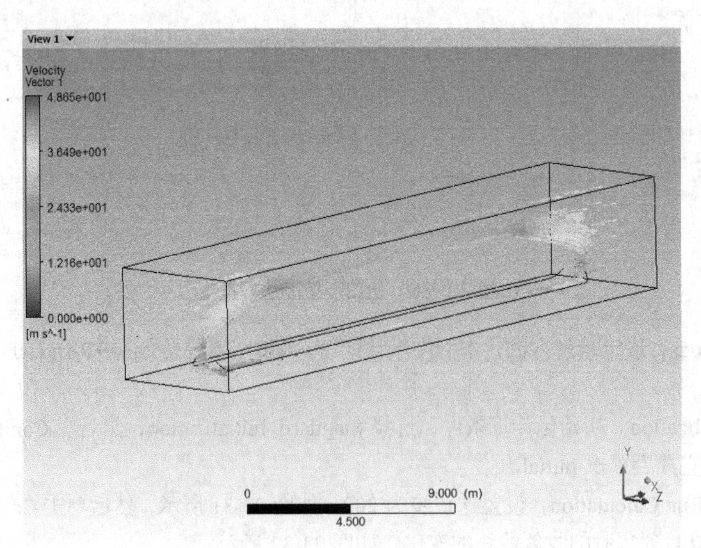


图 23-33　速度矢量图

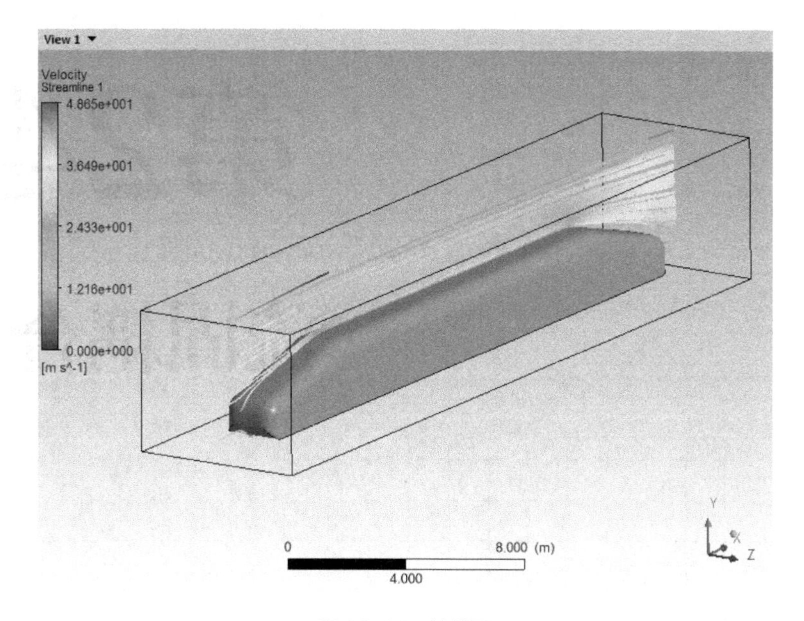


图 23-34　迹线图

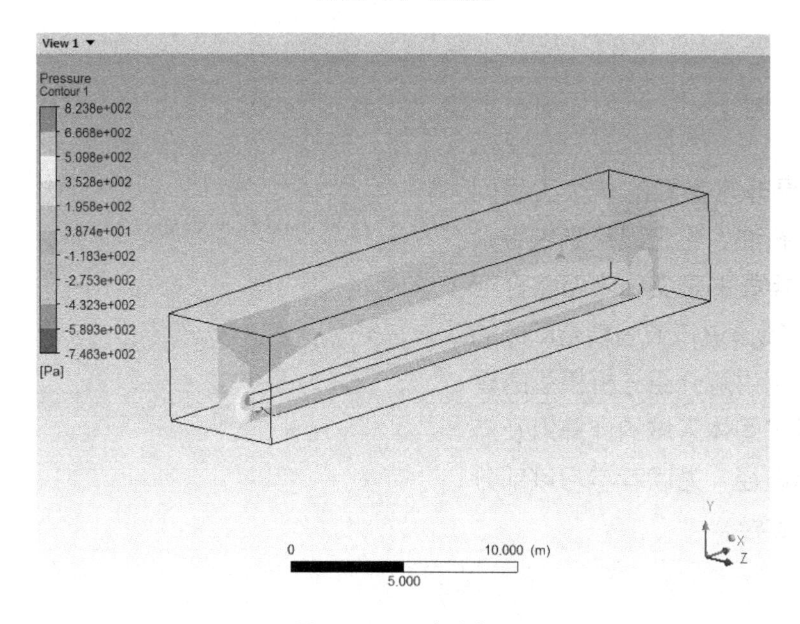


图 23-35　压力分布图

# 23.4　本章小结

本章首先介绍了流体力学的基本知识和概念，并对流体力学的重要方程进行了介绍，在掌握基本理论知识后，通过两个分析实例讲解，分别介绍了如何使用 CFX 和 Fluent 在 WB 19.0 中进行流体仿真的基本方法和设置，为读者掌握流体仿真知识提供参考。

Chapter 24

# 第24章

## 流固耦合分析

■ 流固耦合是非常重要的一个工程问题，在航天、石油、化工以及高铁等众多领域有十分重要的意义，本章将介绍如何利用WB 19.0进行流固耦合问题的研究，通过实例讲解介绍分析模型的建立、流体区域和固体区域的计算以及流固耦合的实现途径，为读者学习该部分知识提供技术指导。

# 24.1 流固耦合简介

流固耦合问题是流体力学和结构力学相互结合产生的学科交叉问题，主要研究内容为流体经过固体壁面时，流体与固体之间相互影响作用的力学问题。人们对流固耦合问题的早期认识源于飞机工程中的气动弹性问题，但并未形成完善的理论支持；随后各类学者不断地投入到对此问题的研究中来，如对建筑风场以及飞机气动噪声的研究等。

我国在流固耦合领域的研究主要开始于20世纪80年代，各学者开始逐渐对流固耦合问题引起重视，尤其是石油化工领域的输液输油管道、汽车领域的进排气管设计、飞机制造领域的机翼振动及疲劳等方面，提供了较多的研究课题。流固耦合的控制方程建立包括三部分内容，分别为流体控制方程、固体控制方程以及流固耦合方程，下面分别做介绍。

## 24.1.1 流体控制方程

流固耦合问题应该遵循流体力学的三大定律，对于不可压缩的牛顿流体，守恒定律通过式（24-1）至式（24-3）所示的控制方程进行描述。

质量守恒方程：

$$\frac{\partial \rho_f}{\partial t}+\nabla(\rho_f v)=0 \tag{24-1}$$

动量守恒方程：

$$\frac{\partial \rho_f}{\partial t}+\nabla(\rho_f vv-\tau_f)=f_f \tag{24-2}$$

能量守恒方程：

$$\frac{\partial \rho_f E}{\partial t}+\nabla(\rho_f vE-\tau_f v)+q_f=f_f v+q_f \tag{24-3}$$

式中，$t$为时间，$f_f$为体积力矢量，$\rho_f$为流体密度，$v$为流体速度矢量，$\tau_f$为剪切力张量，$E$为单位质量内能，$q_f$为单位体积热量损失。

## 24.1.2 固体控制方程

固体控制方程根据牛顿第二定律导出，如式（24-4）所示。

$$\rho_s \ddot{d}_s=\nabla\delta_s+f_s \tag{24-4}$$

式中：$\rho_s$为固体密度；$\delta_s$为柯西应力张量；$f_s$为体积力矢量；$\ddot{d}_s$为固体域当地加速度矢量。

## 24.1.3 流固耦合方程

流固耦合方程遵循最基本的守恒原则，在流固耦合交界面位置，应该满足流体与固体应力、位移的相等或者守恒，如式（24-5）所示。

$$\begin{cases}\tau_f n_f=\tau_s n_s \\ d_f=d_s\end{cases} \tag{24-5}$$

式中：$\tau_f$和$\tau_s$分别为流体和固体的应力；$n_f$和$n_s$分别为流体和固体的单位方向向量；$d_f$和$d_s$分别为流体和固体的位移。

流固耦合问题通常包括单向流固耦合和双向流固耦合问题。单向流固耦合是在不同耦合场进行交叉迭代，通过耦合媒介交换耦合信息，其基本思路是先计算得到流场分布，然后将其中的关键参数作为载荷加载到固体结构上，通过结构分析实现单向耦合计算，通常固体变形不大，流场的边界面貌改变很小，不影响流场分布。双向流固耦合是流体方程和固体方程按照顺序相互迭代求解，先获得流场分布，然后基于流固耦合边界将求解得到的压力传递到固体，对固体进行求解获得位移，再把位移基于流固耦合边界传递给流场，如此往复迭代，直接系统的位移和应力容差值达到收敛要求，即获得流场和结构场的解。

### 24.1.4 流固耦合仿真流程

本章主要介绍单向流固耦合的分析过程，通常在 WB 19.0 中实现流固耦合的流程如图 24-1 所示，其中流体的计算可以采用 CFD 或者 CFX 两种求解器。在 WB 19.0 中创建分析项目，如图 24-2 所示。

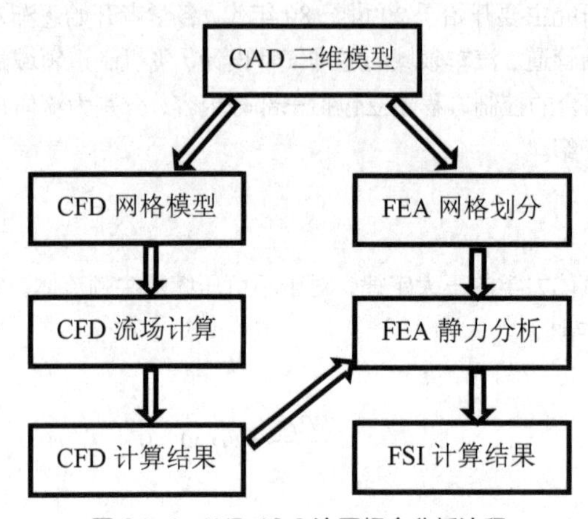


图 24-1　WB 19.0 流固耦合分析流程

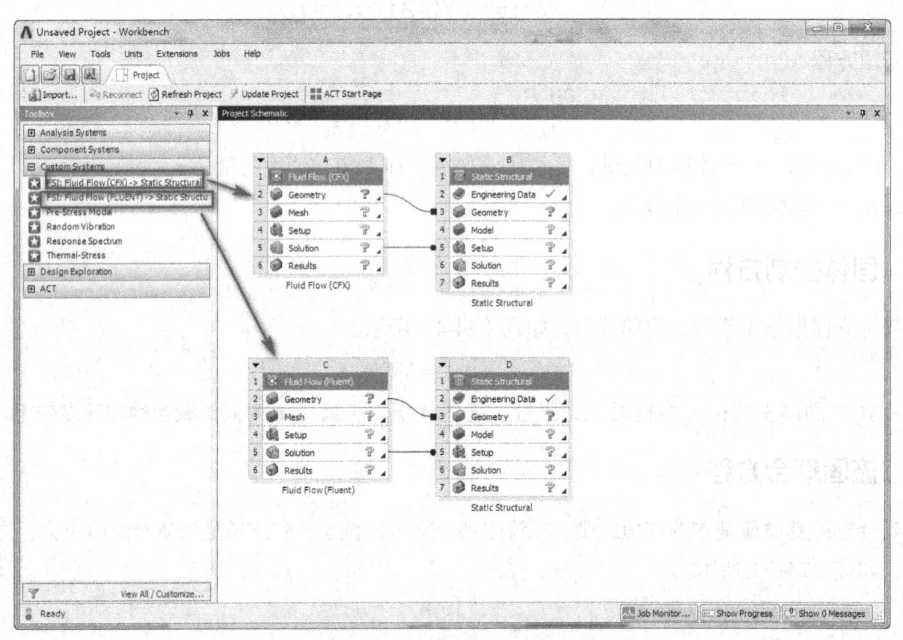

图 24-2　流固耦合分析项目

## 24.2 流固耦合分析实例——收缩喷管流固耦合分析

本例以收缩喷管为研究对象，利用 CFX 模块对流固耦合情况下的结构受力进行仿真模拟，通过详细的操作和仿真说明，为读者学习和掌握流固耦合方法提供指导和实践案例。

## 24.2.1 问题描述

图 24-3 所示为某一收缩喷管，两端直径大小分别为 $d1$=30mm，$d2$=90mm，长度 $l$=360mm，壁厚 $h$=5mm，管内水流以恒定流量 $Q=2\times10^4 mm^3/s$ 通过，分析锥形收缩管受到液体作用力大小。

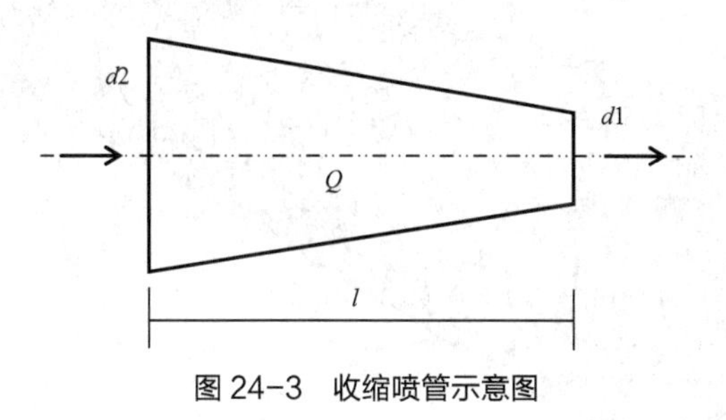


图 24-3 收缩喷管示意图

## 24.2.2 几何建模

创建几何模型，分别通过 DM 界面导入并自动完成装配，结果如图 24-4 所示，其中浅绿色区域为液体 water，银色区域为固体结构 Structure Steel。

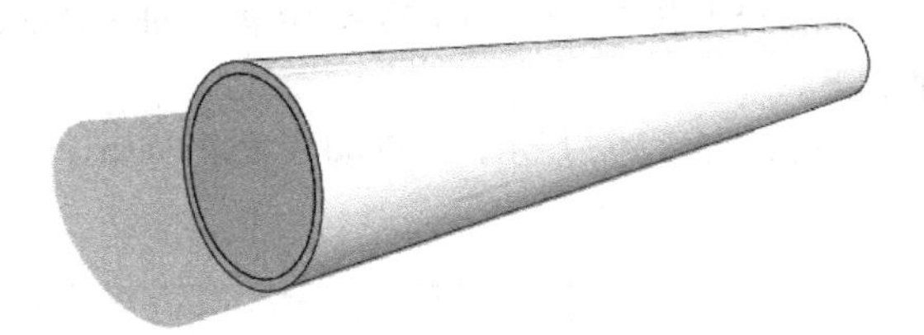

图 24-4 几何模型示意图

## 24.2.3 流体网格划分

双击 CFX 中的 Mesh 进入网格划分界面，首先将固体结构禁用，单击几何结构树下的固体模型，单击鼠标右键，选择 Suppress Body 完成禁用。然后单击流体几何模型，在弹出的窗口中设置 Material 为 Fluid。

接下来对流体区域进行网格划分，本例中采用自动划分方式，直接右键单击 Mesh 生成网格模型，结果如图 24-5 所示。

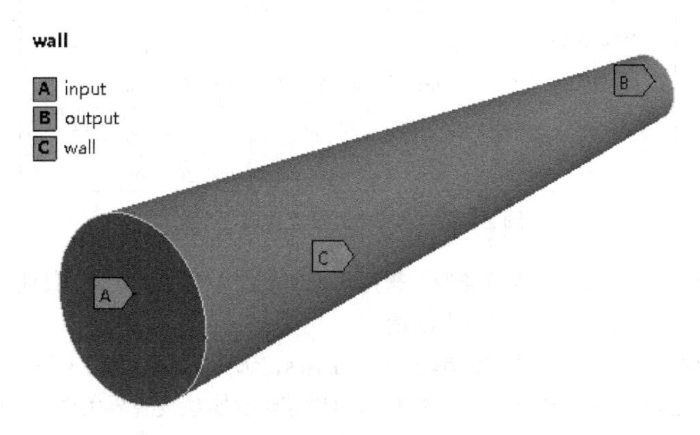


图 24-5 流体边界命名

为了方便在 CFX 中设置边界，需要对流体预先进行边界命名，依次选择流体模型前、后端以及外表面，并分别命名为 input、output、wall，如图 24-6 所示。

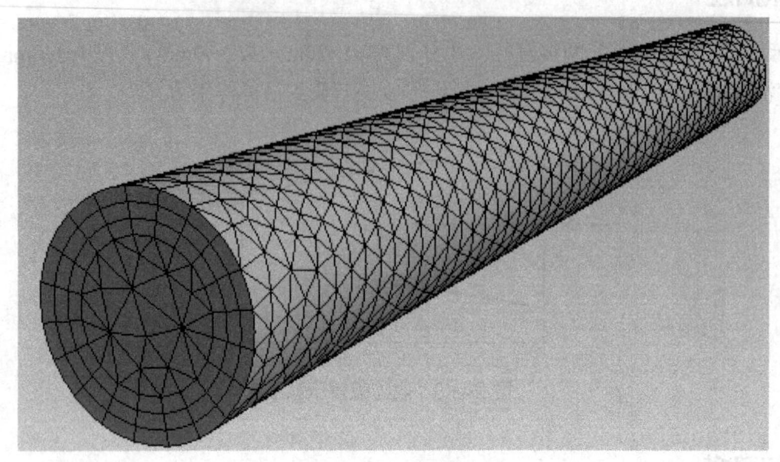

图 24-6　流体网格

## 24.2.4　流体求解设置

双击 CFX 中的 Setup 进入求解设置窗口，然后单击菜单栏中的 Tools→Quit Setup Mode...进行流体域的边界及求解设置，具体步骤如下。

（1）设置求解类型及流体属性，如图 24-7 所示，将 Fluid 设置为 Water，其他默认即可，然后单击 Next 进入下一步操作。

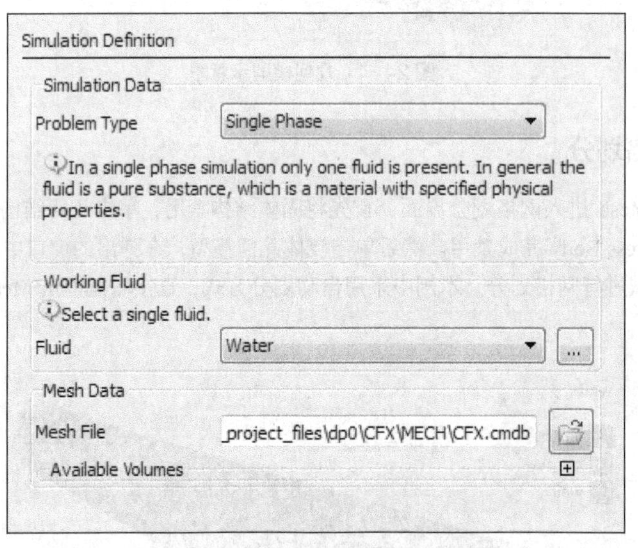


图 24-7　求解类型及流体属性定义

（2）物理方程的定义，选择稳态求解类型，采用 k-epsilon 模型进行模拟，其他按照软件默认设置，如图 24-8 所示，完成之后单击 Next 进入下一步设置。

（3）边界设定。在边界设置窗口中右键单击 Boundaries，选择 Add，添加 3 类边界，分别命名为 input、output 以及 wall，如图 24-9 所示，然后依次对每种边界设定边界类型及边界条件，其中 input 和 output 分别定义流体质量流量为 20kg/s，wall 设定为可自由滑动的壁面，整体设置完成之后结果如图 24-10 所示。

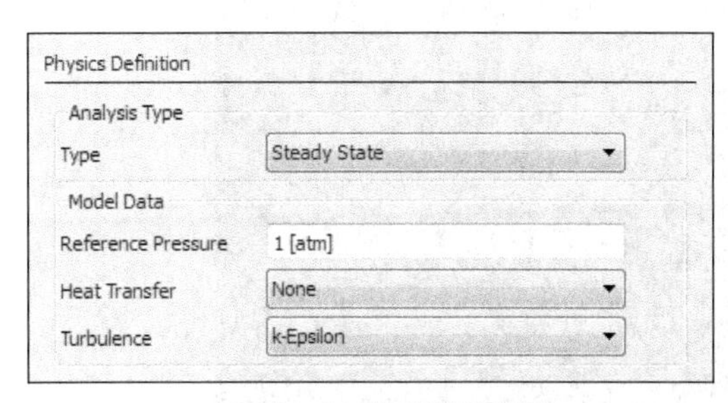


图 24-8　物理模型设置

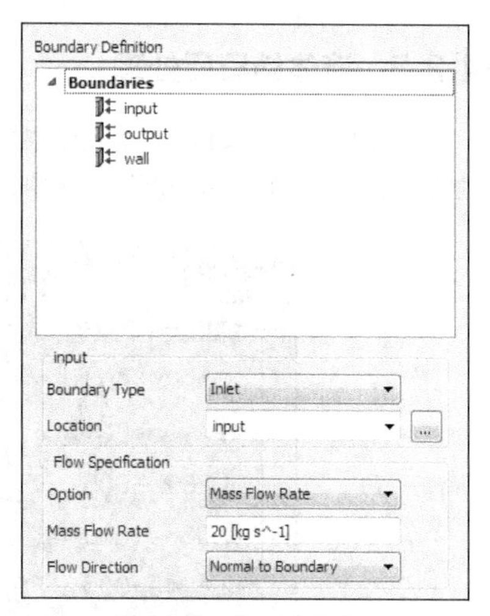


图 24-9　边界设置窗口

图 24-10　边界设置结果

（4）完成设置后直接退出，双击 CFX 下的 Solution 进入求解界面，在弹出的窗口中直接单击 Start Run 按钮进行仿真求解，过程如图 24-11 所示。

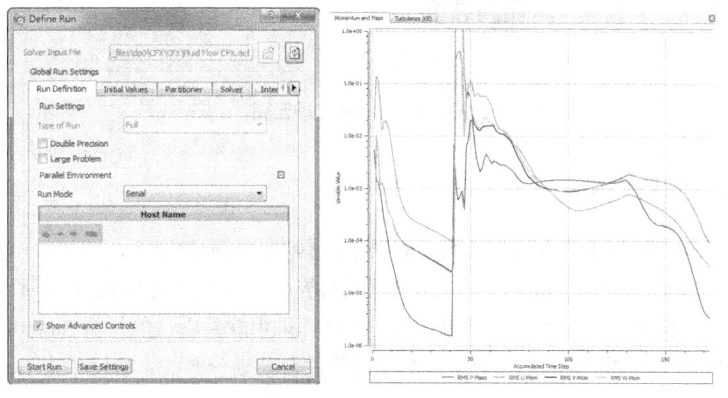


图 24-11　计算求解

### 24.2.5 流体结果后处理

双击 CFX 下的 Solution 进入结果后处理模块，可以查看边界面上的压力场和速度场，分别如图 24-12 和图 24-13 所示，其中从速度场云图中可以看到入口速度大概为 3.2m/s，出口速度为 28.5m/s。

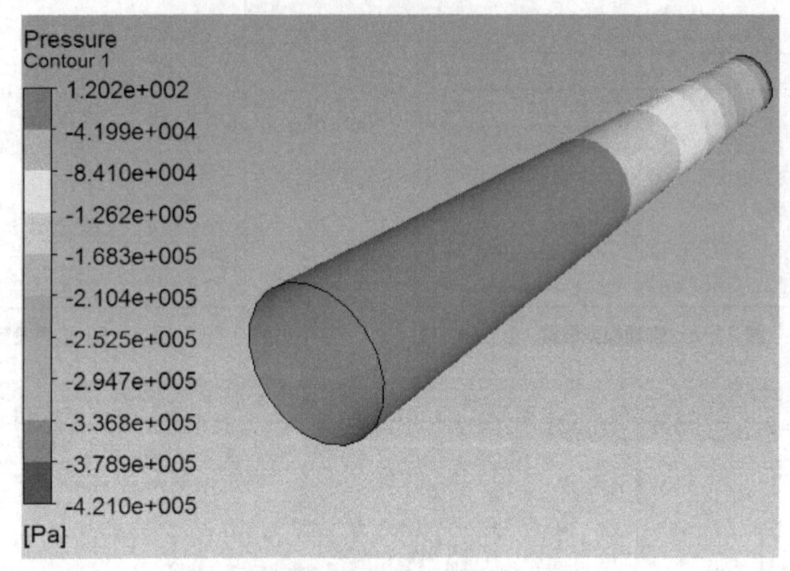


图 24-12 压力场云图

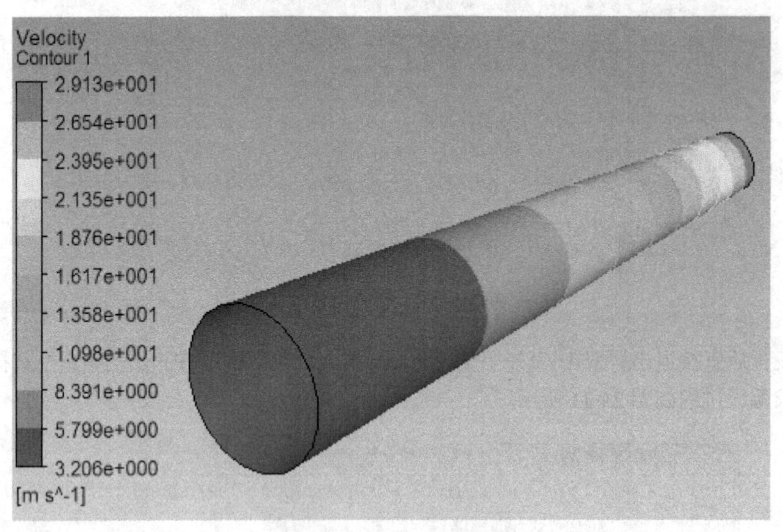


图 24-13 速度场云图

### 24.2.6 结构场求解设置

整个结构场的求解需要基于导入的流体场计算结果，具体设置步骤如下。

（1）双击 Static Structure 下的 Model 进入结构场求解界面，首先进入 Geometry 项目，将流体场进行禁用，操作方法与禁用结构场模型一致，然后单击结构模型，采用软件默认的材料 Structure Steel。

（2）进入 Mesh 项对结构进行网格划分，直接采用软件自动划分方法，右键单击 Generate Mesh 生成网格模型，如图 24-14 所示。

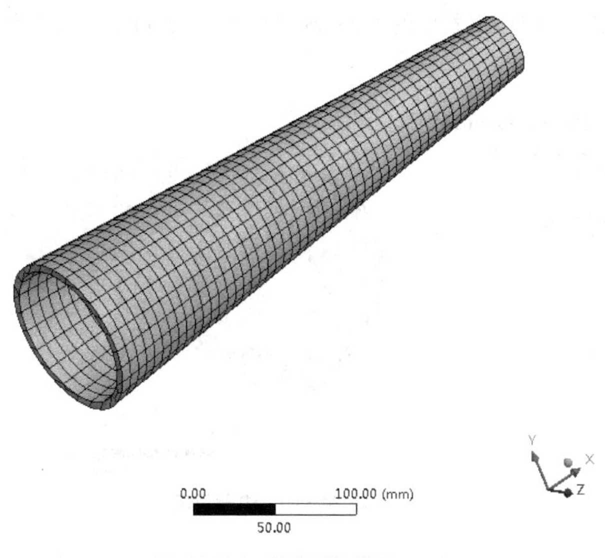


图 24-14　结构网格模型

（3）导入流场载荷。首先可以看到在 Static Structure 下存在 Imported Load，单击鼠标右键，插入 Pressure，然后通过 Import Load 导入流体场的压力计算值，结果如图 24-15 所示。

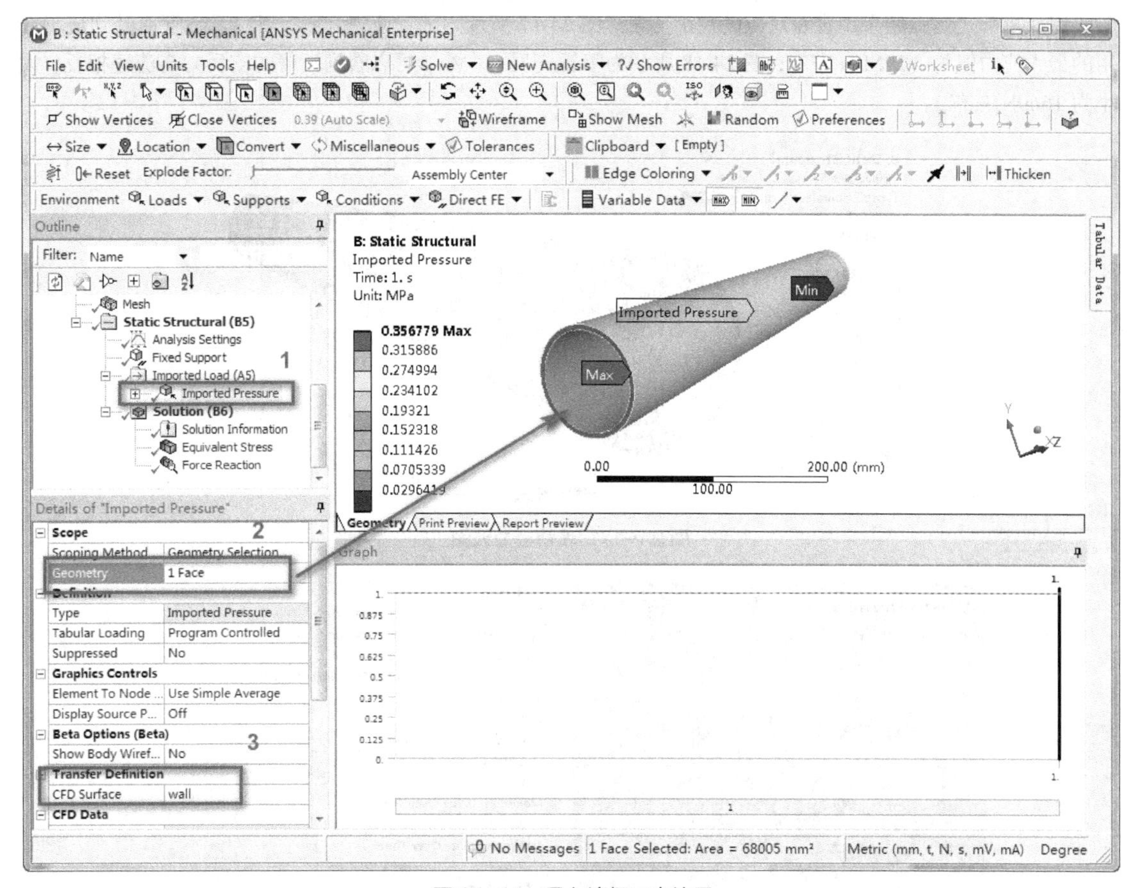


图 24-15　导入流场压力边界

（4）设置边界约束。单击工具栏中的 Supports→Fixed Support，将喷管大口径端面固定，如图 24-16 所示。

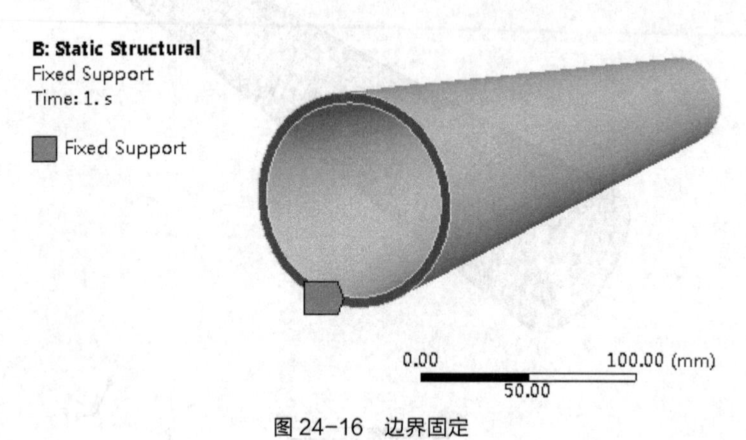


图 24-16　边界固定

（5）结果输出设置。设定 Equivalent Stress 和 Force Reaction 作为结果输出参数，其中 Force Reaction 选择喷管轴向 *X* 方向作为提取目标，完成之后提交计算机求解。

## 24.2.7　结构场结果后处理

完成求解之后在结果中查看对应的输出变量，图 24-17 所示为喷管应力云图，可以看到管道受到流场作用的最大应力值为 4.27MPa 左右；图 24-18 所示为喷管支反力大小，可以看到喷管的支反力与流速相反，大小为 1660N 左右。

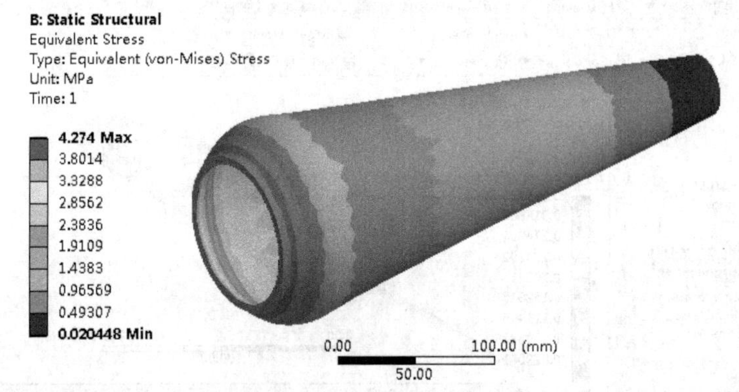


图 24-17　喷管应力云图

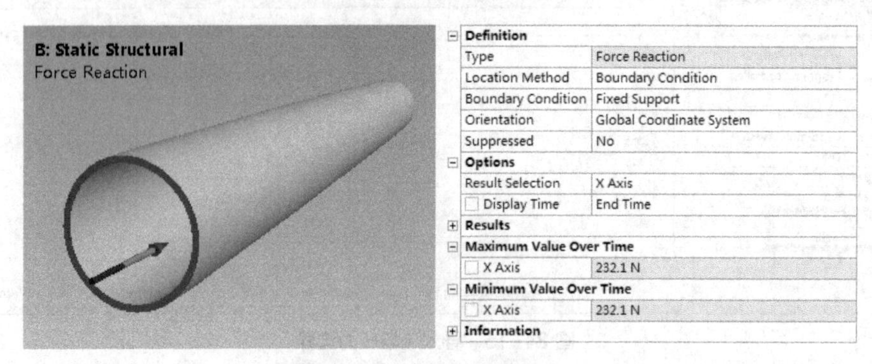


| Definition | |
|---|---|
| Type | Force Reaction |
| Location Method | Boundary Condition |
| Boundary Condition | Fixed Support |
| Orientation | Global Coordinate System |
| Suppressed | No |
| Options | |
| Result Selection | X Axis |
| Display Time | End Time |
| Results | |
| Maximum Value Over Time | |
| X Axis | 232.1 N |
| Minimum Value Over Time | |
| X Axis | 232.1 N |
| Information | |

图 24-18　*X*方向支反力大小

# 24.3 流固耦合分析实例——排气管道流固耦合分析

排气管道结构在使用中会受到气体的冲击作用，尤其是对于大型排气管，影响更加严重。本例以简化的排气管为研究对象，通过流固耦合分析计算管道在流体和重力作用下的受力和变形情况，为读者学习流固耦合技术提供指导。

## 24.3.1 问题描述

图 24-19 所示为一个排气管道，管道壁厚 10mm，管道总长将近 2m，管道使用 Structure Steel 材料，整个管道路径非均匀变化，入口空气流速约为 3.5m/s，分析管道排气过程中的受力情况。

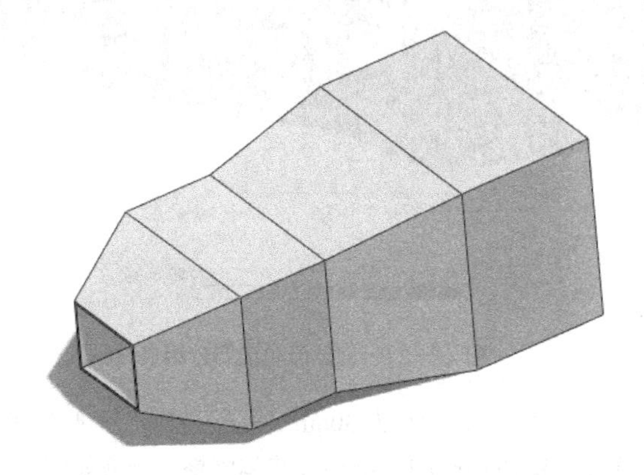

图 24-19 排气管道示意图

## 24.3.2 几何建模

创建分析项目，然后进入 DM 建模窗口导入管道模型和内部空气模型，结果如图 24-20 所示。

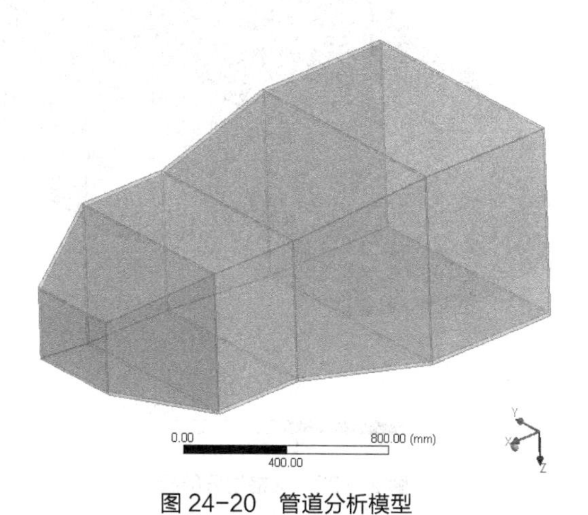


图 24-20 管道分析模型

## 24.3.3 流体网格划分

双击 CFX 下的 Mesh 进入流体网格划分界面，首先将管道结构模型禁用，同时设置流体模型中 Material

下的 Fluid/Solid 为 Fluid，完成之后对流体结构进行网格划分。

为了便于进行流体边界设置和求解，需要创建边界分组，分别命名为 input、output 以及 wall，分组结果如图 24-21 所示。

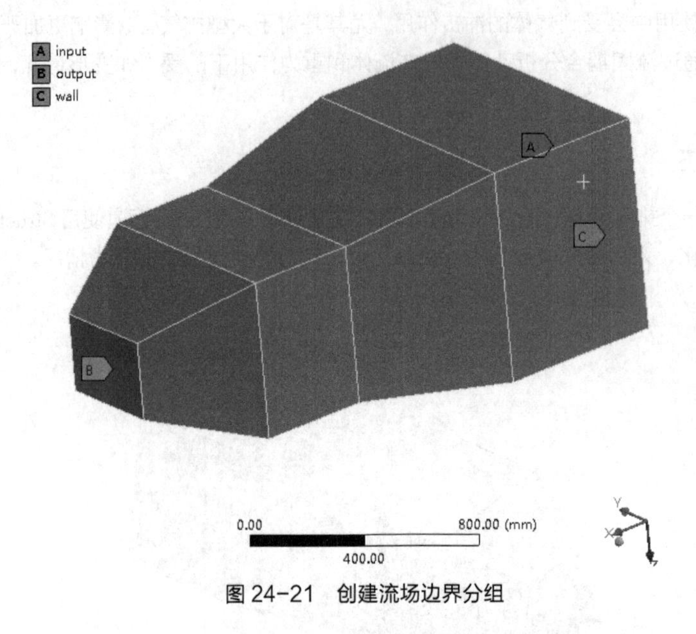


图 24-21　创建流场边界分组

网格划分基于软件默认划分方式，网格大小为 30mm，基于流体求解要求设置壁面网格参数，通过设置默认的 Inflation 完成，然后单击右键 Generate Mesh 生成流体网格，结果如图 24-22 所示。

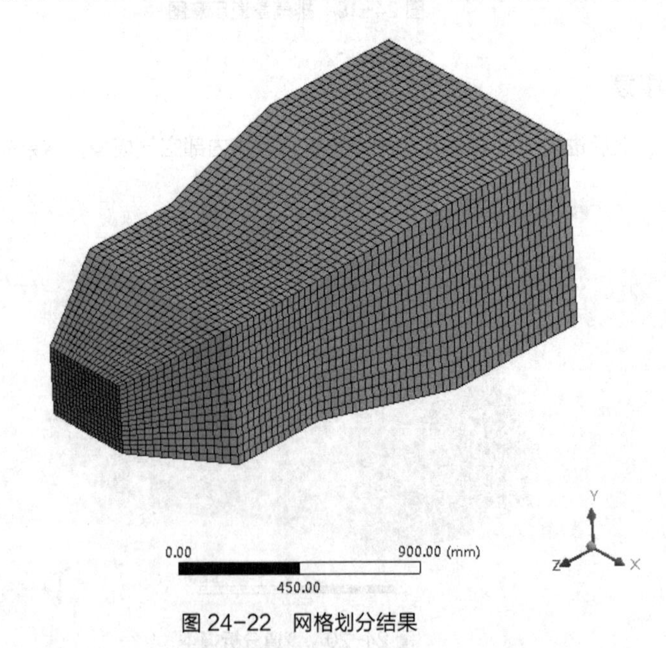


图 24-22　网格划分结果

完成之后退出窗口，然后右键单击 Mesh 并选择 update 完成同步。

### 24.3.4　流体求解设置

双击 CFX 中的 Setup 进入流体求解设置界面，方法同 24.2 节的实例基本一致，其中流体属性选用 25℃

空气，如图 24-23 所示。

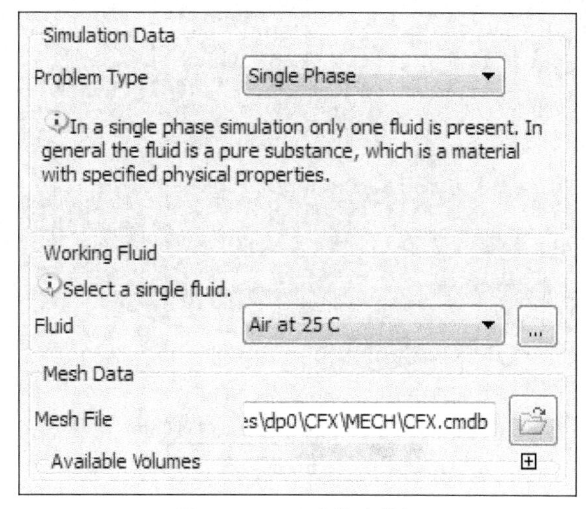


图 24-23　设定仿真数据

然后依次采用相同方法进行其他设置，其中流体边界设置如图 24-24 所示，单击鼠标右键，选择 Add，添加三类边界条件，其中进气口 input 流速为 3.5m/s，出气口 output 静压为 0，壁面 wall 采用可滑动壁面 Free slip wall，最终完成设置的结果如图 24-25 所示。

设置完成之后退出界面，双击 Solution 进入求解步骤，直接单击 Start Run 提交求解，残差控制曲线如图 24-26 所示。

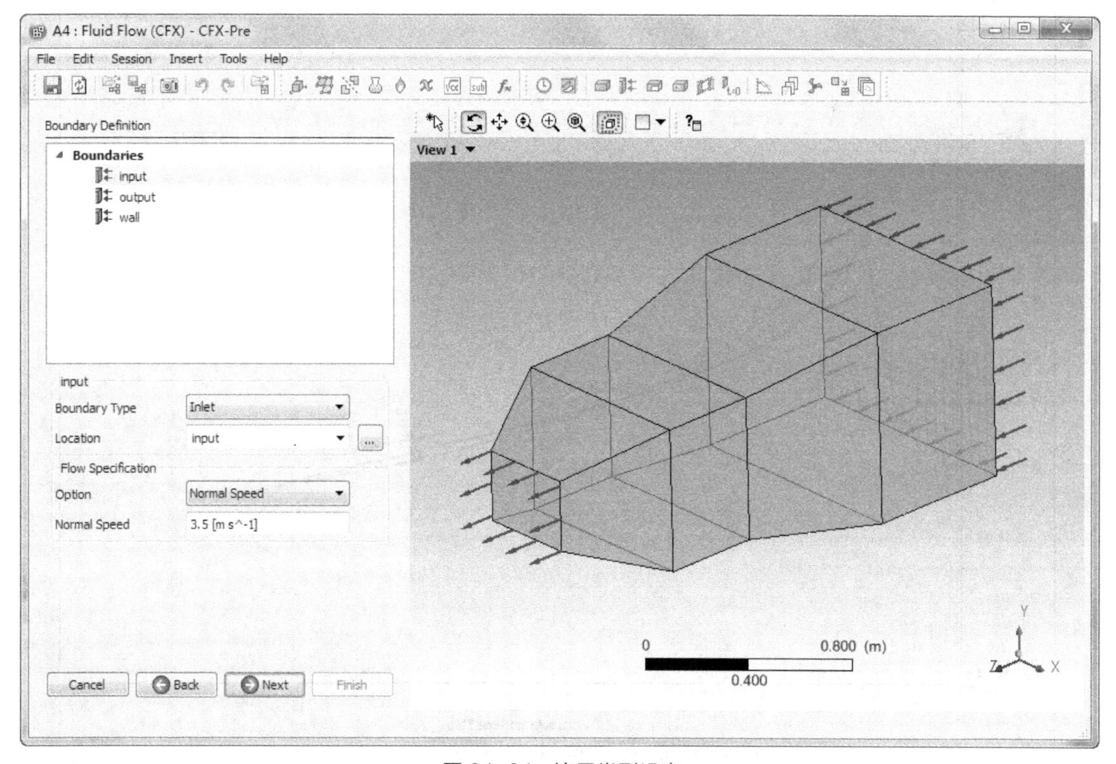


图 24-24　边界类型设定

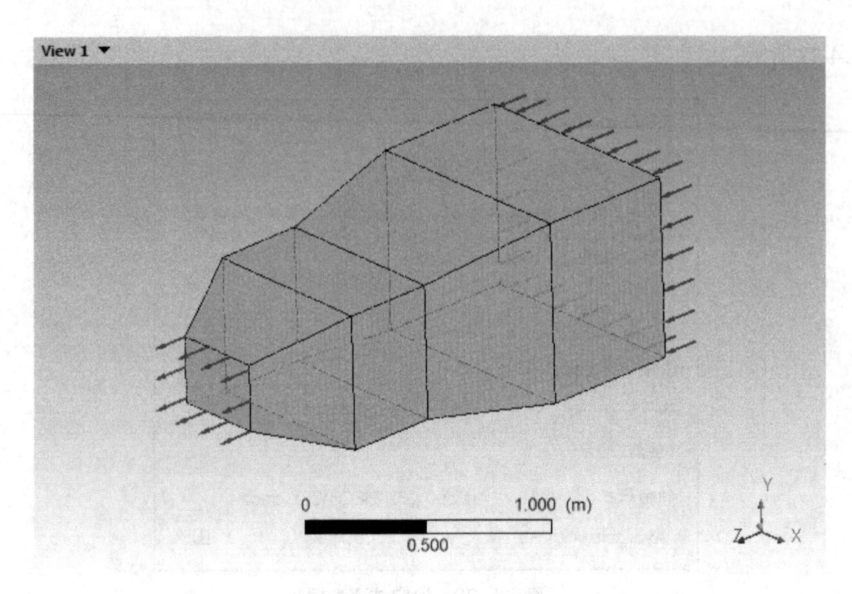


图 24-25　流体边界设置结果

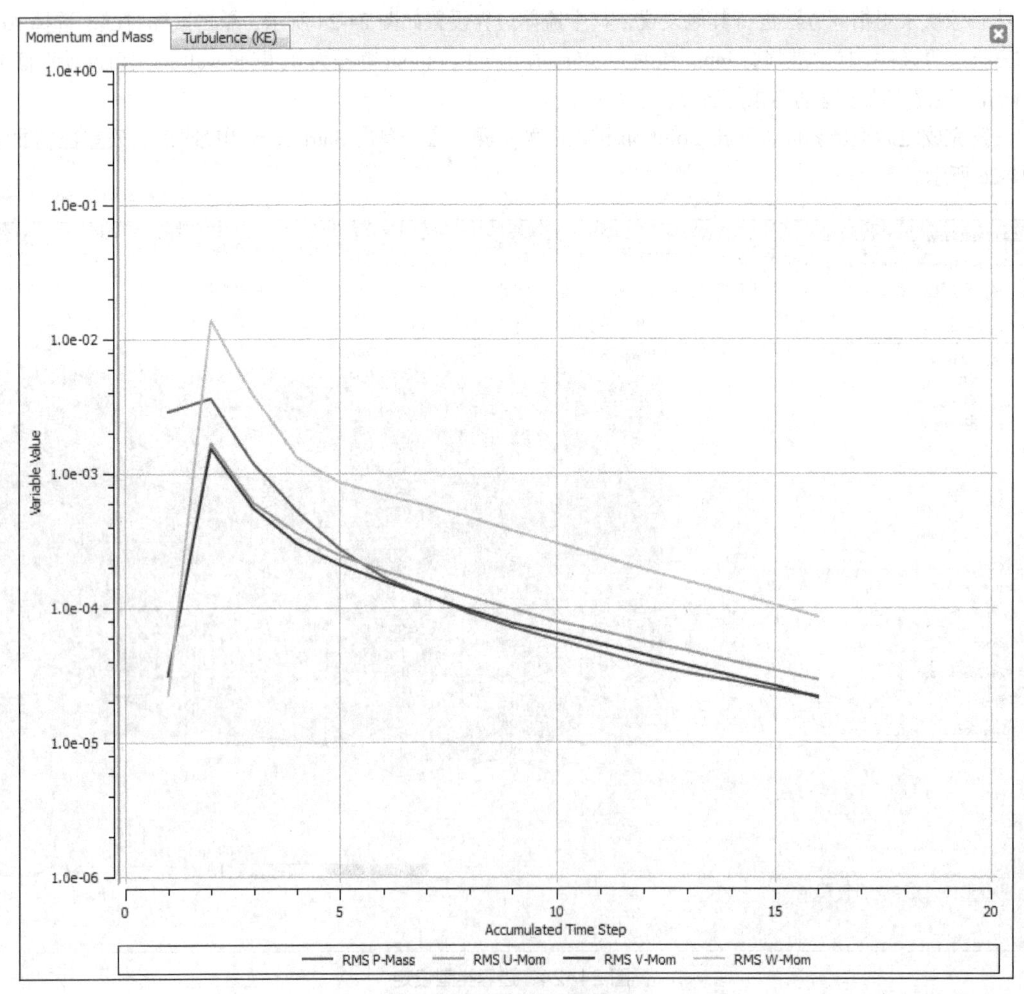


图 24-26　残差控制曲线

## 24.3.5 流体结果后处理

查看流体计算结果，直接查看壁面的速度及压力云图，分别如图 24-27 和图 24-28 所示，可以看到在管道过渡位置处速度和压力值最大。

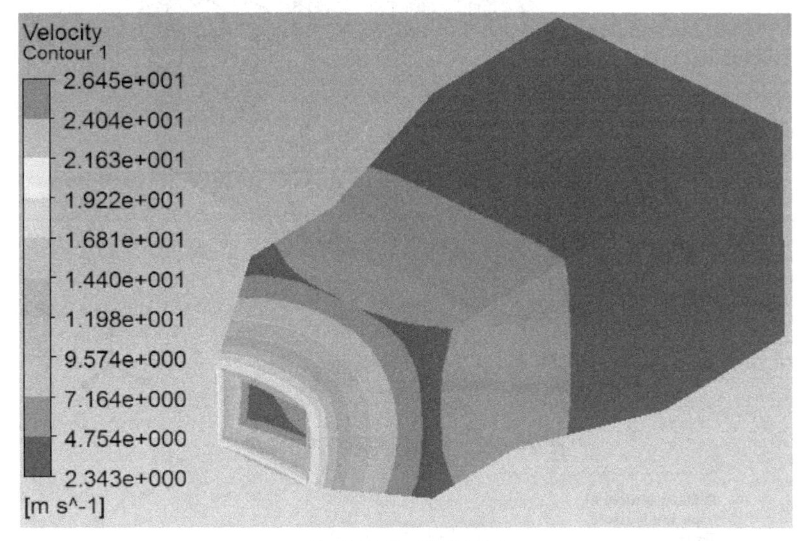


图 24-27 速度云图

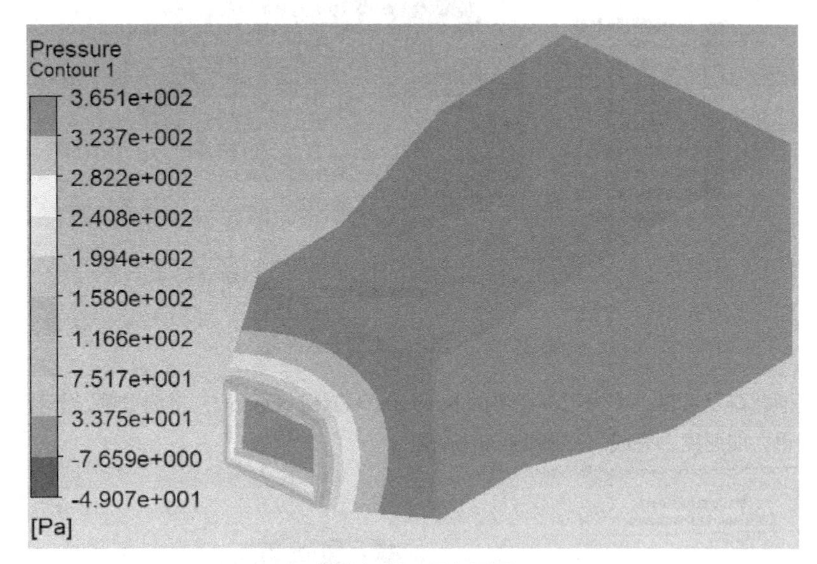


图 24-28 压力云图

## 24.3.6 结构场求解设置

结构场求解设置主要分为两大部分，分别为导入流体求解结果和施加外部边界约束，具体操作如下。

（1）首先对结构模型进行网格划分，采用默认划分方法，单元大小设置为 30mm，划分结果如图 24-29 所示。

（2）导入流体场计算结果。单击 Import Loaded，然后单击鼠标右键，插入 Pressure，导入流体计算的壁面压力值，设置导入后的结构耦合界面以及流体中的界面，导入结果如图 24-30 所示。

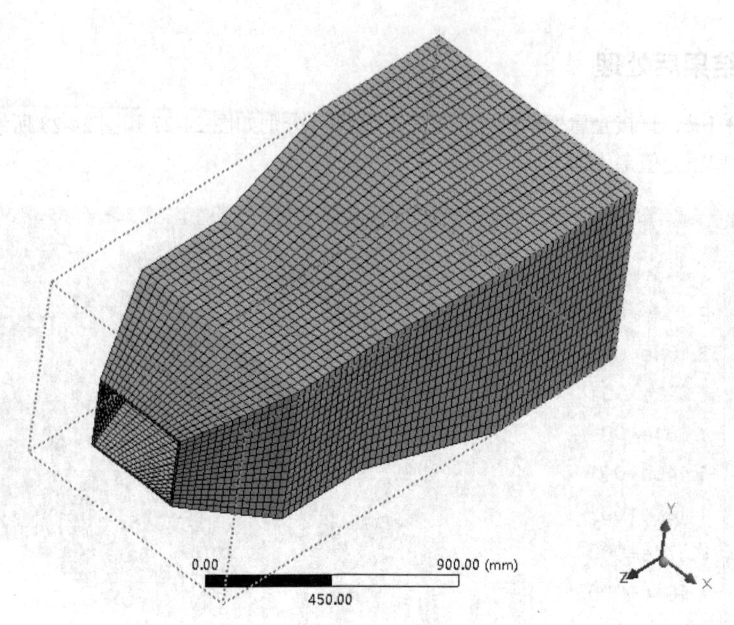


图 24-29　管道结构网格划分结果

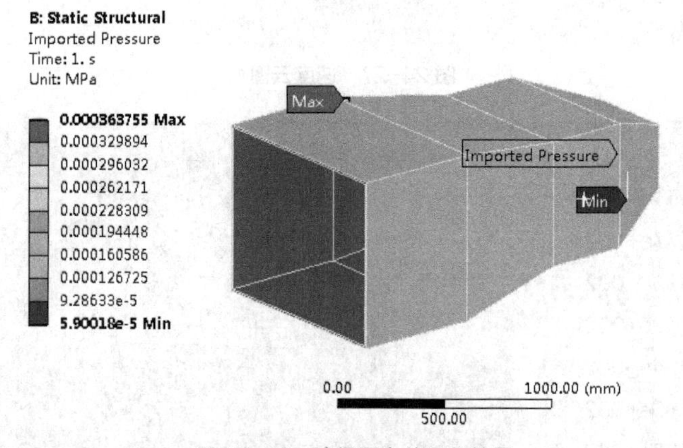


图 24-30　流场压力值导入结果

（3）设置其他载荷及边界。单击工具栏中的 Supports→Fixed Support，将倒数第二节管道外表面固定，同时对结构加载重力加速度，完成后如图 24-31 所示。

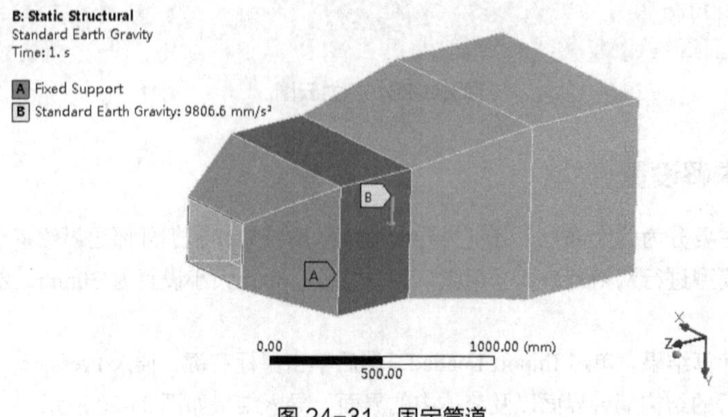


图 24-31　固定管道

（4）完成边界设置后，分别将 Equivalent Stress 和 Total Displacement 作为输出项，然后提交计算机求解。

### 24.3.7 结构场结果后处理

求解结束后查看管道的变形及应力云图，变形云图如图 24-32 所示，最大变形量为 0.22457mm；应力结果云图如图 24-33 所示，应力结果较小。

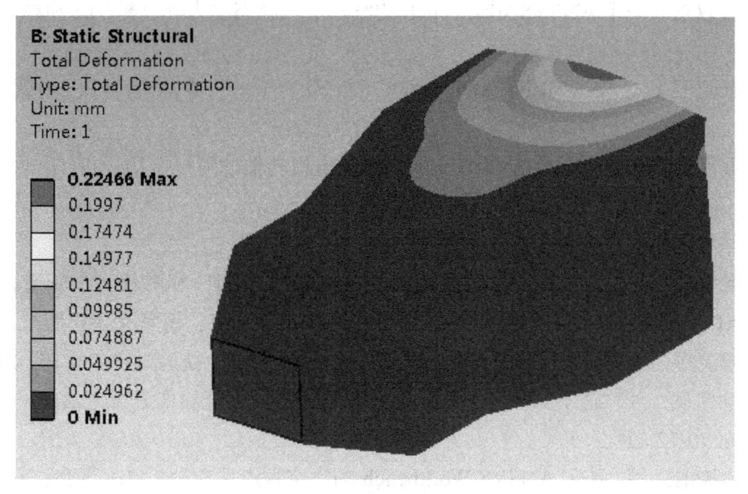


图 24-32 变形结果云图

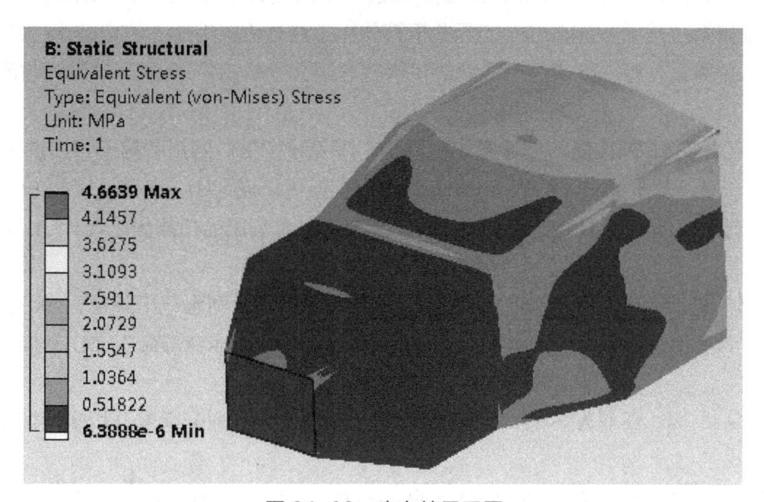


图 24-33 应力结果云图

## 24.4 本章小结

本章主要介绍了流固耦合分析的基本理论和方法，同时针对如何在 WB 19.0 中实现流固耦合进行了详细的介绍，并通过两个具体实例对该方法进行逐一讲解，为读者提供较为全面的操作指南。

# 参考文献

[1] 董其伍，刘启玉，等. CAE 技术回顾与展望[J]. 计算机工程与应用，2002，38（14）：82-84.

[2] 张雪梅，张敬东. 基于 ANSYS Workbench 的汽车主轴瞬态动力学分析[J]. 机械，2014，41（11）：41-43.

[3] 巨文涛，代卫卫. ANSYS/Workbench 在结构瞬态动力学分析中的应用[J]. 内蒙古煤炭经济，2014（8）：110-113.

[4] 曾庆平，洪育成，等. 基于 ANSYS Workbench 的电机转轴的随机振动分析[J]. 内燃机与配件，2018（4）：59-61.

[5] 李如忠. 结构随机振动仿真分析[J]. 机械，2007，34（5）：21-23.

[6] 王和伟，袁学庆，等. 直升飞机机载设备振动特性仿真分析[J]. 机械设计与制造，2017（2）：43-45.

[7] 陈峰华. ADAMS 2012 虚拟样机技术从入门到精通[M]. 北京：清华大学出版社，2013.

[8] 杨亮亮，傅茂海，等，刚柔耦合理论在铁道车辆中的应用[J]. 铁道机车与动车，2012（10）：24-27.

[9] 闵加丰，阚伟良，等. 基于 ANSYS Workbench 的变截面压杆屈曲分析方法[J]. 锻压装备与制造技术，2012，47（4）：70-72.

[10] 张剑刚，毕新刚，等. 基于 ANSYS Workbench 的真空管道屈曲分析[J]. 真空，2017，54（6）：52-54.

[11] 汤传军，张健，等. 基于 Workbench 变速器齿轮轴的疲劳分析[J]. 汽车实用技术，2014（2）：1-4.

[12] 时鹤，李婧婧. 基于 Workbench 的开关柜箱体稳态热分析应用[J]. 机电技术，2013（4）：44-45.

[13] 袁先德，位秀雷，等. 某柴油机活塞热机耦合有限元分析[R]. 全国声学设计与演艺建筑工程学术会议，2016.

[14] 张倩文，杨泽润. EQ4H 发动机活塞热机耦合有限元分析[R]. 四川省第十一届汽车学术年会，2013.

[15] 查太东，杨萍. 基于 ANSYS Workbench 的固定支架优化设计[J]. 煤矿机械，2012，33（2）：28-30.

[16] 何雨松，李玉峰. 基于 ANSYS Workbench 的某定位平台基座的拓扑优化设计[J]. 兵工自动化，2016，35（8）：94-96.

[17] 蔡新，郭兴文，等. 工程结构优化设计[M]. 北京：中国水利水电出版社，2003.

[18] 范永斌，尹明德，等. 基于 ANSYS Workbench 的叉车货叉疲劳寿命研究[J]. 煤矿机械，2015，36（1）：105-106.

[19] 张钊，江国和，等. 基于 ANSYS Workbench 船用柴油机连杆疲劳强度分析[J]. 中国水运月刊，2016，16（11）：140-142.

[20] 朱荣福，赵卿峰，等. 基于 ANSYS Workbench 的发动机连杆疲劳强度分析[J]. 黑龙江工程学院学报，2014，28（4）：31-33.

[21] 赵修科. 开关电源中的磁性元器件[M]. 沈阳：辽宁科学技术出版社，2014.

[22] 黄浩，李立民. 基于 Workbench 的除尘管道流固耦合数值分析[J]. 武汉科技大学学报，2015，38（3）：186-189.

[23] 解元玉. 基于 ANSYS Workbench 的流固耦合计算研究及工程应用[D]. 太原理工大学硕士论文，2011.